# FINE INDUSTRIAL CHEMISTRY

제3판

# 정밀 공업화학

조을룡 · 신경철 공저

드림플러스
DREAM PLUS

# 머리말

정밀공업화학은 현대화학공업의 주류를 이루는 공업부분으로서 전체 화학제품의 80% 정도로 추정되고 우리 일상 생활과 밀접한 관계가 있는 플라스틱, 섬유, 고무, 접착제, 세제, 의약, 염료, 화장품 등이 여기에 속한다.

정밀공업화학은 의, 식, 주, 생활약품, 에너지라는 인간생활의 기초를 이루는 많은 제품을 공급하는 분야이며, 그 장래의 발전은 우리들의 생활을 보다 윤택하게, 보다 건강하게, 보다 충만하게 하는 것을 약속하는 것이다.

날로 발전하고 성장해 가는 정밀공업화학의 큰 전환을 배경으로 하여 앞으로의 공업화학교육에 가장 바람직한 내용으로 꾸미기 위해서 저자는 정밀화학공업을 강의해오던 중 적절한 교재가 없어 여러 가지 관련 교재에서 발췌하여 교안을 제작하여 사용하여왔고 지난 2008년에 정밀화학의 전반에 대한 개론서로서 '정밀공업화학'을 출판하여 교재로서 유용하게 사용해왔던 바 이번 기회에 정말로 학생들에게 필요한 부분만을 추려 농약부분을 제외시켜 2판을 발행하였다.

이 교재는 대학교 또는 전문대학교의 공업화학과, 화학공학과, 화학과 등 관련 학과 학생들을 위한 유기공업화학, 정밀공업화학 등의 교재로서 이용될 수 있을 뿐 아니라 각 장의 내용들을 가능한 한 상세하게 기술하려고 노력하였으므로 정밀공업화학의 현장에서 근무하는 기술자에게도 일차적인 유효한 참고도서가 될 수 있으리라 본다.

제1장에서부터 제6장까지 정밀공업화학 분야인 도료, 접착제, 의약, 계면활성제(세제), 염료 및 화장품을 될 수 있는 한 상세하게, 자세하게 표현하였고, 특히 관련 물질의 명칭은 공업상 현실적으로 많이 쓰이는 용어를 골라 기재하였고, 필요에 따라서는 설명을 첨부하였다.

이 교재에 나오는 학술용어는 화학공학회, 고분자학회, 대한화학회에서 제정한 학술용어를 따랐고, 저자의 오류나 부주의에 의한 오자에 대해서는 여러 독자들의 많은 지도와 편달이 있기를 바란다.

끝으로 이 책이 나오기까지 한국기술교육대학교의 관계자 여러분의 호의와 적극적인 지원을 아끼지 않은 드림플러스 출판사의 임직원 여러분에게 충심으로 감사를 표시하는 바이다.

2017년 8월

지은이 적음

# 차 례

# 1장 도 료

## 1 서론

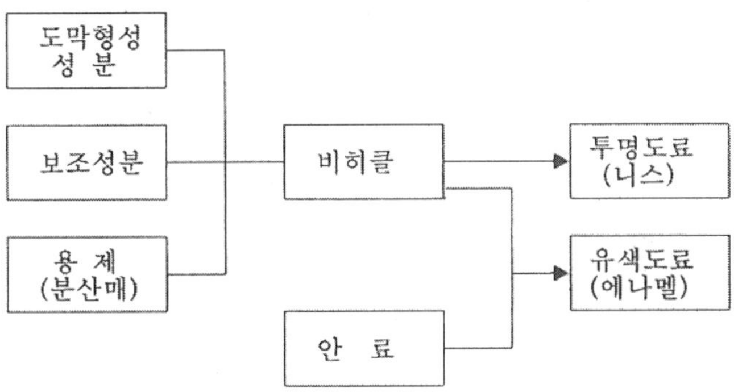


도료는 물체의 표면에 도포하여 도막을 형성시키기 위한 표면처리 재료로서 일광이나 풍우, 공기 등 외계의 영향으로부터 물체를 보호함과 동시에 착색이나 광택에 의해 아름다움을 주기 위해 예로부터 사용되어 왔다. 도료가 도막을 형성하여 소재를 보호하는 면에서 방습, 방청, 방식, 내유, 내약품성 등의 기능을 나타내고 외관이나 형상의 변화 면에서는 색, 광택의 변화, 미관, 표식, 평활화, 입체화 등의 기능을 나타낸다. 그 외에 도료는 파동의 반사 및 흡수, 색에 의한 온도의 지시, 대전 방지, 곰팡이 방지, 착빙 방지, 태양열 반사 또는 흡수 등의 특수 기능을 나타낸다.

도료는 일반적으로 아주 얇은 도막을 형성하여 1회 도장으로 약 20~30㎛ 내외의 두께를 가지며 중방식용 도장(heavy duty protective coating)의 경우에는 100㎛ 이상의 후막 형성이 가능하다.

도료의 주성분은 도막형성 성분이며, 이 외에 목적의 기능을 유효하게 발휘시키기 위한 첨가제, 유동성을 조절하기 위한 용제 및 도막에 색채 불투명성을 주고, 또한 도막의 기계적 성질을 보강하기 위한 안료 등이 성분으로서 포함되어 있다. 도막형성 성분의 대표적인 것으로서는 표 1-1에 나타나 있다. 첨가제로서는 가소제, 건조제(경화제), 안료 분산제, 유화제, 증점제, 피막방지제, 균제 등이 있다. 도막형성 성분, 첨가제, 용제의 3성분으로 이루어지는 것을 **비히클**(Vehicle, **전색제**)이라고 하고, 이것은 투명도료에 해당한다. 또한 이 비히클에 안료(pigment)를 첨가하면 불투명도료가 된다.

표 1-1 피막형성 성분

| 분류 | 소재 |
|---|---|
| 건성유 | 아마인유, 대두유, 동백유 |
| 가공건성유 | 탈수 피마자유, 에스틸렌화유, 우레탄화유 |
| 합성 수지 | 불포화 폴리에스테르, 알키드수지, 아세트산비닐수지, 염화비닐수지, 에폭시수지, 우레탄수지, 아미노수지 |
| 천연 수지 | 로진, 코팔, 쉘락 |
| 셀룰로오스 | 니트로셀룰로오스, 아세틸셀룰로오스 |

## 2 도료의 분류

도료는 종류가 많고 다양하여 분류가 간단하지 않다. 도료의 용도, 성분, 상태, 도장법 또는 도막의 형상, 성능 등 여러 가지 면으로 분류되며, 도료 성분(Vehicle의 종류)에 의한 분류가 가장 일반적이다.

표 1-2 도료의 분류방법

| | 분류법 | 대표적인 종류의 명칭 예 |
|---|---|---|
| 1 | 성분(도막 형성 성분)에 의한 분류 | 유성도료, 프탈산수지도료, 염화비닐수지도료, 에폭시수지도료 등 |
| 2 | 안료에 의한 분류 | Aluminium 도료, Graphite 도료, 광명단 도료, Zinc Primer 등 |
| 3 | 도료의 상태에 의한 분류 | 조합페인트, 분체도료, 2액형 도료 등 |
| 4 | 도막의 성상에 의한 분류 | 투명도료, 무광도료, 백색도료 등 |
| 5 | 도막의 성능에 의한 분류 | 내산도료, 내알칼리도료, 방화도료, 내화도료, 방부도료, 내열도료 등 |
| 6 | 도장 방법에 의한 분류 | 붓도장용 도료, 스프레이도장용 도료, 정전도장용 도료, 침적도장용 도료, 전착도료 등 |
| 7 | 피도장물에 의한 분류 | 콘크리트용 도료, 경합금속용 도료, 플라스틱용 도료 등 |
| 8 | 도장 장소에 의한 분류 | 내부용 도료, 외부용 도료, 바닥용 도료, 지붕용 도료 |
| 9 | 도장공정에 의한 분류 | 하도용 도료, 중도용 도료, 상도용 도료 |
| 10 | 도료의 경화, 건조성상에 의한 분류 | 자연건조형 도료, 저온소부형 도료, 가열건조형 도료, 자외선경화형 도료, 전자성경화형 도료, 상온경화용 도료 |
| 11 | 용도에 의한 도료 | 선박용 도료, 중방식용 도료, 캔용 도료, 건축용 도료, 자동차용 도료, 목공형 도료 등 |
| 12 | 도료의 유통경로에 의한 분류 | 일반 범용도료, 가정용 도료, 공업용 도료 등 |

표 1-3 건조형태별 및 수지종류별에 의한 분류

| 구분 | 건조기구 | 수지종류 | 특징(장, 단점) | 용도 |
|---|---|---|---|---|
| 1액형 | 산화건조 | 오일<br>알키드 | • 가격이 저렴<br>• 내약품성이 불량<br>• 내구성 저하 | • 일반 철재용<br>• 건축용 |
| | 휘발건조 | 염화고무비닐 | • 작업성 우수<br>• 내약품성 우수<br>• 보수도장 용이<br>• 내열성 열세 | • 중방식 도장 상도용 |
| | | 아크릴 | | • 건축용 |
| | | 락카 | | • 목재용<br>• 자동차용 |
| 2액형 | 상온경화 | 에폭시<br>우레탄<br>실리케이트 | • 내약품성 특히 우수<br>• 내수성 우수 | • 중방식용<br>• 건축용 |
| | | 불포화 폴리에스테르 | • 내유성이 우수<br>• 기계적 물성 우수<br>• 고가 | • FRP 용<br>• 목재용 |
| | | 콜탈에폭시<br>콜탈우레탄 | • 내수성 우수<br>• 색상 제한 | • 수문의 침수 부위용<br>• Tank 내부용 |
| 1액형 | 가열경화 | 아미노 알키드<br>소부형 에폭시<br>분체도료<br>열경화 아크릴<br>실리콘 | • 물성이 우수<br>• 양산 작업 가능<br>• Baking 설비 필요 | • 공업용<br>• PCM(precoated metal)용 |

# 3 도료의 조성

## 3.1 도막형성요소

### 3.1.1 유지(油脂)

현재는 사용량이 적으며, 아마인유, 동유, 대두유 등의 건성유나 반건성유 및 탈수피마자유, 마레인화유, 우레탄화유. 에스테르치환유 등의 합성건성유가 그대로 사용되거나 또는 합성수지와 혼합하여 사용된다.

### 3.1.2 천연수지(天然樹脂)

도료용 천연수지로서는 송진(Rosin), 코펄(Copal), 담머(Dammer), 쉘락(Shellac) 등이 있다. 송진은 소나무나 소나무 뿌리, 톨유(Tall oil) 등으로부터 얻어지는 수지이며, 검로진(Gum rosin), 우드로진(Wood rosin), 톨유로진(Tall oil rosin) 등이 있으며, 주성분은 Abietic acid이다.

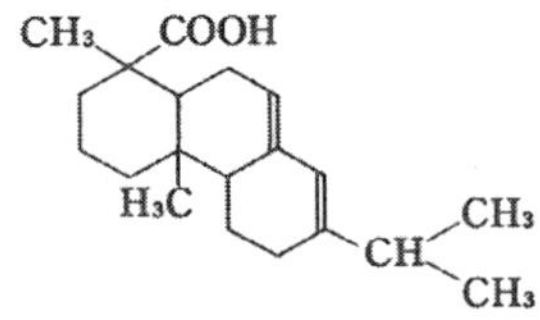

Abietic acid

### 3.1.3 셀룰로오스 유도체

아세틸셀룰로오스(Acetyl cellulose), 에틸셀룰로오스(Ethyl cellulose), 벤질셀룰로오스(Benzyl cellulose), 니트로셀룰로오스(Nitro cellulose) 등이 있으며, 질소분이 12% 정도인 저점도 니트로셀룰로오스가 가장 일반적이다.

### 3.1.4 합성수지

도료원료 중에서 가장 중요하며 많은 종류가 있다.

1) **아크릴 수지** : 아크릴산 에스테르 및 메타아크릴산 에스테르 중합체
2) **알키드 수지** : 다염기산과 다가알코올을 에스테르화시켜 축합고분자화 한 것으로 각종 건성 또는 불건성유, 지방산 및 무수프탈산 등의 2염기산과 글리세린, 펜타에리트리톨, TMP 등의 다가 알코올을 사용하여 에스테르화한 것임.
3) **에폭시 수지** : 비스페놀 A에 에피클로로히드린을 알칼리 촉매하에 60~120℃에서 가열축합한 것으로 내약품성, 부착성 및 방식성이 우수하여 각종 공업용 및 중방식용 도료에 사용됨.
4) **폴리에스테르 수지** : 불포화기를 가진 폴리에스테르를 같은 이중결합을 지닌 중합성 모노머에 용해시켜 개시제 및 촉진제를 혼합하여 상온에서 중합하도록 한 것임.
5) **폴리우레탄 수지** : 분자구조에 우레탄(-NHCOO) 결합을 함유한 수지를 칭함.
6) **아미노 수지** : 대표적인 Resol형 축합수지로 멜라민, 벤조구아나민, 요소로 분류됨.
7) **페놀 수지** : 일명 석탄산 수지라고 하며 페놀류와 포름알데히드를 축합시켜 만든다. 이때, 촉매가 산이면 열가소성인 Novolac형이, 알칼리이면 열경화성인 Resol형 페놀수지가 된다.
8) **비닐 수지** : 초산비닐 단독의 것과 초산비닐, 염화비닐의 공중합체로 분류하며 공중합 각각의 단량체 특성을 지닌 물성을 발휘하게 된다.
   - 염화비닐 : 내약품성 양호하며 강인함.
   - 초산비닐수지 : 가소성을 부여하며 부착을 증진시킴.

9) 염화고무수지
10) 아크릴에멀젼 및 수용성 수지

## 3.2 첨가제

첨가제란 도료의 제조에서부터 도료가 건조되어 내구력을 지속시킬 때까지 각각의 단계에서 도료에 필요한 기능을 발휘할 수 있도록 가하여지는 보조적인 역할을 하는 약품이며 다음과 같이 분류할 수 있다.

1) **건조제** : 유성도료나 유변성 합성수지도료에 첨가되어 산화중합을 촉진시켜 건조를 빠르게 한다.
2) **소포제** : 기포발생을 억제시킨다.
3) **침강방지제** : 안료가 저장 중에 가라앉거나 층 분리가 일어나는 것을 방지시킨다.
4) **소광제** : 도막의 광택을 감소시켜 무광 효과를 높인다.
5) **방부제** : 수성도료에서 보관 시 부패되는 것을 방지하거나 도막에 곰팡이가 번식하는 것을 막아준다.
6) **분산제** : 제조과정에서 전색제 중의 안료 분산을 쉽게 하며 도막의 색 분리 현상을 방지한다.
7) **가소제** : 도막에 유연성, 부착성, 내충격성 등을 부여한다.

## 3.3 용제

용제는 도료에 흐름성을 부여하여 도료를 칠하거나 뿌리기 쉽도록 해 주는 역할을 한다. 여러 가지 용제를 섞어 사용하는 것이 보통이다. 용제 선택시 고려되어야 할 요소는 용해력(solvency), 점도, 끓는 점, 증발 속도, 인화점, 독성, 냄새, 가격 등이다. 그 중 가장 중요한 것이 용해력과 증발 속도이다. 최근 용제 선택을 위하여 수지에 대한 용해력의 척도로서 용해도 파라미터(solubility parameter) 개념을 사용한 각종 computer program을 활용할 수 있다. 외관이 우수한 도막을 얻기 위해서는 적절한 용제 증발 속도가 문제가 된다.

도료 공업에 있어서 용매의 화학과 처방 기술은 배우 복잡하여 최종 제품의 성공에 아주 중요하다. 도료 공업에서 가장 많이 사용하며 모든 공업용 용매의 20%가 도료에 사용된다. 지방족 탄화수소는 값이 싸고 환경오염을 일으키지 않기 때문에 주로 많이 선호되는 용매이나(50% 이상) 대부분의 결합제를 용해하는 데 그렇게 좋지는 않다. 알코올이 일반적으로 선호되어 채택된다. 방향족 탄화수소와 케톤 또는 에스테르는 용해성이 좋지만 스모그 형태로 심한 오염 문제를 일으킨다. 물론 물은 잘

표 1-4 용제의 용해도 파라미터

| 용제 | 용해도 파라미터 | 중합체 | 용해도 파라미터 |
|---|---|---|---|
| n-헥산 | 7.3 | 폴리테트라플루오로에틸렌 | 6.2 |
| 시클로헥산 | 8.2 | 폴리클로로트리플루오로에틸렌 | 7.2 |
| 1,1,1-트리클로로에탄 | 8.3 | 폴리디메틸실옥산 | 7.3~7.6 |
| 카본 테트라클로라이트 | 8.6 | 에틸렌-프로필렌 고무 | 7.9 |
| 톨루엔 | 8.9 | 폴리에틸렌 | 7.9~8.1 |
| 아세트산 에틸 | 9.1 | 천연고무 | 7.9~8.3 |
| 트리클로로에틸렌 | 9.2 | 폴리스티렌 | 8.6~9.1 |
| 메틸 에틸 케톤 | 9.3 | 폴리메틸메타크릴레이트 | 9.3 |
| 아세트산 메틸 | 9.6 | 부타디엔-아크릴로니트릴 고무 | 9.5 |
| 시클로헥사논 | 9.9 | PVC | 9.5~9.7 |
| 디옥산 | 10.0 | 에폭시 수지 | 9.7~10.9 |
| 아세톤 | 10.0 | 폴리우레탄 수지 | 10.0 |
| 카본디설파이드 | 10.0 | 에틸 셀룰로오스 | 10.3 |
| 니트로벤젠 | 12.1 | 폴리비닐클로라이드-아세테이트 | 10.4 |
| 디메틸포름아미드 | 12.6 | 폴리에틸렌 테레프탈레이트 | 10.7 |
| 니트로메탄 | 12.7 | 셀룰로우스 아세테이트 | 10.4~11.3 |
| 에탄올 | 12.7 | 셀룰로우스 니트레이트 | 9.7~11.5 |
| 디메틸 설폭사이드 | 13.4 | 페놀-포름알데히드 수지 | 11.5 |
| 에틸렌 카보네이트 | 14.5 | 폴리 비닐리덴클로라이드 | 12.2 |
| 페놀 | 14.5 | 나일론 66 | 13.6 |
| 메탄올 | 14.5 | | |
| 물 | 23.3 | | |

분산되는 결합제에는 이상적인 용매이다. 염소화된 용매는 비인화성이나 그들의 높은 독성 때문에 제한적으로 사용된다. 최근 도료 공업에 있어서 대기오염을 일으키는 용매를 대체하려는 노력이 크게 일고 있다. 톨루엔이나 크실렌과 같은 것은 휘발성 유기화합물, 즉 VOC(volatile organic compound)로 분류하여 사용에 제한을 두고 있다. 비록 염소화되어 있지만 도료에 있어서 VOC들의 대체 용매로서 1,1,1-트리클로로에탄(trichloroethane)이나 메틸클로로포름(methylchloroform)이 있다. 그것들은 VOC들의 사용을 감소시키기는 하였지만 가격이 비싸다. 메틸클로로포름은 CFC(chlorofluorocarbon)들 보다는 덜하지만 성층권 오존층을 파괴하는 것으로 알려졌기 때문에 단지 잠정적인 해결책이다.

Methylchloroform은 비록 다른 염소화된 용매들 보다는 덜하지만 역시 독성이 약간 있다. 다른 새로운 용매로서는 methylamineketone과 methylpropylketone으로서 큰 용해력과 무게가 가벼운 특성이 있다.

## 3.4 안료

안료는 일반적으로 물, 기름, 용제 등 매체에 녹지 않는 백색 또는 유색의 무기화합물(무기안료) 및 유기화합물(유기안료)이며 미립자 상태의 분말로 되어있고 그대로의 상태로는 물체에 염착되는 성능이 없지만 비히클(Vehicle: 전색제)의 도움에 의해 물체에 고착되거나 물체 중에 미세하게 분산되어 착색되는 것이다. 즉, 입자의 분산체로써 인쇄잉크, 도료, 플라스틱, 고무 등에 사용된다.

안료의 사용상태가 입자이므로 입자의 크기, 입도분포, 결정형태, 표면성질 등의 물리적 또는 화학적 요인에 따라 사용시에 여러 문제가 발생한다. 안료는 대별하여 무기안료와 유기안료로 구분할 수 있다.

도료에 있어서 안료의 역할로는 도막에 색채와 은폐력 (불투명성)을 부여하고, 내구력, 기계적 강도를 보강하며, 도료에 유동성을 주어 도장하는 데 적당한 점도를 갖게 한다.

### 3.4.1 안료의 분류

#### 1) 안료의 분류

표 1-5 도료용 안료

| 색 | 무기안료 | 유기안료 |
|---|---|---|
| 흰색 | 이산화티탄($TiO_2$), 아연화($ZnO$), 탄산칼슘($CaCO_3$) | |
| 흑색 | 카본블랙(C), 철흑($Fe_3O_4$) | |
| 적색 | Bengala ($Fe_2O_3$), Molybdate Orange ($Pb(Cr \cdot Mo \cdot S)O_4$) | Permanent Red, Permanent Carmine FB, Watching Red, Quiacridone Red, Perylene Red, Thioindigo Red, Benzoimidazolone Orange |
| 황색 | 황연($PbCrO_4 \cdot nPbSO_4$), Titanium Yellow ($TiO_2 \cdot NiO_2 \cdot Sb_2O_3$), Oxide Yellow ($FeO(OH) \cdot nH_2O$) | Benzidine Yellow, Permanent Yellow, Isoindoline Yellow, Benzoimidazolone Yellow, Quinophthalone Yellow |
| 녹색 | 산화크롬($Cr_2O_3$) | Phthalocyanine Green |
| 청색 | 감청($Fe_4[Fe(CN)_6] \cdot nH_2O$) 군청($2(Na_2O \cdot Al_2O_3 \cdot 2SiO_2)Na_2S_2$) | Phthalocyanine Blue, Indanthrone Blue |
| 자색 | | Diaxazine Violet |
| 금속분 | 알루미늄분(Al), 구리분(Cu), Bronze powder(Cu–Zn–Al 합금) | |

(1) 무기안료

① **착색안료(백색안료)**

착색안료는 물, 기름, 용제에 녹지 않는 분말로 수지를 Vanish에 분산시켜 도료가 색체를 갖는다.

❶ 연백(White Lead): 주성분은 염기성 탄산염이다. 옛날부터 사용되었으나 $TiO_2$, ZnO 등에 밀려 생산이 감소되고 있다.

❷ ZnO(아연화): 독성이 없고 유화수소에 의하여 유화아연으로 변하나 색상의 변화는 없다. 특히 자외선 흡수율이 백색 안료 중에 가장 커서 도료의 수지를 안정하게 한다.

❸ 리토폰: 유화아연과 유산바륨의 혼합물이나 내광성이 좋지 않으나 현재 그다지 상용되지 않는다. 굴절율은 1.7~2.25로 은폐력, 착색력은 연백이나 아연화보다 높다.

❹ 이산화티타늄($TiO_2$): 굴절률이 2.3~2.6으로 안료 중에 가장 크고 따라서 은폐력도 백색도료 중 가장 크며 아연화의 2~3배이다. 착색력도 백색안료 중에 가장 커서 연백의 10배, 아연화의 4배이다. 응집력이 약하여 분산하기도 용이하며 인체에 대하여 완전히 무독하기 때문에 종이, 화장품, 화구 등 여러 분야에 널리 쓰인다. 또한 화학적으로 안전하기 때문에 산, 알칼리에 대한 저항이 매우 높다.

② **체질안료**

천연석이나 백색점토를 그대로 분쇄하거나 열처리 등 가공 후 분쇄한 것으로 주로 다음과 같은 기능이 요구된다. 도료 막을 보호하고 강한 성질을 부여하며, 도료의 살오름을 좋게 하여 평활성을 주고, 마감 상태에서 광택소실의 효과를 준다. 보통 사용하는 체질 안료에는 유산바륨($BaSO_4$), 수산화알루미늄($Al(OH)_3$), 화이트카본($SiO_2$), 탄산칼슘($CaCO_3$), Talc, Clay 등이 있다,

(2) 유기안료

① **용성 아조 안료**

화학구조 중에 $-SO_3H$, $-COOH$ 등의 수가용성기를 함유한 염류를 Ba, Ca, Sr, Mn, Co, Mg 등의 수용성 금속염으로 Lake화(진홍색)하여 불용화한 적색안료이다. 유기안료 중에서 아조안료의 개발은 오래되고 고전안료라고도 불려지나 지금도 유기안료 중에서 중요한 위치를 점하며 3원색으로 말하면 일반적으로 내용제성은 양호하나 내수성, 내알칼리성은 불량한 편이다. 수가용성기의 종류, 수, 위치, 치환기의 종류에 따라 물에 대한 용해도가 달라지고 금속의 종류에 따라 색상, 내광성, 내용제성 등의 안료 성질이 변한다.

Ba, Ca Lake는 비교적 내용제성이 양호하고 수가용성기가 많을수록 또한 $-SO_3H$

가 -COOH보다 내용제성이 양호해진다. 금속의 종류에 따라서 Chelate 화합물이 형성되어 내광성이 향상된다. Mn, Ni Chelate 화합물은 특히 내광성이 양호하다.

표 1-6 용성 아조 안료

| 일반명 | 디아조(Diazo) | 카플러(Coupler) | 금속 | C.I. 명 |
|---|---|---|---|---|
| Lithol Red | Tobias Acid | 2-Naphthol | Ba, Ca | PR-49 |
| Lake Red C | C Acid | 2-Naphthol | Ba | PR-53:1 |
| Permanent Red 2B | 2B Acid | BON Acid | Ba, Ca, Sr, Mn | PR-48 |
| Lithol Rubine | 4B Acid | BON Acid | Ca | PR-57:1 |
| Lithol Red 2G | C Acid | BON Acid | Ca, Mn | PR-52 |
| BON Red | Tobias Acid | BON Acid | Ca, Mn | PR-63 |
| Lake Orange C | Ethyl C Acid | 2-Naphthol | Ba | PR-46 |

② 불용성아조 안료

표 1-7 불용성 아조안료와 용성 아조안료의 상이점

| | 불용성 아조안료 | 용성 아조안료 |
|---|---|---|
| 예 | 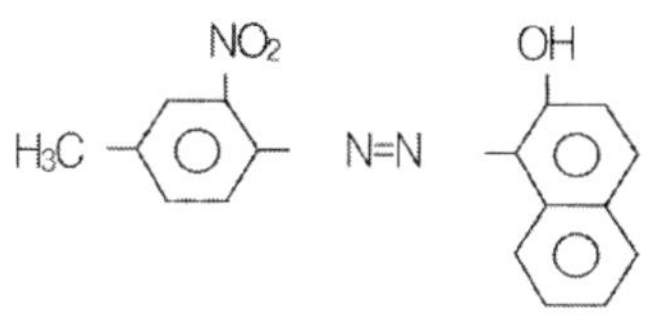 Permanent Red 4R | 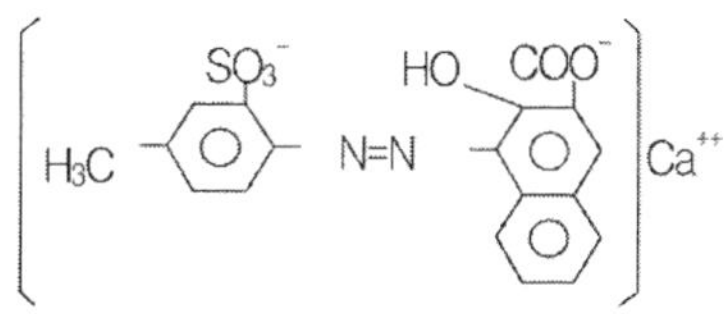 Carmine 6B |
| 가용성 기 | 없음 | 있음 |
| 내산성 | 양호 | 양호 |
| 내알칼리성 | 양호 | 양호 |
| 내용제성 | 불량 | 양호 |

분자 중에 $-SO_3H$, $-COOH$ 등의 수용성기가 없어 coupling반응과 동시에 불용성의 안료 입자가 생성된다. 내수성, 내산성, 내알칼리성은 양호하나, 내용제성이 다소 불량하여 내블리딩성(Bleeding resistance)이 요구되는 용도에는 주의가 필요하다.

분자 중에 $-CONH-$, $-SO_2NH-$와 같은 친수성기의 도입, 벤즈이미다졸론(Benzimidasolone)기와 같은 복소치환기의 도입, 또한 축합아조와 같이 분자의 2량화에 의해 분자량을 증대하여 내용제성을 개량시킨 안료도 있다.

③ 축합아조 안료

종래 아조안료는 보통 수용액 중에서 합성한 것으로 모노아조(monoazo)는 분자량이 300~400, 디스아조(disazo)는 600 정도의 분자량을 갖고 있다. 1957년 Ciba-Geigy에 의해 개발된 Cromophthal이란 상품은 2분자의 아조 색소를 용제 중에서 축합하여 분자량을 900~1,500 정도로 증대시켰다. 내광성, 내열성, 내용제성 등의 성질이 우수하여 플라스틱, 도료에 사용되고 있다.

표 1-8 ' Ciba-Geigy의 축합 아조 안료

| C. I. No. | 크로모프탈 종류 | 색상 |
|---|---|---|
| PY-128, 94, 93 | Yellow 8G, 6G, 3G | Greenish Yellow |
| PY-95 | Yellow GR | Natural Yellow |
| PBr-23 | Brown 5R | Reddish Brown |
| Po-31 | Orange 4R | Reddish Orange |
| PR-166 | Scarlet R, RN | Scarlet |
| PR-220, 144, 221 | Red, G, BR, BRN, 2B, 2G | Bluish Orange |

④ Phthalocyanine 안료

Phthalocyanine 류는 화학적으로 그림에서 처럼 4개의 pyrrole환을 갖는 분자량이 큰 화합물이다. 즉 4개의 isoindole을 가진 16원환의 거대한 환상 화합물이다. 청록의 색상을 갖는 유기안료이며 선명한 색상과 큰 착색력을 가지며 내열성, 내용제성, 내약품성 등의 내성이 매우 우수하기 때문에 폭넓게 사용되고 있다.

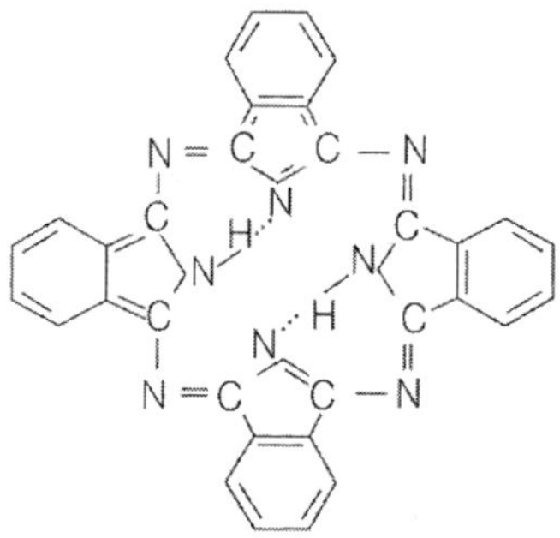

무금속 phthalocyanine

⑤ Indigo계 안료

태고의 중국이나 이집트에서 염색에 이용된 쪽의 주성분으로 그 구조가 1880년대에 해명되어 합성되기에 이르렀다. 1901년 Hoechst가 합성 indigo를 시판하여 천연 쪽은 설 자리를 잃게 되었다. 그러나 안료로서의 Indigo는 용제성 등의 견뢰성이 충분하지 못하여 한정된 용도로 밖에 사용할 수 없다.

Thioindigo는 적(赤)에서 자(紫)의 색상이 얻어지며 선명도, 착색력이 우수하다. 그러나 thioindigo bordeaux는 안료로 개발되어 우수한 견뢰도를 갖는다.

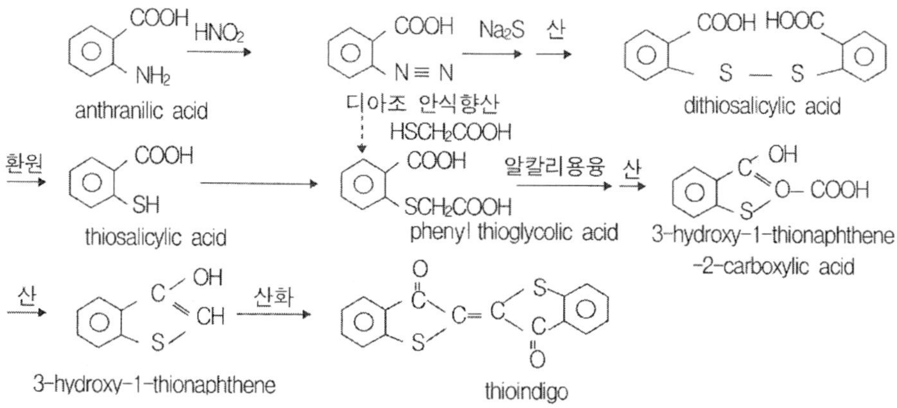


⑥ Perylene 안료

Perylene계 안료는 적색~적자색~자색까지 얻어져 일반적으로 선명성, 착색력, 각종 견뢰성이 우수하다. 특히 Perylene red는 안료로 개발되어 내열성은 phthalocyanine에 필적하기 때문에 고가이나 도료를 비롯하여 각종 용도에 사용되고 있다.

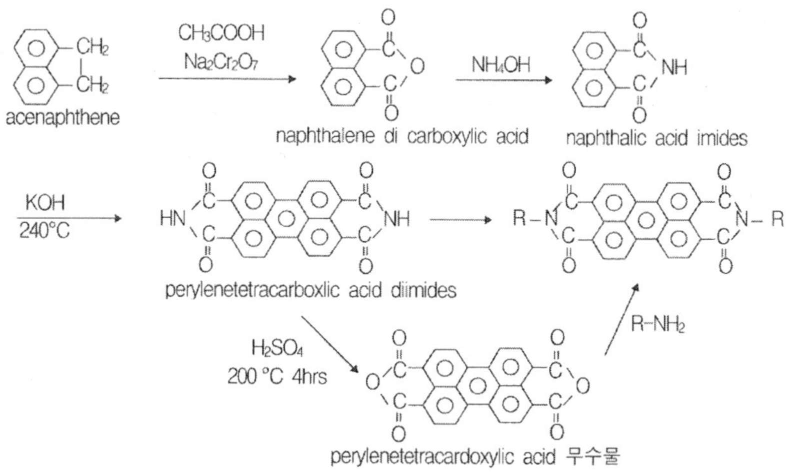


⑦ Phthalone계 안료

일반적으로 phthalone계 색소는 내열성이 우수하나 내용제성, 내후성이 떨어지기 때문에 quinophthalone계 색소가 선명한 황색 유용성 염료로서 중요한 분야를 담당해 왔으나 안료로서 출시된 것은 의외로 적다. 이러한 견뢰성을 향상시키기 위하여 phthalic acid 성분에 halogen기의 도입과 bis type의 합성에 의한 분자의 확대 및 quinaldine 성분의 변경 등의 연구를 통하여 향후 phthalone계 안료의 시장 점유도가 넓어질 것으로 전망된다.

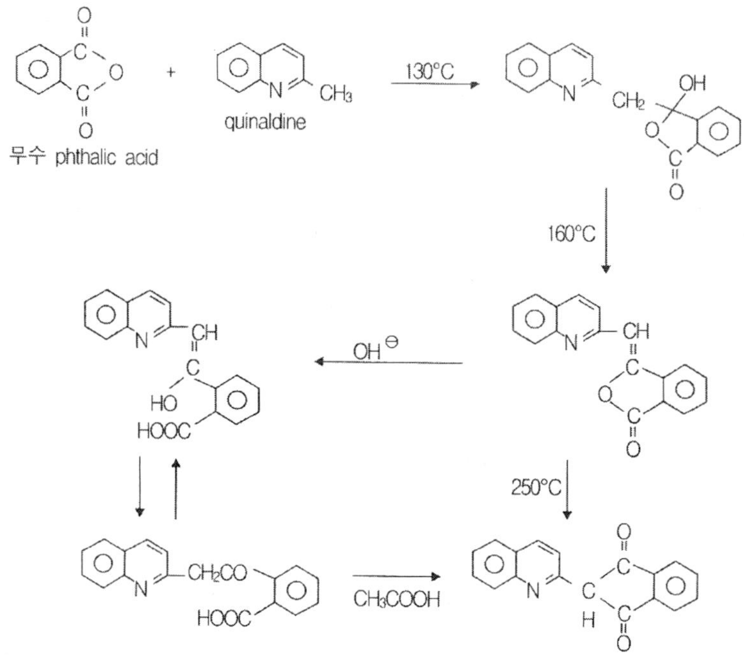


⑧ **Dioxasine계 안료**

대표적인 Dioxasine violet은 선명한 청자색으로 착색력이 매우 크고 내후성, 내열성은 비교적 양호하지만 내용제성이 조금 약하다. 내용제성 향상을 위하여 Carbazole 환을 갖지 않는 새로운 안료를 개발하여 시판(Pigment Violet 34, Pigment Violet 35)하고 있다.

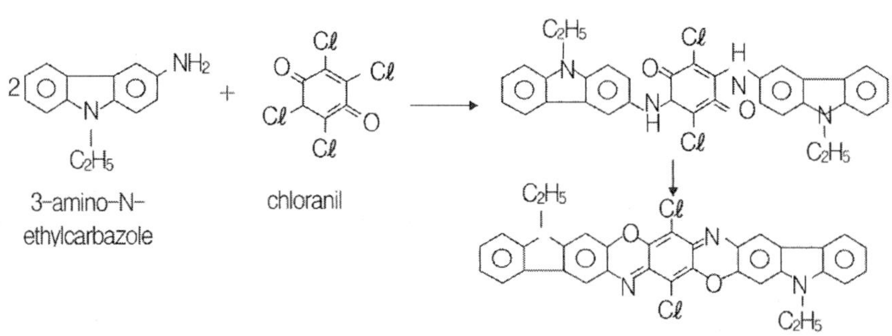


⑨ **Quinacridone계 안료**

Quinacridone계 안료는 등(오렌지)~적~자색까지의 색 영역을 가지며, 최고급의 제반 견뢰성을 갖는다. Quinacridone red로 대표되는 quinacridone은 비교적 분자량이 작지만 우수한 내열성, 내용제성을 갖는 분자 내의 carbonyl기와 imino기가 분자간에 수소 결합하여 결정 전체가 거대한 하나의 분자로서의 거동을 나타내기 때문이다.

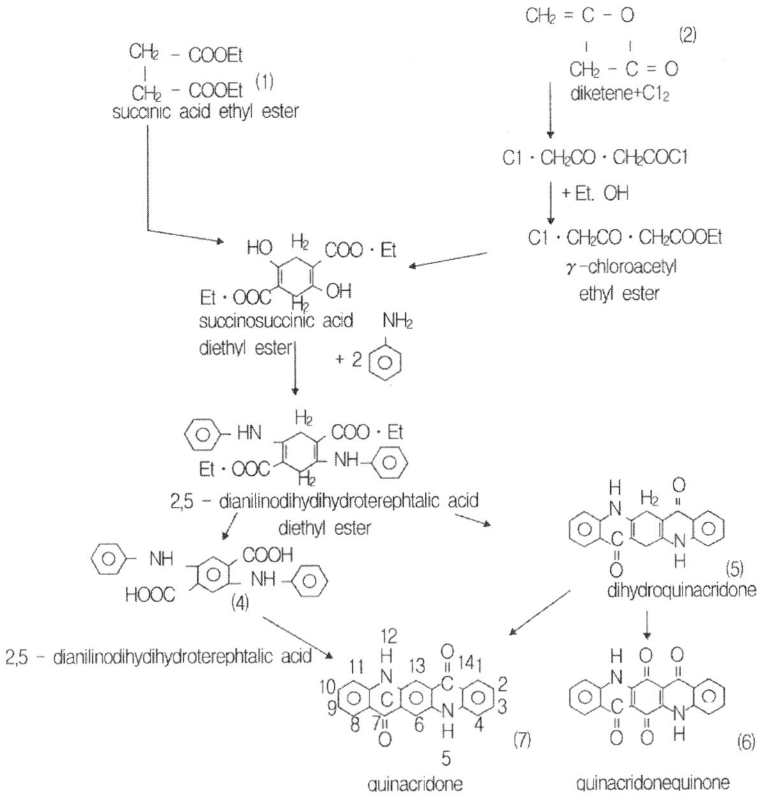


⑩ Isoindirinone계 안료

이 안료는 황색~등색에 대하여는 실로 획기적이라고도 할 수 있는 내후성, 내열성, 내용제성을 갖고 있기 때문에 고급 도료뿐만 아니라 플라스틱, 합성섬유의 원액 착색 등 폭 넓게 사용된다.

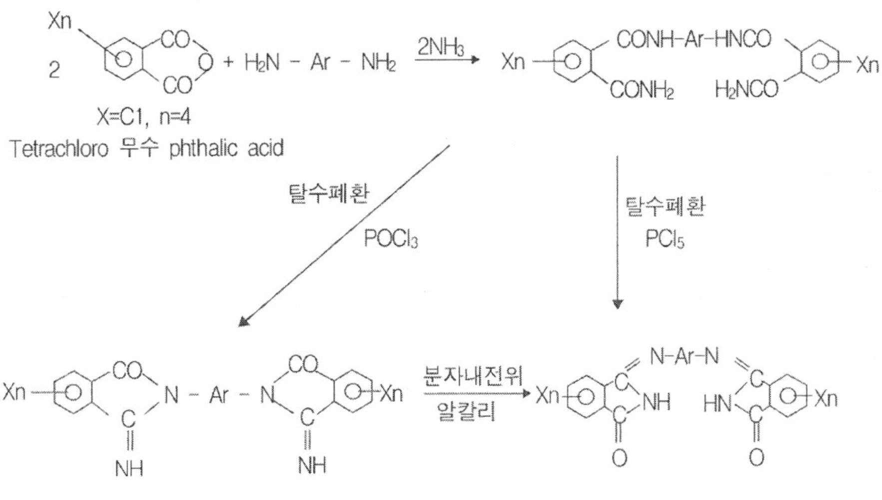

⑪ **금속착제 안료**

금속착제 안료란 전자 수용체인 금속이온과 전자기증체인 유기색소의 배위결합에 의한 배위화합물이다. 따라서 솔폰산기나 카르본산기를 가지는 염료를 금속이온과 주로 이온결합시켜 물에 불용화한 lake 안료와는 구분된다. 유기색소로는 azomethine 또는 아조기를 갖는 것이 많다. 내약품성과 내용제성에 단점이 있는 안료도 있어 주의를 요한다. 특히 자동차 도료 중 금속도장에 사용하는 일이 많고 내후성 잉크 등에도 사용한다.

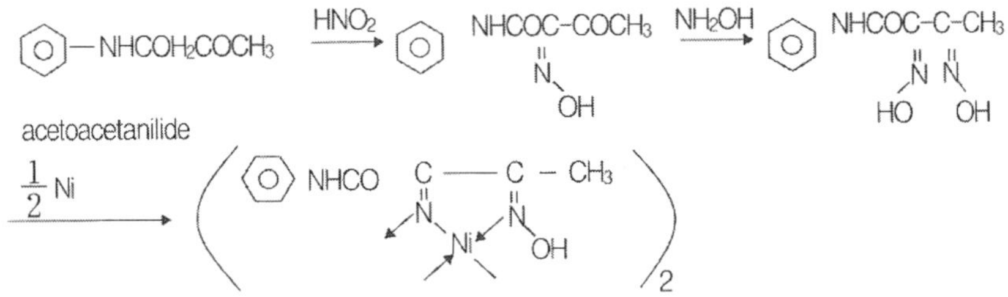


⑫ **유기 안료의 일반적 물성**

| 대분 | 분류 | | 내수성 | 내광성 | 내용제성 | 내열성 |
|---|---|---|---|---|---|---|
| 아조계 | 용성AZO | | C | C | B | C |
| | 불용성 AZO | Monoazo | A | B | D | C |
| | | Diazo | A | C | C | C |
| | | 축합 Azo | A | A | A | A |
| 다환계 | Phthalocyanine | | A | A | A | A |
| | Quinacridone | | A | A | A | A |
| | Quinaphthalone | | A | A | A | A |
| | Dioxazine | | A | A | A | A |
| | Isoindoline | | A | A | A | A |
| | 건염염료계 안료 | | A | A | A | A |

A; Excellent, B: Very Good, C: Good, D; Poor

## 4 도막의 형성

도료를 도막하여 고화시키는 것을 도료의 건조라고 말하며, 가열하여 도막을 건조경화시키는 조작을 소부(燒付)라고 한다. 도료의 종류는 많으나 도막의 형성 mechanism은 두 가지로 분류된다. 하나는 용제 휘발에 의한 물리적 도막형성이며, 다른 하나는 가교반응에 의한 화학적 도막형성이다.

### 4.1 용제 휘발에 의한 물리적 도막 형성

연속도막을 위한 방법으로 열가소성 고분자수지 용액의 증발 건조 과정에 의한 도막 형성을 말하지만 물을 용제로 하고 고분자수지를 에멀전 상태의 입자들로 분산시켜 도막을 형성시키는 방법은 매우 유리한 환경친화성 도장방법이다. 이는 고분자입자를 계면활성제의 작용에 의하여 물속에 아주 작은 입자로 분산하고 이 에멀젼 수지 입자는 물속에서 정전기적 반발력과 entropy에 의한 반발력에 의해서 안정하게 분산되고 도장 후 하나의 연속적인 film상으로 합착(coalescence)될 수 있다.

에멀젼 도막에서 물이 증발되어 감에 따라 고분자 분산 입자들은 서로 점점 가까워지게 된다. 이렇게 되면 고분자입자와 입자 사이 벽에는 아주 가는 모세관 벽이 형성되고 그 관 내부에서 표면장력이 이 모세관을 붕괴하려는 힘이 작용하여 모세관 직경이 작아지고 그 표면장력은 더욱 강해져 물이 점점 증발함에 따라 강해진 표면장력은 입자들을 따로 떨어 뜨려 놓으려는 힘보다 커져 입자들은 합착되어진다. Lacquer, 비닐수지도료, 주정도료 등이 있다.

### 4.2 가교 반응에 의한 화학적 도막 형성

단량체(Monomer)나 올리고머(Oligomer)가 표면에서 화학적 반응에 의하여 3차원적 거대 분자를 형성할 때 도막이 얻어진다. 이 경우 두 가지 이상의 서로 다른 작용기를 분자당 2개 이상을 갖도록 하여 무한대의 분자량을 갖는 거대분자로 성장하도록 하는 것이 보통이다. 이와 같이 얻어진 3차원 구조의 도막은 용제에 녹지 않는 특성을 갖는 최대의 장점으로 여겨진다.

도장 후 용제가 증발하면서 가교반응이 진행되어 분자량이 증가하게 되고 $T_g$(유리전이온도) 값이 상승한다. 시간이 경과함에 따라 $T_g$ 값은 어느 온도에 접근해 가는 반면 도막의 강도나 경도에 영향을 주는 탄성율(Modulus)은 경화반응이 계속되는 동안 계속 상승하여 용제에 대한 불용성은 최대로 상승하게 된다. 유성페인트, 알키드수지 도료, 에폭시 수지도료 등이 여기에 속하며 일회의 도장으로 두꺼운 도장이 가능하다.

## 5 각종 도료

### 5.1 유성 도료(油性塗料)

도료에 사용되는 Vehicle(전색제)에 건성유, 생옻 및 캐슈(Cashew) 등의 천연수지를 사용하는 도료를 말한다. 여기에는 옻·케슈계 도료, 유성페인트, 유성에나멜 등이 속한다.

### 5.1.1 옻·케슈(cashew)계 도료

제조방법은 옻나무 수액(생옻나무)을 약 40℃ 부근에서 수 시간 가열 교반하고 탈수, 산화 반응을 일으켜 5% 정도 농축한 후에 여기에 기름, 천연수지, 에스테르 고무(Ester gum)을 증량제로서 20~30% 첨가하여 도료를 만든다. 옻 수액의 주성분은 우루시올(Urushiol)이다. 옻칠은 건조가 느리고, 옻에 의해 피부병을 일으키고, 고가이며 취급하기 어려운 결점이 있으나, 옻 도막은 단단하고, 광택, 부착성, 내약품성이 우수해 공예품, 칠기 등 특수한 용도에 사용된다.

옻과 유사한 것으로서 케슈(Cashew)계 도료가 있다. 'Cashew nut 핵유'에는 '카돌'과 '아나카드산(Anacardic acid)'이라고 하는 Urushiol 유사의 페놀유도체를 포함하며 유용성 페놀수지와 공축합시켜 Vehicle(전색제)을 만든다. 도막의 성질은 옻칠과 유사하며, 피부병을 일으키고 싼 가격으로 옻칠의 대체품으로 사용된다.

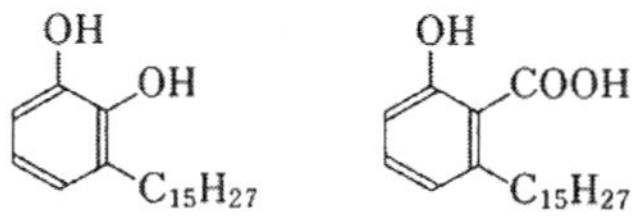


Urushiol　　　Anacardic acid

### 5.2.2 유성(油性)페인트

대두유, 아마니유, 동백유, 어(漁)유 등의 건성유에 건조제를 가하여 120℃ 이하의 온도에서 공기를 불어 넣으면서 알맞은 점도가 될 때까지 산화 중합시킨 기름이 보일유(Boil oil)라 하는데 이것에 건조제를 첨가하면 Vehicle(전색제)가 되고 여기에 안료를 넣은 도료를 유성페인트라고 한다. 안료분이 85~90%의 견련(堅練)페인트와 60~65%의 조합페인트가 있다. 후자는 소량의 휘발성 용제를 첨가하며, 그대로 도장에 사용된다. 건조가 느리고 도막의 경도, 광택, 내수성, 내알칼리성 등은 떨어지나 도장이 간단하고 비교적 내구성이 좋으며 가격도 싸기 때문에 현재 널리 사용된다.

### 5.2.3 유성니스(油性 Vanish), 유성(油性)에나멜(Enamel)

유성니스는 송진(주성분은 아비에틴산)이나 에스테르 수지 등의 천연 수지나, 송진 변형 말레인산 수지, 페놀 수지 등을 건성유와 가열 중합시킨 것에 용제나 건조제를 첨가한 것이다. 건조성, 내구성, 내수성이 비교적 좋기 때문에 여러 분야에 널리 사용된다. 여기에 안료를 분산시킨 유성에나멜은 상온 건조 도료로서, 혹은 소부(燒付)도료로 사용된다. 저렴하고 광택이 좋지만 도막성능은 합성수지 도료보다 뒤떨어진다.

## 5.2 합성수지도료

합성수지를 사용하는 도료는 품질이 일정하며 가격이 싸며 성능이 좋은 장점 때문에 도료 생산량의 80% 이상을 차지하고 있다.

### 5.2.1 알키드수지도료(Alkyd 樹脂塗料)

도료에 사용되는 알키드수지는 무수프탈산과 글리세린 혹은 펜타에리트리톨(pentaerythritol) 등의 다가 알코올과 폴리에스테르를 기름 혹은 지방산으로 변성한 수지(분자량 2,000~3,000)를 도막주성분으로 하는 도료이다.

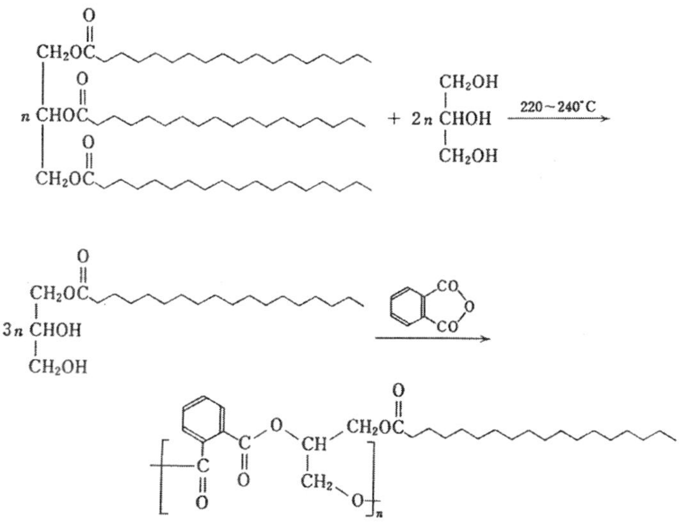

지방산 변성의 경우는 지방산, 무수프탈산, 다가알코올의 3가지를 희유(稀有)기체(noble gas) 기류 하에서 220~250℃에서 폴리에스테르화 한다. 기름 변성인 경우는 사전에 다가 알코올과 기름(트리글리세라이드)와의 에스테르 교환으로 모노 혹은 디글리세라이드로 변화한 후 무수 프탈산을 더해서 폴리에스테르로 된다. 후자의 방법이 축합도가 낮아 겔(Gel)화되기 쉽다.

알키드수지의 성질은 변성으로 사용한 기름 혹은 지방산의 종류 및 알키드 수지 중의 지방산의 비율(이것을 油長이라고 한다.)에 의해 변화한다. 장유장인 경우는 직선상(直線狀)의 저축합도 수지가 되고, 단유장의 경우는 지분상(枝分狀)의 고축합도 수지가 된다.

도료용 알키드 수지의 평균분자량은 2,000~3,000이지만, 도장 후 지방산의 이중결합의 산화 가교형성 반응을 일으키고, 고분자량의 그물모양(Network Polymers) 구조를 형성하여 도막이 된다. 이 반응의 촉매로서 나프텐산 코발트 등의 금속염이 사용된다. 건조 일수에 따라 도막의 강도는 증대하지만, 장기간의 폭로(暴露)에는 견디지 못한다.

표 1-9 알키드수지의 유장과 여러 가지 성질 및 용도

| 유장[%] | 단유 (30 ~ 40) | 중유 (50) | 장유 (60 ~ 70) |
|---|---|---|---|
| 점도 | 大 ← | ← | ← 小 |
| 용해도 | 小 → | → | → 大 |
| 건조성 | 小 → | 大 | ← 小 |
| 안료혼화성 | 小 → | → | → 大 |
| 寒暖의 광택 | 大 ← | ← | ← 小 |
| 굳기 | 大 ← | ← | ← 小 |
| 굴곡성 | 小 → | → | → 大 |
| 부착성 | 小 → | → | 大 ← 小 |
| 내수성 | 小 → | → | → 大 |
| 내후성 | 小 → | → | → 大 ← 小 |
| 용도 | 하지도료(下地塗料) | 차량용, 건축용, 기계, 금속제품용, 가정용 | 선박용, 건축용, 가정용 |

변성유의 요오드가나 공액 이중결합의 함량이 높은 것 일수록 건조성이 좋으나, 도막의 황변현상이 일어나기 쉽다. 또한 유리 하이드록시(-OH)기나 카르복실기(-COOH)가 존재하기 때문에 부착성은 우수하지만 골격이 폴리에스테르이기 때문에 일반적으로 내수성, 내알칼리성에 문제가 있다.

### 5.2.2 아미노수지도료

요소(Urea) 또는 멜라민(Melamine) 등과 포름알데히드(Formaldehyde)와의 축합물을 알코올 변성하여, 내구성, 내수성을 개량시킨 수지(부칠화요소수지나 멜라민수지)이다. 또한 대표적인 소부도료로 사용된다. 소부도료의 제조는 단유성의 알키드수지에 멜라민 수지를 20~30% 혼합시킨 것으로 자동차, 전기기기, 금속제품 등에 널리 사용된다. 소부과정에서 알키드 수지의 하이드록시기와 아미노수지의 메틸올(Methylol)기 간의 탈수 축합에 의해 가교가 일어나 경화된다.

아미노수지도료의 특징은 저온, 단시간의 소부(燒付; 가열건조)로 단단하고 광택이 있는 도막을 생기게 하여 도막의 내후성, 내약품성, 내마모성, 전기적 성질이 우수하다.

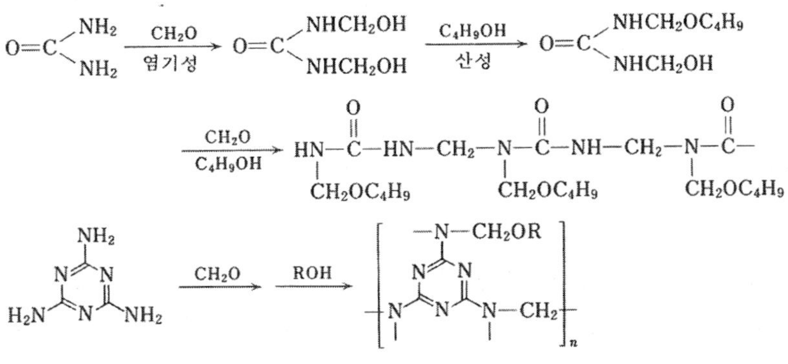

### 5.2.3 가교형 합성수지

유성도료, 알키드수지 도료, 아미노수지 도료의 어느 것이나 가교 반응이며 고분자화하지만, 이들은 1액(液)형 타입이며, 가교형 합성 수지는 같은 가교 반응이 되기 쉬운 관능기를 별도로 갖는 2 종류의 Vehicle을 준비하고, 사용 직전에 혼합하여 도막을 형성시키는 2액(液)타입의 가교 경화형의 도료와는 구별되고 있다.

2액형 가교 경화 도료의 대표적인 것은 2액 타입 불포화폴리에스테르 수지도료, 2액 타입 에폭시 수지도료 및 2액 타입 폴리우레탄 수지도료 등이 있다.

#### 1) 불포화폴리에스테르수지도료

이액형(二液型)의 상온 건조도료이며 불포화이염기산(무수말레산, 프마르산)과 이가알코올(에틸렌글리콜, 프로필렌글리콜)을 축합한 알키드수지 부분중합체를 스틸렌과 같은 비닐모노머와 중합하여 만든다. 촉매를 가하면 이중결합부분에 가교가 일어나 불용의 도막이 형성된다.

비닐모노머는 사용시까지 용제의 역할을 하며, 경화시에는 가교제로서 도막형성의 역할을 한다. 따라서 용제의 휘발이 없고, 일회의 도장으로 내약품성, 내마모성이 좋은 두꺼운 도막이 얻어지는 장점이 있으나, 경화시에 체적수축이 크며, 부착성이 떨어지는 단점이 있다. 주로 목재도장에 사용된다.

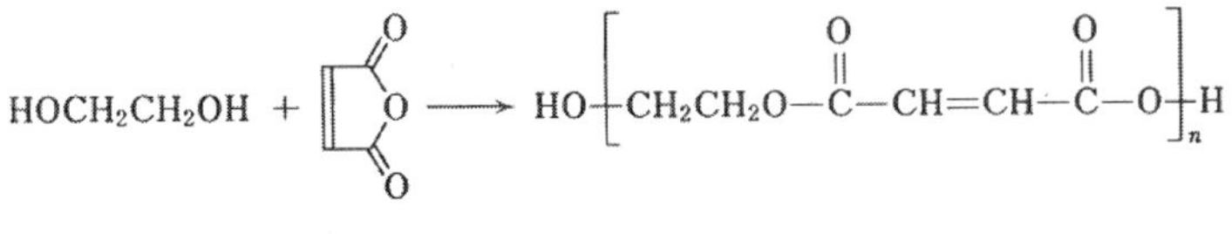

#### 2) 에폭시수지도료

제조과정은 에피클로로히드린(Epichlorohydrin)과 비스페놀A(Bisphenol A)등의 디하이드록시(Dihydroxy) 화합물이 공축합에 의해 합성되고 반응성의 에폭시기를 가진 직쇄상 수지(Pre-polymer, 그림)가 Vehicle이라는 도료가 되며 아민계, 산무수물, 이소시아네이트(Isocyanate) 등의 경화제로 가교 고분자화시키고 도막을 형성시킨다.

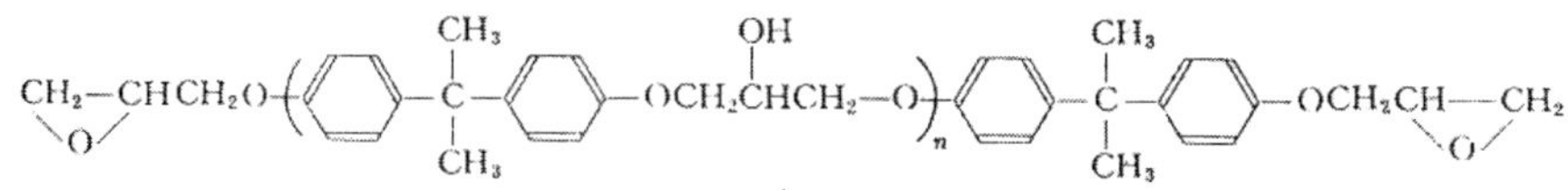


일액(一液)형의 상온경화도료와 이핵(二液)형의 소부 및 상온경화도료가 있으며, 변성에 따라 여러 성능을 가지는 도료가 얻어진다. 변성법은 그림과 같다.

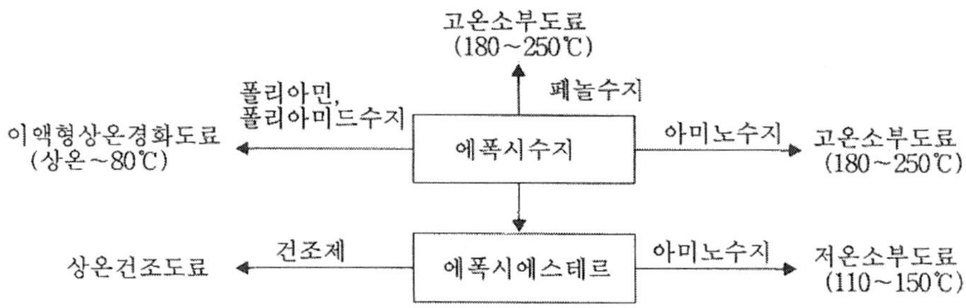


에폭시에스테르도료는 에폭시 수지를 건성 유지방산과 반응시킨 에스테르형 수지를 사용한 도료로서 이액(二液)가교형에는 따르지 못하지만 내유성, 내약품성이 좋은 도막을 형성한다.

이액(二液)경화형 에폭시수지도료는 에폭시수지와 제일급, 제이급 아민 또는 폴리아민을 미리 에폭시수지에 부가시킨 아민부가물이나 폴리아미드수지 (다이머산과 아민과의 반응생성물) 등을 사용 직전에 혼합하여, 아미노(Amino)기와 에폭시(Epoxy)기의 부가중합반응으로 경화시킨 것으로서 도막의 방식성(防蝕性)이 우수하기 때문에 선박, 교량 등의 방식도료로서 사용된다.

### 3) 폴리우레탄수지도료

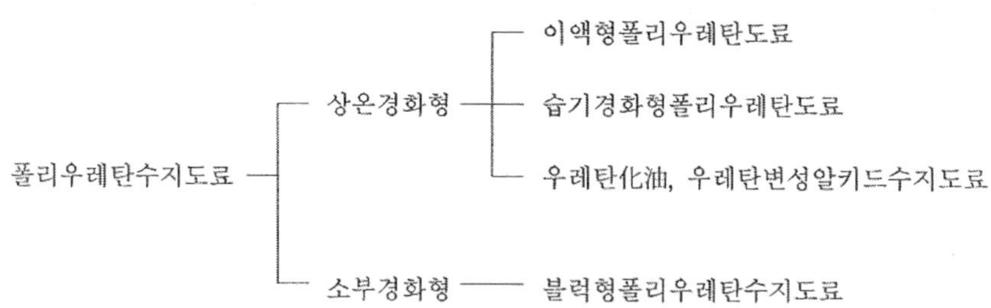


그림 1-1 여러 가지의 폴리우레탄수지도료

도박형성 성분 중에 우레탄결합을 포함하는 도료로서 상온경화형(이액형폴리우레탄도료, 습기경화형 폴리우레탄도료, 우레탄유화, 우레탄변성알키드수지도료)과 소부경화형(블럭형폴리우레탄수지도료)이 있다. 어느 것이나 도막의 부착성, 광택, 내약품성, 내마모성이 우수하며, 내후성이 좋기 때문에 옥외형도료, 목재형도료로서 널리 사용된다. 단점으로서는 이소시아네이트가 점막을 일으키는 성질이 있으며, 발포하기 쉬운 것 등으로서 제조, 저장, 도장 시에 주의가 필요하다.

(1) 이액형폴리우레탄수지도료

폴리올수지와 유리폴리이소시아네이트기를 가지는 부분 중합체를 도장 직전에 혼합하여 고분자화한 것으로 자동차 보수용이나 건재, 목공품 마무리에 사용된다.

(2) 습기경화형폴리우레탄도료

폴리올수지에 과잉의 이소시아네이트를 반응시킨 일액형도료로서 미반응의 이소시아네이트기에 수분이 작용하여 생긴 아민이 다시 이소시아네이트기와 반응하여 요소결합을 생성하여 가교가 일어난다.

$$R^1NCO \xrightarrow{H_2O} CO_2 + R^1NH_2 \xrightarrow{R^2NCO} R^1-NHCONH-R^2$$

(3) 우레탄화유(Urethane化油)

건성유, 모노, 디글리세이드와 거의 같은 양의 디이소시아네이트와의 반응생성물로서 미반응 이소시아네이트기는 메탄올 등과 반응하여 안정화된다. 도막건조 메카니즘은 유성도료와 같으나 도막의 성질이 우수하고, 가격이 싸며 작업성이 좋기 때문에 마루바닥도장에 잘 사용된다.

(4) 블럭형폴리우레탄도료

페놀, 카프로락탐 등과 반응시켜 이소시아네이트기를 블록(보호)시킨 폴리이소시아네이트를 폴리올, 폴리아민형 폴리머와 혼합한 일액형의 소부경화도료로, 가열에 의해 이소시아네이트가 재생하여 하이드록시기와 반응하여 경화된다. 이 도료는 양이온전착(電着)도료에 사용된다.

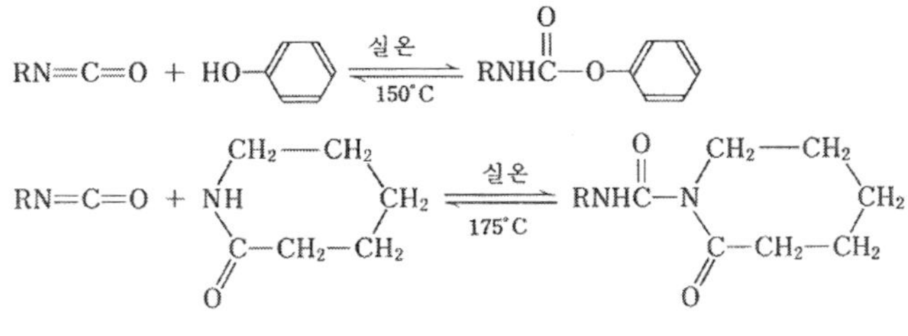

### 5.2.4 비닐수지도료

비닐뷰티랄수지(Polyvinylbutyral), 염화비닐수지(Polyvinylchloride) 등의 비닐수지를 Vehicle로 하는 도료이다. 빠른 건조성, 도막의 기계적 성질, 화학적 성질이 우수하나, 부착성, 안료분산성이 불량하다.

#### 1) 염화비닐수지

일반적으로 유기용제에 용해되기 어렵기 때문에 초산비닐과 공중합(15~20%)시켜 용해성을 높이거나 혹은 동종중합체(Homopolymer)를 가소제(Dioctylphthalate)와 소량의 용제 혼합물 중에 분산시켜 소부도료로 하는 방법이 사용된다. 후자는 비닐졸도료라고 부르며, 고고형분(高固形分)도료이기 때문에 일회에 두꺼운 도장이 가능하며 도막의 성질이 우수하기 때문에 금속판이나, 직포의 도장에 사용된다.

#### 2) 폴리비닐부티랄수지

폴리비닐부티랄수지(PVB)를 주성분으로 하는 도료는 Primer로서 경금속도장, 목재도장 등에 사용되는 외에 페놀 수지와 함께 병용하여 관내 도장에 사용된다. 부틸알데히드(Butyraldehyde)와 10~15% 정도의 비닐알코올(vinylalcohol)이 포함되는 공중합체로서 투명성이 좋고 내한성이며 경화 시에 3차원화한다.

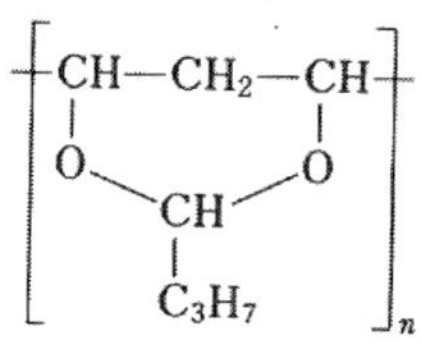

### 5.2.5 아크릴수지도료

아크릴수지를 주성분으로 하는 도료를 크게 분류하면 아크릴 소부도료(열경화성), 아크릴락카(열가소성), 아크릴 에멀젼도료(열가소성)의 세 가지가 있다.

#### 1) 열경화성 아크릴 수지 도료(소부도료)

아크릴산, 메타크릴산, 에스테르, 스티렌 외에 각종 활성 관능기를 가진 아크릴 모노머의 연쇄상 공중합 폴리머이다. 이 Prepolymer를 단독 또는 공중합 수지와 혼합하여 도막주성분으로 한다.

소부에 의해 이 아크릴수지끼리 또는 공중합 수지와 가교 중합하여 망상구조의 도막을 만든다. 공중합물에는 아크릴수지의 활성 관능기에 의해 결정되나 아민수지, 에폭시수지, 알키드수지, 폴리아민, 2염기 산무수물 등 각종 물질이 사용된다.

특징으로는 내후성이 우수하고 광택, 광택보유성, 색상 및 보색성이 우수하다. 또한 우수한 도막의 제반 물성을 소유하고 내약품성, 내오염성, 부착성이 우수하다.

용도로는 주로 금속 상도용으로 자동차, 가전제품, 사무용기기, 기계류 등 광범위하게 사용된다.

2) 열가소성 아크릴수지 도료(아크릴 락카)

아크릴산 에스테르, 스틸렌, 초산비닐 공중합체 등의 열가소성 폴리머를 도막주성분으로 하는 락카이다. 따라서 용제 휘발에 의해서만 도막을 형성한다. 무색투명하며 광택보유성, 보색성, 내후성이 뛰어나며, 내약품성, 가공성이 우수해 자동차 상도도장에 사용된다. 또한 철도차량의 외장용, 가전제품, 사무용 기기 등 금속제품의 고급상도용으로 사용된다.

3) 아크릴에스테르 수지 도료

아크릴산 및 메타크릴산의 에스테르 고분자 또는 공중합체이며 초기 색상이 우수하고 내열성이다. 열가소성 수지로서 용제에 민감하지만 산, 알칼리, 알코올 및 물에는 내성이 우수하다.

### 5.2.6 페놀수지도료

도료에 사용되는 페놀수지는 열가소성의 노블락(Novolac)형이다. 이 수지와 건성유가 가열 혼합하여 상온건조형태이며 방식용, 내수성, 내산성, 내알칼리성, 내약품성도료로서 사용된다.

## 5.3 셀룰로오스(Cellulose) 도료

락커로서 잘 알려져 있고, 니트로셀룰로오스, 아세틸셀룰로오스, 아세틸부틸셀룰로오스(이상 에스테르형), 에틸셀룰로오스, 벤질셀룰로오스 (이상 에테르형) 등 섬유소 유도체를 도막성분으로 하여, 수지나 가소제를 가하여 휘발성 용제에 녹인 도료이다. 이중에서 니트로셀룰로오스에 의한 도료가 가장 잘 알려져 있고 락카라고 하면 이것을 가리키는 경우이다. 그러나 안료를 함유하지 않는 것을 클리어랙커(Clear lacquer), 안료를 포함한 것을 랙커에나멜(Lacquer enamel)이라고 부른다.

니트로셀룰로오스는 견고성이 약하기 때문에 알키드수지나 말레산수지 등이 광택, 부착성, 기계적성질, 내후성의 개선 등의 목적으로, 니트로셀룰로오스에 대하여 1~2.5배의 양이 첨가된다. 또한 가소제로서 푸탈산디부틸(Dibutylphthalate: DBP)이나 프탈산디옥틸(Dioctylphthalate: DOP)이 주로 사용된다. 락카의 도막형성은 용제의 증발에 의하기 때문에 건조는 빠르고, 도막의 경도가 우수하며, 내수, 내약품성이 좋은 특징이 있으나, 일회도장으로는 도막이 얇은 단점이 있다. 용도로서 옥내 건재용, 차량용, 전자기기, 농기구류, 목재용 등 외에 도장이 간단하고 건조가 빠르기 때문에 가정용, 수공용 등에 널리 사용된다. 아세틸부틸셀룰로오스와 열가소성의 아크릴 수지로부터 아크릴 락카가 제조되고, 내광성, 보색성이 양호하다.

## 5.4 주정도료(酒精塗料)

알코올을 주성분으로 한 용제에 수지를 용해한 것을 Vehicle(전색제)로 하는 도료로서 여기에서 사용되는 수지로는 쉘락(Shellac), 송진(Rosin), 코팔(Copal) 등의 천연수지가 있고, 용제로서는 알코올류(Methanol, 변성알코올, Isopropylalcohol, Butanol, Ethyl acetic acid, Amyl acetic acid) 등이 사용된다. 수지의 종류에 따라 케톤, 에스테르 등도 일부 혼합하여 사용된다. 도장이 간단하고, 건조가 빠르고, 광택이 우수하고 단단하며 강인한 도막이 얻어지기 때문에 목재가구나 옥내 목부(木部)의 투명 마무리에 사용된다.

천연수지를 기름 혹은 용제에 녹이기만 한 Vehicle을 Vanish(니스)라고 하고, 기름에 녹인 것을 기름 바니스, 용제에 녹인 것을 스피리트 바니스라고 불린다. 더욱이 Vanish에 안료를 넣은 것을 에나멜(Enamel)이라 한다.

## 5.5 수성도료

수성수지에 사용되는 수지형태는 수용성형(Water Soluble), 수분산형(Colloidal Dispersion), 에멀젼형(Emulsion) 등의 3가지가 있고, 이들의 구조는 그림과 같다.

표 1-10 수성도료의 성질과 특성

| | 수용성 수지 | 수분산형 수지 | 에멀젼 |
|---|---|---|---|
| 수지외관 | 투명 | 반투명 | 백탁 |
| 수지입자크기(마이크론) | 용액 | 0.1 | 0.1~0.5 |
| 분자량 | $10^3$~10 | $10^3$~$10^5$ | $10^5$< |
| 점도 | 높음 | 중간 | 낮음 |
| 유기용제량(%) | 5~40 | 0~10 | 0.5 |
| 안료분상성 | 양호 | 보통 | 미흡 |
| 광택 | 양호 | 보통 | 미흡 |
| 물리적 성질 | 양호 | 양호 | 보통 |
| 화학적 성질 | 보통 | 보통 | 양호 |
| 내구성 | 보통 | 보통 | 양호 |
| 건조성 | 보통 | 양호 | 양호 |
| 도장시 고형분 | 낮음 | 비교적 높음 | 높음 |
| 용매 | 물+용제(大) | 물+용제(小) | 물 |

수용성 및 수분산형은 그 대부분이 수용성 용제를 용매로 하여 합성한 수지를 용해시킨 후 중화제와 물을 사용하여 물에 대한 가용형 또는 반가용형 · 반분산의 형태로 만드는 방법을 일반적으로 사용한다. 이것은 축합계 어느 쪽이든지 대응할 수 있는 기술이다. 에멀젼형은 수지 종류에 따라 아크릴계, 초산비닐계, 스틸렌-부타디엔계 등의 여러 종류가 있으나 아크릴계에 비해 스틸렌-부타디엔계는 부착성 및 내후성이 다소 떨어지고 초산비닐계는 내산성 및 작업성이 떨어지는 것으로 알려져 있다.

### 5.5.1 수용성(Water soluble)수지도료

분자 중에 유리된 Carboxyl기를 가지고 있는 수지를 암모니아, 아민으로 중화하면 음이온성 수용성 수지가 생성되며, 이것을 사용하면 수용성의 상온 건조형 및 소부형 도료가 얻어진다.

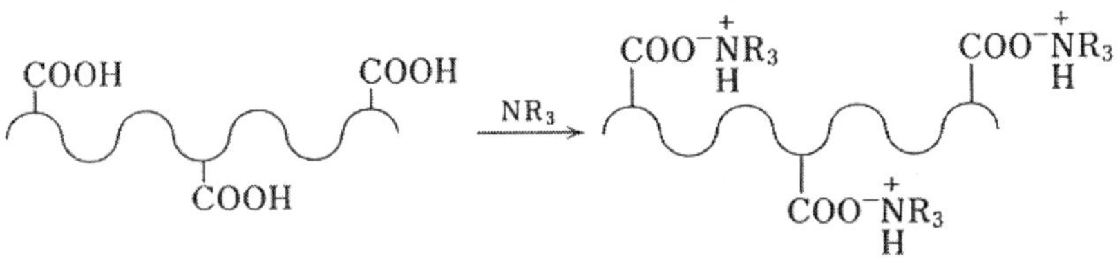


물속에 용해한 음이온성의 수지는 전장(電場)내의 양극을 향하여 이동하는 성질을 가지고 있기 때문에, 전착도료(電着塗料)로서 이용된다. 예를 들면 말레인화유, 말레인화지방산에스테르, 말레인화 폴리부타디엔 등으로부터 얻어지는 음이온전착도료는 자동차의 프라이머(Primer, 제1층 도료)로서 사용되며, 아크릴산과 하이드록시에틸아크릴레이트(Hydroxyethyl acrylate)의 공중합체의 아민형은 알루미늄 샷시용 전착도료로서 사용된다.

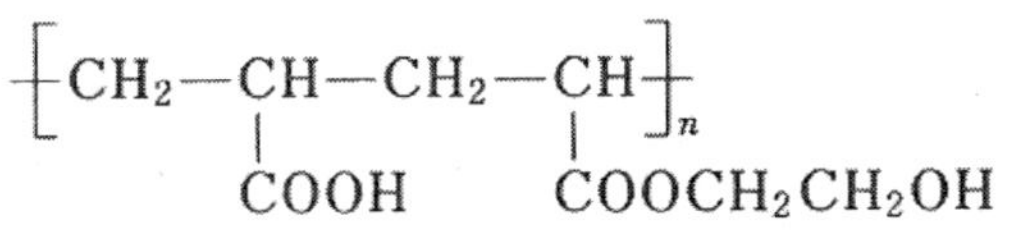


역으로 폴리아민형수지를 유기산으로 중화하여 수용성으로 한 양이온 전착형 도료는 방식성이 좋은 자동차용 Primer로서 최근에 이용이 급속하게 신장하고 있다.

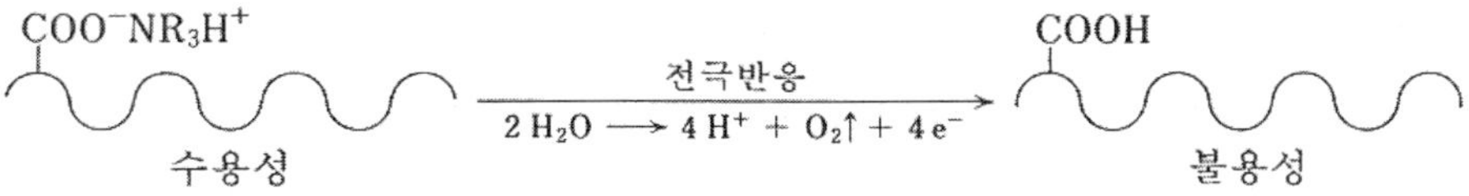

### 5.5.2 수분산형(Colloidal dispersion)수지도료

수용성 수지 중에 비극성 부분이 증가하면 극성이 높은 물속에서 소수부분끼리 서로 응집하여 다수의 집합체를 형성하고 유상의 백색용액이 된다. 이것이 수분산성 수지로서 수용성 수지에 비하여 친수(親水) 관능기의 수가 작고 고분자량의 수지를 비교적 높은 고형분으로 수용화할 수 있으므로 고성능의 수성도료에 자주 응용되고 있다. 수분산형 수지는 분산콜로이드라고도 하며 입자의 직경이 0.001~0.1㎛인 미립자가 반용해·반분산의 형태로 물속에 존재하며 그 특성은 에멀젼과 수용성 수지 중간에 위치한다.

수분산계 수지의 특징은 친수성 segment의 양을 줄일 수 있다는 것이다. 또한 Colloid 분산체의 Sol과 Gel의 가역적 성질인 Thixotropy성의 유도성을 나타냄에 따라 도료의 후막도장이 가능하다. 이 특성을 살린 에폭시 에스테르계 수성 수지는 자동차 부품의 방청용으로 일부 사용되고 있다. 최근 주목되는 수분산 수지로서 폴리우레탄 분산물이 있다. 수성 폴리우레탄 수지의 수성화법은 유화제를 사용하여 수중에 분산되도록 하는 강제 유화법과 폴리머의 골격 속에 친수성기를 도입하는 자기유화법이 있는데 공업적으로 많이 생산되고 있는 것이 자기유화법의 Monomer형 수성 폴리우레탄 수지이다. 이 유형은 폴리머 속의 친수성 이온기에 의해 물을 미(微)분산시킨 콜로이드 분산형 수지로서 건조되기만 하면 탄성이 풍부하고 내마모성, 내약품성 등이 뛰어난 도막을 형성한다, 수성 폴리우레탄 수지는 각종 기재에 대해 부착성이 양호하며 고경도형으로부터 유형까지의 자유 설계가 가능한 점으로 인해 폭넓은 용도를 기대할 수 있다.

### 5.5.3 에멀젼도료

비닐계, 아크릴계 또는 이들의 공중합계 라텍스에 하이드록시에틸셀룰로오스(Hydroxyethyl cellulose, HEC) 등의 점도 부여제나 분산제, 습윤제, 방부제, 소포제 등을 첨가하여 수 마이크론 이하의 미립자로서 물에 분산시킨 도료로서 라텍스페인트(Latex paint)라고 부른다.

에멀젼도료의 특징으로서 첫째 용제를 사용하지 않기 때문에 용제의 냄새가 없으며, 또한 화재, 위생상 위험이 없고, 둘째 건조가 빠르고 건조 후 내수성 내알칼리성의 도막을 형성하며, 셋째 무공해도료이며 넷째 도장 작업성이 좋으며, 도장요구의 보수가 간단하다는 등의 장점을 들 수 있다. 그러나 도막형성이 라텍스입자의 융합에 의해서 행하여지기 때문에 연속성 도막을 얻을 수 없으며 광택이 떨어지는 단점이 있다, 용도로서는 옥내, 옥외용 건축 도장물에 사용되며, 최근에 가정용 도료로서 많이 사용된다.

에멀젼도료는 비닐, 아크릴계 등의 중합성모노머를 계면활성제를 사용하여 물에 유화시켜 과산화물이나 수용성 레독스(Redox) 촉매 등을 가하여 유화 중합시킨 후

안료 페이스트(Paste)와 혼합하여 제조한다.

### 5.6 분체도료

용제를 사용하지 않는 새로운 형의 도료로서, 주로 에폭시수지, 아크릴수지, 폴리에스테르수지 등의 열경화성 수지계, 경화제, 안료, 첨가제를 가하여 90~120℃에서 용융 혼련(混練)시킨 후 냉각 분쇄시켜 제조한다. 가장 널리 사용되는 에폭시수지계 분체도료의 경우는 경화제로서 아민이나 산무수물이 사용된다. 고전압이 걸려있는 스프레이건(Spray gun)의 노즐을 통하여 음전위(Anion charge)로 대전시킨 분체도료를 양전위(Cation charge)에 고정시킨 피착제에 불어 정착시켜 소부하고 용융하여 균일한 연속도막을 형성한다.

저공해로 일회의 도장으로서 두꺼운 도막 형성이 가능하여 도료의 회수, 재사용도 가능하여 이용 효율이 높은 장점이 있다,.

### 5.7 무기질도료

규산알칼리(규산리튬, 규산나트륨 등)나 규산알킬(규산에틸)의 수용액을 Vehicle로 하는, 소부 또는 상온 건조형 도료로서 아연분말을 혼합한 것을 Zinc-rich paint라고 한다, 불연성(不燃性)으로 용제나 약품에 대하여 저항성이 크지만 도막이 휘어지는 성질이 적으며 부스러져 부착성이 결핍되어 있다. 무기질아연말도료(無機亞鉛末塗料)는 도랑, 플랜트, 탱크 외면 등의 대형 구조물의 방식도료로서 사용된다,

## 6 도료의 건조

도료는 분체 도료의 경우를 제외하고 도장 시는 유동성을 부담시키기 때문에 용액상태를 유지하며 이 도료를 얇은 막으로 고화시키는 것을 건조라 하고 특히 가열하여 고화시키는 것을 소부라고 한다.

도료의 도막은 두 가지 형태인데 첫째는 도막성분이 그대로 용액으로 되어 있는 것과 둘째는 도료 상태일 때는 프리폴리머이고 도포 후에는 어떠한 반응에 의해 경화하여 도막을 형성하는 것이다. 전자는 용제 건조형이고, 후자는 반응 건조형이다. 표 1-11에서 대표적인 도료의 건조 기구를 나타낸다.

표 1-11 도료의 건조기구

| 건조 형식 | 도료(건조온도) |
|---|---|
| 상온산화 | 유성도료, 알키드수지도료 |
| 가열산화 | 알키드수지도료(150℃) |
| 상온축합 | 에폭시수지도료 |
| 가열축합 | 아미노알키드수지도료(110~160℃)<br>열경화형 아크릴수지도료(120~180℃)<br>에폭시수지도료(150~180℃), 수성도료(130~170℃) |
| 상온중합 | 폴리우레탄도료, 불포화폴리에스테르 수지도료 |
| 가온중합 | 불포화 폴리에스테르 수지도료(80℃) |
| 상온용제휘발 | 락카, 에멀젼도료 |

소부의 방법으로는 열풍 순환 전열 적외선 조사, 가스 적외선 조사, 고주파 유전(誘電) 가열 등이 있고, 이 외에 빛이나 전자선으로 경화하는 도료도 개발되고 있다.

용제 휘발 건조형의 도막은 도막형성 후에도 그 도료의 용제로 재용해하지만 반응경화용의 도막은 일단 도막이 형성되면 그 도료의 용제에는 재용해하지 않는다.

## 7 금속의 도장

금속표면을 도장하기 위하여 표면의 때와 녹을 제거하고 사포로 표면을 거칠게 하여 '요철면(Profile)'을 만들어서 도료가 거기에 '고착(lock)'되도록 한다.

요철에 도료가 잘 침투할 수 있도록 primer를 먼저 칠한다. Primer가 갖추어야 할 조건은 금속표면에 접착력이 강하고 아울러 겉도장 물질에도 흡착력이 커야 한다. 또한 얇은 film을 형성하여야 하고, film형성은 용매에 Primer를 용해시킴으로써 잘 형성될 수 있다. 한편 용매는 그 자체가 습윤작용이 있고 더욱이 계면활성제를 첨가시킴으로써 내수성을 감소시키지만 습윤효과를 높일 수 있다.

Primer의 성분으로는 첫째 2차 대전 전에는 어유(魚油)를 주로 사용하였다. 아마인유보다 더 긴 사슬의 지방산을 가지고 있고 불포화도가 높은 지방산을 가지고 있다. 장점으로는 금속표면의 녹이나 이질물질을 덮어 싸는 능력을 가지고 있어 녹저항성 페인트로 사용한다. 그러나 강한 응집성 필름을 형성하기 어려워 재도장이 필요하여 이 점이 단점으로 꼽히고 있다.

둘째 비닐수지가 특히 산성환경에서 우수한 보호피막을 형성한다. 단점으로 응집성과 접착성이 불량하다. 따라서 세척 프라이머(Wash primer)라는 것을 사용한다. 이는 인산, 폴리비닐부티랄(PVB), 방식(防蝕)크롬산안료를 알코올용매에 분산시킨 것이다. 이것은 인산으로 금속표면에 etching시켜 매우 얇은 PVB막이 잘 접착하도록 하고 그 위에 비닐 프라이머가 단단히 접착한다. 이 막은 산화철, 적색납, 크롬산아연과 같은 방식 안료와 함께 PVA 공중합체로 구성되어 있다.

프라이머 도장 위에 안료를 첨가한 비닐수지를 여러 번 입혀서 전체 두께가 5mm 정도가 되도록 한다. 말레산무수물, 아세트산 비닐, 아크릴 등이 공중합체로서 흔히 사용된다. 그들은 PVC 보다 훨씬 내응집성이 덜하다. 가수분해된 무수물의 카르복실기는 금속표면에의 접착을 촉진시킨다. 또 다른 방법은 PVC 공중합체를 이용하여 막을 형성시키고 접착제를 사용하여 금속에 비교적 두껍게 바른다. 이 방법은 사무실 장비나 냉장고 문과 같은 가구의 표면에 사용한다.

## 8 참고문헌


1. W. Jaenick, Z. Electrichem., 60, 163 (1956)
2. P.B. Mitton, Off. Dig., 34, 73(1962)
3. J.Th.G. Overbeek et.al., "Theory of the Solubility of Lyo-phobic Colloids", Elsevier, Amsterdam (1948)
4. L.A. Romo, J. Phys. Chem., 67, 386 (1963)
5. P. Sorensen, J. Paint Tech., 47 (602), 31, (1975)
6. S.G. Gilbert, et.al., J. Pham. Sic., 68(7), 916 (1979)
7. P. Cherin, E.L. Line and E.A. Davis, J. Electrochem. Soc., 117, 233 (1965)
8. A.J. Eroles and A.L. Friedberg, J. Am. Ceram. Soc., 43, 233 (1965)
9. BASF, 特開昭 47-34256
10. BASF, 特開昭 48-17528
11. BASF, 特開昭 53-96003
12. Bayer, 特開昭 51-82288
13. Hoechst, 特開昭 51-103130
14. Allied Chem DOS, 1,810,817
15. Ciber Geigy, BP1111766 (1968)
16. D. Kelley, J. Chem. Soc., 625 (1941)
17. 大日本インキ, 特開昭 47-34256

# 2장 접착제

## 1 서론

접착제(adhesive)는 두 물질 사이를 접합시키는 물질로서 시멘트, 아교, 풀 등과 같은 용어보다 흔히 사용하는 넓은 범위의 용어이다. 다른 형태의 용도를 가진 밀폐제(sealant)는 두 표면 사이의 틈새나 결합 부위를 채우는 것이다. 그것은 신축성이 있고 표면 사이의 액체나 기체의 통과를 막을 수 있어야 한다. 어떠한 제품은 접착과 밀폐의 두 가지 목적으로 사용한다. 접착제와 밀폐제 산업은 접착성과 밀폐성을 가진 많은 물질이 피복으로서의 일차적인 기능에 대해서 접착과 밀폐가 이차적인 기능을 가진 경계상황에서 사용되기 때문에 구별짓기가 특히 어렵다.

접착제와 밀폐제 산업은 중소기업들이 경쟁력을 가진 산업 중의 하나이다. 이들의 60%가 공업용으로 사용되고 20%가 소비자 제품으로 20%가 공예에 사용된다.

접착제는 여러 가지 물리적 상태로 되어 있으며 여러 가지 많은 방법으로 사용한다, 물분산액(43%), 유기 가용성(16%), 2성분(11%), Hot-melt(21%), 기타(9%)이다. 유기 가용성 접착제는 유기 용매가 증발할 때 막을 형성한다, 어떤 접착제는 2성분 무용매계로서 혼합할 때 서로 반응하여 가교를 형성하는 열경화성 물질이다. 그 예로는 에폭시에 아민을 가한 에폭시(Epoxy) 수지와 Polyester에 Styrene을 가한 불포화폴리에스테르이다. Hot-melt는 자유롭게 흐르는 물질로 녹여서 물체에 칠할 수 있는 열가소성수지이며, 냉각하면 단단한 결합을 형성한다. Hot-melt의 장점은 자동화된 고속공정으로 칠할 수 있다.

흔히 사용하는 Scotch tape와 같은 감압접착제(Pressure-sensitive adhesive-PSA)는 tape상에서 부착된 영원히 끈적거리는 접착제로서 약한 압력으로 붙일 수 있으며 일시적인 접착용으로 적합하다. 최근에는 초음파 에너지, 자장, 유전 밀폐(dielectric sealing), 자외선에 의해서 접착시키는 새로운 방법들이 연구되고 있다.

# 2 접착의 기초이론

제조 공정에서 접착공정 자체는 기술적으로 그다지 어렵지 않은 것으로 생각하기 쉽다. 그러나 막상 접착 불량 등의 문제가 발생하면 대책을 간단히 세울 수 없는 경우가 많다. 접착에는 여러 가지 요인이 관여되고 있으므로 각각의 요인을 하나하나 부딪혀 나가지 않으면 문제는 해결되기 어렵다.

접착의 양, 불량은 경험적인 요인에 의거하는 경우가 많은데, 접착의 용인을 잘 이해한 뒤에 작업을 하고, 문제의 해결에 부딪칠 필요가 있다. 그러기 위해서는, 접착의 기초를 잘 이해하는 것이 중요하다.

## 2.1 접착에 관여하고 있는 화학 결합

잘 알려져 있는 것처럼 화학 결합에는 표에 나타낸 것과 같은 3개의 종류가 있다.

피착제 분자와 접착제 분자가 공유 결합하고 있으면, 대단히 강한 접착 강도가 얻어진다. 그러나 일반 접착에서는 2차 결합(van der Waals의 힘)이 주 원인으로 생각되고 있다.

또한 에폭시(Epoxy) 수지계의 접착제처럼 수소결합을 형성하기 쉬운 경우에는 2차 결합 만에 의해서 결합하고 있는 경우보다 접착강도가 크다.

표 2-1 화학결합의 에너지

| 종류 | 결합 거리(Å) | 에너지(kcal/mol) |
|---|---|---|
| 1차 결합 | 1~2 | 50~200 |
| 수소 결합 | 2~3 | 5~10 |
| 2차 결합 | 3~5 | 0.5~5 |

## 2.2 접착의 계면화학

2개의 물체를 접착제로 결합하고 있는 강도는 접착제 자체의 응집력과 접착계면에서

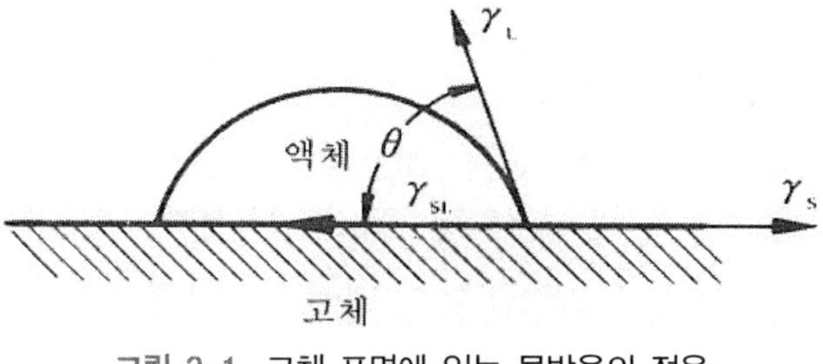


그림 2-1 고체 표면에 있는 물방울의 젖음

작용하는 접착제 분자-화학제 분자간의 결합력에 의해서 정해진다. 접착에 의해서 필요한 조건은 접착제 면에 있어서의 화학결합이 형성되기 위해서 접착제가 우선 피착제에 젖어야 한다.

### 2.2.1 Young식

그림 2-1에서 나타난 것처럼, 고체 표면상에 있는 액체방울이 접촉각 $\theta$를 유지하고, 평형 상태에 있을 때 유명한 Young의 식이 설립된다.

$$\gamma_S = \gamma_{SL} + \gamma_L \cos\theta \tag{1}$$

여기서 $\gamma_S$: 고체표면과 기체표면간의 계면 장력

$\gamma_{SL}$: 고체표면과 액체표면간의 계면 장력

$\gamma_L$ : 액체표면의 계면 장력

$\theta$: 접촉각

이들은 평형상태이고 액체방울의 절반 정도가 고체표면에 적신 상태로 정지하고 있다. 단순하게 말하면 액체방울은 마치 밥공기를 엎어놓은 형태로 반경 R의 원을 그리고 있다. 그 주변의 한 점 A를 보면 A가 정지하고 있기 때문에 A점을 왼쪽으로 끄는 힘과 오른쪽으로 끄는 힘은 평형을 이루어야만 한다.

왼쪽으로 끄는 힘은 $\gamma_S$이고, 오른쪽으로 끄는 힘은 $\gamma_{SL}$과 $\gamma_L \cos\theta$이다.

$\gamma$의 단위는 에너지 단위인 $erg \cdot cm^{-2}$이다. 그림 2-2 (a)와 같이 A점을 포함한 아주 짧은 곡선 부분을 생각하자. 그 길이를 $l$cm라고 하자. 그림 2-2 (b)는 가로로 본 것이다. 따라서 점 A점을 포함한 미소 직선에는 세 개의 면이 존재하고 왼쪽으로 향한 고체면과 오른쪽으로 향한 계면과 경사의 상방향으로 향한 액체면이 그것들이다. 여기에는 $\gamma_S$, $\gamma_{SL}$, $\gamma_L$ 이라는 세 종류의 자유 에너지가 존재한다. 자유 에너지를 방향을 가진 거리로 미분하면 방향성을 가진 힘이 된다. 표면장력 $\gamma$라는 것은 19세기 말까지는 힘으로 여겨지고 있었다. 그것은 액체 표면에 임의의 $l$cm에 직각으로 작

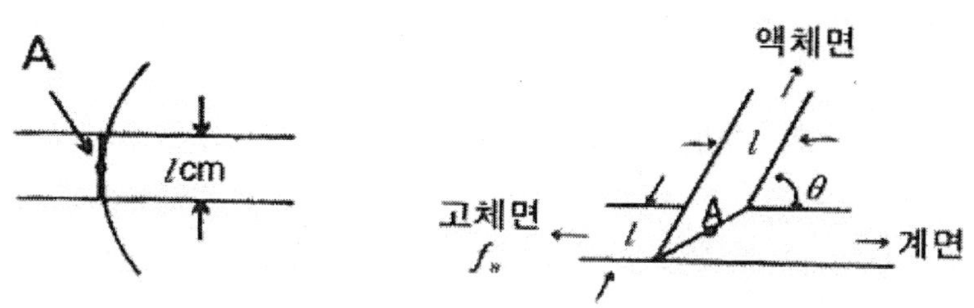


(a) 위에서 고체면 액체 방울의 끝 부분을 본다

(b) 옆에서 본 $l$cm 길이에 미치는 힘의 방향과 힘의 크기(dyn)

그림 2-2 액체와 고체가 접촉한 말단부의 극소 부분은 직선으로 간주해도 된다.

용하는 $f$ dyne · cm$^{-1}$라는 장력이다. 이것을 식으로 표현하면 다음과 같다.

$$\frac{dG}{dl} = f \quad \text{단위: erg/cm=dyne} \tag{2}$$

여기서 $G$는 자유에너지($\gamma$)를 나타낸다.

따라서 고체면, 액체면 및 액체와 고체의 계면이 존재할 때 $\gamma_S$에 따라 힘 $f_S$는 고체면으로만 존재하고, $f_{SL}$도 같은 이치로 액체-고체 경계면으로만 존재하며 액체 방울 표면의 $\gamma_L$은 오른쪽 경사면을 향해 있다. 고체 표면의 우측과 서로 끄는 힘은 $\cos\theta$를 곱해서 $\gamma_L \cos\theta$로 표현된다. 액체 방울 자체는 열역학 제2법칙에 의하면 표면적을 작게 하기 위해서 반드시 우측 끝점을 잡아당기듯이 움직여야만 한다. $\gamma$라는 자유에너지가 힘 f로 작용하면 그 방향은 $f_S$, $f_L$, $f_{SL}$의 화살표로 표시된다. 이것이 그림 2-3에서 표시되고 Young 식과 같다.

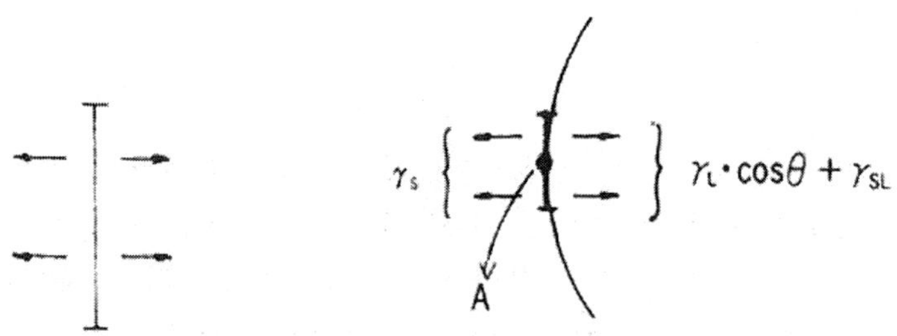


(a) 표면 1cm 직각으로 좌우 움직이는 장력(dyn cm$^{-1}$)

(b) 고체상 액체방울 끝부분 주변 $l$cm에 각각 움직이는 $\gamma_S$, $\gamma_{SL}$, $\gamma_L$의 힘(dyn cm$^{-1}$)

그림 2-3 dyn cm$^{-1}$의 의미

Young식을 scalar양의 $\gamma$에 방향성이 내재해 있다고 생각하면

$$\overleftarrow{\gamma_S} = \overrightarrow{\gamma_L} \cdot \cos\theta + \overrightarrow{\gamma_{SL}} \tag{3}$$

왼쪽으로 끌어당기는 힘 $f_S$는 다음과 같다.

$$f_S = \gamma_S[dyne \cdot cm^{-1}] \times l[cm] = \gamma_S \cdot l[dyne] \tag{4}$$

같은 원리로 오른쪽으로 끌어당기는 힘은

$$f_{SL} = \gamma_{SL} \cdot l[dyne], \ f_L = \gamma_L \cdot \cos\theta \cdot l[dyne] \tag{5}$$

이다. 만약 정지하고 있을 때(평형)

$$\overleftarrow{f_S} = \overrightarrow{f_L} \cdot \cos\theta + \overrightarrow{f_{SL}} \tag{6}$$

$$\gamma_S \cdot l[dyne] = \gamma_L \cos\theta \cdot l[dyne] + \gamma_{SL} \cdot l[dyne] \quad (7)$$

$$\therefore \ \gamma_S = \gamma_{SL} + \gamma_L \cos\theta \quad (8)$$

과 같은 Young식이 된다.

### 2.2.2 접촉각과 Young식

접착에 있어서 칠하는 것과 또는 반대로 고체면이 액체에 젖는 것은 무엇보다도 중요한 '고체 표면과 액체 사이에서 일어나는 변화 현상'이다.

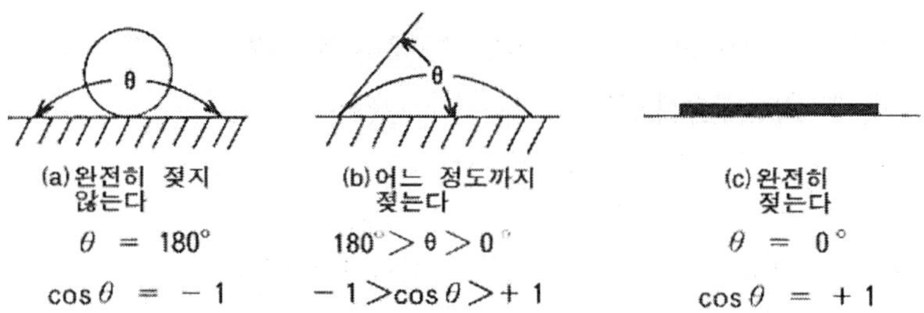


그림 2-4 고체 표면 위에서의 액체의 상태

고체 표면에 한 방울의 액체를 놓아두면 그림 2-4와 같이 된다. 액체 방울이 그림 (a)와 같이 완전히 구형이면 이 액체 방울을 다시 무너뜨리기 위해서는 $\gamma_S > \gamma_L$가 되지 않으면 안 된다. 이것이 중요한 제1조건이다.

그러나 실제로는 액체 방울을 완전한 구형으로 고체 표면에 놓아두는 것은 곤란하고, 그때의 충격력과 중력에 의해서 다소 모양이 변하여 평면 바닥을 가진 형태로 변한다. 예를 들어서 상온에서 테프론($\gamma_S$ = 21erg/cm$^2$) 표면에 $\gamma_L$ = 27인 알코올을 놓아둔 경우 알코올이 붕괴되는 과정에 관하여 설명하여보자. 이 경우 $\gamma_{SL}$ = 1.9이고 Young식에 대입하면

$$21\overleftarrow{(\gamma_S)} = 27\overrightarrow{(\gamma_L)} \cdot \cos\theta + 1.9\overrightarrow{(\gamma_{SL})} \quad (9)$$

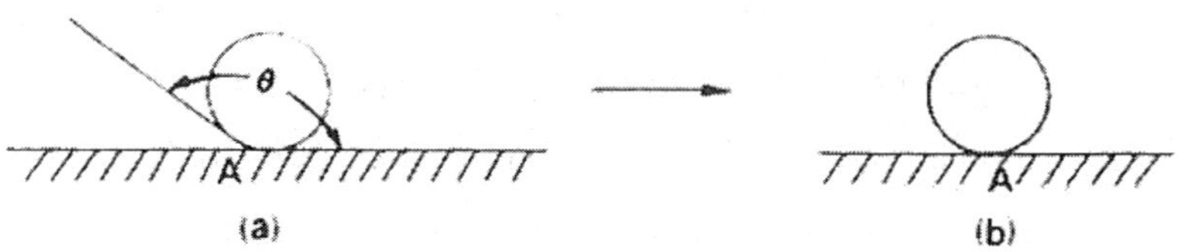


그림 2-5 θ=140°일 때

첫째, $\theta$=140°이라고 가정하여 위 식에 대입하면 21과 (−20.1)+1.9가 되어 평형을 이루지 못하므로 $|\cos\theta|$의 형태로 되어야 Young식을 사용할 수 있다. 따라서 $\theta$

=140°일 때까지 액체방울의 형상이 무너져도 →(오른쪽으로 끄는 에너지)>←(왼쪽으로 끄는 에너지)이므로 멈춘다면 액체 방울은 원형으로 돌아가 버린다. 젖기 위해서는 $\theta$=140°인 점을 통과하지 않으면 안 된다. 결론적으로 $\gamma_L \cos\theta$는 $|\gamma_L \cos\theta|$이라는 플러스 값으로 취급하여야 하고 왼쪽으로 당기는 $\gamma_S$라는 에너지와 오른쪽으로 당기는 $|\gamma_L \cos\theta|+\gamma_{SL}$이라는 에너지 중에 어느 쪽이 더 큰가? 큰 쪽으로 액체 방울은 움직이게 된다. 이것이 제2조건으로 다음과 같이 정의할 수 있다.

$$D=\gamma_S-(|\gamma_L \cos\theta|+\gamma_{SL}) \tag{10}$$

D에 의한 액체 방울의 형태 변화는
D>0인 경우 $\gamma_S$가 바깥으로 잡아당겨 액체방울이 펴짐
D=0인 경우 $\theta$에서 평형점이 됨.
D<0인 경우 액체방울은 원구상으로 수축됨.
그림 2-5에서 $\theta$=140°인 경우는 D<0이 되었다.
둘째, $\theta$=135°이라고 가정하여 위 식의 가설에 따라 D는

$$D=\gamma_S(21)-\{|\gamma_L(27)\times(-0.707)|+\gamma_{SL}(1.9)\}=21-(19.1+19)=0 \tag{11}$$

따라서 $\theta$=135°에서는 평형점이 되고, 액체방울은 정지한다. 그러나 이 평형점은 불안정하고 조금 기울여 $\theta$=134°가 되면 전체 평형 점이 $\theta$=45°로 향해 퍼져간다. 이 $\theta$=135°를 통과하는 순간에 일어나는 유사 평형 점이다.

셋째, $\theta$=120°, cos$\theta$=−0.5인 경우 동일하게 적용시키면 D=+5.6이 되고 제2조건에 의해서 액체는 점점 퍼져간다.

넷째, $\theta$=45°, cosθ=0.707인 경우 인 경우 테프론에 알칸 용매를 두고 실제로 측정한 접촉각은 이 경우뿐이다. 즉 평형 점이고 Young식이 엄밀하게 안정되어 성립한다. D=0이다.

$$\overleftrightarrow{\gamma_S}(21)=\overrightarrow{\gamma_L}(27)\times 0.707+\overrightarrow{\gamma_{SL}} \tag{12}$$

여기서 $\gamma_{SL}$=1.9가 된다. $\theta$=135°인 제1평형 점은 $\theta$〈135°이하일 때 액체 방울이 처음으로 무너지게 되고, $\theta$=45°가 될 때까지 점점 퍼져간다.

다섯 째, 젖음의 확장의 경우, 즉 $\theta$=0°이 되는 것이다. 따라서 D식은 다음과 같이 된다.

$$D=\gamma_S-(\gamma_L+\gamma_{SL}),\ D>0 \tag{13}$$

무한히 퍼져가는 젖음의 제3조건은 바로 위 식이다. 결론적으로 액체가 완전한 원형으로 고체 표면에 놓인 경우에 그것이 젖어 가는 조건을 그림 2-6으로 나타내었다.

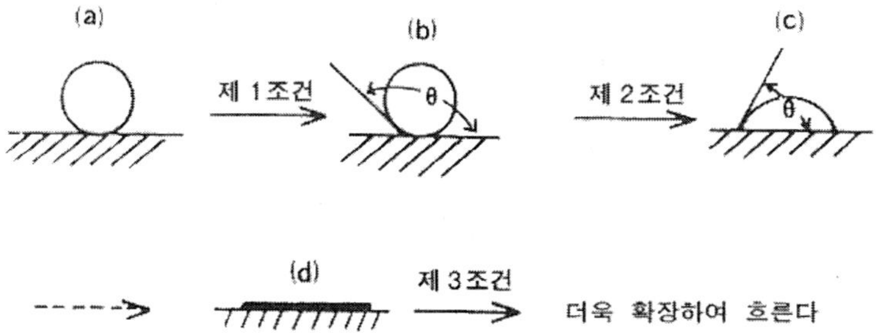


제1조건 $\gamma_S > \gamma_L$

제2조건 $\gamma_S > |\gamma_L \cos\theta| + \gamma_{SL}$

제3조건 $\gamma_S > \gamma_L + \gamma_{SL}$

그림 2-6 액체가 젖어가기 위한 조건

## 2.3 접착의 열역학

접착의 계면에서는 접착제 분자와 피착제 분자가 혼합된 상태에 있다고 하면, 혼합에 의한 Gibbs의 자유에너지의 변화는 아래에 나타난 식과 같이 혼합에 의한 Enthalpy변화와 Entropy변화에 의해서 표시된다.

$$\Delta G = \Delta H - T\Delta S \tag{14}$$

여기서, $\Delta G < 0$로 된 경우는 접착제 분자와 피착제 분자가 잘 혼합되어서, 접착력이 큰 것을 의미하고 있다.

2개의 물질이 용액 상태에서 혼합되어 있을 때 혼합에 의한 Entropy변화 $\Delta S$는 Flory의 용액의 격자이론에 의해서 다음과 같이 유도된다.

$$\Delta S = -R(N_1 \ln v_1 + N_2 \ln v_2) \tag{15}$$

여기서 $N_1$: 접착제 분자의 몰수
$N_2$: 피착제 분자의 몰수
$v_1$: 접착제 분자의 용적 분율
$v_2$: 피착제 분자의 용적 분율

이 식을 사용해서 계산하면, 고분자끼리의 혼합보다 저분자와 고분자를 혼합한 쪽이 혼합의 Entropy변화가 크다. 접착이 접착계면의 화학결합(계면 현상)이 아니라 혼합(용적 현상)에 의한다고 하면, 저분자의 액체 모양 접착제 쪽이 고분자의 것보다 피착제와의 혼합이 좋고, 피착제 표면의 microvoid에 침입하여 경화되므로 투묘효과(投錨效果)를 일으키기 쉬워서 접착력이 커진다.

접착제 분자와 피착제 분자의 혼합에 의한 Enthalpy 변화 ΔH는 접착제 분자끼리 및 피착제 분자끼리의 결합을 끊고 접착제 분자와 피착제 분자와의 결합을 만들기 위해서 필요한 에너지로 생각되기 때문에 다음과 같은 식으로 나타낼 수 있다.

$$\Delta H = N_{12}(2\epsilon_{12} - \epsilon_{11} - \epsilon_{22}) \tag{16}$$

여기서 $N_{12}$: 접착제 분자와 피착제 분자와의 결합 수
$\varepsilon_{12}$: 접착제 분자와 피착제 분자와의 결합 에너지
$\varepsilon_{11}$: 접착제 분자끼리의 결합 에너지
$\varepsilon_{22}$: 피착제 분자끼리의 결합 에너지

접착제 분자도 피착제 분자도 분자의 모양은 구(求)모양이며, 서로 이웃한 어느 분자 사이에도 van der Waals의 힘과 같은 약한 결합력이 작용한다고 가정하면

$$\epsilon_{12} = \sqrt{|\epsilon_{11}| \cdot |\epsilon_{22}|} \tag{17}$$

와 근사할 수 있으므로 혼합의 Enthalpy 변화 ΔH는 다음과 같이 바꿔 쓸 수 있다.

$$\Delta H = N_{12}\left(\sqrt{|\epsilon_{11}| - |\epsilon_{22}|}\right)^2 = A(\delta_1 - \delta_2)^2 \tag{18}$$

여기서 A: 계수
$\delta_1$: 접착제 분자의 응집에너지 밀도
$\delta_2$: 피착제 분자의 응집에너지 밀도

δ는 용해도 파라미터(Solubility parameter)라고도 부른다. 위의 식에서 SP값($\delta_1$과 $\delta_2$)이 가까운 액체끼리를 혼합하면, ΔH는 작아져서 용해성이 좋다는 것을 알 수 있다. 표는 고분자와 용제의 SP값을 나타낸 것이다.

ex 나일론의 SP값: 12.7~13.6
나일론의 용제 크레졸의 SP값: 13.3
폴리염화비닐의 SP값: 9.5~9.7
폴리염화비닐의 용제 아세톤의 SP값: 9.8

표 2-2 고분자와 용제의 SP값

| 고분자 | SP값 | 고분자 | SP값 |
|---|---|---|---|
| 폴리4플루오르화에틸렌 | 6.2 | 우레아 수지, 멜라민 수지 | 9.6~10.1 |
| 실리콘(폴리디메틸) | 7.3 | 에폭시 수지 | 9.7~10.9 |
| 부틸 고무 | 7.7 | 폴리우레탄 | 10.0 |
| 천연 고무 | 7.9~8.3 | EVA | 10.4 |
| SBR | 8.1~8.5 | PET | 10.7 |
| 폴리부타디엔 | 8.4~8.6 | 아세트산 섬유소 | 10.9 |
| 폴리설파이드 고무 | 9.0~9.4 | 페놀 수지 | 11.5 |
| 폴리클로로프렌 | 9.2 | 폴리염화비닐리덴 | 12.2 |
| 부타디엔아크릴로니트릴 | 9.4~9.5 | 나일론 | 12.7~13.6 |
| 폴리아세트산비닐 | 9.4 | 폴리메틸메타크릴레이트 | 9.6~9.5 |

| 용제 | SP값 | 용제 | SP값 |
|---|---|---|---|
| n-부탄 | 6.2 | 테트라클로로에탄 | 9.5 |
| n-펜탄 | 7.0 | 아세트산메틸 | 9.6 |
| n-헥산 | 7.2 | 디옥산 | 10.1 |
| 트리에틸아민 | 7.3 | 피리딘 | 10.8 |
| 헵탄 | 7.4 | 이소부틸알코올 | 11.0 |
| 에틸에테르 | 7.7 | n-부틸알코올 | 11.1 |
| n-옥탄 | 7.8 | 이소프로필알코올 | 11.2 |
| 시클로헥산 | 8.3 | m-크렛졸 | 11.4 |
| 아세트산부틸 | 8.5 | 아닐린 | 11.9 |
| 4염화탄소 | 8.6 | 디메틸포름아미드 | 12.0 |
| p-크실렌 | 8.8 | n-프로필알코올 | 12.1 |
| 톨루엔 | 8.9 | 아세트산 | 12.6 |
| o-크실렌 | 9.0 | 에탄올(에틸알코올) | 12.8 |
| 아세트산에틸 | 9.1 | 크레졸 | 13.3 |
| 벤젠 | 9.2 | 포름산 | 13.5 |
| 테트라히트로프렌 | 9.2 | 에틸렌글리콜 | 14.2 |
| 트리클로로에틸렌 | 9.3 | 페놀 | 14.5 |
| 메틸에틸케톤 | 9.3 | 메탄올 | 14.8 |
| 클로로포름 | 9.4 | 물 | 23.4 |

## 2.4 접착의 레올로지(Rheology)

지금까지 설명한 것은 접착의 화학적 혹은 물리적인 평형상태에 관한 것이다. 그러나 실제적인 접착제는 대부분의 점조(粘稠: 차지고 밀도가 조밀하다.)의 액체로서 유동, 침투, 확산, 용해, 혼합 등을 일으키면서 냉각, 건조, 반응에 의해서 접착이 행해지고 있다.

접착에 관련된 이들의 현상은 어느 것이나 시간이나 속도에 따라서 변화한다. 접착제를 물체의 표면에 천천히 도포하였다고 하자. 절삭(切削)이나 연삭(硏削)으로 가공된 물체의 표면은 어떤 값의 표면 거칠기를 가지고 있다. 이와 같은 표면 상태를 무수한 V홈의 모임으로 가정하면, 조용히 도포된 접착제는 시간과 함께 유동해서 V홈에 침투해 간다.

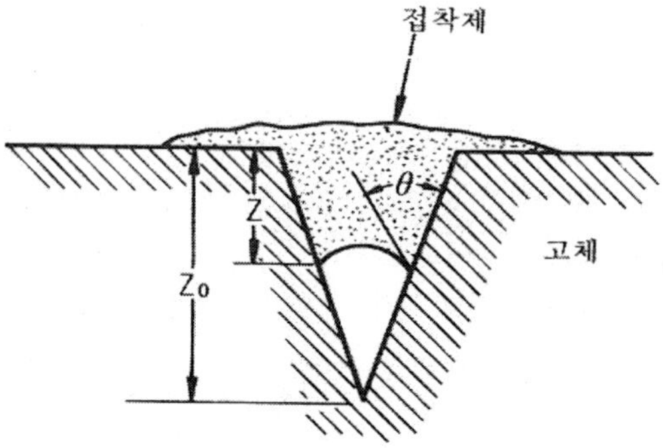


그림 2-7 접착제의 V홈 내에의 운동

또한 V홈에서의 접착제의 유동을 해석하면 다음과 같이 한다.

$$\frac{dz}{dt} = \frac{W\gamma_L \cos\theta}{\sigma\eta_Z}\left(1 - \frac{z}{z_o}\right) \propto \sqrt{t} \quad (19)$$

$$z^2 = \frac{W\gamma_L \cos\theta}{3\eta_Z} t \quad \lfloor z \propto \sqrt{t} \rfloor \quad (20)$$

여기서 $z_o$: 홈의 길이

W: 홈의 넓이

z: t시간 후의 접착제의 침입 깊이

$\eta_z$: 접착제의 점성도

$\gamma_L$ : 접착제의 표면장력

$\theta$: 접착제의 접촉각

위의 식에서 접착제가 유동해서 V홈에 침투된 깊이는 시간 t의 제곱근에 비례한다는 것을 알 수 있다.

액체 모양의 접착제를 도포한 피착제를 맞붙일 경우 접착면을 가압함으로써 접착제를 피착제 표면의 요철에 잘 윤활할 수 있게 해서 사실의 접착 면적을 늘려서 접착 강도를 높이는 효과가 있다.

## 2.5 접착제의 파괴

접착한 접합부에 걸리는 응력에는 작용하는 외력의 방향에 따라서 그림 2-8에 나타낸 것과 같은 4 종류가 있다.

① 인장응력(Tensile stress)　② 전단응력(Shear stress)
③ 개열응력(Cleavage stress)　④ 박리응력(Peeling stress)

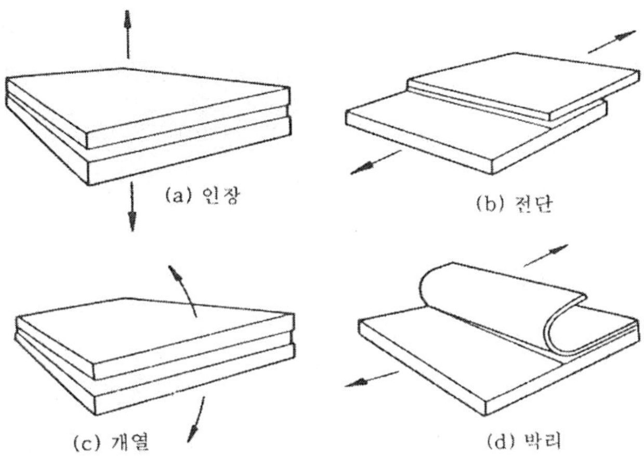


그림 2-8 접착부에 걸리는 응력의 종류

또 외력이 작용하는 시간이나 시간적 변화에 따라서 다시 나누어진다.

① 충격응력
② 반복응력
③ 일정응력

접합부의 접착제의 기계적 성질에 따라서 이들의 응력에 대한 거동이 다르다. 예를 들면 에폭시 수지계 접착제와 고무계 접착제를 비교할 경우 에폭시수지계는 영률(Young's modulus)이 크므로 전단응력이나 Creep에 대해서는 강하지만 개열응력, 박리응력, 충격응력에 대해서는 약하다. 한편 고무계 접착제는 영률이 낮으므로 개열응력, 박리응력, 충격응력에 대해서는 강하지만, 전단응력이나 Creep에 대해서는 약하다.

응력에 의한 접착제의 파괴에는 다음의 4가지가 있다.

① 접착제의 파괴(응집파괴: Cohesive failure)
② 접착 계면의 파괴(계면파괴: Interface failure)
③ 응집 파괴와 계면 파괴의 혼합
④ 피착제의 파괴

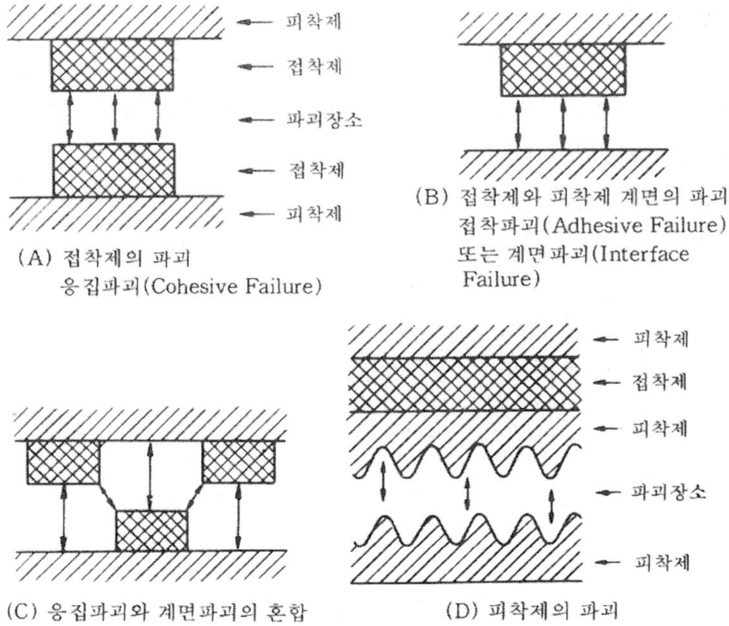


그림 2-9 응력에 의한 접착계의 원리

접착 불량의 대책을 세울 때 우선 접착제의 파괴 장소를 잘 조사할 필요가 있다. 응집 파괴나 피착제 파괴의 경우 표면처리에 의해서 접착력의 향상을 도모하여도 불량 대책으로는 되지 않는다.

아래의 대표적인 접착제의 파괴 양식에 대해서 몇 가지 구체적인 예를 나타낸다.

① 응력 집중에 의한 파괴

② 피로 파괴

## 2.5.1 Wrap Joint의 응력 집중

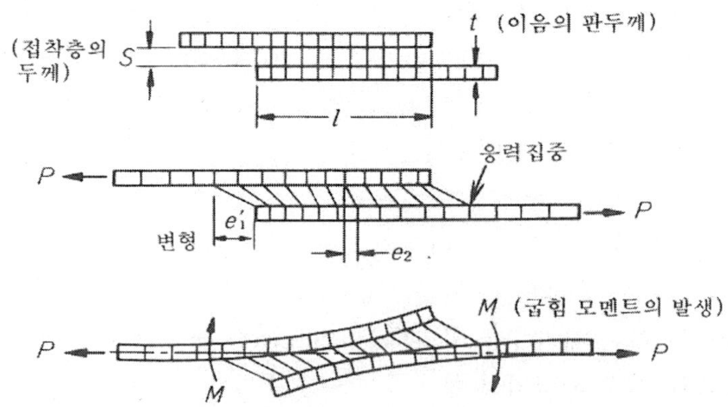


그림 2-10 Wrap joint의 응력 집중

그림 2-10에서 나타낸 것처럼 Wrap joint의 측면에 바둑판 눈의 표시를 하고 그 양끝을 잡아 당겼다고 하자. 피착제가 겹쳐 있지 않는 부분은 일정한 인장 응력을 받아서 신장(伸張)한다. Wrap(겹쳐진) 부분에서는 한쪽의 피착제에 작용하는 인장 응력이 접착제 층을 통하여 다른 쪽의 피착제로 분산하므로 피착제의 신장 변형은 선단으로 갈수록 작아진다.

따라서 접착제 층의 전단변형은 Wrap부분의 양끝에서 최대로 되어 응력집중을 일으키기 쉽다.

### 2.5.2 결교부(缺膠部, 틈)와 빈 구멍부의 응력집중

접착제 층에 결교부나 미소한 빈 구멍부가 존재하면 응력 집중의 원인이 되고 접착강도가 저하한다.

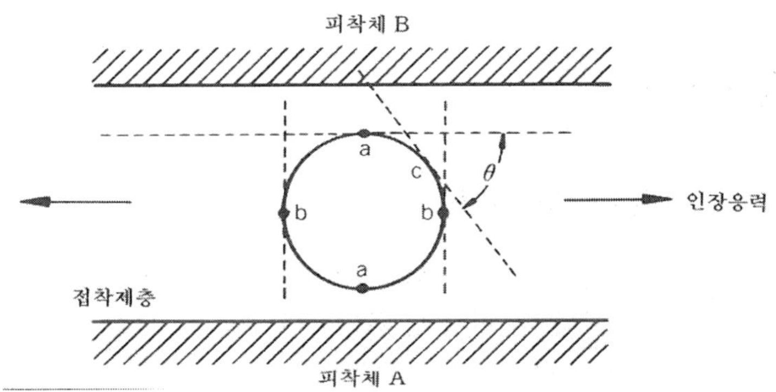


그림 2-11 접착층 내의 기포에 작용하는 응력 집중

그림 2-11에 나타난 것처럼 접착층을 작은 구 모양의 빈 구멍이 있는 1장의 Sheet로 가정하면, Sheet에 평행한 인장응력이 작용했을 경우 빈 구멍 면에서의 응력 분포는 다음 식으로 주어진다.

$$\sigma_t = \sigma_o + 2\sigma_o \cos 2\theta \tag{21}$$

그림 중에 α점에서의 응력집중 계수 n은 3이 된다.

$$n = \frac{\sigma_t}{\sigma_o} = \frac{\sigma_o + 2\sigma_o \cos\theta}{\sigma_o} = 3 \tag{22}$$

### 2.5.3 편차 변형이 있을 경우의 온·습도 사이클에 의한 피로파괴

철과 세라믹의 조합처럼 열팽창계수가 다른 피착제를 접착했을 경우 분위기 온도의 변화에 수반해서 편차 변형을 일으켜 접합부는 뒤틀림을 일으킨다.

똑 같은 현상을 합판의 흡습에 의한 팽창에서도 볼 수 있다. 합판의 한쪽 면에 수분을 주면 흡습한 목재는 팽창해서 편차 변형을 일으켜 합판의 흡습 쪽이 볼록 모양으로 뒤틀림을 일으킨다.

분위기 온도가 주기적으로 변동하거나 빗물이나 수증기를 반복해서 맞으면 접착층을 끼우고 피착제 사이에 편차 변형을 일으킨다. 이와 같은 일이 반복 행해지면 접착제 면이나 접착층에 있어서의 피로 파괴가 일어나기 쉽게 된다.

접착제 파괴의 주요 원인으로는 대표적인 3가지의 예를 설명하였는데 이것들은 일반적으로 흔히 있는 것이므로 접착제의 선택이나 접착시공에 있어서 특히 주의할 필요가 있다.

# 3 접착제의 용도 및 종류

## 3.1 접착제의 분류

### 3.1.1 열역학적 성질에 의한 분류

① 열경화성 수지계(에폭시 수지계, 페놀 수지계)
② 가소성 수지계(폴리아세트산비닐계, 폴리아미드계)
③ 고무계(실리콘 고무계, 폴리우레탄 고무계)
④ 복합계(고무/페놀계, 에폭시/나일론계)

### 3.1.2 기능에 따른 분류

① 구조용(에폭시 수지계, 페놀 수지계)
② 비구조용(고무계, 폴리아세트산비닐계, 폴리올레핀계)

### 3.1.3 형태에 의한 분류

① 용액형
② 에멀젼계
③ 감압계
④ 재습계
⑤ 중축합형
⑥ 필름 모양
⑦ Hot Melt

## 3.2 각종 접착제의 특징·용도

### 3.2.1 요소 수지계 접착제

#### 1) 제법

요소(60부) + 30% 포르말린 (200부)

↓ NaOH, PH>7, 끓임

혼합물

↓ 환류 (5~10분)

생성물

↓ HCOOH (0.26부), 끓임 (3시간)

시럽 모양 점착물에 산을 가해서 경화시킨다.

$$2NH_2CONH_2 + HCHO \xrightarrow{\text{산}} NH_2CONH \cdot CH_2 \cdot NHCONH_2$$

$$2NH_2CONHCH_2OH \xrightarrow{\text{산}} NH_2CONH \cdot CH_2 \cdot O \cdot CH_2 \cdot NHCONH_2$$

#### 2) 특징

① 값이 싸고 취급하기 쉽다.

② 경화 수축을 일으켜서 균열을 일으키는 일이 있다.

③ 저점도의 수용액이기 때문에 녹말, 아세트산비닐에멀젼 등의 증점제를 첨가해서 초기 접착력을 높여 사용한다.

④ 산 촉매를 사용한 냉압법 또는 열압법에 의해서 접착한다.

#### 3) 용도

① 목공 접착

② 직물의 수지 가공

## 3.2.2 페놀·수지계 접착제

### 1) 제법

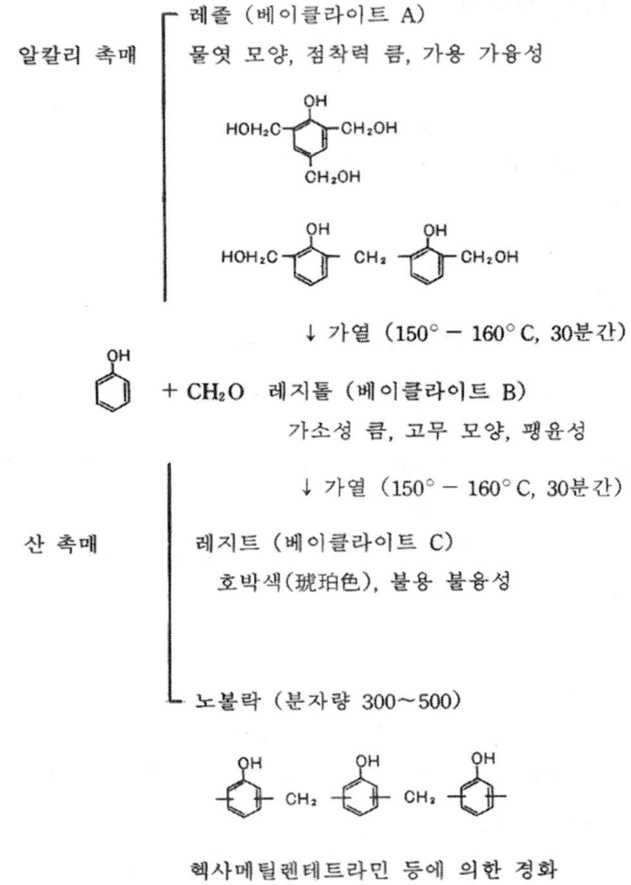


### 2) 특징

① 내열성, Creep 저항성, 내수성, 내약품성, 내용제성이 뛰어나다.

② 인장 전단 강도는 높지만 박리·충격·굽힘강도가 약하다.

③ 전기적 특성이 뛰어나다.

④ 경화 수축을 수반하므로 접착시에 압축할 필요가 있다.

⑤ 1액형 페놀의 경화에는 고온 가열이 필요하다.

### 3) 용도

① 목공 접착, 합판 제조

② 연마제나 Brake용 Lining제의 Binder

③ 타 종류 접착제의 내열성 개질제

④ 금속 구조 접착용

### 3.2.3 에폭시 수지계 접착제

#### 1) 제법

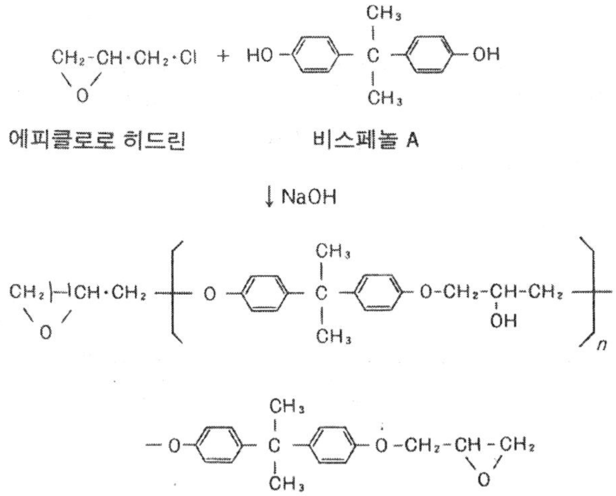


에폭시 수지

#### 2) 경화제 및 경화 촉진제

(1) 경화제

① 상온 경화형: 지방족 아민, 폴리아미드계, 폴리설파이드

② 가열 경화형: 방향족 아민, 산무수물, 잠재성 경화제, 요소 수지, 페놀 수지, 멜라민 수지, 아닐린 수지, 톨루엔술폰산아미드, 이소시아네이트 알키드 수지

(2) 경화촉진제 : 제3급 아민, 붕소착염, 무기산, 디하이드라짓

#### 3) 특징

① 주제(수지)와 경화제의 조합으로 특성을 폭넓게 변화시킬 수 있다.

② 여러 가지의 피착제에 대해서 접착력이 크다.

③ 휘발성 물질이 거의 나오지 않으므로 경화 수축율이 작으며 치수 안정성이 높다.

④ 내열 · 내수 · 내약품 · 내후성이 양호하다.

⑤ 상온 경화형은 포트라이프(pot life: 주제와 경화제를 혼합하였을 때 접착제로서 사용 가능한 시간)에 제약된다.

⑥ 인장 전단 강도, creep 저항은 크지만, 박리, 굽힙강도는 작다.

#### 4) 용도

① 피착제의 재질에 의한 제약이 적으며 일반용이다.

② 전기 · 전자부품 · 우주 항공기 · 자동차 · 건축토목 · 가구 등

### 3.2.4 폴리우레탄계 접착제

#### 1) 제법

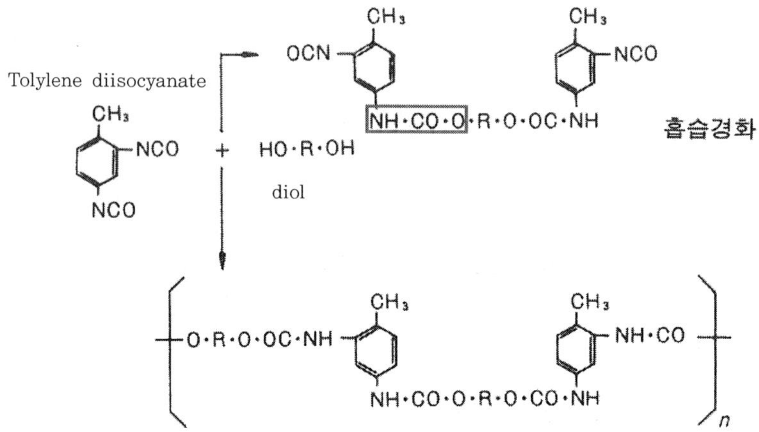


#### 2) 특징

① 이소시아네이트기(OCN−R'−NCO)가 높은 극성과 반응성에 의해서 섬유소, 폴리아미드, 동물성 섬유, 피혁, 목재, 고무, 합성수지 등과 같이 활성 수소를 가진 피착제와 1차 결합에 의해서 강력하게 접착할 수 있다.

② 주제(수지)와 경화제의 조합에 의해서 특성을 폭넓게 바꿀 수 있다.

③ 가소성이 있으므로 내충격성, 저온특성이 뛰어나다.

④ 내열성이 불충분하여 Creep 저항이 작다.

⑤ 수분과 반응이 쉬우므로 접착제의 보관에는 충분한 주의를 기울여야 한다.

#### 3) 용도

① 고무와 금속, 연질 염화비닐 등의 플라스틱용

② 구두창, Laminate, 타이어코드, 포장용

### 3.2.5 폴리아세트산 비닐계 접착제

#### 1) 제법

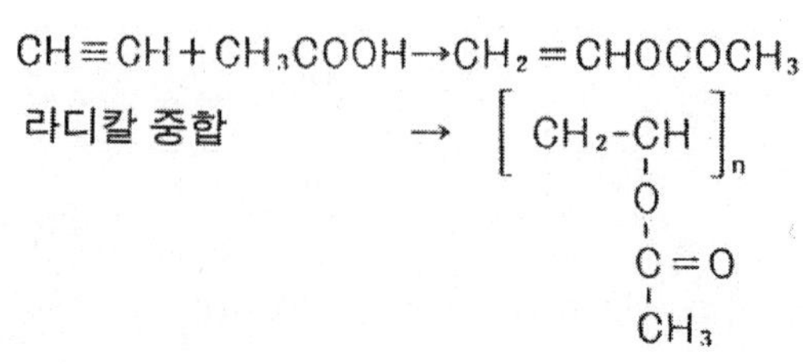

### 2) 특징

① 염가이다.
② 폴리아세트산비닐은 SP값이 9.5로 용액형이나 에멀젼형으로서 사용되기 때문에 폭넓은 종류의 피착제에 접착할 수 있다.
③ 초기 접착성이 뛰어나다.
④ 최저 피막 형성 온도(Minimum filming forming temperature: 10~25℃) 이상의 온도에서 접착하지 않으면 충분한 접착 강도를 얻기 어렵다.

### 3) 용도

① 종이, 금속막과 플라스틱 필름 또는 종이의 Laminate용
② 목재 접착용 (요소 수지와 블랜드)
③ 섬유의 블록 가공, 습식 부직포의 Binder

## 3.2.6 순간 접착제

### 1) 제법

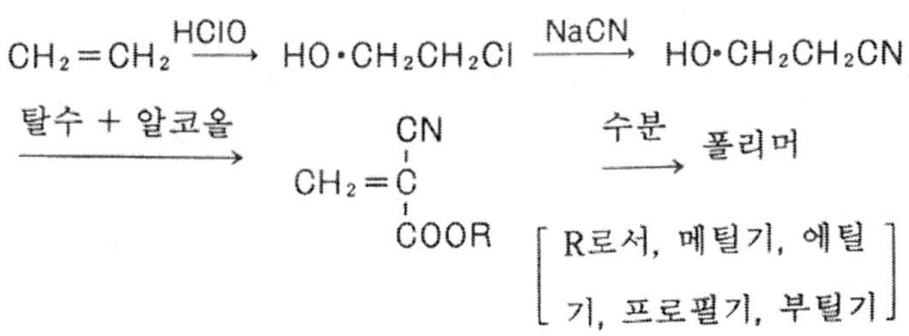


### 2) 특징

① 1성분계의 무용제형이며, 여러 가지 재료를 신속하게 접착할 수 있다.
② 실온에서 경화한다. 알칼리로 접착면을 깨끗이 닦으면 신속하게 접착한다.
③ 다량으로 지나치게 도포하면 경화시간이 길어져서 백화된다.
④ 자극 냄새가 있다. (무취 타입이 시판된다.)
⑤ 내열성, 내수성, 내충격성이 뒤떨어진다.

### 3) 용도

① 금속, 유리, 도자기, 플라스틱 등 광범위한 재료에 접착한다.
② 약전 기기, 전자 부품, 계측기, 카메라, 광학 렌즈

### 3.2.7 혐기성 접착제

1) 제법

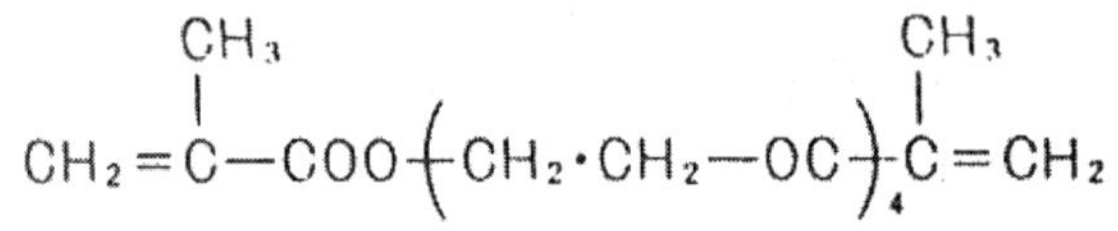

2) 특징

① 경화하면 열경화성 폴리머로 바뀌므로 내열성, 내용제성, 내유성이 풍부하다.
② 접착제를 용기에 70% 정도로 넣어서 냉암소에 보관한다.
③ 접착 작업 중에는 환기와 인체에의 부착에 주의하고 부착한 경우에는 아세톤을 적신 헝겊으로 깨끗이 닦는다.

3) 용도

① 나사의 이완 방지
② Flange나 Gasket의 Seal, 충전 seal

### 3.2.8 반응성 아크릴 수지계 접착제

1) 제법

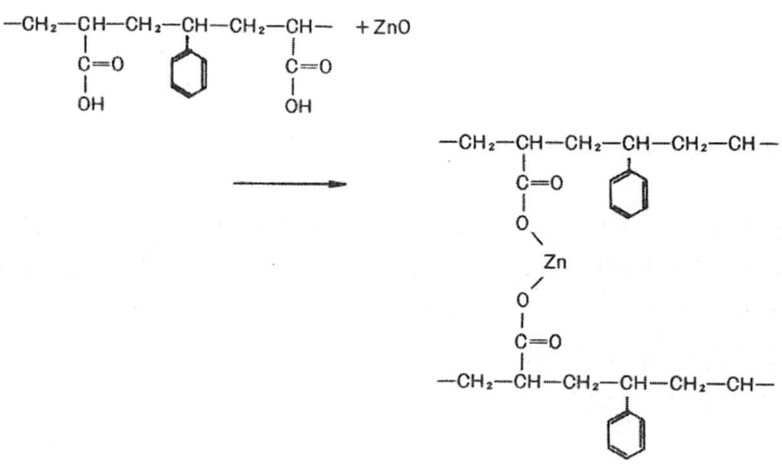

2) 특징

① 실온에서 비교적 빨리 경화한다.
② 유면 접촉이 가능하다.
③ 인장 전단 강도는 크지만 박리력이 약하다.
④ 내용재성, 내열성, 내후성이 있다.

⑤ 2액 비혼합 타입처럼 작업성이 개선된 것도 있다.
⑥ 내수성, 내습성이 약간 떨어진다.
⑦ 아크릴 특유의 악취가 있다.

#### 3) 용도

① 금속, 플라스틱, 유리, 콘크리트, 목재의 접착
② 자동차, 기계장치, 전기기기, 가구

### 3.2.9 실리콘계 접착제

#### 1) 제법

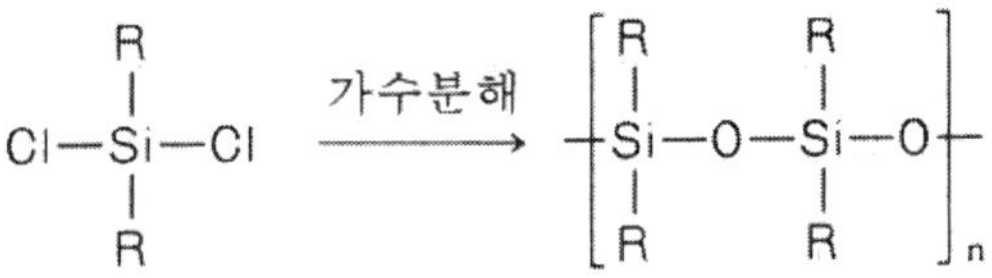


디알킬디클로로실란

#### 2) 특징

① 내열성, 전기 특성이 뛰어나다.
② 내수성, 내약품성, 내용제성을 지님. (방향족계 용제에 의해서 팽윤한다.)
③ 극저온(−50℃)에서 고온(180℃)까지 적용하며 박리강도가 뛰어나다.

#### 3) 용도

① Primer 또는 Coupling agent (FRP용 유리섬유의 표면 처리제)
② RTV sealant로서 건축용 seal
③ 회로기판의 방습 처리, 회로의 방습 보호용 coating
④ 자동차용 weather strip coating이나 접착 seal

### 3.2.10 고무계 접착제

#### 1) 조성

① Elastomer 30~50 중량부
② 수지 30~50 중량부: Terpene 변성 Phenol 수지, Coumarone Indene 수지, 수소 첨가된 Rosine, t-butylphenol 등을 점착력이나 응집력을 높이기 위하여 첨가한다.
③ 충전제 10~40 중량부
④ 가소제, 가황제

⑤ 노화방지제, 기타 4~20 중량부
⑥ 유기용제 65~80 중량부

#### 2) 종류

① Polychloroprene계(CR)
② Nitrile 고무계(NBR)
③ Styrene-butadiene 고무계(SBR)
④ 천연 고무계(NR)
⑤ 재생 고무계

#### 3) 특징

① 유연성, 탄력성이 있으며, 박리강도나 내충격성이 뛰어나지만 내열성이나 creep저항성이 약하다.
② 초기 접착력이 뛰어나다.
③ 열팽창계수가 다른 접착제의 접착, 굽힘강도, 충격, 진동을 받는 접착제의 접착에 적합하다.
④ 재활성 접착(용제나 가열에 의해서 건조한 접착제를 재용해해서 점착성을 내는 것)이 가능하다.
⑤ 극성은 큰 것부터 늘어 놓으면, NBR〉CR〉SBR〉천연고무 순으로 된다. 각각의 용제도 극성에 따라서 다르다.
⑥ 사용하기 쉬우나 유기용제를 사용하므로 화재와 위생상의 주의가 필요하다.

#### 4) 용도

① 금속, 목재, 경질 섬유관, 고무, 섬유, 피혁, 비닐, leather, 플라스틱, 발포플라스틱의 접착
② 건축, 자동차, 제화
③ 페놀수지와의 복합형 접착제는 금속 구조 접착용으로 사용된다.
④ 종이의 coating, 금속박과 종이와의 laminates, 부직포의 binder

### 3.2.11 Hot melt

#### 1) 조성

① Base polymer: EVA, Polyamide, Polyester, TPE
② 점착 부여제: Rosin, Rosin 유도체, 피넨계 수지, 석유 수지
③ Wax: 오픈 타임, 연화점 등의 조정에 사용한다.

2) 종류

① EVA계(에틸렌 비닐아세테이트 혼성중합체)

② 감압형(예: Shell사 Kraton SIS고무)

③ 폴리아미드계(다이머산과 디아민의 반응물)

④ 폴리에스테르계(열가소성 엘라스토머화)

3) 특징·용도

표 2-3 Hot melt의 특징과 용도

| 종류 | 특징 | 용도 |
|---|---|---|
| EVA계 | ① 혼성 중합비를 광범위하게 바꿀 수 있으므로, 여러 가지 피착제와 접착한다.<br>② Set time이 빠르고, 공정의 고속화가 가능하다.<br>③ 저온에서 취화하지 않는다. | 작은 상자 포장, 골판지 포장, 제본, 라벨, 플라스틱 sheet, film의 laminate, 완충제, 합판, 제화 |
| 감압형 | ① plastic phase 또는 rubber phase와의 배합 수지의 상용성에 의해서 물성을 넓게 바꿀 수 있다.<br>② 방향족계 수지를 배합한 타입은 내열 creep · 접착강도가 좋다. | 라벨, tape류 |
| 폴리아미드계 | ① 접착강도 · 발수성이 뛰어나다.<br>② 분자량에 의해서 저융점 · 저점성도 타입에서 고융점 · 고점성도 타입까지 있다.<br>③ 가열 안정성이 있으므로 작업성이 좋다. | 목공, 포장<br>제화<br>제관(製罐: 보일러를 제작하는 작업)<br>전기, 전자부품 |
| 폴리에스테르계 | ① 내열성, 내한성, 내heat-shock성이 뛰어나다.<br>② 전기특성, 내약품성이 좋다. | 플라스틱, 금속<br>전기, 전자부품<br>자동차 부품<br>제화, 섬유가공 |

## 3.2.12 복합형 구조용 접착제

1) 종류 · 조성

① 비닐아세탈/페놀릭

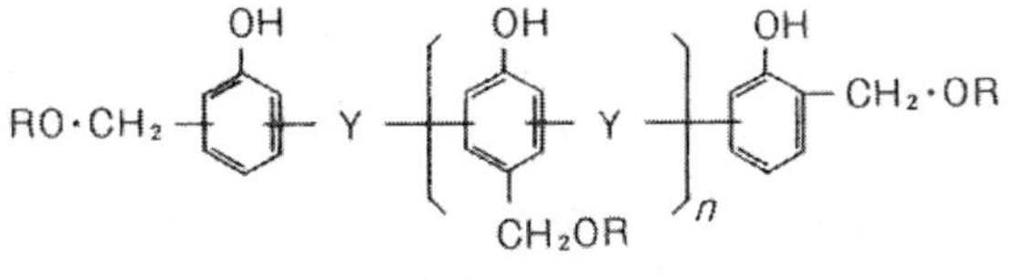


[ Y : $-CH_2$, $-CH_2 \cdot CH_2-$
R : H, $CH_3$, $C_4H_9$ ]

경화조건: 170℃, 20분

폴리비닐아세탈: 100중량부

페놀릭: 30~150중량부

② 니트릴 고무/페놀릭

니트릴 고무: 100중량부

페놀릭: 75~200 중량부
공동 용매: 메칠에칠케톤(MEK)
경화조건: 150℃~160℃, 30분~1.5시간

③ 나일론/에폭시
에폭시: 25중량부
나일론: 75중량부
디시안디아미드: 10중량부
용매: 알코올/물

④ 에폭시/페놀릭
Durez 16227: 125중량부
Bakelite BV 9700: 33중량부
Epon 1007: 20중량부
아세트산에틸, 기타: 24중량부
경화조건: 177℃, 1~3.5kg/cm$^2$, 30분

## 2) 특성 및 용도

표 2-4 복합형 접착제의 특징과 용도

| 종류 | 특징 | 용도 |
|---|---|---|
| 비닐아세탈/페놀릭 | ① -50℃~120℃의 넓은 온도 범위에서 박리강도가 좋다.<br>② 페놀 함량이 많아지면 내열성이 좋아지고 비닐 함량이 많아지면 상온 강도가 증가한다. | 금속, 목재, 열경화성 플라스틱 유리<br>항공기의 Honeycomb sandwich 구조<br>프린터 배선 기판 |
| 니트릴고무/페놀릭 | ① -50℃~120℃의 넓은 온도 범위에서 인장전단강도, 박리강도가 좋다.<br>② 내진동성, 내충격성, 내약품성, 내용제성, 내열노화성이 좋다. | 자동차 brake lining, 항공기 panel<br>프린터 회로 기판<br>염화비닐(PVC), leather, 목재, Plastic |
| Nylon/Epoxy | ① 극저온 (-240℃)까지 접착강도가 있다.<br>② 고온 접착력은 비교적 약하다.<br>③내수성, 내습성이 비교적 약하다.<br>④ 박리강도, 인장전단강도, 충격강도, 피로강도가 크다. | 항공기 Honeycomb sandwich 구조<br>알루미늄 Honeycomb panel 제관 |
| Epoxy/Phenolic | ① 내열성이 있다.<br>(연속 사용가능 온도 170℃)<br>② 인장전단강도는 크나 박리강도는 비교적 약하다.<br>③ 간극이 큰 충전에 유효하다. | 항공기의 Honeycomb sandwich 구조<br>금속 구조용 |

### 3.2.13 내열성 접착제

1) 제조

① 폴리벤즈이미다졸계

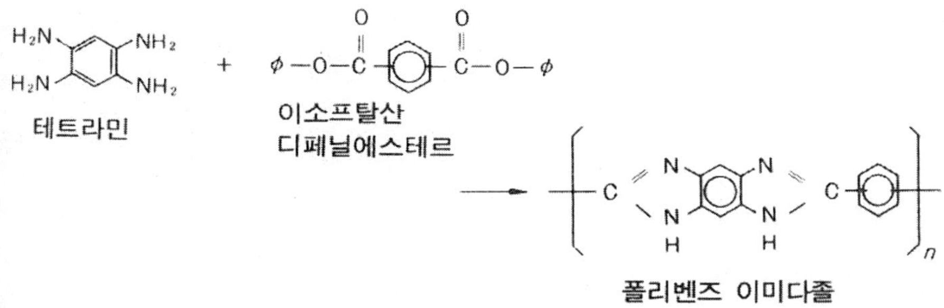


② 폴리아미드이미드계

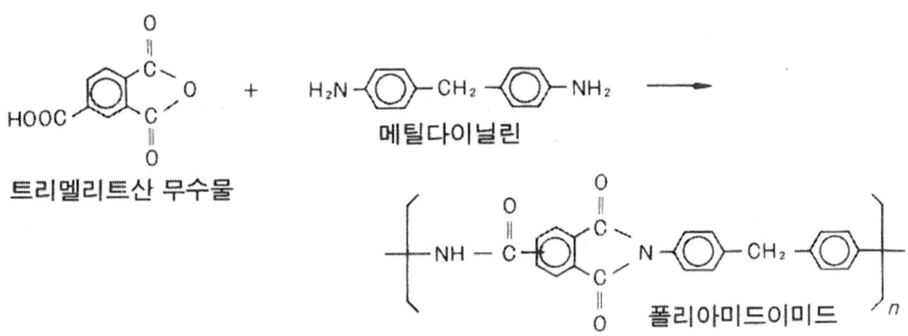


③ 폴리이미드계

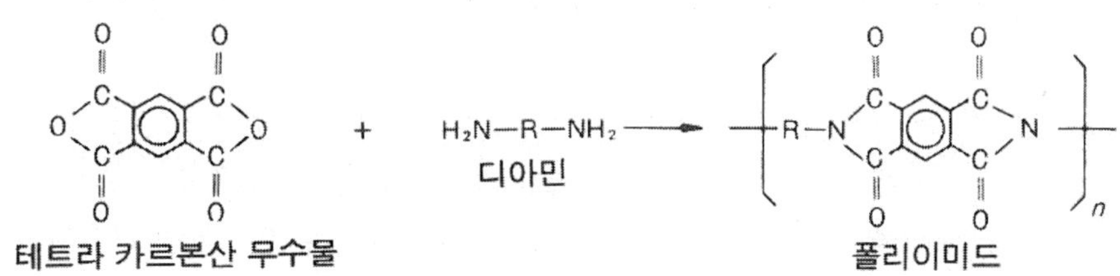

### 2) 특징·용도

표 2-5 내열성 접착제의 특징과 용도

| 상품명 | IMIDITE 850 | AI-133 | Meltbond 840 |
|---|---|---|---|
| 조성 | 폴리벤즈이미다졸계 | 폴리아미드이미드계 | 폴리이미드계 |
| Maker | Narmco | Westing House | Whittaker |
| 접착성능 | 인장전단강도 Kg/cm$^2$<br>-235℃ 211<br>-72 207<br>24 205<br>93 204<br>149 190<br>260 171<br>371 151<br>538 83<br>염수분무 30일 180<br>수도물 7일 204<br>작동유 7일 200<br>Creep<br>112kg/cm$^2$ 24℃ 0<br>56 " 260℃ 0<br>56 " 371℃ 0 | 인장전단강도 Kg/cm$^2$<br>288℃ 1hr 170<br>" 100hr 170<br>316℃ 1hr 155<br>" 100hr 155<br>" 500hr 155<br>" 1000hr 113 | 인장전단강도 Kg/cm$^2$<br>260℃ 500hr 144<br>288℃ 500hr 141<br>343℃ 500hr 119<br>371℃ 200hr 95 |
| 특징 | ① 내열성이 극히 높다. 220℃~260℃에서 장기 사용에 견딘다.<br>② 열팽창계수가 다른 고분자 재료보다 낮다.<br>③ 내용제성, 내약품성이 뛰어나다. | | |
| 용도 | ① 내열절연성<br>② 항공기, 전자부품의 내열용, sealant용<br>③ Flexible printer 기판, Slot liner motor의 절연<br>④ 내열 matrix 재료 | | |

## 4 산업용 접착제 및 그의 응용

접착제의 종류별 동향을 보면 우레아(urea) 수지계가 전체의 절반 이상을 차지하고 있다. Phenol 수지계, Epoxy 수지계, Hot Melt계, Cyanoacrylate계가 신장하고 있는 데 대해서, 고무계나 Vinylacetate solution형은 신장이 오히려 저하하고 있다. 용제형의 탈퇴는 앞으로도 계속될 것이 예상된다.

접착제의 업종별 수요에 대해서는 합판 관계가 전 수요량의 2/3을 차지하고, 목공, 건축, 종이, 포장 순으로 계속하고 있다.

수요의 변화를 보면 토목, 종이, 건축, 합판, 수송, 전기, 가정용이 신장하고 있다. 반면 구두, 신발류, 섬유, 고무 제품에서는 신장이 저하되고 있다. 이것은 구조 불황이나 제조 방식의 변화에 의해서 접착제의 소비가 상대적으로 감소하기 때문인 것으로 생각한다.

접착제의 장래 동향에 대해서는 여러 가지가 예측되고 있는 데 그것들을 정리하면 다음과 같이 된다.

① 에너지 절약형으로 이행한다.
제조 라인 혹은 제조 프로세스의 total system으로서 에너지 절약을 생각해야 하는 것은 당연한 일이지만 무용제형, 상온 경화형 접착제로 이행할 것이라고 하는 것이 일반적인 견해이다.

② 구조용 접착제의 이용이 늘어난다.
접착제의 성능 향상에 의해서 항공기를 비롯하여 경량화를 목표로 하는 자동차 등에 있어서의 구조 접착의 용도가 확대될 것으로 추측되고 있다.

③ 양산성이 있는 접착제를 이용하게 된다.
점차 공정의 자동화, 양산 부품의 조립에 적합한 급속 경화형 접착제가 개발되어 제조라인의 합리화가 진전된다.

④ 접착제의 다기능화가 진전된다.
기능성 접착제의 개발이 더욱 진행되고 다른 종류의 결합 방법으로는 기능을 만족할 수 없는 용도가 증가할 수 있다.

이상과 같이 앞으로의 접착제의 개발에 큰 기대를 걸고 있는데 공업적으로 사용되는 접착제에는 어떠한 것이 있을까

## 4.1 Epoxy 수지계 접착제

에폭시 수지는 1939년 독일의 IG사에 의해 세계에서 처음으로 특허가 성립되었고 상업화는 P. Castan의 특허에 의하여 스위스 CIBA사에 의해서 행해졌다.

예폭시 수지는 1분자 중에 3원 고리의 옥실란 고리를 2개 이상 가지며 경화제로 3차원화한 경화물을 본래 총칭하고 있지만, 일반적으로 미경화물을 포함해서 부르고 있다.

비스페놀 A계 에폭시 수지는 비스페놀 A와 에피클로로히드린을 알칼리의 존재 하에서 반응시켜야 한다.

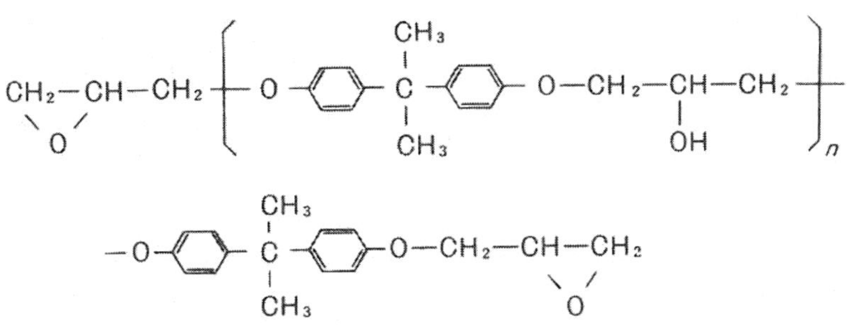

접착제에 사용되는 비스페놀 A계 에폭시 수지의 중합도 n은 거의 15이하이며 여러 가지 중합도의 것이 혼합되어 있다. 그밖에는 Novolak계 에폭시 수지, 비스페놀

계 에폭시 수지 등과 같은 페놀 유도체로 만들어지는 것, 시클로헥산과 같은 지방족 고리 화합물로 만들어지는 것이다. 이들이 에폭시 수지에 경화제, 변성제, 충전제, 안료 등을 배합해서 접착제가 만들어진다.

### 4.1.1 경화제의 종류와 접착제의 성질

1) 지방족 폴리아민

① **디에틸렌트리아민(DETA), 트리에틸렌테트라민(TETA)**

모두 독성이 강하므로 취급에 주의를 요하며 경화 속도가 빠르고 발열을 수반하고 경화물의 내수성과 내용제성은 낮다.

② **디에틸아미노프로필아민(DEAPA)**

독성은 있으나 경화에는 약간의 가열 (60℃×4시간)이 필요하다. 경화물은 전기특성이나 저온의 기계특성이 좋다.

③ **m-크시리렌디아민(MXDA)**

독성이 낮으며 방향족 고리가 있는 지방족으로 상온 경화가 가능하고 경화물은 내열성이 있다.

④ **변성 지방족 폴리아민**

독성은 적거나 거의 없다. 경화물의 내수성, 내약품성은 낮다.

표 2-6 지방족 폴리아민 경화 에폭시계의 성질[3]

| 경화제 | DETA | TETA | DEAPA | AEP | MXDA |
|---|---|---|---|---|---|
| 첨가량(phr) | 10~11 | 13~14 | 4~8 | 20 | 16~18 |
| 열변형온도(℃) | 96~124 | 96~124 | 78~94 | 100~120 | 130~150 |
| 굽힘강도(psi) | 14500~17000 | 13900~17700 | | | 17600 |
| 굽힘모듈러스 (psi×$10^{-5}$) | 5.0~5.4 | 4.4~4.9 | | | 4.6 |
| 압축강도(psi) | 16500 | 16300 | 13500~15500 | 8700 | 15200 |
| 신장(파괴시)(%) | 5.5 | 4.4 | | 8.8 | 6.7 |
| 충격강도(Izod, ft · lb/in) | 0.4 | 0.4 | 0.2~0.21 | 1.0~1.2 | |
| 경도(Rockwell M) | 99~108 | 106 | 90~98 | 95~105 | |

에폭시 수지: 비스페놀 A 디글리시딜에테르 수지(에폭시 당량 약 185)
AEP: Aminoethyl Piperazine

2) 방향족 폴리아민

① **메타페닐린디아민(MPDA)**

독성이 적고 경화물의 내열성, 내약품성, 전기적 성질이 좋다. 경화제는 고체이기 때문에 주제(수지)와 혼합할 때 가열 용해하여야 한다.

② **디아미노디페닐술폰(DADPS)**

경화 속도가 느리나, 촉진제의 첨가에 의해서 빠르게 할 수는 있다. 경화물의 내열성, 전기특성이 뛰어나다. 방향족 아민은 지방족 아민보다 독성이 낮으나 상온에서 고체 모양의 것이 많아 가령 용융해서 사용한다. 경화물의 특징은 내용제성, 전기특성이 뛰어나다.

③ **성질**

표 2-7 방향족 폴리아민 경화 에폭시계의 성질[3)]

| 경화제 | MDPA | MDA | DADPS | 공용혼합물 |
|---|---|---|---|---|
| 첨가량(phr) | 14~15 | 27~30 | 35~40 | 20 |
| 열변형온도(℃) | 150 | 144 | 190 | 145 |
| 굽힘강도(psi) | 15500 | 17500 | 17900 | 16400 |
| 굽힘모듈러스((psi×$10^{-5}$) | 4.0 | 3.9 | | 4.4 |
| 압축강도(psi) | 10500 | 10500 | | 10500 |
| 인장강도(psi) | 8000 | 8100 | 8550 | 8000 |
| 신장(파괴시)(%) | 3.0 | 4.4 | 3.3 | 4.8 |
| 충격강도(Izod, ft · lb/in) | 0.2~0.3 | 0.3~0.5 | | 0.5 |
| 경도(Rockwell M) | 108 | 106 | 110 | 105~110 |

MDA : Methylene Dianiline

3) 산무수물

① **말레산무수물(MA)**

경화물은 단단하지만 내열성은 특히 뛰어나다. 다른 경화제를 첨가해서 경화물의 내열성을 향상시킨다.

② **프탈산무수물(PA)**

③ **헥사하이드로프탈산무수물(HHPA)**

융점이 낮으므로(36℃) 혼합이 용이하다. 혼합물은 점성이 낮으며 경화물의 기계특성, 전기특성, 내약품성이 뛰어나다.

4) 폴리아미드

다이머산과 폴리아민으로 만든 분자 말단에 아미노기를 가진 폴리아미드는 에폭시기와 반응하므로 에폭시 수지의 경화제로서 사용된다. 독성은 거의 없으며 경화물의 기계특성이 좋으며 특히 내충격성, 굽힘강도가 뛰어나고 열 충격에도 강하다. 지방족 폴리아민의 경화물과 비교해서 내수성은 약간 향상되지만 내열성, 내약품성은 뒤떨어진다. 경화제의 배합비는 비교적 폭넓게 바꾸더라도 특성에는 그다지 영향을 주지 않으므로 사용 가능하다.

## 4.1.2 변성제와 충전제

### 1) 변성제

수지와 경화제, 충전제의 혼합을 잘 하기 위한 희석제로서 혹은 경화물의 가소성 부여제로서 변성제가 첨가된다.

① 비반응성 희석제(반응성 기를 갖지 않는 화합물): 디부틸프탈레이트, 스틸렌, 페놀류

② 반응성 희석제: 올레핀옥사이드, 글리시딘메타크릴레이트, 페닐글리시딜에테르, 디글리시딜에테르, 부타디엔옥사이드, 제3아민류

### 2) 충전제 · 착색제

수지의 점성도 조정용, 혹은 thixotripy를 주거나, 경화수축을 억제하거나 경화물의 열전도성을 주거나 열 팽창률을 내리기 위해서 충전제를 배합한다.

착색제는 반응성이 없는 안료, 염료를 사용한다.

① 충전제: 아스베스토, 실리카(Silica), 마이카(Mica), 석영가루, 카올린, 알루미나, 에어로겔, 산화바륨, graphite(흑연)

## 4.1.3 경화물의 특성

표 2-8 에폭시 수지계 접착제의 특성(에폭시 수지: 비스페놀 A)

| 경화제 | 폴리아미드 | 폴리설파이드 | 지방족아민 | 방향족아민 | 산무수물 | Resole수지 |
|---|---|---|---|---|---|---|
| 경화온도 | 24℃ | 24℃ | 24℃ | 135℃ ~165℃ | 90℃ ~150℃ | 165℃ 75℃ |
| 알루미늄에 대한 인장강도(kg · cm$^{-2}$) | | | | | | |
| 측정온도 −57℃ | 210 | 210 | 140 | 210 | 140 | 176 |
| 실온 | 280 | 280 | 210 | 246 | 176 | 176 |
| 82℃ | 70 | 70 | 176 | 280 | 210 | 140 |
| 120℃ | | | | 246 | 176 | 140 |
| 150℃ | | | | 140 | 105 | 140 |
| 260℃ | | | | | | 106 |
| 열변형온도(℃) | 45~110 | 52~73 | 78~158 | 140~190 | 110~190 | 70~80 |
| 경도(Rockwell M) | 50~70 | 70~80 | 90~110 | 105~110 | 100~110 | 82~94 |
| 인장강도(psi) | | 220~490 | 500~600 | 560~600 | 570~830 | 770~780 |
| 열전도율(cal/sec · cm · ℃) | | | | $3\times10^{-4}$ | $2\times10^{-4}$ | |
| 흡습량(%) (수중침지) | 6 | | 2 | 2 | 1 | |
| 체적저항율(Ω · cm) | $10^{15}$ | | $10^{15}$ | $10^{15}$ | $10^{15}$ | |

## 4.2 제2세대 아크릴계 접착제(SGA)

최근 구조용 접착제로 시판되고 있는 반응성 아크릴계 접착제가 있다. 이것은 제2세대의 아크릴계 접착제(Secondary generation acrylic adhesive)라고 불리며, 상온에서 금속 경화될 것을 요망한다는 필요성에 대해서 또 2액 비혼합에서도 경화한다고 하는 작업성이 개선된 타입의 새로운 접착제이다.

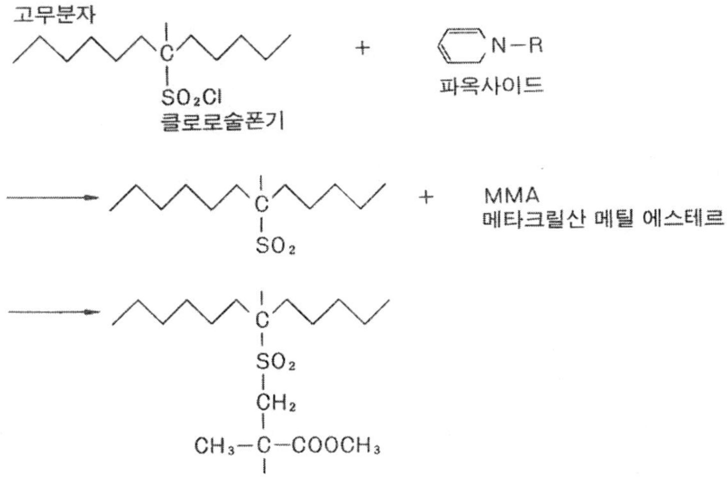


SGA는 비교적 넓은 범위의 재료와 잘 접착해서 내열성이나 내습성을 특히 요구하지 않는 구조 용도에 사용하고 있다. 이 접착제는 메타크릴산메틸, 또는 부틸에스테르모노머에 합성 고무를 용해한 것과 과산화벤조일계 촉매와의 라디칼 반응으로 graft중합함으로써 경화시킨다. 또한 Elastomer성분에는 Chlorosulfone기와 같은 반응기가 함유되어 있어, 이 반응기가 접착제의 경화에 관여하고 있다.

### 4.2.1 특징

① 상온에서 신속하게 경화하고, 10분 후에는 최종 강도의 약 1/2에 달한다.
② 유면 접착이 가능하다.
③ 2 성분계이지만, 비혼합 타입이며, A액과 B액을 바른 면에 맞붙이기만 하면 된다.
④ 경화한 접착제는 아크릴 특유의 단단한 것부터 고무 성분에 의한 가용성의 것까지 바꿀 수 있으므로 비교적 넓은 범위의 재질과 접착한다.
⑤ 무용제 타입의 반응성 접착제이다.

### 4.2.2 사용법

1) 표면처리

금속 표면의 더러움을 마른 걸레질을 한 후 air를 사용하여 먼지를 없애고 경우에 따라서는 sandpaper로 손질한다.

2) 접착제 도포

피착체의 한 쪽에 A제를 도포하고 또 한 쪽의 피착체에 B제를 도포한 후 양 자를 겹쳐서 비벼 맞추는 것처럼 가볍게 가압한다.

3) 양생

맞붙인 후 약 10분 후 사용이 가능하다.

### 4.2.3 응용 예

1) Speaker 조립에의 응용

Pearlite Magnet과 아연 도금 Steel과의 접착에 사용된다. 접착제 층의 점탄성에 의해서 소리의 진동을 흡수하고 pearlite의 파손을 방지한다.

2) Elevator panel 조립에의 응용

염화비닐 화장강판과 아연 도금 강판을 spot용접해서 panel을 만들었던 종래의 방법을 대신해서 SGA를 사용한다.

Elevator의 벽면이나 문에 사용하는 panel은 구조체로서의 충분한 강성, 내진성, 방음성이 필요하며, 의장상 panel에 압흔(壓痕) 등의 평탄함을 요구한다. 특히 내장 panel면에 염화비닐 도장을 한 후 화장 강판을 사용하기 위하여 보강재와의 접합에는 용접과 같은 가열을 수반하는 접합 방법을 사용할 수 없다.

다른 접합 방법에서 접착으로 변경된 성공의 대표적인 것이라고 할 수 있다.

## 4.3 폴리우레탄계 접착제[4)]

1937년 독일의 Bayer사에서 폴리우레탄계 접착제가 개발되어 Desmodur R이라는 상품명으로 세계 최초로 시판되었다.

폴리우레탄 접착제는 고무/고무, 고무/타이어코드/, 고무/금속의 접착에 많이 사용되지만, 최근에 이르러 용도가 확대되고 있다. 폴리우레탄 생성에 관여하는 이소시아네이트기는 반응성이 풍부하며, 피착체와의 사이에 1차 결합을 형성하므로 뛰어난 접착력 성능이 있다.

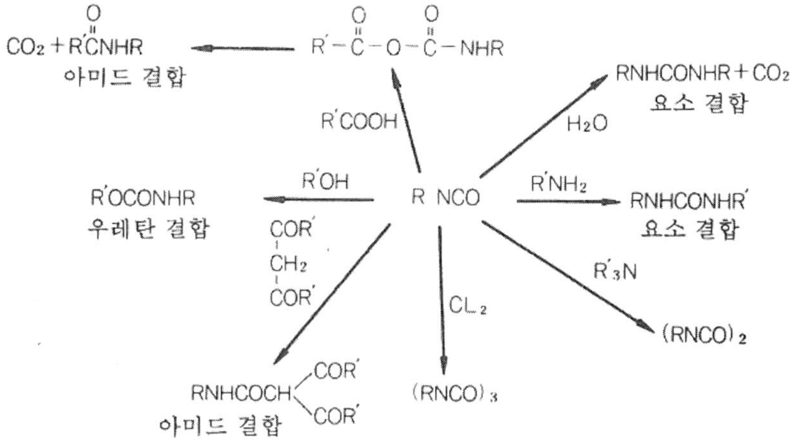


이들의 이소시아네이트는 상온에서 고체이기 때문에 용제에 용해된 상태에서 경화제와 혼합하든가 혹은 무용제하에서 다가알코올에 용해해서 경화시킨다. 또 보통의 폴리우레탄 접착제는 고무계 접착제를 블랜드한 것이 많다. 공기 중의 습기 흡수나 가열수증기를 통해서 경화하지만 촉매를 혼합해서 경화시간을 단축한다.

1) 1액형 : 무촉매
2) 2액형 : 촉매 혼합
3) 상온 경화형 : 상온에서 2시간 ~ 24시간 경화
4) 가열 경화형 : 60℃~100℃ 1분~10분에 경화
5) 부가 반응 경화형 : ① 폴리에틸렌글리콜, ② 모노글리세라이드, ③ 양 말단에 수산기를 가진 폴리에스테르, ④ 폴리아민, ⑤ 폴리카르복실기

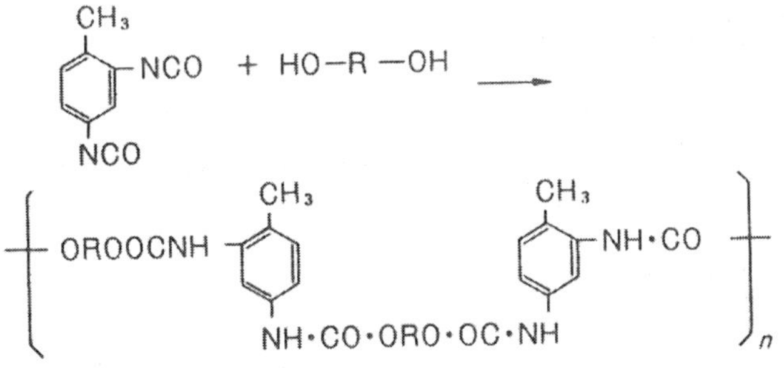


6) 경화 촉매 : ① 염화암모늄, ② 요소, ③ N−메틸모르폴린, ④ 트리메틸아민, 트리메틸렌디아민 ⑤ 나트륨−O−페닐페니에이트, ⑥ 염화 제2주석, 염화 제2철

## 4.4 실리콘계 접착제

실리콘의 역사는 1904년 영국의 F.S. Kipping 등이 Grinard 반응을 이용한 유기 실

리콘 화합물의 합성법을 발명한 것에서 시작된다.

$$nRMgX + SiCl_4 \xrightarrow{\text{에테르}} R_nSICl_{4\cdot n} \quad n=1\sim4,$$ R:알킬기 또는 알릴기, X:할로겐

그 후 1916년부터 1919년에 A. Stock가 실리콘의 모체라고 할 수 있는 폴리실란($Si_nH_{2n+2}$, n=1~6)의 합성, 구조, 반응에 대해서 계통적으로 연구하여 실리콘의 합성 연구의 발전에 공헌하였다.

1930년대 후반부터 1940년대 전반에 걸쳐서 실리콘의 공업화 연구가 이루어졌으며 특히 Rochow가 1941년에 메틸 또는 페닐클로로실란의 직접 합성법을 발명해서 실리콘의 공업적 제법을 확립하였다. 이어서 Dow Corning사(1943년), GE사(1944년)가 실리콘 상업화를 개시하였다.

실리콘은 Si-O 결합으로 된 분자 골격을 하고 있으며, 그 Si에 2~3개의 유기(有機)기가 결합한 고분자이다.

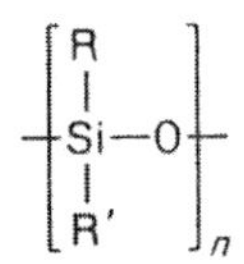

실리콘에는 Si-O의 분자 골격이 직선상(直線狀), 가교(架橋)모양, 3차원 그물모양(網狀)을 한 3 종류의 성상(性狀)이 다른 물질이 있다. 또 실리콘계 접착제에는 실리콘고무가 사용되고 가열에 의해서 가황하는 열가황형, 경화제의 혼합과 공기중의 습기로 가황(加黃)시키는 실온 가황형(Room Temperature Vulcanization, RTV 실리콘)의 2종류가 있다.

### 4.4.1 열가황형 실리콘계 접착제

실리콘 오일의 중합도를 더욱 올리면 투명한 젤리 모양의 점조물이 얻어지는 데 이것과 충전제를 배합한 것에 유기과산화물을 첨가해서 가열함으로써 가황한다.

### 4.4.2 RTV 실리콘계 접착제

RTV 실리콘계 접착제는 실리콘 분자 중에 반응기를 가지며, 가교제와 반응해서 가황하는 데 1성분형과 2성분형이 있다.

1성분형: 아세트산 타입, 옥심 타입, 알코올 타입

2성분형: 아미녹시 타입, 알코올 타입

#### 1) 1성분 아세트산 타입

분자 말단에 수산기를 가진 반응성 실리콘 오일과 Si에 결합한 아세톡시기를 가진

저분자의 규소 화합물이 반응해서 아세트산을 방출하면서 경화한다.

경화속도, 접착성, 경제성은 모두 뛰어나지만, 발생한 아세트산이 금속을 부식할 우려가 있으므로 주의를 요한다.

2) 1성분 옥심 타입

가교제로서 디알킬케톡심기를 가진 저분자의 규소 화합물을 사용해서 분자 말단에 수산기를 가진 반응성 실리콘 오일과 반응시킨다. 1성분 아세트산 타입과 비교하면 경화속도, 접착력이 약간 뒤떨어지지만 냄새나 부식의 우려는 적다.

3) 1성분 알코올 타입

가교제로서 알콕시기를 가진 저분자의 규소 화합물을 사용한다.

자극성, 부식성이 거의 없다.

4) 2성분 알코올 타입

가교제로서 에틸실리케이트를 사용해서 금속 유기산염이나 유기금속 화합물을 촉매로 해서 가교한다.

또한 RTV 실리콘계 접착제의 경화 조건에 대해서는 1성분형에서는 경화시의 온도와 습도, 2성분형에서는 촉매의 종류와 양에 의해서 경화속도가 영향을 받는다. 경화에는 수분의 존재가 필요하며 경화에 수반해서 생기는 휘발성 부생성물이 방출하기 쉬운 표면에서 경화가 일어난다. 경화 속도는 아세트산 > 옥심타입 > 알코올 타입의 순서로 빠르다.

## 4.5 고무계 접착제

### 4.5.1 조성

고무계 접착제의 조성은 용도에 따라서 다르고, 접착제로서의 특성도 고무의 종류나 배합 내용에 따라서 크게 바뀐다.

① Elastomer(탄성체): 천연고무, 합성고무(SBR, NBR, CR, BR), 재생고무

② 수지: 천연고무계, SBR계, BR계, 재생고무계용으로서는 Rosine과 그 유도체, 석유 수지계가 사용된다. NBR에는 페놀수지, CR에는 t-butylphenol수지, terpene 변성 페놀 수지가 각각 사용된다.

③ 가소제: 폴리부텐계, DBP, DOP, 석유계 프로세스유

④ 충전제: Carbon Black, 규산염, 탄산칼슘,

⑤ 유기용제: Toluene, Xylene, n-Hexane, Ethyl acetic acid, Acetone, MEK,

등의 혼합 용제

⑥ 기타: 노화 방지제, 가황제, 가황촉진제 등

### 4.5.2 폴리클로로프렌계 접착제

Polychloroprene은 1932년 Du pont사에서 개발되어 "Neoprene"이란 상품명으로 시판되었다.

$$-\!\!\left(CH_2 - \overset{\overset{\large Cl}{|}}{C} = CH - CH_2\right)\!\!-_n$$

Polychloroprene rubber의 가황제는 금속산화물이 사용된다. 용제는 Toluene, Xylene, Trichhloroethylene, MEK 등이다.

Polychloroprene 접착제는 내열성, 내염성, 내노화성, 내오존성, 내용제성(지방족 탄화수소 용제)이 뛰어나다. 결정성이 높으므로 가교나 경화를 하지 않아도 높은 응집강도가 얻어지나, 점착 유지시간이 약간 짧아진다. 또 극성이 크므로 고무, 가죽, 천, 목재, 시멘트, 금속, 플라스틱 등의 접착용으로 사용된다. 접착 방법은 피착체의 양면에 도포한 후 건조시킨 다음 양면을 맞붙이면 동시에 접착되므로 별칭' 콘텍트 접착제'라고도 불린다.

### 4.5.3 니트릴 고무계 접착제

아크릴로니트릴과 부타디엔과의 혼성중합 고무를 베이스로 한 고무계 접착제이다.

$$\underset{\text{아크릴로니트릴}}{nCH_2 = CH - CN} \quad + \quad \underset{n-\text{부타디엔}}{nCH_2 = CH - CH = CH_2}$$

$$\longrightarrow \left[ CH_2 - CH = CH - CH_2 - CH_2 - \underset{\underset{\large CN}{|}}{CH} \right]_n$$

이 접착제는 고무계 접착제 중에서는 극성이 가장 높기 때문에 극성이 높은 피착체(금속, PVC, 나일론, 폴리에스테르, 섬유, 목재, 종이, 피혁 등)에 잘 접착한다.

황과 ZnO와 같은 금속 산화물에 의해서 가황하지만, 니트릴 고무는 결정성이 낮으므로 고무 자체의 응집력이 약하다. 따라서 페놀수지, 변성 페놀수지, 활성 촉진제(Channel Black, ZnO, 규산칼슘) 등을 배합해서 이 결점을 보충하고 있다.

용제로서 케톤류(아세톤, MEK, MIBK), 에스테르류(아세트산에틸, 아세트산부틸)가 사용된다.

용도로서 항공기(금속의 적층, Honeycomb 구조), 자동차(Brake lining) 등의 구조 접착에 사용된다.

### 4.5.4 SBR계 접착제

Styrene과 Butadiene의 혼성중합 고무를 베이스로 한 고무계 접착제이나 극성이나 결정성이 낮기 때문에 접착성, 점착성, 응집력이 약하지만 천연고무와 비교하면 열화가 적다.

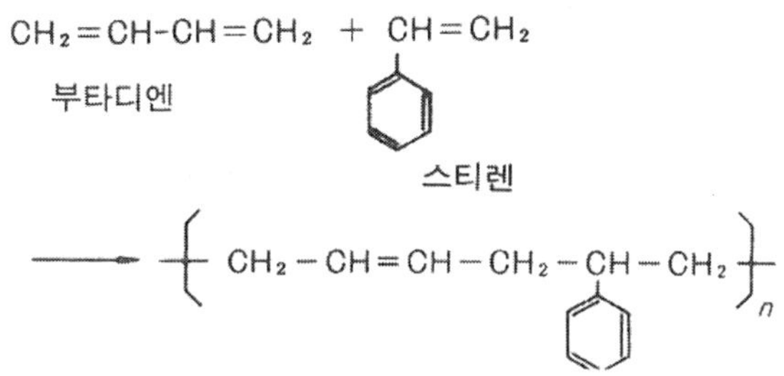


Styrofoam의 접착에 많이 사용된다(낮은 끓는 점 지방족 용제를 사용할 수 있으므로 Styrofoam을 용해하지 않는다).

### 4.5.5 재생 고무계 접착제

부스러기 고무를 가열 또는 재생(再生)재를 처리하고, 다시 가소성과 점착성을 준 재생 고무를 원료로 하는 고무계 접착제이다. 일반적으로 유동성이 낮기 때문에 Sealant gun, 압송gun을 사용하여 도포한다. 목조 주택의 못과 접착제를 병용한 마루 조립 공법에 사용되며 마루 올림이나 삐걱거리는 수리의 방제에 도움이 된다.

### 4.5.6 천연고무계 접착제

점착 유지성이 길고 결정성이기 때문에 적당한 탄성이 있고 접착제로서 보다는 점착tape류에 사용된다. 용제에 용해된 천연고무는 접착성능이 충분하지 않으므로 접착부여제로서 Rosin, 석유수지, Coumarone, Alkyl phenol 등을 배합한다. 또한 황, 산화납(PbO), 산화마그네슘(MgO) 등으로 가황한다. 용제로서 Toluene, n-Hexane, 무납가솔린이 사용된다.

## 4.6 Hot melt 접착제

Hot melt는 탈용제(脫溶劑), 생에너지(Bioenergy), 공정의 합리화의 필요성에 응한 접착제, Sealant, Coating재료로서 최근 주목되고 있으나, 새로운 Hot melt 및

application의 개발에 따라서 종래의 포장용 제화에서 자동차, 가전제품으로 용도가 확대되고 있다.

Hot melt 접착제는 다음과 같은 배합으로 이루어져 있다.

① Base polymer: EVA, Polyamide, Polyester, TPE
② 점착부여제: Rosin, Rosin derivatives(유도체), Pinene계 수지, 석유수지
③ 왁스(Wax): paraffin wax, Microcrystalline wax, low molecular polyethylene wax

### 4.6.1 EVA계 Hot melt 접착제

Ethylene과 Vinylacetate와의 혼성 중합체를 base로 한 Hot melt이다. 이 계통의 것은 첨가제와의 상용성(compatibility)이 좋기 때문에 용도에 따른 배합이 가능하며, 접착강도나 내열성을 특히 필요로 하지 않는 여러 방면의 용도에 사용하고 있다.

일반적인 조성으로는

| | |
|---|---|
| EVA | 20~50% |
| 점착부여수지 | 20~50% |
| Wax | 0~20% |
| Plasticizer(가소제) | 0~20% |
| Reinforcement(충전제) | 0~20% |
| Thermal stabilizer(열안정제) | 0.1~1.0% |

아세트산비닐 함량이 큰 EVA는 고무로서의 성질을 나타내며, 금속과의 접착성이 좋다. 또 EVA의 melt index(MI)가 작은 것일수록(고점성도타입) 고온 접착강도, 저온 접착강도가 함께 개선된다. 용도로서는 포장, 제본, Carpet의 배접(褙接), 가구의 테두리 붙이기, 목공 등에 사용된다.

### 4.6.2 Polyamide계 Hot melt 접착제

다이머산(酸)과 디아민과의 축중합 반응(Condensation Polymerization Reaction)으로 만들어진 polyamide를 base로 한 Hot melt이다. 유연성, 가용성이 있으며 Amide 결합이 수소 결합을 형성하기 쉽고 여러 가지 재질의 피착체와 잘 접착한다. Nylon11, Nylon12 등은 흡수성, 녹는점이 낮고, Epoxy수지를 배합한 것은 금속 구조용 접착제로서 항공기 Honeycomb sandwich구조, 제관용에 사용한다.

### 4.6.3 Polyester계 Hot melt 접착제

Terephthalic acid(테레프탈산)과 Ethylene glycol(에틸렌 글리콜) 또는 Tetramethylene glycol과의 조합에, 다시 제3성분으로서 Isophthalic acid, Sebasic acid, Polytetramethylene etherglycol 등과 혼성 중합시킨 Polyester는 탄성화, 연질화에 따라서 접착 성능이 향상된다.

EVA계, Polyamide계와 비교하면 내열성, 내한성, 내히트쇼크성(Heat shock resistance), 열안정성, 전기적 특성, 내약품성 등이 뛰어나 전기부품, 자동차 부품의 조립이나 제화에 사용된다.

### 4.6.4 열가소성 고무계 Hot melt 접착제

SIS block copolymer 혹은 SBS block copolymer를 base로 한 Hot melt이며 앞으로의 발전이 가장 기대되는 접착제이다. 주된 상품으로서 Shell사(미국)의 Kraton이다. 이것은 Polystyrene(PS)과 Polybutadiene(PB) 혹은 Polyisoprene(PI)과의 Block copolymer 고무인데 1개의 고분자사슬이 Polystyrene block과 Polybutadiene block혹은 Polyisoprene block의 고무모양 segment로 되어 있다. PS와 PB가 각각 독립된 플라스틱상과 고무상을 만들면 고분자사슬끼리 PS Block으로 3차원적으로 연결된 구조로 되어 있다. PS의 유리전이온도(Tg, 100℃) 이상으로 가열하면 Kraton은 열가소성을 나타낸다.

## 4.7 자외선 경화형 접착제

자외선 경화형 접착제는 다음과 같은 특징을 가지며, 광학부품, 정밀부품, 전자부품 등의 조립에 응용되어 최근 주목되고 있는 접착제 중의 하나이다.

① 자외선 조사에 의해 단시간(10초~2분)에 경화한다.
② 1액성, 저점성도이므로 혼합 교반할 필요가 없으며 자동 도포를 하기 쉽다.
③ 용제 타입이 아니므로 작업 환경이 좋다.
④ 자외선을 조사할 때까지 경화하지 않으므로 정밀 부품의 위치 결정 등의 setting time을 잡을 수 있다.
⑤ 접착 성능이 뛰어나며 내구성이 좋다.

또한 자외선 경화형 접착제의 조성으로

① 감광성 수지 Oligomer
1개 이상의 반응성 작용기를 가지며, 분자량이 1000~5000의 아크릴산 에스테르계, 메타크릴산 에스테르계, 에폭시계, 불포화 폴리에스테르계 등의 Oligomer가 많이 사용된다.

② 감광성 수지 Monomer
Oligomer에 배합해서 점성도 저하, 희석제, 가교제로서의 작용을 한다.

③ 첨가물: 안정제, 산화방지제, 중합금지제
④ 자외선 증감제: 벤조인 또는 그 유도체, 황화합물, 할로겐화합물

### 4.7.1 자외선 증감제의 작용

감광성 수지의 자외선 조사에 의한 Radical poymerization을 촉진시키거나 Initiator(개시제)가 되어서 공업적으로 실용되는 경화 속도를 얻기 위해서 첨가된다. Radical을 발생시키는 Mechanism에 대해서는 다음과 같이 2개의 정설로 되어 있다.

① 증감제 자체가 광여기(光勵起)되어서 Radical을 발생하고 중합개시제로서의 작용을 한다.
② 자외선 조사에 의한 증감제의 여기 에너지가 감광성 수지계(Oligomer와 Monomer)에 이동하여 Radical을 발생한다.
요구되는 성능으로서 감광성 수지계와 잘 혼합될 것, 냉암소의 보관 안정성, 무독성, 증감효율이 높아야 한다.

### 4.7.2 아크릴계 자외선 경화형 접착제

아크릴산 에스테르, 메타크릴산 에스테르와 같은 2중 결합을 가진 작용기(Functional group)가 있는 수지계는 자외선 조사에 의해서 경화하므로 자외선 경화형 접착제로서 많이 사용된다.

$CH_2 = CHCOO -$ 아크릴로일기(基)

$CH_2 = C(CH_3) - COO -$ 메타크릴로일기

따라서 아크릴산 에스테르, 메타크릴산 에스테르로 변성한 수지도 감광성 수지로서 사용된다.

① 폴리에스테르 아크릴레이트: 디올과 2염기산의 에스테르를 아크릴 변성한 것, caprolactam과 polyol의 에스테르를 아크릴 변성한 것이 있다.
② 폴리우레탄 아크릴레이트: 이소시아네이트 올리고머와 히드록시에틸 아크릴레이트와의 반응물
③ 에폭시 아크릴레이트: 히드록시알킬 아크릴레이트와 글리시딜 아크릴레이트의 혼합물에 산을 반응시킨 것

### 4.7.3 폴리에스테르계 자외선 경화형 접착제

푸마르산, 말레산 등의 불포화 폴리에스테르를 Styrene과 Vinyl monomer에 용해시켜 자외선 경화하여 벤조인 화합물과 같은 증감제 등을 배합해서 접착제로 사용한다. 또 미량의 Paraffin wax가 첨가되는 경우도 있다. 이는 휘발성 화합물의 증발이나 증기와의 차단 역할을 한다.

### 4.7.4 에폭시계 자외선 경화형 접착제

에폭시 수지는 산을 촉매로 하여 이온반응에 의해서 경화하므로 에폭시 수지만으로는 자외선 조사를 해도 경화하지 않는다. 따라서 자외선 조사에 의하여 Cation(양이온)을 발생시켜서 경화하는 방법을 사용한다. 자외선에 의한 Cation 반응 개시제로 아릴디아조늄염, 방향족할로겐염, VA족 원소 등이 사용된다.

## 4.8 도전성 접착제

반도체 소자인 die(또는 chip) bonding을 비롯하여 납땜을 할 수 없는 부품의 접합에 도전성 접착제가 사용되고 있다. 이 접착제는 에폭시 수지계나 페놀 수지계의 접착제 중에 Conductive filler(도전성 충전제)를 배합해서 체적 저항을 1.0~$10^4\Omega \cdot$cm로 한 것이 일반적으로 많다.

### 4.8.1 조성

① Conductive filler(도전필러)
   은가루(구 모양, flake 모양: 1.6 × $10^{-6}\Omega \cdot$cm)
   구리가루(1.7×$10^{-6}\Omega \cdot$cm)
   알루미늄 가루(2.7 × $10^{-6}\Omega \cdot$cm)
   탄소가루 · Graphite(1.0 ~ $10^{-3}\Omega \cdot$cm)
   탄소섬유
   금가루
   은도금 미립자

② Base Resin: Epoxy resin, Phenol resin, Acrylic resin, Polyester, Polyurethane

③ 용제, 첨가제
   접착제의 Base resin의 종류에 따라서 용제가 결정되나, Epoxy resin과 같이 용제를 함유하지 않은 것도 있다. Conductive filler의 분산성을 좋게 하는 분산제, 스크린 인쇄성을 좋게 하는 leveling제, 인쇄 Pattern의 내마모성을 좋

게 하는 활제(滑劑), 접착강도를 증가시키기 위한 보강제 등이 첨가되어 있다.

### 4.8.2 도전성 접착제의 종류

도전성 접착제를 사용하는 목적에 따라서 도전(導電)필러와 Base resin의 조합을 고를 필요가 있다.

#### 1) 상온 경화형 도전성 접착제

1액 타입으로는 아크릴 수지계, 2액 타입으로는 에폭시 수지계가 있다.

단, 아크릴 수지계는 아민계 경화제를 사용하기 때문에 취급에 주의를 요한다. 접착 강도는 가열 경화형보다 뒤떨어진다.

#### 2) 가열 경화형 도전성 접착제

1액 타입으로 페놀 수지계, 에폭시 수지계가 있다. 페놀 수지계는 용제가 사용된다. 에폭시 수지계 경화제는 디시안디아미드, 이미다졸과 같은 반응성이 완만한 것이 사용된다. 2액 타입과 비교하면 1액 타입의 체적 고유저항은 약간 높다.

2액 타입으로 에폭시 수지계가 많이 상용되고 있으나 폴리우레탄계도 있다.

예폭시 수지계의 경화제로는 방향족 아민, 폴리아미드, 산무수물 등이 사용된다.

#### 3) 저팽창, 저수축 도전성 접착제

$Zn_2P_3O_7$ powder, Silica powder, Copper powder, Aluminum powder 등을 배합하여 선팽창 계수를 저하시키거나 경화시의 수축을 억제한 타입이다.

### 4.8.3 도전성 접착제의 도전 기구

도전성 접착제의 체적 저항은 경화에 의해서 저하된다. 그 이유로서 경화 전의 액체 모양에서는 도전 filler의 3차원적 접속이 되지 않기 때문이다. 도전 filler의 형상은 체적저항에 영향을 준다. 즉 구 모양보다는 flake모양이 3차원적 접속을 형상하기 쉬우며, 더욱이 안정되어 있다. 또한 도전 filler의 입경(Particle diameter)도 하나의 요인이다. 체적 저항이 가장 낮은 경우는 입경이 1~10㎛의 범위에 있을 경우이다.

도전 filler의 배합 비는 체적 저항과 직접 관계되고 용적율이 30~50%를 차지한다. 이 배합비가 너무 지나치게 크면 도전 filler와 Base resin과의 혼합이 충분히 이루어지지 않는다.

### 4.8.4 용도

① IC(Integrated Circuit), LSI(Large Scale Integration)의 die bonding

② 수정 진동자의 은 전극, 광도전 소자의 CdS부, Liquid Crystal 표시 소자 유리 등과 리드선과의 접속용
③ 세라믹과 금속과의 접합용
④ 피착체의 재질과 가열할 수 없는 경우에는 도전성 접착제를 사용해서 접합하는 방법이 많이 사용되고 있다.

## 5 참고문헌

1. Thomas Young, Philos. Trans. Roy. Soc., 95, 65~87, 1805
2. 金丸競, 接着と接着劑, 大日本図書, pp.31~32 (1971)
3. 桓內弘編, Epoxy 樹脂, 昭광堂 (1972)
4. 日本接着協會, 接着 Handbook, 日刊工業新聞社, p.291 (1980)
5. 早乙女和雄: Plastics, 30, 12(19), p.15
6. 早乙女和雄: Plastics, 31, 2(19), p.45
7. 岡田記夫, 日本接着協會誌, 18, 6, (1982), p.260
8. 岸和田谷信一: 日本接着協會誌, 14, 9, (1978), p.367
9. 山里弘之, 接着, 24, 7, (1980), p.351

3장

# 의 약

## 1 서론

인류가 의약품을 이용한 역사는 매우 오래 되었으며 그의 대상은 천연물이었고 화학 합성으로는 유용한 의약품이 얻어질 것으로 생각하지 않았다. 먼저 인류역사에 있어서 질병을 치료할 목적으로 의약을 사용하게 된 역사를 보면 고대 중국, 이집트, 인도, 잉카 등의 지역에서 식물을 의약으로 사용한 것으로부터 시작된다. 고대 중국의 신농황제(B.C. 3000년)는 말라리아 치료를 위해 창상이라는 식물을 썼다는 기록이 있으며 후한(A.D. 22~250년) 시대에 저술된 것으로 알려진 신농본초경(神農本草經)에는 356종의 처방이 기록되어 있는 데 이것은 오늘날 중국 약전의 토대를 이루고 있다. 페루의 잉카족 들은 말라리아 열병에 대해서 킨코나 목피(Cinchona bark)를 썼다는 기록이 있는 데 이것은 1823년 키니네(quinine)를 발견하게 된 약용식물의 기원이 되었다. 1806년에 마약 성분으로서 최면 효과가 있는 모르핀(Morphine)이 아편으로부터 분리되었다. 그 잎과 뿌리를 복통, 장경련, 백일해 등에 사용하여 오던 중남부 유럽에서 1833년에 가지과에 속하는 *Atropa belladonna*로부터 아트로핀(atropine)이 분리되었다.

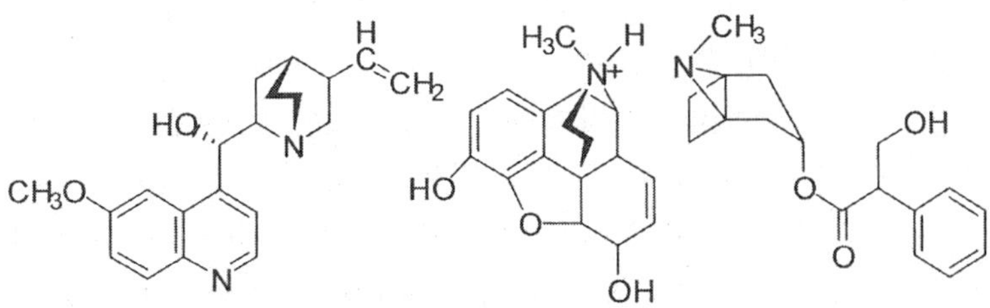


19세기 후반에 들어와서는 인공 합성 약품이 출현하기 시작하여 1886년에 아세트아닐리드(acetanilide)가 해열 효과가 있다는 것이 발견되었고, 얼마 전까지만 하더

라도 진통제 및 해열제로서 널리 사용되어 오던 **페나세틴(phenacetin)**이 1887년에 발견되었다.

1899년에는 Betula Lenta 나무 껍질에 존재하는 **아스피린(aspirin) 성분**이 새로운 합성 의약으로 등장하게 되었다. 1903년 **바비탈(barbital)**이 수면제로서 처음 사용되었다.

화학적 합성을 통해 화학구조와 약효성분 간의 상관관계를 세우고 이를 기초로 하여 질병 치료제를 도출해 내는 현대식 약물 발견의 첫 사례로서 Paul Ehrlich의 **살발산(Salvalsan)**의 개발을 들 수 있다. 살발산은 항생제가 나오기 전까지 주로 사용되던 매독 치료제로서 606호라고도 하였는데 이것은 항균제 개발을 위한 합성 물질 중에서 606번째 화합물이라는 뜻이다.

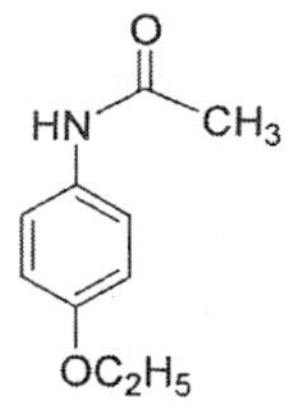
phenacetin

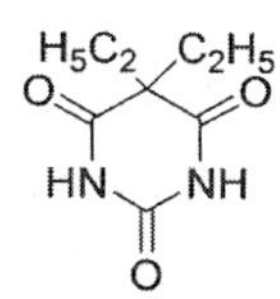
barbital

1932년 독일의 세균학자 Domagk는 **프론토실(prontosil)**이 항균효과가 있음을 발견하였다. 그 당시 독일은 유기염료에 대한 연구가 활발하던 때로서 프론토실은 합성된 적색 아조 염료 중의 하나이다. 그 후 연구 결과는 프론토실이 생체 내에서 분해하여 p-아미노벤젠술폰아미드(p-aminobenzene sulfoneamide)로 될 때 항균효과를 나타낸다는 것을 발견하고 이 화합물의 합성을 시발점으로 수년 내에 수십 개의 설파(sulfa)제가 합성되어 화합요법의 설파제 전성시대를 이루게 되었다. 설파제에 이어 1940년에 **페니실린**이 처음으로 순수 배양 분리에 의해 폐렴 치료에 사용되었고, 1944년 streptomycin의 순수배양 분리가 이루어 졌으며, 1946년 백혈병 치료제로서 MTX가 Harvard Medical Center에서 개발되었다. 이들을 계기로 의약공업에 있어서 급격한 팽창과 발견이 시작되었다. 거의 모든 중요한 의약이 1940년 이래, 그리고 일부는 최근에 발견되었다.

의약품의 명칭은 국방이름, 국제 일반명(공정명), 화학명, 상품명으로 대별된다. 국제 일반명은 세계 보건 기구(WHO)에 의해 제정된 국제 공통성을 갖는 일반명이며, 화학명은 IUPAC 명명법에 의한 것이다. 따라서 본장에 게제한 의약품에 대해서는 일반명과 유기화합물의 명명법의 연습을 겸해서 화학명도 가능한 병기하고자 한다.

지난 20여 년 동안 의약 제품의 생산은 급격한 성장을 하였다. 예전에는 전염병으로 많은 사람이 사망하였으나 의약산업의 발달로 현재는 이들 병으로 인해 사망하는 경우는 그 수가 극소수에 불과하여 평균 수명이 1900년에 비해서 약 30년 정도가 더 늘어났다. 현재는 주로 치료가 어려운 암, 후천성 면역결핍증(AIDS), 관절염, 당뇨

병, 감기를 포함하는 바이러스성 병, 노환 등이 문제가 되고 있다.

의약에 있어서는 다섯 가지의 의약 공급원이 있는데 제품의 가격 면에서 보면 발효법이 가장 중요하다. 그러나 물량면에서는 합성 제품이 주종을 이룬다. 페니실린(penicillin), 스트렙토마이신(streptomycin), 테트라사이크린(tetracycline) 등은 발효에 의해서 생산된다. 향정신약과 항히스타민제(antihistamine agents)와 같은 약은 화학적 합성에 의해서 제조된다. 호르몬은 동물 추출물에서 얻어지고 왁찐(vaccine)이나 혈청은 생물체에서 얻는다. 스테로이드(steroid)나 알칼로이드(alkaloid)는 식물 추출물에서 얻는다.

이상적인 의약의 조건은 **첫째** 독성이 없고 부작용이 없을 것, **둘째** 필요한 양이 긴 기간 동안에 너무 자주 먹어야 되지 않을 것, **셋째** 약효가 체액이나 조직효소에 의해서 심하게 감소하지 않을 것, **넷째** 약은 오랫동안 극한적인 기후 조건에서도 안정하고 저장성이 있을 것, **다섯째** 여러 가지 형태, 즉 알약, 말랑말랑한 젤라틴 캡슐, 단단한 캡슐, 액상, 어린이들을 위한 시럽, 좌약, 연고, 혈관이나 근육주사용 용액 등으로 조제될 수 있을 것 등이다. 피하주입, 서서히 방출하는 캡슐, 막을 통한 방출까지도 가능하다.

의약공업의 다른 중요한 특성은 연속공정보다는 다단계 회분 공정의 사용, 제품의 고순도, 보통 기술지향적인 관리, 높은 광고비, 성분명과 동시에 상품명의 사용, 비용이 많이 들고 장기간의 검정과 임상실험, 미국 FDA에 의한 엄격한 규제 등이다.

## 2 의약품의 연구개발

의약품산업에서 연구비의 매출액 대비는 전 산업을 통해 가장 높아 현재 약 15%를 차지하고 있다. 신약연구개발에서 연구로부터 발매까지 10~16년 정도의 장시간과, 약 2억불의 연구비가 필요하며, 성공률은 1/10,000이다. 먼저 의약품의 기초지식에서부터 연구개발의 방법을 언급하고자 한다.

### 2.1 화학요법약(化學療法藥)과 약역학효과약(藥力學效果藥)

**화학요법약**은 생체내의 병원체에 대해서는 강한 살멸력(殺滅力)을 갖지만, 숙주(宿主)에 대해서는 독성이 낮은 약물이다. 화학요법약은 항감염(抗感染)약이라고도 불려지며, 그의 감염병원체에 대한 작용을 **항감염작용**이라고 한다. **약역학효과약**은 생체의 본래 가지고 있는 기능을 양적으로 변화시키며 질적인 변화를 일어나게 하지 않는다. 치료의 입장에서 **약역학효과**는 자신의 병적 상태를 치유시키기 보다는 생체 기능에 영향을 주어 생체 자신의 활동 경향을 촉진시키는 약제이다, 이 작용을 **약리**

작용이라고 한다. 약리작용에는 생체의 장기, 조직, 세포의 기능을 촉진, 증강, 증대시키는 흥분작용과 그 반대의 억제작용이 있다.

### 2.2 약물작용(藥物作用)과 약물대사(藥物代謝)

**약물작용**은 화학물질인 의약품과 생체물질의 상호작용이며, 그의 상호작용의 부위는 **작용점**이라고 한다. 세포성분과의 상호작용은 일종의 화학결합으로서 약물과 접합하는 세포성분을 **수용체**(受容體, Receptor)라고 한다,

치료의 목적으로 이용되는 약물의 작용을 **주작용**이라고 말하며, 치료상 불필요한 것 또는 장해가 되는 작용을 **부작용**이라고 한다.

길항(拮抗)의 개념은 매우 중요하며 여기에는 **약리학적 길항**을 취급한다. 작용약과 수용체와의 결합형성을 방해하는 것이 **길항약**으로서, 약리적길항에는 경쟁적길항, 비경쟁적길항이 있다. **경쟁적길항**은 두 종의 약물이 동일한 수용체에서 경쟁하는 경우이며, 그 결합의 형성은 가역적이며, **비경쟁적길항**은 상반되는 효과를 가지는 두 가지 약물 중 길항약이 다른 활성약의 수용체에 비가역적으로 작용하여 수용체를 불활성화하는 경우를 말한다.

의약품은 일반적으로 작용부위에 도달하여 약효를 발현하지만 때로는 약리작용을 가지지 않는 물질이 생체 내에서 화학변화를 받아, 약리활성을 갖는 물질로 변화하는 경우가 있다. 이런 물질을 **프로드럭**(Prodrug)이라고 하며, 또한 위에서 언급한 작용부위에 도달한 물질은 수용성의 물질로 변하여 신장을 통하여 배설된다. 이들의 생체 내에서 **화학변화**는 간의 Microsome의 효소에 의해서 행하여 지는 것이 판명되었다. 이와 같이 체내에서의 약물의 변화를 **약물대사**라고 한다.

## 3 전신마취제(General Anesthetics)와 국소마취제(Local Anesthetics)

**전신마취제**는 중추신경을 가역적으로 억압시켜, 의식과 감각 특히 통각을 일시적으로 소실시킨다. 이로써 수술을 가능하게 하며 이때 근육 이완과 반사 소실도 일어난다. **국소마취제**는 말초신경 전도를 차단함으로써 의식에는 무관하게 신체 일부의 감각을 소실시키는 약물이다.

일반적으로 사용하는 전신마취제는 크게 **흡입마취제**(inhalation anesthetics)와 **정맥마취제**(intravenous anesthetics)로 구분한다. **흡입마취제**는 주로 폐포를 통해 흡수되고 배설되며 그 면적이 대단히 넓어 마취의 깊이를 쉽게 조절할 수 있다. **정맥마취제**는 약물을 정맥 내에 주사하므로 마취의 깊이를 조절하기는 힘드나 마취유도는 빠르다.

## 3.1 전신마취제

의학에서 최초로 마취제를 사용한 것은 **아산화질소($N_2O$)**이었다. 치과의사인 Horace Wells라는 사람이 웃음가스(아산화질소)를 대중 앞에서 공개 실험을 통해 보여주고 있었다. 실험 자원자 중에 약방 계산대에서 일하던 Samuel Cooley라는 사람이 웃음가스를 마시고 사람들에게 그 효과를 보여주다 다리를 다쳤지만 그 가스의 효력이 있는 동안에는 통증이 느껴지지 않는다는 것을 알게 되었다. 그래서 Wells가 치과 치료에 아산화질소를 사용하기 시작한 데서 마취제의 역사가 시작되었다. 그 후 에틸에테르(ethylether), 클로로포름(chloroform) 등이 전신마취제로서 사용되었다. 특히 에테르는 인화성이고 공기와 혼합하여 있을 때 폭발적인 인화성이 문제가 되고 클로로포름은 독성이 높아 문제가 되었다. 그 후 인화성이 거의 없는 **할로겐화 탄화수소**가 마취제로 개발되어 현재는 아래와 같은 할로겐 화합물이 주로 전신마취제로서 사용한다.

표 3-1 마취제의 구조와 물성

| 일반명(상품명) | 구조식 | 끓는점 | 화학적 안정성 |
|---|---|---|---|
| Desflurane(Suprane) | $CHF_2$–O–CHF–$CF_3$ | 23.5 | ○ |
| Enflurane(Ethane) | $CHF_2$–O–$CF_2$–CHFCl | 56.5 | ○ |
| Halothane(Fluothane) | $CF_3$–CHBrCl | 50.2 | × |
| Isoflurane(Forane) | $CHF_2$–O–CHCl–$CF_3$ | 48.5 | ○ |
| Methoxyflurane(Penthrane) | $CH_3$–O–$CF_2$–$CHCl_2$ | 104.7 | × |
| Nitrous oxide | $N_2O$ | –88.0 | ○ |
| Sevoflurane(Ultane) | $(CF_3)_2CH$–O–$CH_2F$ | 58.5 | × |

전신마취제의 분류로서 **흡입마취제**와 **정맥용 마취제**가 있으며 흡입마취제에는 **휘발성마취제**와 **가스마취제**가 있으며 정맥용 마취제는 Barbiturates(Thiopental, Methohexital, Thiamylal)와 Nonbarbiturates(Opioids, Droperidol, Propofol, Benzodiazepines, Ketamine, Etomidate)가 있다.

### 3.1.1 흡입마취제

실온에서 기체 또는 휘발성이 강한 액체이며 산소와 혼합 흡입시켜 전신 마취를 일으킨다. 이상적인 흡입 마취제의 **요건**은 1) 마취 유도와 회복이 신속하고 편안하게 되며, 2) 마취의 깊이를 빠른 시간 내에 조절할 수 있고 3) 적절한 골격근 이완 효과가 있으며, 4) 안전역이 넓고, 5) 정상 마취 용량에서 부작용 및 독작용이 없는 약품이다. 그러나 흡입 마취제로서 가장 중요한 요건은 부작용 및 독작용이 얼마나 적으냐 하는 문제이다.

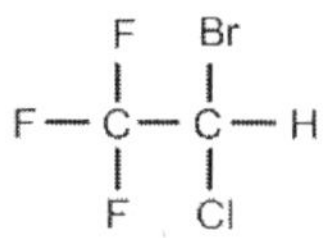

Halothane

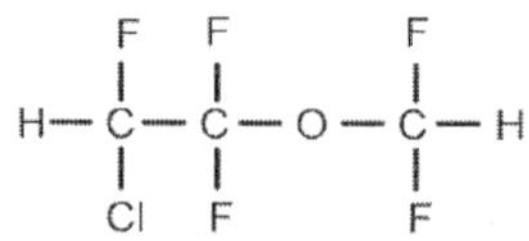

Enflurane

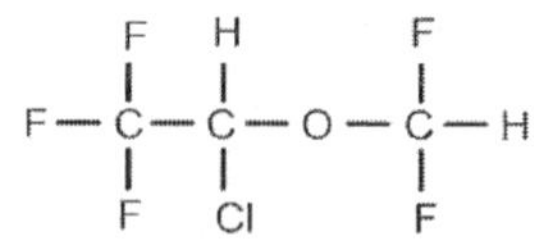

Isoflurane

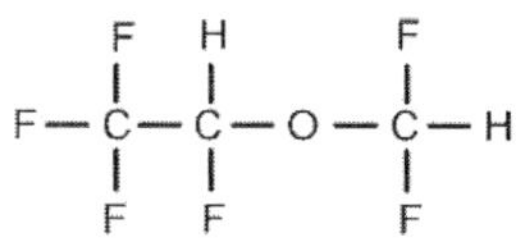

Desflurane

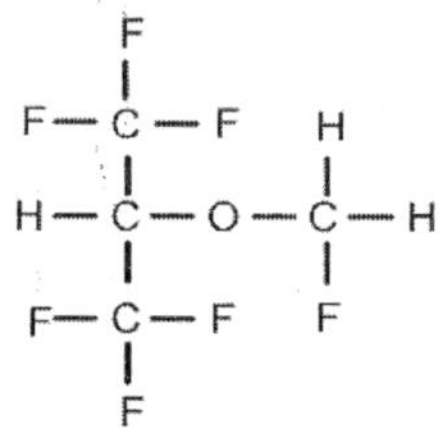

Sevoflulane

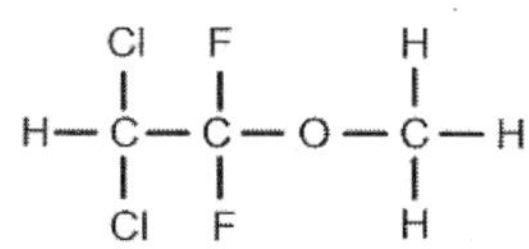

Methoxyflurane

$C_2H_5OC_2H_5$

Diethylether

$N_2O$

Nitrous Oxide

### 1) 휘발성 마취제(Volatile anesthetics)

#### ① Halothane(2-bromo-2-chloro-1,1,1-trifluoroethane)

비중이 1.86인 무거운 액체로서 달콤한 냄새가 있다. 비가연성이며 산소 혼합물도 폭발하지 않는다. 마취 유도와 회복이 빠른 강력한 마취제이며 0.8~1.2%의 halothane을 흡입시켜 마취를 지속시킨다. 또한 호흡기 계통의 자극이 적다. 그러나 진통효과와 근육 이완이 불충분하고 호흡 억제, 저혈압 및 부정맥을 유발한다.

#### ② Enflurane(2-Chloro-1,1,2-trifluoroethyl difluoromethyl ether)

비 가연성이며 화학적으로 안정한 마취제이다. 마취유도는 비교적 빠르고 원만하며 타액 분비도 미약하다. 마취 유도 시 흥분이 나타나는 경우도 드물다. Halothane과 약리 작용이 비슷하며 동공은 확산되지 않고 안구 운동도 현저하지 않다. 마취의 깊이는 혈압, 맥박 및 수술자극에 대한 반응으로 결정한다. 근육 이완이 충분하며 수술 후 구역질, 구토, 부정맥, 오한 등의 부작용이 halothane보다 적다. 단점으로는 자극적인 냄새가 있으며 호흡이 억제되므로 호흡 보조가 필요하며 저혈압이 올 수 있고, 자궁근을 이완시킨다.

#### ③ Isoflurane(1-chloro-2,2,2-trifluoroethyl difluoromethyl ether)

Enflurane의 이성체이며 비가연성이다. 마취 유도와 회복이 부드럽고 빠르며 3%로 마취 유도시키고 1.5~2.0%를 흡입시켜 마취를 지속시킨다. Enflurane보다 혈액 가스 분배 계수가 낮기 때문에 빠르게 마취의 깊이를 조절할 수 있다. 간장 및 콩팥에 대한 부작용이 거의 없다. 심박출량이 유지되며, 부정맥을 잘 일으키지 않고 근육 증강제의 효과를 증강시키며 뇌 혈류와 뇌압을 조절할 수 있다. 단점으로는 자극적인 냄새로 기관지를 자극하고 점진적인 호흡 억제와 저혈압이 나타나며 자궁근을 이완시킨다.

④ Desflurane(difluoromethyl 1-fluoro-2,2,2-trifluoroethyl ether)

비가연성이며 이산화탄소나 흡착제에 대한 안정성이 있으며 금속 부식 작용은 없다. 비등점이 상온에 가깝기 때문에 특수 가열 기화기를 이용하면 정확한 농도의 마취제를 투여할 수 있다. 마취의 유도 및 회복이 halothane, isofluarane 및 enflurane 보다 빠르며 조절을 정확하게 할 수 있기 때문에 외래 수술 시 편리하다. 6% 이상의 농도를 흡입하면 자극성 냄새 때문에 기관지가 자극되어 기침이나 후두경련 등이 올 수 있으므로 정맥 마취제로 마취를 유도하는 것이 좋다.

⑤ Sevoflurane(fluoromethyl 2,2,2-trifluoro-1-(trifluoromethyl) ethyl ether

비 가연성이며 비자극성의 마취제이다. 혈액이나 조직에 대한 용해도가 낮으면서 효력은 강한 약물이므로 마취의 깊이 조절이 쉽다. 마취에서의 회복이 아주 빠르므로 외래 수술 시 편리하다.

⑥ Methoxyflurane(2,2-dichloro-1,1-difluoroethyl methyl ether)

마취 농도에서는 비가연성이나 고 농도에서는 가연성이다. 흡입마취제 중 가장 강력한 마취제로서 마취유도는 20~30분 정도로 느리다. 지방용해도가 높기 때문에 지방 조직에 많이 축적되어 천천히 배설되므로 마취로부터 회복이 느리다. 최근 부작용이 적고 우수한 흡입마취제가 많이 개발되었기 때문에 methoxyflurane은 실제로 임상에서는 거의 사용되지 않는다.

2) 가스마취제(Gaseous anesthetics)

① **아산화질소(Nitrous oxide, laughing gas, $N_2O$)**

달콤한 냄새를 지닌 공기보다 무거운 무색의 가스이다. 마취에서 회복은 빠르나 마취강도가 약하여 단독으로는 사용하지 않는다. 할로겐화합물 마취제와 병용함으로써 상호 투여량을 줄이며 호흡 억제 및 저혈압 등의 부작용도 줄일 수 있다.

### 3.1.2 정맥 마취제

일반적으로 수초 내에 마취를 유도시키므로 흡입마취제를 투여하기 전에 안전하고 빠른 마취 유도제로 많이 사용한다. 그 외 단시간에 끝나는 수술, 예를 들면 발치, 소수술, 내시경이나 기관지경 삽입 시에나 약한 마취가 필요할 때 흡입 마취의 보조로 사용된다. 그러나 과량을 투여하면 호흡 및 순환기 장애가 심하다.

1) Barbiturates

초 단시간 지속(ultrashort acting) barbiturate인 thiopental sodium, methohexial sodium 및 thiamylal sodium이 정맥 마취제로 사용되고 있으며 이 중 특히 thiopental이 가장 많이 사용된다. 뇌간의 망상 부활제를 억제하여 마취를 일으킨

다. Thiopental sodium은 2.5% 용액으로 3~5mg/kg을 한번 정맥 주사하면 10~30초 이내에 마취가 유도되고 5~8분 정도 지속되나 그 후로도 45분간 정도는 정신 상태가 혼미하다.

Thiamylal은 thiopental과 거의 같은 효력의 마취제로서 thiopental과 동일하게 사용한다.

Methohexial은 thiopental에 비해서 효력은 3배 정도 강하나 마취 유도나 지속시간 등은 거의 같다. 다만 thiopental과 thiamylal은 주사 부위의 통증이 없으나 methohexial은 주사 부위에 통증을 일으킨다.

2) Propofol(2,6-diisopropyl phenol)

Thiopental과 더불어 가장 널리 사용하는 정맥마취제이다. 수용성이 아니므로 1% oil emulsion 제제를 정맥주사용으로 사용한다. 국부 마취 시나 중환자를 진정시킬 목적으로도 사용한다.

3) Ketamine(2-[O-chlorophenyl]-2-[methylamino]-cyclohexanone)

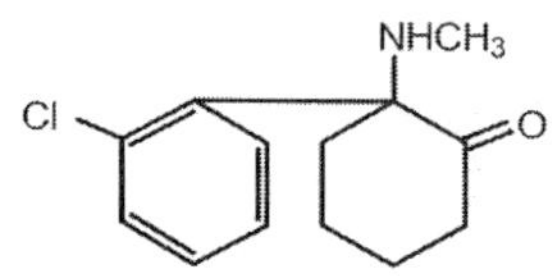


정맥이나 근육 내 주사를 하면 몇 초 내에 몽롱해지기 시작하여 곧 기억 상실을 일으키며 이때 주위 환경과 전혀 다른 기분을 느끼기 때문에 해리성 마취제라고 한다. 한번 주사하면 10~15분 정도 무의식 상태가 지속되며 강한 진통 효과를 가져온다. 마취 후 구역질, 구토, 두통 및 어지러움을 볼 수 있으며 특히 악몽, 환각, 지각력 상실 또는 정서적 변화를 일으킨다.

4) Benzodiazepines

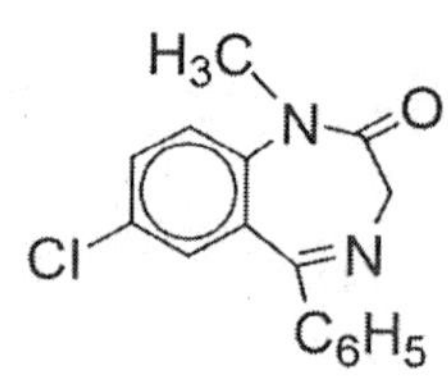


Benzodiazepines계의 정온제(tranquilizer) 중 midazolam, diazepam 및 lorazepam 등을 마취, 마취보조제로 많이 사용한다. Diazepam 및 lorazepam은 물에 녹지 않으므로 정맥주사용 특수 용매를 사용하여 녹인다. 이로 인하여 정맥주사 시에 국소자극효과가 있어 주사할 때 통증이 있으며, 심하면 혈전정맥염도 초래할 수 있다. Midazolam은 수용성이므로 주사 시 통증이나 불편감이 없다.

## 3.2 국소마취제

국소 마취(local anesthesia)는 제한된 부위에서 신경 충동의 발생이 억압되거나 전도(conduction)가 차단됨으로써 신체 일부 부위의 감각이 없어진 상태이다. 또 국소마취제(local anesthetics)란 적당량을 신경 조직에 국소적으로 투여함으로써 의식 장애 없이 약물 적용 부위의 신경 정도를 가역적으로 차단하여 일시적인 감각 소실을 유발하는 약물이다.

이상적인 국소마취제의 요건은 첫째 조직에 자극성이 없어야 하며, 둘째 영구적 손상을 초래해서는 안되며, 셋째 전신적 독성이 낮아야 하며, 넷째 투여 경로에 관계없이 유효하며, 다섯째 작용 발현 시간이 짧고 작용 지속 시간은 외과적 처치를 수행하기에 충분하여야 하나 마취에서의 회복이 지연되어서는 안 된다는 것이다.

국소마취제로 처음 사용된 물질은 cocaine이다. 1860년 Niemann에 의해 cocaine이 순수 분리되었고, von Anrep(1880)은 이 alkaloid가 피부에서 국소 마취를 일으킴을 관찰하였다. 1884년 안과, 치과 영역에서 실제 응용되었고, 약 20~30년 동안 지속적으로 사용된 후 1905년 Einhorn 등에 의해 para-aminobenzoic acid(PABA)의 ester 결합물인 procaine이 개발되어 광범위하게 사용되었다. 1943년에는 대표적인 국소마취제로서 현재 가장 많이 사용되는 lidocaine이 Lofgren에

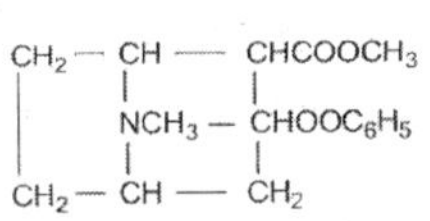
Cocaine

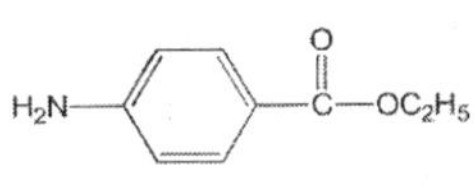
Benzocaine

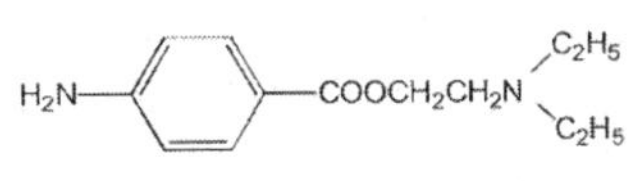
Procaine

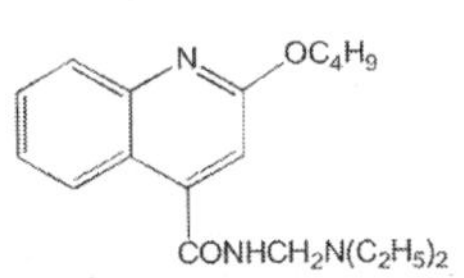
Dibucaine

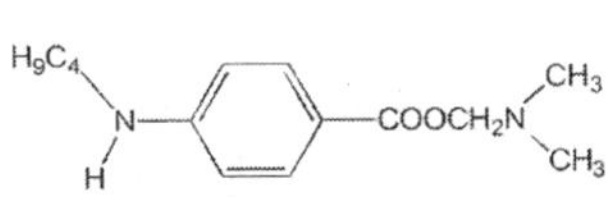
Tetracaine

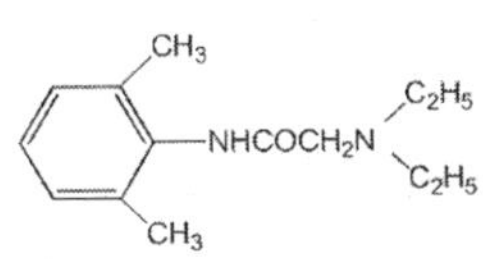
Lidocaine

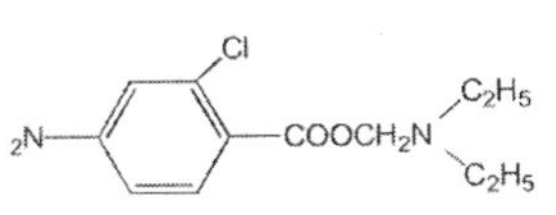
Chloroprocaine

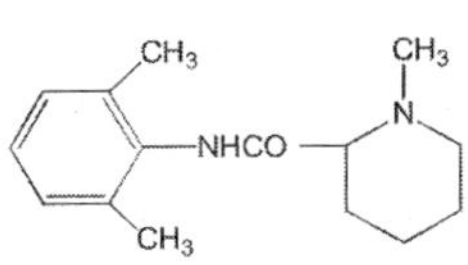
Mepivacaine

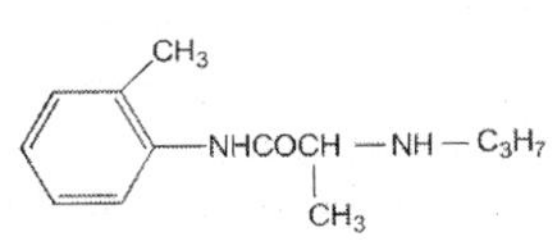
Prilocaine

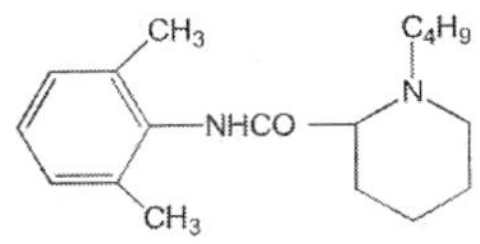
Bupivacaine

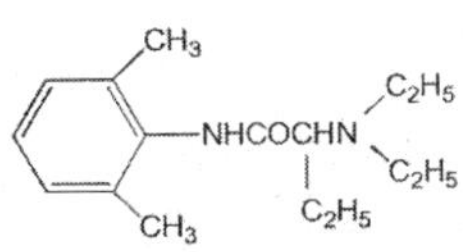
Etidocaine

의해 합성되었다. 대표적인 약물은 cocaine, benzocaine, procaine, dibucaine, tetracaine, lodocaine, chloroprocaine, mepivacaine, prilocaine, bupivacaine, etidocaine 등이 있다.

대부분의 국소마취제는 친수성(hydrophilic)기와 친지성(lipophilic)기가 중앙 알킬기(intermediate alkyl chain)을 중심으로 양쪽에 연결되어 있는 구조를 가진다. 중앙 알킬기의 결합 양상에 따라 ester 화합물과 amide 화합물로 나눈다. Procaine 같은 ester 화합물은 수용액 내에서 또는 혈액 내의 esterase에 의해 쉽게 가수분해된다. 이에 비하여 lidocaine 같은 amide 화합물은 수용액 내에서 안정하고 주로 간장에서 대사되며 대체로 대사 속도가 느리다. 일반적으로 국소마취제는 소수성이 커지면 효력이 커지고 작용 지속 시간이 길어지나 이와 비례하여 독작용도 커진다.

## 4 진정수면제

중추신경계는 억압 정도에 따라 단계적인 현상을 보인다. 가장 약한 억압 상태에는 **정온효과**(tranquillization; 긴장은 풀어지나 기능적으로 이상이 없는 효과)가 나타난다. 억압 정도가 심하여 갈수록 **진정효과**(sedative effect; 활동이 감소하고 평온 상태가 지속되는 효과), **수면효과**(hypnotic effect; 수면을 유도하고 수면 상태를 유지시키는 효과), 의식 상실, 외과적 마취상태, 혼수(coma)가 순차적으로 나타나며 결국 호흡과 심혈관계 조절이 심하게 억압되므로 사망에 이르게 된다.

**진정제**와 **수면제**는 각기 중추신경계에 작용하여 **진정효과** 또는 **수면효과**를 유도하는 약물이다. 그러나 실제로는 진정제와 수면제와의 구별이 곤란하여 보통 **진정수면제**로 분류한다. Benzodiazepine계를 제외하고는 진정 수면제는 대부분 전신마취 작용을 나타낸다. 초기에는 알코올, 아편 및 belladonna 즙이 수면 유도에 사용되었고, 19세기 중반에 와서 bromides, chloral hydrate, paraldehyde 등이 등장하였다. 그 후 barbiturate계 화합물이 진정수면제의 주종을 이루었으나 1960년대 이후에는 benzodiazepine계 약물이 널리 쓰이고 있다.

### 4.1 Benzodiazepine 유도체

Chlorodiazepoxide가 개발되어 임상에 사용된 후 2,000여종의 benzodiazepine계 물질이 합성되었다. 그 중 nitrazepam, flurazepam 및 triazolam 등은 수면제로, diazepam과 midazolam은 짧은 시간 마취 목적으로 이용되며, 그 나머지는 정온제(transquillizer)로서 많이 사용되고 있다. 이 계통의 약물은 자연 수면과 비슷한 수면을 일으키고 약물의 안전한 계가 크다. 주로 중추신경계에 작용하여 진정, 수면,

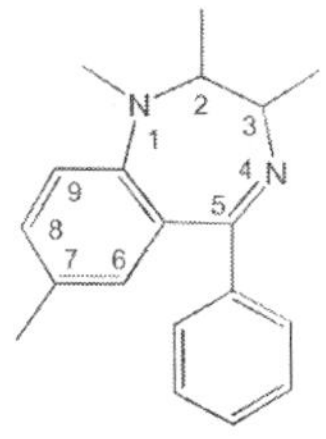

기본구조

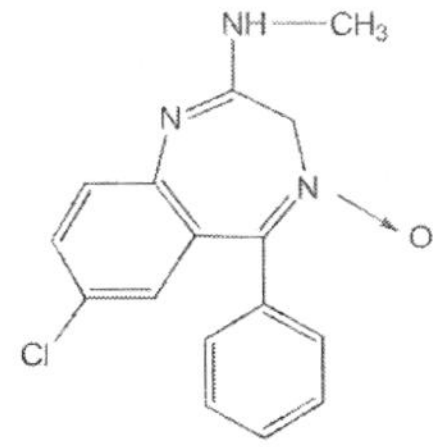


Chlorodiazepoxide

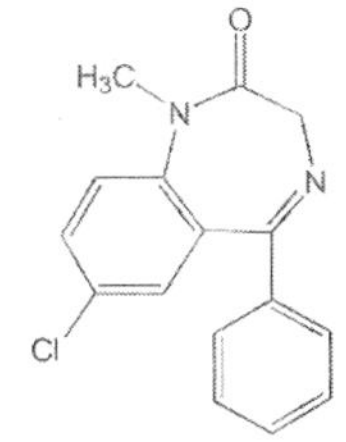


Diazepam

불안해소, 근육 이완, 선행성 건망증(anterograde amnesia) 및 경련 억제 효과를 나타낸다. 불면증에 가장 많이 사용되며 잠들기 힘든 환자에게서 지속시간이 비교적 짧은 제제(예: triazolam)를 사용한다. 새벽에 잠을 깨어 수면이 부족한 경우에는 지속 시간이 비교적 긴 제제(예: flurazepam)를 용량을 적절이 조절하여 사용한다. 연령을 감안하여 투여하되 일률적인 처방을 피해야 한다.

표 3-2 Benzodiazepine 유도체의 임상응용 및 반감기

| 약물(상품명) | 임상응용 | 반감기(시간) |
|---|---|---|
| Chlorodiazepoxide(Linrium) | 불안, 알코올금단, 수술전 | 12±2 |
| Diazepam(Valium) | 불안, 근육이완, 수술전, 간질중첩증 | 43±12 |
| Flurazepam(Dalmane) | 불면 | 74±12 |
| Lorazepam(Ativan) | 불안, 수술전 | 14±5 |
| Midazolam(Versed) | 수술전, 수술중 | 1.9±0.6 |
| Triazepam(Halcion) | 불면 | 2.9±1.0 |

## 4.2 Barbiturate 유도체

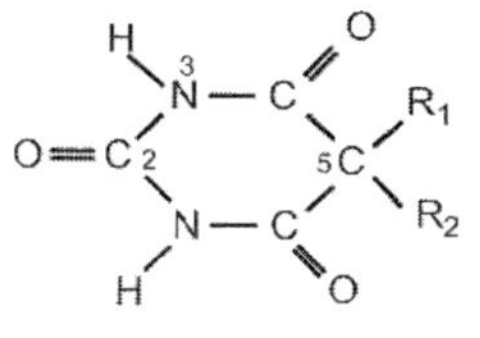


Barbiturates는 오랫동안 가장 대표적인 진정수면제로 널리 사용되어 왔으나 근래에는 보다 안정한 benzodiazepines가 개발되어 대부분 대체되고 있다. 그러나 일부 유도체는 항 간질 약물 및 전신마취제로 아직도 유용하게 쓰이고 있다.

Barbituric acid는 요소(urea)와 malonic acid가 결합한 diacylurea 즉 diureide이다. Barbituric acid의 구조 중 제 5 탄소($C_5$)에 치환되는 alkyl기의 탄소수가 많을수록 수면 효과가 강하게 나타난다. 탄소수가 7개 이상이면 수면 효과는 약해지고 항 경련 효과가 나타난다. 약리학적 작용은 유도체에 따라 정도의 차이는 있으나 모든 흥분성 조직을 억압시키며 특히 중추신경계를 예민하게 가역성으로 억압시킨다. 즉 수면용량은 중추신경계만 억압시킬 뿐 그 외 직접 작용은 미약하다. Barbiturate는 유도체에 따라 작용 지속시간에 차이가 있어 단시간 지속, 장시간 지속 제제로 구분한다.

표 3-3 Barbiturate 유도체의 분류 및 반감기

| 분류 및 약물명(상품명) | $R_1$ | $R_2$ | 반감기(시간) |
|---|---|---|---|
| 단시간 지속 | | | |
| Secobarbital(Seconal) | allyl | 1-methylbutyl | 15~40 |
| Pentabarbital(Nembutal) | ethyl | 1-methylbutyl | 15~50 |
| Aprobarbital(Alurate) | allly | isopropyl | 14~34 |
| Butabarbital(Butisol) | ethyl | sec-butyl | 35~50 |
| 장시간 지속 | | | |
| Phenobarbital(Luminal) | ethyl | phenyl | 80~120 |
| Mephobarbital(Mebaral) (3번 N에 $CH_3$기가 결합) | ethyl | phenyl | 10~70 |

진정 수면 목적으로는 부작용이 적은 benzodiazepines로 대체되어 임상용도는 제한적이다. Phenobarbital은 간장 약물 대사 효소계 촉진 작용을 이용하여 신생아 황달 및 용혈성 황달 치료에 사용된다. Phenobarbital은 항경련제로도 쓰인다. 초단시간 지속성 barbiturate는 정맥용 마취제로 많이 사용된다.

## 5 신경안정제(Tranquillizer)

정신상태에 주로 영향을 주는 신경안정제 약품은 임상용도에 따라서 3가지 주요 범주, 즉 **항정신병약**(antipsychotics), **항우울제**(antidepressants), **항불안제**(antianxiety drugs)로 분류한다. 정신병 치료목적에 따라서 사용되는 약물 중에 정신 활성에 관계되는 약품을 **항정신병약**, 정신부활약 또는 항정신약(抗精神藥)이라고 하며, **페노티아진**(penothiazines), **티오산틴**(thioxanthene), **부티로페논**(butyrophenone) 등이 가장 중요한 화합물이다. 이들 약품은 환각, 망상을 감소시키고 정신운동성 흥분을 완화시키며 사회적응을 돕는다. 이들 약품의 중요한 효과는 뇌의 도파민 작용성 활성을 감소하는 것이다.

**항우울제**는 3고리 아민(amine)과 다른 헤테로(hetero) 고리화합물이 이에 속한다. **이미프라민**(imipramine)과 **아미트리프틸린**(amitriphthyline) 등이 이에 속한다.

**항불안제**는 약한 안정제로서 신경증에 의한 불안을 치료하는 약이다. 클로로디아제폭시드(Chlorodiazepoxide)와 같은 **벤조디아제핀류**(benzodiazepine)가 가장 중요한 화합물이다.

### 5.1 항정신병약(Antipsycotics)

항정신병약은 심한 정신 질환 치료에 쓰이는 약물이며 **신경 이완제**(neuroleptics)라고도 한다. 이는 대상 질환을 위주로 **항정신분열증 약물**이라고도 한다. 화학적으로

구조가 다르나 약리 작용은 서로 비슷하다.

### 5.1.1 Phenothiazines계 약물

Phenothiazines 유도체의 화학적 구조를 보면 phenothiazine ring의 질소(N)에 지방족 화합물(aliphatic compounds; $-(CH_2)_3-N(CH_3)_2-$)이 치환된 것(chloropromazine, triflupromazine 등), piperazine 화합물이 치환된 것(fluphenazine, trifluoperazine 등), 그리고 piperidines 화합물이 치환된 것(thioridazine, mesoridazine) 등의 세 가지 종류로 분류할 수 있다.

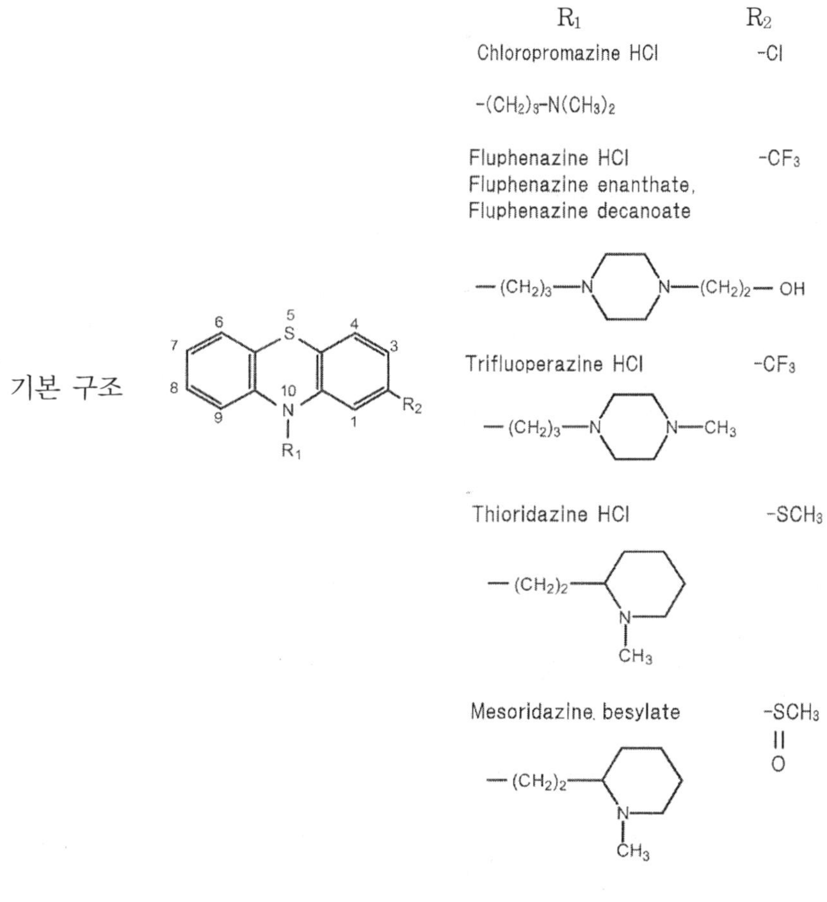


Phenothiazines 유도체의 약리적 작용은 다양하나 대체로 그 기본약물인 chloropromazine과 비슷하고 다만 작용강도, 독성 및 임상 용도가 다소 다를 뿐이다. Phenothiazines에 대해서 구조-활성 관계를 조사한 결과 2번 위치에 염소(Cl)는 활성을 증가시키고 thioalkyl기($-SCH_3$)와 acyl기($-COR$)도 마찬가지다. 1,3,4 위치에 치환기나 두 방향족고리에 모두 치환기가 있을 때 진정활성을 잃게 된다. 고리 질소와 더 염기성인 곁 사슬 질소 사이의 3탄소사슬이 최적이다. 그러나 2탄소도 약간의 활성을 역시 갖는다. 곁 사슬의 β-위치에 가지치기는 안정제 활성을 감소시킨다.

Piperazine ring은 약효를 증가시킨다. 이들 약의 세 가지 주 치료 용도가 있다. 그것들은 **진토효과**(鎮吐效果)가 있다. 마취제, 강력한 진통제, 소량으로 진정제와 함께 사용한다. 마지막으로 여러 가지 심한 정신적, 정서적 질병에 가장 널리 사용된다.

### 5.1.2 Thioxanthene계 약물

기본 구조

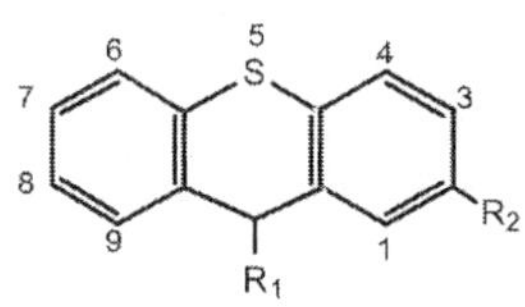


| | $R_1$ | $R_2$ |
|---|---|---|
| Chloroprothixene | ‖ $CH-(CH_2)_2-N(CH_3)_2$ | $-Cl$ |
| Thiothixene HCl | 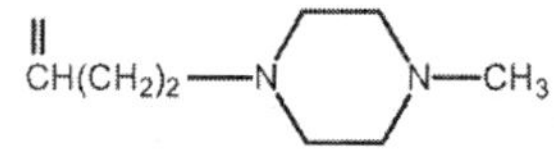  | $-SO_2N(CH_3)_2$ |

화학적으로 phenothiazine의 중심고리에 있는 질소(N)가 탄소(C)로 치환되고 이것에 각종 화합물이 결합된 것이다. 이 계통의 약물 중에 중요한 약물은 chloroprothixnene 및 thiothixnene으로서 약리학적으로는 phenothiazine과 비슷하다.

Thiothixene이 chloroprothixene보다 더욱 강력한 정신 진정 작용을 가지고 있으며 무력상을 보이는 만성 정신분열증 치료에 효과적이다. chloroprothixene은 불안, 흥분이 심한 정신병 환자에 효과적이다.

### 5.1.3 Butyrophenone계 약물

Haloperidol 2~20
Haloperidol decanoate

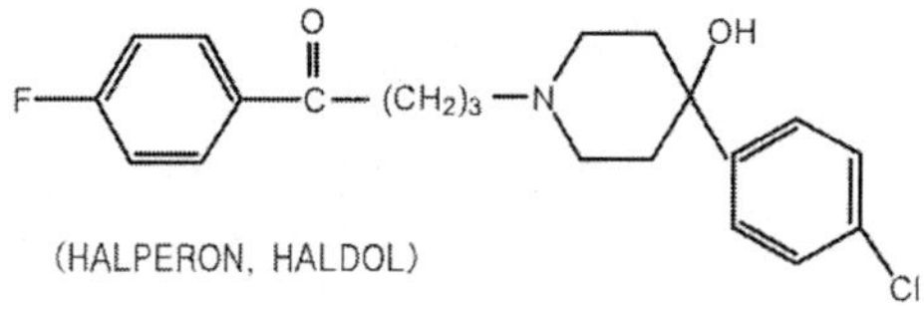


(HALPERON, HALDOL)

기본 물질은 haloperidol로서 구조상으로 phenothiazine과 비슷한 점은 없으나 piperazine, phenothiazines와 비슷하다. Haloperidol은 chloropromazine과 함께 대표적인 정형 항정신병 약물이며, 항정신병 효과와 추체외로(extrapyramidal tract) 증상을 일으킨다. 진정 효과가 적어 "흥분성" 정온제("stimulant" tranquillizer)라고도 한다.

Butyrophenone 유도체인 droperidol은 아편계 진통제와 병용하여 임상적으로 전신 마취에 많이 이용되고 있다. 즉 meperidine 유사 진통제인 fentanyl과 droperidol의 혼합체인 INNOVAR는 신경이완성 진통제로서 의식있는 상태에서 작은 수술을 시행할 때 이용되고 있다.

## 5.2 항우울제(Antidepressants)

Phenothiazines의 발견에 이어서 그와 비슷한 구조를 가진 많은 화합물들이 연구되어 그 중 imipiramine은 phenothiazine 화합물의 S 대신에 ethylene으로 치환한 약물로서 진정 효과는 없고 우울증 환자의 증상이 호전됨이 밝혀져 그 후 많은 유도체가 항 우울제로 개발되었다. 이 약물들은 화학구조적으로 세 개의 고리(tricyclic)를 가지고 있어서 일반적으로 **삼환 항우울제**라고 한다. 우울증 환자에게 imipramine을 투여하면 기분을 앙양시킨다. 항우울 작용은 투여 후 2~3주가 지나야 나타나기 때문에 우울 증상이 투여 후 즉시 호전되지 않는다. 항우울작용이 늦게 나타나는 이유는 아직 명확하지 않다.

항우울제는 신경 말단에서 뇌 활성 아민(amine)의 재섭취를 봉쇄한다. 항우울제의 종류에 따라 재섭취가 봉쇄되는 활성 아민의 종류는 다양하다. 활성 아민 재섭취 봉쇄 작용의 특징은 첫째 dopamine 재섭취 봉쇄는 항우울 작용보다는 흥분 작용과 연관되어 있고, 둘째 serotonin 재섭취 봉쇄는 항우울 작용과 연관되어 있을 가능성이 있으며, 셋째 norepinephrine 재섭취 봉쇄는 가장 확실하게 항우울 작용과 연관되어 있다.

**3급 아민 삼환 항우울제**

| | $R_1$ | $R_2$ | $R_3$ |
|---|---|---|---|
| Amitriptyline (ELAVIL, AMITRIL, ENDEP) | C | H | $C=CH(CH_2)_2N(CH_3)_2$ |
| Chomipramine (ANAFRANIL) | C | Cl | $C-(CH_2)_3N(CH_3)_2$ |
| Doxepin (ADAPIN, SINEQUAN) | O | H | $N= CH(CH_2)_2N(CH_3)_2$ |
| Imipramine(TOFRANIL, IMAVATE, JANIMINE 등) | C | H | $N- (CH_2)_3N(CH_3)_2$ |
| (+)-Trimipramine (SURMONTIL) | C | H | $N-CH_2CH_2N(CH_3)_2$ (with $CH_3$ branch) |

Desipramine (NORPRAMIN, PERTOFRANE)

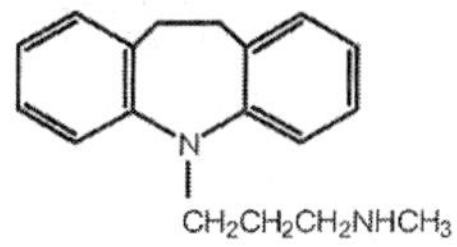

**2급 아민 삼환 항우울제**

Amoxapine (ASENDIN)

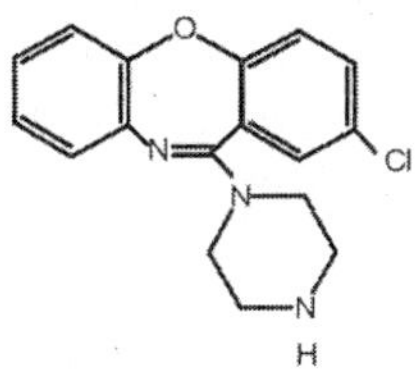

Maprotiline (LUDIOMIL)

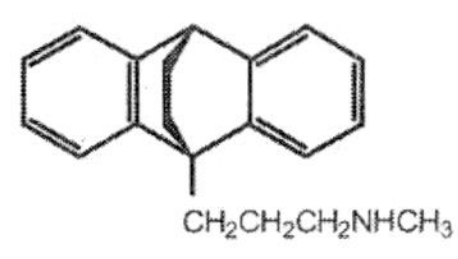

Protriptyline (VIVACTIL)

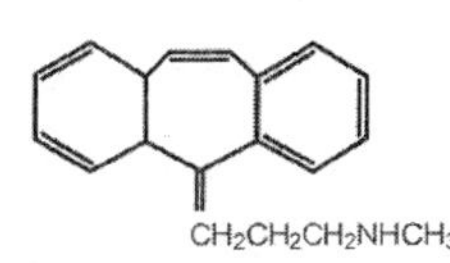

항우울제로 쓰이는 약물로서는 norepinephrine 섭취 억제제로서 3급 아민 삼환 항우울제와 2급 아민 삼환 항우울제가 있다. 3급 아민 삼환 항우울제는 amitriptyline, clomipramine, imipramine, trimipramine 등이 있고, 2급 아민 삼환 항우울제로서 desipramine, maprotiline, protriptyline 등이 있다. 또한 선택적 serotonin 섭취 억제제로서 citalopram, fluoxetine, paroxetine, sertraline 등이 있다.

### 5.3 항불안제(Anxiolytics)

항불안제는 불안, 근심(apprehension), 공포, 정서적 긴장(emotional tension)을 완화하는데 사용한다. 그러나 대부분 골격근을 약간 이완시키는 작용도 한다. 불안은 우울증. 공황장애(panic disorder), 광장공포, 강박증, 섭식장애 및 성격장애에 흔히 동반된다. 임상적으로 불안증에는 serotonin 섭취 억제제와 benzodiazepines가 보편적으로 사용된다. 공황장애에는 삼환 항우울제(imipramine), MAO(monoamine oxidase) 억제제(phenelzine)와 benzodiazepine(alprazolam, clonazepam, lorazepam)이 사용된다. 일반적인 불안 장애에는 benzodiazepines가 일차적으로 사용된다. 항 히스타민 효과가 있는 hydroxyzine과 자율신경계 약물인 propanodol과 clonidine도 사용되었으나 항불안 효과 작용이 뚜렷하지 않다. Carbamate계 정온제는 meprobamate가 기본 물질이며 진정 작용, 근육 이완 작용, 진정(antispastic) 효과, 순화(taming)효과, 항불안 효과, 수면 효과가 있다.

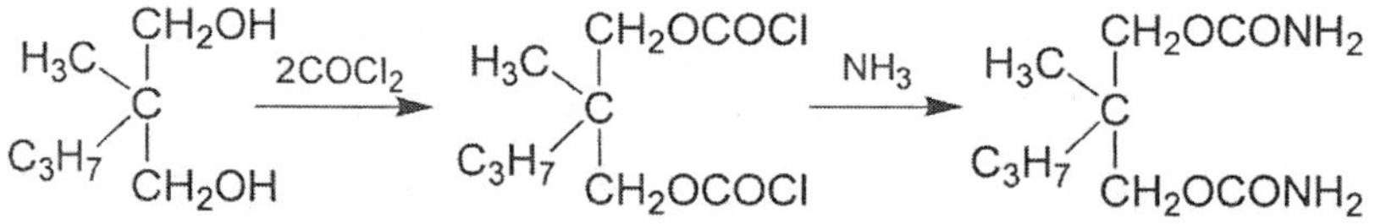


meprobamate

## 6 항간질제(Antiepileptics)

간질(epilepsy)은 B.C. 2000년경부터 알려졌으며 돌발적이고 일과성인 발작이 만성적으로 재발되는 중추신경계 질환의 총칭이다. 공통적으로 운동, 지각, 자율신경계 또는 정신 증상을 나타내고 거의 모든 경우에 비정상적인 뇌전도 양상을 나타낸다. 발작은 뇌신경세포 집단의 주기적인 흥분이 동시에 무질서하게 나타나서 행동이 일시적으로 갑자기 변동되는 것으로 정의한다. 발작발생의 가능한 원인으로 뇌조직의 과다한 흥분(hyperexcitability)과 과도한 동시 기능 출현(hypersychrony)이 제시되고 있다.

기존에 사용하고 있는 항 간질 약물로서는 phenytoin, carbamazepine, ethosuximide, phenobarbital, benzodiazepines가 대표적이다.

## 6.1 Hydantoin 유도체: Phenytoin, Fosphenytoin, Mephenytoin, Ethotoin

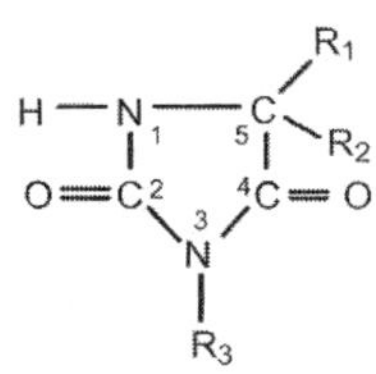

기본구조

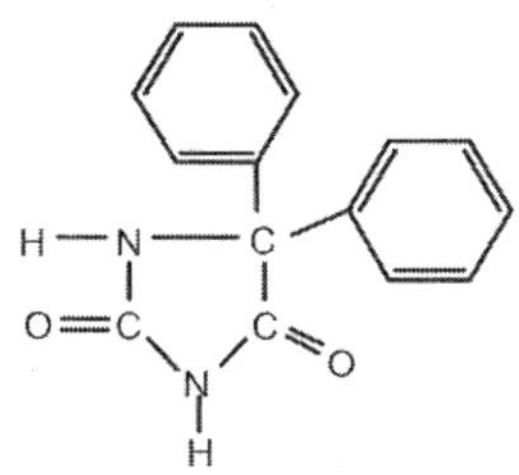

Phenytoin

Phenytoin(diphenylhydantoin)은 방심 발작을 제외한 모든 유형의 간질에 효과적이며 phenobarbital과는 중추 진정 효과가 없는 대표적인 항 간질약물이다. 구조는 5개의 원자 고리(ring)로 구성되어 있으며 지용성이 높고 물에 잘 녹지 않는다. Hydantoin 유도체의 구조 중 5번 탄소에 붙은 phenyl 또는 방향족(aromatic)기는 항 경련 작용을 나타내는 데 필수적이다. 만일 alkyl기로 치환할 경우 항 경련 효과는 없어지고 대신 중추 진정 작용을 나타낸다. Phenytoin은 전반적인 중추 억압 없이 간질성 활동의 발생 및 이의 확산을 저지하므로 대 발작 및 측두엽 발작을 방지한다. 그러나 방심 발작에는 효과가 없고 도리어 이를 악화시키기도 한다.

## 6.2 Barbiturate 유도체: Phenobarbital, Mephobarbital, Metharbital

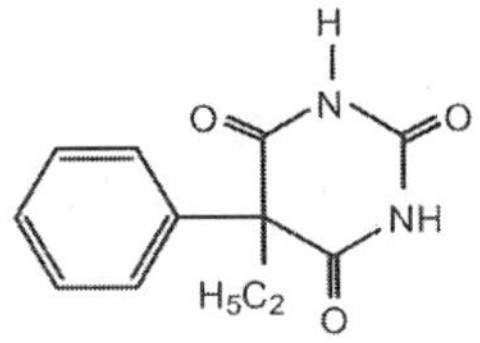

Phenobarbital

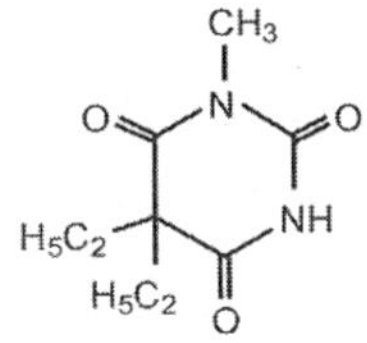

Metharbital

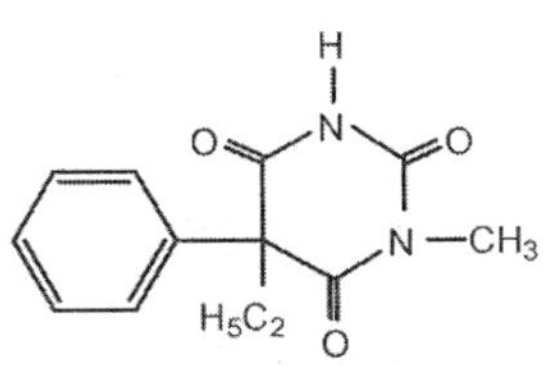

Mephobabital

Phenobarbital, mephobarbital 및 metharbital 중 장시간 작용형 barbiturate가 항 간질 약물로 쓰인다. 이 중 특히 phenobarbital은 최초의 효과적인 유기 항 간질 약물로서 비교적 독성이 없으며 경제적이어서 아직도 널리 쓰이고 있다. Metharbital은 현재 거의 사용하지 않는다. Phenobarbital은 수면 효과가 없는 용량에서도 경련 활동의 파급을 억제하고 경련 역치(threshold)를 높인다. 뛰어난 항 경련 효과를 나타내나 선택성은 없다. 비교적 적은 독작용과 저렴한 가격으로 아직 널리 쓰이고 있다. 또한 전신성 강직-간대성 발작(대발작)과 부분 발작에 효과적이다.

## 6.3 Iminostibene 유도체: Carbamazepine

Carbamazepine은 삼차 신경통 치료제로 사용되어 왔으나 phenytoin과 비슷한 효과가 관찰되어 항 간질약으로 사용되고 있다. Carbamazepine은 전신 강직-간대성 발작 및 부분 발작에 사용된다. 특히 부분 발작에는 1차 약물로 인정받고 있다. Carbamazepine은 항 간질 효과 이외에 조울증 환자에 효과가 있다. 화학 구조는 삼환 항 우울제와 유사성이 있다. 경구 투여로 흡수가 느리고 가끔 불규칙적이다. 대량 투여시 부작용으로 혼수 상태에 빠질 수 있으며 과잉, 흥분, 경련, 호흡억제 등이 나타난다. 장기 치료 중에 나타나는 부작용은 졸음, 어지럼증, 운동 실조증(失調症) 및 시력 장애 등이다.

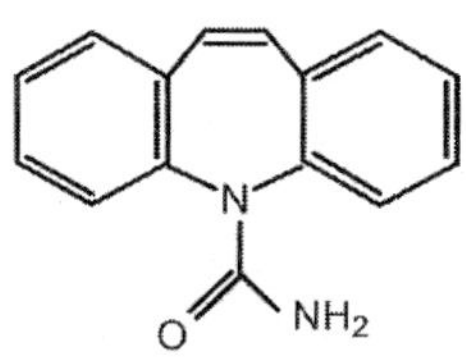

Carbamazepine

## 6.4 Succinimide 유도체: Ethosuximde, Methuximide, Phensuximide

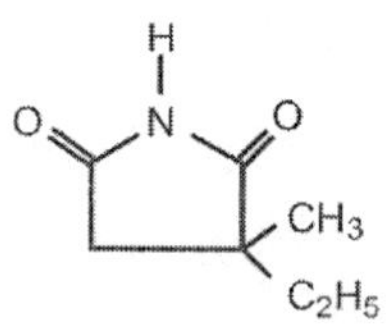

Ethosuximide

방심발작에 유효한 약물로서 phenosuximide, methsuximide, ethosuximide 등이 있으며 이중 ethosuximide가 대표적인 약물이다. 방심 발작에 효과적이나 대 발작에는 효과가 없거나 오히려 악화시키기도 한다. 흔한 부작용으로는 소화기 장애(식욕 감퇴, 구역질, 구토)와 중추신경성 장애(두통, 어지럼증, 딸꾹질, 도취감)이다. 그 외 피부 반점, Parkinson 병 증상이 나타난다.

### 6.5 Benzodiazepine 유도체: Clonazepam, Clorazepate

Benzodiazepine은 주로 진정제 및 항불안제로 사용되는 약물로서 많은 약물이 항간질 효과가 있다. 이 중 간질병의 장기 치료에는 clonazepam과 clorazepate가 주로 사용된다. Clonazapam은 방심 발작과 소아의 근간대성 발작에 주로 사용하며 clorazepate는 다른 약물과 병용하여 부분 발작에 사용한다.

## 7 비스테로이드 항 염증제(Non-steroidal anti-inflammatory drug: NSAID) 및 아편계 진통제(Opioid analgestics)

진통, 해열 및 항 염증 효과를 나타내는 약물은 서로 화학적 유사성은 없으나 작용기전이나 부작용이 서로 비슷하므로 비스테로이드성 항 염증약물이라고 총칭한다. 일반적으로 **해열 진통제**(analgesic-antipyretics) 또는 **아스피린 유사 약물**(aspirin-like drug)이라고도 부른다. 아편계 약물에 대칭되는 용어로서 비마약성 진통제(non-narcotic analgesic)이라고도 한다. 현재 사용되는 비스테로이드성 항 염증약물은 cyclooxygenase 활성을 억제하여 prostaglandin(PG; 생체에서 합성되는 생리활성물질)과 thromboxane(생리활성 물질)의 생성을 억제한다. Cyclooxygenase에는 두 가지 형이 있다. 즉 세포의 구성 성분으로 되어 있는 cyclooxygenase-1(COX-1)과 cyclooxygenase 등과 같은 염증 매개 물질에 의해 유도되는 cyclooxygenase-2(COX-2)가 있다. COX-1은 주로 혈관 내피세포, 위 점막 및 콩팥 등에 존재하면서 위 점막 보호작용이나 콩팥 혈류를 조절하는 항상성 기능을 가지고 있다. COX-2는 염증 매개 물질에 의하여 생성된 후 염증부위에서 염증을 일으키고 유지시키는 작용을 한다.

Aspirin을 비롯한 대부분의 비스테로이드성 항 염증 약물은 COX-1과 COX-2를 모두 억제시킨다. 그러므로 이들은 COX-2 억제에 의한 항 염증 효과뿐 아니라 COX-1 억제에 따른 위궤양 등의 부작용도 일으킨다. 특히 aspirin과 indomethacin은 COX-1 억제 작용이 강하여 위궤양을 잘 일으키고 ibuprofen과 diclofenac 등 COX-1과 COX-2 억제작용이 비슷하여 aspirin과 indomethacin보다는 적지만 위궤양 발생의 부작용이 나타난다. 최근 COX-2만을 선택적으로 억제하는 meloxicam, celecoxib, rofecoxib 등이 개발되어 사용하고 있다. 이들 약물은 항 염증작용이 있으면서 위, 콩팥 및 간장에 대한 독성이 아주 낮다. COX-1 억제작용이 상대적으로 약한 약물로서 etodolac 및 nabumetone이 있으며 이들도 부작용이 적은 약물이다. 항 염증 약물은 중등도 이하의 통증이나 염증의 증상을 없애는 데에 효과적이다.

## 7.1 Salicylate 유도체: Salicyclic acid, Aspirin, Methyl salicylate, Diflunisal, Salsalate, Olsalazine, Sulfasalazine

Salicylic acid(ortho-hydroxybenzoic acid) 자체는 국소 자극이 심하여 외용으로만 사용되고 그 유도체들이 진통해열제로 사용된다. 유도체들은 화학구조 측면에서 salicylic acid의 carboxyl기에 치환이 이루어진 화합물과 hydroxyl(OH)기에 유기산이 결합하여 생성된 화합물로 대별된다. Aspirin은 acetic acid($CH_3COOH$)의 salicylic ester이며, sodium salicylate은 carboxyl기에 sodium(Na)이 붙은 구조이다. Sasalate는 salicylate 두 분자가 결합된 형태로서 흡수 중 또는 흡수 후에 salicylate로 가수분해되어 작용을 나타낸다.

주로 두통, 근육통 및 관절통에 유효하고 내장 통증에는 효과가 없다. 체온이 상승된 경우 이를 하강시킨다. 또한 salicylate는 직접 또는 간접으로 호흡을 항진시킨다. 연수(延髓)의 호흡 중추를 흥분시킴으로 호흡이 깊어지고 호흡 수가 증가된다. 복용시 위(胃)의 상복부의 통증, 구역질, 구토 등의 위장장애가 발생하여 대량으로 복용하였을 경우는 소화성 궤양의 악화로 속쓰림, 소화 불량 및 위장 출혈이 나타난다.

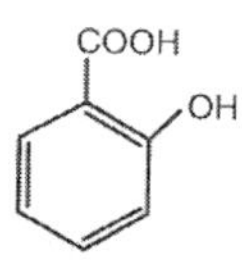


Salicylic acid

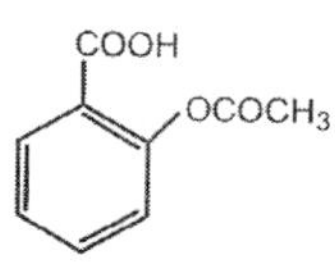


Aspirin

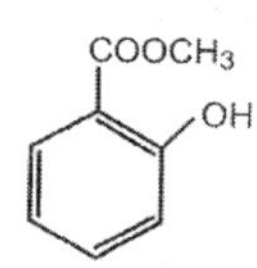


Methyl salicylate

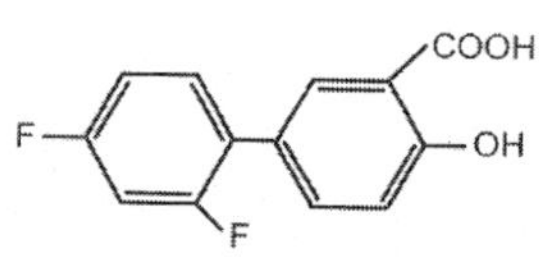


Diflunisal

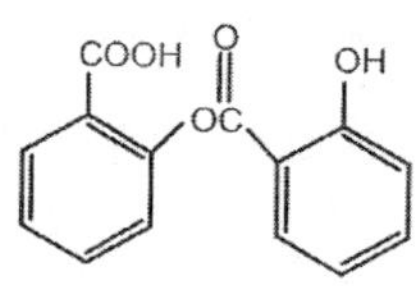


Salsalate

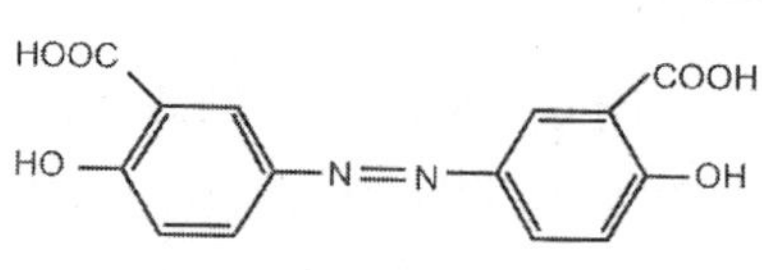


Olsalazine

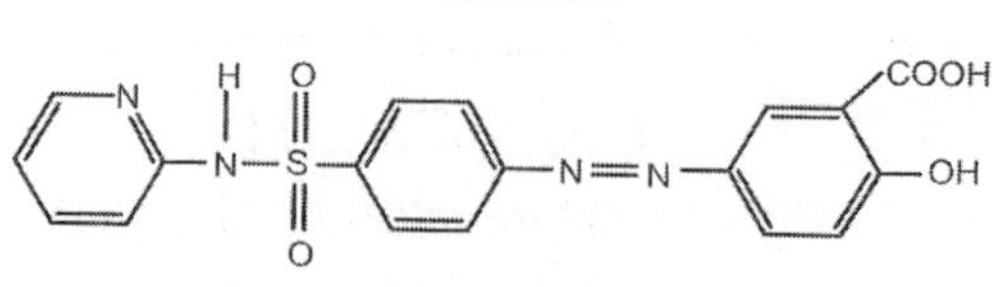


Sulfasalazine

## 7.2 Para-aminophenol 유도체: Acetaminophen

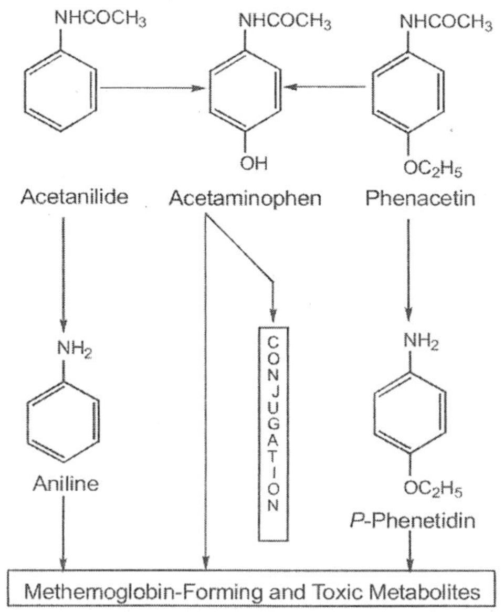


Phenacetin과 acetaminophen은 aspirin만큼 해열 진통 효과가 크다. 그러나 항 염증 효과는 매우 약하여 항 염증 목적으로는 사용하지 않는다. Phenacetin은 독성이 심하여 사용하지 않고 있다. Acetaminophen은 phenacetin보다 부작용이 적고 나타나더라도 약하기 때문에 많이 사용하고 있다.

Phenacetin이나 acetanilide는 체내에서 acetaminophen으로 전환되어 진통과 해열 작용을 나타낸다. Acetaminophen의 prostaglandin 생합성 억제 작용은 약하다. Acetaminophen의 흔한 상품명은 타이레놀(Tylenol)이다. 엑세드린(Exedrin)은 acetaminophen, aspirin, caffeine의 혼합제이다. 타이레놀은 aspirin과 함께 의사의 처방이 없이 살 수 있는 약으로서 나프록센(naproxen)과 케토프로펜(ketoprofen)과 같은 것들에 의해서 도전을 받고 있다.

## 7.3 Propionic acid 유도체: Ibuprofen, naproxen, fenoprofen, ketoprofen

Propionic acid 유도체는 ibuprofen 외에 naproxen, fenoprofen, ketoprofen, flurbiprofen, oxaprozin 등이 주로 사용되고 있다.

Propionic acid 유도체는 약리 작용과 부작용은 다른 aspirin계 약물과 비슷하나 투여 시 대부분 환자들이 잘 견디므로 널리 쓰이고 있다. 이들 약물 사이에 효력의 차이가 있으나 약력학적 차이는 거의 없다. 대부분이 항 염증, 해열 및 진통 효과를 가지고 있고 혈소판 응집을 방해하여 출혈 시간을 연장시킨다. 대부분 위장에 미란(궤양; erosin)등 부작용을 일으키나 aspirin보다 약하다. Naproxen은 aspirin보다

cyclooxygenase 억제 작용이 20배나 강하고 ibuprofen, fenoprofen은 aspirin과 비슷하다. 일시적으로는 류마티스 관절염, 골 관절염, 급성 통풍성 척추염 및 강직성 척추염 등에 염증과 통증 해소를 목적으로 사용한다. 근육과 연조직 손상에 의한 통증에도 사용한다.

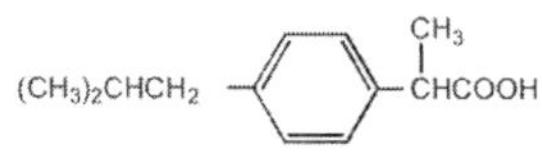


Ibuprofen

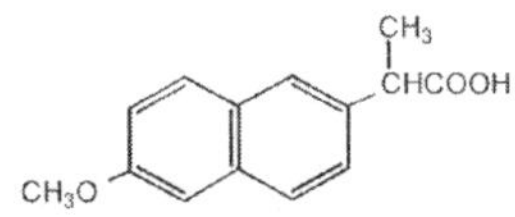


Naproxen

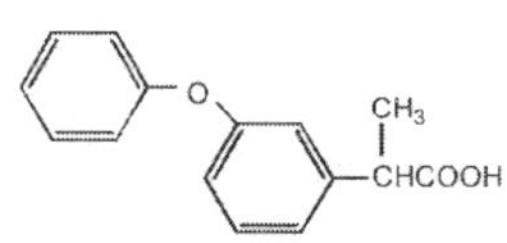


Fenoprofen

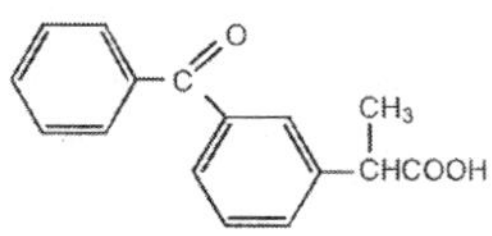


Ketoprofen

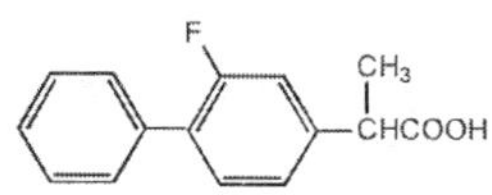


Flurbiprofen

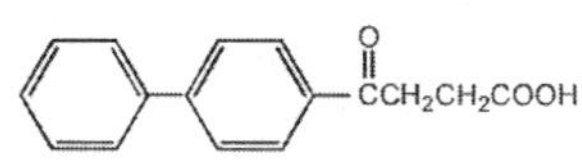


Fenbufen

## 7.4 아편계 진통제(opioid analgestics)

아편계 진통제는 opiate 또는 opioid를 혼동하여 부르고 있다. 그러나 엄격한 의미에서 opiate는 아편(opium) 성분 중 진통 효과를 가진 morphine, codeine 및 이의 반합성 물질만을 말한다. 그러나 opioid는 화학적 구조가 비록 다를지라도 그 작용이 morphine과 비슷한 모든 합성 약물로 총괄해서 부르고 있다. 통속적으로 아편계 약물을 마약성 진통제(narcotic analgestics)라고 하나 법적 용어로는 육체적 의존성(physical dependence)을 일으키는 물질을 마약 내지 **마약성 약물**이라고 한다.

양귀비의 익지 않은 열매에 칼자국을 해 놓으면 흰 즙이 나오며 이것을 공기 중에 건조시킨 것이 **아편**이다. 아편 성분 중에 약 25%는 alkaloid이며 이 alkaloid는 화학적으로 phenanthrene 유도체와 benzisoquinoline 유도체로 구별한다. 이 중 진통제로 널리 사용되는 것은 phenanthrene 유도체이다. Benzisoquinoline유도체는 진통 작용이 없고 그 중 papaverine은 평활근을 이완시키는 작용을 가지고 있다.

### 7.4.1 Morphine

1906년 Serturner에 의해서 morphine의 진통 활성이 발견된 이래 **양귀비**로부터의 alkaloid에 대해 오랫동안 많은 연구가 시작되었다. 지금까지 알려진 구조-활성 관계는 1) 4차 질소에 결합된 기가 적을 것, 2) 중심의 탄소 원자는 수소와 결합되지 않을 것, 3) phenyl기가 중심 탄소에 결합될 것, 4) 2개의 탄소 사슬이 질소로부터 중심 탄소와 분리될 것 등이다.

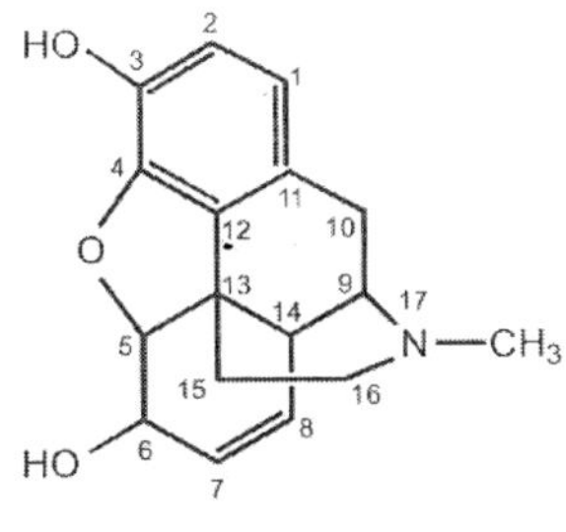

Morphine

Morphine은 양귀비로부터 아직 익지 않은 꼬투리에 상처를 내어 얻어지는 수지상 아편이나 양귀비 줄기로부터도 단리된다. 여러 가지 방법으로 단리되는 데 마지막 단계는 산성 용액을 과잉의 암모니아로 처리하여 morphine의 침전을 유도한다. 그 후 끓는 알코올로부터 재결정된다. 그것은 매우 쉽게 상습성이 되므로 그것을 마약이라고 하며 다른 진통제가 적절치 못할 경우에만 사용하여야 한다.

### 7.4.2 Codeine(3-methylmorphine)

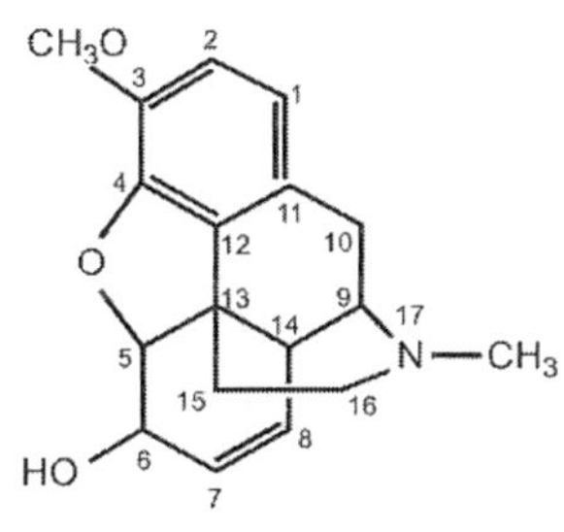

Codeine

Morphine에 비해 작용은 1/10정도로 약하지만 내성도 천천히 생기며 육체적 의존성은 잘 생기지 않는다. Codeine은 체내에서 생성되는 morphine에 의한다. 기침 억제 작용이 강하여 진해제로 널리 쓰이며 이는 morphine과는 상관없는 codeine의 고유작용이다. Codeine의 진통 효과를 높일 목적으로 해열진통제인 aspirin이나 acetaminophen과 병용 투여한다. 경구적으로 투여하면 morphine 보다 흡수가 잘 된다.

### 7.4.3 Propoxyphene

Propoxyphene은 4개의 입체이성체가 있으며 α-, *d*- 이성체인 dextropropoxyphene은 진통 효과를 나타내고, levopropoxyphene은 약간의 진해 효과를 나타낸다. 진통 효과와 구역질, 식욕 감퇴, 변비, 복통 및 졸음 등 중추신경 효과는 codeine이나 다른 아편계 약물과 비슷하다. 작용 출현 및 지속시간도 codeine과 비슷하나 진통 효

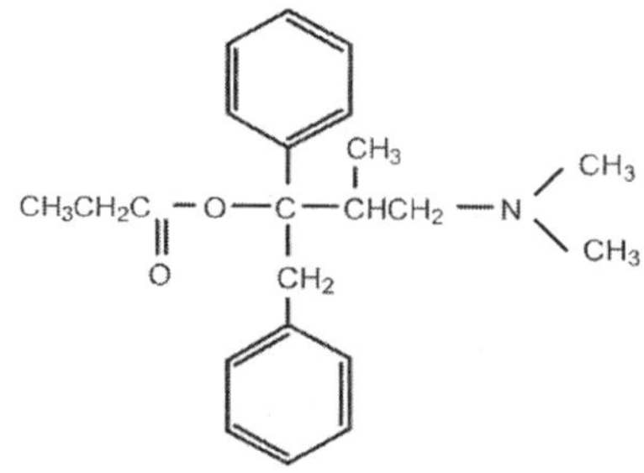

Propoxyphene

과는 약하다. 주로 다른 해열 진통제인 aspirin과 acetaminophen과 병용해서 사용한다. 만성적으로 사용하여도 내성 및 의존성 유발의 가능성이 극히 적다. 아편계 약물에 의존성이 생긴 환자에 금단 증상 치료 목적으로 사용한다.

## 8 항히스타민제(Antihistamine)

이 약은 발진, 눈물이나 콧물이 계속 나는 것과 같은 allergy 증상을 완화시킨다. 항히스타민제(antihistamine)는 감기 걸렸을 때 부푼 정맥과 콧물이 흐르는 것에 사용되는 **충혈제거제**이다. 이러한 증상들은 histamine 때문이다. Histamine은 단백질과 결합하여 불활성형으로 체내의 조직 세포에 광범위하게 분포되어 있으며 세포 손상이나 즉시형 과민 반응(immediate hypersensitivity reaction)때 조직 내에서 유리되고 평활근의 수축과 혈압 하강 작용 등을 나타낸다. 또한 allergy 반응, 위산 분비 및 중추신경 전달 등에 관여하므로 이러한 증상을 제거하는 약을 **항히스타민제**라 한다. 상품명으로 Dimetapp, Actifid와 Benadryl로 판매되고 있다. 구조로서 R-X-C-C-N의 구조를 가지고 있으며 여기서 X는 질소(N), 산소(O), 탄소(C)일 수가 있다. 작용기작은 조직에서 항히스타민제와 히스타민 사이의 수용자리에 대한 경쟁으로 생각된다. 항히스타민제와 작용자리에서 잘 수용되는 물질을 조합하면 히스타민이 조직에서 그의 특성적인 효과를 나타내는 것을 방지한다.

Histamine이 유리되면 주로 혈관, 기관지나 장의 평활근, 위벽세포, 심장, 부신 수질 등에 대해 강력한 작용을 한다. Histamine의 작용 중 기관지의 수축 효과는 pyrilamine과 같은 고전적인 항히스타민제에 의하여 봉쇄되나, 위산 분비나 심장 흥분은 이와 같은 고전적인 항히스타민제로 봉쇄되지 않는다. 고전적 항히스타민제로는 그 반응이 **봉쇄되는** 조직의 히스타민 수용체를 $H_1$ **수용체**라고 한다. 이에 반하여 고전적 항히스타민제에 의해 그 반응이 **봉쇄되지 않는** 히스타민 수용체를 $H_2$ **수용체**라고 한다. $H_1$ 봉쇄제는 공통적으로 ethylamine 구조를 가지고 있다. 이 구조에서 X에 치환되는 기의 종류에 따라 여러 유도체가 만들어지고, $H_2$ 수용체는 cimetidine과

ranitidine과 같은 $H_2$ 수용체 봉쇄제에 의하여 봉쇄된다.

## 8.1 $H_1$ 수용체 길항약물: Diphenylamine, Chloropheniramine, Promethazine

$H_1$ 길항약물은 $H_1$ 수용체에서 histamine과 가역적이면서도 경쟁적으로 길항(拮抗) 효과를 나타낸다. 이는 histamine에 의한 대부분의 평활근 반응을 억제한다. Histamine에 의한 호흡기 평활근의 수축이나 경련을 봉쇄한다. 혈관 수축은 H1 수용체 매개로 나타날 수 있고 이는 H1 길항제에 의하여 효과적으로 봉쇄된다. Allergy 피부 반응이나 모세혈관 투과성 증가로 인한 부종은 H1 수용체 길항약물에 의하여 잘 봉쇄된다. 기계적 또는 화학적 자극이나 염증으로 인한 국소 부종 역시 H1 수용체 길항제로 치유된다. 재채기, 콧물 그리고 눈, 코, 목의 가려움증을 치료하는 데 도움이 되고 Allergy 비염이나 결막염에도 유효하다.

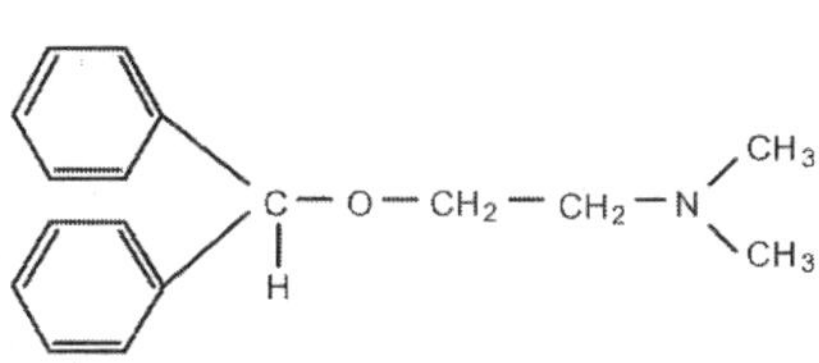

Diphenhydramine

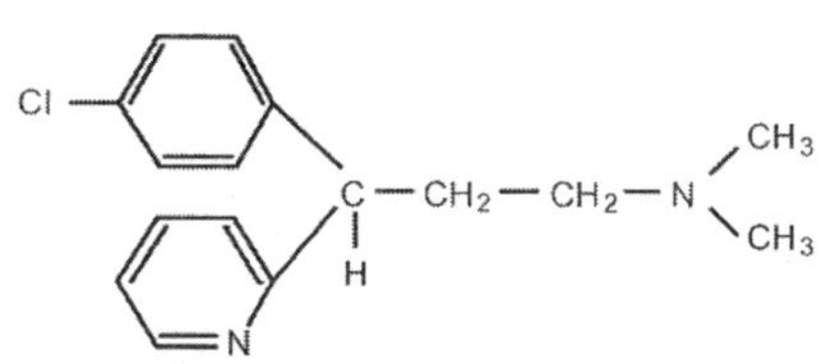

Chlorophenìramine

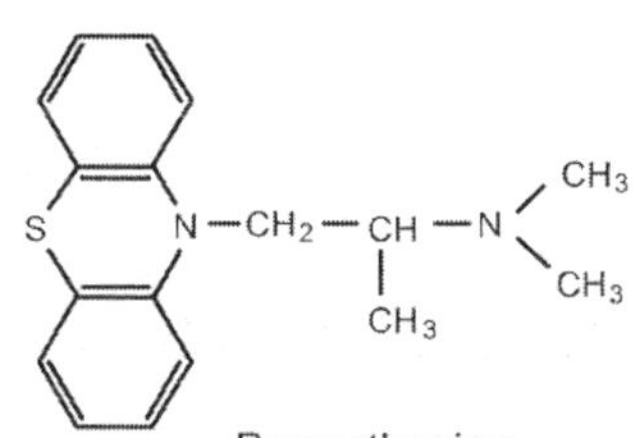

Promethazine

## 8.2 $H_2$ 수용체 길항약물: Cimetidine, Ranitidine

1972년 Black 등은 burimamide가 histamine에 의한 위산 분비를 선택적으로 봉쇄함을 보고하였다. 이로써 histamine 수용체를 $H_1$과 $H_2$로 구분할 수 있게 되었으며 위산 분비기전에 있어서 histamine의 역할을 알게 되었다. 그러나 처음 개발된 burimamide와 metiamide는 각각 소화관에서 흡수가 불완전하고 과립 백혈구 감소증을 일으킴으로써 사용되지 못하였다. 그 후 개발된 cimetidine이나 ranitidine은 임상적으로 널리 사용되고 있으며 소화성 궤양 치료에 있어서 일대 변혁을 초래하였다. $H_2$ 수용체 길항제는 histamine이나 그의 유도체에 의한 산 분비를 경쟁적으로 억제하여 여러 가지로 유발되는 **소화성 궤양**에 이들 약물은 효과적으로 사용된다. 가장 흔한 부작용으로는 설사, 졸음, 혼미, 두통, 발진 등이고 대부분의 부작용은 cimetidine과 관련이 있다.

# 9 심장약(Cardiac agents)

**심장 부전**(不全; heart failure)은 생명 유지를 위하여 요구되는 양의 혈액을 필수 장기에 충분하게 공급하지 못하게 되는 **심장 기능의 저하 상태를 의미**한다. 대부분의 경우 장기간 지속되는 심장 판막증, 심장 기형 및 고혈압 등에 의해 유발된다. 이러한 질환은 심장에 심한 부하(load)를 주게 하고, 심장은 이 부하를 극복하지 못하게 되는 과정이 **심장 부전증**이다.

심장 판막증, 고혈압 등에서와 같이 심장에 비정상적인 부하가 장시간 지속될 경우 심장은 **비대해지며 조직학적 변화**가 동반된다. 즉, 심근 섬유 세포가 변형되고 동시에 결체 조직(結締組織)이 증가하게 되어 **심장의 비대**가 초래되며 이러한 변화를 **심장개조(remodeling)**라 한다. 따라서 심근 수축력이 저하되고 **부정맥** 등이 쉽게 발생하게 된다. 이러한 심장개조에는 norepinephrine과 angiotensin 등의 신경호르몬들에 의한 심근 세포자살(apoptosis), 비전형 유전자 표현 등이 관여하는 것으로 알려져 있다.

심장부전증의 **치료**는 혈류역학적 개선과 아울러 심근개조의 진행을 저지하거나 **예방**하여 주는 데 초점을 맞추어야 한다. 혈류역학적 개선을 위하여는 일차적으로 이뇨제를 투여하여 혈장량을 감소시켜주고, 이울러 혈관이완제를 사용하여 전부하 및 후부하를 감소시켜 주며, 심근 수축력 항진 약물도 사용한다. 심근개조를 저지 혹은 예방하기 위하여 이뇨제와 혈관 확장제를 사용하여 심장의 부하를 감소시킴으로 심장 벽의 장력을 낮추고 또한 아드레날린성 수용체를 봉쇄한다.

## 9.1 심근 수축력 항진 약물(강심 배당체(配糖體); cardiac glycosides)

**Digitalis**는 심근에 선택적으로 직접 작용하여 심근 수축력을 강하게 하며, 이와 비슷한 작용을 일으키는 약물을 총칭하여 **digitalis계 약물**이라고 한다. 이에 소속되는 약물은 digitalis를 비롯하여 대부분이 식물계에 존재하고 있으며 그 유효성분이 화학적으로 **배당체(glycosides)**이므로 이를 **digitalis 배당체** 또는 **강심 배당체**(cardiac glycosides)라고도 한다.

Digitalis속 식물의 강심 유효 성분은 배당체이다. *Digitalis purpurea*에는 digitoxin 및 gitoxin의 배당체가 강심 작용을 일으키는 배당체로 함유되어 있고, *Digitalis lantana*에는 digitoxin, gitoxin 및 digixin이 함유되어 있다.

배당체는 가수분해로 genin(aglycone)과 당(sugar)으로 분리된다. 따라서 digitalis 배당체도 각각 그에 해당하는 genin과 1~4 분자의 당으로 분해된다.

현재 임상에서 주로 사용하는 강심 배당체는 **digoxin**과 **digitoxin**으로서 각각의 aglycone의 구조는 앞과 같다. Digoxin과 digitoxin은 aglycone의 3번 위치에 3분자의 digitoxose가 결합되어 있다. 두 물질은 C12 위치의 OH기의 유무만이 다를 뿐 다른 구조는 같다.

Digitalis의 중요한 약리학적 작용은 심장에 대한 선택 작용이며, 특히 심근의 수축 능력을 증강시키는 작용이다. 울혈성 심장 부전에서 바람직한 효과는 심박출량을 증가시키고 심장의 크기와 정맥압을 감소시키며 이뇨(利尿)를 시켜서 전신의 부종을 제거하는 것이다. 이러한 모든 현상은 심근의 수축력을 증강시키는 작용으로써 이루어질 수 있다.

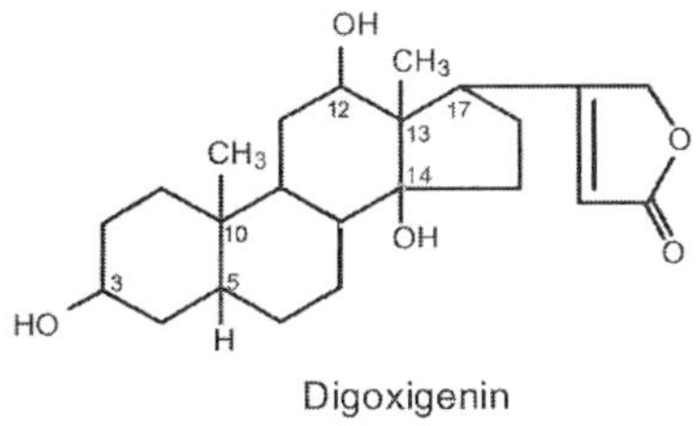

Digoxigenin

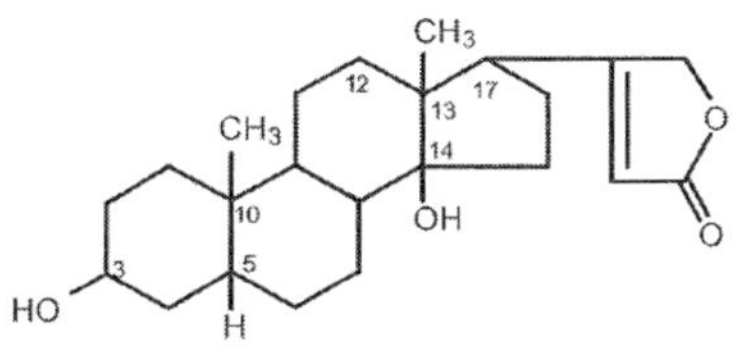

Digitoxigenin

Digitoxin → digitoxigenin + 3 digitoxose

Gotoxin → gitoxiginin + 3 digitoxose

Gitalin → gitaligenin + 2 digitoxose

## 9.2 항 부정맥제(Antiarrythmic agents)

부정맥(arrhythmia)은 심장 박동의 수 및 규칙성에 이상이 생기는 것을 말한다. 이는 충동성 양상 및 생성 부위의 변동으로 자율성의 장애 또는 충동 전도의 장애가 나타나며 그에 대한 심근의 반응성 장애로 발생한다. 현재 사용하고 있는 항 부정맥 약물은 모든 심근의 전기적 활성도를 변동시키는 약물이며, 그 과정에서 거의 모두가 이온 통로를 봉쇄하는 작용을 가지고 있다.

이온 통로를 봉쇄하는 항 부정맥 약물은 이온 통로 수용체와 결합함으로써 작용을 나타내게 된다. 이온 통로 수용체는 통로가 불활성화 상태에 있을 때에 노출되고 이때 약물이 결합하게 된다. 즉, 이온 통로의 활성화/불활성화 변환 과정이 빠르게 진행될수록 수용체가 노출되는 확률이 증가하고 더 많은 약물이 수용체와 결합하게 되어 약물의 작용이 더 강하게 나타나게 된다. 즉, 이온 통로가 일을 더 많이 할수록 항 부정맥 약물의 작용 강도가 강하여지며 이런 상태-의존성(state-dependency)에 의해 항 부정맥 약물은 정상 조직보다는 부정맥 발생 부위에서 더 큰 효력을 나타낸다.

전통적으로 항 부정맥 약물들은 그 개개의 전기 생리학적 작용의 특성에 따라 공통성을 나타내는 약물들끼리 묶어 다음과 같이 몇 가지 class로 분류하여 왔다.

표 3-4 작용기전에 따른 항 부정맥 약물의 분류

| Class 분류 및 작용 기전 | 약 물 |
|---|---|
| I. Sodium 통로 봉쇄 | |
| $I_A$. 활동전위 기간이 연장됨. | Quinidine, procainamide, disopyramide |
| $I_B$. 활동전위 기간이 짧아짐. | Lidocaine, phenytoin, tocainide |
| $I_C$. 활동전위 기간이 변동없음. | Flecainde, propafenone, moricizine |
| II. $\beta$ 수용체 봉쇄 약물 | Propanolol, acebutolol, Esmolol |
| III. 활동 전위 기간이 연장됨. | Bretylium, sotalol, aminodarone |
| IV. 칼슘 통로 봉쇄 약물 | Verapamil, diltiazem, bepridil |

## 9.2.1 Class I항 부정맥 약물: Sodium 통로 봉쇄 약물

Quinidine을 비롯하여 부정맥 치료제로 활용되고 있는 국소 마취제들이 Class I 항 부정맥 약물에 속한다. 이 군의 약물들은 공통적으로 심근 세포의 $Na^+$ 통로를 봉쇄하고 안정막 전위의 변동이나 현저한 활동 전위 기간의 연장 없이 탈분극 최고 속도를 감소시키고 활동 전압의 최대 높이 또는 overshoot를 감소시킨다. Class I에 속하는 약물들은 활동 전위 기간에 대한 효과를 토대로 $I_A$, $I_B$, $I_C$로 다시 분류된다.

### 1) Class $I_A$ 약물

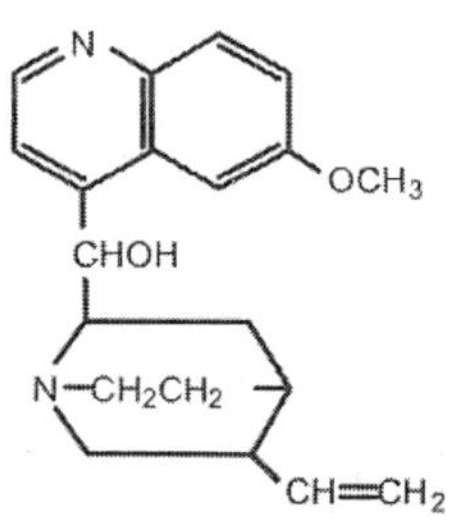


Quinidine

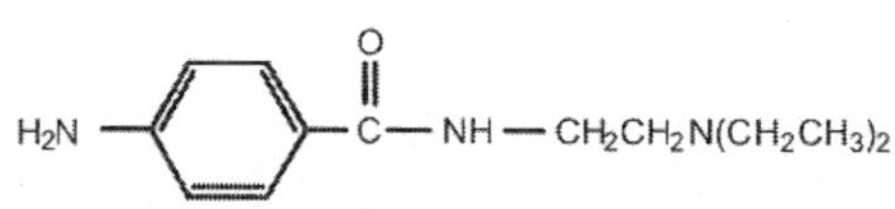


Procainamide

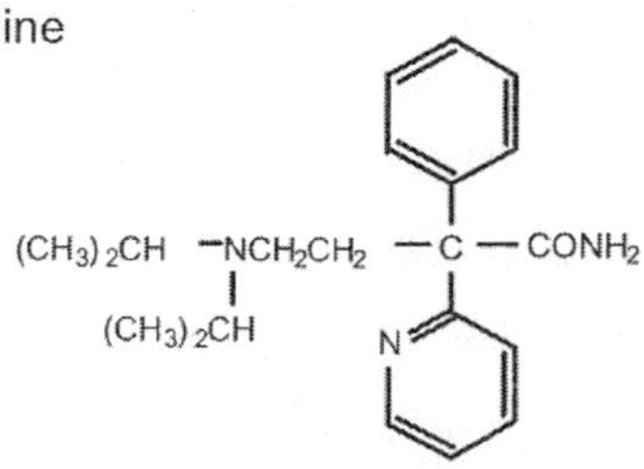


Disopyramide

$Na^+$ 통로를 봉쇄하는 주 작용 이외에 외향성 $K^+$ 통로도 봉쇄함으로써 활동 전위 기간을 연장시킨다. 여기에 속하는 약물로서는 quinidine 및 procainamide가 있으며 disopyramide도 이 계통으로 분류하지만 활동 전위 기간 연장은 미약하다.

Quinidine은 키나의 껍질에 있는 alkaloid로서 화학적으로는 quinine의 우선형 이성체이다. 따라서 심근을 억제하는 작용은 quinidine이 훨씬 강하다.

Procaine은 국소마취제이며, 심근의 전기적 자극 역치(threshold)를 증가시키고 심근에 대하여 quinidine 유사 작용을 일으킨다. 그러나 procaine은 혈 중에서 신속히 가수분해되어 작용 지속 시간이 짧고 또한 중추신경 흥분 작용이 강하여 항 부정맥 약물로서 적당치 않다. Procainamide는 *p*-amino-*N*-(2-diethyl-aminoethyl) benzamide로서 procaine의 ester 결합이 amide결합으로 치환된 것이다.

Class $I_A$에 속하는 약물들은 대부분의 심근 세포의 전기 생리적인 성질에 대한 강력한 직접 효과를 가지고 있다. 그러나 각각의 약물에 따라 자율신경계에 대한 간접 효과도 있어 심장의 전기적 성질을 변동시킨다.

### 2) Class $I_B$ 약물

Class $I_B$ 약물들은 Class $I_A$와 달리 주로 불활성화된 $Na^+$ 통로와 결합하여 봉쇄하나 결합으로부터 회복 시간이 매우 짧다. 결국 $Na^+$ 통로와 약물의 결합은 불활성화 상태에서만 일시적으로 이루어지며 $Na^+$ 통로가 안정상태로 되면 바로 떨어진다. 그러므로 정상적인 심근 조직보다는 불활성화 상태의 $Na^+$ 통로가 더 많이 존재하는 부분에서 전도 속도 억제 작용을 나타낸다. 여기에 속하는 약물로는 lidocaine이 전형적이며, 그 외 phenytoin, tocainide 및 mexiletine이 있다.

Lidocaine은 국소마취제로 널리 사용되는 약물로서, 1962년부터 부정맥 제제로 사용되어 왔으며 이어서 tocainide, mexiletine이 소개되었다.

Phenytoin은 오랫동안 간질 발작 치료에 사용되고 있는 약물이나 심실부정맥, 특히 digitalis 중독으로 일어나는 부정맥에 효과가 있음이 증명되어 항 부정맥 약물로도 사용되고 있다. 그러나 항 부정맥 효능이 낮아 digitalis에 의한 부정맥 외에는 잘 쓰이지 않는다. 간 대사를 촉진하는 작용을 가지고 있어 quinidine, mexiletine, digitoxin 등을 사용하는 환자에 병용 시 주의를 요한다.

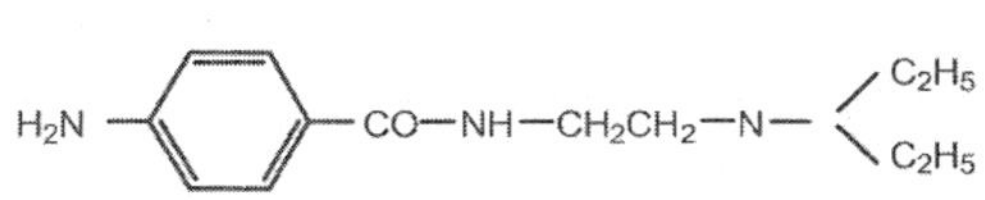


Lidocaine

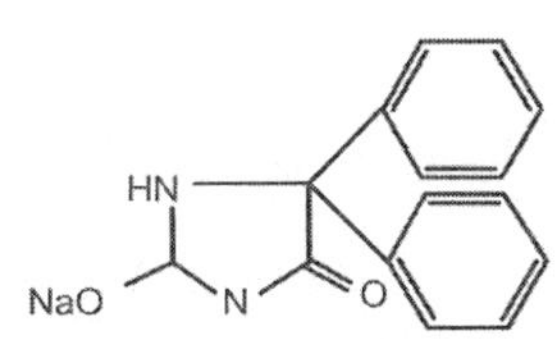


Phenytoin

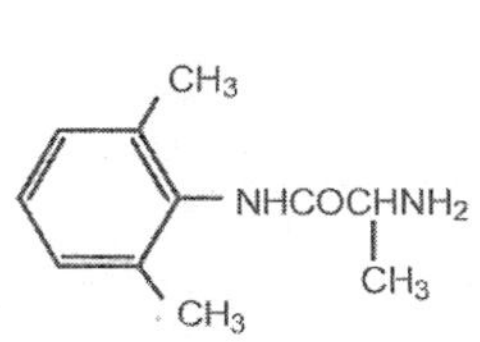


Tocainide

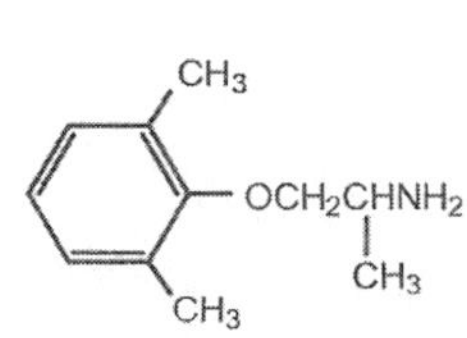


Mexiletine

### 3) Class $I_C$ 약물

Class $I_C$ 약물들은 $Na^+$ 통로와의 친화력이 강하여 결합 후 회복 시간이 매우 길다. 강력한 $Na^+$ 통로 봉쇄작용을 나타내나 활동 전위 기간에 별다른 영향이 없다. 이에 속하는 약물로는 flecainide가 1986년에 최초로 임상에 사용되었고, 현재 propafenone과 moricizine이 사용되고 있다.

Class $I_C$ 약물은 $Na^+$ 통로를 강하게 봉쇄함으로 심방근, 심실근 등 모든 조직에서 전도속도를 감소시킨다.

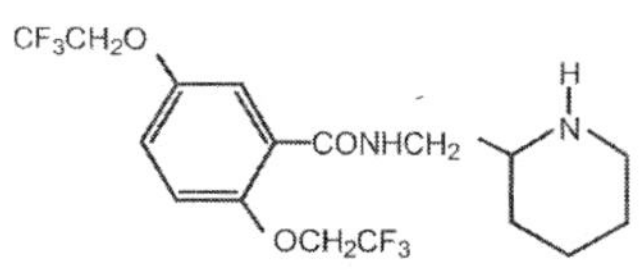

Flecainide

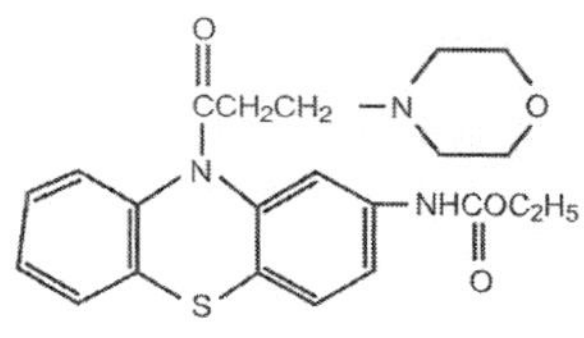

Moricizine

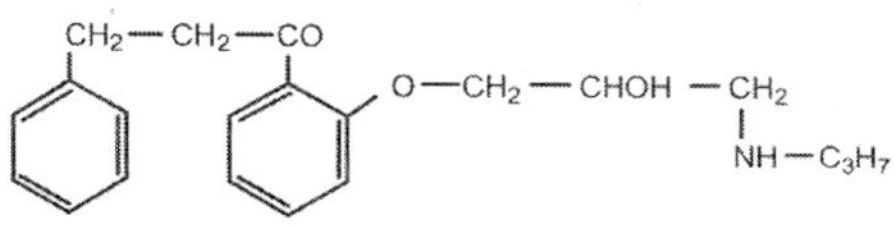

Propafenone

## 9.2.2 Class II항 부정맥 약물: 아드레날린성 β수용체 봉쇄 약물

Class II에 속하는 항 부정맥 약물들은 propranolol을 비롯하여 아드레날린성 $\beta$수용체 봉쇄 약물들이다. 이들 약물은 심장의 $\beta$수용체를 봉쇄하는 작용이 주작용이나 propranolol 및 acebutolol 등 일부 약물들은 Class I 약물과 비슷하게 세포막 안정 작용도 가지고 있다.

$\beta$수용체 봉쇄제들의 가장 중요한 항 부정맥 작용으로서의 특성은 $Ca^{2+}$ 통로 봉쇄제나 digitalis에서와 같이 방실 결절(심장의 자율성 수축운동을 관장하는 자극전도계를 구성하는 요소의 하나)의 전도속도 및 반응성을 억제한다는 것이다. 그러므로 임상적으로는 심방세동(심방 전체가 정상으로 수축하지 않고 심방의 각 부분이 무질서하게 수축하는 상태) 또는 조동(심방이 매분 250~400의 빈도로 규칙적으로 수축하고 있는 상태) 등과 같이 방실 결절에서 발생되는 재진입성 부정맥을 억제하고 이를 통해 심실로 전도되는 과정을 억제함으로 심실 박동을 조절할 수 있다.

## 9.2.3 Class III항 부정맥 약물: 활동 전위 기간 연장 약물

Class III 항 부정맥 약물은 활동 전위 기간을 연장시키는 특성을 가지고 있으며 bretylium과 sotalol이 여기에 속한다. 활동 전위 기간의 연장은 직접적으로 효과적 불응기의 연장을 가져와 항 부정맥 작용을 나타내게 된다. 이들 약물에 대한 활동 전위 기간의 연장은 재분극에 관여하는 $K^+$ 전류 봉쇄에 의하여 유발된다.

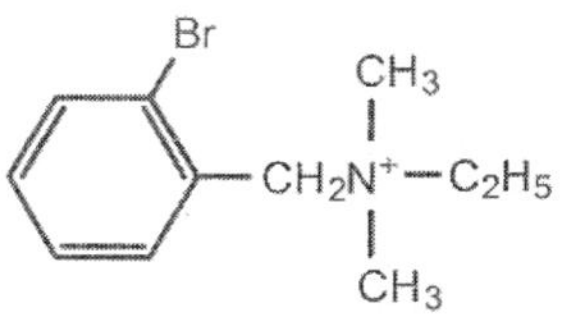

Bretylium

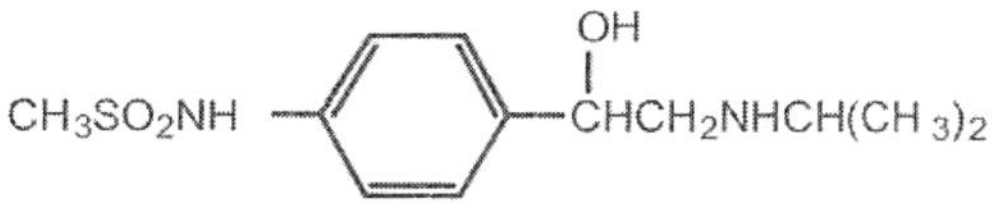

Sotalol

1) Bretylium

Bretylium은 $K^+$ 통로를 봉쇄하나 $Na^+$ 통로에 대하여는 아무런 효과가 없다. Bretylium의 $K^+$ 통로봉쇄 작용이 심실근의 활동 전위 기간 연장을 유발하는 주 기전인 것으로 보고 있다. 이러한 효과는 허혈성 심근 세포에서 활동 전위 기간이 짧아진 상태에서 더 잘 나타난다.

2) Sotalol

비 선택성 $\beta$수용체 봉쇄제이며 $K^+$ 통로를 봉쇄함으로써 활동 전위 기간을 연장시키는 작용도 가지고 있다. 이 두 가지 효과로 인하여 심근의 자율성을 억제하며, 방실결절의 전도를 억제하고 불응기를 연장시키게 된다.

### 9.2.4 Class IV항 부정맥 약물: 칼슘 통로 봉쇄 약물

Class IV 항 부정맥 약물은 칼슘 통로 봉쇄 약물로서 verapamil, diltiazem 및 bepridil이 항 부정맥 약물로 사용된다. Nifedipine을 비롯한 dihydropyridine계 칼슘 통로 봉쇄 약물은 심장보다 혈관에 대한 작용이 강하여 혈압 하강과 2차적인 심계 항진으로 오히려 부정맥을 약화시킬 수 있다. 심근에 대한 칼슘 통로 봉쇄 약물의 작용은 완속 반응(slow response)을 보이는 동방결절(Sino-Atrial node; 심장에 있는 흥분전달계의 기점으로, 특수심근의 집합체) 및 방실 결절(AV node)에서 주로 나타난다. 자율성의 억제로 인한 심박수의 감소와 방실 전도 속도 감소가 나타난다.

Verapamil 및 diltiazem은 일차 통과 효과가 심하게 나타난다. 이 약물들의 부작용은 기존의 심질환 상태에 따라 차이가 있으며 digoxin의 혈중 농도를 상승시킨다.

## 9.3 협심증 치료제(antianginal agents)

협심증(angina pectoris)의 어원은 라틴어의 angere(목 조르다)와 pectus(가슴)에서 유래된 말로서 **흉부의 극심한 통증**을 뜻한다. 이 통증은 관상동맥의 혈류 장애, 즉 **심근 어혈**로 일어나는 특징적 증상이며 가슴에서 왼쪽 어깨나 목 부위 등으로 퍼지기도 한다. 이 흉부 통증은 혈액 공급이 부족한 상태에서 심근이 수축함으로써 일어난다. 즉, 통증 발작의 기본 기전은 심근의 산소 수요와 공급의 불균형으로 유발되는 증상이다.

협심증의 가장 흔한 일차적인 원인은 관상 혈관의 동맥 경화증(죽상 경화증)이다. 그 외 빈혈증, 갑상선 중독증, 고혈압, 매독 등 질병으로 관상 혈관의 협착이 나타나서 이차적으로 발생하기도 한다. 따라서 협심증의 근본 치료를 위해서 원인 질병을 치료해야 한다. 궁극적으로 협심증은 산소 공급이 심근의 산소 수요량에 부응하지 못하여 나타나는 현상이다. 그러므로 협심증의 치료는 심근의 산소 공급을 충분히 하거나 또는 심근의 산소 수요량을 감소시키거나 또는 이 두 가지를 복합시킴으로써 가능하다. 심근의 산소 공급을 충분히 하기 위해서는 관상 혈관을 확장시키거나(혈관 확장제 사용) 좌심실 확장 말기압을 저하 또는 확장기 기간(diastolic period)을 연장시킴으로써 심근 혈류를 증가시킬 수 있다. 심근의 산소 수요량을 감소시키기 위해서는 심장 운동을 억제하거나 또는 혈압을 감소(혈압 하강제)시킴으로써 심장의 전부하(preload) 또는 후부하(afterload)를 감소시킴으로써 가능하다. 오랫동안 nitroglycerin이 협심증 발작의 예방 및 치료에 유효하게 사용되어 왔다.

### 9.3.1 유기 질산 화합물(organic nitrates)

Nitrogycerin이 협심증 치료에 사용되기 시작(1847년)한 이후 여러 유기 질산 화합물(organic nitrates)와 아질산염(nitrites) 등이 개발되었다. 질산 ester(–C–O–$NO_2$)와 아질산 ester(–C–O–NO)는 특징적인 탄소–산소–질소 결합으로써 혈관 이완 작용이 있으나 탄소–질소(–C–$NO_2$)의 질소화합물은 혈관이완작용이 없다.

유기 질산 화합물의 혈관 이완 작용은 이 물질들이 체내에서 분해되어 아질산(NO)을 형성하여 유리시키는데 기인한다. 유기 질산 화합물은 간장에서 glutathione–organic reductase에 의하여 아질산염으로 환원된다. 이는 다시 혈관 조직에서 sulfhydryl 기에 의하여 S–nitrosothiol로 환원되어 궁극적으로 아질산을 유리시켜 혈관 평활근을 이완시킨다. 따라서 이들을 질소 혈관 확장제(nitrovasolilator)라 통칭하고, 그 종류로서는 amyl nitrite, nitrogycerin, isosorbide dinitrate 등이 있다.

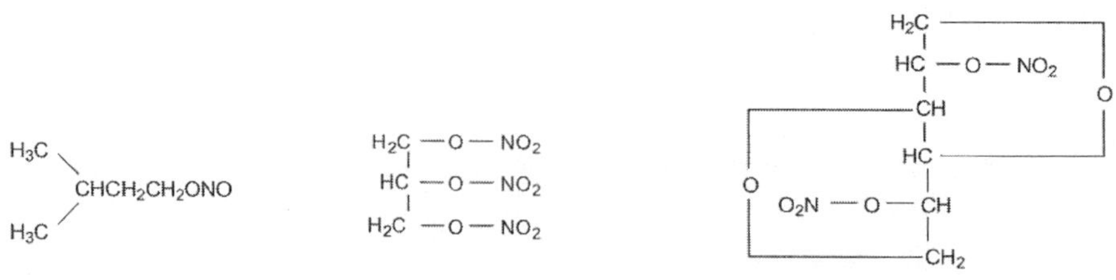

Amyl nitrite　　Nitroglycerin　　Isosorbide dinitrate

임상에 응용한 결과로서 협심증의 특유한 흉부 통증은 심근의 산소 공급과 수요의 불균형에 의하여 주로 심내막하 혈류 장애가 그 원인이다. Nitroglycerin을 포함한 유기 질산 화합물은 운동 내성(tolerance)을 증가시키며, 심근 산소 결핍에 의한 심전도 이상 소견을 정상으로 회복시키고, 협심증 발작을 효과적으로 예방 또는 완화시킨다.

협심증의 급성 발작에는 amyl nitrite를 흡입하는 것이 효과적이나 지속 시간이 짧고 냄새가 나빠서 발작의 예방 또는 치료에는 적당하지 않다. Isosorbide dinitrate는 nitroglycerine보다 작용 기간이 길어서 장시간의 치료 및 예방에 효과적이다. 이 약물은 경구 투여로 협심증 발작의 빈도 및 강도를 경감시키며 운동 내성을 증가시키고 심근 산소 요구량을 감소시킨다.

### 9.3.2 칼슘 통로 봉쇄제

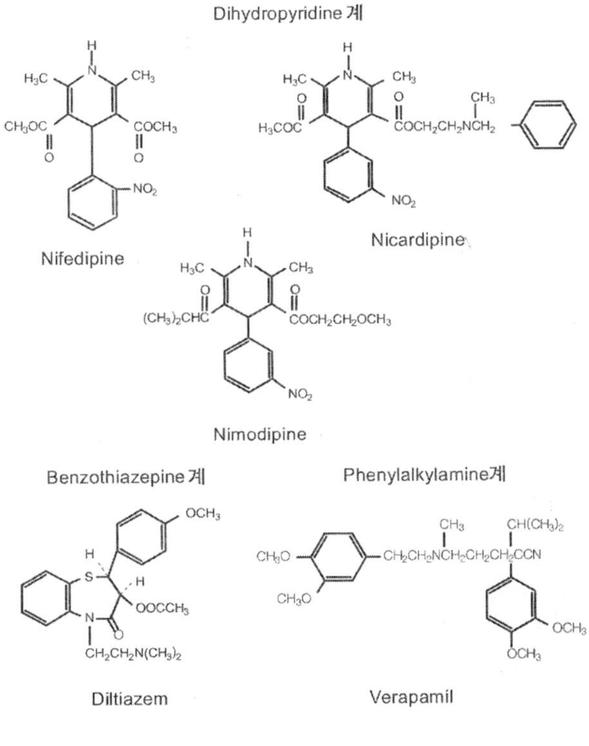


Verapamil은 nitroglycerine 등의 혈관 확장제와는 달리 심박수 및 심근 수축력을 억제한다. 심근의 탈분극시에는 $Na^+$ 통로(fast channel)을 통한 $Na^+$의 빠른 세포 내 유입(rapid influx)와 칼슘 통로(slow channel)를 통한 $Ca^{2+}$의 세포 내로의 이동이 일어난다. Verapamil과 연관 약물들은 칼슘 통로를 봉쇄하는 약물로서 칼슘 통로 억제제, slow channel 봉쇄제, 칼슘 유입 봉쇄제 등으로 다양하게 불리고 있다.

Calcium 통로 봉쇄제는 화학 구조에 따라 dihydropyrine계(nifedipine, nicardipine, nimodipine, isradipine, amlodipine, felodipine), benzothiazepine

계(dilitiazem), phenylalkylamine계(verapamil)및 diarylaminoporpylamine계(bepridil) 등이 있고 이들은 혈관 확장제, 고혈압 치료제 및 부정맥 치료제 등으로 사용되고 있다.

Calcium 통로 봉쇄제의 심혈관계 작용은 다음 표에서와 같이 표시되어 있다.

표 3-5 Calcium 통로 봉쇄제의 심혈관계 작용에 대한 비교

| 제제 | 혈관 확장 (관상동맥) | 심근수축 억제 | 자율성 억제 (동방결절) | 전도 억압 (방실결절) |
|---|---|---|---|---|
| Nifedipine | 5 | 1 | 1 | 0 |
| Nacardipine | 5 | 0 | 1 | 0 |
| Nimodipine | 5 | 1 | 1 | 0 |
| Dilitazem | 3 | 2 | 5 | 4 |
| Verapamil | 4 | 4 | 5 | 5 |

0: 효과 없음. 1~5: 숫자가 클수록 효과가 강함.

## 9.4 혈압 하강제와 고혈압 치료제

혈압은 혈류량(심박출량)과 말초혈관저항에 비례한다(혈압=심박출량×말초혈관저항). 통상적으로 수축기 혈압 120mmHg, 확장기 혈압 80mmHg 이상을 **고혈압**이라 한다. 고혈압은 가장 흔한 순환기 질환으로 성인 인구의 20%가 고혈압이다. 고혈압 중에는 크롬친화 세포종, 콩팥동맥 협착증, 내분비질환 등으로 인한 이차성 고혈압도 있으나 대부분의 고혈압은 원인을 모르는 일차성 고혈압 또는 본태성 고혈압(essential hypertension)이며 약물 치료가 요구된다.

대부분의 **고혈압**은 말초 혈관 저항의 증가, 즉 말초 소동맥의 수축에 의하여 초래된다. 말초 소동맥의 수축은 이를 구성하고 있는 평활근(平滑筋)의 수축에 의하여 지배되고 있고 평활근은 교감신경에 의하여 지배되고 있다. 따라서 **교감신경계의 기능 항진**이 고혈압의 직접 원인은 되지 않더라도 혈압 상승에 중요한 역할을 하고 있다.

**콩팥 기능** 역시 고혈압 유발에 중요한 역할을 하고 있다. 콩팥의 혈류 장애가 생기면 혈압을 상승시킨다. 동물 실험에서 콩팥 혈관을 결찰(缺札)하면 고혈압이 유발되고 임상적으로도 고혈압 환자에서 때때로 콩팥 장애를 발견할 수 있다.

오랫동안 고혈압이 지속되면 이로 인하여 심근경색증, 심장 비대와 더불어 심부전이 초래되고 동맥경화증, 특히 관상동맥 경화증이 발생하고 뇌졸증, 대동맥 박리증 등 여러 가지 합병증이 초래되어 생명에 위험을 줄 수 있다.

고혈압 치료 약물은 대단히 많으나 이해하기 쉽게 하기 위해서 약물 작용 부위와 약용기전에 따라 다음과 같이 분류하고 그 중 중요한 약물에 관하여 설명한다.

### 9.4.1 이뇨제(diuretics): thiazides, spironolactone, furosemide, bumetanide, triamterene

염분섭취 제한이 고혈압 조절에 중요하며 thiazide 등 이뇨제가 약리학적으로 $Na^+$ 균형의 변화를 일으킬 수 있음이 알려지면서 고혈압 치료에 이뇨제를 단독으로 또는 다른 혈압 하강제와 함께 사용되고 있다. 그러나 아직도 이뇨제의 혈압 강하 기전은 명확하게 밝혀져 있지 않다. Chlorothiazide가 단독으로 현저한 혈압 하강 작용을 일으킨다는 것이 밝혀진 이래 여러 thiazide계 이뇨제가 혈압 하강 작용이 있음이 알려졌다. 이와 화학적 구조가 비슷한 benzosulfonamides와 빠르게 작용하는 이뇨제인 furosemide, ethacrynic acid 및 bumetanide 등도 혈압 하강제로 사용하게 되었다.

1) Benzothiadiazines(Thiazides)

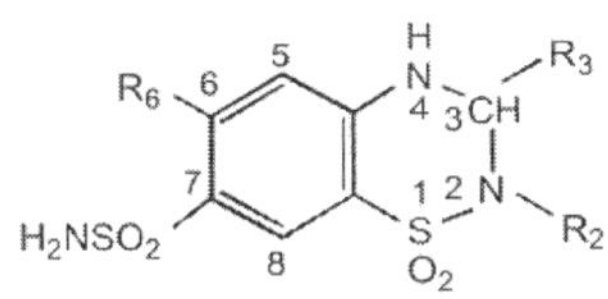


기본구조

Thiazides 이뇨제가 혈압 하강을 일으키는 상세한 기전은 확실하지 않지만 그 효과는 $Na^+$ 평형의 변동, 즉 염분과 수분의 배출로 세포외액이 감소하는 결과이다. 또한 이뇨에 따른 혈액량의 감소가 주요 기전으로 이해되어 왔다. 실제로 이뇨제를 사용하면 혈액량의 5% 정도가 감소된 상태로 지속되어 혈압 하강이 일어날 수 있으나 주 기전은 체내 $Na^+$의 지속적인 감소에 따른 말초 혈관 저항의 저하에 기인한다. Thiazides계 이뇨제의 $K^+$ 배설 효과를 감소시키는 약물로는 원위(遠位) 세뇨관과 집합관의 $Na^+$ 통로 차단제인 amiloride와 triamterene, aldosterone 길항제인 spironolactone 그리고 angiotensin 전환효소(CAE) 억제제 등이 사용된다. 많은 고혈압 환자는 혈액 중 요산이 어느 정도 증가되어 있기 때문에 thiazides 치료에 의한과 요산 혈증으로 통풍이 유발될 수도 있다.

2) Spironolactone

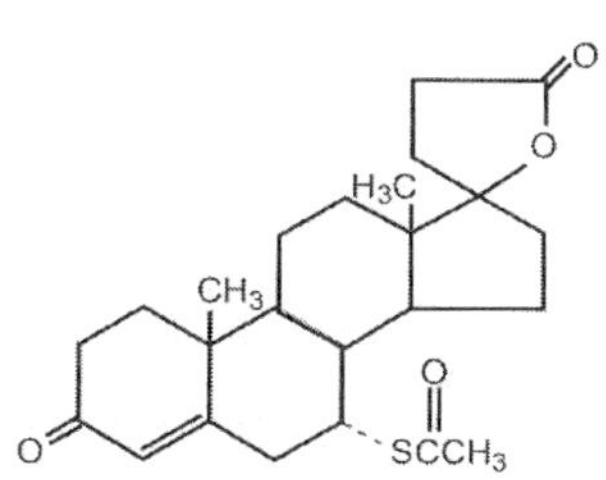


Spironolactone

화학적으로 steroid 구조를 가지고 있는 약물로서 약리적으로는 aldosterone과 경쟁적으로 길항한다. Spironolactone의 혈압 하강 작용은 thiazides와 질적으로나 양적으로 거의 같다. 혈액내 rennin(일시적 빈혈을 일으킨 신장에서 볼 수 있는 단백질 분해 효소) 활성을 증가시키며, 적당한 용량을 오랫동안 사용하면 비슷한 혈장량 및 $Na^+$ 농도의 감소가 나타나며, 혈장 내 $Ca^{2+}$ 농도에는 영향이 없다. 고혈압 치료에서 spironolactone은 콩팥기능이 저하된 환자, 고 요산 혈증, 저 칼륨 혈증, 일차성 알도스테론증 등의 환자에 주로 사용된다.

3) 고효능 이뇨제: Furosemide, bumetanide

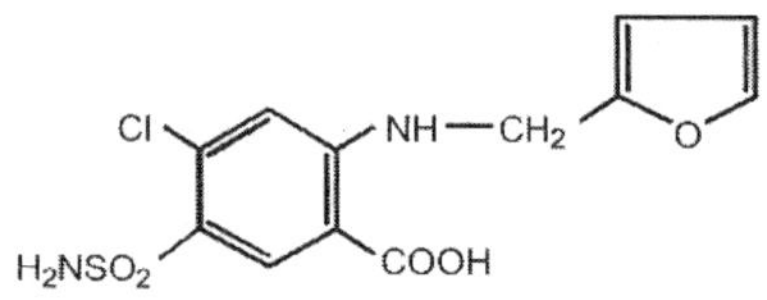


Furosemide

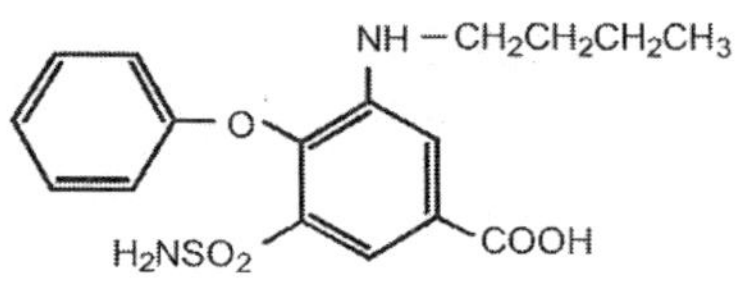


Bumetanide

Furosemide, bumetanide도 고혈압 치료에 많이 사용한다. 이 약물은 $Na^+$ 및 $Cl^-$의 능동적 이동을 억제하여 빠르게 작용하는 강력한 이뇨제이다. 그러나 혈압 하강 측면에서 thiazide 이뇨제보다 효과적이지 못하다. 고효능 이뇨제는 저 칼륨혈증, 당 불내성(glucose intolerance) 및 고 요산혈증을 일으키며 심한 전해질 장애를 일으키기도 한다. 따라서 고효능 이뇨제는 본태성 고혈압 중 특별한 경우, 즉 콩팥 기능이 온전하지 못하여 thiazide나 spironolactone으로는 $Na^+$ 축척을 방지하지 못하는 환자에게 효과적이다.

## 9.4.2 중추성 교감신경 기능 억제 약물: clonidine, guanabenz, guanfacine, methyldopa

1) Clonidine

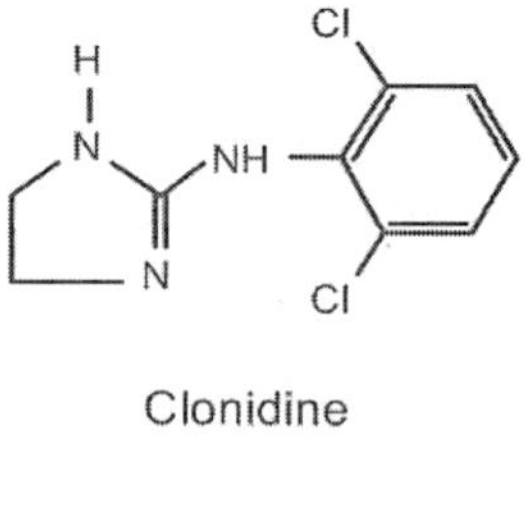


Clonidine

혈관 운동 중추에 있는 아드레날린성 $\alpha_2$ 수용체를 흥분시키면 중추신경계의 교감신경의 교감신경 유출이 감소되어 말초 교감 신경 기능이 저하되고, 반대로 $\alpha_2$ 수용체를 봉쇄하면 말초 교감 신경 기능이 항진된다. Clonidine은 혈관 운동 중추의 아드레날린성 $\alpha_2$ 수용체를 흥분시켜 말초 교감신경을 억제한다. 따라서 교감신경 말단에서의 norepinephrine 유리가 감소 내지 봉쇄되어 심장운동이 억제됨으로 심박출량이 감소되어 혈압이 떨어진다.

2) Guananbenz 및 guanfacine

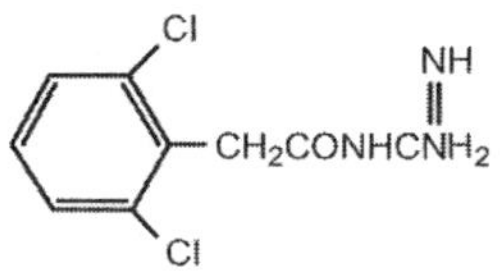

Guanfacine

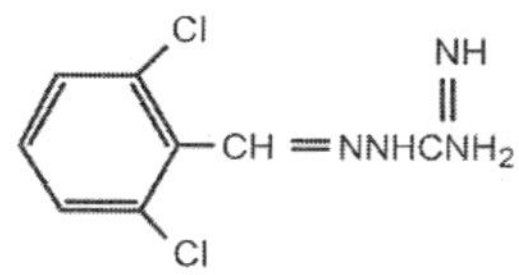

Guanabenz

Guananbenz 및 guanfacine은 clonidine 보다 더 선택적인 중추성 $\alpha_2$ 수용체 흥분제로서 약리학적 작용 및 부작용은 clonidine과 비슷하다.

3) Methyldopa

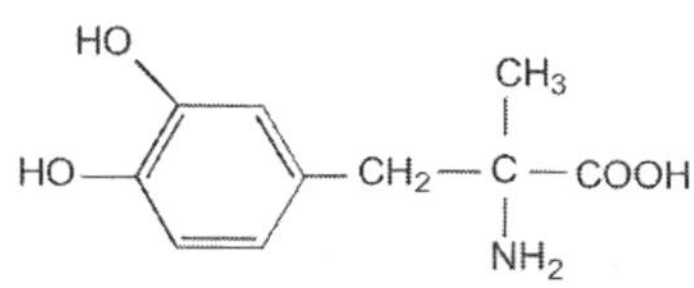

Methyldopa

Methydopa는 aromartic L–amino acid decarboxylase 억제제이며 심 박출량과 콩팥 혈류를 정상으로 유지하면서 현저한 혈압 하강과 말초 혈관 저항을 감소시킨다.

## 9.4.3 말초성 교감신경 기능 억제 약물

1) 신경절 봉쇄 약물

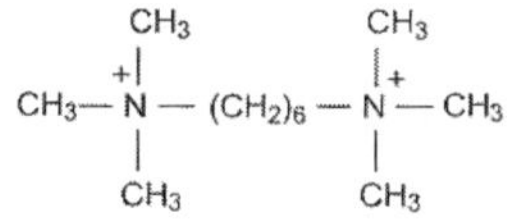

Hexamethonium (C6)

중추에서 말초로 전달되는 교감신경 충동 전도를 신경절(말초신경세포의 집합)에서 차단함으로써 말초 혈관 확장과 더불어 혈압을 하강시킨다. 신경절 봉쇄 약물인 hexamethonium이 고혈압 치료에 효과가 있으나 내복 후 흡수가 좋지 않고 불규칙하며 쉽게 내성이 생긴다.

2) 아드레날린성 α수용체 봉쇄 약물

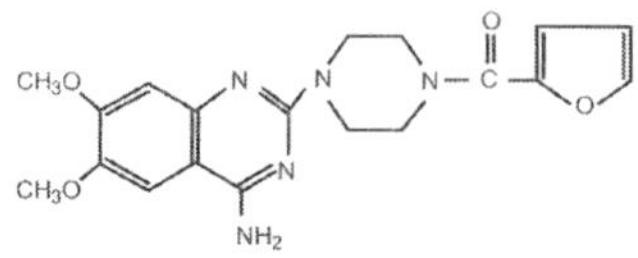

Prazosin

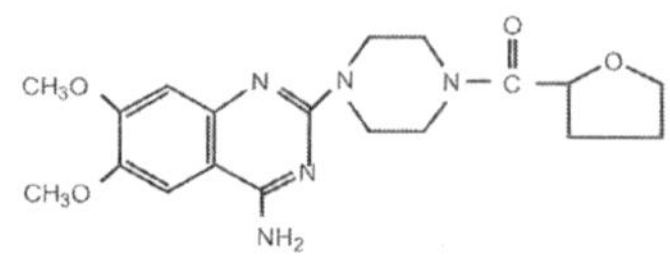

Terazosin

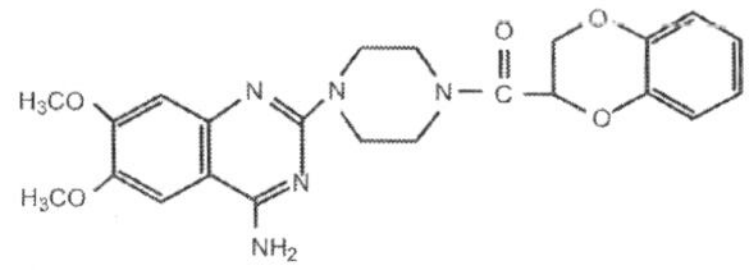

Doxazosin

α 수용체는 모든 혈관에 분포되어 있고, 특히 피부, 장관, 콩팥 및 골격근의 저항 혈관에 많이 분포되어 혈관 수축에 관여하고 있다. 따라서 혈관 평활근에 있는 α 수용체가 봉쇄되면 혈관이 확장되고 혈압이 하강된다. α 수용체 봉쇄 약물은 stress 등 교감신경 흥분상태나 크롬친화 세포종으로 혈중 catecholamines 농도가 높아져서 혈압이 상승되었을 때 효과가 크다.

최초로 개발된 약물로는 prazosin이 있으며 그 후 terazosin 및 doxazosin 등이 개발되어 쓰이고 있다. 다양한 작용을 가지는 ketaserin, indoramin 및 urapidil도 주 혈압 하강 기전으로 α 수용체 봉쇄 효과에 관여한다.

3) 아드레날린성 β 수용체 봉쇄 약물

Propranolol 등 모든 β 수용체(심근과 각종 평활근에 분포) 봉쇄 약물은 협심증이 없는 고혈압 환자에서 효과적인 혈압 하강제 약물로 널리 쓰이고 있다. 지속적인 심 박출량 감소와 지속적인 말초 저항의 감소에 기인한다고 보고 있다. 따라서 비특이성 β 수용체 봉쇄 약물인 propranolol, nadolol, oxprenolol, timolol, alprenolol 등과 선택적 $\beta_1$ 수용체(아드레날린성 β 수용체) 봉쇄 약물인 metoprolol, acebutolol, practolol, atenolol 등이 고혈압 치료 약물로서 많이 사용되고 있다.

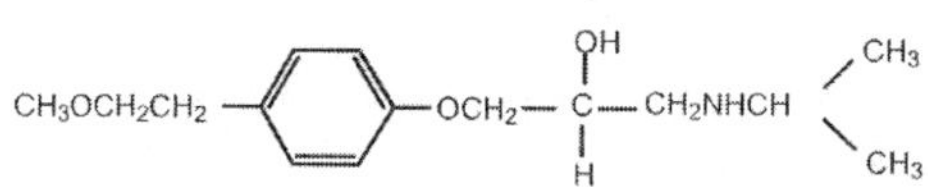

Metoprolol

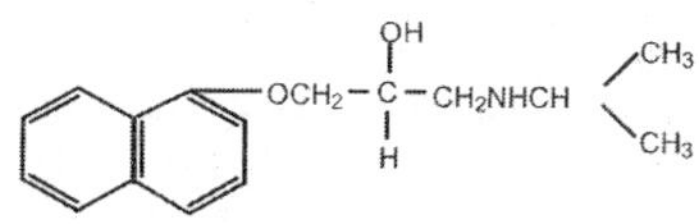

Propranolol

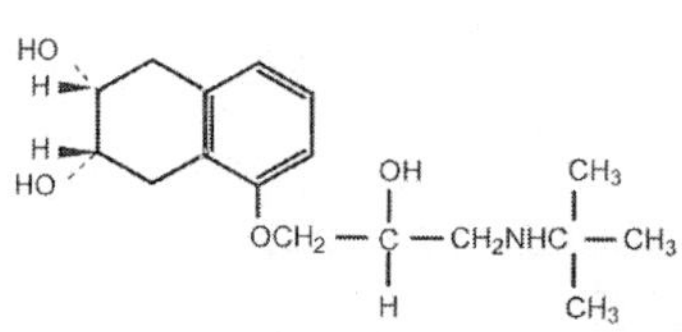

Nadolol

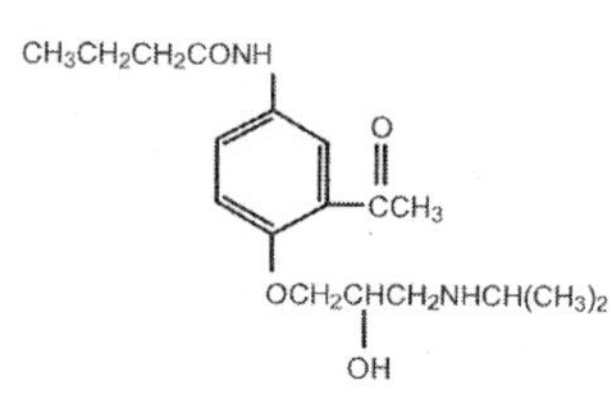

Acebutolol

4) 아드레날린성 뉴론 봉쇄 약물

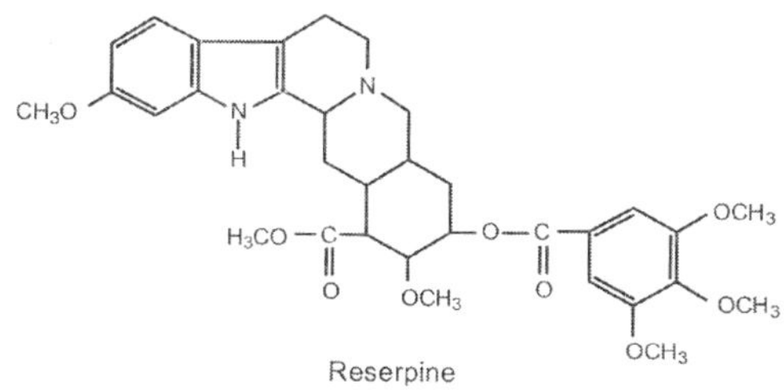

Reserpine

아드레날린성 뉴론 봉쇄 약물은 신경전달물질의 합성, 저장, 유리에 장애를 일으켜 교감신경 충동의 전달을 방지한다. 이로 인하여 심장 박동 및 수축이 감소되어 심박출량이 감소되고, 말초 저항의 감소와 정맥 용적 증가가 초래되어 혈압이 하강한다. Reserpine은 가장 널리 사용하는 최초의 항 고혈압 약물로서 그 사용 빈도가 감소하였으나 경증 고혈압에 대체로 안전하게 효과적으로 쓸 수 있는 약물이다. 이의 항 고혈압 작용은 주로 말초교감신경의 신경 전달 물질의 고갈에 의하여 심박출량과 말초저항이 감소하므로 나타난다.

## 9.4.4 혈관 확장제

1) Hydralazine

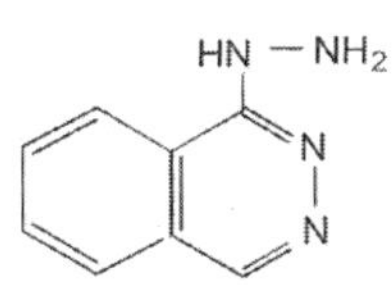

Hydralazine

화학적으로 phthalazine 유도체로서 여러 종의 phthalazine이 혈압 하강 작용을 일으키나, 그 중에서 hydralazine이 가장 강하며 최초의 경구 투여 고혈압 치료제이다. Hydralazine은 1950년대에 소개되었으나 작용이 약하고 부작용이 많아 자주 사용되지 않았으나 근래에 와서 다시 주목을 받게 되었다. 그 이유는 hydralazine의 결점이 다른 고혈압 치료제와 병용 투여함으로써 보완되기 때문이다. Hydralazine의 가장 큰 결점은 반사성 교감신경 기능 항진에 따른 심 박출량 증가 및 수분 저류로 혈압 하강 작용이 상쇄되어 내성이 빨리 나타나는 것이다. 아드레날린성 $\beta$ 수용체 봉쇄 약물을 병용하면 hydralazine의 이러한 결점이 보완되어 심박 촉진 및 rennin 분비 항진이 봉쇄된다. Thiazide 이뇨제 및 β 수용체 봉쇄 약물을 동시에 병용 투여하면 적은 량의 hydralazine 투여로 현저한 혈압 하강작용이 나타나며 부작용도 감소되어 장시간 사용이 가능하다.

2) Minoxidil

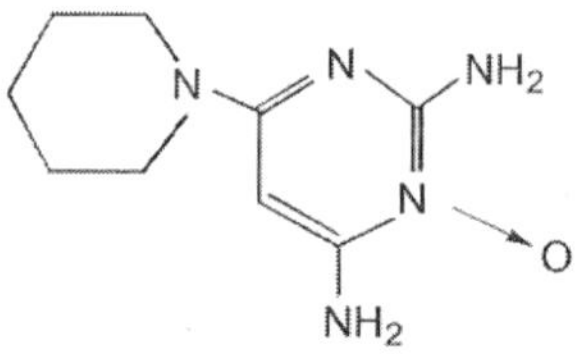

Minoxidil

Minoxidil sulfate는 세포막의 $K^+$ 통로 개방제로서 $K^+$의 세포막 투과력을 증가시켜 과분극(hyperpolarization)을 야기시켜 혈관 이완 반응을 일으킨다. Minoxidil은 hydralazine과 같이 주로 소동맥의 평활근에 직접 작용하여 이를 이완시킴으로써 혈압 하강을 일으킨다. Mimoxidil은 일반 고혈압 치료 약물에 잘 듣지 않고 고도의 고혈압증에 사용하며 특히 콩팥 질환에 의한 고혈압 환자에게 유효하다.

3) Sodium Nitroprusside

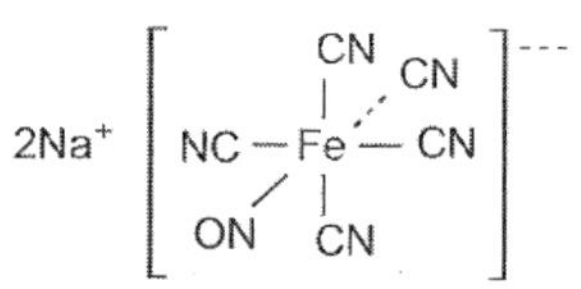

Sodium Nitroprusside

Nitroprusside는 평활근에 직접 작용하여 강력한 혈관 확장을 일으키는 약물로서 짧은 기간 동안 혈관 조절을 위해 널리 쓰이고 있다. Nitroprusside는 질산염(nitrates)과 같은 작용기전으로 평활근을 이완시키며 동맥뿐만 아니라 정맥도 확장시켜 혈압 하강을 일으킨다. 혈압 하강으로 인한 반사성 심박 촉진 및 심박출량 증가도 일어난다.

4) Diazoxide

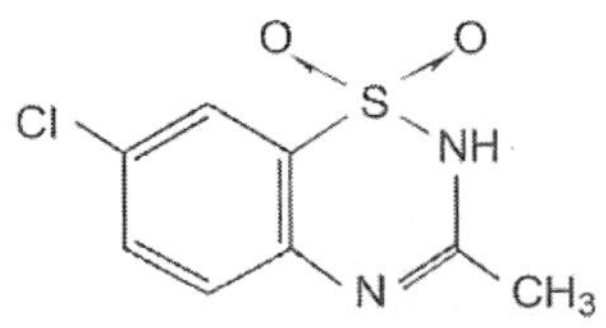

Diazoxide

Thiazide 유도체이나 이뇨 효과는 전혀 없다. Diazoxide는 평활근 세포에서 ATP 의존성 $K^+$ 통로를 활성화시켜 과분극을 일으킴으로써 평활근을 이완시킨다. 고혈압 환자에게 diazoxide를 정맥 내에 주사하면 즉시 수축기압 및 확장기압이 하강한다. 이로 인해 반사성 교감신경 흥분으로 동시에 심 박출량의 증가와 심박 촉진이 나타난다.

## 9.5 죽상 경화증(Atherosclerosis) 및 고지단백(Lipoprotein) 혈증치료제

사람의 혈장 내 지방은 모두 단백과 복합체를 이룬 지단백(lipoprotein) 형태로 존재하며, 이동한다. 지단백이 혈장 내 증가하게 되면 임상적으로 크게 급성 췌장염과 죽상 경화증 등 두 종류의 후유증이 나타난다. 급성 췌장염은 지질 중 주로 triglyceride가 증가된 환자에게 잘 발생한다.

죽상경화증은 동맥의 내막벽에 회백색의 두드러진 죽상반이 형성되는 현상이다. 이는 대동맥 및 중간 굵기의 동맥에 잘 생긴다. 발생 원인은 확실하지 않지만 동맥벽의 손상과 더불어 지질 대사 장애에 기인된다. 중요한 합병증은 관상 동맥 심장병, 뇌혈관 질환 및 말초혈관 질환 등으로 사망의 주 원인이 된다.

관상동맥 심장병의 위험 요인으로서 고지질혈증(hyperlipidemia), 고혈압, 흡연, 비만증, 유전 등이다. 이 중 가장 중요한 것은 고지질혈증이며 혈중 지질(특히 cholesterol) 농도와 관상 동맥 심장병 발생과는 밀접한 관계가 있다.

혈장에는 cholesterol과 triglyceride가 지단백 형태로 존재하여 이동되고 대사된다. 지단백은 크기, 밀도, 중심부내의 cholesterol ester와 triglyceride 비율 및 외피 apoprotein(아포 단백)의 종류에 따라 구별된다. 지단백의 종류에는 chylomicrons (유미지립(乳微脂粒)), 초저밀도 지단백(very low density lipoprotein; VLDL), 또는 중간밀도 지단백(intermediate density lipoprotein; IDL), 저밀도 지단백(low density lipoprotein; LDL), 고밀도 지단백(high density lipoprotein; HDL) 등이 있다. Chylomicrons, VLDL, IDL 등이 증가되면 혈중 triglyceride가 증가한다. 어떤 종류의 지단백이든 간에 농도가 증가하면 고 cholesterol 혈증이 생길 수 있다. 특히 혈장 중의 LDL은 총 cholesterol의 60~70%를 포함하고 있어 혈중 cholesterol 농도와 직접 관련이 있다. 고농도의 LDL은 관상 동맥 심장병을 일으키는 위험 요인으로서 간주된다. HDL은 총 혈장 cholesterol의 20~25%를 차지하고 있다. 그러나 HDL의 혈장 농도는 관상 동맥 심장병 또는 죽상 경화증 발생과는 반비례 관계에 있다.

### 9.5.1 혈장 지단백 농도를 낮추는 약물

#### 1) HMG CoA Reductase 억제제: Statins계 약물

고 cholesterol 혈증 치료에 획기적인 전기를 마련해 준 약물이다. Statins계 약물은 cholesterol 생합성의 속도 조절 효소인 hydroxyl-3-methyl-glutaryl-CoA (HMG-CoA) reductase에 대한 경쟁적 길항제이다. 최초로 개발된 약물은 mevastatin

이다. 그 후 비슷한 구조를 가진 lovastatin이 추출되고, 이 구조를 일부 바꾼 simastatin과 pravastatin이 개발되었다. 이 외에도 합성 화합물인 fluvastatin, atorvastatin, cerivastatin이 현재 사용되고 있다.

Lovastatin은 구조가 HMG-CoA와 비슷하며 HMG-CoA reductase를 경쟁적으로 길항한다. HMG-CoA가 mevalonate로 되는 중간 산물이 lovastatin의 활성형과 구조적 유사성이 있어 이 단계가 억제된다. 세포 내 cholesterol은 섭취한 LDL을 분해하여 얻어지거나, HMG-CoA로부터 생합성되어 얻어진다. HMG-CoA reductase는 cholesterol 생합성의 속도 조절 효소로서 이 효소가 억압되면 주로 간장에서 cholesterol 합성이 억압되고 세포 내 cholesterol 농도가 낮아진다. 그러면 LDL 수용체 합성이 증가되며 이로 인하여 LDL의 수용체 매개 세포 내 이입이 증가되므로 혈중 LDL-cholesterol이 제거된다. 특히 가족성 고 콜레스테롤 중 LDL 수용체가 없는 형에서는 lovastatin이 큰 효과가 없는 점으로 보아 LDL 수용체 합성이 locastatin 작용의 중요한 기전임을 알 수 있다.

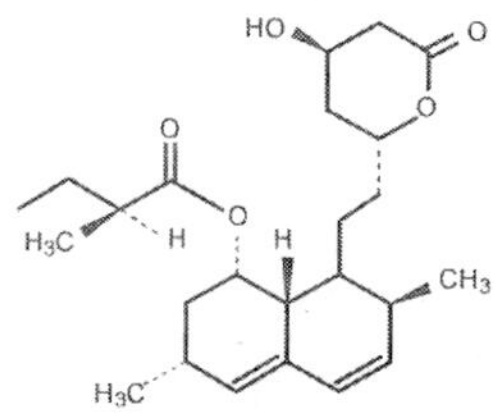

Lovastatin

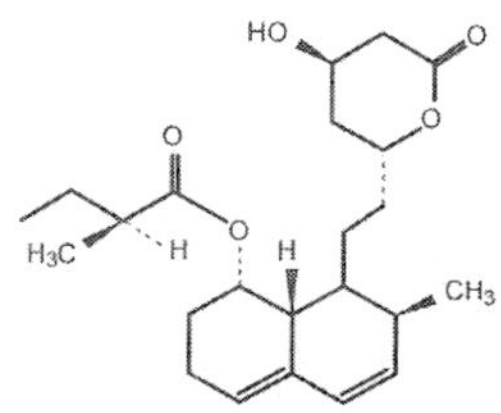

Mevastatin

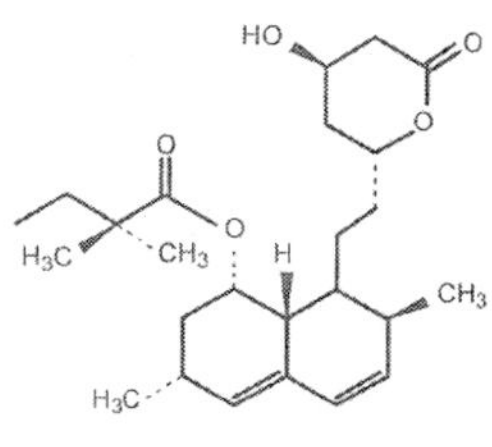

Simvastatin

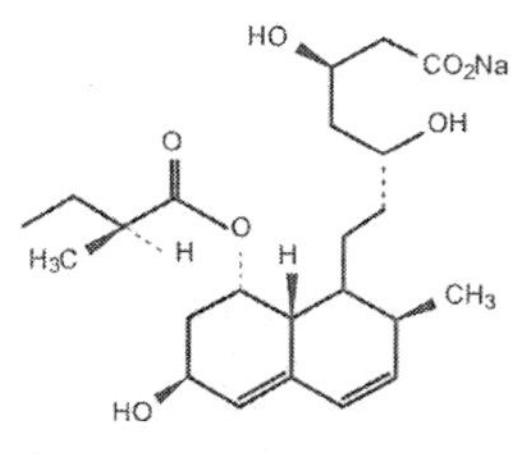

Pravastatin

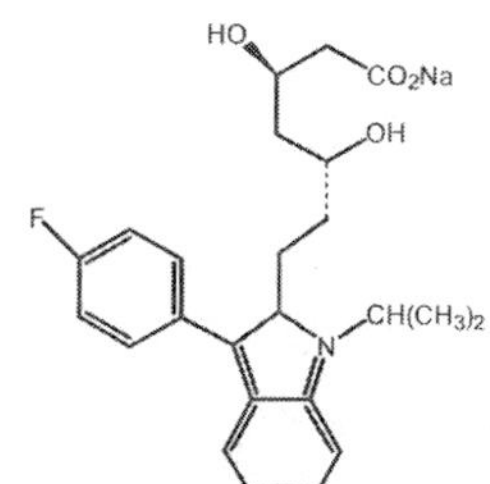

Fluvastatin

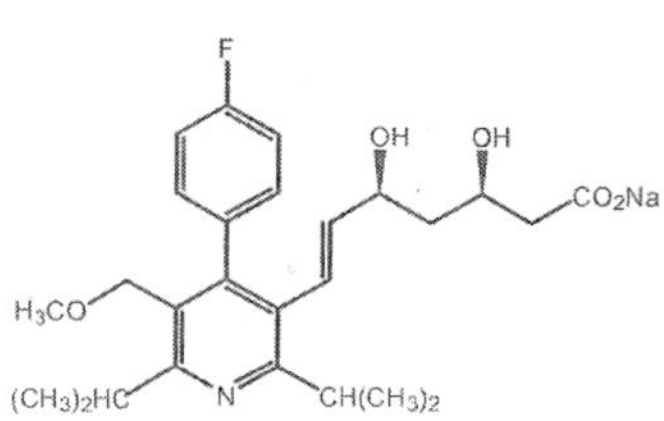

Cerivastatin

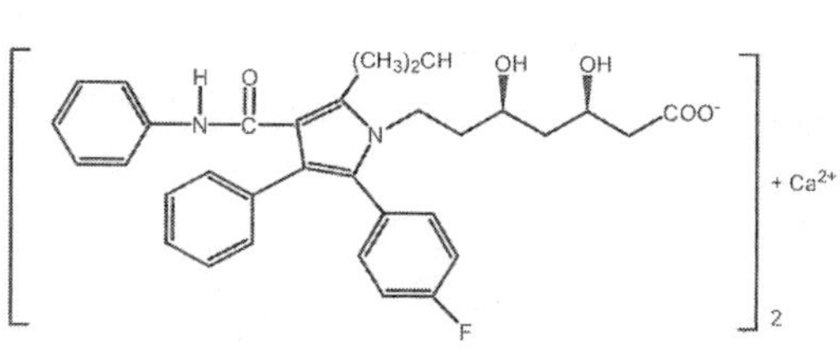

Atorvastatin

### 9.5.2 Fibric acid 유도체

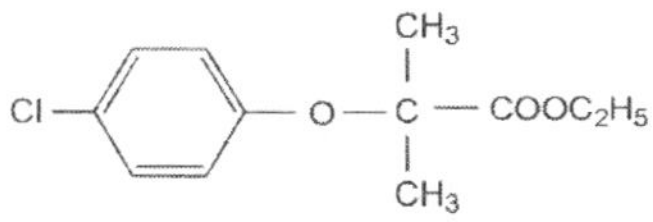

Clofibrate

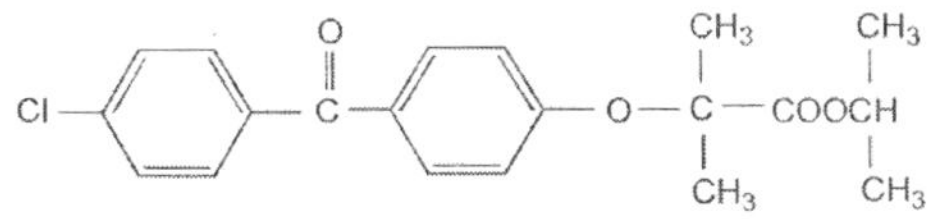

Fenofibrate

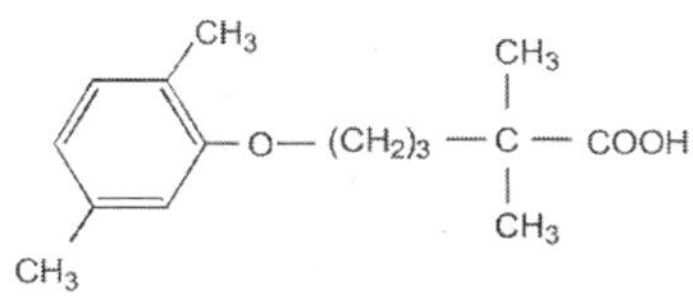

Gemfibrozil

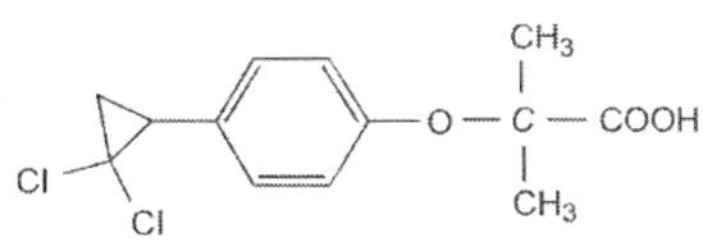

Ciprofibrate

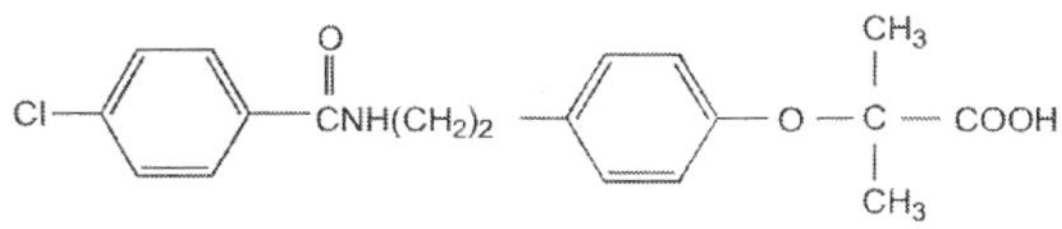

Bezafibrate

Clofibrate가 triglyceride와 cholesterol을 감소시키는 것이 알려지면서 주로 고 중성지방(hypertriglyceridemia) 치료제로 사용되었다. 그러나 clofibrate가 혈중 지단백을 감소시키는 효과는 있으나 죽상 동맥경화증 예방에는 별 효과가 없다는 점과 담석증을 유발하는 등 부작용이 많음이 밝혀져 사용이 제한되고 있다. 그 후 개발된 gemfibrozil이 clofibrate 보다 효과가 우수하고 부작용이 적음이 밝혀지면서 fenofibrate, ciprofibrate 및 bezafibrate 등이 계속 개발되어 주 고 중성지방 혈증 치료제로 사용되고 있다.

Fibrate 유도체는 혈장 VLDL 농도를 저하시킴으로써 혈장 triglyceride 농도를 약 50%까지 감소시키며, 고 중성지방 혈증 및 고 유미지립 혈증, 특히 제 III형 고 지단백 혈증 치료에 효과적이다. Gemfibrozil은 VLDL을 35% 감소시키며, HDL-cholosterol은 11% 증가시키고, LDL-cholesterol은 다소 감소시킨다고 보고된 바 있다. Fenofibrate, bezafibrate 및 ciprofibrate도 gemfibrozil과 비슷한 효과를 나타내며, 고 중성지방 혈증 환자에서 LDL치를 20% 정도 감소시킨다.

### 9.5.3 담즙산 제거 수지

#### 1) Cholestryamine 및 colestipol

Cholestryamine은 담즙(쓸개즙)산 축척 환자에서 나타나는 피부 가려움증 치료에 사용하였던 약물이다. Cholestyramine 및 colestipol은 염기성 음이온 교환 수지이며 cholestyramine은 이온 교환 부위에 제 4급 ammonium chloride가 있어서 $Cl^-$과 chelate 이온과 교환이 이루어진다. 이들 약물들은 친수성이지만 물에 용해되지

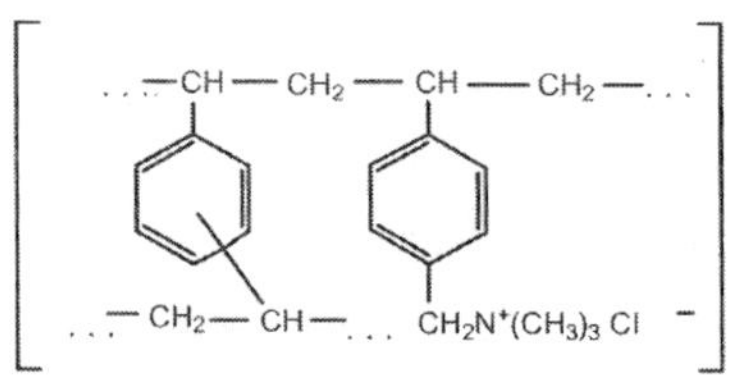

Cholestyramine

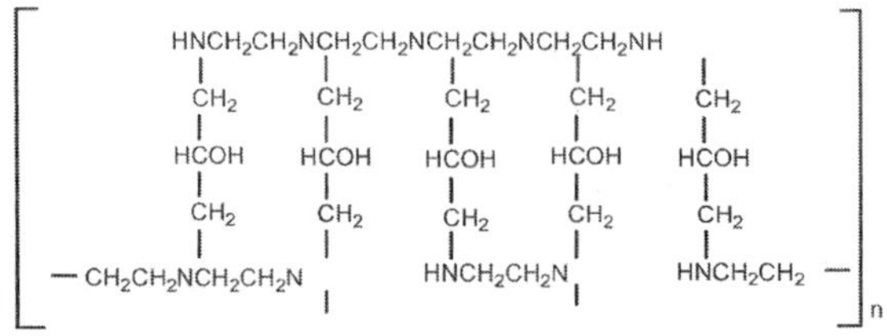

Colestipol

않고 소화관 내에서 각종 효소에 의하여서도 변화하지 않는다. 소화관에서 흡수되지 않으므로 내복하면 작용 후 그대로 배설하므로 비교적 안전한 약이다.

이들 약물은 특유하게 혈장 LDL 농도를 저하시켜 cholesterol 혈중 농도를 감소시킨다. LDL 농도 감소 정도는 약물 용량에 달려 있으나 25% 정도 감소된다. HDL 농도는 4~5% 증가한다. 이 약물은 LDL 농도만 증가된 고 지단백 혈증에 가장 효과적이며 VLDL 및 IDL이 증가되고 지단백 혈증은 오히려 약화시킨다.

세포 내의 cholesterol 농도가 감소하며 cholesterol 감소는 두 가지 기전을 활성화시킨다. 첫째는 LDL 수용체 합성을 증가시키는 기전으로서 LDL 수용체의 합성 증가는 혈중 LDL-cholesterol을 낮추는 효과를 가져온다. 둘째 기전은 HMG-CoA reductase를 활성화시켜 cholesterol의 합성을 증가시키는 기전이다. 그러나 HMG-CoA reductase 억제제와의 병용 투여로 이 둘째 기전을 봉쇄시키면 혈중 LDL-cholesterol을 떨어뜨리는 데 보다 효과적이다. HMG-CoA 억제제를 병용하면 LDL-cholesterol을 35% 정도 더 떨어뜨린다.

### 2) Nicotine acid

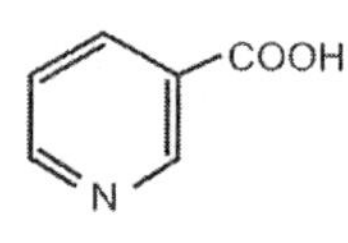

Nicotinic acid

이 약물은 혈중 VLDL 농도를 감소시킴으로써 신속히 triglyceride 농도를 저하시킨다. 혈중 triglyceride의 감소는 35~45% 정도이다. LDL 농도는 3~5주 후 10~15%의 감소를 보이고 담즙산 제거 수지와 병용하면 LDL-cholesterol은 40~60% 감소하며 HMG-CoA reduxtase 억제제를 추가하면 총 70% 정도까지 감소한다. HDL 농도는 35~45% 증가한다.

### 3) Probucol

Probucol은 지방 친화성 항 산화제로 합성된 약물이다. 동물에서 혈중 cholesterol이 감소됨이 보고된 이후 LDL-cholesterol을 감소시킬 목적으로 사용되었다. 그러나 사람에게 HDL-cholesterol의 감소가 더욱 현저하여 사용이 제한되고 있다. 그러나 죽상 동맥 경화증을 감소시키며 이 효과가 LDL-cholesterol 감소 효과보다는 제거 경로에서 항 산화효과에 의하여 나타남이 밝혀져서 많이 사용되고 있다.

Probucol은 LDL-cholesterol을 10~15% 정도 감소시키고, HDL-cholesterol도 30~39% 정도 감소시킨다.

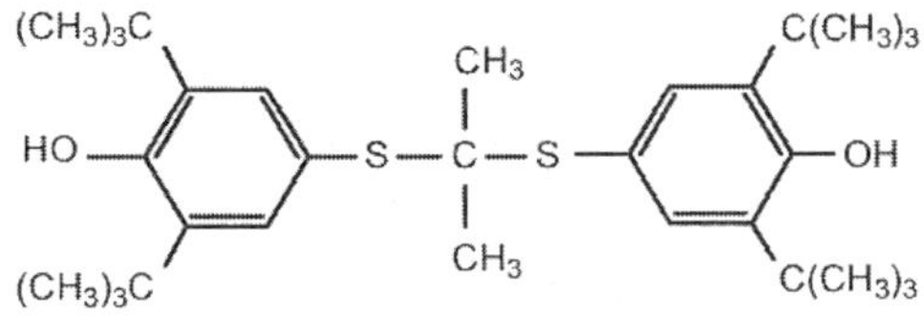

Probucol

## 10 항균제(Antimicrobial agents)

**항균제**는 약물이 생체에 질병을 일으킨 병원체(기생충, 세균, virus, 진균, 원충류)에 작용하여 이를 죽이거나 또는 제거시킴으로 질병을 치료하는 것을 말한다. 또한 **항생물질**(antibiotics)과 합성화합물을 총칭한다. **최초로** 등장한 대표적 항생물질은 penicillin이다. 여기서 **항생물질**이란 어떤 생물 또는 미생물에서 생성되는 물질로서 다른 미생물의 성장 및 발육시키는 물질이다. 1928년 영국의 Fleming은 곰팡이에 오염된 세균 배지에서 곰팡이 주위의 세균이 자라지 못함을 우연히 관찰한 후 이 곰팡이의 강력한 살균 효과를 가진 성분이 있음을 발견하고 이를 penicillin이라고 명명하였다. 이 후 1938년 Florey와 Chain은 lysozyme을 연구하던 중 penicillin을 추출하여 항균 효과를 입증하였다. 1941년 임상 실험을 거친 후 Oxford 연구단은 미국에서 대량의 penicillin 생산에 성공하여 치료 의학 발전에 일대 전기를 마련하였다.

**항균제의 작용 기전**은 다음의 다섯 가지로 구분할 수 있다. **첫째**로 경쟁적 길항 현상으로 세균의 필수 대사물과 경쟁적으로 길항(competitive antagonism)함으로써 **항균 작용**을 일으키며 sulfonamides가 대표적이다. 어떤 세균은 필수 성분인 엽산(folic acid)을 합성하기 위하여 안식향산(para-aminobenzoic acid; PABA)을 필요로 한다. Sulfonamides는 PABA와 구조가 비슷하므로 서로 경쟁적으로 길항한다. 이로써 정상적으로 엽산 합성이 불가능하게 되므로 세균의 증식이 억제되거나 또는 세균이 사멸된다. **둘째**는 세균 세포벽 합성 억제이다. 세균은 동물과 달리 에스테르 지질(ester lipids)로 된 murein층으로 구성된 **세포벽**을 가지고 있어서 내부의 높은 삼투압을 유지할 수 있다. 세포벽의 합성에 장애가 오면 내부의 높은 삼투압으로 세균이 파괴된다. 이 기전으로 항균 작용을 일으키는 약물은 penicillin, cephalosporins, cycloserine 및 bacitracin 등이다. **셋째**는 세포막 투과성 변동이다. 세포막의 투과성을 변동시켜 세균으로 하여금 세포 내외부와의 균형을 잃게 하여 사멸하게 하는 기전이다. 세균은 균막에 작은 구멍이 나고 내용물이 유출하여 사멸하게 된다. 이 작용은 계면활성제와 비슷한 것으로도 생각하며 polymyxins, amphotericin B, nystatin 등이 이 기전으로 항균 작용을 나타낸다. 넷째로 단백 합성 장애 및 억제이다. Tetracylines, chloramphenicol, aminoglycosides, clindamycin 및 erythromycin 등의 항균제는 세균의 단백 합성을 억제함으로써 항균작용을 나타낸다. Tetracycline계 물질과 aminoglycerine계 물질은 ribosome의 30S와 결합하여 단백 합성을 억압한다. Tetracycline계 물질은 주로 정균 효과를, aminoglycoside계 물질은 살균 효과를 나타낸다. Chloramphenicol, macrolide계 항균제 및 clindamycin은 ribosome의 50S와 결합하고 단백 합성을 가역적으로 억제하여 정균 효과를 나타낸다. 마지막으로 핵산 합성 억제가 있다. 세균의 DNA에 기록된 유전 정보는 전사(transcription) 과정을 거쳐 RNA로 되며, 이 과정을 방해하면 항균 효과가 나타난다. Rifampin은 세균의 DNA 의존성 RNA polymerase를 직접 억압하여 mRNA 생성을 봉쇄한다. 항 virus 약물로서 핵산 유사 합성물질인 idoxuridine, zidovudine, ganciclovir, vidarabine 및 acyclovir은 virus의 DNA 합성을 억제한다.

## 10.1 합성 유기 항균제(synthetic organic antibacterials)

항균성 화학 요법제는 합성 유기 항균제와 미생물에서 산출되는 항생물질(antibiotics)로 구분된다. 임상에서 사용되는 합성 항균제는 sulfonamide, sulfones, *p*-aminosalicylic acid(PAS), trimethoprim, pyrimrthamine, nitrofurans, quinolones 및 methenamine 등이 있다.

### 10.1.1 Sulfonamides

Sulfonamide는 화학적으로 p-aminobenzoic acid(PABA)와 비슷하여 PABA의 대사를 경쟁적으로 길항한다. 이로써 세균 성장에 필수적인 엽산(folic acid) 합성 장애를 초래한다. PABA는 dihydropteroate synthase의 작용을 받아 pteridine과 반응하여 엽산 전구물질인 dihydropteroic acid를 생성하며 sulfonamides는 이 과정을 억제한다. Sulfonamide는 흡수 및 배설 속도에 따라 다음의 4군으로 구별한다.

① 빨리 흡수하고 빨리 배설하는 약물로 sulfisoxazole, sulfamethoxazole, sulfadiazine, sulfamethizole 등이 있다. Sulfisoxazole은 소변에서의 용해도가 높으므로 미세 결정 형성에 따른 콩팥 손상이 비교적 적게 나타난다. Sulfamethoxazole과 sulfadiazine은 아세틸화된 대사 산물에 의한 미세 결정 형성 빈도가 sulfisoxazole보다 높으며, 콩팥 손상을 피하기 위하여 소변량을 적절히 유지하여야 한다.

빨리 흡수되고 빨리 배설되는 sulfonamides

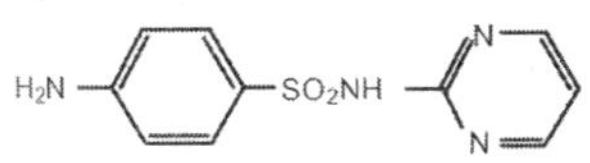

Sulfadiazine

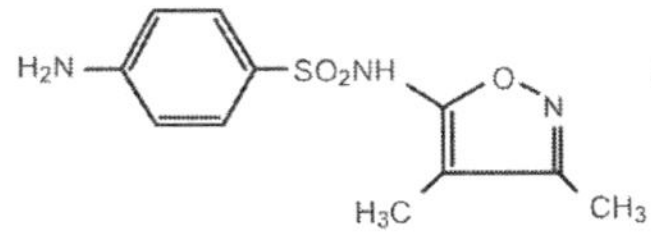

Sulfisoxazole

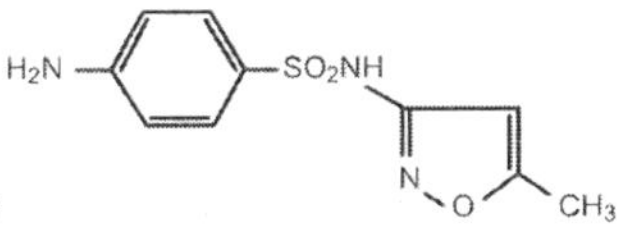

Sulfamethoxazole

② 장 내에서 거의 흡수되지 않아 장 내에서만 작용하는 약물로 sulfasalazine이 있으며 주로 궤양성 대장염 및 장염 치료에 사용한다.

장내 작용 sulfonamide

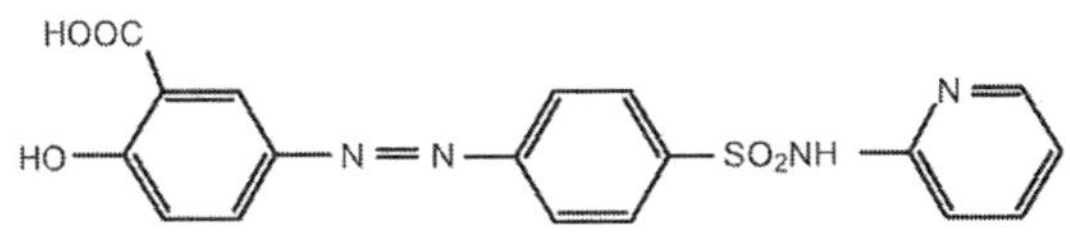

Sulfasalazine

③ 국소용으로만 사용하는 약물로 sulfacetamide, mafenide, silver sulfadiazine 등이 있다. Sulfacetamine은 용해도가 높고 국소 자극이 적으며 조직 내 투과력이 좋으므로 안과용으로 사용하고 있다. Silver sulfadiazine은 대부분의 세균 및 진균의 성장을 효과적으로 억제한다. 화상 치료에 사용한다. 도포한 부위에서 유리되는 은(silver)은 병원균에 대해 선택적인 독성을 나타내며 흡수되지는 않는다. Mafenide(α-amino-*p*-toluene-sulfonamide) 역시 화상 치료에 사용되며 균의 성장을 억제한다.

국소용 sulfonamides

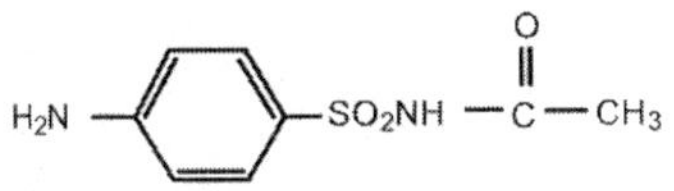

Sulfacetamide

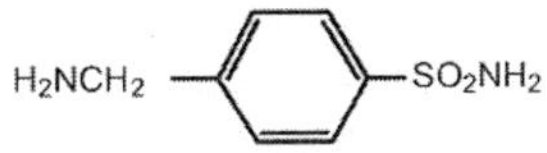

Mafenide

④ 흡수는 빠르나 배설이 느려 작용 시간이 긴 약물로 sulfadoxine이 있다.

빨리 흡수되고 느리게 배설되는 sulfonamides

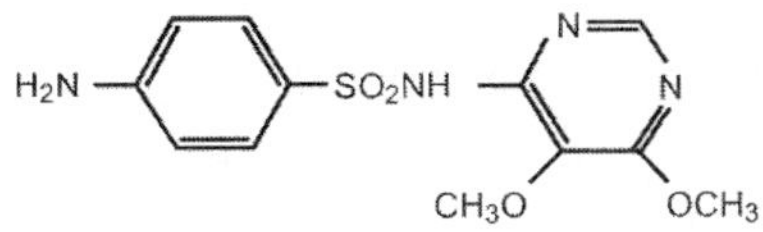

Sulfadoxine

### 10.1.2 Trimethoprim–Sulfamethoxazole(co–trimoxazole)

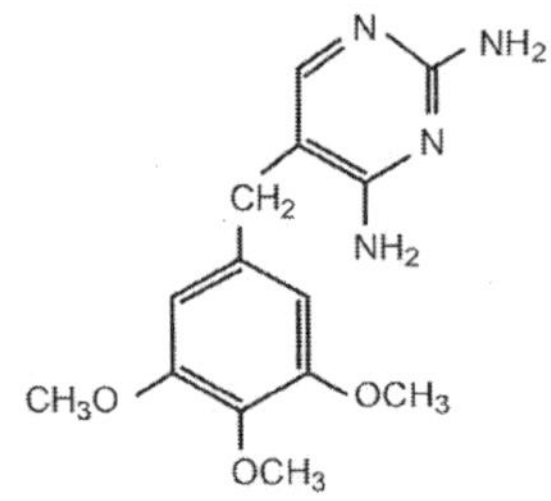

Trimethoprim

Sulfonamide는 PABA의 이용을 억제함으로써 세균의 엽산 합성을 억제한다. Trimethoprim은 dihydrofolate reductase를 억제함으로써 dihydrofolic acid가 tetrahydrofolic acid로 전환되는 과정을 봉쇄한다. 따라서 이 두 약물을 병용하면 엽산 합성 과정을 각각 다른 단계에서 억제함으로써 항균 작용이 증강될 것이라는 이론적 바탕에서 복합제제가 제조되었다. 실제로 항균작용은 상협적(synergism)으로 나타나고 저항성을 지닌 세균의 출현은 억제된다. 이 약물은 주로 급성 및 만성 요로 감염 치료에 쓰인다.

### 10.1.3 Quinolones

Quinolones계 물질인 nalidixic acid는 그간 요로 감염에 사용되었으나 세균의 저항성이 빨리 나타나는 단점이 있다 근래 개발된 불소 화합물인 norfloxacin 및 ciprofloxaxin은 이 같은 단점이 보완되어 널리 사용되고 있다. 특히 항균 범위가 넓을 뿐 아니라 경구적으로 유효하고 부작용과 세균 저항성의 발생이 낮아 여러 감염증에 응용된다.

### 10.1.4 Nitrofurantoin

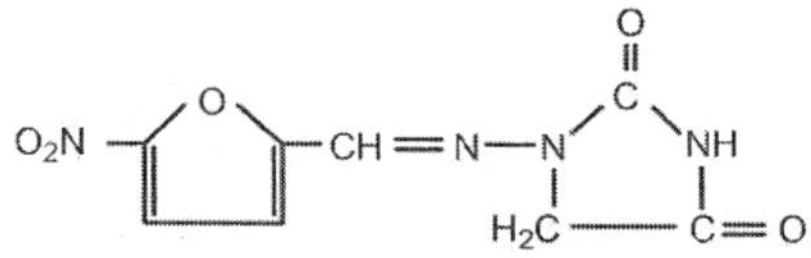

Nitrofurantoin

Nitrofurans는 5–nitro–2–furakdehyde 유도체로서 그 중 nitrofurantoin은 요로 감염 치료에 사용되고 있다. Nitrofurantoin은 세균에 의존하는 환원 효소에 의해 반응성이 강한 중간 산물이 생성되어 DNA를 손상시킨다. 유일한 용도는 요로 감염 치료 및 예방이다.

### 10.1.5 Methenamine

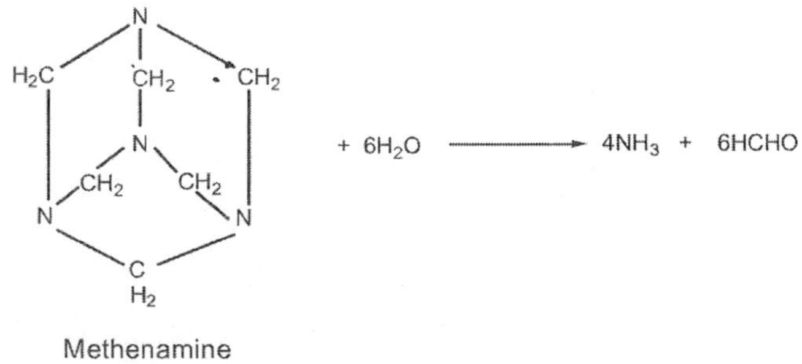

화학 구조상 hexamethylenetetramine으로서 산성에서 가수분해되어 암모니아와 formaldehyde를 유리한다. 이때 유리한 formaldehyde가 단백질을 변질시켜 살균작용을 나타나게 된다. Methenamine은 pH 6에서는 총 formaldehyde 양의 6%, pH 5에서는 20%가 유리된다. 대장균에 의한 요로 감염에 효과적이다.

## 10.2 Penicillin 및 Cephalosporins

### 10.2.1 Penicillin계

Penicillin은 1928년 Fleming이 발견한 최초의 항생물질로서 가장 중요한 항생제의 하나이다. Penicillin은 sulfonamides와 달리 미생물에서 산출되어 미생물을 죽이는 항생물질이다.

#### 1) 화학구조

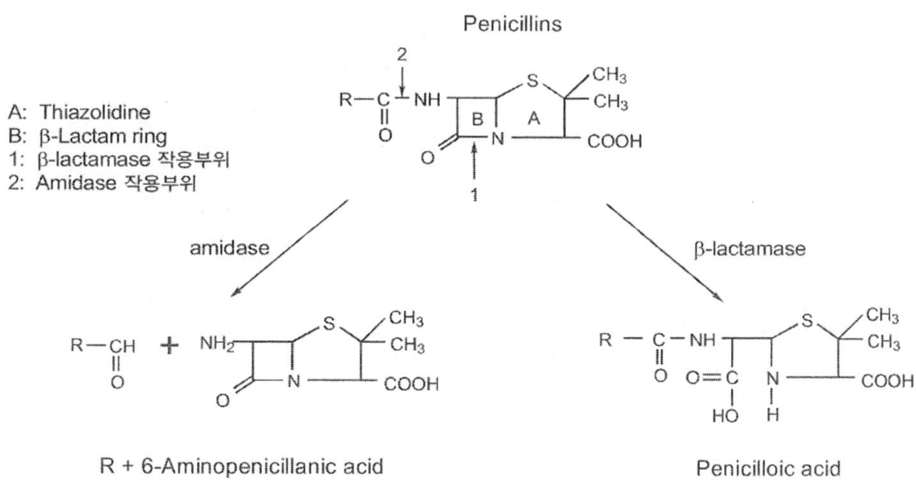

Penicillin은 $\beta$-lactam 고리와 thiazolidine 고리로 구성된 6-aminopenicillanic acid(6-APA)를 기본 구조핵으로 가지고 있는 유기산이다. 기본 핵에 결합된 측쇄에

따라 각 항균 범위, 산(acid)에 대한 안정성, 흡수율 등이 다르다.

Penicillin의 항균 작용은 그 구조 중 β-lactam 고리에 있으며, 이것이 효소 또는 산에 의해 파괴되면 penicilloic acid가 형성되어 항균 작용이 없어진다.

### 2) 작용기전

모든 penicillin 화합물은 공통적으로 세균 세포벽의 합성을 방해하여 살균작용을 일으킨다. 세균의 세포벽은 세균의 정상적인 성장에 필수적인 요소이다. 불안전한 세포벽은 삼투압 차이를 견디지 못하고 결국 세균 세포벽이 파열되어 세균은 죽게 된다.

### 3) 항균 범위

Penicillin계 항생제는 항균 범위에 따라 다음과 같이 분류할 수 있다.

① 천연산 penicillin(penicillin G및 V): 일반적으로 그람 양성 구균, 임균 등에 효과적이나 penicillinase에 의하여 쉽게 분해된다.

② Penicillinase에 저항하는 penicillin(methicillin, nafcillin, oxacillin, eloxacillin 및 dicloxaxillin): 주로 그람 양성 구균, 특히 penicillinase를 생성하는 황색 포도상 구균에 예민하게 작용한다.

③ 광범위한 penicillins(ampicillin, amoxicillin, becampicillin, carbenicillin, ticarcillin, mezlocillin 및 pieracillin 등): Penicillin G에 예민하게 반응하는 세균뿐만 아니라 여러 종류의 그람 음성균에도 효과가 크다.

#### (1) 천연 penicillin(Penicillin G 및 Penicillin V)

**천연산 penicillins**

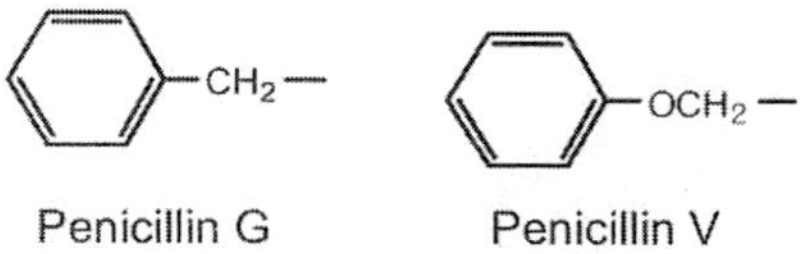


호기성 그람 양성 균에 대해서 penicillin G와 penicillin V의 항균 작용은 비슷하나, penicillin G는 일부 혐기성 균에 대해서 강한 작용을 나타낸다. 임상 응용에 대해서는 폐 구균 감염 질환, 연쇄상 구균 감염 질환, 혐기성 균 감염 질환, 포도상 구균 감염 질환, 수막염 구균 감염 질환, 임균 감염증, 매독 등에 효과적이다.

#### (2) Penicillinase 저항 penicillins

Penicillinase 저항 penicillins는 포도상 구균에서 생성되는 penicillinase에 대해 저항성을 지니는 약물이다. 일반적으로 penicillin G에 비하여 항균 효력은 떨어진다. Isoxazolyl penicillin계(oxacillin, cloxacillin 및 dicloxacillin), nafcillin,

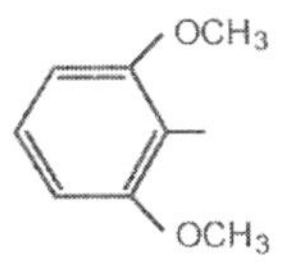


Methicillin

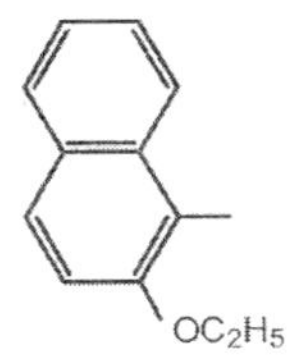


Nafcillin

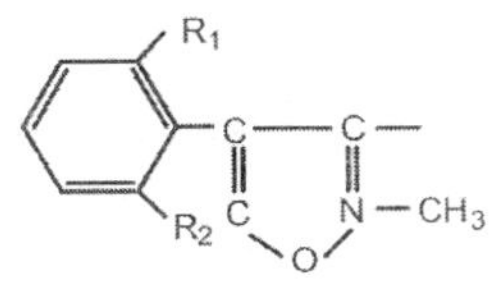


Oxacillin ($R_1$=$R_2$=H)
Cloxacillin ($R_1$=Cl,$R_2$=H)
Dicloxacillin ($R_1$=$R_2$=Cl)

methicillin이 이에 속한다. 이들 약물은 포도상 구균 감염에 효과적으로 사용할 수 있으나 포도상 구균 중 methicillin 저항성 균주에는 효과가 없다.

(3) Aminopenicillin 계

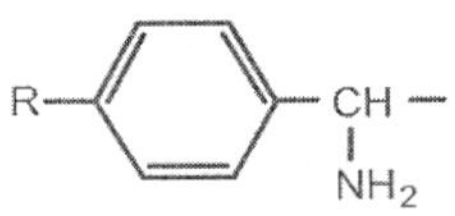


Ampicillin (R=H)
Amoxicillin (R=OH)

Aminopenicillin계에는 ampicillin, amoxicillin, becampicillin 등이 있다. 이들은 penicillinase에 의하여 분해되나 넓은 항균 범위를 지니며 그람 양성 및 음성 세균에 대해 살균작용을 나타낸다.

## 10.2.2 Cephalosporin계

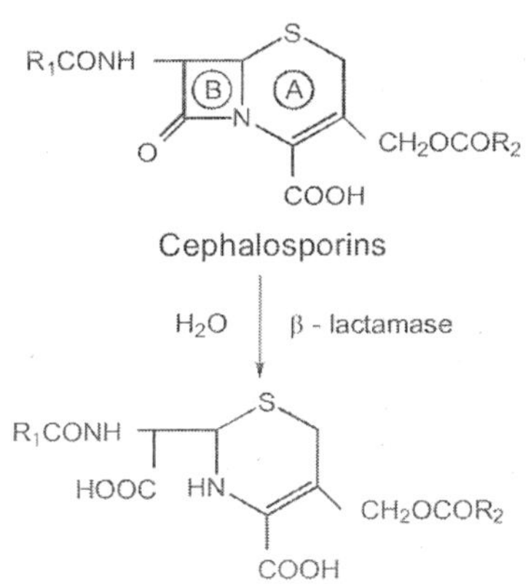


Ⓐ=Dihydrothiazine nucleus
Ⓑ=$\beta$-lactam ring
$R_1$ 및 $R_2$ = 치환기 위치

곰팡이에서 생성되는 항생물질로서 penicillin과 비슷한 화학 구조를 지니며, 작용 기전도 같아 살균 작용을 일으키고, 박테리아의 세포벽 형성에 관계되는 효소를 비활성화시킨다. Cephalosporin의 기본 구조핵은 7-aminocephalosporanic acid(7-ACA)로서 이것은 dihydrothiazine 핵과 $\beta$-lactam ring으로 구성된다. 살균 작용은

penicillian과 같은 $\beta$-lactam 고리에 의한다. 구조식에서 $R_1$과 $R_2$를 각종 화합물로 치환시켜 여러 종류의 cephalosporin유도체가 형성된다.

## 10.3 Aminoglycosides계 항생물질

Streptomycin은 1947년에 *Streptomyces griseus*에서 분리한 항생물질이다. 그 후 여러 Streptomyces 속에서 이외 비슷한 항생물질이 발견되었다. 이들 항생물질은 화학 구조상 aminoglycoside aminocyclitols로서 간단히 aminoglycoside계 항생물질이라고 불리고 있다.

Aminoglycoside계에 속하는 항생물질로서 streptomycin, neomycin, kenamycin, tobramycin, amikacin, spectinomycin 등이 있다. *Streptomyces* 속 미생물에서 생산되는 모든 항생체는 일반명을 -mycin으로 명명한다. Gentamicin과 netilmicin은 *Micromonospora*에서 생산되므로 -mycin으로 쓰지 않는다.

모든 aminoglycoside계 항생물질은 세균의 단백 합성을 비가역적으로 억제하여 농도 의존적으로 살균 작용을 나타낸다. Aminoglycoside계는 혈중 농도가 최소 억제 농도(MIC) 이하로 감소되어도 살균 작용이 계속되는 항생제 후효과(postantibiotic effect)가 나타나는 것이 특징이며 이의 지속 시간은 농도에 비례한다.

### 10.3.1 Streptomycin

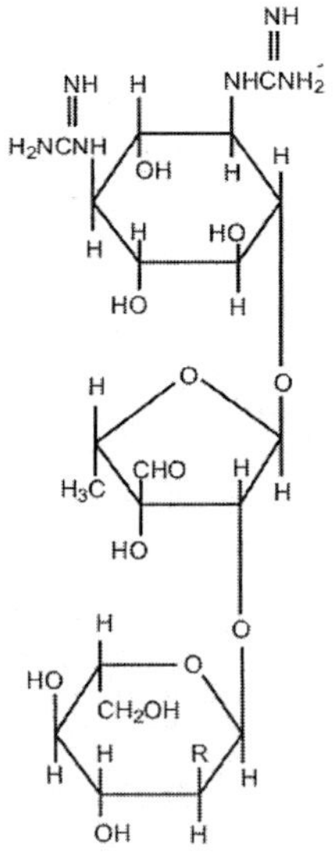

Streptomycin
($R = CH_3NH$)

최초로 임상에 응용한 aminoglycoside 항생물질이나 근래 보다 효과적인 항결핵제의 등장으로 그 사용이 현저히 줄어 들고 있다. Streptomycin의 가장 중요한 용도는 결핵 치료이다. 그러나 효력이 비교적 약하고 부작용으로 귀독성(ototoxicity)이 나타날 위험성이 크다. 결핵 치료는 적어도 1~2가지 항 결핵제와 병행 투여해야 한다.

또 다른 중요 용도는 장내 구균성 심내막염의 치료 및 예방이다. 이에는 penicillin G 또는 ampicillin과 streptomycin 또는 gentamicin의 병용이 상협(synergism) 효과를 나타낸다. 그 외의 streptomycin의 적응증은 흑사병(plague), 야토병 및 *Brucella* 감염 등의 치료에 쓰인다.

### 10.3.2 Kenamycin

항균 범위가 다른 aminoglycoside에 비하여 좁다. 이보다 더욱 강력하고, 독성이 적은 항생제가 소개되고, 저항성을 가진 병원 감염이 증가함에 따라 kenamycin의 용도가 감소되고 있다.

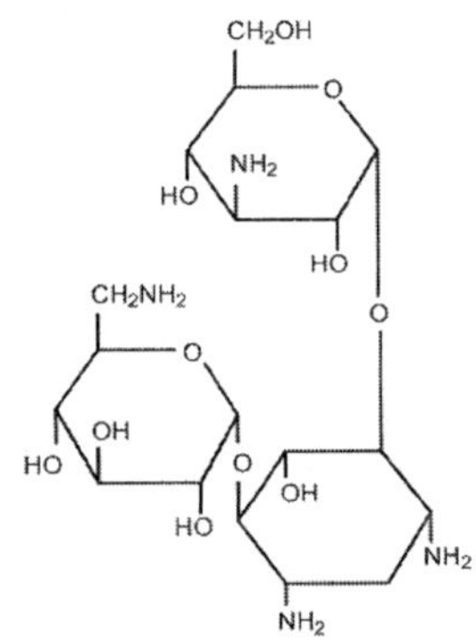


Kanamycin A

### 10.3.3 Neomycin

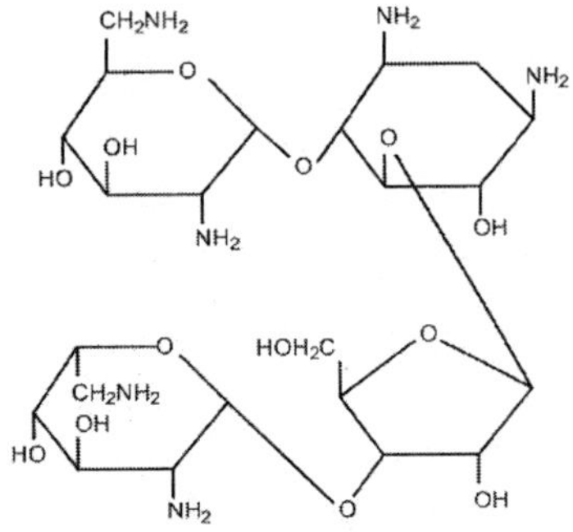


Neomycin B

주사하면 심한 독작용이 나타나므로 내복과 국소 적용 목적으로 크림 및 연고로써 사용하며, 특히 다른 항생물질 또는 부신 피질 스테로이드와 병용하여 많이 이용되고 있다.

### 10.4 기타 항균 화학요법제: Tetracycline계

4개의 고리(ring) 구조를 가진 항생물질이다. Chlorotetracycline은 *streptomyces aureofaciensd*에서, oxytetracycline은 *streptomycin rimosus*에서 그리고 democlocycline은 *streptomycin aureofaciens*의 변이 균주에서 얻은 항생물질이다. Tetracycline은 chlortetracycline의 반합성 제제이며 doxycycline 및 minocycline은 demeclocycline의 반합성 제제이다.

Tetracycline계는 그람 음성 세균의 세포외막에 있는 구멍단백들로 구성된 통로를 통하여 원형질막 공간에 도달한 후, 세포막의 운반계(transport system)에 의하여 세균 내로 능동적으로 이동한다. 또한 고 농도에서 포유동물 세포의 단백 합성도 억제할 수 있다. 그러나 세균의 선택적인 독성을 나타내는 것은 세균에만 존재하는 운반계를 통하여 세균 세포막을 쉽게 투과할 수 있기 때문이다.

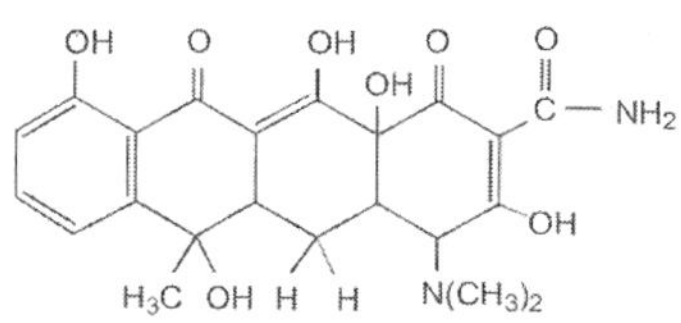

Tetracycline

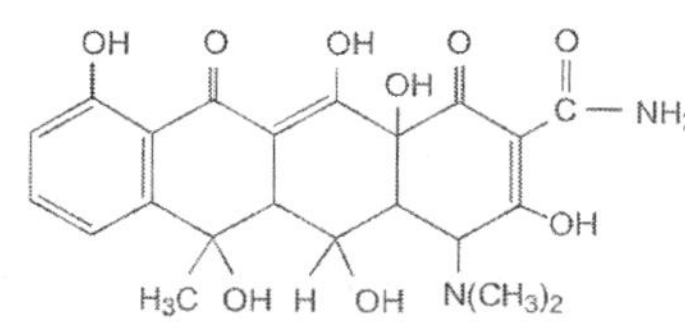

Oxytetracycline

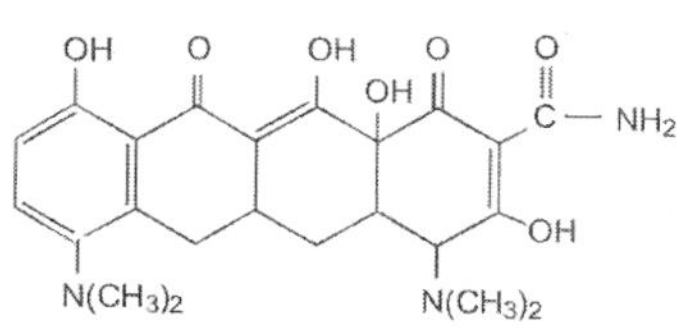

Minocycline

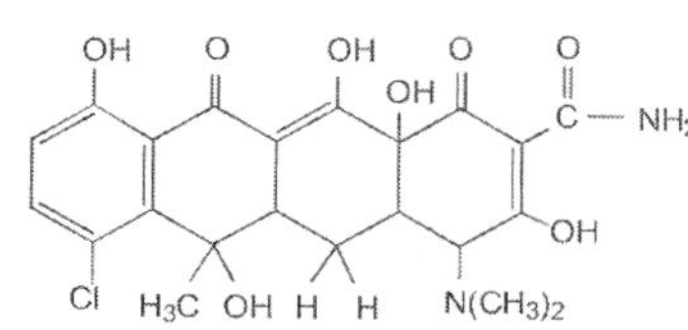

Chlortetracycline

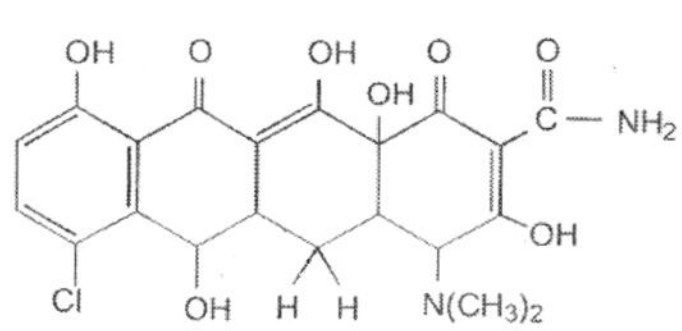

Demeclocycline

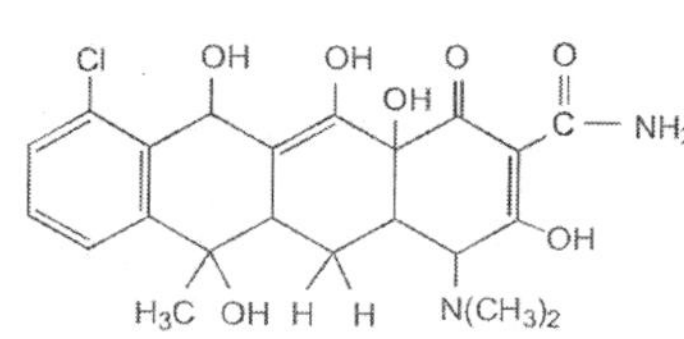

Doxycycline

## 11 항암제(anti-cancer agents)

Neoplasia(신생물 형성)란 비정상적으로 세포증식이 일어나는 상태를 말한다. 이는 세포 분열을 지배하는 조절 기전에 결함이 있어 나타나며 세포의 정상적인 성장 및 조직의 복구(tissue repair)와 무관하게 일어난다. 즉, neoplasm(신생물)은 비정상적인 조직의 덩어리, 또는 종양(tumor) 내지 암(cancer)을 말한다.

일반적으로 신생물은 세포 분열이 정상보다는 항진되어서 나타난다. 그러나 신생물의 세포 정도는 장관 점막세포, 혈구세포, 피부세포 등 세포 분열이 활발한 정상 세포군과 비슷하다.

항암(anticancer) 화학 요법은 융모막 암(choricarcinoma)에 methotrexate를 사용하여 완치효과를 얻음으로써 본격적으로 시작되었다. 오늘날 약 50여종의 항암제가 사용되고 있으며 융모막 암, 급성 백혈병, Wilms종양, Ewing 육종, 횡문근 육종, 망막 아세포종, 고환암, 조직구성 림프종 등 항암제를 투여함으로써 좋은 치료 효과를 볼 수 있는 암종 들이다.

암 발생은 화학적 물질과 밀접한 관련을 가지고 있다. 특히 polycyclic aromatic hydrocarbon 화합물, azo 염료, aflatoxin 등이 암 유발과 관련된 물질이다. Human T-cell leukemia virus(HTLV-1)는 T-세포 백혈병을 일으킴이 알려져 있다. 암 발생과 연관성이 있는 RNA virus(retrovirus) 내의 transforming gene과 같은 유전자가 인체에서도 발견되어 이 유전자를 암 유전자(oncogene)라고 한다. 암세포에서는 암 유전자의 증폭 또는 변형 등이 발견된다. 최근 p53 유전자 및 bcl-2와 같이 세포고사와 연관된 유전자의 이상이 암 세포에서 많이 발견되고 있다. p53 유전자는 종양 억제 유전자(tumor suppressor gene)로서 세포 고사를 일으키는 데, p53 유전자의 돌연변이나 결손 등에 의하여 암이 발생한다. Bcl-2는 세포 고사를 막아주는 기능을 하는 유전자이다. Bcl-2가 과다 발현되면 세포 사망이 억제되고 세포 분열이 왕성해져서 암 발생의 기전이 될 수 있다.

대부분의 항암제는 세포 내 유전 인자의 본체인 핵산(nucleic acid)의 합성을 억제하거나 핵산과 직접 결합하여 그 기능을 손상시킴으로써 효과를 나타낸다. 항암제는 암 세포에만 선택적으로 작용하는 것이 아니라 정상 세포, 특히 세포분열이 활발한 조직 세포에도 손상을 입힌다. 이 때문에 골수 기능 저하, 위장 점막 손상, 탈모증 등 여러 부작용이 나타나게 된다.

항암 화학 요법의 중요한 몇 가지 원칙을 말하면 첫째 단 한 개의 암 세포(single clonogenic malignant cell)도 숙주를 사망시킬 수 있는 충분한 암 세포를 생성할 수 있다. 그러므로 암을 완전히 치료하기 위하여는 암 세포 전부를 섬멸하여야 한다. 둘째 항균 요법에서는 숙주의 방어 능력 및 면역성이 큰 몫을 한다. 그러나 자가 방어 기전은 항암요법에서 그 역할이 극히 미약하여 적은 수의 암 세포가 존재 할 때 이 외에는 큰 의미가 없다. 셋째 항암제에 의한 암 세포 파괴 효과는 일차역학에 의하므로 일정수의 암 세포를 파괴하는 것이 아니라 일정한 %의 암세포를 파괴한다. 예를 들면 약 $10^{12}$(1kg)개의 암 세포를 가지고 있는 림프구 백혈병 환자에게 어떤 항암제를 투여하여 99.99%의 암 세포를 파괴하였다고 할 때 이론적으로는 아직도 $10^{8}$(100mg)개의 암 세포가 남아있다. 그러므로 이와 같은 많은 수의 암 세포는 충분히 암의 재발을 초래할 수 있다. 그러므로 암의 치료는 모든 세포를 죽인다는 개념(total cell-kill)에서 시작하여야 한다.

항암제의 종류로는 알킬화 약물, 항 대사 물질, 천연물질, 생물학적 반응 조절 물질 및 기타 항암제 등이 있다.

## 11.1 알킬화 약물

전쟁 독가스로서 수포(vesicle)을 유발하는 sulfur mustard는 백혈구 감소, 골수 기능 저하, 위장관궤양 등을 일으킨다. Nitrogen mustard는 생쥐에 이식한 임파 육종을 강하게 억제함이 보고되었다. 이후 많은 알킬화 화합물이 항암제로서 합성 개발되었으나 그 중 임상적으로 효용가치가 있는 약물은 소수에 불과하다. 현재 항암제로 사용하고 있는 알킬화 약물(alkylating agents)는 화학 구조에 따라 nitrogen mustard계 약물, ethylenimide계 약물, alkyl sulfonate계 약물, nitrosourea계 약물, triazene계 약물 등으로 분류하고 있다.

알킬화 약물은 그 자체가 일반적으로 친전자(electrophilic) 화합물이어서 친핵성(nucleophilic) 화합물, 즉 phosphate기, amino기, sulfhydryl기, hydroxyl기, carboxyl기, imidazole기 등을 가진 화합물과 쉽게 공유 결합한다. 그러므로 구조상 이들 화합물을 가지고 있는 DNA는 알킬화 화합물의 직접적인 표적이 된다. 항암효과 및 세포독 효과는 DNA와 알킬화 화합물과의 공유 결합 결과로 나타난다.

### 11.1.1 Nitrogen mustard계 약물

1) Mechlorethamine

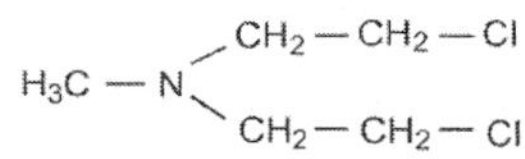


Mechlorethamine

Mechlorethamine은 최초로 nitrogen mustard계 알킬화 항암제이다. 심한 국소작용 때문에 mechlorethamine은 정맥 내로 투여한다. Hodgkin병에 유효하며 다른 림프종에도 효과적이다. 주된 독작용은 구역질, 구토, 백혈구 감소증, 혈소판 감소증 등이다.

2) Cyclophosphamide

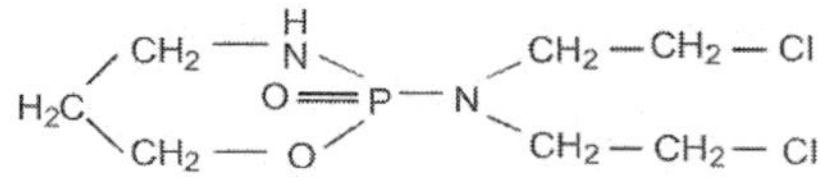


Cyclophosphamide

Cyclophosphamide는 일반적인 세포 독작용은 다른 약물과 비슷하나 몇 가지 중요한 차이가 있다. Mechlorethamine에 비하여 거핵구 손상과 혈소판 감소는 적으나 모낭에 대한 독작용이 심하여 탈모증을 일으킨다. 그러나 국소 자극이나 수포 형성 작용은 없다. 항암 범위가 넓어서 각종 병용 요법의 기본 약물로 많이 사용되고 있다. Hodgkin병, 림프성 육종에 좋은 치료 효과를 나타내고 burkitt 림프종, 급성 림프모구 백혈병에는 효과적이다. 유사 약물로서 ifosfamide는 간장에서 hydroxylation에 의하여 활성화된다.

3) Melphalan

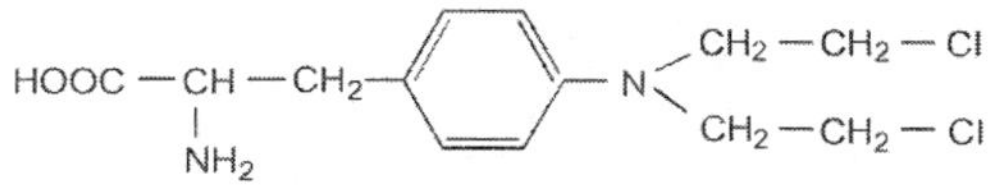

Melphalan

Melphalan은 nitrogen mustard의 phenylalanine 유도체로서 약리 작용 및 독작용이 다른 nitrogen mustard 계통 항암제와 비슷하나 수포 유발 작용은 없다. 이 약물은 다발 골수종에 많이 사용하며 유방암 및 난소암에 유효하다.

4) Chlorambucil

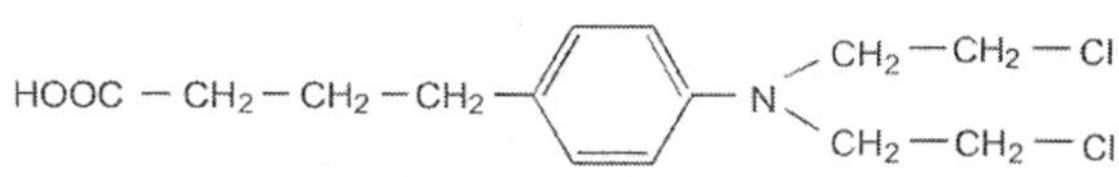

Chlorambucil

Chlorambucil은 mechlorethamine의 방향성 유도체로서 만성 림프구 백혈병, Hodgkin 병에 효과가 좋다. 모든 작용은 다른 nitrogen mustard계 약물과 비슷하며 대량에서 구역질, 구토를 일으키고 심하면 중추신경 흥분 작용을 나타낸다.

### 11.1.2 Alkyl sulfonate계 약물

1) Busulfan

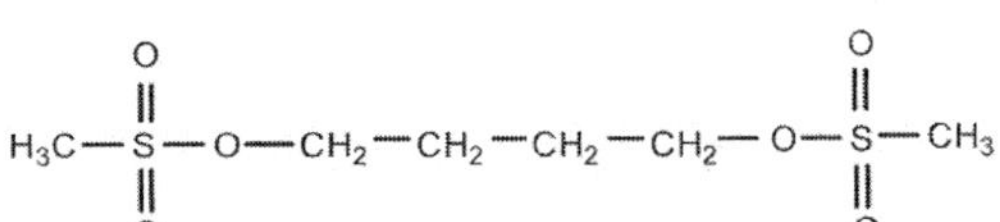

Busulfan

Busulfan은 독특하게 골수 억제 작용이 현저하다. 적은 용량에서는 과립 백혈구 생성이 억제되고 용량이 증가되면 혈소판 및 적혈구 생성도 억제되어 궁극적으로 범혈구 감소증이 초래된다. 주된 독 작용은 골수 억제로 인한 혈소판 감소증이며 구역질, 구토, 설사, 불임, 무월경 및 태아 이상 발육 등을 가끔 볼 수 있다.

### 11.1.3 Nitrosourea계 약물

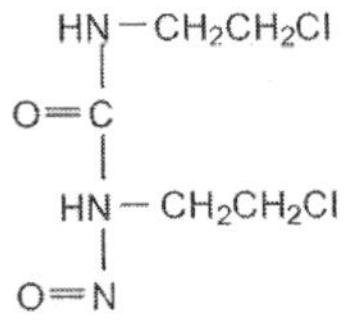

Carmustine

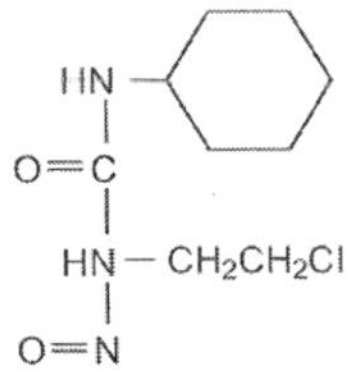

Lomustine

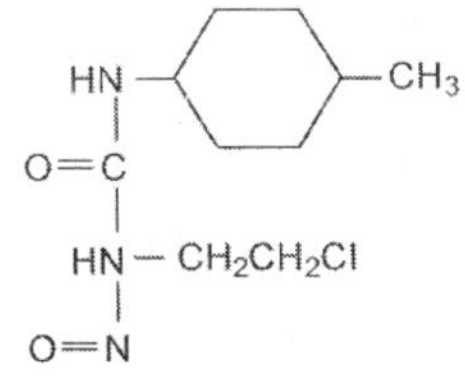

Semustine

Nitrosourea 계통 약물은 항암 범위가 넓은 중요한 항암제이며 대표적 약물로서 camustine, lomustine, semustine 등이 있다. 이 약물은 체내에서 효소에 의하지 않고 자연적인 붕괴가 일어나 chloroethyl이나 methylcarbonium 이온과 유기 isocyanate로 변한다. 이 중 carbonium 이온은 알킬화 작용이 있어서 DNA와 공유결합을 하며 isocyanate는 단백의 lysine과 carbamoyl 결합을 한다. 이 결합으로 DNA 복구효소 기능이 억제되어 작용이 나타난다. 이 계통의 약물은 지용성이 높아 혈액-뇌 장벽을 통과하므로 뇌막성 백혈병과 뇌종양에 유효하다.

### 11.1.4 Triazene계 약물: Dacarbazine

Dacarbazine은 간장 내 약물 대사 효소에 의하여 활성화된 다음 methylation을 일으킨다. Dacarbazine은 세포 주기 내 모든 기의 세포를 죽인다. 다른 항암제와 병용하면 Hodgkin 병 또는 육종에 효과가 있다. 독작용은 구역질, 구토, 골수 억제 등이며 도감 유사 증후군이 나타날 수 있다.

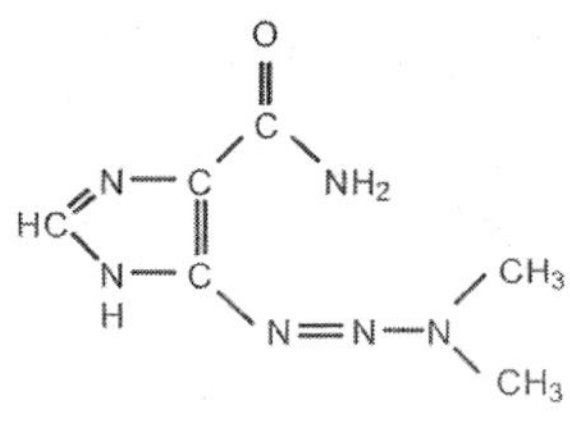

Dacarbazine

## 11.2 항 대사 물질

### 11.2.1 엽산 유도체: Methotrexate

Methotrexate는 비교적 오래 전부터 사용되어 온 약물이다. 백혈병을 일시적으로

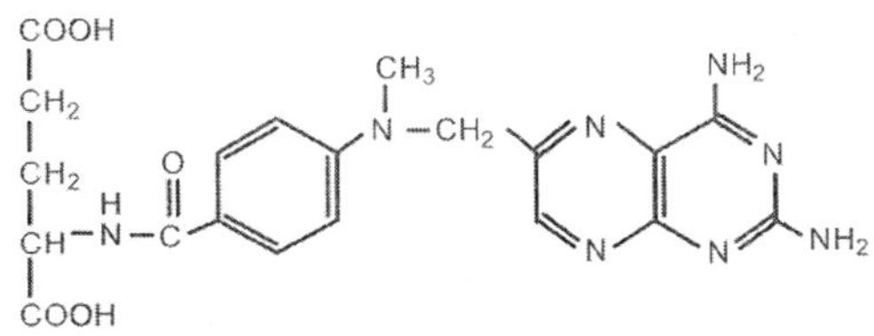

Methotrexate

경감시킨 최초의 항암제일 뿐 아니라 여성의 융모막암 치료에 최초로 “치유(cure)”라는 용어를 쓸 수 있었던 대표적인 항암 화학요법제이다. 대량의 methotrexate를 필요로 하는 골원성 육종에도 thymidine을 병용하여 사용하면 정상 세포에 대한 심한 독작용을 방지할 수 있어 치료가 가능할 수 있게 되었다. 그 외에도 신생물 질환은 아니나 피부 표피세포의 증식이 활발한 건선(psoriasis) 치료에도 이용되고 있다. 세포 매개 면역 반응의 억제제로서 장기 이식, 피부근염, 류마치스성 관절염, Wegner 육아종증 및 Crohn 병에도 사용하고 있다. 또한 소아의 급성 림프모구 백혈병에 효과가 있으며, 성인에서는 백혈병성 수막염의 치료 및 예방에 제한적으로 사용한다.

### 11.2.2 Pyrimidine 유도체: Fluorouracil, Floxuridine, Cytarabien

Pyrimidine 유도체는 pyrimidine nucleotides의 합성을 억제하고 핵산의 합성 및 작용을 저해한다. 이들 유도체는 치료뿐만 아니라 건선이나 DNA virus 또는 진균 감염의 치료에 사용되고 있다.

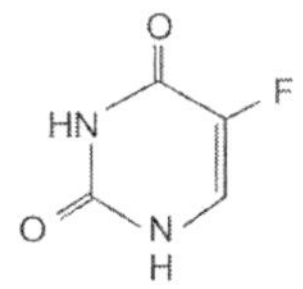

Fluorouracil

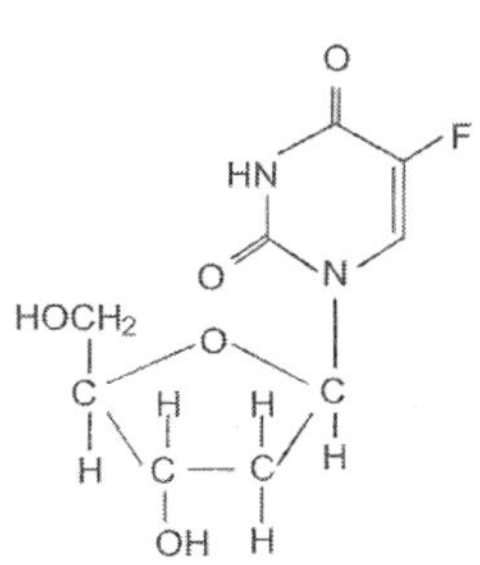

Fluoxuridine

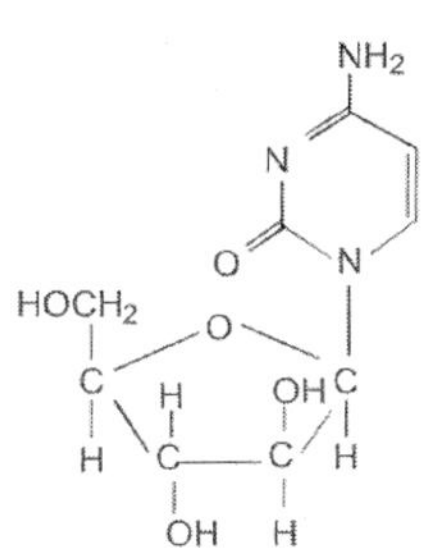

Cytarabine

### 11.2.3 Purine 유도체

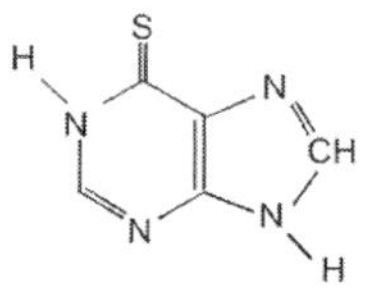


Mercaptopurine

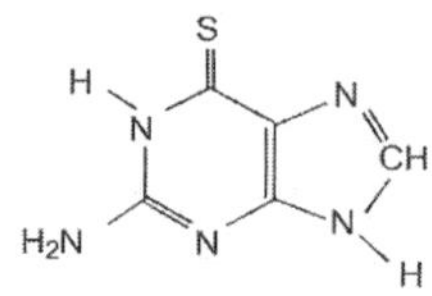


Thioguanine

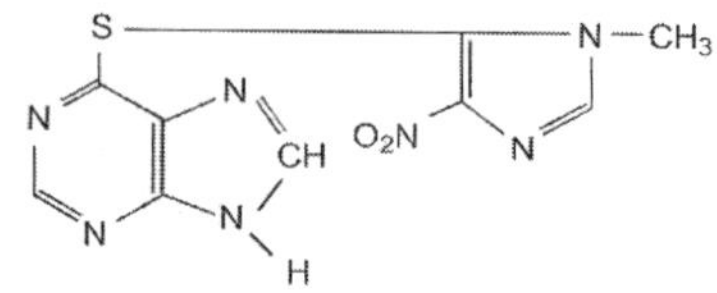


Azathioprine

여러 purine 유도체 중 mercaptopurine 및 thioguanine은 악성 종양에 유효하며 azathiopurine은 면역 억제 효과가 크다. Acyclovir, ganciclovir, vidarabine, zidovudine은 항 바이러스 작용이 강하다.

## 11.3 천연 물질

### 11.3.1 Vinca alkaloids

*Vinca rosea*의 추물물이 쥐에서 과립구 감소와 골수 억제 작용이 있음이 관찰된 이래 vinblastine, vincristine, vinleurosine, vinrosidine, alkaloid 등의 유효 성분이 분리 확인되었다. 그 중 vinblastine과 vincristine은 중요한 항암제로서 백혈병, 림프종 및 고환암에 사용되고 있다. 구조가 비슷한 vinorelbine은 폐암이나 유방암에 유효한 약물이다.

Vinca alkaloid는 세포 주기 특이성 약물로서 유사분열시기 중 metaphase에서 세

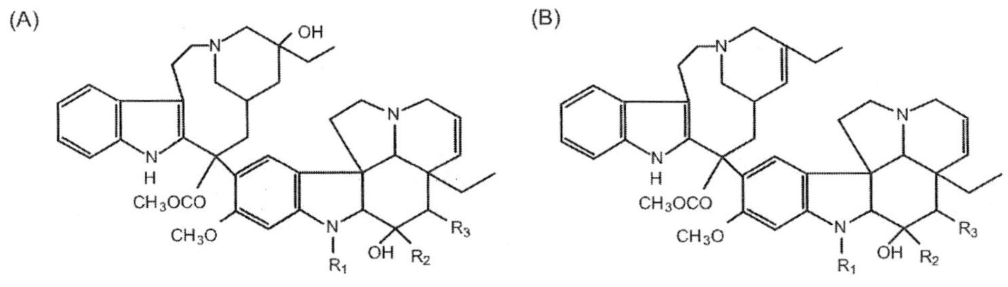


| | $R_1$ | $R_2$ | $R_3$ |
|---|---|---|---|
| 구조식 A | | | |
| Vinblastine | $-CH_3$ | $-C(=O)-OCH_3$ | $-O-C(=O)-CH_3$ |
| Vincristine | $-CH(=O)$ | $-C(=O)-OCH_3$ | $-O-C(=O)-CH_3$ |
| Vindesine | $-CH_3$ | $-C(=O)-NH_2$ | $-OH$ |
| 구조식 B | | | |
| Vinorelbine | $-CH_3$ | $-C(=O)-OCH_3$ | $-O-C(=O)-CH_3$ |

포분열을 중지시킨다. 즉 이 alkaloid는 세포 내에 존재하는 미세관의 일부인 tubulin과 결합한다. 결합 양상은 alkaloid분자와 tubulin 분자 1대 1로 결합한다. 이 결과 유사 분열 방추(spindle)가 소실되어 염색체가 세포질 내에 분산시킴으로써 유사 분열시기 중에 염색체가 정확하게 분리되지 못하고 결국에는 세포가 사망하게 된다. 독 작용으로는 백혈구 감소증과 모낭 상피세포에 대한 효과로 탈모증이 주로 나타나는 부작용이다.

### 11.3.2 Taxene계 약물: Paclitaxel

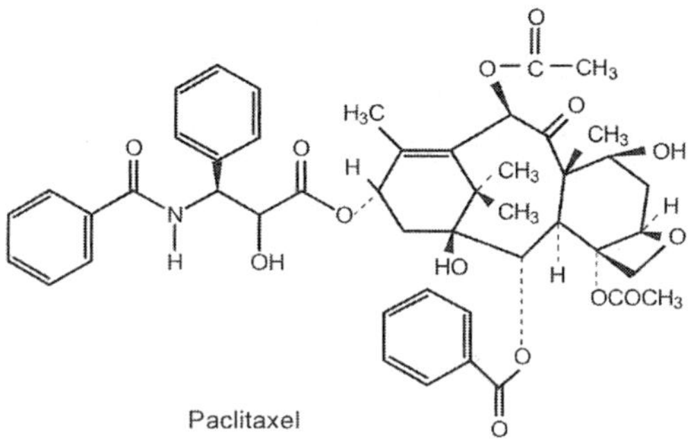

Paclitaxel

Paclitaxel은 주목나무의 껍질에서 분리된 물질로서, 세포의 유사 분열을 억제하는 작용이 있다. 이 약물은 미세관(microtulule) 형성을 억제하는 vina alkaloid나 colchicine과는 달리 미세관의 형성을 촉진하여 유사분열 방추 독으로 작용한다. 주로 난소 암에 사용되며 유방암, 폐암, 식도암 및 머리와 목 주위암 등에도 효과가 있다.

### 11.3.3 Camptothecin계 물질: Topotecan

Camptothecin계 물질은 topoisomerase I을 억제하는 새로운 신물질로서 기대되는 항암제이다. Capmtothecin은 중국의 *Camptotheca acuminata*라는 나무에서 처음 추출하였다. Camptochecin은 임상적으로 항암효과가 인정이 되었으나 골수 억압, 출혈성 방광염 등이 심각하고 예측 불가능한 부작용의 발현으로 사용되지 못하였다. 그 후 물에 잘 용해되고 부작용이 적은 topotecan이 개발되어 대장암, 난소암, 소세포 폐암 등에 사용하고 있다.

### 11.3.4 항생물질

#### 1) Dactinomycin

Dactinomycin은 DNA의 이중 가닥(double strand)에 결합하여 세포의 생화학적 작용을 억제함으로써 세포 독작용을 나타낸다. 즉 DNA의 guanine-cytosine 염기짝에 삽입되어 안정된 DNA-dactinomycin 결합을 형성함으로써 DNA-dependent

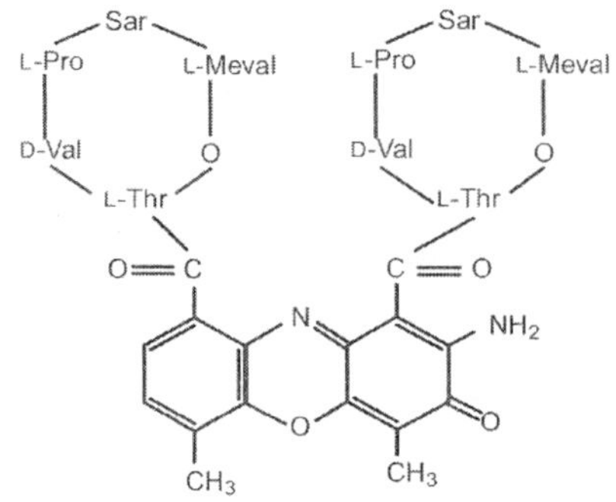

Dactinomycin
Sar = sarcosine
Meval = N-methylvaline

RNA polymerirase에 의한 DNA의 전사(transcription)가 억제되어 세포 독작용을 나타낸다. 항암제 중 가장 작용이 강한 약물로서 분열 증식이 빠른 정상 세포와 암 세포에 다 같이 심한 독작용을 일으킨다. 따라서 흉선, 비장, 기타 림프조직의 위축이 나타난다. 탈모증을 일으키기도 하며 피하조직으로 새어 나오게 되면 국소염증을 일으킨다.

### 2) Daunorubicin, Doxorubicin, Idarubicin 및 Mitoxantrone

Daunorubicin과 doxorubicin은 *streptomyces peucetius*로부터 추출한 anthracycline계 물질이며, idarubicin은 합성된 약물이다. Mitoxantrone은 anthracycline계 약물의 심근 독성을 감소시키기 위하여 개발된 anthracenedione계 약물이다. 비록 이들 항생제 화학구조는 비슷하나 그 작용은 서로 다르다. 즉 Daunorubicin, idarubicin은 일차적으로 급성 백혈병에 유효하나 doxorubicin은 각종 고형 종양을 포함한 여러 종류의 암에 효과적이다. Mitoxantrone은 백혈병과 유방암에 사용된

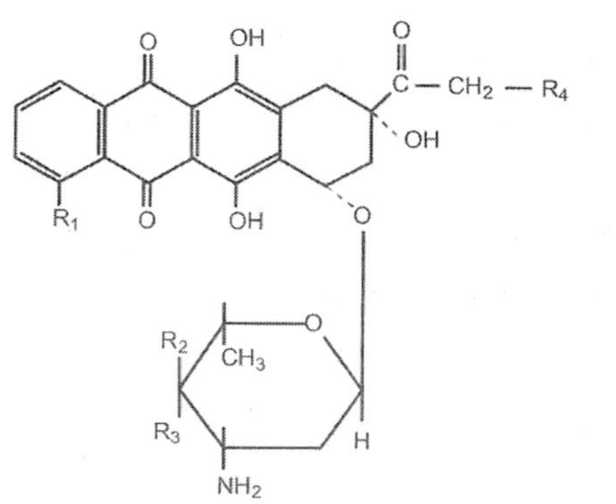

| | DOXORUBICIN | DAUNORUBICIN | EPIRUBICIN | IDARUBICIN |
|---|---|---|---|---|
| $R_1$ = | $OCH_3$ | $OCH_3$ | $OCH_3$ | H |
| $R_2$ = | H | H | OH | H |
| $R_3$ = | OH | OH | H | OH |
| $R_4$ = | OH | OH | OH | H |

다. Daunorubicin과 doxorubicin의 임상 응용의 문제점은 심근에 대한 독작용으로서 가끔 비가역성 변화를 일으킨다. 이 계통의 약물로서 항암효과가 크면서 심근 독성이 적은 약물로서 idarubicin, epirubicin 및 valrubicin이 개발되어 있으며 구조가 비슷한 anthracendione계의 motoxantrone 등이 개발되어 사용되고 있다.

3) Bleomycin

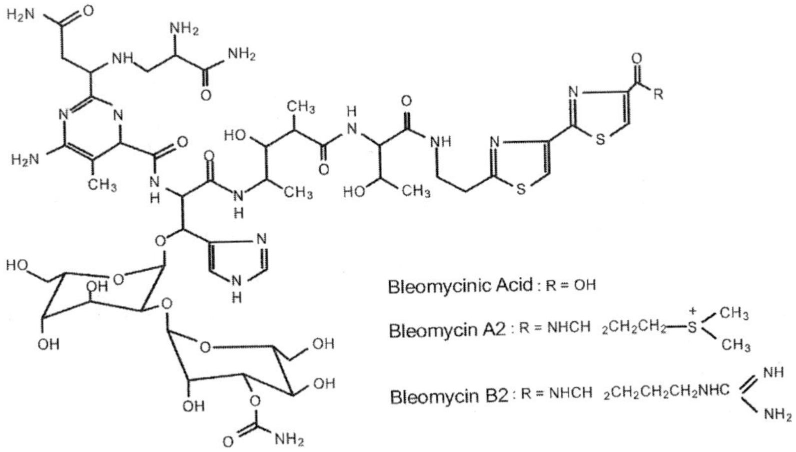


Bleomycin은 *streptomyces verticillus*의 발효 산물로서 화학구조상으로 구리(copper)를 chelate하는 성질을 가진 glycopeptide이며 bleomycin $A_2$와 bleomycin $B_2$의 혼합물이다. 여러 종류의 종양에 유효하며 피부, 두경부, 폐의 편평 상피암, 고환암 및 림프종 등에 많이 이용된다. 다른 항암제에 비하여 비교적 약한 골수 장애와 면역억제 작용을 일으키나 특이하게 피부 및 폐에 독작용을 나타낸다.

4) Plicamycin

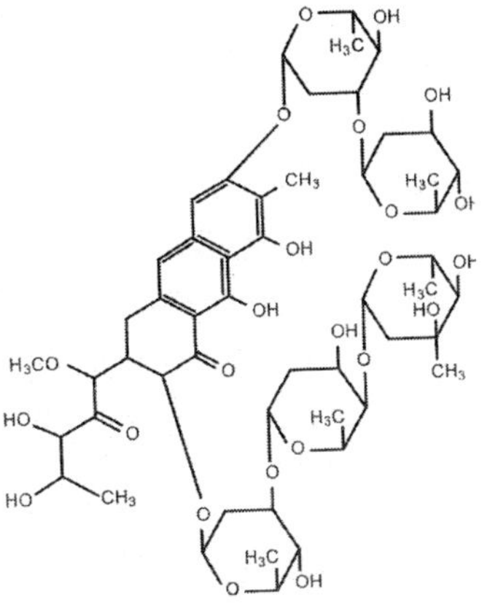

Plicamycin

Plicamycin은 *streptomyces tanashiensis*에서 추출한 항암 항생제로서 독작용은 비교적 강하나 고환의 태아성 종양에 효과적이다. 특히 파골세포에 효과를 나타내므로 뼈에 생긴 전이 암이나 그 외 여러 종류의 암종에 의한 고칼슘혈증 환자에서 칼슘 농도를 저하시키는 효과가 있다. 골수, 간 및 콩팥에 독작용을 보이며, 혈소판 감소증과 응고 인자 합성 장애에 따른 치명적인 심한 출혈 성향을 일으킬 수도 있다.

5) Mitomycin

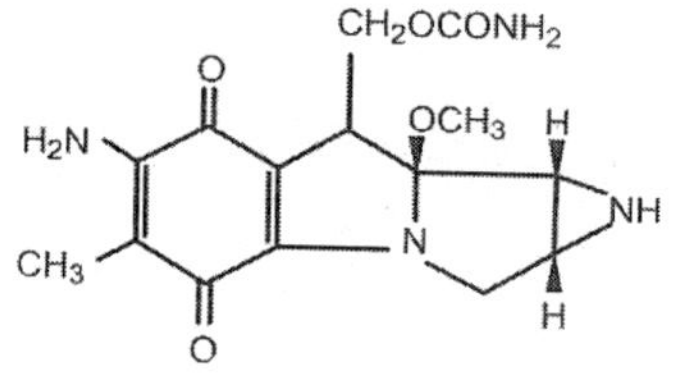


Mitomycin

Mitomycin은 *streptomyces caepitosus*에서 추출한 항암 항생제이다. 체내에 흡수하여 세포 내에서 효소에 의하여 quinone이 환원된 후 알킬화 작용을 나타낸다. DNA구조 내의 guanine 및 cytosine 함량에 비례하여 DNA의 교차 결합을 일으켜 DNA 합성을 억제한다. 또한 유리기를 합성하여 DNA의 절단을 일으키기도 한다.

## 12 비타민(Vitamin)

생체 기능을 유지하기 위하여서는 탄수화물, 지방 및 단백질 외에도 소량의 무기물(minerals)과 소량의 유기 화합물이 필수적이다. 이 중 유기 화합물은 생체 내 각종 대사 과정에서 필수적인 보조인자(cofactor) 또는 그의 전구 물질(precursor)로 작용한다. 포유 동물의 생체 내에서는 이들 물질이 **합성되지 않으며** 이를 총칭하여 비타민(vitamin)이라고 한다.

역사적으로 볼 때 중세기 때부터 야맹증(night blindness), 각기병(beriberi), 괴혈병(scurvy), 구루병(rickets) 등에 대한 기록이 있었으나 이의 원인 인자가 규명된 것은 20세기에 들어서이다.

1911년 Funk는 항 각기병인자를 분리하여 이를 아민(amine)으로 생각하였다. 각기병 이외에도 괴혈병, 구루병, 펠라그라(pellagra) 등이 이와 비슷하여 필수적인 amine이 결핍되어 생긴다고 생각하여 'vitamine(vital amine)'이라고 명명하였다. 그러나 amine 이외의 물질도 분리됨에 따라 끝 "e"를 삭제하여 vitamin이라고 부르게 되었다.

비타민은 발견 순서에 따라 A, B, C…로 명명하였으나 그 중 일부는 필수화합물이 아님이 밝혀져 비타민 군에서 제외시켰다.

현재 사람에 있어서 중요한 비타민은 A, B 복합체(complex), C, D, E, K이다. 이 중 B복합체와 C는 수용성(water soluble) 비타민이며, A, D, E 및 K는 지용성(fat soluble) 비타민이다.

수용성 비타민은 콩팥을 통해 쉽게 배설되므로 결핍증도 빨리 나타날 수 있는 반면에 과량 복용으로 인한 중독 증상은 잘 나타나지 않는다. 지용성 비타민은 주로 간장에 저장되어 있어 결핍 증상은 천천히 나타나나 오랫동안 대량 복용하게 되면 체내에 축적되어 중독 현상을 나타나게 된다. 특히 어린이에서 비타민 A와 D 대량 복용이 문제시되고 있다.

이상적인 비타민의 공급원은 균형 있는 음식이며 음식물을 골고루 섭취하는 한 결핍증은 나타나지 않는다.

## 12.1 비타민 B 복합체

비타민 B 복합체는 화학적으로 전혀 관련성이 없는 화합물 군이다. 그러나 이들은 최초로 분리한 근원이 같기 때문에 하나의 복합체로 분류하고 있다. 비타민 B복합체에는 thiamine, riboflavin, nicotinic acid, pyridoxine, pantothenic acid, biotin, 엽산(folic acid), cyanocobalamin(비타민 $B_{12}$), choline, inositol, *p*-aminobenzoic acid 등 11가지 화합물이 포함된다.

### 12.1.1 Thiamine

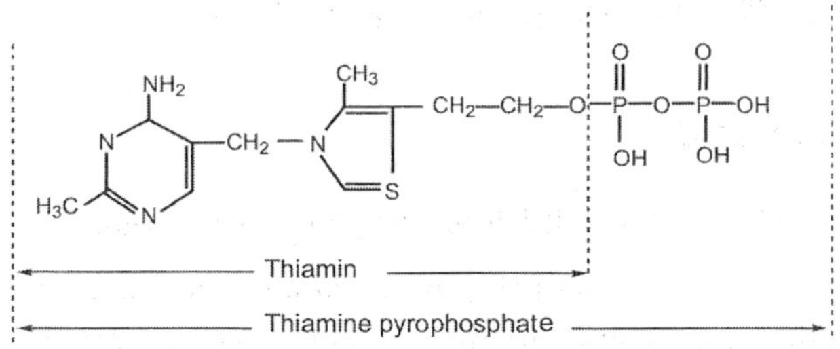


비타민 $B_1$으로 부르며, 항 각기병 인자로 발견되었다. Thiamine은 pyrimidine과 thiazole 핵을 가진 유기물로서 체내에서는 ATP와 반응하여 활성형인 thiamine pyrophosphate로 된다.

Thiamine pyrophosphate는 α-keto 산인 pyruvic acid와 α-ketoglutarate의 decarboxylation 과정에 보효소(coemzyme)로 관여하며 hexose monophosphate shunt에서 transketolase의 보효소로서 작용한다. 따라서 thiamine 결핍 환자에서는 혈청 pyruvate가 증가하여 적혈구의 transketolase 활성이 thiamine pyrophosphate

첨가로 증가한다. 결핍증상으로는 특징적인 각기병이 나타난다. 각기병은 신경 및 근육에 퇴행성 변화가 나타나는 건성 각기병과 부종을 동반한 심근 병변이 나타나는 습성 각기병으로 구분한다.

### 12.1.2 Riboflavon

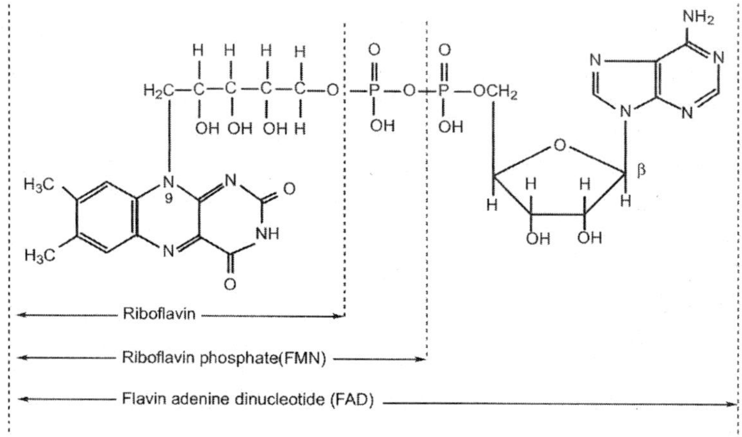


비타민 $B_2$라고 부르며 체내에서 ATP와 반응하여 활성형인 flavin mononucleotide와 flavin adenine dinucleotide로 된다.

활성화된 riboflavin은 체내 여러 가지 산화 환원 반응에서 flavoprotein의 보조인자로 작용한다. 결핍증은 드물며 증세로는 눈부심(photophobia), 입술과 혀의 통증 및 구강염이 생기며 그 외 얼굴의 지루 피부염, 빈혈 등이 나타난다. 흔히 nicotinic acid결핍으로 인한 펠라그라(pellagra)와 같이 나타난다.

### 12.1.3 Nicotinic acid

Niacin으로도 부르며 과거엔 비타민 $B_7$ 또는 비타민 P-P(pellagra preventing)로도 불렀다. Nicotinic acid는 체내에서 nicotinamide adenine dinucleotide(NAD) 또는 nicotinamide adenine dinucleotide phosphate로 활성화되어 여러 가지 조직 호흡에 필수적인 산화–환원 반응에서 dehydrogenase의 보효소로 작용한다.

Nicotinic acid의 약리 작용 내지 독 작용으로는 가려움증, 얼굴 홍조(flushing), 위장관 장애, 간독성, 소화성 궤양 악화 등을 들 수 있으며 혈관 확장제 및 혈장 콜레스테롤 하강제로 쓰이고 있다. 결핍시 펠라그라(pellagra; 이태리어로서 pell 피부, agra-거칠다)가 나타나며 증세로는 3D 증상인 피부염(dermatitis), 설사(diarrhea) 및 치매(dementia) 등을 볼 수 있다.

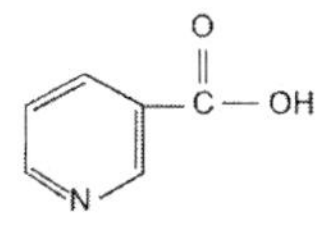

Nicotinic Acid

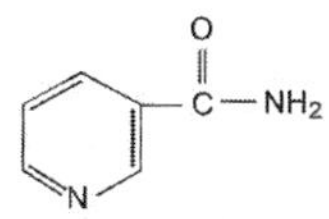

Nicotinamide

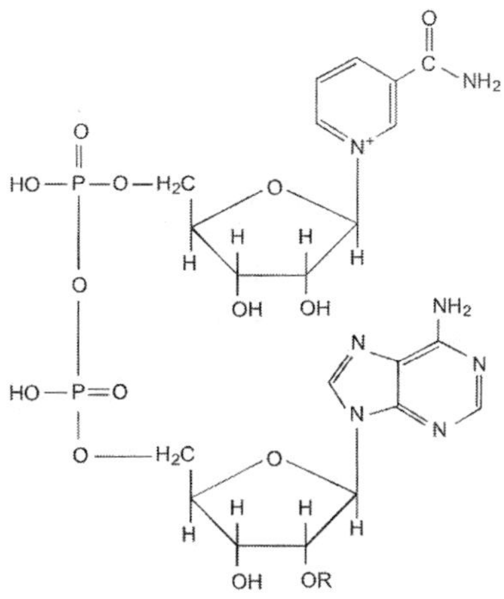

NAD and NADP
(R=H: NAD, R=$PO_3H_2$: NADP )

### 12.1.4 Pyridixine

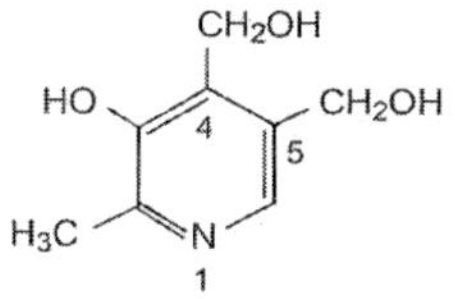

Pyridoxine

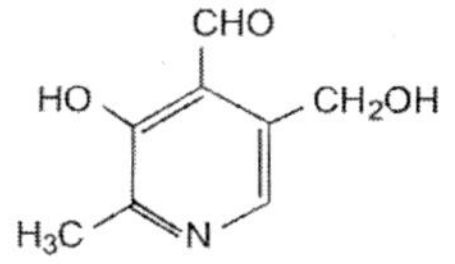

Pyridoxal

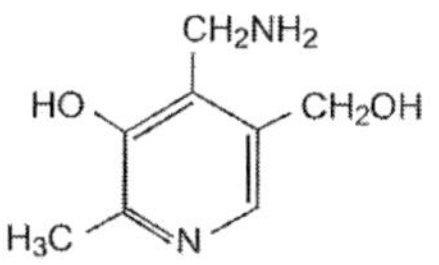

Pyridoxamine

비타민 $B_6$라고도 부르며 pyridoxine, pyridoxal 및 pyridoxamine 세 가지 화합물이 있다. 이들은 모두 체내에서 pyridoxal phosphate로 활성화되어 보효소로 작용한다.

Pyridoxal phosphate는 체내 아미노산의 대사, 즉 decarboxylation, transamination, racemization 등에 중요하다. transamination의 경우 공여 아미노산에 의해 효소가 결합한 pyridoxal phosphate는 pyridoxamine phosphate로 아민화된다. 이는 다시 수용체(acceptor) α-keto acid에 의해 탈아민화되어 pyridoxal phosphate로 된다. 특히 tryptophan 대사에서 pyridoxine은 중요한 역할을 하며 결핍시에 tryptophan을 투여하면 소변 내 xanhurenic acid가 많이 배설된다.

### 12.1.5 Pantothenic acid

비타민 $B_3$ 또는 $B_5$로 불렀으며 희랍어원으로 "acid from everywhere"란 뜻과 같이 자연에 널리 분포되어 있다. Pantothenic acid는 d-이성체만이 활성형이며 coenzyme A(CoA)의 필수 구성성분으로서 CoA로 활성화되어 아세틸화 반응에 관여한다. 즉 탄수화물의 산화, 포도당 신생(gluconeogenesis), 지방산 분해 및 합성, sterol, steroid 및 porphyrin 합성에 중요한 작용을 한다.

결핍 증상으로는 신경 및 근육의 퇴행성 변화를 가져와서 발의 화끈거림(burning

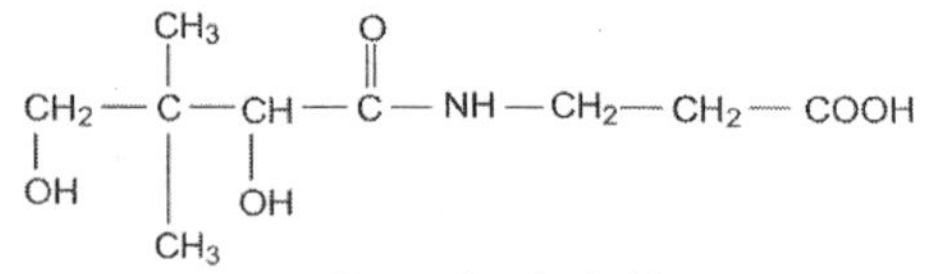

Pantothenic Acid

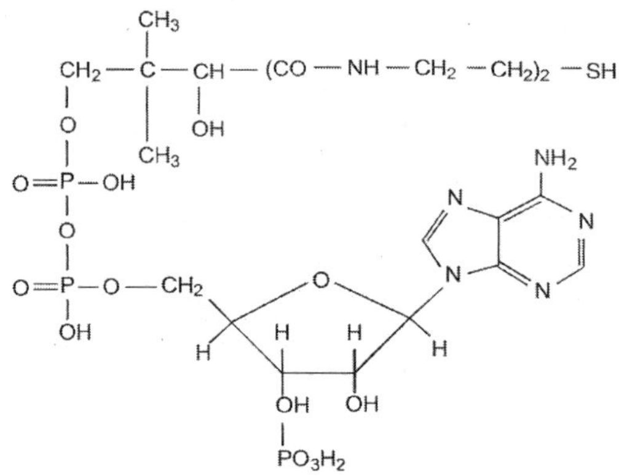

Coenzyme A

foot), 근육 무력감, 근육통, 피로감, 두통이 나타난다. 생화학 소견으로 CoA가 관여된 대사 기능 이상을 볼 수 있다.

### 12.1.6 비타민 $B_{12}$

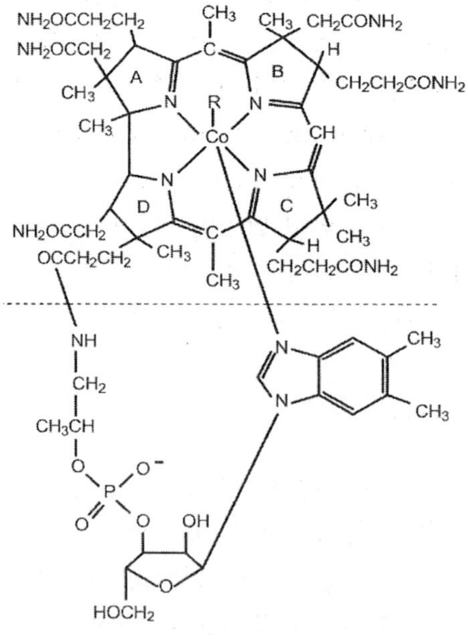

비타민12 유도체

| 유도체 | 치환기 |
|---|---|
| Cyanocobalamin (Vitmin $B_{12}$) | — CN |
| Hydroxocobalamin | — OH |
| Methylcobalamin | — $CH_3$ |
| 5'-Deoxyadenosyl-cobalamine | — 5' Deoxyadenosyl |

비타민 $B_{12}$(cyanocobalamin)는 간에서 순수 결정체로 분리된 물질이다. 세포 내에서 비타민 $B_{12}$는 methylcobalamin 및 deoxyadenosylcobalamin의 활성형/보효소로 존재한다. 악성 빈혈이 비타민 $B_{12}$ 결핍으로 일어나는 가장 흔한 임상적 징후이나, 위 절제 후 및 영양성대 적혈구 빈혈과 특발성 지방변증 등도 같은 원인으로 일어난다. 물론 이와 같은 질병은 비타민 $B_{12}$로 치료되나 후자(영양성 빈혈 및 지방 변증)에는 엽산도 결핍되어 있으므로 비타민 $B_{12}$와 엽산도 병용해야 한다. 또한 $B_{12}$의 공급이 불충분하면 DNA 형성 장애가 오고 말초 혈액 내에서 정상 적혈구가 감소할 뿐 아니라 변형 적혈구 및 대적혈구 등 이상(異常) 적혈구가 나타난다. 손발의 지각 이상, 흔들림 및 위치에 대한 감각 쇠퇴 등에 이어 기억력 상실, 혼란, 감정 상실 및 시력 장애 등이 나타나고 환각, 망상 및 정신병 등이 나타난다.

### 12.1.7 엽산(folic acid)

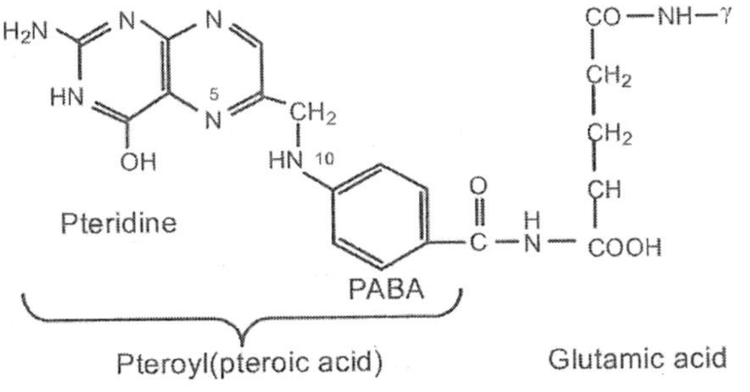


엽산은 화학적으로 pteridine 핵이 *p*-aminobenzoic acid(PABA)을 통하여 glutamic acid와 결합되어 있다. 엽산은 동식물계에 널리 존재하고 있으며, 특히 효모(yeast), 간 및 푸른 야채(시금치, 아스파라가스, 배추, 상추) 등에 풍부하다.

엽산 결핍의 가장 흔한 원인은 소장 질환 등으로 인한 엽산의 흡수 장애 또는 장-간 순환에서의 재흡수 장애이다. 그 외 급성 또는 만성 알코올 중독 환자에게 엽산 결핍이 쉽게 생길 수 있다. 엽산 결핍 증상으로 조혈 장기의 장애가 주로 나타난다. 이것이 DNA 생성 장애로 세포의 교체율이 높은 조율 장기에 장애가 나타나게 되어, 거대 적혈모구 빈혈이 나타나게 된다.

엽산의 주 용도는 영양성 대적혈구 빈혈, 스프루우(sprue), 임신부 거대 적혈모구 빈혈, 소아 및 괴혈병에서 나타나는 거대 적혈모구 빈혈 등이다.

## 12.2 비타민 C

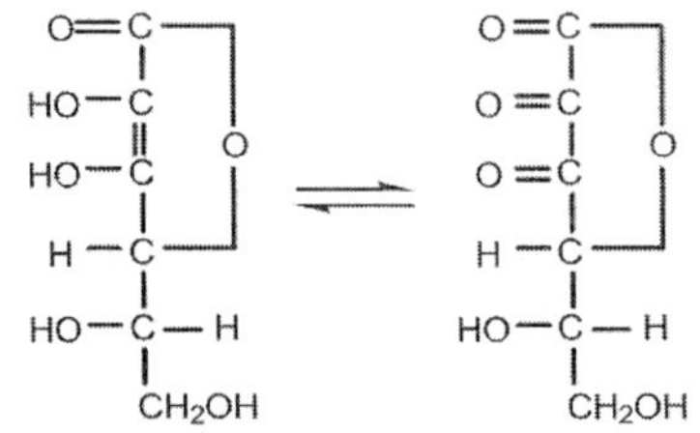

Ascorbic Acid　　Dehydroascorbic Acid

비타민 C는 ascorbic acid로서 과일에 많이 함유되어 있으며 대부분 동물은 체내에서 포도당으로부터 합성할 수 있다. 그러나 사람 및 기타 영장류는 합성하지 못하므로 비타민으로 분류한다. Ascorbic acid는 포도당이나 기타 6탄당과 비슷한 구조를 가진 6탄 화합물(6-carbon compound)이며 좌선성(L-) 이성체 만이 비타민으로서 활성 물질이다.

Ascorbic acid는 체내에서 쉽게 dehydroascorbic acid로 산화되며 이 물질 역시 항 괴혈병 효과를 가지고 있다. 괴혈병의 증상으로는 잇몸이 붓고 쉽게 출혈이 되고, 치아 형성 장애, 치조골 흡수, 피하 출혈 등이 나타나며 상처가 잘 낫지 않는다.

## 12.3 비타민 A

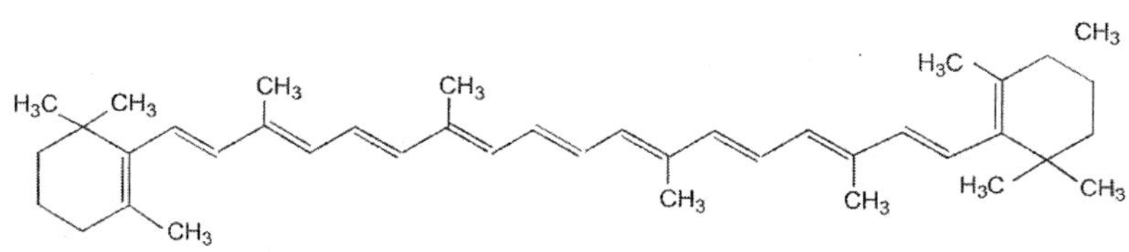

β-Carotene

비타민 A는 대부분 우유 및 그 가공 식품(버터, 치즈 등), 생선, 달걀, 간 등으로부터 섭취할 수 있다. 체내에서 전구 물질, 특히 당근이나 토마토에 많이 들어있는 β-carotene으로부터 일부 합성되므로 국민의 식성에 따라서는 필요 양의 반 정도까지 충당되기도 한다.

비타민 A는 세포 조절 및 분화에 중요한 역할을 함이 밝혀져 고유 기능 이외에 암 예방 및 피부 질환 치료에 이용되고 있다. 또한 뼈, 태아 발생 등에도 중요한 역할을 하며 면역 기능 항진, 일부 암에 대한 예방과 치료 효과를 나타낸다. 일반적으로 비타민 A는 retinol 작용을 가진 화합물을 총칭하며 retinoid는 화학구조가 retinol과 비슷한 화합물을 총칭하는 것으로 retinol 작용과는 무관하다.

Retinol(비타민 $A_1$ 또는 비타민 A 알코올)은 바다생선의 간에 많이 함유되어 있다. Retinol은 주로 β-carotene과 cryptoxanthine으로부터 체내에서 합성한다. 망

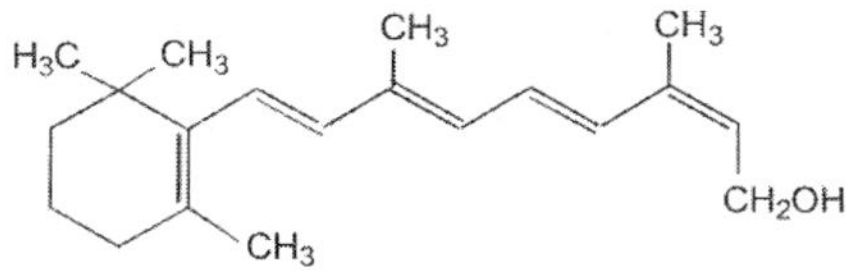

Retinol

막 기능에 작용하고 retinoic acid는 retinol의 알코올기가 산화된 것으로 세포의 분화와 성장에 활성형으로 작용한다.

비타민 A는 체내 축적이 충분하므로 결핍성 음식을 취하더라도 상당 기간 후에 결핍증 증세가 나타난다. 결핍 증상으로 각화과다증(hyperkeratosis)이 비교적 초기에 나타나고 각막 연화증(keratomalasia), 안구 건조증, 야맹증 또는 암적응(dark adaptation) 지연, 피부 건조, 요로 결석 등이 나타난다.

## 12.4 비타민 D

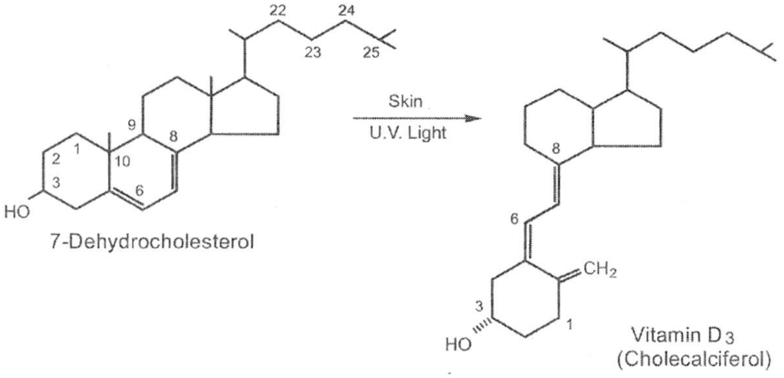

비타민 D는 항 구루병인자로 발견되어 식이성 칼륨 흡수와 부갑상선 호르몬의 작용에 필요한 비타민으로 인식되어 왔다. 비타민 D가 칼슘 대사와 혈장 칼슘 치를 조절하는 호르몬으로 간주되어 왔다. 그 이유는 비타민 D가 피부에서 충분히 생성되며 혈행을 통해 다른 장기에서 활성화된 후 표적 기관에 작용하여 혈장 칼슘 치를 증가시킨다.

피부에서 합성되는 7-dehydrocholesterol은 자외선을 받아 cholecalciferol(비타민 $D_3$)로 변환된다. 중간 물질인 previtamin $D_3$은 자외선을 한 번 받으면 지속적으로 $D_3$를 생성한다. 효모(yeast)나 곰팡이에 존재하는 ergosterol 역시 자외선을 받아 ergocalciferol(비타민 $D_2$)로 변환된다. 비타민 $D_2$와 $D_3$의 효능은 동물에서는 차이가 많으나 사람에게는 별 차이가 없다. 비타민 D는 활성화된 후 작용을 나타내며 활성형은 1,2,3-dihydroxy 유도체이다.

비타민 D의 주요 생리 기능인 칼슘과 인의 항상성 유지는 소장으로부터 흡수, 골조직으로부터의 이동 촉진, 콩팥에서의 재흡수 증가로 인하여 칼슘 의존성인 각종 기능을 원활하게 유지하게 한다.

결핍증은 칼슘 및 인의 흡수 저하로 나타난다. 그 결과 혈중 칼슘 치가 감소하여 이로서 부갑상선호르몬 분비가 증가하며 골조직으로부터 칼슘이 혈장 내로 보충된다. 소아에서 골조직의 무기물화가 되지 않아 골 성장 장애가 초래되어 구루병(佝僂病; rickets)이 생긴다.

## 12.5 비타민 E

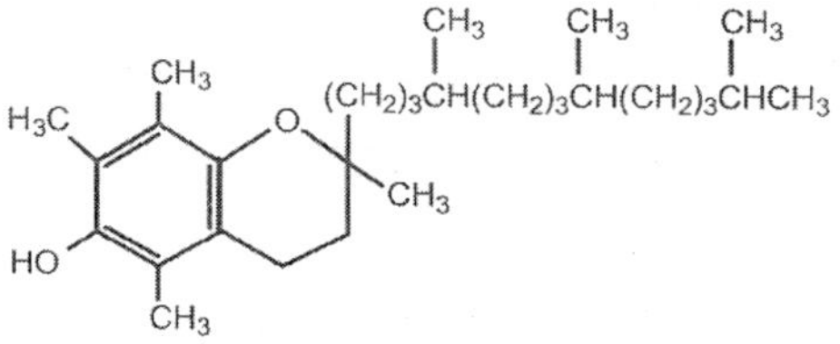

Alpha-tocopherol

비타민 E 활성을 가진 tocopherol은 8가지가 알려져 있으나 그 중 *d*-α-tocopherol이 가장 활성이 강하다. 비타민 E의 주된 작용은 항 산화 효과에 의한다고 보고 있다. 즉 비타민 E는 필수 세포 성분의 산화를 방지하고 불포화 지방산으로부터 과산화물 생성 방지 등 독성 산화물의 생성을 억제한다. 그러나 항 산화 작용 이외의 효과도 나타난다. 즉 비타민 A의 흡수, 저장 및 이용률을 촉진하며 비타민 A 과다증의 증상을 호전시킨다.

결핍증상으로 신경계, 생식 기능, 근육, 순환계 및 조혈 기관에서 뚜렷하다. 신경계 장애로는 축삭돌기의 이영양증(dystrophy)이 나타나 반사 저하, 보행 장애, 고유감각 저하, 안근 마비 및 망막변증이 나타난다.

## 12.6 비타민 K

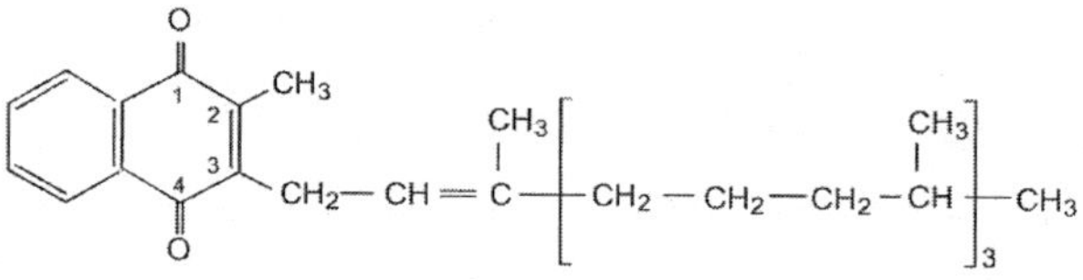

Phytonadione (Vitamin $K_1$; Phylloquinone)

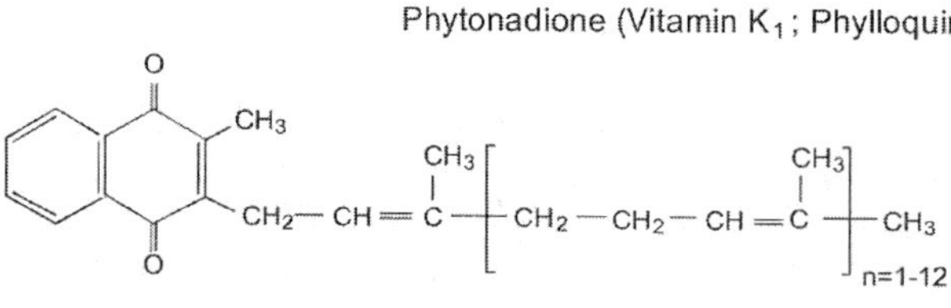

Menaquinone (Vitamin $K_2$) 계열

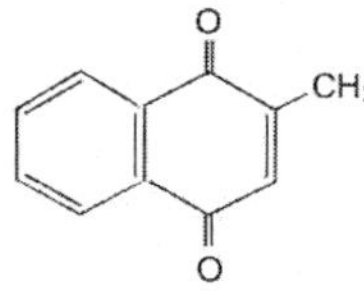

Menadione (Vitamin $K_3$)

이 물질이 결핍되었을 때 혈액 응고(Koagulation)에 장애가 온다는 사실에서 비타민 K라는 이름이 유래되었다. 자연계에 두 가지 형태로 존재하고 있다. 즉 비타민

$K_1$ 및 비타민 $K_2$이다. 비타민 $K_1$ 또는 phytonadione은 2-methyl-3-phytyl-1,4-naphthoquinone으로서 녹색 야채(시금치, 양배추 등)에 많이 함유되어 있다. 비타민$K_2$는 menaquinones속 화합물로서 장내 세균, 특히 그람 양성 세균에 의하여 합성되거나 또는 부패 식품 중에 존재하고 있다. 자연산 비타민 K 이외에 몇 가지 naphthoquinone 유도체도 비타민 K의 기능을 가지고 있으며 그 중 대표적 화합물은 menadione(2-methyl-1,4-naphthoquinone)이며 이것을 비타민 $K_3$라고도 한다.

비타민 K 결핍은 저 프로트롬빈 혈증을 일으킨다. 중요한 임상 증후는 출혈성 경향이 높아져서 반상 출혈(斑狀出血), 코 출혈, 위장 출혈 등이 흔히 나타난다. 또한 지용성이므로 담즙산 염이 존재하여야만 흡수된다. 따라서 담즙 유출이 안 되는 폐쇄성 황달 등에서 비타민 K 결핍이 일어나기 쉽다. 그러나 비타민 K는 여러 식물 중에 많이 포함되어 있고 또한 장내 세균에서 합성된다. 그러므로 신생아를 제외한 사람에서 비타민 K 결핍 현상은 극히 드물다. 이론적으로 부적당한 식이성 섭취와 장내 세균상의 변동이 겹쳤을 때, 담즙의 장내 유출 장애가 있을 경우는 비타민 K의 결핍이 일어날 수 있다.

## 13 참고문헌

1. Eger El II, New inhaled anesthetics, Anesthesiology 80: 906~922, 1994
2. Eger El II, Uptake and distribution, In Anesthesia 5th ed., Churchill Livingstone, Philadelphia, pp.74~95, 2000
3. Eger El II, (eds), Anesthetic uptake ans action, Baltimore, William & Wilkins Co., 1974
4. Malamed S.F., Handbook of Local Anesthesia, St. Louis, C.V. Mosby Company, 1980
5. 김경환, 진정제의 약리작용, 월간약국 8, 117~122, 1981
6. Cooper J.R. et. al., The Biochemical Basis of Neuropharmacology, 8th ed., New York, Oxford University Press, 2003
7. Asghar K., Souza E.D., Phamacology and Toxicology of Amphetamine and Related Designer Drugs, NIDA Research Monograph 94, Washington, NIDA, 1989
8. Dehaene S. et. al., Thinking and Problem Solving, Fundamental Neuroscience, New York, Academic Press, pp. 1543~1564, 1999
9. Potter W.Z. and Hollister L.E., Antipsychotic Agents & Lithium, Antidepressant Agents, In Katzung B.G. ed., Basic and Clinical Pharmacology, 8th ed., New Yprk, McGraw-Hill, pp.478~531, 2001
10. Bazil C.W. and Pedley T.A., Clinical Phamacology of Antiepiletic Drugs,

Clinic Neurophamacol, 26, 38~52, 2003
11. Mcnamara J.O., Drungs Effective in the Therapy of the Epilepsis, In Hardman J.G. and Limbird L.E. eds., The Pharmacological Basis of Therapeutics, 10th ed., New York, McGraw-Hill pp.521~547, 2001
12. 홍사석, 김경환, 진통제의 분류와 약리, 대한의학협회지, 24, 463~469, 1981
13. Roberts L.J., Morrow J. D., Analgesic-antipyretic and anti-inflammatory agents and drugs employed in the treatment of gout, In Hardman J.G. et.al.eds., The Pharmacological Basis of Therapeutics, 10th ed., New York, McGraw-Hill, pp.687~731, 2001
14. Brown N.J., Roberts II L.J., Histanmine, bradykinin and their antagonists, In Hardman J.G., Limbird L.E. eds., The Pharmacological Basis of Therapeutics, 10th ed., New York, pp.645~667, 2001
15. Carey R.M. et.al., Role fo the angiotensin type 2 receptor in the regulation of blood pressure and renal function, Hypertension, 35, 155~163, 2000
16. Fitton A., Buckley M.T., Moricizine: A review of its pharmacological properties, and therapeutic efficiency in cardiac arrhythmias, Drugs, 40, 138, 1990
17. Roden D.M., Antiarrhythmic drugs, In hardman J.G., Limbird L.E. eds., The Pharmacological Basis of Therapeutics, 10th ed. New York, McGraw-Hill Co., pp.933~970, 2001
18. 심원흡, 안영수, 홍사석, 칼슘 길항제 및 $\beta$-수용체 차단제의 허혈성 심표본에 대한 영향, 연세의대논문집, 16(2), 553~556, 1983
19. Libby P., Coronary artery injury and the biology of atherosclerosis: inflammation, thrombosis and stabilization, Am. J. Cardiol., 86, 3J~8J, 2000
20. Symposium: The calcium antagonists, J. Mol. Cell Cardiol (Suppl 2): 1~121, 198721. 이우주, 혈압 하강제에 대하여, 최신의학, 7, 1113~1116, 1964
22. Insel P.A., Motulsky H.J., A hyperthesis linking intracellular sodium, membrane receptors and hypertension, Life Sci., 34, 1009~1013, 1984
23. McMillan L.B. et.al., Centralhypertensive effects of the $\alpha_{2A}$-adrenergic receptor subtype, Science, 273, 801~803, 1996
24. Oates J.A., Brown N.J., Antihypertensive Agents and the Drug Therapy of Hypertension, In Hardman J.G., Limbird L.E. eds., The Pharmacological Basis of Therapeutics, 10th, New York, McGraw-Hill, pp.871~900, 2001
25. Mahley R.W., Bersot T.P., Drug Therapy for Hypercholesterolemia and Dyslipidemia, In Hardman et.al. eds., The Pharmacological Basis of Therapeutics, 10th ed. New York, McGraw-Hill Co., pp.933~970, 2001
26. Malloy M.J., Kane J.P., Agents used in hyperlipidemia, In Katzung B.G. ed., Basic and Clinical Pharmacology, New York, McGraw-Hill, pp.581~595, 2001
27. Alangaden G.J., Lerner S.A., The clinical use of fluoroquinolones for the

treatment of mycobacterial diseases, Clin. Infect. Dis., 25, 1213~1221, 1997

28. Chambers H.F., Sulfomamides, Trimethoprim & Quinolones, In Katzung B.G. ed., Basic and Clinical Pharmacology, $8^{th}$ ed., New Yprk, McGraw-Hill pp. 793~802, 2001
29. Petri W.A. Jr., Antimicrobial Agents: Sulfonamides, Trimethoprim-Sulfamethoxazole, Quinolones and Agents for Urinary Tract Infections, In Hardman J.G., Limbird L.E. eds., The Pharmacological Basis of Therapeutics, $10^{th}$, New York, McGraw-Hill, pp.871~900, 2001
30. Chain E., The early years of the penicillin discovery, Trends Pharmacol. Sci., 1, 6~11, 1979
31. Chambers H.F., Neu H.C., Penicillins, In Mandell G.L. et.al. eds., Mandell, Douglas and Bennett's Principles and Practice of Infectious Diseases, $4^{th}$ ed., New York, Churchill Livingstone, pp.233~246, 1995
33. Scholar E.M., Pratt W.B., The Antimicrobial Drugs, $2^{nd}$ ed., New York, Oxford University Press, 2000
34. Chambers H.F., Aminoglycosides & Spectinomycin, In Katzung B.G. ed., Basic and Clinical Pharmacology, $8^{th}$ ed., New York, McGraw-Hill, pp. 784~792, 2001
35. Chambers H.F., Chloramphenicol, Tetracyclines, Macrolides, Clindamycin & Streptogamine, In Katzung B.G. ed., Basic and Clinical Pharmacology, $8^{th}$ ed., New York, McGraw-Hill, pp.774~783, 2001
36. Calabresi P., Chabner B.A., Chemotherapy of neoplastic diseases: Introduction, In Hardman J.G. et.al. eds., The Pharmacological Basis of Therapeutics, $10^{th}$, New York, McGraw-Hill, pp.1381~1388, 2001
37. Chabner B.A. et.al, Antineoplastic Agents, In Hardman J.G. et.al. eds., The Pharmacological Basis of Therapeutics, $10^{th}$, New York, McGraw-Hill, pp. 1389~1459, 1996
38. Carter S.K., Slavik M., Chemotherapy of cancer, Ann. Rev. Pharmacol., 14, 157~179, 1974
39. Salmon S.E., Sartorelli A.C., Cancer chemotherapy, In Katzung B.G. ed., Basic and Clinical Pharmacology, $8^{th}$ ed., New Yprk, McGraw-Hill, pp. 923~958, 2001
40. Silic B.I., The rational basis for cancer chemotherapy, antineoplastic agent and immunomodulating drugs, In Craig C.R., Stitzel R.E. eds., Modern Pharmacology, Boston, Little Brown and Company, pp.776~836, 1990
41. Gershoff S.N., Vitamin C(ascorbic acid), new roles and future potential, Br. J. Cancer, 80, 1~8, 1999
42. Hong W.K. Itri L.M., Retinoids and cancer, In Sporn M.B. et.al. eds., The Retinoids, Biology Chemistry and Medicine $2^{nd}$ ed., Raven Press, New York, pp.597~630, 1994

43. Marcus R., Coulston A.M., The Vitamin, In Hardman J.G. et.al. eds., The Pharmacological Basis of Therapeutics, 10$^{th}$, New York, McGraw-Hill, pp. 1745~1791, 2001
44. Shils M.E., Young V.R. (ed.), Modern nutrition in health and disease, 7$^{th}$ ed., Lea & Febiger, Philadelphia, 1988

# 4장 계면활성제

## 1 서론

### 1.1 계면활성제란?

계면활성제란 일명 "표면 활성제" 혹은 "활성제"라고 하고, 또 영어명 surface active agent를 단출하여 "surfactant"로 불리는 경우도 있다. 간단한 예를 들어서 설명하면 기름과 물을 비이커(beaker)에 넣고 가만히 두면 두 개의 층으로 분리되어 상층에는 기름층이, 하층에는 물층이 되고, 그 경계에 기름과 물의 접촉된 막이 생기는 것을 알 수 있다. 그러나 여기에 소량의 계면활성제를, 예를 들면 비누 등을 가해서 잘 저으면 기름은 미세한 입자로 되어 수중에 분산돼 우유상이 되고(유화현상) 시간이 흘러도 두 개 층으로 분리되지 않는다. 소량의 기름에 더욱 계면활성제를 증가시키면 기름은 투명하게 용해되어 버린다. 이는 기름이 극도로 작은 입자로 되어 분산하기 때문에 육안으로 보이지 않아 투명용액으로 된다(가용화현상). 이러한 현상들은 계면활성제 분자가 기름에 녹기 쉬운 친유기(lipophilic), 즉 탄소수 8~22개를 가지는 탄화수소의 집단과 물에 녹기 쉬운 친수기(hydrophilic), 예를 들면 카르복실기, 술폰산기, 황산에스테르기, 인산에스테르기, 4급암모늄, 폴리옥시에틸렌 및 다(多)가 알코올 등 상반된 성질의 부분으로 구성되어 있어 그 양쪽의 부분이 기름과 물과 서로 반발해서 분리되어 버리는 것을 막고 양자를 서로 손잡게 하는 역할을 하고 있기 때문이다.

계면활성제 분자의 친수기는 수중에서는 수화(水和)에 의해 안정되게 존재하지만 소수기와 물과의 반발이 크기 때문에 계 전체를 안정화시키기 위해서는 물-공기(혹은 기름)의 계면에서 친수기가 수중(水中), 소수기가 공기(혹은 기름) 중에 있도록 배열하려고 한다. 그러나 어느 농도 이상이 되면 계면흡착이 포화되고, 수중의 과잉 분자가 물과 소수기와의 반발을 적게 하기 때문에 몇 개로부터 수십 개가 소수기를 안쪽으로, 친수기를 바깥쪽으로 자리잡은 집합체를 형성하게 된다. 이 집합체는 바깥쪽은 극성기(친수기)를 덮은 것이어서 수중(水中)에 안정하게 분산할 수 있다. 이와 같은 분자 집합체를 미셀(micelle)이라고 부르며, 미셀이 형성 가능한 농도를 임계 미셀 농도(critical micelle concentration; CMC)라고 한다.

미셀의 형태는 일정하지 않고, 분자의 형태, 농도에 의해 변화한다. 일반적으로 CMC가 작은 것은 미셀이 크고 또 소수기가 큰 것일수록 미셀은 커지는 경향이 있다.

계면활성제 수용액의 유화력, 분산력 및 세정력 등은 농도가 CMC에 이를 때까지 증가한다. CMC에서의 이런 성질은 거의 극한점에 이루고 농도가 CMC보다 높아질 때에는 이런 성향은 그다지 많이 증가하지 않는다. 계면활성제의 흡착 능력은 농도가 CMC에 이르기 전까지는 증가한다. CMC에서는 계면이 계면활성제의 분자로 덮여 있어 1분자 흡착층(monololecular adsorption layer)이 형성된다.

열역학적 측면에서는 소수성 부분을 갖는 계면활성제가 물에 용해되었을 때 물분자는 소수성 부분의 주위에 있게 되고, 용액에서 더 작은 열 운동을 갖게 된다. 다시 말하면 탄화수소사슬 주위에 있는 물 분자의 배향성(orientation)은 용액에서 더 좋은 질서(order)를 갖고자 한다. 물 분자의 자유도가 작아졌다는 것은 열역학적으로 엔트로피(entropy)가 감소했다는 것이다. 이것은 불안정하고 바람직하지 못하다. 즉 모든 자연의 변화는 엔트로피가 증가하는 방향으로 변한다. 많은 탄화수소사슬이 물속에 흩어져 있을 때 물의 엔트로피는 감소하며 열역학적으로 바람직하지 못한 상태가 된다. 그러므로 계면활성제가 물에 흩어져 있을 때 서로 인접해 있는 탄화수소 부분이 모여들어 주위에 있는 물 분자들을 분리한다. 이 현상은 물 분자가 작은 엔트로피에서 크게 변하는 것이며 열역학적으로 안정한 상태로 변하는 것을 의미한다. 탄화수소 부분은 물의 엔트로피 증가에 비하면 아주 작은 양의 엔트로피가 감소한다. 이 현상은 "소수성 부분의 상호작용"이라 불리며 물에서 탄화수소 부분을 배출한다. 계면활성제의 분자는 소수성 부분과 친수성 부분을 갖고 있으므로 계면활성제의 소수성 부분이 무한정 모여들지 않으며 미셀이 몇 십 개의 분자로 형성되어 모인다. 미셀 각 분자의 소수성 부분은 미셀 안쪽으로 향하고 친수성 부분은 물 쪽으로 향하여 형성되고 있다.

계면활성제를 실생활에 응용한 예를 살펴보면 가정용 세제, 샴푸, 면도용 크림, 화장용 크림, 마요네즈(mayonnaise), 마아가린(margarine) 등 무한히 많다.

우선 마요네즈는 천연 계면활성제 응용 예의 전형이다. 마요네즈 배합 속에는 계란 노른자가 필수적이다. 이는 계란 노른자에 함유된 레시틴이 필요하며 유화를 도와주는 계면활성제이다.

또 다른 유화제의 예로서는 화장용 크림이 있다. 식물유와 라놀린을 계면활성제로 유화한 것이다. 또 에어로졸인 면도용 크림도 계면활성제 응용의 한 예이다. 이 제품은 토출하는 기계에 압력을 걸어서 액화시키고 용기 중에 넣은 것이나 기포를 일으키는 것은 용액 중에 들어있는 계면활성제의 작용이다. 이처럼 계면활성제는 우리 주위에 많이 눈에 띈다. 기본 원리는 이미 기술한 바와 같이 계면의 성질을 바꿈으로써 이를 이용한 모든 현상이 이루어지는 것이다.

## 2.2 계면장력과 표면장력

일반적으로 액체의 표면에는 수축하려는 성질이 있는데 이것은 액체의 표면에 일종의 장력 즉 표면장력(表面張力)이 있기 때문이다. 이것은 힘 [dyne/cm]의 단위로 나타내는 것이 보통이다. 이 액체가 기체와 접촉하고 있을 때에는 일반적으로 물질간의 경계 면에 작용하는 장력이라는 의미로 계면장력이라고 한다.

표 4-1 액체의 표면장력 예

| 액체 | 액체에 접촉하고 있는 기체 | 온도(℃) | 표면장력(dyne/cm) |
|---|---|---|---|
| 수은 | 공기 | 20 | 475 |
| 물 | 공기 | 20 | 72.75 |
| 물 | 공기 | 25 | 71.96 |
| 에틸알코올 | 공기 | 0 | 24.3 |
| 에틸알코올 | 질소 | 20 | 22.55 |
| 옥탄 | 옥탄증기 | 20 | 21.7 |
| 벤젠 | 공기 | 20 | 28.9 |
| 올리브유 | 공기 | 18 | 33.1 |

표 4-1에서 수은만이 현저하게 큰 표면장력을 가지고 있어서 중력에 거슬려서 스스로 구상(球狀)으로 되는 힘이 있다. 때문에 수은을 엎질러도 바닥에 구슬모양으로 된다. 다음으로 물이 큰 표면장력을 가지고 있다. 이에 대해 탄화수소인 옥탄과 벤젠은 비교적 표면장력이 적다. 이것은 계면장력과 표면장력이 그다지 구별되지 않는 하나의 큰 이유다.

그 이유에 대한 설명으로 물과 기름 및 공기의 경계 면에서 계면활성제의 작용을 설명하면 계면활성제에 의해 기름과 물 사이의 반발은 없어지므로 표면장력은 거의 0 dyne/cm까지 저하해서 양자(기름과 물)는 완전히 연결되어 버린다. 그러나 공기와 기름에 같은 계면활성제를 사용하면 공기와 기름(친유기)과의 반발로 옮겨져 반발은 아주 적어진다. 즉 공기와 물의 표면장력이 70 dyne/cm에서 공기와 기름의 표면장력이 20~30 dyne/cm로 떨어진다. 때문에 계면활성제와 표면활성제와는 불충분하면서도 같은 것으로 겸용되고 있다.

물과 유기화합물과의 사이에 표면장력의 예를 열거하면 표 4-2와 같다.

표 4-2 유기화합물의 표면장력 예

| 유기액체 | 온도(℃) | 표면장력(dyne/cm) |
|---|---|---|
| 옥탄 | 20 | 50.81 |
| 벤젠 | 20 | 34.96 |
| Olive oil | 20 | 18.2 |

실제 수중에 계면활성제를 가했을 때의 표면장력 저하는 보통 어느 정도 일어날까? 표 4-3에서 보는 바와 같이 크던 작던 계면장력(또는 표면장력)을 낮추는 작용을 가지고 있으므로 넓게 말하면 이들 모두 계면활성제라고 할 지도 모른다. 그러나 계면활성제를 실제 사용하는 입장에서, 좁은 의미로 계면활성제라고 할 때는 특히 그의 작용이 강한 것을 지적하는 뜻이다. 그 일례를 표 4-3에서 보면 에틸알코올과 페놀도 확실히 친유기와 친수기가 있어 표면장력을 낮추는 작용도 보이기 때문에 넓은 의미의 계면활성제이다. 그러나 실제로 작용이 꽤 강한 화합물, 예를 들면 옥타데실황산에스테르나트륨염 등을 계면활성제라 부르는 것이 일반적이다. 결국 계면활성제라 하는 것은 2개 물질간의 계면에 모이기 쉬운 성질을 가지고 그 두 물질간의 성질을 현저히 변화시키는 것이라고 말할 수 있다.

표 4-3 계면활성제 및 유사화합물에 의한 표면장력 저하 예

| 물에 첨가된 화합물 | 온도(℃) | 첨가농도(mol/l) | 표면장력(dyne/cm) |
|---|---|---|---|
| 무첨가 | 20 | – | 72.56 |
| 에틸알코올 | 18 | 0.0156 | 68.1 |
| 페놀 | 20 | 0.0156 | 58.2 |
| 옥타데실황산에스테르나트륨염 | 40 | 0.0156 | 34.8 |
| 도데실황산에스테르칼슘염 | 60 | 0.0156 | 30.4 |

## 2 계면활성제의 기본적 성질

### 2.1 흡착(adsorption)

계면활성제가 물에서 용해되었을 때 소수성 부분은 물과 접촉을 피하는 경향이 있다. 즉 물 표면에서 소수성 부분은 공기 속으로 피하려 한다. 만일 기름 혹은 개체들이 물에 있다고 한다면 그들은 그러한 방향으로 배향을 이루는 경향이 있다. 이런 이유로 계면활성제는 소수성 부분에 의하여 야기되는 흡착은 계면활성제의 특징이다. 그리고 이것의 메커니즘(mechanism)은 용액에서 고체로, 기체에서 액체로 흡착하려는 것과 흡착되는 것 사이의 상호작용으로 어떤 종류의 흡착을 일으킨다.

계면활성제의 흡착이 이런 메커니즘에서 생기므로 흡착력은 계면활성제가 유기용매에서 용해되었을 때 크게 저하한다. 그것은 유기 용매로부터 날아가려고 하는 소수성 부분이 필요하지 않기 때문이다. 계면활성제의 화합하기 어려운 흡착은 소수성 부분이 물과 접촉하는 경향이 있을 때 일어난다. 계면활성제의 소수성 부분과 흡착물 사이에 인력이 생길 때 또 다른 형태의 흡착이 일어나 흡착물은 그들 사이에 강한 상호작용이 기포가 된다. 따라서 친수성 부분은 흡착방향으로 배향한다. 그러나 이런 흡착성은 계면활성제의 성질에는 없으며 다른 물질의 흡착과 유사하다. 그러므

로 화학적 흡착(chemisorption)과 물리적 흡착(physisorption)은 친수성 흡착과 흡착물 사이의 상호작용의 강도에 의존해서 생길 수 있다. 이러한 방법에 의해 계면활성제가 흡착되었을 때 소수성 부분은 물 쪽으로 배향성을 이룬다. 이 상태의 자유에너지는 불안정하므로 소수성 부분이 늦게 흡착되어 새로운 형태의 계면활성제는 물 쪽으로 배향하게 된다. 그리고 물과 소수성 부분의 접촉은 방해를 받는다.

계면활성은 소수성 흡착과 친수성 흡착의 두 가지 형태가 있다. 많은 현상들은 흡착제 즉 기체, 액체, 고체의 상태에 의존하여 나타난다. 계면활성제의 적용은 흡착의 여러 형태를 반영한다. 예를 들면 유화성은 물과 기름의 계면에서 계면활성제의 흡착 현상의 하나이다.

### 2.2.1 공기/액체 계면에서의 흡착

소수성 부분의 흡착은 공기/액체 계면에서 생긴다. 그러므로 이 계면에서의 흡착 현상에 대하여 논하고자 한다.

계면활성제가 물에 가용되었을 때 계면과 bulk solution사이의 계면활성제 분자의 분포는 평형을 이룬다. 그러므로 흡착량은 용액에서 계면활성제의 농도에 따른다. 흡착과 농도 사이의 관계식은 Gibb's의 흡착 등온방정식에 의하여 다음과 같이 나타난다.

$$\Gamma = -\frac{1}{RT}\frac{d\gamma}{d\ln C} \tag{1}$$

여기서 Γ는 흡착된 계면활성제의 양(mol/cm$^2$), C는 계면활성제의 농도, $\gamma$는 용액의 표면장력(dyne/cm)이다. 이 방정식은 공기/물 계면에서 흡착된 계면활성제의 양을 계산하는 데에 이용된다. 실제는 $\gamma$와 lnC의 관계를 plot함으로써 얻어지는 기울기로부터 산출할 수 있다.

그림 4-1은 NaCl의 농도 변화에 따른 dodecyl dimethyl hydrochloride의 농도와 표면장력의 곡선을 나타낸 것이다. 계면활성제의 저 농도에서 $\gamma$와 log C 곡선이 수직방향으로 나타난다. 각 곡선의 기울기는 계면활성제의 농도 증가와 동시에 급경사되고 그것은 이 범위에서 흡착된 계면활성제의 양에서 증가되는 경향을 보여준다.

$\gamma$와 log C의 곡선은 계면활성제의 농도가 더욱 증가하면 평형 직선을 이루며 상수의 기울기 값을 갖는다. 이것은 이 농도에서 흡착량은 농도의 증가에도 변하지 않는다. 이것은 침투하는 현상이고 계면활성제의 농도가 더욱더 증가하면 갑자기 떨어져 평형을 이룬다. 이 때 표면장력의 값은 상수이며 흡착된 계면활성제의 양은 없는 것이다.

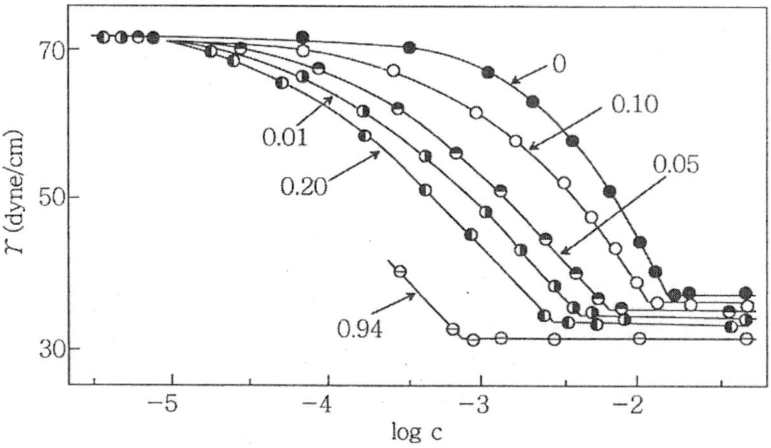


그림 4-1 농도가 다른 NaCl 수용액에서 계면활성제 농도와 표면장력의 관계

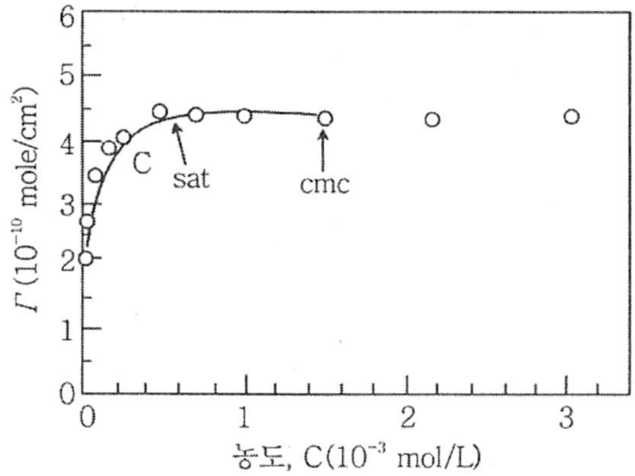


그림 4-2 0.115mol/L의 NaCl에서 질소/용액 계면에서 SDS의 등온흡착

한편 계면활성제의 흡착량을 방사성 기술을 이용하여 측정하고 Gibbs 흡착 등온량과 비교할 수 있다. 그 결과로 Gibb's 방정식에 의해서 얻어진 실선과 거의 유사성을 보였다.

이것은 계면활성제 양의 측정에 이용되는 Gibbs의 흡착량은 기체/액체 계면에서 흡착된다는 것을 이해할 수 있다. 이 양은 임계 미셀 농도(critical micelle concentration) 이하에서 계면활성제가 침투된 상태에서와 같은 것이다. 이제까지 설명한 것처럼 공기/물 계면에서 흡착된 계면활성제의 양을 측정하는 데 Gibb's 흡착 등온성을 이용할 수 있다는 것이 분명해진다. 마지막으로 공기/물 계면에서 계면활성제의 흡착이 일어나는 기본을 간단히 설명하면 거품현상이다. 순수한 물은 거품이 잘 일어나지 않지만 계면활성제를 함유한 용액은 매우 쉽게 거품을 잘 일으킨다. 어떤 경우에는 반대현상(defoaming)의 효과를 가질 경우도 있다. 이 현상의 기본은 공기/물 계면에서 계면활성제의 흡착이라는 것을 여기서 강조한다.

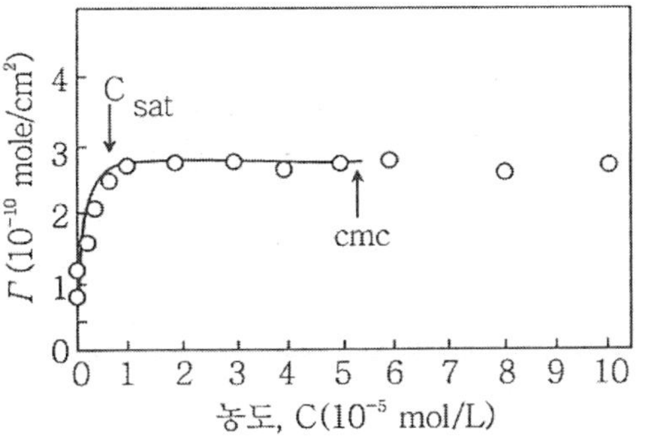


그림 4-3 질소/용액 계면에서 hexa ethylene glycol monododecylether의 등온흡착

### 2.2.2 액체/액체 계면에서의 흡착

액체/액체 계면에서 계면활성제의 흡착은 그들이 액체의 한 쪽으로 분해되지 않고 기체/액체 계면에서와 같이 조절할 수 있다. 예를 들면 탄화수소/물 계면에서 sodium dodecyl sulfate(SDS)가 다만 물에서 분해하는 것을 관찰하는 것을 고찰할 수 있다. 그러나 용액이 지방산이나 지방알코올의 탄소수가 보다 더 증가되었을 때 물에서 분해되지 않는 것으로 본다. 그리하여 Gibbs 방정식(1)에서 표면장력은 계면장력으로 바뀌어 나타난다. Sodium dodecyl sulfate(SDS)의 탄화수소/물 계면에서 계면장력을 나타낸 그림 4-4에서는 공기/물 계면에서 표면장력-계면활성제의 농도 변화를 나타낸 그림 4-1과 유사하다. 기름/물 계면에서 흡수된 SDS의 양은 그림 4-4의 곡선의 기울기를 사용함으로써 얻을 수 있다.

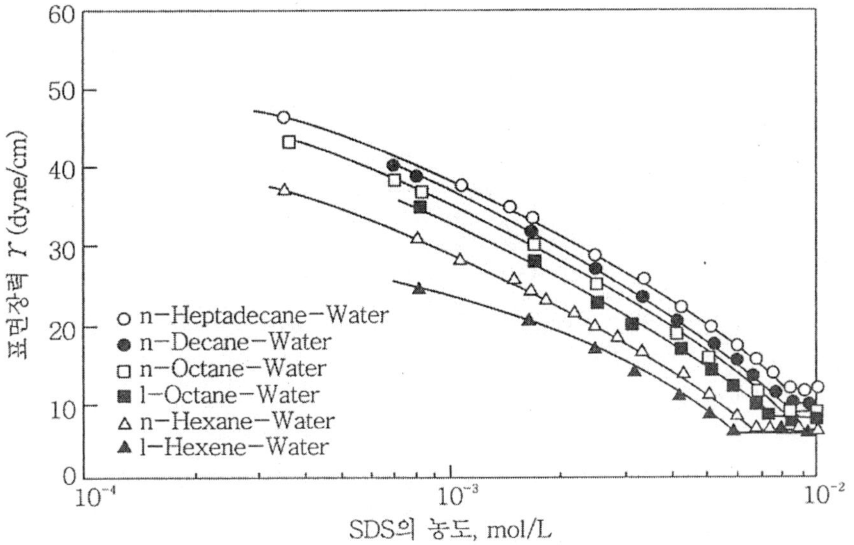


그림 4-4 Sodium dodecyl sulfate(SDS)의 탄화수소/물 계면에서의 계면장력

일반적으로 묽은 계면활성제의 수용액에서는 흡착량의 차이가 있어 기름/물 계면에서 흡착량은 공기/물 계면에서 보다 10~30배 더 크다. 이는 공기/물에서 흡착은 물과의 접촉을 피하려는 소수성 부분의 운동에 기인되고 있다. 즉 공기와 소수성 부분 사이에 접촉되는 것은 없다. 그리고 기름/물 계면에서 보다 큰 흡착을 갖는 것은 기름과 소수성 부분이 서로 끌리기 때문이다.

### 2.2.3 고체/액체 계면에서의 흡착

소수성 부분과 친수성 부분에서 야기되는 흡착은 고체/액체 계면에서도 일어난다. 소수성 부분의 배향성이 있는 흡착은 고체/액체 계면에서의 흡착이 실제적인 관점에서 가장 중요시 된다. 예로써 직물흡착제, 방식제, 부유선광제로써 계면활성제의 사용은 고체표면에서 소수성 부분의 흡착현상의 작용이다.

#### 1) 소수성 부분의 흡착방향

소수성 부분의 흡착의 예는 물 같은 용액으로부터 흑연, 유기색소 혹은 중합체, 유황 같은 소수성 고체 위의 계면활성이다. 탄화수소의 쇄상이 길수록 흡착력은 더욱 높아진다고 생각된다. 그 예는 그림 4-5와 그림 4-6에서 잘 나타내었다.

물과 같은 수용액이 소수성 부분인 탄화수소의 흡착력은 탄화수소 길이가 증가함에 따라 더욱 증대된다.

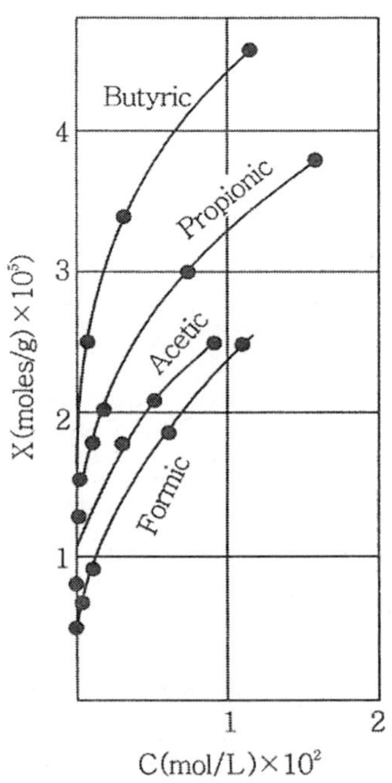


그림 4-5 수용액에서 탄소의 지방산 등온 흡착

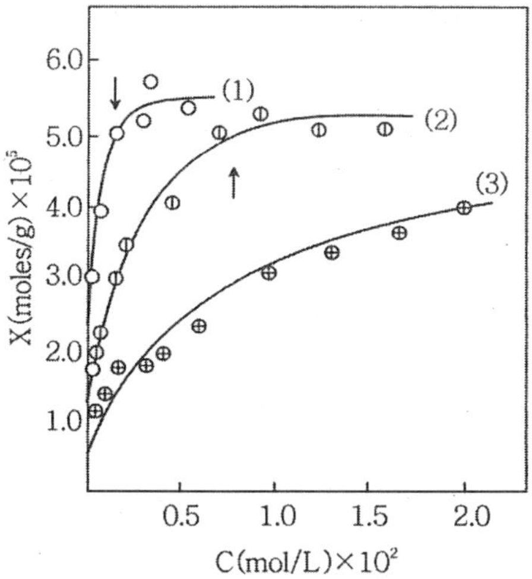


그림 4-6 Sodium alkyl sulfate(SAS)의 농도 변화와 활성 탄소 흡착량의 관계
(탄화수소: (1)은 14, (2)는 12, (3)은 10)

소수성 분말이 물속으로 들어갈 때 그 입자는 뜨고 물과 섞이지 않는다. 그러나 계면활성제의 적은 양이 물에 녹는다면 분말은 쉽게 섞이고 흩어진다. 이 변화는 계면활성제의 소수성 부분의 흡착에 기인한다. 소수성 부분의 입자 표면이 계면활성제의 친수성 부분에 의해 덮여 있을 때 그 입자는 물에 잘 가용된다.

2) 친수성 부분의 흡착방향

이 경우의 흡착형태는 친수성 부분과 흡착제 사이에 어떤 내부에서의 흡착이 이루어졌을 때 일어난다. 가장 잘 알려진 내부의 반응은 정전기적 내부반응이다. Stearyl trimethyl ammonium chloride과 같은 양이온 계면활성제를 함유하는 수용액에서 다루어졌을 때 유리(遊離) 입자표면은 물과 자주 반발력이 일어난다. 일반적으로 유리 표면(遊離 表面)은 음이온성 전기전하를 갖는다. 양하전을 띤 4급 암모늄 부분은 이것에 흡착되는 것이고 표면은 양이온성 계면활성제의 소수성 부분에 의하여 둘러쌓이는 것이다.

## 2.2 습윤(濕潤; wetting)

젖을 수 있다든가 젖을 수 없다든가 하는 현상은 일상의 생활에서 우리는 자주 경험했고, 이 단어를 자주 사용하고 있다. 예를 들면 젖기 어려운 현상의 예로서 식물의 수초와 사탕수수의 잎 위에서 물이 구슬모양이 되는 현상, 소금쟁이 등의 벌레가 그 신체에 젖기 어려움을 이용하여 수면 위를 걸어 다니고 집오리 등의 물새가 깃털의 발수성(撥水性)을 부력과 보온에 이용하고 있는 현상 등이 있으며 젖기 쉬운 현상의 예로서 간장을 병에서 납작한 그릇으로 쏟을 때 어떻게 해서든 그릇의 벽을 따라와서 식탁을 더럽히는 현상, 깨끗한 수면 위에 기름을 떨어뜨리면 수면에 넓어져 가는 현상 등이 있다.

그럼 습윤이란 무엇인가? 계면화학에서는 "기체/고체의 계면이 액체/고체의 계면으로 대치되었을 때 그 고체는 액체에 젖었다"라고 한다. 이것을 식으로 나타내면 다음과 같다.

$$A = \sigma_s - \sigma_t \tag{2}$$

여기서 $\sigma_s$, $\sigma_i$은 기체/고체의 표면(계면)장력 및 액체/고체의 계면장력이고 A는 습윤장력(wetting tension)이다. 식(2)에서 A>0이면 $\sigma_s > \sigma_i$가 되고, 이 경우 더욱 큰 계면장력을 가지는 고체표면이 액체/고체 계면을 밀어내는 데, 즉 젖은 고체 표면을 인장하여 넓게 하기 때문에 젖음이 넓어지게 된다.

유리판 위에 한 방울의 물과 수은을 각각 떨어뜨리면 그림 4-7과 같다. 액면에 그려진 절선(切線)이 고체 면과 이룬 각 $\theta$를 접촉 각이라고 부르고 물방울과 같이 작은 것을 젖기 쉬운 면, 또는 젖기 쉬운 액(液)이라 부르고 그 반대의 수은과 같이 $\theta$가 큰 것을 젖기 어려운 면, 또는 젖게 하기 어려운 액이라 한다.

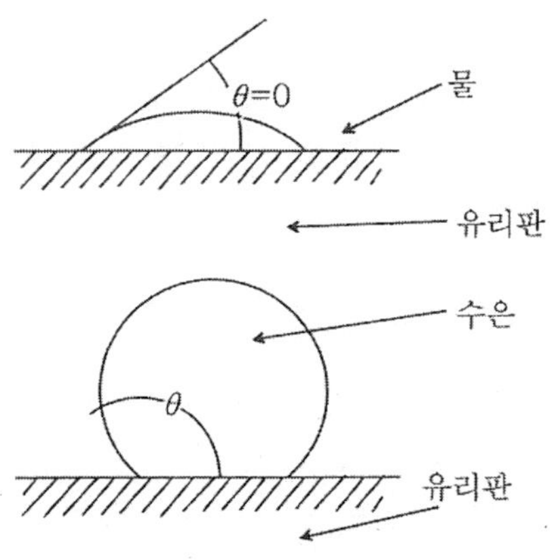


그림 4-7 물과 수은으로 젖어진 유리판

A와 $\theta$간의 다음과 같은 관계가 성립한다.

$$A = \sigma_l \cos\theta \tag{3}$$

여기서 $\sigma_l$은 액의 표면장력이다. 그리고 젖게 하기 쉬운 액 만큼 $\theta$가 작아서 A가 크다. 표면장력이란 열역학적으로 말하면 단위면적 당 계면에 존재하는 자유에너지에 대한 것이므로 습윤은 열역학적으로 취급하는 것이 가능하다. 습윤의 형태는 다양할 지라도 세 가지 형, 즉 확산습윤, 침적습윤, 부착습윤으로 분류한다.

① **확산습윤**(spreading wetting, Ws): 깨끗한 유리면에 에탄올을 한 방울 떨어뜨

리면 곧 얇은 막이 되어 퍼지는 데 이 경우 에탄올이 퍼짐(spreading)에 의해 유리판 표면을 젖게 한다고 말한다.

$$W_s = \sigma_s - \sigma_i - \sigma_l = A - \sigma_l = \sigma_l \cos\theta - \sigma_l = \sigma_l(\cos\theta - 1) \quad (4)$$

② **침적습윤**(immersional wetting, Wi): 수면에 깨끗한 유리모세관의 하단을 물에 넣으면 물은 관속에서 상승한다. 또는 물 속에서 마른 모래입자를 집어 넣었을 때 그 계면에 젖는다. 이들의 경우 물이 모세관의 내벽과 모래입자를 집어 넣었을 때 그 계면에 젖는다. 물이 모세관의 내벽과 모래입자의 표면을 적신다고 한다.

$$W_i = \sigma_s - \sigma_i = A = \sigma_l \cos\theta \quad (5)$$

③ **부착습윤**(adhesional wetting, Wa): 유리판 위에 수은 한 방울을 떨어뜨리면 일부는 판 위에 넓게 퍼진다.

$$W_a = \sigma_s - \sigma_i + \sigma_l = A + \sigma_l = \sigma_l \cos\theta + \sigma_l = \sigma_l(\cos\theta + 1) \quad (6)$$

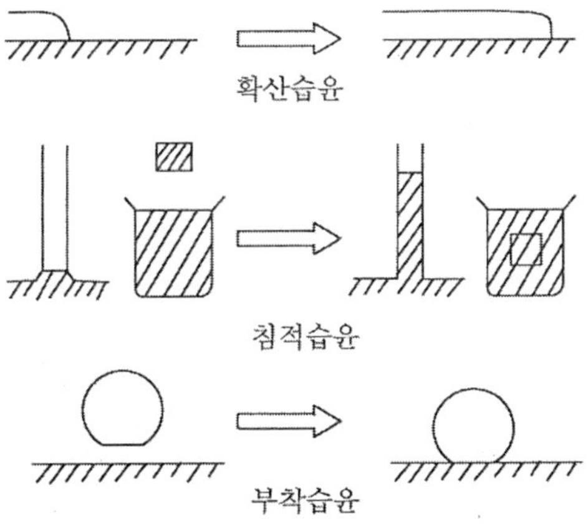


**그림 4-8 습윤의 세 가지 형태**

세 가지 형의 습윤이 자연스럽게 일어나기 위해서는 열역학 제 2법칙으로부터 위에서 기술한 Ws, Wi, Wa 각각의 양(+) 또는 영(0)이 아니면 안 된다. 즉 확산습윤에서 액이 얇은 막상으로 넓어지기 때문에 막의 가장자리에 $\theta$=0°가 전체가 되고, 침적습윤에서는 모세관 속에 액이 $\theta \leq 90°$에서 내벽을 젖게 하여 상승하며($\theta > 90°$; 내벽을 강하하여 습윤이 일어나지 않는다.) 부착습윤에서는 $\theta \leq 180°$이면 다소 개체 면과 서로 접촉이 생겨 젖게 된다. 표 4-4는 자연현상과 모든 공업분야에서의 습윤을 나타내고 있다.

카본블랙과 유기분말 등은 물 위에 뜨지만 적은 양의 계면활성제를 가하면 물속에 가라앉게 된다. 이것은 계면활성제 첨가에 의해 $\sigma_l$(표면장력)이 작게 되어 함께 이력

현상(hysteresis phenomenon)이 작게 되고, 젖음이 잘 되기 때문에 일어난다고 생각된다.

표 4-4 습윤의 여러 가지 예

| Spreading wetting | Immersional wetting | Adhesional wetting |
|---|---|---|
| Production of galvanized iron sheets and tin plates, Soldering, Plating, Silver mirror paint, Coating of plastics, Antifogging of glass Draining and rapid drying, Lubrication, Antistatics, Electric insulation, Dust proofing | Dispersion and coagulation of pigments and powders, Chromatography, Blotting papers, Degradation of tablets, Dust proofing, Rheology of paste, Absorption of moisture by powders, Wetting of textiles in dyeing and washing, Antibleeding water-proof finishing | Adhesive, Migration of inks from printing types to papers in the printing, Water-proof finishing(plain surface), Demolding, Water repellency, Prevention of sudden boiling, Condensation of steam, Fogging of glass surface, Fogging by expiration, Adhesion of bubbles in the flotation |

식물 잎 표면은 여러 가지 융모라 할 수 있는 단세포의 짧은 털이 밀생(密生)하여 있는 데 마치 토란 같은 원추형의 돌기가 되어 있는 것과 국화와 같이 짧은 자침형(磁針型) 등 여러 가지가 있다. 이들이 표면에서는 왁스와 같은 소수성 물질이 분비되어 있다. 토란의 경우는 거친 면의 습윤이 일어날 때 젖기 어려운 면은 돌기상융모(突起狀融毛)의 존재 때문에 더욱 젖기 어렵게 되어 접촉 각을 180° 가까이 하면 국화의 경우 융모 사이에 공기가 끼어 들어 젖기 어렵게 된다.

플라스틱과 같이 유기물의 고체면은 물에 젖기 어려운 소수 면이다. 물에 대하여 접촉 각이 큰 것으로 소수성을 평가해도 좋지만 Zisman은 paraffin, plastics 등 소수성을 표시하는 양으로서 임계표면장력($\gamma_c$)이라는 측정치를 제안하고 이것을 자주 이용하고 있다. 여러 종류의 플라스틱에 대한 $\gamma_c$값은 표 4-5에서 나타내었다.

표 4-5 플라스틱의 임계표면 장력($\gamma_c$)

| Plastics | 임계표면장력($\gamma_c$) | Plastics | 임계표면장력($\gamma_c$) |
|---|---|---|---|
| PTFE(Teflon) | 18dyne/cm | PS | 33dyne/cm |
| PDMS(Silicone resin) | 24 | PMMA | 39 |
| PVF | 28 | PVC | 39 |
| PP | 29 | PET | 43 |
| PE | 31 | Nylon-66 | 46 |

액체의 표면장력을 $\gamma$라 하면 $\gamma$가 $\gamma_c$보다 큰 액체에서 고체가 젖기 어렵고, $\gamma_c$보다 $\gamma$가 작은 액체에서는 젖기 쉬운 것을 의미한다. Teflon의 $\gamma_c$는 18 dyne/cm이기 때문에 물 뿐만 아니라 헵탄($\gamma$=20.3 dyne/cm)과 같은 탄화수소 액체에서도 젖기 어렵다는 것을 알 수 있다. Teflon과 silicone resin으로 표면 처리하여 물에도 기름에

도 젖기 어렵게끔 하는 것이 이 때문이다. 젖기 쉬운 것을 젖기 어렵게 하는 데는 그 표면만을 변화시키면 좋지만 teflon처리 이외의 여러 가지 방법이 있다. 계면활성제에서 소수화하는 방법으로서 고체 면이 물 속에서 대전하는 것을 이용하여 반대 부호의 계면활성제를 이용하여 소수기를 바깥으로 향하게 하여 전기적으로 흡착시키는 방법이 있다. 접촉 각이 90°보다 큰 비교적 젖기 어려운 면에 대해서는 면을 거칠게 하면 할수록 더욱 젖기 어렵게 되고, $\theta < 90°$의 경우에서도 섬유상으로 하여 직물 등에 공기를 유지하는 복합 면으로 하면 젖기 어렵게 된다.

젖기 어려운 면을 젖기 쉽게 하는 방법으로서 계면활성제의 친유기를 젖기 어려운 면으로 향하게 하고 친수기를 물 쪽으로 향하게 하여 흡착시키는 방법이 흔히 행하여 진다. 물에 젖기 어려운 분말과 섬유 제품 등에서는 이러한 목적으로 계면활성제가 이용된다.

## 2.3 유화(乳化; emulsification)

### 2.3.1 서론

어떤 액체는 다른 액체와 섞이지 않는데 이에 대한 전형적인 예로는 물과 기름을 들 수가 있다. 유화란 한 액체가 미세한 입자형태로 다른 액체에 분산된 상태를 말하는 데 이러한 혼합물을 "에멀젼(emulsion)"이라고 하며 이에 대한 대표적인 예는 우유와 버터이다.

다른 콜로이드계(colloid system)와 마찬가지로 에멀젼(emulsion) 2상(相)간 계면의 면적은 크며, 에멀젼은 열역학적으로 불안정하다. 안정한 에멀젼을 형성하기 위하여 계면의 에너지를 저하시키기 위한 제3의 성분을 첨가하는 것이 필요한 데 이 제3의 성분을 유화제라고 하며, 분자 내에 친수기와 소수기를 가진 계면활성제가 유화제로 사용된다. 유화제는 물-기름 계면으로 이동하여 계면의 에너지를 쉽게 감소시켜 에멀젼을 형성한다. 계면활성제는 또한 에멀젼이 유착되거나 파괴하는 것을 방지한다. 안정한 에멀젼은 다음의 효과를 토대로 하여 여러 산업 분야에 응용하고 있다.

① **희석효과**: 유기 농화학물과 같은 방수성 물질이 그 예인데 이것은 유화작용에 의해 물과 희석함으로써 안전하고, 경제적으로 사용할 수 있다.

② **두 상의 성질을 동시적용**: 수용성 및 유용성 오염이 에멀젼 크리밍(emulsion creaming)과 같은 O/W형 에멀젼으로 동시에 용해 혹은 분산될 수 있다. 인체의 피부는 천연지방질에 의해 보호되지만 기초크림은 보호력을 강화시킬 수 있다. 또 다른 예로서 절삭유(切削油)의 경우인데 동시에 기름의 윤활작용과 물의 냉각작용에 사용될 수 있다.

③ **유화 액적(液滴)의 성상(性狀) 이용**: 미세 유화된 액적(液滴)은 원래의 상태와는

다른 특성을 나타내는 데 예를 들면 물에 분산된 식용유지는 그 맛이나 성상(性狀) 등이 원래의 상태와는 상당히 다르다.

④ **에멀젼의 물리, 화학적 성질 이용**: 에멀젼 상태로 분산된 상은 원래의 형태와는 현저히 다른 성질을 보여준다. 예를 들면 저 점도의 유동파라핀에 계면활성제를 이용하여 적당량의 물로 유화시키면 극히 점도가 높은 크림을 얻을 수 있으며, 이러한 성질은 화장품이나 의약품을 만드는 데 이용한다.

⑤ **감각적 효과**: 때때로 단지 감각적 매력을 주기 위해서 유화시키기도 하는 데 이러한 경우에 유화 작용은 제품을 더욱 매력적으로 보이게 하고 그 가치를 증진시킨다. 산업적인 견지에서 보면 안정적 유화상태를 형성하는 것도 중요하지만 유화상태를 파괴하는 것도 중요한 데 이에 대한 전형적인 예는 유화된 폐수에서 어떤 분산된 물질을 분리해 내거나 섬유 정제과정에서 유화상태의 원유를 탈수-탈염하는 것 등이다.

### 2.3.2 에멀젼의 형태

#### 1) 에멀젼의 형태

에멀젼의 형태는 물 중에 기름이 분산된 O/W형과 기름 중에 물이 분산된 W/O형의 두 종류가 있는 데, O/W형은 기름이 분산상이고, 물이 연속상이며 W/O형은 그 반대이다. 유화제는 그 소수기를 기름 쪽으로, 친수기는 물 쪽으로 향하여 배열되어 있다. 현탁액(Suspension)과 달리 계면뿐만 아니고 분산상, 연속상에 각각 유화제가 존재한다. O/W형, W/O형 외에 분산상이 더욱 분산상이 되어 그 중에 분산입자를 포함하는 경우와 같은 에멀젼도 있다.

유화의 형태는 유화제의 종류, 온도, 두 액상의 부피 비, 기벽의 성질 및 기타 몇 가지 성질에 의해 결정된다.

#### 2) 에멀젼 형태의 판정법

유화상태를 형성하거나 응용하기 전에 어떤 형태의 유화상태(O/W, W/O)로 할 것인가가 필요하다.

**① 색소에 의한 판정**

메틸오렌지 같은 수용성 염료는 물이 연속상일 때만 유화액에 확산되고 Sudan III는 기름에 녹기 때문에 에멀젼의 표면에 흩어져서 기름이 연속상일 때 적색이 전체 유화액에 확산되고, 물이 연속상일 때 색상이 확산되지 않는다. 유용성 염료로는 dimethylaminoazobenzene, 수용성 염료로는 Nile blue 등이 이용된다.

**② 전기 전도도에 의한 판정**

기름은 물보다 전기전도도가 낮기 때문에 기름이 연속상인 경우에 전기전도도가 수 백배 증가함으로 유화액과 화학적으로 반응하지 않는 두 개의 전극을 유화액에 넣고 전기 전도도를 측정하면 유화 형태를 알 수 있다.

③ **희석에 의한 방법**

에멀젼은 연속상인 액체에 쉽게 희석된다. O/W형 에멀젼인 경우에 일정량의 유화액을 물에 넣으면 완전히 확산되지만, W/O형 에멀젼인 경우에는 확산되지 않은 채 물 표면에 남아 있다.

④ 그 외에 에멀젼의 파괴에 의한 판정, 용기 벽의 습윤에 의한 판정 및 전상유화(轉相乳化)의 점도 변화를 관찰하는 방법, 기름과 수상(水相) 사이의 굴절율 차를 이용하는 방법 등이 있다.

### 3) 에멀젼 조제법

에멀젼 조제법은 아주 다른 두 가지 방법이 있는 데, 하나는 응집법이며 다른 하나는 분산법이다. 전자는 분자를 분산시켜 하나의 액체에 용해되어 있는 것을 적당히 응집하여 에멀젼을 형성하는 방법이고, 후자는 분산매 중에 다른 액체를 미세하게 분쇄하여 에멀젼을 형성하는 방법이다. 일반적으로 분산법은 공업에 이용되는 방법이지만 응집법은 공업적으로는 그다지 이용되고 있지 않기 때문에 여기서 설명하지 않는다.

#### (1) 분산법

두 가지 분산법이 있는 데, 하나는 유화할 수 있는 기름이나 가용화된 기름에서 일어나는 **자연유화**이고, 다른 하나는 기계적인 방법에 의해 에멀젼이 형성되는 **강제유화**이다.

또한 유화제가 가해지는 상, 기름과 물의 혼합 방법은 두 상에서 유화제의 용해성(溶解性), 원하는 유화 상태 등에 따라 결정되는 데 실제로는 다음의 네 가지 방법이 주로 이용된다.

❶ 유화제를 수상(水相)에 혼합하는 방법: 친수성이 큰 유화제를 물에 직접 교반(攪拌)하면서 기름상을 이 액상에 가한다. 이 경우에 O/W형 에멀젼이 형성되지만, 기름상의 양을 증가시키면 W/O형 에멀젼으로 바뀔 수 있다.

❷ 유화제를 유상(油相)에 첨가하는 방법: 유화제를 함유한 기름상에 물을 가하면 안정한 상태의 W/O형 에멀젼을 직접 얻을 수 있으며 때때로 전상(轉相)에 의하여 O/W형 에멀젼이 얻어진다.

❸ 발생기법: 비누를 유화제로 사용하면 지방산(脂肪酸)을 함유한 기름과 알칼리 물질을 함유한 수용액(水溶液) 사이의 계면에서 에멀젼이 형성된다.

❹ 상호첨가법: 유화제에 소량의 기름과 물을 교대(交代)로 가하면 에멀젼이 형성된다.

① **자연유화법**

적당한 유화제와 조건을 부여하면 특별한 강한 힘을 가하지 않아도, 자연적으로 에멀젼이 형성되는 예가 있고, 공업적으로도 이용되고 있다. 자연유화가 일어나는 것은 첫째로 두 액의 계면장력이 영(0)에 접근하고 있을 때 일어난다. 그 예로서 유동파라핀과 비이온성 활성제(polyoxyethyleneether) 수용액과 접촉하면 자연유화가 일어난다. 둘째로 두 액이 접촉할 때의 확산에 따라 방출되는 자유에너지의 이동에서 자연유화가 일어난다. 예로서 알킬벤젠술폰산염을 용해시킨 기름과 물을 접촉시키면 기름용액 중에서 자연유화가 일어난다. 이는 술폰산염 층상 미셀의 극성기 사이에 물이 확산되는 O/W형 에멀젼 생성을 설명한다.

② **강제유화법**

적절한 유화제와 유화기를 이용하여 에멀젼을 형성하는 방법이다. 유화기의 선택은 목적하는 에멀젼에 따라 결정되지만, 그 어느 쪽도 유화기의 목적은 분산상을 연속상 중에 분산시켜서 완전히 형성된 에멀젼의 분자상 입자크기를 충분히 작게 하여 일정 기간 동안 크림형성과정(creaming)이나 입자의 합일(合一)을 일으키지 않도록 하는 것이다. 유화기를 분류하면 단순한 교반기(mixer), homogenizer, colloid mill, project mixer, 초음파유화 등이다.

### 2.3.3 에멀젼의 물리적 성질

#### 1) 에멀젼 입자의 크기와 분포

일반적으로 Gaussian 분포를 하고 있지만, 시간의 경과에 따라 정규 분포가 된다. 입도의 측정법은 현미경법, 침강법, 석검적정법, 코올타르카운터법 등 여러 가지 방법이 있다.

#### 2) 에멀젼의 전기적 성질

분산계의 유전적 성질은 분산계의 구조나 상태 또는 분산상의 농도와 밀접한 관계가 있지만, 입자 크기나 입도 분포와의 관계는 작다. 분산계의 유전율(ε)과 분산상의 체적 분율(φ)과의 사이에는 많은 이론이 발표되었다.

(1) Brubbeman 이론

$$\frac{\varepsilon - \varepsilon_o}{\varepsilon_m - \varepsilon_p}\left(\frac{\varepsilon_m}{\varepsilon}\right)^{\frac{1}{3}} = 1 - \phi \tag{7}$$

여기서 $\varepsilon_p$, $\varepsilon_m$은 각각 입자와 매질의 유전율을 표시하고, ε는 계의 유전율이다.

① O/W형 에멀젼에서는 $\varepsilon_p \gg \varepsilon_m$이기 때문에

$$\frac{\varepsilon}{\varepsilon_p} = (1-\phi)^{\frac{3}{2}} \tag{8}$$

② W/O형 에멀젼에서는 $\varepsilon_p \ll \varepsilon_m$이기 때문에

$$\frac{\varepsilon}{\varepsilon_p} = (1-\phi)^{-\frac{1}{3}} \tag{9}$$

이다.

O/W형 에멀젼의 ε과 φ의 실측치로부터 많은 이론식 중에서 윗식이 잘 일치한다. 그리고 W/O형 에멀젼에서는 전기장을 걸면 계면의 분극(分極)이 일어나기 때문에 유전율의 주파수에 의한 큰 변화가 나타난다.

(2) Voet 이론

윗식을 저(低) 농도($\varphi<1$)에서 다음과 같이 접근시켰다.

$$\varepsilon = \varepsilon_m(1+3\phi) \tag{10}$$

비구형 입자에서는 형상 인자 α를 도입하여

$$\varepsilon = \varepsilon_m(1+3\alpha\phi) \tag{11}$$

입자가 응집해 있는 계에서는 δ라는 응집인자를 도입하여

$$\varepsilon = \varepsilon_m(1+3\alpha\delta\phi) \tag{12}$$

0.5M-NaOH 수용액을 광물유 중에 분산시킨 W/O형 에멀젼을 밀림유동시켜 급히 정지한 후 δ가 어떻게 변화하는가를 보면 몇 분 동안에 걸쳐 응집이 회복해 가는 것을 알 수 있다. 응집체를 파괴하는 데 필요한 밀림속도는 Voet에 의하면 100rpm(13/sec)이상이다.

### 3) 에멀젼의 점도

에멀젼의 유동성은 안정성 측면에서 중요한 사항이다. 유화된 입자의 부피비가 작으면 에멀젼의 점도는 연속상인 액체의 점도와 거의 비슷하며, Newtonian fluid를 나타낸다.

그러나 에멀젼 분산상의 부피가 크면 non-Newtonian fluid를 나타내는 경우가 많으며 이 경우 Sibree's equation이 유용하다.

$$\mu = \mu_0 \frac{1}{1-(h\phi)^{\frac{1}{3}}} \tag{13}$$

여기서 μ는 에멀젼의 점도, $\mu_0$는 연속상의 점도, φ는 전체 부피에서 분산된 입자의 부피비, h는 정수를 나타낸다. 일반적으로 에멀젼의 점도는 윗식처럼 용적비 φ에 의존하고, 분산질의 점도에는 거의 영향을 받지 않지만, 이외에 작용하는 유화제의 형태, 점도, 전기점성 효과 및 입자크기 등에 의해서 영향을 받는다.

### 2.3.4 에멀젼의 안정성과 파괴

안정한 에멀젼을 형성하기 위해서 우선 형성되기 쉬운 것을 생각하고, 다음에 안정성을 생각하는 것이 필요하다. 즉 입자 크기가 작은 것은 좁은 분포의 에멀젼을 형성하고 이 상태를 어떻게 유지해 갈 것인가가 중요하다.

에멀젼 안정성의 파괴 프로세스는 크림형성과정(creaming), 응집(flocculation), 합일(coalescence)의 세 단계가 있다. Creaming, 응집에 계속하여 합일이 일어나고, 에멀젼은 파괴되지만 이것은 에멀젼 특유의 성질로 suspension(현탁액)에서는 일반적으로 일어나지 않는다. 에멀젼 안정성의 유지 또는 파괴의 촉진을 고려할 경우 위의 프로세스 어느 것이 속도를 결정할 것인가를 생각하는 것이 중요하다.

#### 1) 크림형성과정(Creaming), 응집, 합일(合一)

크리밍의 본질은 suspension의 침강과 같고, 분산상의 액적(液滴)과 분산매와의 밀도가 어느 쪽이 큰가에 따라 액적은 浮上(액적의 밀도가 작은 쪽의 경우), 또는 沈降하고(액적의 밀도가 큰 쪽의 경우), 에멀젼이 희박한 계와 농후한 계로 나누어지는 현상에 대하여 이름이 붙여져 있다. 희박한 에멀젼에서는 분산상의 액적침강 또는 부상 속도 V는 Stoke's law에 의하여 근사적으로 표현한다.

$$V = \frac{2a^2(\rho - \rho_0)}{g\eta} \text{(Stoke's law)} \tag{14}$$

여기서 $a$는 액적의 반경, ρ, $\rho_0$는 각각 액적, 분산매의 밀도, η는 분산매 점도, g는 중력 가속도이다.

액적 입자크기의 분포는 크고 작기 때문에 일반적으로 크리밍에 따라 위와 같은 희박한 에멀젼과 농후한 에멀젼으로 나누어진다. 윗식으로부터 크리밍을 방지하기 위해서는 입자크기가 작은 것은 입자분포가 좁은 에멀젼을 형성하고 입자 사이의 응집을 방지해 두는 것이 필요하다. 증점제(增粘劑) 등을 가하여 점도를 크게 하기도 하고, 분산상과 분산매의 밀도를 조절하여 그 차를 작게 하는 것은 크리밍을 방지하는 중요한 인자이다.

입자간 합일(결합)은 응집하는 입자 사이의 흡착층 분자가 입자간의 압축력이나 힘 때문에 표면으로 이동하고, 탈착하여 액적 끼리 직접적으로 접촉하게 되면 일어난다. 합일을 방지하기 위해서는 흡착분자의 흡착성이 강하고 생성된 흡착층의 점탄성이 클 것이 요구된다. 흡착층의 흡착성이 강하기 위해서는 흡착한 유화제 분자는 두 액상에 대하여 친화력이 있고, 더욱이 어느 쪽인가 한 쪽이 너무 강해도 문제가 된다.

크리밍은 가역적이기 때문에 안정성에 대한 결정적 인자는 응집과 합일이 일어나고 응집하더라도 합일이 일어나기 어려운 것도 있으며, 응집이 일어나면 계속 끌어당기는 일이 일어나는 경우도 있다. 따라서 유화제로서 비(非) 이온성 고분자 물질을 이용할 경우 전자가, 저분자 계면활성제를 이용할 경우 후자가 되는 것이 일반적으로 많다.

### 2) 에멀젼 안정화의 작용기구

에멀젼은 크리밍, 응집, 합일의 세 단계를 거쳐 파괴된다. 응집단계에서 액적(液滴)들은 각각의 형태를 잃지 않고 강하게 교반하면 재 분산되지만 합일이 일어나지 않고 재 분산하기 어려운 응결체를 형성하는 경우도 있다. 합일이 일어나면 큰 액적이 형성되고 겉보기에 수상(水相), 유상(乳相)이 분리된다. 에멀젼의 안정성은 유화적(乳化滴)의 응집, 합일(또는 응결)을 방지한다는 점으로부터 생각하면 주로 유화적(乳化滴) 사이의 정전기적 척력과 입체적 보호 작용 2개의 인자에 의해 안정성이 좌우된다.

#### (1) 정전기적 척력에 의한 안정성

D.L.V.O. 이론에 의하면 2개의 구상입자 사이에 작용하고, 상호작용 포텐셜에너지(V)는 전기이중층(電氣二重層)의 겹침에 의한 입자간 정전기적 척력(斥力) 포텐셜 에너지($V_R$)의 London-Van der waals 인력 포텐셜 에너지($V_A$)와의 합으로 표시한다.

$$V = V_R + V_A \tag{15}$$

$V_A > V_R$인 경우 에멀젼은 불안정하고 $V_R > V_A$인 경우는 에너지의 장벽이 입자의 충돌을 방지하기 때문에 안정하다. 그러나 에멀젼인 경우는 입자간 상호작용에 의한 입자변형의 가능성이나 액적 내외에 확산층이 존재한다는 점 등이 고체입자의 졸(sol)과 다르고 D.L.V.O. 이론에 의한 안정성의 논의는 아직 검토되지 않으면 안될 점이 남아 있다.

#### (2) 입체적 보호작용

입체적 보호작용은 유화적(滴) 주위에 흡착한 유화제 등과의 흡착층이 상호간에 접근하고 서로 교차했을 때 생성된다. Ottewill 등은 흡착층이 교차할 때 필요한 에너지를 계산하고 입체적 보호작용에 척력포텐셜에너지($V_{RS}$)로써 다음 식을 유도하였다.

$$V_{RS} = \frac{4\pi c^2}{3V_1 e_2^2}(\phi_1 - \chi_1)\left(\delta - \frac{H_0}{2}\right)\left(3\alpha + 2\delta + \frac{H_0}{2}\right) \tag{16}$$

여기서 $H_0$; 입자간의 거리

$\varphi_1$: 엔트로피 파라미터(이상적으로는 1/2)

$\chi_1$: 용매-계면활성 상호작용 파라미터

$\alpha$: 입자 반경

c: 흡착층에서 계면활성제의 농도

$V_1$: 용매의 분자 용적

$e_2$: 계면활성제의 밀도

$\delta$: 응집인자

비이온성 계면활성제에서 안정화된 경우 전기적 척력($V_R$)은 영(0)이 되며

$$V_t = V_{RS} + V_A \tag{17}$$

$V_A$(London-van-der Waals)는 입자가 구상의 경우 다음과 유사하다.

$$V_A = -\frac{\alpha \cdot A}{12H_0} \tag{18}$$

여기서 A: Hamaker 정수(입자고유값), $\alpha$: 입자경, $H_0$: 입자간 거리

따라서 $V_t$는 다음 식으로 표현된다.

$$V_t = V_{RS} - \frac{\alpha}{12} \cdot \frac{A}{H_0} \tag{19}$$

### 2.3.5 유화제의 선택 방법

Clayton은 그의 논문 "Theory of emulsions" 중에서 유화제의 친수성과 소수성의 조화, 즉 유화제의 HLB(hydrophile-lypophile balance)라는 계면에 대해 언급했다. Griffin은 이 계면을 정량적으로 나타내었고, 수많은 유화 실험을 통하여 1949년 HLB가의 개념을 제안하였다. 그는 비이온성 계면활성제의 친수기 무게 비의 함수로 나타내었다. 그리고 Shinoda 등은 HLB의 기준이 되는 것으로써 에멀젼의 특정치를 발견하였으며, 이른바 HLB-temperature method(PIT method)라는 유화제를 선택하는 방법을 확립하였다. 유화제의 친수성과 소수성이 에멀젼에서 균형을 유지하는

온도, 즉 에멀젼의 형태가 O/W형에서 W/O형으로 또는 그 반대로 바뀌는 온도를 "phase inversion temperature"라고 하며 이 온도는 이 방법에서 HLB의 기준이 되는 것으로써 이용된다.

HLB-temperature method(Griffith)에 의해 결정된 HLB가는 유화제 분자에 주어진 상수이기 때문에 다른 요인들 즉 oil의 종류, 수용액의 성질, 유화제의 온도 변화 및 두 상의 부피에 대해서는 실제 계산에 고려되고 있지 않다. 반면에 PIT method를 HLB의 기준이 되는 것으로 사용하면 위에서 언급한 여러 요인들을 실제 계산에 반영할 수 있으며, 이것이 바로 PIT method의 장점이다.

### 1) HLB-number method

#### (1) HLB-방식에 의한 유화제의 HLB가의 계산

Griffith에 의한 유화제의 HLB가는 다음 식으로 계산할 수 있다.

① Fatty acid ester of polyhydric alcohol

HLB number=20(1-S/A)

S: ester의 검화가

A:지방산의 중화가

② Derivatives of tall oil, rosin, bees wax and lanolin

HLB number = (E+P)/5

E: Polyoxyethylene group의 %

P: Polyhydric alcohol의 %

③ The hydrophilic group consisting of polyoxyethylene group

HLB number = E/5

④ HLB number of mixture of emulsifier(A) having HLB and emulsifier (B) having HLB

$$\text{HLB number}=\frac{(W_A \times HLB_A)+(W_B \times HLB_B)}{W_A \times W_B} \qquad (20)$$

$W_A$: A의 무게 분율, $W_B$: B의 무게 분율

#### (2) 소요 HLB

어떤 특정한 oil을 유화시킬 때 가장 안정한 에멀젼을 만드는 유화제의 HLB가를 그 oil에 대한 소요 HLB라 한다.

(3) HLB-수방식(數方式)에 의한 유화제의 선택

소요 HLB는 이미 알고 있는 oil을 유화시킬 때에는 oil과 같은 HLB가를 가진 유화제가 선택되며, 유화안정성은 계면활성제의 화학구조를 토대로 연구된다. 반면에 소요 HLB가를 모르는 oil을 유화시킬 때는 유화제로 여러 계면활성제가 사용되며, 그 oil의 HLB는 가장 안정한 에멀젼을 형성하는 유화제를 선택함으로써 설정된다. 그 다음에 에멀젼의 안정성은 oil과 HLB가는 같고 유화구조가 다른 여러 유화제를 사용하여 연구된다.

### 2) HLB-온도(PIT)방식

(1) HLB-온도 방식

비이온성 계면활성제의 용액상태는 온도에 의해 크게 변화한다. 물, 기름, 비이온성 계면활성제의 3 성분 계에 있어서 계면활성제는 저온에서 물 중에 미셀 상태로 용해한다. 이 미셀상에 용해한 용액이 온도를 상승시키면 미셀 회합수나 가용화는 서서히 증대하고 어느 온도 이상이 되면 급격하게 증대된다. 그래서 액은 뿌옇게 되고 3상 분리가 행해진다. 이 온도는 담점(Cloud point, 기름이 있는 경우 기름 존재하에서의 담점)이라 부르고 있다. 그리고 더욱 온도를 높여가면 기름 중에 계면활성제가 용해되어 반대형의 미셀이 형성되고, 기름 용액 중에 가용화되어 분산된다.

(2) PIT의 측정법

기름과 계면활성제 수용액을 동일한 부피를 채취한 시험관을 항온조에 넣고 위 아래로 흔들어서 에멀젼을 형성하여 유화형을 결정한다. 이러한 조작을 각 온도에서 행하고 O/W형으로부터 W/O형으로 변하는 온도를 찾아낸다. 그 외 전기전도도나 탁도 등의 측정에 의해 구하는 방법도 가능하다.

유화제는 동일한 기름의 종류에 의해 PIT는 다르다. 비이온성 계면활성제를 잘 용해하는 기름일수록 PIT는 낮다. 일반적으로 친유성이 강한 기름이면 PIT는 높고, 친수성이 강한 계면활성제이면 높은 PIT를 나타낸다.

(3) HLB-온도(PIT) 방식에 의한 유화제의 선택

PIT는 유화계에 있어서 친수성과 친유성이 조화를 이루는 온도이기 때문에 PIT에서의 계면장력은 현저히 작다. 이러한 PIT 근방에서는 유화입자의 합일 속도가 빠르기 때문에 반드시 안정한 유화계는 얻을 수 없다.

안정성은 계면장력과 합일속도 2개의 인자를 고려할 필요가 있고, 예를 들면 안정한 O/W형 에멀젼을 얻는데 PIT온도보다 25~60℃ 이하의 온도를 선정하면 좋다.

(4) PIT와 HLB가와의 관계

PIT는 유화계에 있어서 계면활성제의 친수성과 친유성이 거의 조화를 이루는 온도이기 때문에 PIT와 HLB 사이에는 상관관계가 있다. HLB-온도(PIT방식)에서 PIT를 각각의 기름에 대해서 측정하지 않는 경우 어떤 기름을 이용하였을 때의 PIT를 그림을 이용하여 경험적으로 추정한다. 이는 기름의 소요 HLB가를 구하기 위해서도 직접적으로 도움이 된다.

실제로 에멀젼을 만들 때에는 소수성 계면활성제가 xylene보다는 kerosine에 대해 더 효과적이며, 친수성 계면활성제는 cyclehexane보다는 toluene이나 benzene에 대해 더 효과적이라는 것이 경험적으로 알려져 있는데 이 사실은 HLB-temperature method(PIT method)로 얻어진 소요 HLB와 일치하지만, HLB-number method로 얻어진 것과는 종종 일치하지 않는다.

### 2.3.6 해유화법(解乳化法)

자연적으로 혹은 인공적으로 형성된 에멀젼을 파괴하는 것을 "demulsification"이라고 하며 에멀젼은 필연적으로 불안정하기 때문에 어떤 안정화시키는 요인들을 일부 제거하면 에멀젼은 파괴되며 두 상으로 분리된다. 예를 들면 유화제의 효과를 악화시키거나 제거하면 에멀젼은 파괴된다. 유화의 파괴 방법으로는 다음과 같은 방법이 있다.

#### 1) 무기염의 첨가

이온성 계면활성제로 형성된 W/O형 에멀젼의 반대이온(polyvalent counter ion)을 가진 염을 첨가하면 전기 이온 층의 압축, zeta-potential의 감소 및 수불용성염(水不溶性鹽)의 형성 등으로 인해 에멀젼이 파괴된다. 염을 가하면 비이온성 계면활성제의 수화력도 감소할 수 있다.

#### 2) 온도변화

비이온성 계면활성제로 형성된 에멀젼의 상은 PIT부근에서 불안정하다. 이온성 계면활성제로 형성된 에멀젼은 끓는 점 부근에서 분산된 입자들 사이의 심한 충돌로 인해 불안정하게 되며, 에멀젼을 얼게 하면 계면활성제와 수화된 물의 탈착으로 인해 에멀젼이 파괴된다 에멀젼을 반복하여 가열, 냉각시키면 불안정하게 되고 파괴되는 속도도 가속화된다.

#### 3) 원심력 부여

원심력을 에멀젼에 적용하면 분산된 입자의 creaming현상이 촉진되며, 충격력과 전단력도 에멀젼을 파괴하는 것을 촉진한다.

4) 여과와 혼합

분산상을 쉽게 적시는 여과매체를 이용하여 에멀젼을 여과하면 분산상이 여과매체에 적시어져 액체막을 형성하기 때문에 밀림유동이 일어난다.

5) 계면활성제의 HLB이동

적절한 HLB가를 가진 계면활성제로 안정화된 에멀젼은 이와 상당히 다른 HLB가를 가진 유화제를 가하면 파괴된다. 또한 해유화(解乳化)는 산을 첨가하여 유화제의 작용을 감소시키거나, 고전압의 반대 전장을 발생시키거나, 에탄올과 같이 계면활성제를 용해할 수 있는 물질을 가하여 얻을 수 있다.

## 2.4 분산

### 2.4.1 서론

고체 입자가 액체 중에 분산한 고체/액체 분산계는 고체 입자의 크기에 따라 콜로이드 분산계(colloid dispersion system)와 조대입자(粗大粒子) 분산계(suspension system)로 나누어진다. 대개의 기준으로서 1~10nm 정도의 입자가 분산된 계는 콜로이드 분산계, 약 100nm이상의 입자가 분산된 계는 suspension이라 부른다. 콜로이드 분산계는 입자가 작기 때문에 중력의 영향으로 침강 또는 부상하기 보다는 분자 운동의 영향이 커서 침강 또는 부상은 일어나지 않지만, 입자끼리 충돌하여 입자가 커지면 침강 또는 부상이 더욱 촉진된다. 고체 입자가 침강하든가 부상하든가는 고체 입자와 분산매의 비중 차에 의해 결정된다. 일반적으로 고체입자 쪽이 비중이 크기 때문에 침강하는 것이 많다. 공업적으로 이용되고 있는 분산계는 콜로이드 분산계는 적고 대부분이 suspension이며 그렇기 때문에 응집이나 침강이 일어난다.

Suspension은 원래 열역학적으로 불안정한 계이고 입자의 응집에 의해 겉보기 표면적을 줄여 안정화하려고 하는 경향이 있다. Suspension에 분산제라고 부르는 제3의 물질을 첨가하여 안료입자에 하전(荷電)이나 입체적 보호효과를 주어 입자끼리 응집을 막으려는 연구가 이루어져 있다. 향후 분산계의 형, 조제법, 평가, 분산제의 이용, 안정계 조제상의 문제점, 안정화 이론 등에 대해서 자세하게 설명한다.

### 2.4.2 분산계의 형, 조제법 및 안정도의 평가법

1) 분산계의 형

일반적으로 입자가 분산하여 있는 계는 입자를 형성하고 있는 분산상과 입자가 분산하고 있는 매체, 즉, 분산매로 나누어진다. 이 분산계의 종류는 분산상 분산매가 각각 기체, 액체, 고체의 어느 것이 되느냐에 따라 표 4-6에 나타낸 것처럼 분류된다. 분산이라는 명칭은 넓은 의미로는 표 4-6과 같은 계를 만드는 현상의 통칭으로 이용되는 데, 좁은 의미로는 고체를 분산상으로 하는 고/액 분산계가 되는 현상에 한정된다. 고/액 분산계는 염료, 안료, 잉크, 고무, latex, 수지 에멀전, 토목, 요소(窯素), 종이코팅, 그 밖의 공업에서 넓게 사용되고 있다.

표 4-6 분산계의 종류

| 분산상 | 분산매 | 명칭 | 예 |
|---|---|---|---|
| 액체 | 기체 | 액체 에어로졸 | 안개 물 방울 |
| 고체 | 기체 | 고체 에어로졸 | 매연, 먼지 |
| 기체 | 액체 | 포말 콜로이드 | 포말성식품, 포말, 포소화제 |
| 액체 | 액체 | 에멀전 | 우유, 버터, vanishing cream |
| 고체 | 액체 | 콜로이드 suspension | 도료, 잉크, 수지 에멀젼 |
| 기체 | 고체 | 고체 콜로이드 | 경석, 목탄, 스폰지고무, 경량콘크리트 |
| 고체 | 고체 | 고체 suspension | 착색유리, 고무 |

### 2) 분산계의 조제법

분산계의 조제법은 분자, 이온 등을 집합시켜서 미립자로 하는 응집법과 조대입자를 미립자로 분쇄하는 분산법으로 나누어진다.

#### (1) 응집법에 의한 조제

용해되어 있는 분자, 이온 등이 화학반응에 의해 불용성 물질을 생성하여 석출할 때 또는 난용성 용매의 첨가 또는 온도, 압력의 변화로 용해도가 감소하여 석출할 때 조건에 따라 분산계가 생성된다. 예를 들면 소석회(CaO) suspension에 탄산가스를 불어넣어 용해되어 있는 소석회의 탄산화 반응에 의해 합성탄산칼슘을 생성시키는 것은 여기에 속한다.

#### (2) 분산법에 의한 제조

덩어리 또는 조대 분산계로부터 출발하는 것으로 적당한 분산제와 분쇄기를 이용하여 분산제를 제조하는 방법이다. 분산안료의 미립자화와 고체덩어리의 습식분쇄 등이 대표적인 것이다. 이 방법의 경우, 입도(粒度)는 사용한 분쇄기의 종류, 조건 및 사용한 분산제의 종류와 농도 등에 크게 좌우된다. 대표적인 분쇄기로서는 ball mill, colloid mill, agitator mill, sand mill 등이 있다. 분산법의 대표적인 분산염료를 미립화할 경우 일반적으로 분쇄기로서 sand mill을 이용하고, 물 속에 demol N, demol C, 리그닌술폰산염 등의 분산제를 가하여 행하는 수가 많은 데 적당한 양을 사용하는 것이 중요하다.

### 3) 분산 안정성의 평가

(1) 안정성 평가법

Suspension의 안정도는 매체 속에서의 고체입자의 겉보기 입자경에 관계가 있기 때문에 겉보기 입자경에 직접, 간접적으로 관계있는 물리적인 인자로 평가되는 것이 보통이다. 고체입자의 농도가 1~2% 이하의 분산계에서는 입자의 침강현상을 이용하는 것이 알기 쉽고 여러 가지 방법이 이용되고 있다. 고체 입자 농도가 50% 이상의 농후 분산계에서는 분산제의 첨가에 따라 분산성을 양호하게 하면 계의 점도가 수만 c.p.에서 10c.p.정도까지 저하하는 현상이 있고, 이 현상이 분산안정성의 평가에 자주 이용되고 있다.

(2) 침강법에 의한 안정성 평가법

**① 침강 속도법**

suspension을 메스실린더 속에 넣고 정치하면, 고체입자의 침강에 의해 suspension상과 분산매상 2상의 경계면(침강면)이 생긴다. 이 침강면을 일정 시간마다 읽고, 침강면 vs 방치시간 곡선을 만들어 일정 시간의 침강면의 높이와 그 시간에서 곡선의 기울기로부터 산출한 침강속도를 안정성의 척도로 이용한다. 그러나 오차가 크기 때문에 처음 높이의 반까지 침강하는 데 필요한 시간을 침강시간으로서 이것을 안정성의 척도로 이용하면 정확한 값이 얻어진다.

**② 침강천칭법**

칭량접시를 넣은 침강시험 용기 속에 suspension 용액을 넣어, 칭량접시의 측정평면을 통하여 침강되는 입자중량의 시간적 증가를 저울로 평량하는 방법이다.

**③ 광투과법**

측면에서 suspension에 광(光)을 비추어 투과하는 광의 양으로부터 입자농도를 구하는 방법이다. 즉, 고체입자의 침강에 의해 생기는 탁도(濁度)의 변화에 광을 투사하여 고체입자의 광차단량(光遮斷量)으로부터 입자농도를 산출하여 안정성의 척도로 이용하는 방법이다. 입자경이 작은 경우 원심분리기를 병용하면 단시간에 측정이 가능하다.

(3) 입자수의 측정법

이 방법의 대표적인 것으로서 corta counter법이 있다. 이것은 입자의 크기를 전기저항의 변화로부터 개수를 계수장치에 의해서 구하는 방법이다. 전해질 용액 속에 고체입자를 분산시켜서 suspension을 조제하고 그 속에 세공을 갖는 격막(隔膜)을 장치하고, 양측으로부터 전압을 걸면 고체입자는 세공을 통과하고, 입자의 체적 분만큼 용해량(溶解量)이 적어지기 때문에 그 감소분만큼 저항이 증가하여 양측에 있던 전극 사이의 저항은 입자가 통과할 때만 순간적으로 증가한다. 이것을 일련의 전압펄스로 취하는 것이 가능하고 이 펄스(pulse)를 계산하면 suspension 중의 입자농도를 구할 수 있다. 또 펄스의 높이는 개개의 입자 용적에 비례하기 때문에 일정 높이의 pulse를 차례로 측정하면 입자의 적분 분포 곡선을 구할 수 있다.

(4) 입경(粒徑)의 측정법

광학현미경이나 전자현미경으로 고체입자의 형상이나 입경을 구하는 방법이다. 광학현미경에서는 직접 겉보기입경이 측정 가능하기 때문에 평가하긴 쉽지만, 여러 sample로 평가하지 않으면 실패할 우려가 있다.

(5) 안정성의 모든 성질과의 관계

분산안정성이 양호한 계와 응집된 계가 표 4-7에 나타냈듯이 모든 성질이 다르며 이 성질로부터 평가할 수 있다.

표 4-7 분산안정성이 양호한 계와 응집된 계

| 성질 \ 계 | 분산양호한 계 | 응집 |
|---|---|---|
| 외관 | 유동상태 | paste 상태 |
| 강복치 | 0 또는 작다 | 크다 |
| 침강형식 | 자유침강 | 응질침강 |
| 침강용적 | 작다 | 크다 |
| 침강연도 | 작다 | 크다 |
| 습윤열 | 크다 | 작다 |
| 부착장력 | 크다 | 작다 |

## 2.4.3 분산계의 고체입자의 침강(부상)

고체입자가 분산매를 침강(沈降) 또는 부상(浮上)할 때의 속도는 다음 식으로 표현된다.

$$U = \frac{|(\rho_p - \rho_c)|g}{18\eta_c} d_p^2 \tag{21}$$

여기서 U : 입자 p의 침강 또는 부상 속도, $\rho_p$, $\rho_c$ : 각각 입자 p와 분산매 c의 밀도, η : 분산매 c의 점도, $\alpha$는 입자직경, g : 중력가속도

입자가 침강하든가 부상하든가는 $\rho_p$, $\rho_c$의 어느 쪽이 더 큰 가에 결정되고, $\rho_p$가 크면 침강, $\rho_c$가 크면 부상이 일어난다. 일반적으로 $\rho_p$가 큰 쪽이 많다. 위 식은

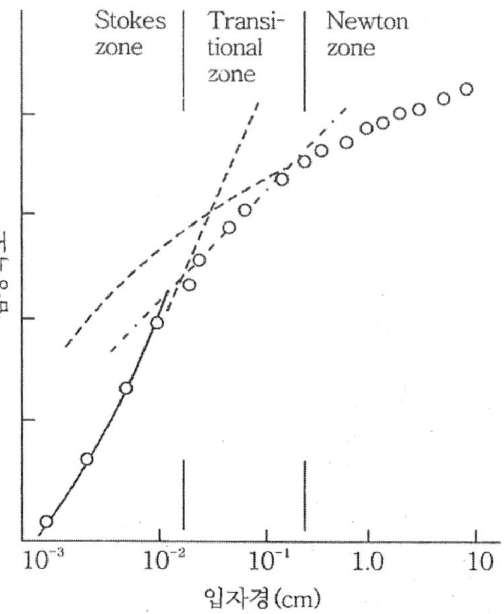


그림 4-9 침강속도: 입자경

Stokes의 침강속도라 부르고, 분체 입자의 연동특성을 나타내는 중요한 식이다. 예를 들면 석영 분말의 물속 침강에서는 dp가 85μ이하일 때 Stokes식이 성립하고 85~2,000μ까지의 범위가 transitional zone으로 Allen식이 성립하며, 그 이상의 입자경에는 Newton식이 성립한다.

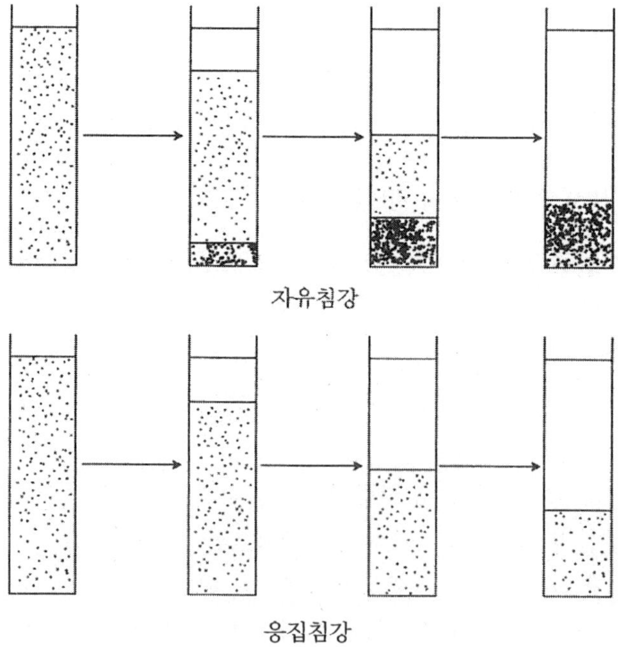


그림 4-10 자유침강과 응집침강

분산계에서의 입자의 침강에는 입자가 하나씩 독립의 운동체로서 침강하는 경우와 몇 개가 모여서 집합체가 되어 침강하는 경우가 있다. 전자는 자유침강(自由沈降), 후자는 응집침강(凝集沈降)이라 하며 어떠한 침강을 하는가 하는 것은 분산계의 안정성, 분체입자, 입도분포를 측정하는 데 있어서 중요한 의미를 갖는다.

그림 4-10처럼 자유침강에서는 침강이 시작되어도 위쪽의 투명부는 쉽게 나타나지 않고 탁한 상태로 있다. 탁도는 시간과 함께 위로부터 저하하고 이윽고 투명하게 되지만 투명부와 혼탁부와의 경계는 분명하지 않고 연속적으로 이어져 있다. 한편 밑부분을 보면 용기의 밑에 침적층이 나타나고 입자의 침강과 함께 그 높이가 증가하며 침강 종료 시에는 조밀한 침적층이 완성된다. 이는 입자가 듬성듬성하게 분산되어 단독으로 침강하여 조밀하게 충전된 침적층을 형성한다.

응집침강에 있어서는 침강시작과 함께 위쪽에 투명부가 나타나고, 투명부와 혼탁부와의 경계는 분명히 시간과 함께 천천히 밑으로 이동하고 침강 완료와 함께 정지한다. 이 경우 침강 중에 침적층이 나타나지 않는다. 그 이유는 입자가 서로 결합하여 집단이 되어 대단히 큰 입자로서 급격히 침강하며 서로 집단이 되어 대단히 큰 입자로서 침강 도중 다른 입자와 더욱 결합되어 다리 구조를 만들고 시간의 경과와 함께 다리구조를 수축해 가기 때문이다.

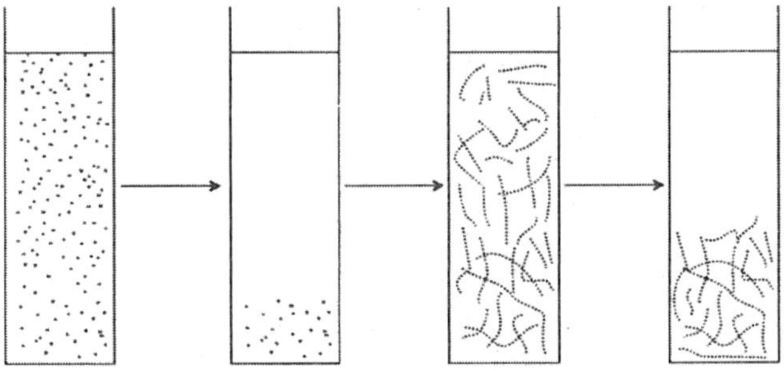

그림 4-11 침강의 메커니즘

침강속도는 입자 경에 비례하기 때문에 침강속도를 느리게 하여 안정하게 유지하기 위해서는 입자 경을 가능한 작게 하는 것과 입자끼리 응집하게 하는 것을 어떻게 막느냐가 중요하다.

### 2.4.4 분산안정화 이론

고체입자를 분산매 중에 분산시키기 위해서는 고체입자를 용매 중에 듬성듬성 풀고 1차 입자로 미립화하는 작용과 미립화(微粒化)한 입자가 재응집(再凝集)하는 것을 방지하는 안정화 작용이 필요하다. 일반적으로 무기(無機)고체입자의 경우 습윤작용은 고려할 필요가 없는데, 유기(有機)고체입자의 경우 습윤작용은 중요하다. 미립화에는 분산기(分散機)와 분산제가 중요하다. 특히 적당한 분산기를 이용하는 것이 중요하다. 안정화 작용은 고체입자의 계면에 흡착한 분산제의 작용에 의존하지만 이것은 전기적 척력과 입체적 보호작용으로 나눌 수 있다.

1) 전기적 척력에 의한 안정화

전해질 용액 중에 고체 입자를 현탁시키면 용액 중 이온의 흡착에 의해 입자는 대전(帶電)한다. 이 때의 전위를 결정하는 이온은 전위결정이온이라고 부르고 있는데 그 이온이 음이온인 경우 그림 4-12에서처럼 입자 면에 음이온이 용액 측에 양이온이 모이고 전체적으로 양, 음이온이 상쇄된 이온분포를 만들고 고체표면에는 potential $\psi_0$가 발생한다. 이 표면 근방의 구조는 확산이중 층이고 $\Psi_0$는 표면전위라 부른다.

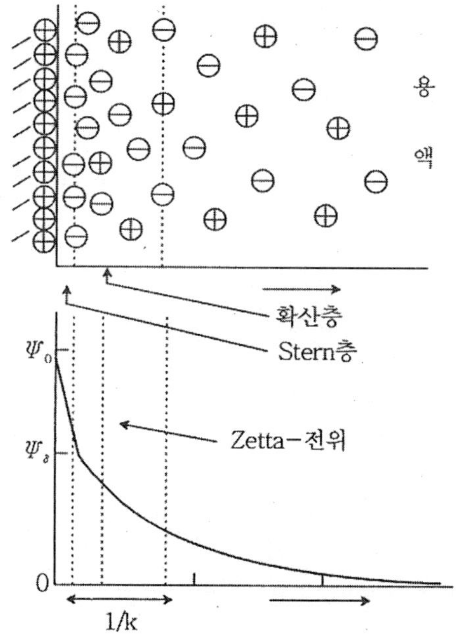


그림 4-12 확산이중층, 표면전위, zeta-전위

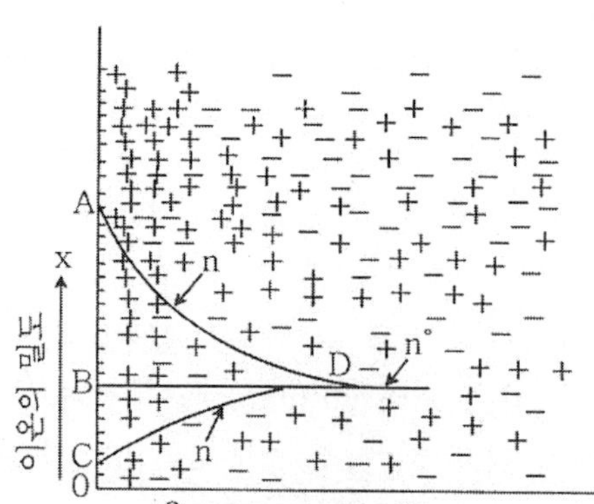


그림 4-13 확산전기 이중층 중의 이온분포

그림 4-13에 확산전기 이중층 중의 이온분포를 나타내는 데 대 이온의 모든 과잉량은 ABD이고, 표면과 같은 부호이온의 부족분은 BCD로 표시된다. 면적 ACD는 모두 확산층 전하를 나타내고 전기적 중성의 원리로부터 이것은 표면 전하량과 같아진다. 이온의 고정층 전위를 $\Psi_\delta$, 전압을 걸어줄 때와 입자가 움직일 때의 전단면의 전위를 zeta(ζ)전위라고 부른다.

전기적 척력이 안정화의 주요 요인인 계에 대해서는 Derjaguin-Landau-Verwey-Overbeek(D.L.V.O.)에 의해 상세히 연구되고 있다. D.L.V.O. 이론에서는 입자 간에 작용하는 힘을 potential energy로 나타내기 때문에 에너지 값이 양이면 입자는 가까워지기 어려운 것을 의미하고, 에너지의 값이 음이면 가까워져 응집하는 쪽이 에너지적으로 안정한 것을 의미한다.

D.L.V.O. 이론에 의하면 입자 간에 작용하는 모든 potential energy(V)는 전기적 척력 potential energy($V_R$)와 London-van der Waals 인력 potential energy($V_A$)의 합으로 표시된다.

$$V = V_R + V_A \tag{22}$$

구상입자(球狀粒子)인 경우 Ka〉〉1인 계에서는 $V_R$은 다음 식으로 표시된다.

$$V_R = \frac{1}{2}\epsilon a \Psi_0^2 \ln\left(1 + e^{-KH}\right) \tag{23}$$

여기서 ε : 유전율, $a$ : 입자반경, $\Psi_0$ : 표면전위(zeta 전위와 유사),
H : 입자간 거리

$$K^2 = \frac{4\pi N e^2}{1000 \cdot \epsilon k T}\sum C_i Z_i^2 \tag{24}$$

여기서 k : Bolzmann 상수, T : 절대온도, N : Avogadro 상수,
e : elementary charge, $C_i$ : 1L중의 이온 mol수, $Z_i$ : 이온의 전자가수

$V_R$값은 전위의 절대치에 비례하고 K값(이온농도)에 역 비례하는 것을 $V_R$식에서 알 수 있다.

구상입자이면서 Ka<1인 경우인 계에서는 $V_R$은 다음 식으로 표시된다.

$$V_R = \epsilon a \Psi_0^2 \frac{e^{-KH}}{R} \tag{25}$$

여기서 R=2$a$+H

비수계에서는 $Ka \approx 0$과 근사하기 때문에 윗 식은 다음 식으로 된다.

$$V_R = \epsilon a \Psi_0^2 \cdot \frac{1}{R} \tag{26}$$

따라서 비수계에서는 $V_R$값은 전위 값에만 비례하고 K값(이온농도)에는 관계없다는 것이 위 식에서 나타난다.

한편, London van-der-Waals 인력 potential energy($V_A$)는 구상입자의 계에서는 다음식과 근사하다.

$$V_A = -\frac{1}{12} \cdot \frac{Aa}{H} \tag{27}$$

여기서 H : Hamaker 상수

따라서 전(全) potential energy는 다음 식으로 나타낼 수 있다.

Ka≫1이고, 구상 입자 계에서는

$$V = \frac{1}{2}\epsilon a \Psi_0^2 \ln\left(1 + e^{-KH}\right) - \frac{1}{12} \cdot \frac{Aa}{h} \tag{28}$$

$Ka \approx 0$(비수계)이며, 구성입자계에서는

$$V = \epsilon a \Psi_0^2 \cdot \frac{1}{R} - \frac{1}{12} \cdot \frac{Aa}{h} \tag{29}$$

V값을 계산하고 H에 대하여 plot하며 그림 4-14가 얻어진다. $V_m$의 높이가 양 또는 음 즉, $V_m$의 높이가 안정화 작용의 척도가 된다.

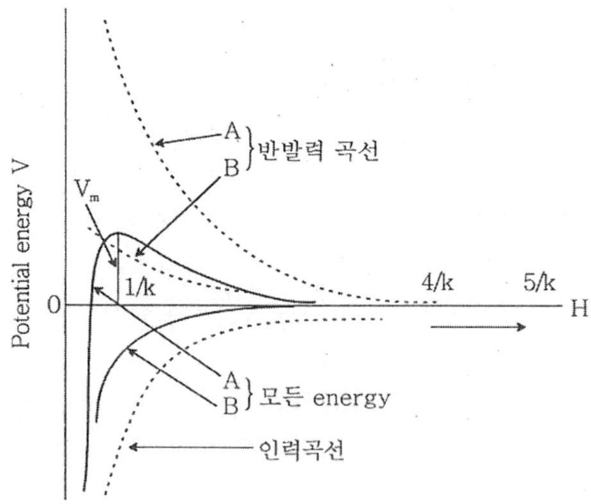


그림 4-14 입자 간의 모든 potential energy(model)

#### 2) 입체적 보호작용에 의한 안정화

입체적 보호작용에 의한 안정화에 관한 연구는 latex나 emulsion에 대해서 연구되기 시작했고 suspension에 대해서는 연구되지 않고 있다. 입체적 보호작용은 고체입자 표면에 흡착한 활성제 흡착층의 겹침에 의해 발휘된다. Suspension의 경우도 유화와 같은 기구로 안정화된다고 생각된다. 이 입체적 보호작용에 의한 안정화에 관해서는 유화(乳化)의 항(項)을 참고하기 바란다.

### 2.4.5 분산안정화에 미치는 중요한 인자

Suspension이 안정하기 위해서는 고체입자간 충돌에 의한 응집을 막을 필요가 있다. 그러기 위해서는 분산제가 가장 큰 역할을 한다. 분산제는 고체입자의 표면에 흡착하여 인자에 하전(荷電)과 입체보호작용을 주어 입자끼리 응집하는 것을 막는다. 분산제의 종류 이외에 어떠한 인자가 안정제에 관여하고 어떠한 것에 주의하여 안정한 suspension을 제조하는 가에 대해서 설명한다.

#### 1) 수용액계에서의 인자

(1) 분산계의 농도

분산제의 효과는 희박고체입자 suspension에서는 침강속도가 저하되고, 농후고체 suspension에서는 계의 점도가 현저히 저하되지만 원리적으로는 같다. 분산제의 작용으로 응집하여 큰 2차 입자를 만들었던 것이 풀어져서 1차 입자 또는 2차 입자가 되는 것과 풀어진 입자가 더욱 응집하는 것을 막는 두 가지 효과가 생겨서 침강속도가 저하되고 점도가 저하된다. 희박 suspension은 보통 말하는 suspension이고 입자의 응집과 침강을 방해하여 가능한 오랜 시간 안정하게 유지하게 된다. 농후(濃厚)한 suspension은 안료, 도료, 요업 등의 공업에서 잘 이용되고 있는 계이고, 분산효과가 좋아지면 계의 점도가 현저히 저하하기 때문에 작업상 그 외의 취급이 쉬워지는 점, 입자농도를 높일 수 있기 때문에 suspension 수송시의 비용절약, 물 제거시의 건조비 절약, suspension을 이용한 제품의 품질향상 등 많은 장점이 있다.

(2) 무기염 이외의 이온공존의 영향

소금, 망초 등의 이온이 계에 공존하면 소량인 경우 분산제의 효과는 향상되지만, 다량의 이온이 공존하게 되면 그 효과는 저하되고 더욱 많아지면 분산제의 효과는 볼 수 없게 된다. 또한 칼슘이나 알루미늄 등 다가(多價)의 금속이온의 영향도 크다. 미반응물이나 부생물로서 안료나 분산염료 등에 포함되어 계에 들어가면 분산제로서는 큰 영향을 받는다. 카르복실산 type인 경우 이 영향이 크기 때문에 특히 주의할 필요가 있다.

(3) 계의 pH영향

Suspension의 안정성은 그 계의 pH에 대한 영향이 크다. 이것은 분산제 자체의 해리도가 pH에 영향을 준다는 점과 고체입자도 영향을 받아서 특히 등전점(等電點)을 갖고 있는 산화물계의 고체입자는 등전점 전후의 영역에서 특이한 움직임을 나타낸다. 안료의 등전점보다 높은 pH에서는 안료입자는 음으로 하전(荷電)되고, 등전점보다 낮은 pH에서는 양으로 하전된다. 등전점은 안료의 종류에 따라 다르지만 pH 4~10 영역 내에 있는 것이 많다.

(4) 계의 온도 영향

고체입자에 대한 분산제의 흡착성은 suspension의 온도 변화에 많은 영향을 받는다. 고체입자에서 흡착은 발열을 동반하기 때문에 suspension의 온도가 올라가면 물리 흡착의 경우 분산제의 흡착량은 감소하고 반대로 온도를 내리면 흡착량은 증대한다. 그러나 화학흡착과 이온흡착의 경우 온도를 올리면 흡착량은 일반적으로 증대한다. 그러나 화학적 흡착만 일어나는 경우는 드물고, 물리흡착도 동반하는 흡착이 많기 때문에 전체 흡착량은 어떤 온도에서 최대의 흡착량이 된다. 최대의 흡착량이 되는 온도는 분산체의(고체입자) 표면성질이나 분산제의 종류에 따라 다르다.

2) 비수계의 인자

비수계의 안정성이 미치는 인자는 매우 많으면서도 복잡하다. 예로 도료를 생각해 보면 용제, 도료, 수지 등 각각의 조합이 있고, 더욱 용제도 그 종류가 많으며, 그 종류에 따라서 안정성이 달라진다. 비수계에서는 계에 함유된 불순물, 예를 들면 수분 등의 영향을 크게 받는다. 여기서는 비수계의 안정성에 미치는 인자 중에서 안료 입자경과 안정화 기구의 관계 및 수분의 영향 등에 대해서 설명한다.

(1) 안료의 입자경과 안정화 기구의 관계

비수계에서는 이온농도의 항은 무시할 수 있기 때문에 안료 입자간에 작용하는 전기적 척력의 potential energy는 안료입자의 전위, 입자경 및 분산매의 유전율에 비례한다. 따라서 분산매를 고정시키면 전기적 potential energy는 입자의 표면전위와 입자경에 비례하기 때문에 모든 potential energy는 극대치($V_{max}$)를 산출할 수 있다. 표 4-8에서 입자경(a)가 $10^{-4}$cm인 경우, $V_{max}/kT$가 62라는 큰 값이 되지만, 입자경이 $10^{-5}$cm인 경우, $V_{max}/kT$가 14로 크게 줄어 들고, 입자경이 $10^{-6}$cm인 경우, $V_{max}/kT$는 음의 값 즉 인력이 된다. 따라서 입자경이 큰 경우 $V_{max}/kT$의 값이 양의 값이 되어 계를 안정화시키고 입자경이 작은 경우는 $V_{max}/kT$의 값이 작고, 전기적 척력으로 계를 안정화시키는 것이 어려우며, 이런 경우 입체적 보호작용으로 안정화시키지 않으면 안 된다. 따라서 입자경과 안정화 기구는 표 4-9와 같이 된다.

표 4-8 $V_{max}$의 계산치

| $\Psi_0$(mV) | $V_{max}/kT$ | | |
|---|---|---|---|
| | a=$10^{-4}$cm | a=$10^{-5}$cm | a=$10^{-6}$cm |
| 25 | 13 | – | – |
| 35 | 26 | 1 | – |
| 50 | 62 | 14 | – |
| 75 | 152 | 11 | – |
| 100 | 286 | 20 | 1 |
| 150 | 662 | 54 | 4 |

단, A=$10^{-12}$erg, $\epsilon$=2.3(xylene)으로써 계산했다.
$\Psi_0$ : 입자전위, a : 입자반경, k : 볼쯔만 정수, T : 온도

표 4-9 입자경과 안정화 기구

| 입자경(a) | 안정화 기구 | 안정성 |
|---|---|---|
| 대(1$\mu$이상) | 전기적 척력 | 안정 |
| 대(1$\mu$이상) | 입체적 보호작용 | 응집 |
| 소(1$\mu$이상) | 전기적 척력 | 응집 |
| 소(1$\mu$이상) | 입체적 보호작용 | 안정 |

(2) 수분의 영향

비수계의 분산을 생각할 경우, 계에 아주 적게 존재하는 수분 또는 고체입자 표면에 존재하는 아주 적은 수분이 분산 안정성에 큰 영향을 주기 때문에 취급에 충분히 주의하지 않으면 안 된다.

### 2.4.6 대표적인 분산제의 장점과 단점

분산제는 일반적으로 분산작용이 요구되는 용도에 사용되는 계면활성제의 총칭이고 예를 들어 기/액 계면의 활성효과가 적고, 표면장력 저하능, 미셀입자 형성능 등의 일반적인 계면활성제가 갖고 있는 성질이 거의 없다 하더라도 고/액 계면의 성질에 현저한 변화를 주어 분산효과를 나타내는 것은 분산제라 부르고 있다. 일반적으로 계면활성제는 거의 분산효과를 갖고 있지만 효과가 충분한 것과 실용계에서는 기포력이 적은 것이 바람직하고 그 외에 내열성, 내후성, 내경수성 등의 성질도 요구되는 것이 많기 때문에 그 용도가 한정되어 있다. 대표적인 수계, 비수계 분산제의 장점과 단점에 대해서 기술한다.

#### 1) 수계 분산계

(1) 나프탈렌술폰산나트륨–포르말린 축합물

가장 범용성이 있는 분산제로 옛날부터 염료, 안료, 농약, 고무라텍스, 피혁 등의 분산제로서 널리 이용되고 있다. 기포성이 대단히 적고 물의 경도나 pH의 영향도 별

로 받지 않는다. n은 일반적으로 몇 개 정도이지만 콘크리트 등의 분산제로는 더 긴 것이 효과가 있다. 내후성이 나쁘고 장시간 경과하면 착색되는 결점이 있기 때문에 에멀젼 도료나 종이코팅 등에는 적합하지 않다. 표면장력 저하능이 작기 때문에 분말의 습윤효과는 거의 없다.

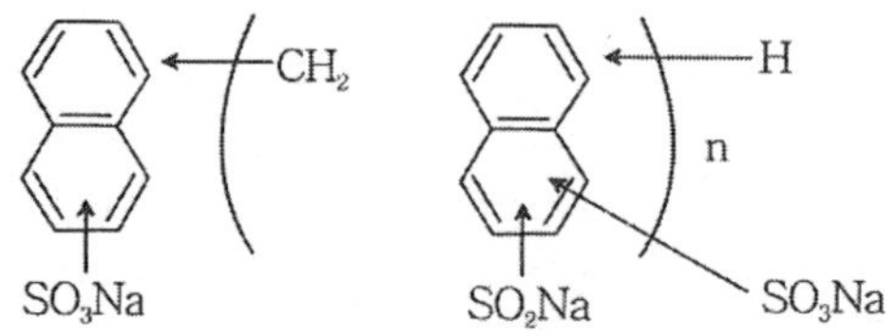


(2) 알킬나프탈렌술폰산나트륨 또는 그의 포르말린 축합물

분산염료, 안료 등의 습윤제, 분산제로서 널리 이용되고 있다. 알킬기가 도입되어 있기 때문에 기포력이 조금 있지만 표면장력 저하능이 있기 때문에 습윤효과가 우수하다. 포르말린 축합물은 100℃이상에서 분산효과도 있다.

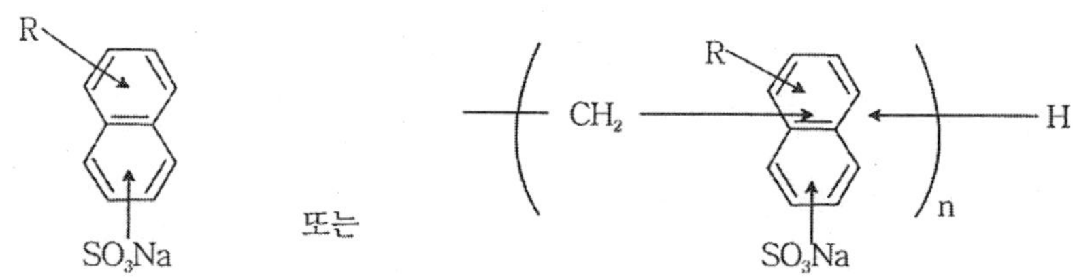


(3) 페놀술폰산나트륨과 나프톨술폰산나트륨의 포르말린 축합물

폴리에스테르섬유를 분산효과로 이용하여 120~130℃의 고온염색시의 분산제로서 우수한 효과가 있다. 분산염료 중에 배합되어 사용하는 수가 많다.

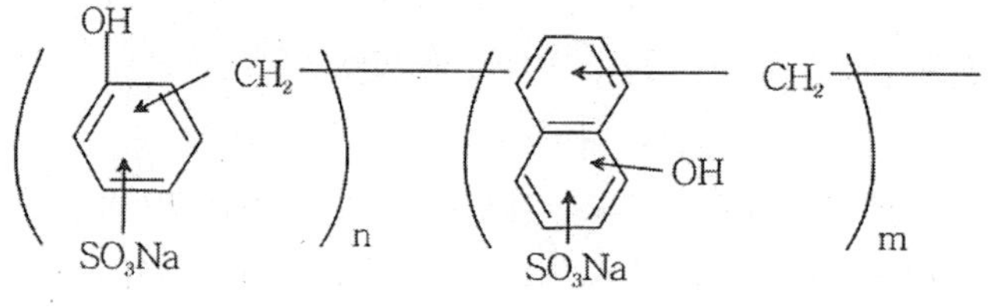


(4) 알킬디페닐에테르디술폰산나트륨

종이 코팅이나 접착제 등에 사용되는 SB(styrene-butadiene) latex의 유화분산제로서 비슷한 효과가 있다. 다른 유화 분산제와 비교하여 저장안정성, 화학안정성, 기계적 안정성 등이 대단히 우수하다.

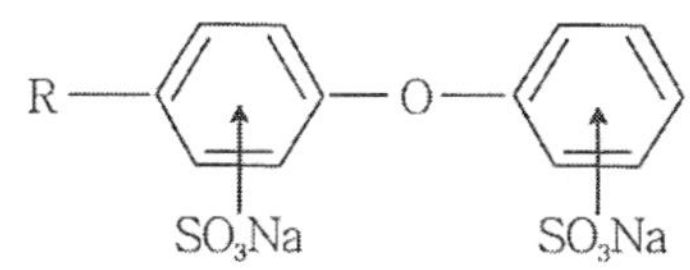

(5) 리그닌술폰산나트륨

목재의 아황산 증해(蒸解)과정에서 리그닌이 술폰화되어 가수분해, 축합 등의 과정을 거쳐서 생성되는 것으로, 분자량은 수천 내지 수만에 이르고 술폰화도(度)도 분포를 갖고 있다. 값이 싸기 때문에 요업, 분산염료 등의 용도로 널리 이용되고 있다. 불순물을 많이 포함하고 있기 때문에 착색이라든가 그 외 제품의 품질에 나쁜 영향을 끼칠 수 있다.

(6) 폴리아크릴산나트륨

무기안료 등의 극성이 큰 고체입자에 대한 분산효과가 우수하다. 무기안료의 슬러리 수송, 종이코팅 등의 안료분산제로서 이용되고 있다. 특히 카오린, 탄산칼슘, 수산화알루미늄, 산화티탄, 산화철 등의 무기염료 분산제로서 이용되고 있으며 기포성은 아주 작고 내후성도 우수하다. 그러나 극성이 작은 안료나 분산염료에 대한 분산효과는 없다.

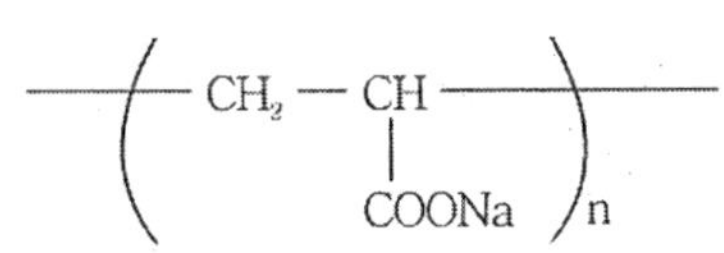

(7) 올레핀-말레인산나트륨공중합체

내후성이 좋은 범용분산제이고, 에멀젼 도료, 요업, 농약 등에 이용하고 있다. 무기안료, 유기안료, 분산염료 어느 것에나 효과가 있지만, 기포성이 비교적 크기 때문에 용도가 제한된다.

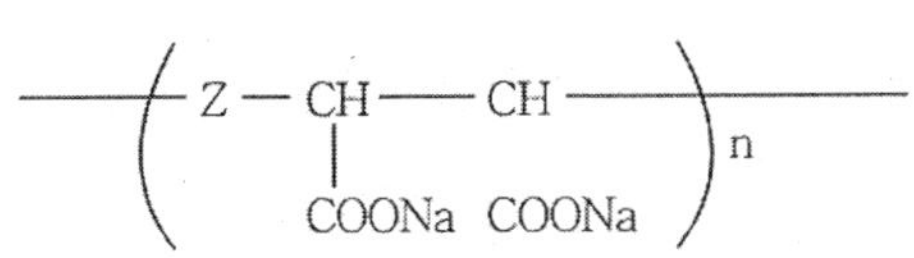

Z : ethylene, propylene, isobutylene, octene, ……

(8) 축합인산염

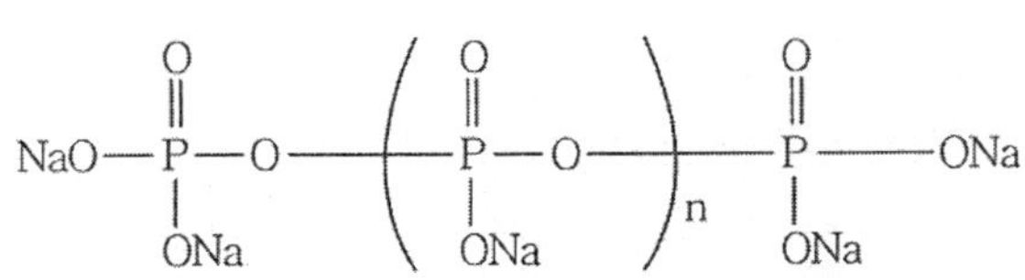

무기안료 등의 무기고체입자의 분산제로서 널리 이용되고 있다. 성능 외에 가격이 저가이기 때문에 많이 이용된다. 계의 온도를 올리면 가수분해 등을 받기 쉽게 되고, 시간에 따른 변화도 받기 쉬워 조건변화에 대응할 수 없는 것이 큰 결점이다.

(9) 카르복시메틸셀룰로오스

안료 등에서 분산 효과, 보호작용 효과 등이 있다.

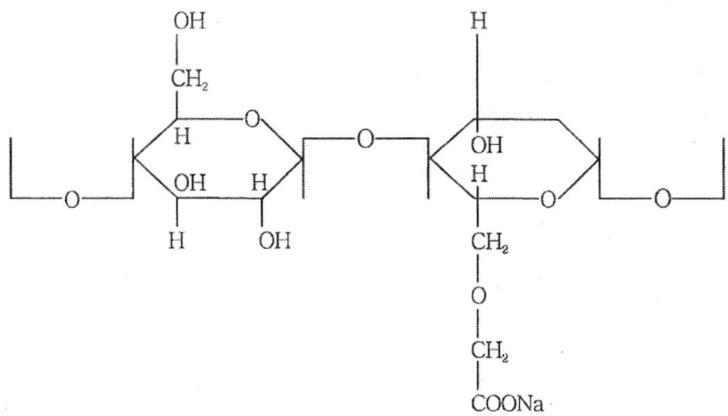

(10) 비이온활성제-폴리옥시에틸렌 알킬에테르

비이온성 활성계는 유기안료, 분산염료 그 외 고체입자의 분산제로서 우수한 효과가 있고, 여러 용도에 널리 이용된다. 특히 다환(多環) 구조를 가진 비이온활성제는 안료날염이나 에멀젼 도료 등에 이용되고 있는 색소의 분산제에 잘 이용된다.

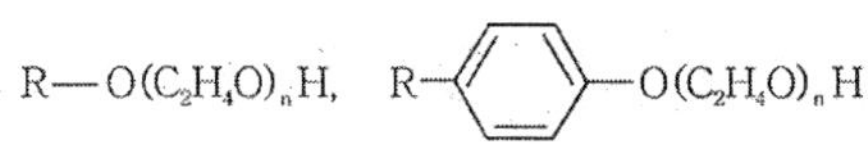

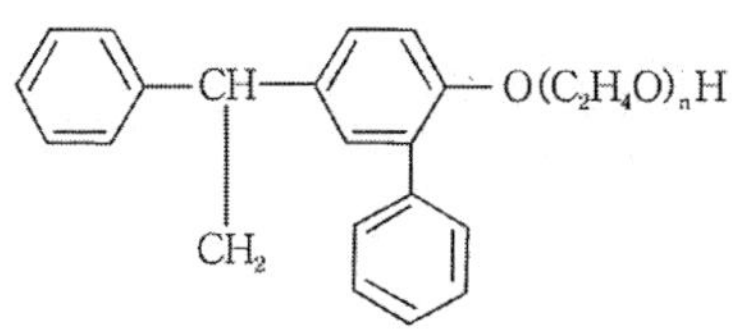

## 2) 비수계 분산계

(1) 알킬벤젠(나프탈렌) 술폰산염

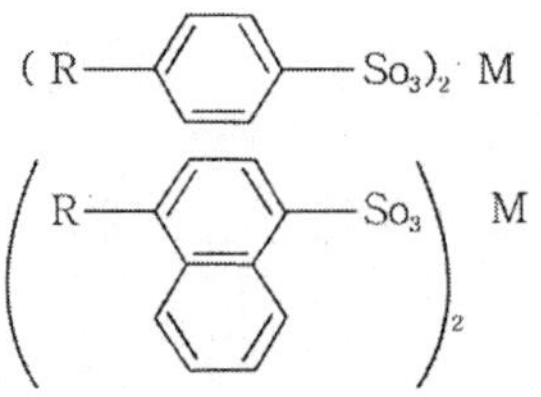

M : Ca, Mg

옛날부터 잘 알려진 분산제로 도료, 잉크, 윤활유 등에 이용되고 있다.

(2) 디옥틸술폰말레인산나트륨

수계, 비수계 어느 계에서나 우수한 분산효과가 있다. 대단히 특이한 활성제이다.

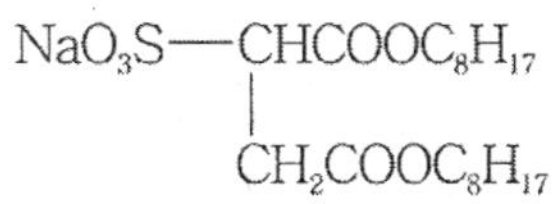

(3) 스티렌-무수말레인산 공중합체의 부분아미드화 또는 부분에스테르화물

도료, 잉크 등의 분산제로서 이용되고 있다.

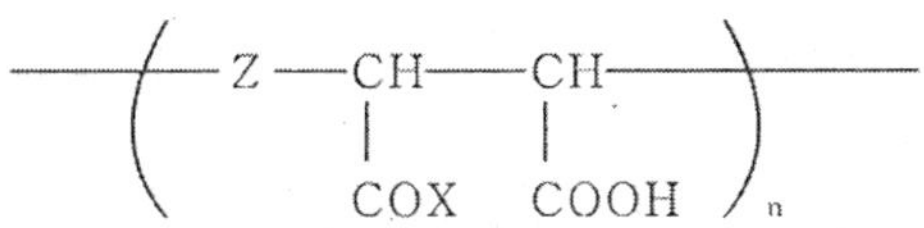

Z : olefin, X : NHR 또는 OR, R : alkyl기

(4) 아민유도체

**① 지방산아미드**

$$RCONH_2$$

**② 폴리옥시에틸렌 알킬아민**

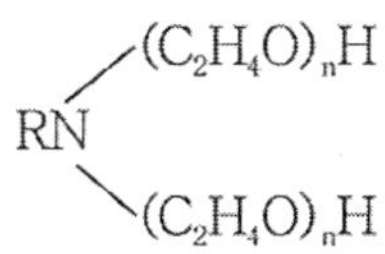

**③ 알킬아민(초산염, 지방염산)**

$$RNH_2 \cdot CH_3COOH$$
$$RNH_2 \cdot RCOOH$$

**④ 알킬 2급(3급) 아민(아미드)**

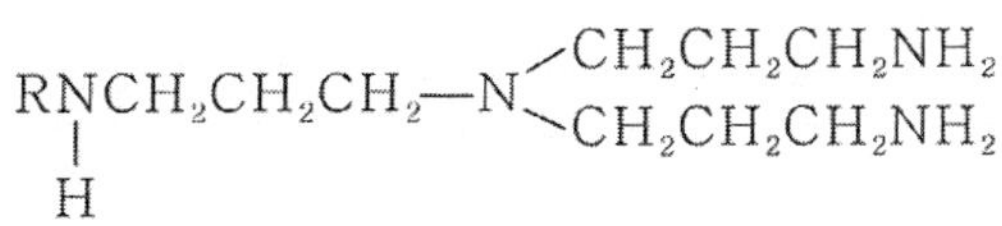

⑤ 알킬아미다졸린

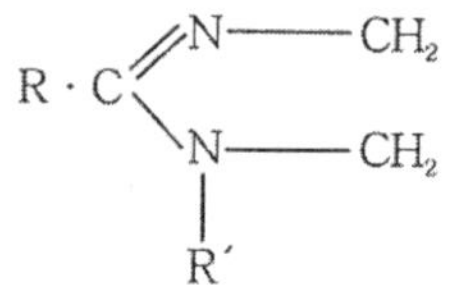

위와 같은 아민 유도체를 이용한 반응생성물과 염 등이 도료, 잉크 등의 용제에서의 안료 분산, 색별, 대전 방지 등의 목적으로 이용되고 있고, 안료의 표면 개질 목적이나 아스팔트의 유화제로서도 이용되고 있다.

### 2.4.7 분산제의 선택법

분산제의 역할은 고체입자를 분산매 중에 적시는 것이 우선이고, 그 다음이 분산기(分散機)에서의 분쇄를 돕는 일이다. 그리하여 미립화된 입자끼리가 재응집하는 것을 막는 것이다. 분산제가 실제로 사용되고 있는 것은 양적으로 보아 거의 수계이고, 비수계에서는 중요한 역할을 하는 것이 양적으로는 적다.

#### 1) 수계 분산계

고체입자가 무기(無機)의 극성이 큰 입자인 경우 물에 젖기 쉽기 때문에 분산제는 계면활성을 가질 필요는 없고 가능한 한 극성이 큰 분산제가 적합하다. 무기고체 입자 중에서 어느 정도 젖기 어려워서 시간이 필요한 경우 계면활성을 갖는 분산제가 적합하다.

유기고체입자는 습윤성이 나쁘기 때문에 계면활성이 큰 분산계를 이용할 필요가 있다. 그러나 기포력은 가능한 한 적은 것이 바람직하며 비이온성 분산제 중에서 가장 적합한 분산제를 선택하는 것이 일반적이며 이 비온성 분산제와 demol형 분산제와 병용하여 분산효과 이외의 물성을 높이는 것이 좋다.

#### 2) 비수계 분산계

비수계 분산제의 선택은 기준이 없기 때문에 시행오차법으로 선택하지 않을 수 없다. 분산매가 알코올, 에스테르계, 방향족탄화수소계, 지방족탄화수소계로 변하면 고체입자가 같더라도 최적 분산제는 전혀 다르고, 또 같은 분산매(媒)에서도 다르면 최적 분산제는 전혀 달라진다.

## 2.5 세정(洗淨)

계면활성제를 사용한 상품 중에서 세정제가 가장 통속적인 것이라 생각된다. 계면활성제의 응용에는 어떤 것이 있는가? 라는 질문을 받았을 때 우선 첫째로 들 수 있는 것이 세정제라고 생각된다. 계면활성제를 detergent라고 부르는 것으로도 이 사정을 짐작할 수 있다. 세정작용은 복잡한 작용이고 많은 인자가 그 중에 많이 포함되어 있기 때문에 계면활성제는 세정제의 주성분이고 세정작용의 중심적 역할을 하고 있음에 틀림이 없지만 세정에 필요한 모든 작용에는 계면활성제가 갖고 있지 않은 작용과 갖고 있어도 그 성능이 builder를 배합하여 세정제를 만들 수 있는 것이다. 이와 같이 세정작용이라는 것은 종합적인 작용인 것이다. 즉 계면활성제에 세정작용이라고 하는 고유의 작용이 있는 것이 아니고 계면활성제가 갖는 흡착, 계면장력 저하능, 습윤, 유화, 분산 등이 세정작용에 필요한 기능이기 때문에 계면활성제가 세정제로 사용되는 데 지나지 않는 것이다. 이제 계면활성제의 이러한 모든 기능 및 builder의 기능이 세정과정에서 어떻게 작용하는 가를 설명하고 특히 세정작용은 대단히 복잡하고 그 과정이 모두 밝혀져 있다고는 도저히 말하기 어렵다. 따라서 이 장에서도 알려져 있는 범위에서만 설명할 것이지만 세정작용에는 어떠한 기능이 필요한가는 대개 이해할 수 있을 것이다.

### 2.5.1 습윤과정

세정과정은 우선 침윤과정으로부터 시작된다. 오염물이 붙어 있는 기질(의류, 식품, 금속 등)이 세정액에 젖어서 접촉하고 있지 않은 경우에는 세정과정이 시작하지 않기 때문이다. 기름으로 더럽혀진 걸레를 물속에 넣더라도 걸레는 물위에 떠서 세탁할 수가 없다. 세정하려고 하는 기질에서 기름을 떼어내는 작용을 계면활성제가 갖고 있다.

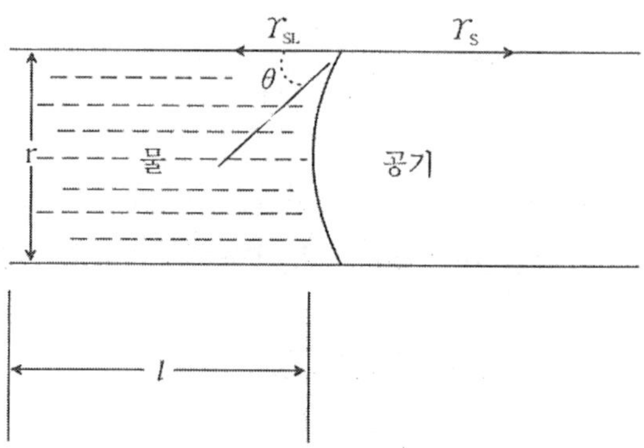


그림 4-15 침지젖음의 속도를 설명하는 그림

기질 표면에 부착되어 있는 물에 젖기 어려운 기름에 계면활성제가 흡착되어 젖게 된다. 또 기질 그 자체가 소수성이어서 물에 젖기 어려운 경우에도 마찬가지이다. 접시나 금속표면과 같은 평평한 기질에 대해서는 젖어서 퍼짐이 일어날 것이고 의류와 같은 다공성(多孔性) 물질에 대해서는 침적 젖음이 일어날 것이다. 의류세정에 대해서는 포(布)의 안쪽에 까지 세정액이 침투하지 않으면 안 된다. 이 침투 속도는 비교적 짧고 제한된 시간 내에 일어나는 세정에는 중요하다고 생각된다.

그러면 포(布)의 섬유와 섬유 간의 공간을 모세관의 집합체로 생각하고 그 평균 반경을 r이라고 하자. 그 모세관 속을 $\ell$ 거리까지 이미 물(세정액)이 들어가 있다. 모세관 속에 들어가는 것을 모세관 현상에 의한 것으로 그 driving force는 고체의 표면장력 $\gamma_S$와 고/액의 계면장력 $\gamma_{SL}$의 차이다. $\gamma_S-\gamma_{SL}$의 힘이 단위면적당 작용하고 있기 때문에 여기에 모세관 주위의 길이 2πr을 곱하면 물이 관내에 침입하는 힘이 된다. 이 힘을 모세관의 단면적으로 나누어 주면 물이 침입하려고 하는 압력(모세관 압력) ΔP를 구할 수 있다.

$$\Delta P=\frac{2\pi(\gamma_S-\gamma_{SL})}{\pi r^2}=\frac{2(\gamma_S-\gamma_{SL})}{r} \tag{30}$$

모세관 속으로 물의 침입이 평형상태에서 일어난다고 하면 $\gamma_S-\gamma_{SL}$은 $\gamma_L\cos\theta$ ($\gamma_L$ : 액체의 표면장력)와 같은 Young식이기 때문에 위의 식은 다음과 같이 쓸 수 있다.

$$\Delta P=\frac{2\gamma_L\cos\theta}{r} \tag{31}$$

만약 접촉각 $\theta$가 90° 이상일 때는 ΔP≥0이 되고 액은 관속에 침입되지 않고 역으로 밀려나온다. 이것은 $\theta$=90°에서 침지 젖음이 일어나는 이유이다. 이와 같이 액이 관내에 침입하는 driving force에 대하여 설명하였는 데 침입하는 속도를 문제로 삼으면 액의 흐름에 대한 저항을 생각해야 한다. 양 끝에 ΔP인 압력차가 존재할 때 관속을 흐르는 액체의 속도에 관하여 Hagen−Poiseuille식이 알려져 있다.

$$\frac{dl}{dt}=\frac{r^2}{8\eta l}\cdot\Delta P \tag{32}$$

여기서 $l$은 액이 모세관 속을 진행한 거리이고, η는 액체의 점도이다. (32)식 중에 ΔP에 (31)식의 모세관 압력을 대입하고 적분하면 다음 식을 얻을 수 있다.

$$\Delta P=\frac{r\gamma_L\cos\theta}{2\eta}\cdot t \tag{33}$$

이 식은 Washburn식으로 불린다. 기름으로 오염된 포에서는 $\theta\geq$90°가 되는 경우도 충분히 고려되어 물은 관내(布 속)에 침입할 수 없지만 계면활성제는 이 접촉각을 작게 하고 침수를 쉽게 한다. 또 $\theta$를 작게 함으로서 침입속도를 빠르게 할 수 있는 것을 (33)식으로부터 알 수 있다.

### 2.5.2 오염물의 이탈과정

오염물을 기질로부터 이탈시키는 과정은 세정의 중심적인 과정이다. 세정을 좁은 의미로 해석한다면 이 과정이야말로 세정과정이라고 생각할 수 있다. 이 이탈과정은 말할 필요도 없이 부착의 역(逆)과정이므로 일반적으로 energy를 필요로 한다. 이 energy는 세탁기, 물의 분사, 초음파 등에 의해 제공된다. 손을 씻는 경우에는 사람에 의해 이 energy가 주어지는 것은 말할 필요도 없다. 이렇게 energy가 외부로부터 제공되는 것을 전제로 한 세정과정에 있어서 세정제가 하는 역할은 가능한 한 오염물이 떨어지기 쉽게, 즉 적은 energy로 오염물이 떨어지도록 하는 것이다. 앞으로 고체나 액체 오염물이 어떻게 세정제에 의해 떨어지기 쉽게 되는 가를 알아보자.

#### 1) 고체오염물의 이탈

오염물의 이탈기구 중에서 현재 가장 이해되고 있는 것이 고체오염물의 이탈과정이다. 고체오염물의 이탈은 오로지 정전기상호작용으로부터 설명되고 있고, "분산"의 항에서 설명한 것을 그대로 이용할 수 있다. 따라서 이 절에서는 오염물 입자와 기질과의 potential energy 곡선을 사용하기로 한다. 그림 4-16은 Lange에 의해 제안된 고체 오염물의 이탈기구이다. Lange에 의하면 기질 S에 붙어 있는 오염물 입자 P(상태 I)는 세액 중에서 우선거리 δ만큼 떨어져서 상태 II가 된다. 이 과정을 step I으로 한다. 이 step I 과정은 물이나 계면활성제 등이 기질이나 오염물 입자에 흡착하여 일어나기 때문에 외부로부터 energy를 줄 필요가 없다.

또 거리 δ는 수하층 또는 계면활성제 등의 흡착물 만큼의 두께이고 극히 짧은 거리이다. 다음 과정은 오염물 입자가 거리 δ에서부터 무한히 먼 거리까지 떨어지는 과정으로 step II라 한다. Step II 다음에 입자는 기질로부터 완전히 떨어져(상태 III) 입자의 이탈은 끝나게 된다. 이들 과정은 어느 것이나 energy가 높은 쪽으로 이

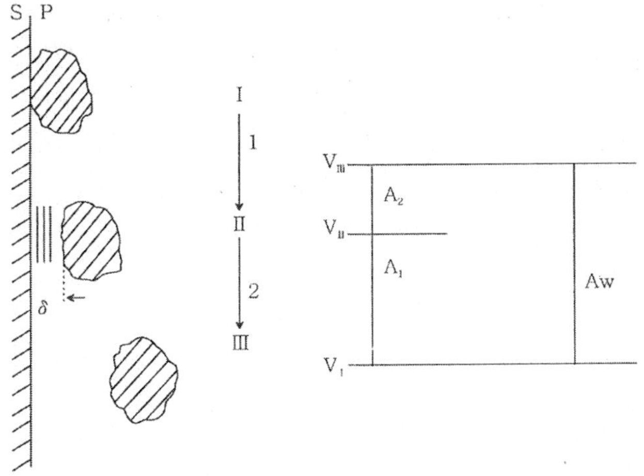


그림 4-16 기질(S)로부터 입자(P)가 이탈하는 과정 및 대응하는 energy level

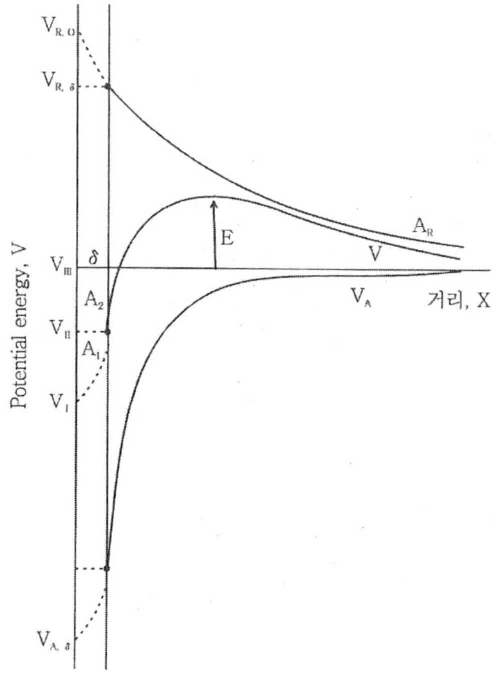


그림 4-17 Potential energy(V)와 기질-입자간 가리(X)의 관계
$V_R$ : 전기이중층에 의한 반발, $V_A$ : van der Waal 인력에 의한 energy

행하는 과정이라는 것을 알 수 있다. 입자를 완전히 떼어내는 데 필요한 energy($A_w$)는 step I과 step II에 수반되는 energy $A_1$과 $A_2$의 합이 되는 데 이 중에 $A_1$은 수화, 흡착 등에 의해 자연히 주어지고 외부로부터 주어지지 않으면 안 되는 energy는 나머지 $A_2$만이다. 그리고 step I 및 step II에 수반되는 모든 energy 수지는 그림 4-16에 나타난 것이지만 상태 II로부터 상태 III로의 이행(step II)에 있어서 더 높은 energy벽을 넘지 않으면 안 된다. 이 상태를 표시한 것이 그림 4-17이다. 상태 II에서 III로의 이행에 수반되는 모든 energy변화는 VIII-VII(=A2)이지만 그 도중에 A2+E인 energy 벽을 넘지 않으면 안 되는 것을 알 수 있다. 이 넘어야 할 energy 벽의 높이가 얼마인가에 의해 세정의 용이함을 알 수 있다. 따라서 세정제에 배합된 모든 성분이 그림 4-17의 potential energy 곡선을 변화시켜서 좌로부터 우로의 변화가 중요하게 된다. 세정제에 배합된 모든 성분이 그림 4-17의 potential energy 곡선을 변화시켜서 좌로부터 우로의 변화에 수반되는 potential 장벽($A_2$+E)이 가능한 작게 되도록 하는 것이 중요하다. 또한 세정에서 우로부터 좌로의 변화는 오염물 입자의 재 부착에 관계한다.

### 2) 액체오염물의 이탈

액체오염물의 이탈에 대해서는 고체오염물의 경우만큼 그 기구가 분명하지는 않다. 액체오염물이라고 하는 것은 거의 모든 경우가 기름이기 때문에 기름과 지질물

(脂質物, 세정액)과 기질(基質)과의 젖음이 중요한 인자가 된다는 것은 예상된다. 그림 4-18은 기질에 부착된 기름이 물속에 존재하는 모습을 나타내었다.

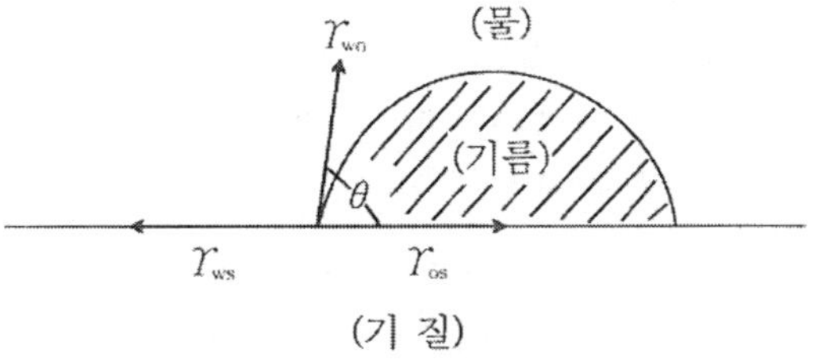


그림 4-18 물속에서 기름 오염물이 기질에 붙는 모양

"Wetting" 항에서 설명하였듯이 기름-물-기질의 접촉점에 있어서 3 종의 계면장력 사이에 균형을 이루게 된다. 이 균형은 Young식으로 표현된다.

$$\gamma_{WS} = \gamma_{OS} + \gamma_{WO}\cos\theta \tag{5}$$

여기서 $\gamma_{WS}$, $\gamma_{OS}$, $\gamma_{WO}$는 각각 물/기질, 기름/기질, 물/기름 사이의 계면장력이고, $\theta$는 기름과 물과의 접촉각이다. 그러면 물속에 기름이 그림 4-18과 같은 모양으로 부착되어 있다고 하고 여기에 계면활성제가 첨가된 경우를 생각해 보자. 계면활성제는 기질 및 기름을 흡착하고 물/기질($\gamma_{WS}$) 및 물/기름 사이의 계면장력($\gamma_{WO}$)을 저하시킨다. 기름과 기질 사이에는 계면활성제가 침입할 수 없기 때문에 $\gamma_{OS}$는 거의 영향을 받지 않는다. 이러한 상태에서 기름-물-기질의 접촉점은 $\gamma_{OS}$에 의해 기름 쪽

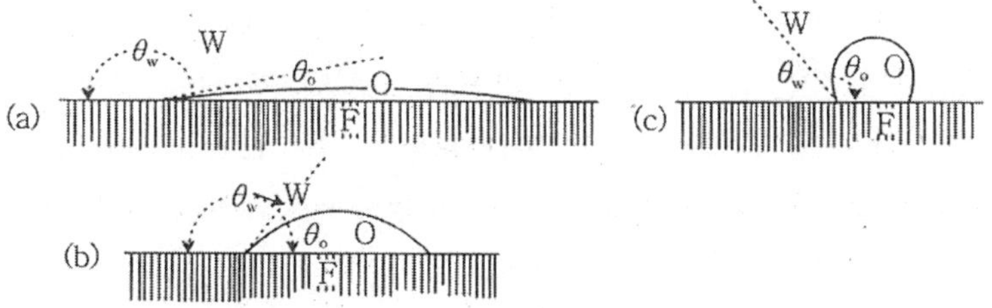


그림 4-19 기질상 기름의 rolling up: (a) → (c)와 같이 기름이 둥글게 된다.

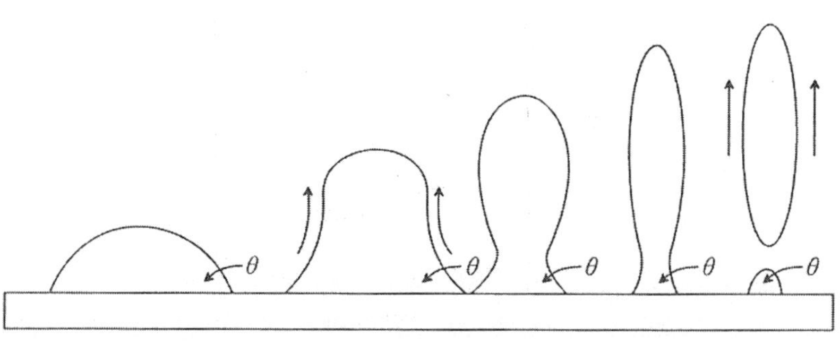


그림 4-20 $\theta$<90°인 경우 기름이 기질에 남는 모양

으로 이끌리고 기름은 둥글게($\theta$가 크게) 되려고 한다. 기름오염물의 이러한 변형과정을 rolling up이라고 한다. 그림 4-18에 그 모양을 모식적으로 나타내었다.

만약 이 변화가 극단적으로 진행되면 ($\gamma_{WS}$이 $\gamma_{WO}$과 대단히 작게 되면) 기름방울로부터 energy를 받는 일 없이 비오염물을 제거할 수 있게 된다. 변형이 이렇게 극단적이 아니더라도 $\theta > 90°$이면 오염물은 비교적 떨어지기 쉽다고 생각할 수 있다. 그러나 $\theta < 90°$인 경우 오염물은 떨어지기 어렵고 외부로부터 energy가 가해지더라도 그림 4-20과 같이 작은 기름방울이 남게 된다.

계면활성제의 존재 하에서도 $\theta$가 대단히 작으며, rolling up 기구가 전혀 작용하지 않는 경우가 있다. 이러한 경우에는 계면활성제에 의한 기름의 유화, 가용화 등이 오염물의 제거기구로서 작용한다. 액체 오염물의 이탈 기구로서 한 가지 주의해야 할 것이 있다. 그것은 기름이 지방산이든가 또는 지방산을 포함하는 경우이다. 세제로 인체에서 분비되는 오염물 중에는 지방산이 30% 정도나 포함되어 있는 것으로 알려져 있다. 이러한 오염물이 알칼리성 용액에 침투되면 지방산은 수용성 비누가 된다. 오염물 중에 이러한 비누가 생기면 스스로 유화, 분산하여 기질로부터 이탈된다. 이러한 기구는 인체의 오염물뿐만 아니라, 예를 들면 양모의 세정 등에 있어서도 작용한다고 생각 할 수 있다.

### 2.5.3 오염물의 재부착

지금까지 기질에 부착된 오염물이 이탈하는 과정에 대하여 설명하였다. 한 번 떼어낸 오염물이 다시 기질에 붙는다면 의미가 없다. 따라서 한 번 떼어낸 오염물이 다시 기질에 붙지 않도록 하는 것이 중요하다. 그러나 재 부착을 방지하는 방법은 기본적으로 고체입자의 분산을 안정화하는 방법과 고체입자의 유화상태를 안정화하는 방법과 같다. 따라서 고체입자에 대한 분산 효과를 갖는 carboxyl methyl cellulose (CMC)나 polyethylene glycol(PEG)과 같은 polymer류, tripolysodium phosphate와 같은 축합인산염 등이 재오염 방지제로서 효과가 있다.

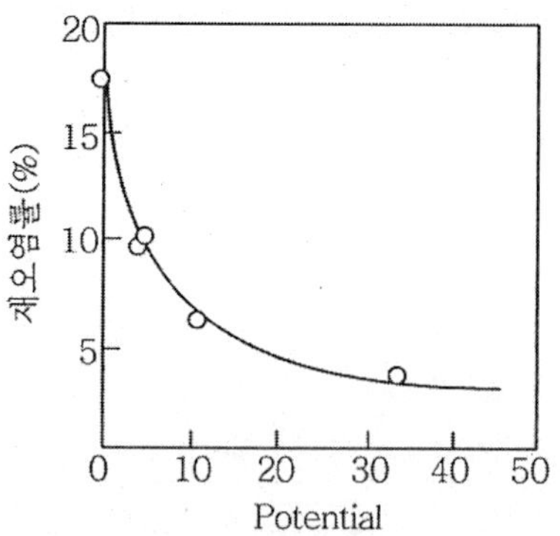


그림 4-21 Potential 장벽과 재오염의 관계

### 2.5.4 세정제의 성분과 그 역할

이제까지는 세정의 기구에 대하여 설명하고 계면활성제와 다른 성분에 의한 각 작용이 종합적으로 작용하여 세정작용을 하는 것으로 설명하였다. 여기서는 세정제에 포함되어 있는 각 성분이 세정에 필요한 기능 중 어느 역할을 하고 있는지를 정리하려고 한다.

#### 1) 계면활성제

세정제의 주성분이고 여러 가지 기능을 갖고 있다. 첫째로 오염물이 붙은 기질을 세정액으로 적시는 작용, 둘째로 오염물 및 기질에 흡착하여 하전을 주는 작용, 셋째로 기름 오염물을 rolling up시키는 작용, 넷째로 세정액 중에서 오염물을 유화, 분산시켜서 재부착을 막는 작용과 세정과정에서 처음부터 끝까지 중요한 작용을 하고 있다. 세정제로 사용되는 계면활성제는 세정하는 대상에 따라 여러 가지가 있는 데 대표적인 것을 예로 든다면 다음과 같다.

- Alkyl benzene sulfonic acid salts(LAS, ABS)
- Alkyl sulfate salts(AS)
- Alkyl polyoxyethylene sulfate(ES)
- α-olefin sulfonate(AOS)
- Alkyl sulfonic acid salts(SAS)
- Soap
- Polyoxyethylene alkyl ether
- Polyoxyethylene alkyl phenyl ether

또 음이온 계면활성제와 병용하여 세정력과 기포력을 증강시켜 주는 보조 계면활성제로서는

- Alkyl betaine
- Alkyl dimethyl amine oxide
- Alkyl sulfo betaine
- Fatty acid diethanol amide 등을 예로 들 수 있다.

#### 2) 축합인산염

축산인산염의 중요한 역할은 chelate제로서의 작용이다. 일상 사용하는 물속에는 칼슘이온과 마그네슘이온이 함유되어 있다. 이들 2가 이온과 계면활성제가 염을 만들면 Kraft point가 높게 되고 물에 녹을 수 없는 고체가 되어 석출한다. 소위 scum(浮제)라고 불리는 것이 비누의 칼슘염이다. 이렇게 고체가 되어 석출한 계면활성제는 그 기능을 잃어버리기 때문에 그것을 방지하기 위하여 chelate제를 배합한

다. 대표적인 chelate제로서 tripolyphosphoric acid salts, pyrophosphoric acid salts, orthophosphoric acid salts와 같은 축합인산염이다. 또 무기물에 흡착하여 음의 하전을 주고 무기오염물의 이탈과정과 재부착 방지에 도움을 준다. 모든 분말 세정제에 배합되는 데 세제의 분말물성을 개량하는 효과도 갖는다. 이는 분말의 유동성을 좋게 하고 caking이 일어나기 어렵다. 이처럼 축합인산염은 세제에 따라 아주 유용한 성질을 갖고 있지만 최근 선진국에서는 호수의 부영양화 문제로 인해서 그 사용이 제한되고 있는 것을 명심해야 한다.

### 3) 탄산나트륨, 규산나트륨

이것들은 어느 것이나 세정액을 알칼리성으로 유지하기 위하여 배합된다. 세정액을 알칼리성으로 하면 기질에 음의 하전을 주어 고체 오염물의 이탈을 돕는 것은 이미 설명하였다. 또 지방산과 같은 기름 오염물에 대해서는 이것을 비누로 바꾸어 이탈시키는 것도 앞에서 설명하였다.

### 4) 고분자물질

고분자 물질의 기능은 오염물 입자에 흡착하여 재 부착을 방지하는 것이다, 재부착 방지제로서 carboxyl methyl cellulose(CMC)가 가장 잘 알려져 있다. CMC는 음이온성 polymer이고, 흡착하면 오염물과 기질에 음의 하전(荷電)을 주어서 재 부착을 방지한다.

고분자물질이 흡착될 경우 단순히 하전효과뿐만이 아니라 입체장애, 침투압 효과라는 분산안정화 기구가 작용한다. 이렇게 고분자 물질은 분산 안정화에 유효하기 때문에 옛날부터 보호콜로이드라는 이름으로 알려져 사용되어 왔다. 고분자 물질의 분산안정화가 이러한 기구로 일어나기 때문에 반드시 이온성 polymer가 아니라도 재부착 방지효과를 갖는다. 비이온성 polymer로서는 polyethylene glycol(PEG) 등이 사용된다.

### 5) 황산나트륨

이온강도를 조절하기 위해서 사용된다. 소량으로 높은 이온강도를 얻기 위해서는 다가(多價) 이온이 효과가 있지만 양이온에 다가 이온을 사용하면 계면활성제의 염을 만들어 침전되기 때문에 음이온 쪽을 2가 황산이온으로 한다. Chelate제와 분산제로서 배합되는 축합인산염은 다가 음이온을 가지며 이온강도를 높이는 목적에도 유효하게 작용한다. 이온강도의 증가는 potential energy 곡선의 변화, 계면활성제의 흡착 증진, CMC를 낮게 함으로써 세정력에 도움을 주는 것은 이미 설명하였다.

### 6) 기타

세정할 때의 거품을 목적으로 비누가 소량 첨가되는 수가 있다. 비누는 또 세정할 때 계면활성제로서 작용하는 것은 말할 필요도 없다. 또 소량의 향료는 상품 가치상 꼭 필요하다. 또 단백질 오염물의 세정을 잘하기 위하여 효소가 배합되는 수가 있다. 최근 다가(多價)이온 첨가제로서 zeolite가 사용되게 되었다. 이것은 인산염의 부영양화 문제로부터 대체용으로 나온 것이다. Zeolite는 경수(硬水)연화의 작용에 관해서 축합인산염과 같은 성능을 갖지만 무기 오염물에 대한 분산제, 이온 강도 조절제로서의 기능은 전혀 갖고 있지 않고 그 기능을 얻기 위해서 다른 물질을 배합할 필요가 있다.

### 7) 세정제 배합 예

Light-duty liquid detergent

| Components | Weight percent |
|---|---|
| Sodium dodecylbenzene sulfonate | 17.4 |
| Ammonium dodecylphenoxy-hexaoxyethylene sulfate | 11.9 |
| Sodium xylenesulfonate | 7.0 |
| Lauric diethanolamide | 6.0 |
| Polystyrene latex | 0.8 |
| Ethanol | 2.8 |
| Water | 54.1 |
| | 100.0 |

Heavy-duty liquid detergent

| Components | Weight percent |
|---|---|
| Potassium dodecylbenzene sulfonate | 10.0 |
| Tetrapotassium pyrophosphate | 10.1 |
| Sodium xylenesulfonate(commercial) | 3.15 |
| Lauric diethanol amide | 3.8 |
| Lauric isopropanol amide | 3.2 |
| Sodium silicate(37%)($Na_2O:SiO_2$ of 1:2.5) | 7.0 |
| Optical brighteners | 0.079 |
| Water plus KOH to pH 12.1 | 48.171 |
| Sodium carboxymethyl cellulose | 0.04 |
| Methyl cellulose | 0.46 |
| | 100.00 |

Heavy-duty liquid detergent

| Components | Weight percent |
|---|---|
| Dodecylphenol 10 mole ethylene oxide condensate | 7.0 |
| Polyoxyalkylene alkanol | 2.0 |
| Potassium pyrophosphate | 25.0 |
| Vinyl methyl ether and maleic anhydride interpolymer | 2.0 |
| sodium xylenesulfonate | 2.0 |
| Oleic acid | 2.0 |
| Tallow fatty acids | 1.0 |
| Potassium hydroxide | 2.28 |
| Water and miscellaneous | 56.72 |
| | 100.00 |

Heavy-duty powder detergent

| Components | Weight percent |
|---|---|
| sodium linear dodecylbenzene sulfonate | 13.3 |
| sodium nitrilotriacetate | 9.5 |
| sodium tripolyphosphate | 41.2 |
| sodium silicate($Na_2O:SiO_2$ of 1.6:1) | 10.0 |
| sodium sulfate | 11.0 |
| sodium soap of hardened fish oil fatty acids | 0.5 |
| sodium soap of hardened tallow oil fatty acids | 1.5 |
| sodium carboxy methyl cellulose | 0.33 |
| Phosphonated random octadecene | 0.1 |
| Optical brightener | 0.5 |
| Moisture | Balance |

Heavy-duty detergent powder

| Components | Weight percent |
|---|---|
| Condensation product of one part of tall oil with 1.6 parts of ethylene oxide | 15.0 |
| Sodium tripolyphosphate | 20.0 |
| Tetrasodium pyrophosphate | 20.0 |
| Soda ash | 20.0 |
| Sodium silicate solution(28% solids) ($Na_2O:SiO_2$ = 1:3.2) | 24.0 |
| Sodium carboxymethyl cellulose | 1.0 |
| | 100.00 |
| Plus potassium tallate up to | 1.0 |

Heavy-duty detergent tablet

| Components | Weight percent |
|---|---|
| Sodium tripolyphosphate | 33.0 |
| sodium alkylbenzene sulfonate | 22.0 |
| sodium sulfate | 19.1 |
| sodium silicate($Na_2O$:$SiO_2$ of 1.6:1) | 11.0 |
| sodium carboxymethyl ceilulose | 0.65 |
| Optical brightener | 0.2 |
| Monotehanolamide of coconut oil fatty acids | 3.0 |
| sodium chloride | 7.25 |
| Moisture | 4.0 |

## 2.6 미셀화와 가용화

### 2.6.1 미셀화

계면활성제 분자에서의 탄화수소 부분은 소수성 부분이다. 즉 이는 물에서 접촉을 멀리 하려는 경향이 있다, 계면활성제의 여러 흡착현상은 이들의 소수성 부분의 이런 경향에 기초를 두고 설명한다. 계면에서 흡착이 충분히 이루어지고 계면활성제의 농도가 더욱 증가함에 따라 소수성 부분은 물과 접촉을 멀리 하려는 것은 물로부터 소수성 부분이 분리되는 것으로 계면활성제의 응집효과라 볼 수 있다. 그 응집된 형상을 미셀(micelle)이라 부르고 계면활성제 분자들이 미셀을 형성하려고 할 때의 농도를 임계미셀농도(critical micelle concentration) 즉 CMC라고 부른다.

물에서 이온성 계면활성제의 용해도가 여러 온도에서 측정되었을 때 용해도가 갑자기 증가되는 것이 나타나는 데 이 온도를 Kraft point 혹은 Kraft temperature라고 부른다. 그림 4-22는 이온성 계면활성제의 도해상(schematic phase) diagram을 나타낸 것이다.

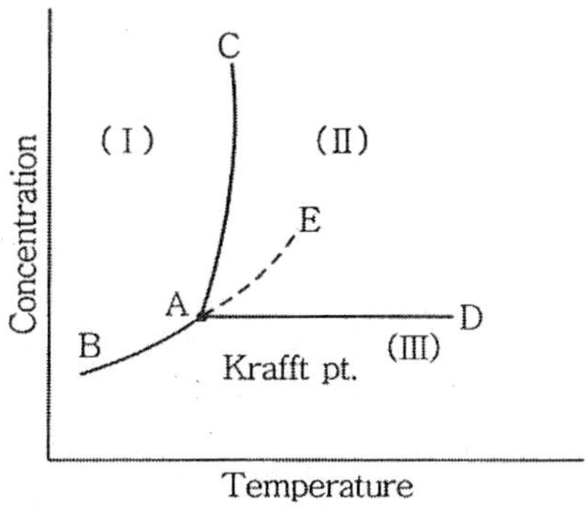


그림 4-22 Kraft point 근방에 있어 계면활성제의 상도

곡선 BAC는 용해도를 나타낸 것으로 Kraft point에서는 용해도가 갑자기 증가되는 현상이 나타났다. Kraft point보다 낮은 온도는 계면활성도의 용해도를 넘어서 있는 과잉량의 계면활성제가 수화된 결정체로 분리되는 것으로 이런 부분을 그림 4-22에서 Region(I)로서 보여준다. 그리고 Kraft point 이상의 높은 온도에서 미셀은 수화(水和)된 결정체가 분리되지 않고 계면활성제의 증가된 농도에서 미셀이 형성되는 것이다. 그림 4-22에서 CMC는 곡선 AD에 의하여 나타낸 것으로 이 때의 CMC는 농도에 영향을 받지 않고 곡선 AD는 거의 평형을 나타낸다. 이런 설명에서 곡선 BAD(Region III) 보다 낮은 부분은 단량체(單量體)용액상이고 곡선 CAD (Region II)의 오른편은 미셀화용액상이다. 보다 높은 계면활성제 농도에서 단량체들은 보다 낮은 온도에서 수화된 결정체와 함께 존재할 것이다. 곡선 AC는 결정체상과 미셀화용액 간의 경계를 나타낸 것이다.

CMC 이상의 농도에서 용액에 가하여진 계면활성제 분자들은 그림 4-23에서 보여준 것처럼 미셀로 존재한다. 미셀을 형성하는 데 존재하는 계면활성제의 농도는 다음과 같이 두 가지 방법으로 증가될 수 있다.

처음의 경우는 계면활성제의 농도가 여러 배의 CMC로 있을 때 일어나는 것이다. 보다 높은 농도에서 미셀의 크기는 더 커지고 그런 경향에 의하여 구형에서 다른 형태로 변하는 것이다. 이런 현상은 이온성, 비이온성 및 양이온성 계면활성제에서 모두 동일한 현상이다. 더욱이 일반적으로 Kraft point가 낮으면 수화된 결정체는 보다 낮은 온도에서 분리한다. 그러나 보다 높은 온도에서 비이온성 계면활성제 용액은 두 액상이 안개현상으로 분리한다.

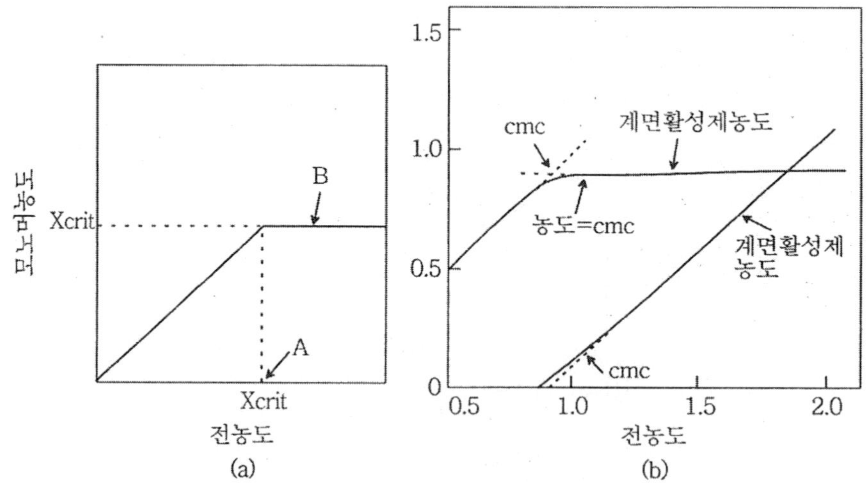


그림 4-23 상분리 (a) 미셀형성, (b) monomer와 전농도의 관계

### 2.6.2 CMC의 결정

단 분자상으로 용해하고 있는 계면활성제가 CMC을 넘어 여러 분자의 집합체를

이루는 것에서 수용액의 물성이 CMC의 전후에 크게 변화가 온다는 것이 당연하다. 계면활성제의 응용에 있어서도 CMC에 물성이 변화하는 것이 매우 어려운 점이 있다. 따라서 계면활성제의 CMC를 알고 있는 것은 계면활성제를 사용할 경우 극히 중요한 것이다.

본 절에서는 CMC를 결정하는 방법에 관하여 설명하고자 한다. 실제 문헌 상으로는 20여종의 CMC결정법이 보고되고 있지만 몇 가지 예를 들어 설명한다.

#### 1) 전기전도도법

이온성 계면활성제의 CMC 결정법으로서 제일 간단한 방법으로 정확한 CMC 값을 갖는다. 그러나 결점으로는 무기염류와 같은 전기전도성을 갖는 물질이 공존하는 경우에는 적용되지 않는다. 따라서 물성 측정용에 특별히 합성, 정제된 순수한 이온성 계면활성제의 CMC 결정법으로는 장려되지만, 시판되고 있는 계면활성제에 적용하는 경우에는 적당치 않고 또한 비이온성, 양성 계면활성제의 수용액은 전기전도성이 없어 부적당하다. 전기전도성은 온도의 변화에 민감하므로 ±0.1℃ 정도의 안정성을 갖도록 항온조 내에서 실험해야 한다. 그림 4-24는 순수한 sodium dodecyl sulfonate의 CMC를 전기전도법으로 결정한 예이다. 그림에서 변곡점이 CMC 값으로 추정한다. 농도가 증가함에 따라 전기전도도의 상승이 적게 되어 변곡선이 나타나게 된다.

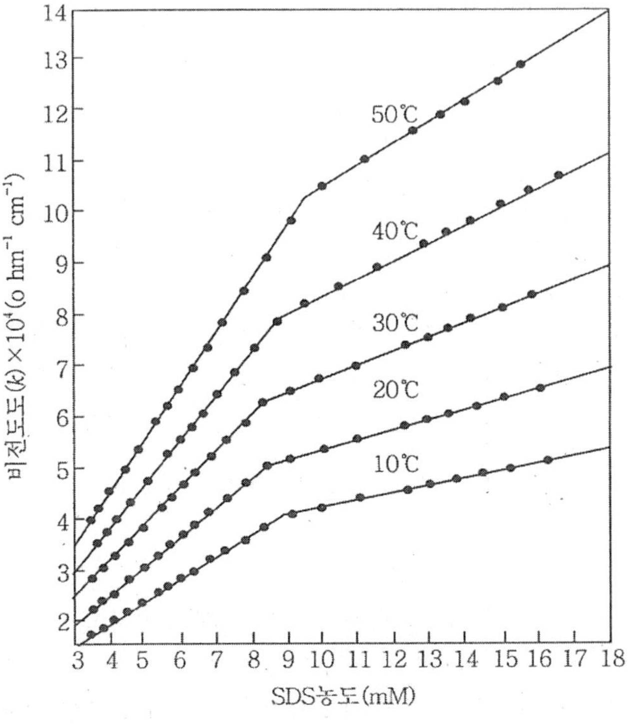


그림 4-24 전기전도도법에 의한 CMC의 결정

### 2) 표면장력법

계면활성제의 농도를 변화시키면서 표면장력을 측정하는 것과 CMC 이상의 농도에서 표면장력 변화는 일정하게 된다. 이 성질을 이용하여 CMC를 결정하게 된다. 단지 CMC를 추정하고자 하는 경우에는 적수법이 간편한 방법이다.

그림 4-25에는 간단한 장치를 설명한다. JIS규격 K3362 계면활성제 시험 방법에 따라 일정온도에서 계면활성제 수용액에 대한 적하법에 의하여 측정하였다. 시험액의 액면이 stalagmometer의 지정된 상하의 표선 사이(용량 5mL)를 배분 12±2방울 정도로 떨어지도록 낙하속도를 조절하여 낙하는 동안 낙하되는 전적수(全滴數)를 측정하고, 따로 순수한 물에 대하여도 동일한 방법으로 측정하여 다음 식에 의하여 표면장력을 소수점 이하 2위까지 구한다.

$$\delta = \frac{n_0}{n}\delta_0 \tag{1}$$

여기서 $\delta_0$는 측정온도에서 순수한 물의 표면장력(dyne/cm), $n_0$는 순수한 물의 적수, n은 시험액적수, δ는 측정온도에서의 시험액의 표면장력(dyne/cm)이다.

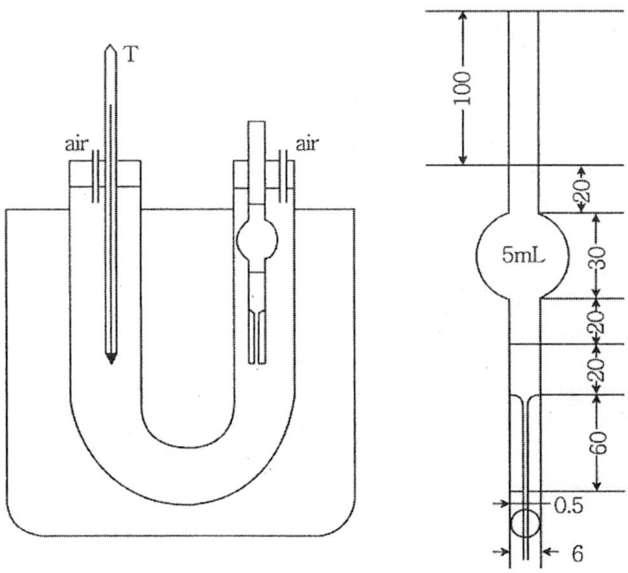


그림 4-25 적수법에 의한 CMC의 결정

### 3) 색소가용화법

어떤 종류의 색소를 미량 물에 가용시킬 때 계면활성제 농도의 증가에 따른다. CMC를 넘는 농도에서 색소의 스펙트라나 형광스펙트라가 크게 변화한다. 따라서 어떤 파장이 흡수될 때 그의 흡수도와 계면활성제 농도의 관계를 plot하면 CMC에서 변곡점을 얻게 된다. 이 목적에 사용된 색소에는 pinacyanol chloride & rhodamine

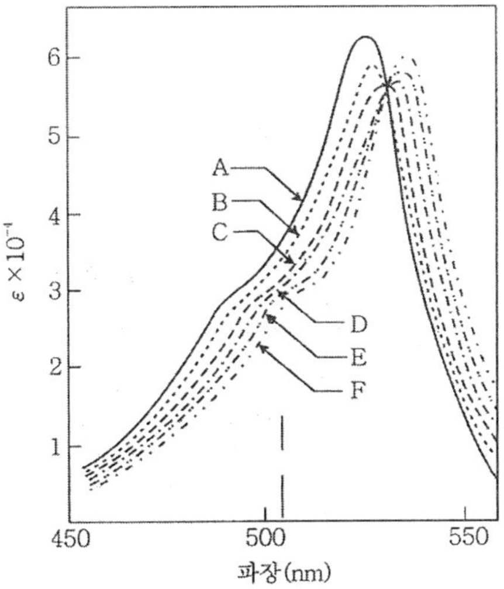


계면활성제의 농도
(A) 0, (B) $4.08 \times 10^{-4}$, (C) $8.16 \times 10^{-4}$
(D) $1.02 \times 10^{-3}$, (E) $4.08 \times 10^{-3}$
(F) $5.10 \times 10^{-2}$mol/L
색소농도 $1.46 \times 10^{-5}$mol/L

그림 4-26 Polyoxyethylene dodecyl ether 농도에 의한 흡수스펙트라 변화

G가 음이온 계면활성제에 대하여 유효하고 eosin, fluorecein 등이 양이온 계면활성제에 대해 유효하고, 비이온 계면활성제에 대해서는 pinacynal chloride, erythrosine, iodine 등이 사용된다. 그림 4-26에서는 Polyoxyethylene dodecyl ether의 CMC를 결정하기 위해 색소 erythrosin를 이용한 예이다.

그림 4-26에서 계면활성제 농도의 증가와 함께 색소의 흡수스펙트라는 거의 흡수점을 갖고 변화하고 있다. 이 같은 흡수점의 존재는 색소가 수상(水相)과 미셀상 두 개의 상태에 분배되어 있는 것을 나타낸다. 그의 분배가 계면활성제 농도의 증가와 어떤 미셀 상측에 크게 되기 때문에 그림 4-26과 같은 결과를 나타낸다.

### 2.6.3 CMC에 영향을 주는 요인

계면활성제의 CMC는 일반적 성질의 용해도와 상관된다. 따라서 어떤 요인이 어떤 모양으로 CMC에 영향을 주는 가를 고려해 볼 경우 그 요인이 일반적 물질의 용해도에 어떤 모양으로 영향을 주는 가에 대하여 고려하여 보면 정성적으로 추정된다. 그 요인이 수용성이 큰 것이라면 CMC가 크고 그 반대의 경우는 작게 된다.

#### 1) 알킬기 장쇄의 영향

직쇄알코올 동족체의 물에 대한 용해도는 알킬기의 탄소 수 증가에 따라 감소한다. 이와 똑같이 계면활성제의 CMC는 알킬기의 쇄장이 길게 되면 그만큼 감소된다. 음이온, 양이온, 양쪽성이온, 비이온 계면활성제에 관한 예를 그림 4-27에 도시하였다.

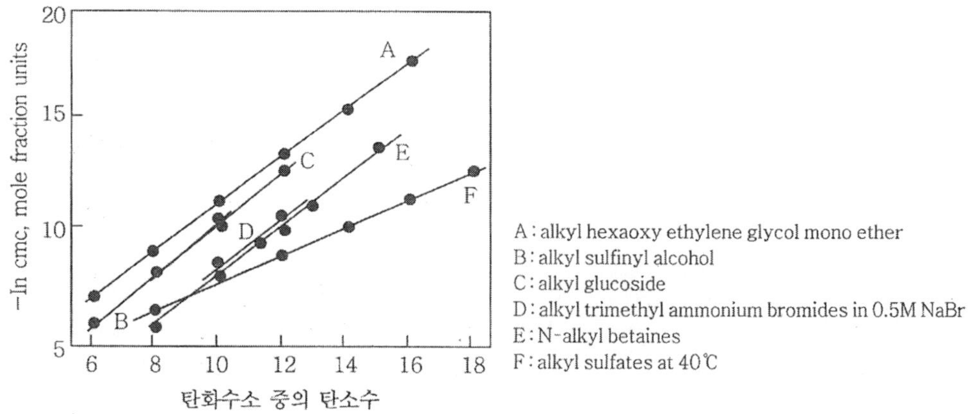


그림 4-27 −ln CMC와 탄화수소 쇄장의 관계

CMC의 대수값과 알킬기의 탄소수 사이에는 모두 직선관계를 이룬다는 것을 알았다. 이것을 식으로 표시하면 다음과 같다.

$$\log CMC = A - Bm \tag{37}$$

여기서 m : 알킬기의 탄소수, A와 B : 동족체에 따른 정수

위의 식은 메틸렌기 하나가 물에서 미셀상에 옮겨지는 경우의 자유에너지 변화가 알킬쇄장에 관계하지 않고 일정하다는 것을 나타내고 있다. 자유에너지 차는 메틸렌기 1 개당 1kT(k; Boltzmann 상수) 정도인 것을 알게 되었다.

### 2) 계면활성제 이온수

일반적으로 수용액에서 이온수가 증가하면 수용성이 증가되는 것을 쉽게 예상할 수 있다. 이 또한 이온수가 많아지면 CMC값도 커진다. 그림 4-27에 carboxyl기가

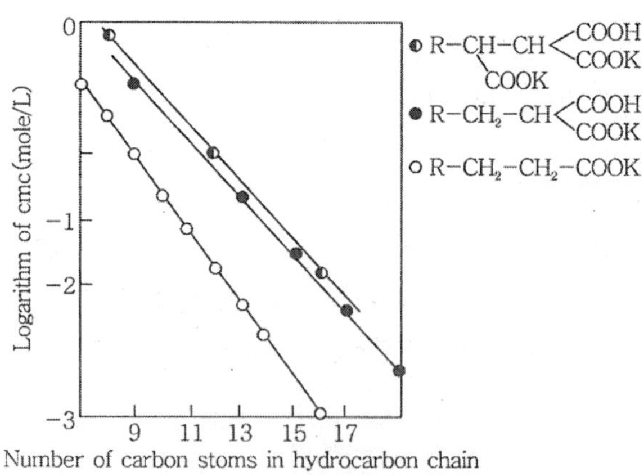


그림 4-28 Mono, di또는 tri carboxylic acid·카리염의 CMC대수와 탄화수소 괘장과의 관계(25℃)

2개 또는 3개 있는 계면활성제와 carboxyl기 1개인 물질을 비교하여 log CMC와 탄소수 관계가 직선이 되는 그림 4-28의 경우 똑같이 직선을 이룬다. 또한 직선의 기울기도 거의 다르지 않지만 절편은 크게 위에 있다(CMC가 큰 방향). 위의 식 logCMC=A-Bm의 A값이 이온기 수의 증가와 어느 경우든 크게 되는 것을 나타낸 것이다.

### 3) 소수기 벤젠고리와 불포화기의 도입

표 4-10 각종 alkyl benzene sulfonate 나트륨염의 CMC

| 소수기 | CMC mole/L | 측정법 | 온도(℃) |
|---|---|---|---|
| *p*-Hexybenzene | 0.037 | Dye method | 75 |
| *p*-Heptylbenzene | 0.021 | Dye method | 7 |
| *o*-Octylbenzene | 0.019 | Dye method | 55 |
| *p*-Octylbenzene | 0.015~12 | Conductance | 66~25 |
| *p*-Octylbenzene | 0.0147 | Conductance | 35 |
| *p*-Nonylbenzene | 0.0065 | Dye method | 75 |
| *p*-Decylbenzene | 0.00381 | Conductance | 50 |
| *o*-Dodecylbenzene | 0.0017 | Dye method | 55 |
| *o*-Dodecylbenzene | 0.00159 | Conductance | 30 |
| *m*-Dodecylbenzene | 0.00146 | Conductance | 30 |
| *p*-Dodecylbenzene | 0.00119 | Conductance | 30 |
| *p*-Dodecylbenzene | 0.0012 | Conductance | 60 |
| *p*-Tetradecylbenzene | 0.00066 | Dye method | 75 |
| *p*-1-Methyldecylbenzene | 0.00245 | Solubility | 19 |
| *p*-1-Methyldecylbenzene | 0.00253 | Conductance | 35 |
| *p*-1-Methyldodecylbenzene | 0.00071 | Solubility | 27.7 |
| *p*-1-Methyldodecylbenzene | 0.00072 | Conductance | 35 |
| *p*-1-Methyltetradecylbenzene | 0.00050 | Solubility | 32.6 |

직쇄상 alkyl benzene sulfonate 나트륨염(LAS)은 요즘 중요한 계면활성제 중의 하나이다. 따라서 벤젠고리를 갖고 있는 계면활성제의 CMC를 알고자 한다. 표 4-10에는 각종 alkyl benzene sulfonate 나트륨염의 CMC를 나타낸다. 벤젠고리는 여섯개의 탄소고리를 갖고 있는 것이지만 그의 수가 log CMC=A-Bm식의 m에 가산되는 것은 아니다. 직쇄의 alkyl sulfonate 나트륨과 비교한 것과 benzene 고리 한 개는 methylene 기의 3.5배에 해당됨을 알 수 있다. 이와 같은 사실은 벤젠고리가 물에 대한 친수성이 알킬기 보다는 높다는 것을 나타낸 것이다. 같은 양상의 이유로 탄화수소쇄가 불포화된 것과 포화된 알킬기를 비교해 보면 불포화된 것이 보다 높게 CMC값이 나타난다.

### 4) 계면활성제 분자구조의 영향

계면활성제의 분자구조에 의한 CMC 영향의 주된 것에 관하여 설명하고 여기서 다른 부분에 대해서는 간단히 설명한다. 친수기의 이온성은 CMC에 큰 영향을 준다. 비이온성 계면활성제가 가장 낮고 다음이 양쪽성, 이온성 순이다. 다시 말하면 비이온성, 양쪽성, 이온성 계면활성제의 CMC는 $10^{-4}$, $10^{-3}$, $10^{-2}$ M 순이다. 이온성 계면활성제 중에는 ammonium salt>carboxylate>sulfonate>sulfonate ester salt의 순이다.

음이온성 계면활성제에 대한 이온과 CMC의 관계는 $Li^+ > Na^+ > K^+ > Cs^+ > N(CH3)_4^+ > N(C_2H_5)_4^+ > Ca^{++}$, $Mg^{++}$(dodecyl sulfate인 경우) 순으로 알고 있다. Dodecyl trimethyl ammonium salt는 dodecyl pyrioinium salt에 해당하고 그의 이온이 $F^- > Cl^- > Br^- > I^-$ 순으로 CMC는 감소한다.

### 5) 첨가염의 영향

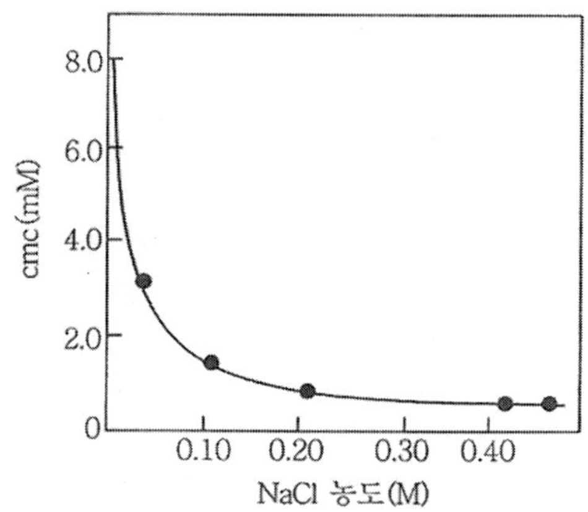


그림 4-29 SDS의 CMC에 대하여 NaCl 첨가효과

이온성 계면활성제의 CMC는 첨가염에 따라 크게 영향을 받는다. Sodium dodecyl sulfonate(SDS)에 NaCl을 첨가한 경우의 한 예를 그림 4-29에 도시하였다.

첨가염의 효과를 조사할 때의 계면활성제의 대 이온(SDS의 경우는 $Na^+$이온)과 같은 경우와 금속이온이 다른 경우 등을 고려해야 한다. 이온성 계면활성제 수용액에 염을 첨가하는 것은 그 이온의 미셀 표면에 보다 밀착되어 군을 이룬다. 이것을 전문적인 표현으로 "이온분위기가 수축한다" 라든가 "전기이중층이 압축된다"라고 말한다. 이로써 계면활성제 이온 사이의 반발력이 저하되고 미셀이 안정화되기 때문에 CMC가 저하되는 것이다. CMC와 대이온 농도의 관계를 식으로 표시하면 다음과 같다.

$$\log(CMC) = -K \log C_i + const. \qquad (38)$$

여기서 $C_i$는 대이온 농도로 계면활성제 농도 즉, CMC와 첨가염 농도의 화(和)이다. 또한 K는 실험정수로 0.4~0.6 정도의 값을 가지며 그림 4-30은 SDS에 NaCl을

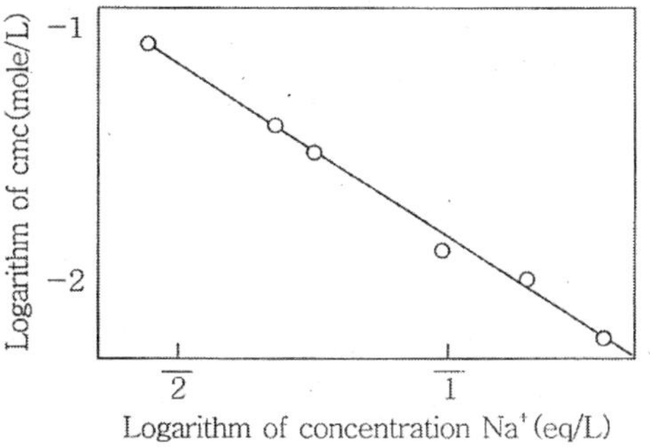


그림 4-30 SDS의 CMC대수와 대이온 농도 대수의 관계

가했을 경우 위 식의 관계를 나타낸 것이다.

비이온성 계면활성제의 CMC도 약간의 첨가 염에 의하여 하강하지만 이온성인 경우보다는 훨씬 적다. 그리하여 다음과 같은 관계식이 성립된다.

$$\log(CMC) = -KC_S + const. \tag{39}$$

여기서도 Cs는 첨가염 농도이고, 이 관계식은 양쪽성 계면활성제에 있어서도 관계된다.

그림 4-31에서 octyl, decyl, dodecyl betaine에 있어서 log CMC vs NaCl 농도의 관계를 나타낸다.

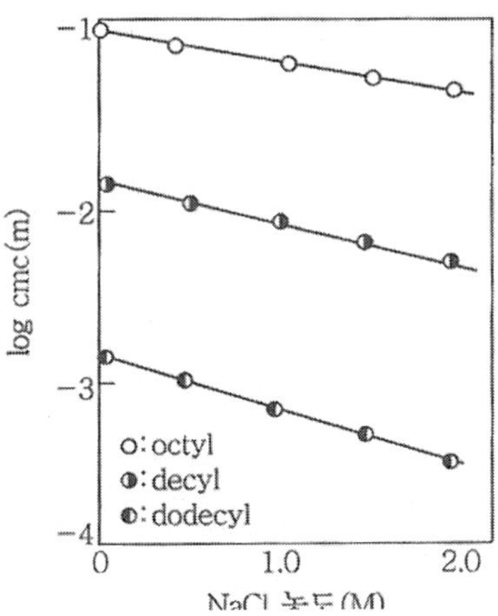


그림 4-31 Betaine의 log CMC와 NaCl 농도의 관계

### 6) 온도의 영향

CMC의 온도 의존성은 낮다. 극단적으로 높은 온도를 사용할 필요가 없는 한 그의 움직임에 대하여 연구할 필요가 있다. 그 예로서 sodium dodecyl sulfonate의 CMC에 대하여 온도의 영향을 보면 온도가 5℃씩 변화함에도 CMC의 변화는 20%로 변하는 것을 알았다. 또한 CMC-온도곡선에서 극소를 보였지만 이 극소의 출현은 다른

계면활성제에 있어서도 종종 관찰되었다. 이 극소는 계면활성제의 소수성 부분 주의에 물의 빙상구조(iceberg structure)를 이루는 데 기인된다. 소수성 상호작용에 특징적인 현상이 된다.

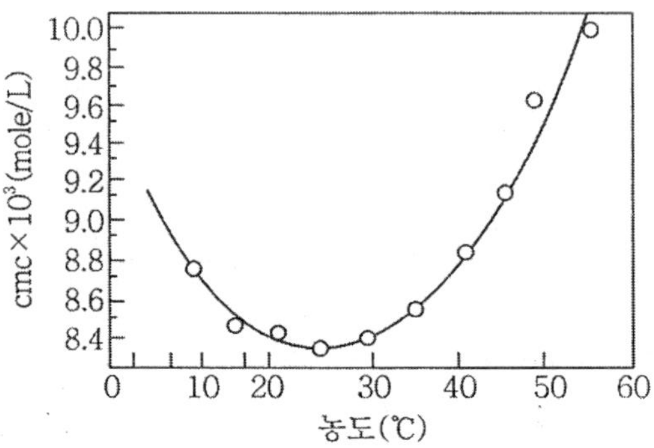


그림 4-32 Sodium dodecyl sulfonate의 CMC에 대한 온도의 영향

### 2.6.4 가용화능

미셀이 비록 여러 크기와 모양을 가졌다 할지라도 그것은 액상에서 물에 떠 있는 탄화수소로 구성되어 확실히 분리된 액적(液滴)과 같이 비슷하게 되어 있다. 미셀이 가용화되는 것은 물에 유기물이 용해되는 것과 다를 바가 없다. 이러한 현상을 가용화라 부르고 가용화된 유기물을 가용제(Solubilizates)라 불린다. 이런 한계를 둔 뜻은 가용화가 물에 불용화이든, 가용화이든 용해도가 증가된 것이 확실히 미셀에 존재한다. 그리하여 가용화는 계면활성제 단량체 용액으로 되는 것이 아니다. 즉 미셀이 존재함으로써 CMC 측정의 가치가 있는 것이다. 산업분야에서 가용화는 염색가공 및 다른 응용분야를 병행하여 유화중합에 사용되고 있다. 이런 현상의 용매는 물에 분산된 미셀이다. 그리하여 미셀 부분이 가용화제에 협력되는 것을 고려해 볼 때 매우 흥미 있는 것이다. 그림 4-33에 잘 나타나 있다.

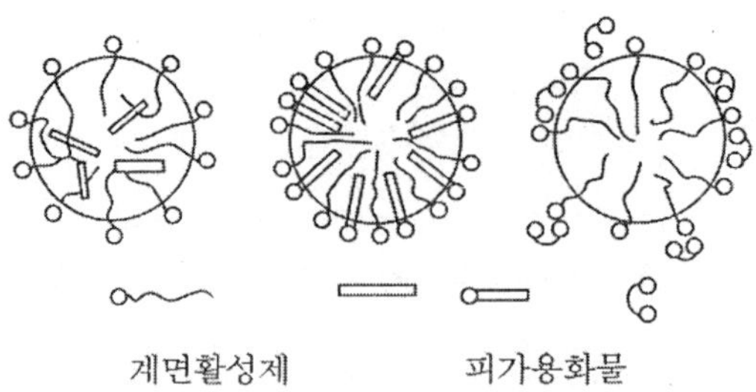


그림 4-33 가용화에서 3개의 모형도

가용화제가 비극성물일 때 그림 4-33의 왼쪽에 나타난 것과 같이 미셀 내부에 탄화수소와 공존하는 지방족 알코올과 같은 극성물은 그림 4-33의 중간에 있는 모양으로 가용화되는데, 이는 친수성 부분이 물에 극성방향으로 미셀에 가용화되는 것이

고 염료나 당류와 같이 물에 가용화될 수 있는 극성물은 미셀에 공존될 수 없지만 표면에 흡착을 일으켜 그림 4-33의 마지막 그림과 같이 가용화되는 것이다. 비이온성 계면활성제의 미셀형성에 있어서 polyoxyethylene 사슬의 탄화수소 부분에 면밀히 밀착되어 응집하게 된다. 그리하여 polyoxyethylene 부분의 잘 동존된 물질들은 polyoxyethylene 사슬에서 가용화된다는 것이 그림 4-34에 잘 도시되어 있다.

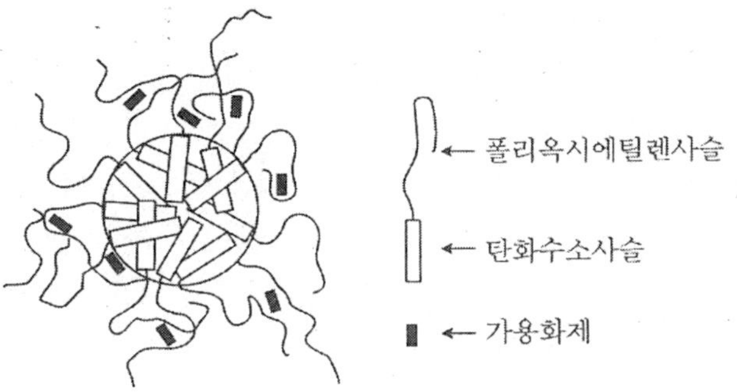


그림 4-34 서로 상호관계에 의한 가용화 모형도

비이온성 계면활성제의 친수-친유균형치(HLB)가 온도와 함께 변할 때 비이온성 계면활성제의 배향이 물과 기름내에서 서로 다른 어느 확실한 온도에서 갑자기 경계가 생기는 데 이 온도는 담점(cloud point) 가까운 것으로 본다. 담점 근처에서 배향은 그림 4-35에서처럼 물과 기름이 계면활성제 각 층의 친수성 부분과 소수성 부분으로 가용된다. 계면활성제 미셀이 이런 구조를 가졌을 때 물과 기름이 계면활성제 사이에 일정한 간격으로 자유로이 가용화될 수 있는 이유라고 본다.

가용화상태는 유화상태와 다르고 동력학적으로 안정하다. 만일 물과 기름에 많은

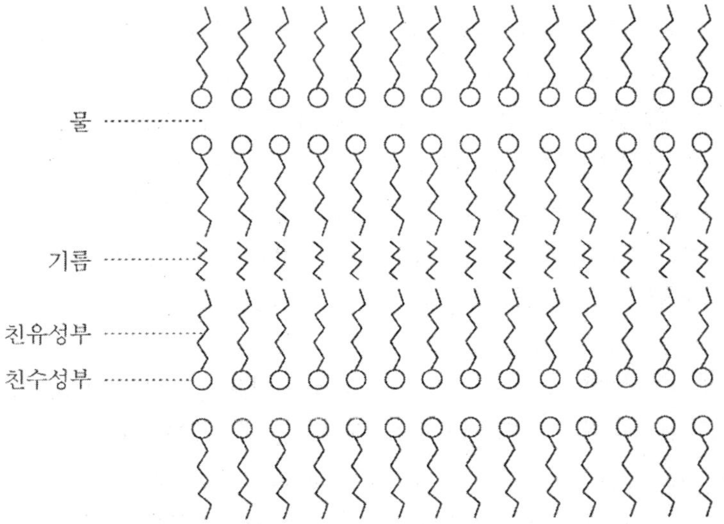


그림 4-35 큰 가용화량을 나타낸 영역의 구조 모식도

양이 가용화되었을 때 상은 화장품공업에 응용되는 것이고 매우 좋은 제품들이 상분리됨이 없이 제조되는 것이다.

### 2.6.5 비수용액 내에서 계면활성제의 가용성

비수용액에서 계면활성제 응용의 예는 윤활첨가제, 드라이클리닝, 원유회수 등이다. 이것은 주로 계면활성제의 흡착에서 이루어지며 미셀화와 가용화능의 또 다른 응용성을 갖는 것이다. 대부분의 계면활성제 수용액은 물에 잠입되어 있는 소수성 부분의 성질이 주로 원인이 되지만, 비수용액은 소수성 부분이 용매에서 제거되는 것이 아니며 계면활성제가 특이한 것은 아니다. 예를 들면 기/액 계면에서 흡착현상은 별 차이가 없는 것이지만 물이 유기용매 내로 들어갈 때 계면활성제는 용질과는 다른 성질을 갖는다. 그 이유는 유기용매와 같이 물의 접촉을 피하려는 성질이 있기 때문이다. 이런 현상은 비수용액에서 계면활성제의 응집과 물의 가용화능(可溶化能)에서 설명된다.

#### 1) 비수용액에서 계면활성제의 응집

수용액에서 계면활성제의 미셀은 적어도 수 십 개의 분자들이 응집되어 구성되었다. 소수성 부분과 물과의 접촉 효율을 증대하기 위하여 분단시키는 데 여기에는 회합수가 필요하다. 그러면서 비수용매계에 있어서는 회합의 원인이 전혀 다르고 일반적으로 회합수는 적다.

#### 2) 가역적인 미셀에 물의 가용화능

계면활성제가 비수용성 중에 물이 첨가되면 계면활성제의 거동이 갑자기 변한다. 계면활성제의 회합수는 물의 존재에 따라 크게 된다. 물의 첨가에 의한 회합수는 수십 분자가 되고, 미셀이라고 불리는 것에 상응하여 커진다. 이 경우 미셀은 물론 수중 미셀과는 반대 방향이 되고 소수기를 외측에, 친수기를 내측에 향하도록 되어 있다. 이와 같이 미셀을 물 중의 미셀과 구별하여 역미셀이라고 부른다.

물 속의 정상 미셀이 물에 불용성의 유기물을 가용시키는 것과 같이 기름 중의 역미셀은 기름에 가용되지 않은 물을 용해시키는 것과 같이 된다. 이것이 역미셀에 의한 물의 가용화이다. 드라이클리닝에는 유성의 오염은 용제에 떨어지게 되며 수용성 오물은 떨어지지 않는다. 그리하여 용제 중에 물을 혼합시키는 것은 중요한 기술이 되지만 그 때 역미셀에 의한 물의 가용화 작용이 이용되고 있다. Cyclohexane 중에 비이온성 계면활성제에서 물의 가용화에 관해서는 각종 용제 중에서 같은 양상을 그림 4-36에 나타내었다. 어느 경우이던 담점(cloud point) 부근의 좁은 온도 범위 내에서 매우 큰 가용화량을 나타내고 있다. 이 가용화량의 온도 의존성에 있어서는 많으나 이온성 계면활성제 경우도 동일한 양상으로 된다.

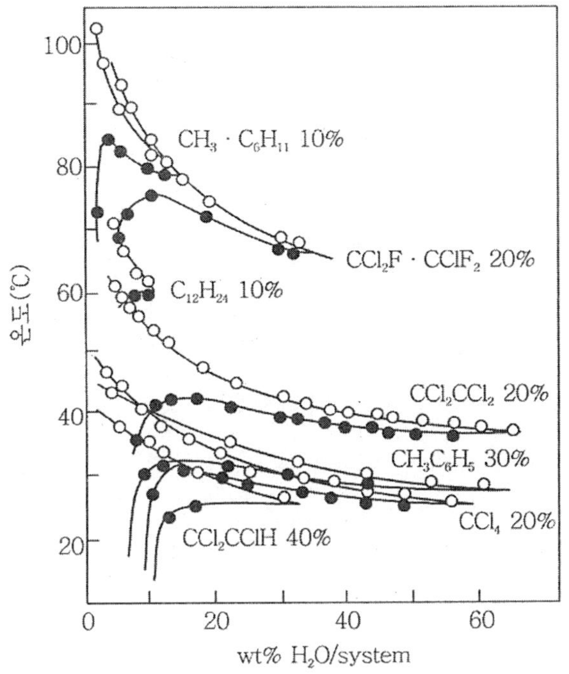


그림 4-36 Polyoxyethylene nonylphenyl ether를 함유한 각종 용매 중에서 물의 가용화 (계면활성제는 그림 중에 표시)

## 2.7 기포·소포

계면활성제 용액의 가장 특징적인 현상 중의 하나로 발포현상이 있다. 순수한 액체는 거품을 만들지 않지만 특정한 물질을 용해하고 있는 액체는 거품을 만들 수가 있다. 특히 계면활성제나 고분자 물질을 용해하고 있는 액체는 안정된 거품을 만든다. 이 거품을 잘 이용하여 도움 받는 일이 있다면 거꾸로 발포로 인하여 곤란함을 받는 일도 있다. 고지(古紙)의 세정과 탈묵(脫墨), 부유선광(浮遊選鑛), 콘크리트나 우레탄 수지의 공기연행제(空氣連行劑), 거품소화제, 샴프, 치약, 면도크림 등은 거품을 이용한 예이다. 그 외 섬유의 정련, 염색, 펄프의 증해(蒸解), 유화중합라텍스, 도료, 발효 및 폐수처리 등에서는 거품의 방해 때문에 소포(消泡)하는 것이 필요하게 된다.

### 2.7.1 거품의 생성

계면활성제 수용액을 교반(攪拌)하면 공기가 용액 내에 들어가 기포가 생긴다. 효율적으로 기포를 만들기 위해서 가는 구멍을 통하여 공기를 불어 넣는 것이 좋다. 기포가 생기면 계면활성제 분자는 공기 측의 소수기를 향하여, 용액 측의 친수기를 향한 흡착 층을 순간적으로 형성한다.

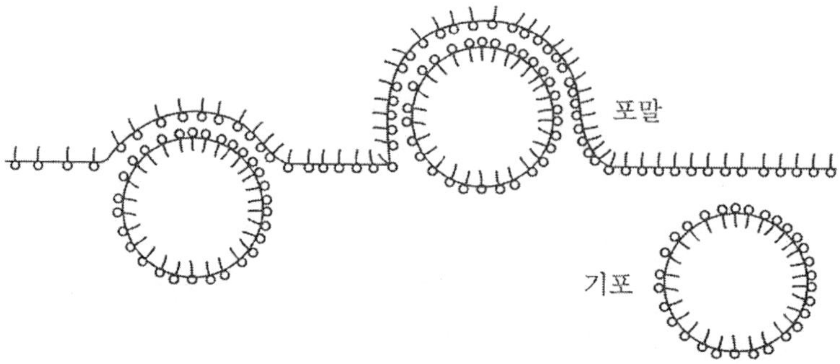


그림 5-37 거품의 생성 모형도

기포는 부력에 의해 상승하여 용액 표면에 도달하면 기포 표면에 용액을 감싸면서 액면에 뜬다. 이 때 용액 표면의 계면활성제의 흡착 층은 기포 내부 표면의 흡착 층과 면대칭으로 나란히 거품 막의 양면에 늘어선 채로 각각 용액의 얇은 층을 둘러 싼 거품이 된다. 공기를 계속 불어 넣으면 밑층으로부터 올라와서 거품의 집합체인 포말을 만든다.

거품 막 속의 용액은 중력에 의해 흘러내려서 점점 얇게 된다. 거품 막의 두께가 가시광선 파장 정도로 되면 빛의 간섭을 일으켜서 막은 홍색으로 빛난다. 거품 막의 안정성이 클 때에는 배액(排液)이 더 진행되어 막이 더욱 얇게 된다. 이렇게 되면 거품 막은 이미 빛을 잃고 칙칙한 회색이 된다.

### 2.7.2 거품의 안정성을 결정하는 인자

생성된 거품을 방치하면 늦든 빠르든 파괴되기까지의 시간은 용액 속에 용해되어 있는 물질에 따라 크게 변화한다. 일반적으로 거품은 탄성이 있어서 기계적 충격에는 강하지만, 독성이 있는 용제와 접촉하면 파괴되기 쉬우며, 또 열풍에 대하여도 약하다.

거품의 안정성에 대한 연구는 동일한 조건으로 발포시킨다 하더라도 용해되어 있는 물질에 따라 거품 용적, 거품 막 면적, 거품 막의 두께 및 그들의 일정 시간 후의 변화율도 다르기 때문에 정량적인 연구는 어렵다.

#### 1) 거품 막의 배액(排液)속도

거품 막으로부터 배액이 일어나고 거품 막이 얇게 되면 거품의 파괴가 일어나기 쉽다. 표면의 흡착 층이 일정할 때는 배액속도가 늦은 만큼 안정성이 크다. 거품 막이 100~200 Å보다 두꺼워질 때 배액 속도는 용액 점도가 높은 만큼 작다. 거품 막이 그보다 얇게 되었을 때는 표면장력도 배액 속도에 영향을 미치게끔 되고, 표면장력이 적은 만큼 배액 속도는 적다. 또 계면활성제의 단 분자 흡착 층이 존재하는 거품 막에 있어서는 극성기를 거품 막 안쪽에 향하게 하기 때문에 거품 막이 얇게 되었을 때 물의 점도가 증대하여 배액 속도를 늦게 한다. 그 두께가 200Å일 때 물의 점도는 5배가 된다는 계산이 있다.

### 2) 표면 점도

표면에 흡착한 계면활성제라든가 고분자 물질의 구조에 따라 표면점도가 결정된다. 표면 점도가 높을 때 거품의 안정성이 높은 것이 많다. SDS 수용액의 표면점도는 낮지만 lauryl alcohol을 소량(SDS에 대하여 3%) 추가하면 표면 점도는 15배 크게 된다. 이에 따라서 거품의 안정성도 크게 된다. 그러나 표면점도가 작다 하더라도 거품의 안정성이 큰 경우도 있고, 또 표면 점도가 크다 하더라도 충분히 안정한 거품을 형성하지 않는 경우도 있다. 표면 점도가 거품의 안정성에 어느 정도 기여하고 있는가 정량적으로 설명하는 것은 불가능하지만 대개 표면 점도가 높은 용액은 안정성이 높은 거품을 만든다.

### 3) Marangani and Gibb's 효과

배액 속도가 크면서도 안정성이 큰 거품이 있다. 배액이 진행하여 수 천 Å의 두께일 때 거품 막의 안정성을 지배하는 인자로서 Marangani & Gibbs는 막탄성의 개념을 제안하였다. 막탄성($E_S$)은 다음 식으로 얻을 수 있다.

$$E_S = 2S\left(\frac{d\gamma}{dS}\right) \tag{40}$$

여기서 S는 표면적, $\gamma$는 표면장력이다. 계면활성제의 흡착층을 갖는 거품표면에서는 거품 막을 잡아당기면 당겨진 면에서의 계면활성제 농도가 감소하여 계면장력이 커지기 때문에 더 이상 당기기 어렵게 된다. 그리고 잡아당겨진 다음 순간에는 그 표면에 계면활성제가 확산 흡착하여 표면은 복원된다. 막탄성 $E_S$는 막이 기계적으로 변형되었을 때의 안정성의 척도로 되는 것이다. 배액이 더욱 진행되어 거품막이 50~100Å 두께가 될 때에 표면막 사이에 있는 액체는 이미 용액 내부의 성질과는 달라서 계면활성제 분자의 확산도 늦어지기 때문에 Marangani & Gibbs 효과도 작아지고 기계적 변형에 대한 안정성도 작게 된다.

### 4) 거품 막의 가스확산

거품 속에서 접하고 있는 2개의 기포에 대하여 생각하면 작은 기포는 큰 기포보다 수축력이 강하므로 2개의 기포 사이에 있는 막을 통하여 gas의 확산 이동이 생긴다. 작은 거품은 소멸하고 큰 거품은 한층 크게 된다. 이러한 기포의 재편성은 기계적 충격이 일어나 거품막의 파괴를 동반할 우려가 있다. 따라서 거품막을 통과하는 gas의 확산 속도는 낮은 쪽의 거품이 안정하다.

계면활성제가 흡착된 포막을 통하여 가스의 확산 속도는 흡착층에 aqueous pores

가 있으면 현저히 빨라진다고 한다. 거품 막 표면의 계면활성제 흡착층이 gas의 기포간 확산을 억제하여 거품의 안정화에 도움을 준다. SDS에 소량의 lauryl alcohol을 가한 수용액으로부터 생긴 거품 막의 gas통과 속도는 아주 작다. 그러나 SDS 단독의 경우에는 꽤 크다. 따라서 거품의 안정성은 전자가 후자에 비하여 현저히 증가한다.

#### 5) 막 양면 사이의 전기적 반발

이온성 계면활성제가 흡착된 거품 막의 양면에는 전기 이중층이 형성되어 이 반발력 때문에 거품 막이 얇아지는 것을 막을 수 있다. 전기적 반발력은 거품 막의 두께가 2,000Å 정도 보다 작게 되었을 때 작용한다. 비이온성 활성제는 이온성 활제가 만드는 홍색으로 빛나는 거품을 만들지 않고 칙칙한 색의 거품을 만든다. 이온성 활성제는 거품 막의 표면의 전기이중층의 반발에 의해 가시광선의 간섭이 일어나는 두꺼운 막을 만드는 데 대하여 비이온성 활성제의 거품 막은 전기적 발발력이 없기 때문에 거품 막은 2,000Å보다 얇게 되어 빛의 간섭을 볼 수 없는 것이라고 생각할 수 있다. 그러나 ethylene oxide계 비이온성 활성제에서는 큰 친수기를 갖고 있기 때문에 거품 막이 얇아져도 안정도가 큰 거품을 만든다.

#### 6) 다른 인자

다른 인자로서는 거품 막 표면으로부터 물의 증발, 표면 막의 결정화, 흡착 층의 표면장력이 낮은 부분에서 높은 부분으로의 표면 이동 등이 거품 막의 안정성에 관계한다. 거품의 안정성은 발포 방향에 따라서도 큰 영향을 받는다. 거품을 생각할 때에는 적어도 기포성과 함께 거품의 안정성을 양면으로 생각할 필요가 있다.

### 2.7.3 계면활성제 용액의 기포성

계면활성제 용액의 기포성은 가른 성질과 마찬가지로 계면활성제의 화학구조에 크게 의존한다. 그러나 다른 성능을 예로 들면 세정력과 기포력과는 어떠한 관계가 있는 가에 대해서는 반드시 깊은 관계가 있는 것은 아니다. 일반적으로 세정력이 높은 활성제는 기포력이 크다고 느껴지지만 기포력이 작은 비이온성 활성제쪽이 기포력이 큰 음이온성 활성제보다 세정력이 크다. 부화력이 큰 비이온성 활성제 중에서도 특히 기포력이 작은 것이 있는데 이것은 소수기에 특별한 것을 사용함으로써 만들 수 있다.

계면활성제의 기포력에 미치는 alkyl쇄 길이의 영향은 크다. Linear alkyl benzene sulfonic acid sodium salt를 예로 들면, alkyl쇄 길이 12~16에서 가장 거품이 잘 생긴다. 다른 많은 음이온성 활성제도 같은 쇄 길이에서 가장 거품이 잘 생긴다(그림 4-38).

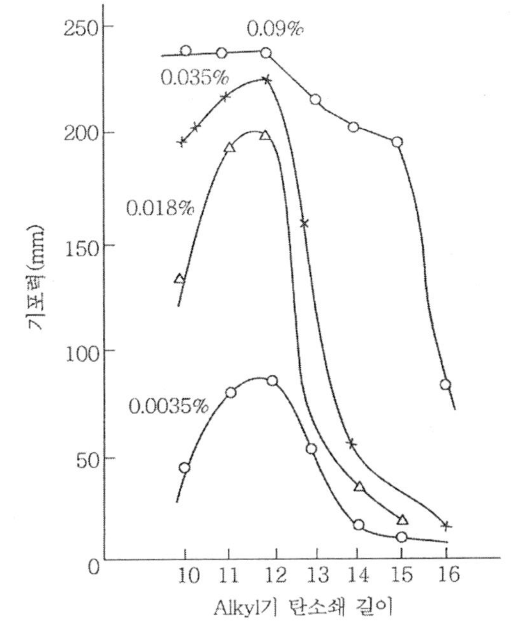


그림 4-38 Alkyl기 탄소쇄 길이와 기포력과의 관계(Ross-Miles법, 20℃ 수돗물)

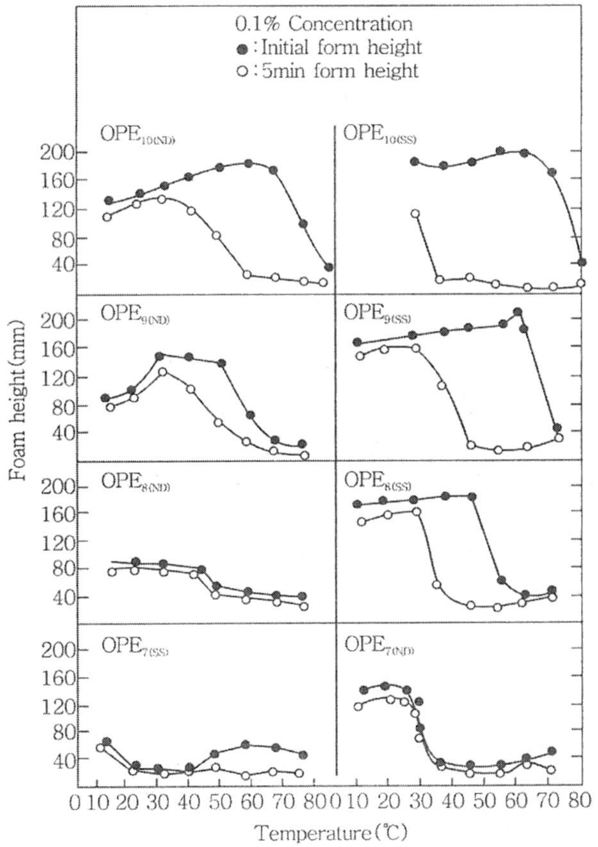


그림 4-39 Polyoxyethylene(n=7) octylphenylether의 Ross Miles법 기포력의 온도변화

비이온성 활성제의 기포력은 음이온성 활성제에 비하여 작다. 분자점유 면적이 커서 분자간의 응집력이 작게 되는 점과 하전을 갖지 않는 점이 주요한 원인이라고 생각된다. 비이온성 활성제의 성질은 온도에 따라서 크게 변화하지만 기포력도 온도의존성이 크다(그림 4-39).

담점(cloud point)보다 약간 높은 온도에서는 기포력도 저하된다. 비이온성 활성제가 거대한 미셀이 되어 단분산 농도가 낮게 되기 때문이다.

거품의 생성력은 (포의 표면적)×(표면장력)이다. 거품은 열역학적으로 불안정하여 결국 파괴되고 용액이 된다. 표면장력은 작은 쪽이 유리하지만 작은 만큼 발포배율이 높은 거품이 생긴다고 말할 수 없다. 거품의 안정성은 많은 인자에 의해 결정된다. 거품 막이 불안정하다면 배액이 조금 진행되는 것만으로 파괴되고 거품용적은 크게 되지 않는다.

### 2.7.4 거품안정제

계면활성제 용액의 기포성은 용액 중에 첨가되는 다른 물질에 의해 큰 영향을 받는 수가 있다. 거품을 현저히 안정화하는 것도 있고, 거품을 일어나지 않게 하는 것도 있다. 이들은 실용상 중요하기 때문에 연구가 많이 되어 있다. 세제나 샴푸의 알맞은 기포성, 고지의 탈묵제, 콘크리트나 석고보드의 공기연행제인 강력한 거품을 얻기 위해서는 계면활성제의 선택과 함께 거품의 성질을 조절하는 첨가제를 고르는 일이 중요하다. 계면활성제에 소량 첨가하여 현저히 거품의 안정성을 크게 하는 물질을 foam booster라고 부른다. 첨가제가 계면활성제의 거품안정성에 어떻게 하여 영향을 주는 가는 거품의 안정성을 결정하는 인자가 어디에 관계하는가로 설명된다.

계면활성제 용액의 점도를 올리면 거품의 안정성은 증가한다. 아라비아고무, 메틸셀룰로오스 등의 수용성 고분자는 실제적인 증점제이다. 거품이 안정화되는 이유는 주로 거품 막의 배액속도를 늦추게 하기 때문이다. 계면활성제와 수용성 고분자가 상호 작용하기 때문에 용액의 점도, 특히 거품 막 중 용액의 점도가 올라가 거품이 안정화되기 때문에 예로서는 dioctyl succinate와 gelatin과의 조합이다.

계면활성제 용액의 표면 점도를 올리는 물질도 거품 안정제가 된다. 가장 전형적인 예는 sodium lauryl sulfate와 lauryl alcohol과의 조합이다. Sodium sulfate 용액의 표면 점도는 낮아서 거품 안정성도 나쁘지만 소량의 lauryl alcohol의 첨가로 표면 점도는 현저히 증대되어 거품의 안정성도 향상된다.

또한 2종 이상의 계면활성제를 혼합하면 거품 안정성이 현저히 향상되는 데 그 예로서 lauryl ether sulfate와 alkyl bethaine, lauryl sulfate와 N-N dimethyl lauryl amine oxide의 혼합계는 각각 단독의 경우에 기포력보다는 음이온성 활성제 친수기 사이의 반발이 약해진 결과, 거품 막 표면에 있어서도 계면활성제 분자 간의 응집력이 증대하여 거품 막 강도가 크게 되는 것이라고 생각된다.

표 4-11 Sodium lauryl sulfate 용액의 거품안정성에 대한 lauryl alcohol의 효과

| Concentration, g/100mL | | Surface poises×$10^3$ | $L_f$, min |
|---|---|---|---|
| Lauryl sulfate | Lauryl alcohol | | |
| 0.1 | | 2 | 70 |
| 0.1 | 0.001 | 2 | 825 |
| 0.1 | 0.003 | 37 | 1,260 |
| 0.1 | 0.005 | 32 | 1,380 |
| 0.1 | 0.008 | 32 | 1,590 |
| 0.5 | | 4 | 295 |
| 0.5 | 0.005 | 3 | 960 |
| 0.5 | 0.015 | 3 | 1,100 |
| 0.5 | 0.025 | 24 | 1,220 |
| 0.5 | 0.040 | 31 | 1,400 |

### 2.7.5 파포·소포

소포제에는 두 가지 형이 있다. 첫째는 파포제(破泡劑)이고, 둘째는 억포제(抑泡劑)이다. 파포제는 이미 있는 포말 위에 적하(滴下) 또는 분무(噴霧)하여 포(泡)를 파괴하는 것이고, 억포제는 미리 용액 중에 첨가하여 발포가 억제되는 것이다. 파포제로서는 고급 알코올, 지방산에스테르, 인산에스테르, 실리콘유 에멀젼 등이 상용되는 데 이들은 저점도의 액체로 물의 용해도가 거의 없는 유상 물질이다. 또한 억포제로서는 지방산 amide류가 사용된다.

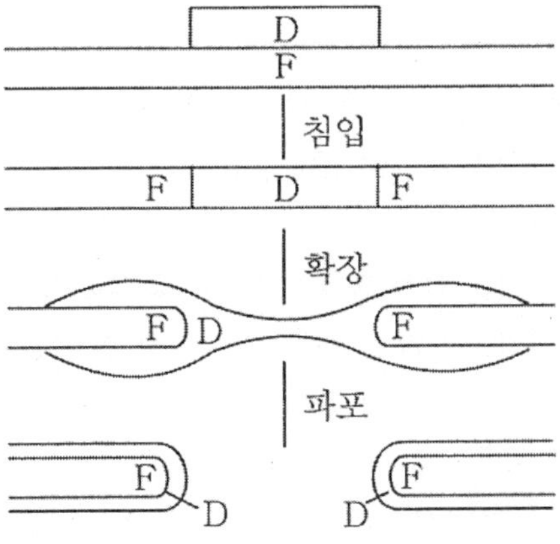


그림 4-40 Ross에 의한 파포의 기구, D; 파포제, F; 포막액

파포 작용 기구는 그림 4-40과 같이 제안되어 있다. 즉 포막(F)상에 부착한 파포제(D)는 우선 포막 중에 침입되고, 이어서 포막 위에 확장한다. 확장되는 파포제의 막은 얇아지고, 따라서 이 부분부터 파포된다. 이러한 현상이 신속히 일어나기 위해서는 파포제의 점도가 낮고, 물에는 거의 용해되지 않으며, 다음 식으로 정의되는 확

장계수(S)가 +가 되는 것이 필요하다.

$$S = \gamma_F - \gamma_{DF} - \gamma_D \quad (41)$$

여기서 $\gamma_F$, $\gamma_D$는 각각 포막과 파포제의 표면장력, $\gamma_{DF}$는 거품-파포제 계면의 계면장력이다. 이 식은 $\gamma_{DF}$는 충분히 작지 않으면 파포제가 되지 않는 것을 나타내고 있다.

지방산아미드, 고급알코올 또는 지방산의 propylene oxide 부가물은 억포제로서 이용된다. 이들은 물에 불용성 액체 또는 고체이지만 거품 막에 들어가면 거품 막을 불균일하게 하여 안정성을 나쁘게 한다. 거품 막의 안정화에 기여하고 있는 분자간 응집력, 표면탄성 등에 나쁜 영향을 주어 거품의 안정성을 나쁘게 하고 있는 것이라 추정한다.

파포제 및 억포제를 포함하여 소포제가 될 수 있는 물질의 일반적인 특징으로 첫째 물에 용해하지 않는 유성의 액체 또는 물에 젖기 어려운 소수성 분말일 것, 둘째 파포제가 되는 것은 점도가 작은 액체일 것, 셋째 물에 쉽게 유화 또는 분산될 것 등이다. 이들 조건을 만족하기 위해 소포제의 화학 구조는 일반적으로 분자 중에 크고 강한 비극성기와 작고 약한 극성기를 갖는다. 극성기를 갖지 않는 실리콘 오일도 소포제가 되지만, 이것은 적당한 유화제로 유화하지 않으면 충분한 효과는 발휘되지 않는다.

## 2.8 대전(帶電)방지제

### 2.8.1 정전기 발생

전기는 조명장치와 텔레비전과 같은 장치를 통하여 빛이 나고, 또 전기모터나 장치들에 의해 동력을 제공한다. 이 효과들은 큰 전기 전도성을 갖는 물질들을 통해서 전기를 부하시킴으로써 이루어질 수 있으며 이 상태의 전기는 동전기라 부른다. 반대로 정전기는 매우 적은 전기 전도성을 갖는 물질에 대해 대전되는 전기이다. 이 전기전하는 일정시간 동안 변하지 않고 거의 일정하게 유지된다. 합성섬유와 플라스틱은 그들의 매우 작은 전기 전도성 때문에 좋은 절연체이다. 그림 4-41은 전기 전도성 표시로서 전도체에서 절연체까지 물질의 범위에 대한 전기저항성을 보여준다.

여러 물질에 있어 양 혹은 음전하의 규칙성은 다음과 같이 설명된다. 두 종류의 물질들이 그들 사이에서 마찰하여 서로 접촉할 때 여러 전자의 같은 물질들은 음으로, 부족한 전자를 가지고 있는 물질들은 양으로 하전된다. 그 이유는 그들 사이에 전자들의 수용능력의 차이 때문이다. 그리하여 전하가 발생하지만 그 전기 전하는 매우 적다. 만일 두 물질이 여러 점에서 서로 접촉하면 큰 전하가 얻어진다. 이 경우 전하와 관련한 여러 현상들이 관찰될 수 있다.

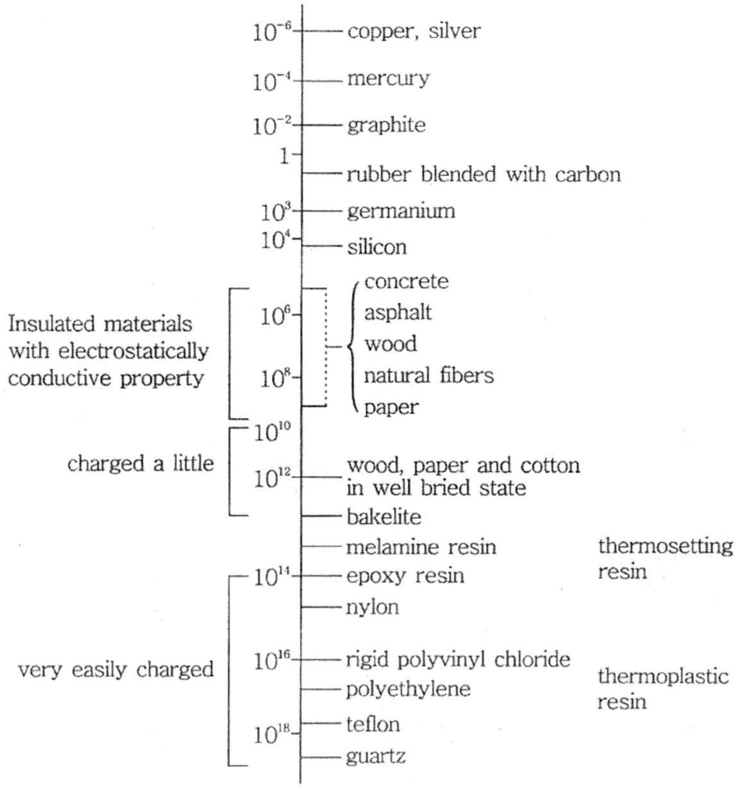


그림 4-41 여러 가지 물질들의 전기저항율(Ω·cm)

## 2.8.2 고분자물질의 대전성

전기저항성은 합성섬유, 플라스틱, 고무의 원료인 고분자물질의 전하 정도의 용이한 지표이다. 커다란 전기저항성을 갖는 고분자는 그것의 커다란 절연성 때문에 쉽게 대전된다. 표 4-12에서 I~III까지 속하는 군의 고분자들이 정해진 힘으로 마찰할 때 생기는 전기전하의 표면에서 전압은 전하 정도의 지표이다.

표 4-12 고분자의 전기 저항량

| Group | Polymers | Electric resistivity($\Omega$ · cm) |
|---|---|---|
| I | Polyethylene<br>Polypropylene<br>Polystyrene<br>Tetrafluoroethylene<br>Natural rubber | $10^{16}$~$10^{20}$<br>$10^{16}$~$10^{20}$<br>$10^{17}$~$10^{19}$<br>$10^{15}$~$10^{19}$<br>$10^{15}$~$10^{15}$ |
| II | Polyvinylidene chloride<br>Polyvinyl chloride (flexible)<br>Metacrylic resin<br>Polyurethane | $10^{14}$~$10^{16}$<br>$10^{14}$~$10^{15}$ (figid)<br>$10^{14}$~$10^{15}$<br>$10^{13}$~$10^{15}$ |

| Group | Polymers | Electric resistivity($\Omega \cdot$ cm) |
|---|---|---|
| III | Silicone<br>Nylon<br>Ethylcellulose<br>Polyester | $10^{13}$~$10^{14}$<br>$10^{13}$~$10^{14}$<br>$10^{13}$~$10^{14}$<br>$10^{12}$~$10^{14}$ |
| IV | Melamine resin<br>Urea resin<br>Neoprene<br>Epoxy resin<br>Cellulose acetate<br>Celluloid<br>Phenol resin | $10^{12}$~$10^{14}$<br>$10^{12}$~$10^{13}$<br>$10^{11}$~$10^{13}$<br>$10^{8}$~$10^{14}$<br>$10^{10}$~$10^{12}$<br>$10^{10}$~$10^{11}$<br>$10^{9}$~$10^{12}$ |
| V | Cellulose<br>Casein<br>Carbol | $10^{7}$~$10^{9}$<br>$10^{7}$~$10^{9}$<br>$10^{-2}$~$10^{-3}$ |

### 2.8.3 계면활성제의 대전방지작용

높은 전기저항성을 갖는 고분자들은 쉽게 대전되고, 이를 막는 것은 두 가지 방법이 있다. 하나는 금속가루나 carbon black같은 전기 전도성 분말들로 고분자물질을 합성하므로서 고분자에 전기 전도성을 부여하는 것이다. 그러나 이 방법은 상대적으로 많은 양의 분말이 요구되어 그 분말 들이 고분자의 물리적 특성에 대한 영향과 분말에 의한 착색 등의 제약이 뒤따른다.

또 다른 방법은 물 존재 하에 고분자내의 계면활성제와 같은 이온 전도성을 보여주는 것이 0.1~0.5% 함유하거나 그런 물질을 가지고 고분자 표면을 코팅하는 것이다. 이 방법은 외관과 고분자의 물리적 특성에 크게 영향을 주지 않으므로 많은 공업적 응용에 사용된다. 그러나 단점으로서는 내구성 결핍과 저온에서 효율의 손실이다.

계면활성제의 대전 방지 효과는 고분자 표면에서 실현된다. 합성된 대전방지제는 시간이 경과함에 따라 고분자 표면으로 계속해서 흘러 나온다. 그리고 친수성기는 대기로부터 수분을 흡수한다. 그리하여 표면의 전기전도성은 증가하고 대전 방지 효과가 이루어진다. 그러나 계면활성제가 잘 수행하는 다른 요인들이 있다. 만일 대전방지제가 너무 갑자기 표면에 나오면 그 효과는 오래 가지 못할 것이다. 반대로 너무 느리게 흘러 나오면 표면에 충분히 도달하지 않을 것이다. 계면활성제의 친수기는 어느 정도 정해진 속도로 표면으로 나와서 대전 방지 효과가 좋도록 해야 한다. 효과적인 소수기는 탄소 원자 12~20개를 갖는 알킬기이며 효과적인 친수기들은 N,N-bis(2-hydroxy ethyl) amine, glycerine, sorbitan과 작은 축합도를 갖는 polyoxyethylene 사슬들이다.

### 2.8.4 관계현상-방담(防曇)현상

고분자물질은 대전이 쉬운 동시에 플라스틱 필름의 표면은 소수기 특성 때문에 습유(濕維)시키기 어렵기 때문에 그 표면상에 응축시킨 미세한 물방울(曇)로 뿜어진다. 특히 비닐하우스, 터널 등에 polyethylene, vinyl acetate copolymer, PVC 등 필름은 냉각 시 안개가 낀다. 이것을 방지하기 위하여 안개 방지제로 작용하는 계면활성제를 필름 제조 시에 넣고 만든다.

시간이 경과함에 따라 계면활성제가 표면으로 흘러나와 그 표면 위에 확산된다. 이 현상은 계면활성제의 대전방지 효과와 유사한 메커니즘(mechanism)에 근거하여 발생하는 것으로 본다. 많은 친수기를 갖는 계면활성제들은 대전방지제 보다는 방담제로서 더 효과적이다.

## 2.9 HLB값

### 2.9.1 친수성, 친유성의 균형치

간편한 계면활성제의 분자는 친수성 부분과 소수성 부분에서 성립하는 것으로 설명되는 것이다. 계면활성제가 물에 잘 용해되는 경우는 그 분자의 친수성 부분이 소수성 부분에 비하여 힘이 큰 분자를 갖고 있는 것으로 전체적으로 친수성에 기울어지고 있는 것이다(그림 4-42). 반대로 계면활성제가 기름에 잘 녹는 경우는 그 분자의 친수성 부분에 대하여 소수성 부분의 힘이 커서 분자 전체로서는 친유성에 기울어지고 있다.

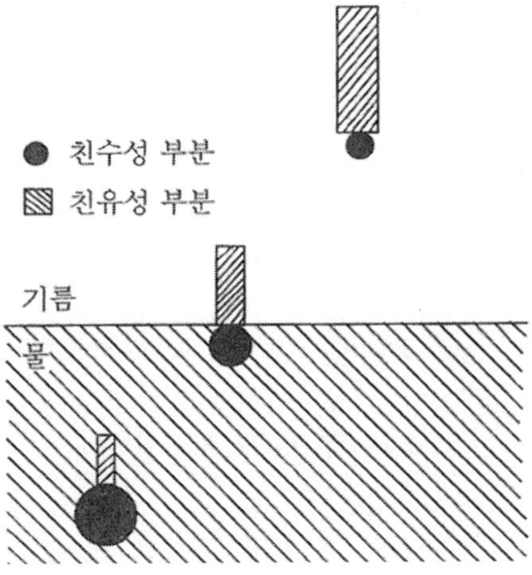


그림 4-42 친수성, 친유성의 균형

분자내의 친수성 부분과 소수성 부분의 관계 비율을 친수성, 소수성의 균형치로 말하는 것에 있기 때문에 전자의 균형치는 친수성 측에 존재하고, 후자의 균형치는 친유성 측에 존재하는 것으로 되지만 친수성 부분과 소수성 부분은 모든 양으로 표시하는 양에 의하여 균형치 표시는 여러 가지 방법이 있는 것으로 알려진다.

### 2.9.2 HLB값의 정의

현재 일반적으로 사용하고 있는 표시법은 친수성 부분과 소수성 부분과의 분자량에 의해 착안된 방법이다. 이 경우 양자의 합계가 그 계면활성제의 분자량이 된다.

또한 친수성 부분으로는

① polyoxyethylene

② 다가 알코올

만을 고려하여 Griffine은 HLB값을 다음과 같이 정의하였다.

$$\text{HLB값}=20(1-S/A) \quad (42)$$

여기서 S: 검화가, A:사용 지방산의 산가

$$\text{HLB값}=(E+P)/5 \quad (43)$$

여기서 E: 분자 중의 polyoxyethylene의 중량(%)

P: 분자 중의 다가 알코올의 중량(%)

첫째 식은 친수성 부분이나 소수성 부분의 분자량에 관계하지 않는 것 같이 보이지만 이 분자의 분자량은 M, 소수성 부분의 분자량을 $M_o$라 하면, M, $M_o$은 검화가 S, 사용 지방산의 산가 A와의 사이에

$$M=56100/S$$

$$M_o=56100/A$$

의 관계에서 식 (42) 우변은

$$20(1-S/A) = 20(1-M_o/M)$$

친수성 부분의 중량 $M_w$는 $Mw=M-M_o$이므로

$$=20(1- M_o/ (M_o+M_w))$$

$$=20(M_w/ (M_o+M_w)) \quad (44)$$

$$=20M_w/M \quad (45)$$

으로 되고 친수성 부분, 소수성 부분의 중량에 관계됨을 알았다.

친수성 부분의 중량(%)을 W로 하면

$$W=100\times M_w/M \quad (46)$$

이를 식 (45)에 대입하면

$$\text{HLB값} = W/5 \quad (47)$$

로 표시되는 것은 식 (43)과 동일한 의미를 갖는 식이다.

식 (42)는 에스테르형 비이온성 계면활성제의 HLB를 구하는 것에 적용하고, 후자는 검화가의 측정이 어려운 에스테르형 비이온성 계면활성제나 ether형 비이온성 계면활성제의 HLB값을 구하는 데 적합하다.

다음은 HLB값을 계산하는 예를 나타낸다.

ex1 Glycerylmonostearate에 관한 검화가는 161, 분해지방산의 산가는 198로 이에 대한 HLB값은?

$$\text{HLB값}=20\times(1-161/198)=3.8$$

ex2 Polyoxyethylene · sorbitan monolaurate에 관하여 그의 검화가는 45.4, 분해지방산의 산가는 276이 되었다면 HLB값은?

$$\text{HLB값}=20\times44\times10.1/625=14.1$$

### 2.9.3 HLB값의 효용

#### 1) HLB값과 성능과의 관계

HLB값을 알 수 있으면 그 계면활성제의 수용액이 어떠한 작용을 하는가는 그림 4-43으로부터 대개 추정할 수 있다.

즉, HLB값이 1.5~3인 것은 소포제, 3.5~6인 것은 W/O형 유화제, 8~18인 것은 O/W형 유화제, 11~15인 것은 세정제, 14~18인 것은 가용화제, 7~9인 것은 습윤제로서 효과가 크다. 따라서 그림 4-43은 사용 목적에 적합한 활성제를 선택하는 척도로 사용할 수 있다.

또한 낮은 HLB값은 일반적으로 유용성, 친유성이고, 높은 HLB값은 수용성, 친수성이다.

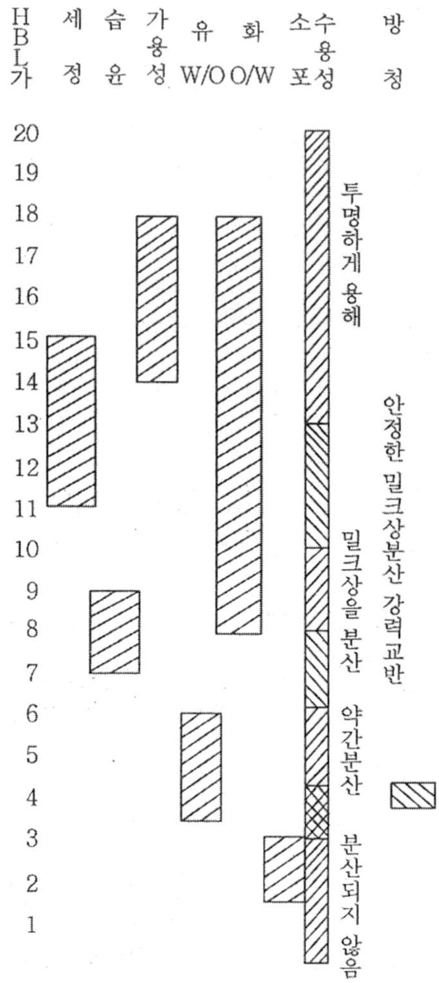


그림 4-43 사용 목적에 적합한 활성제

2) HLB값의 이용

(1) 유상의 소요 HLB값을 구하는 방법

HLB값이 불분명한 유상의 소요 HLB값을 결정하기 위해서 HLB값을 이미 알고 있는 2종의 활성제를 이용하여 일정 조건하에서 유화실험을 행하고 가장 좋은 상태의 에멀젼을 얻었을 때 활성제의 배합 비율을 구하여 혼합활성제의 HLB값을 계산하여 이 값을 유상의 소용 HLB값으로 한다.

(2) 계면활성제의 HLB값을 구하는 방법

계면활성제의 HLB값이 불분명할 때, 소요 HLB값을 알고 있는 유상과 HLB를 이미 알고 있는 1종을 사용하여 미지의 HLB값을 갖는 활성제와 이미 알려진 활성제를 (1)항과 같이 여러 비율로 혼합하여 이 혼합활성제를 이용하여 일정 조건하에서 유화실험을 행하고 그 에멀젼의 상태를 비교 검사한다.

예를 들면 유상으로서 면실유를, HLB값을 이미 알고 있는 계면활성제로서 비이온성활성제인 SP-65를 골라서 O/W형의 에멀젼을 만드는 경우로서 실험 결과 SP-65 32%와 HLB값을 모르는 활성제 68%로 가장 좋은 결과를 얻었다고 하면 구하려는 계면활성제의 HLB값(x)은 다음과 같다.

$2.1 \times 32\% + x \times 68 = 7.5$

$\therefore x = 10.0$

여기서 2.1: SP-65의 HLB값

7.5: 면실유의 O/W형 유화에 요구되는 HLB값

# 3 계면활성제의 화학구조

## 3.1 계면활성제의 분류

계면활성제라 부르는 유기화합물을 분류하는 방식에서 가장 편리하고 많이 사용하는 방법은 이온형에 의한 분류이다. 계면활성제가 물에 용해되었을 때 전리되어 이온이 되는가(이온형), 되지 않는가(비이온형)라는 것을 기준으로 그 이온의 종류 따라 구별하는 방식이다.

비이온성 계면활성제는 물에 용해되도 이온이 되지 않는 종류의 계면활성제로 그의 친수기가 ethylene oxide의 중합물($-CH_2CH_2O-$)이나, $-OH$와 같이 이온이 되지 않았으면서도 물에 녹기 쉬운 원자단으로 되어 있다.

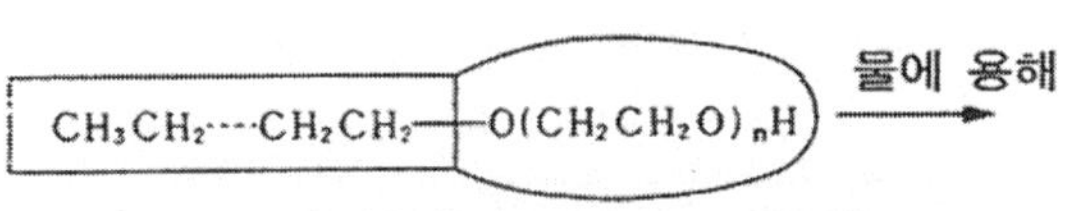


(지방족고급알콜에틸렌옥사이드 부가물)

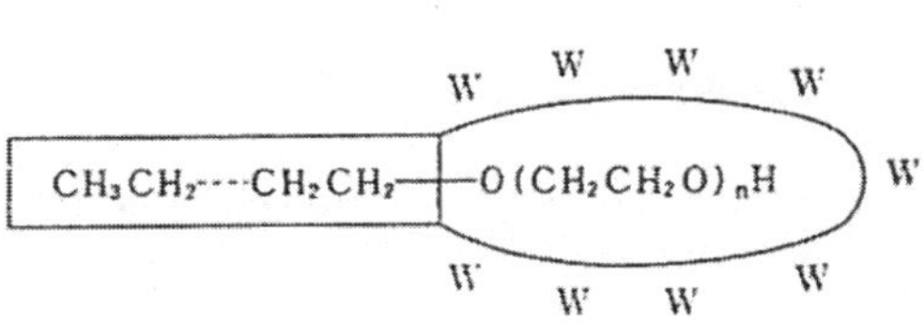


W : 물

Anionic계면활성제는 물에 녹았을 때 소수기를 띤 부분이 음이온으로 되어있고

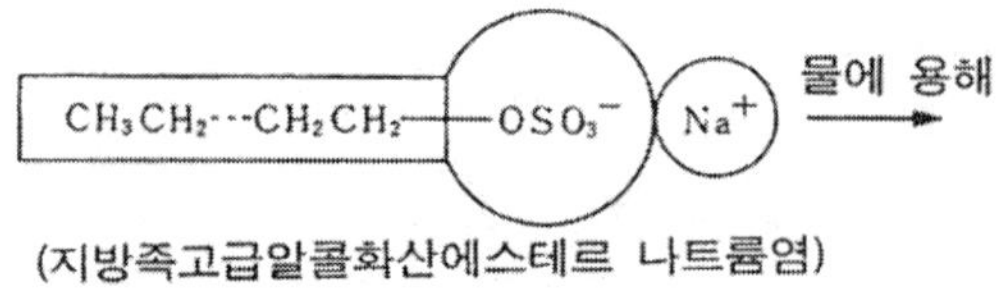


(지방족고급알콜화산에스테르 나트륨염)

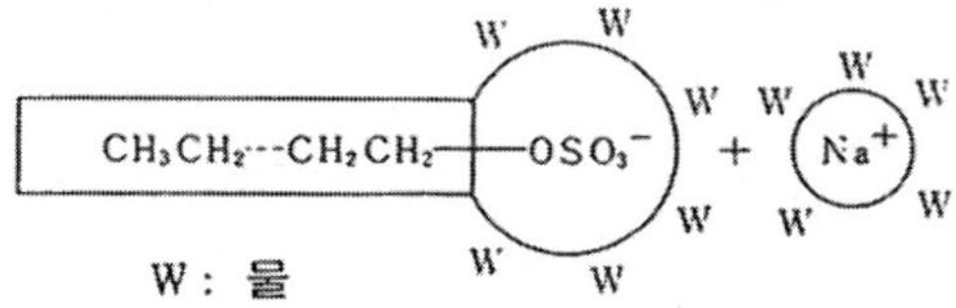


Cationic계면활성제는 물에 녹았을 때 소수기를 띤 부분이 양이온으로 되어있다.

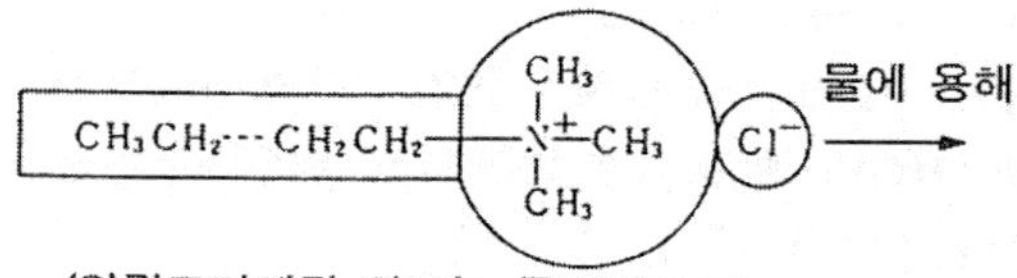


(알킬트리메틸 암모늄 클로라이드)

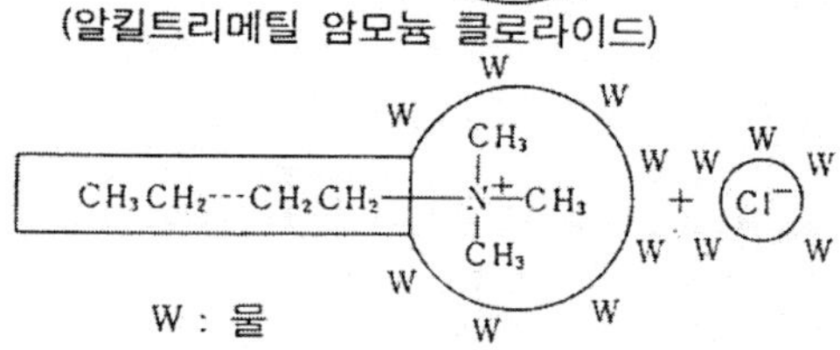


양성계면활성제는 유추해서 알 수 있듯이 넓은 의미로는 음이온과 양이온의 양면적 성질을 가지고 있는 면과 비이온과 양이온 성질을 가진 것의 총칭이다.

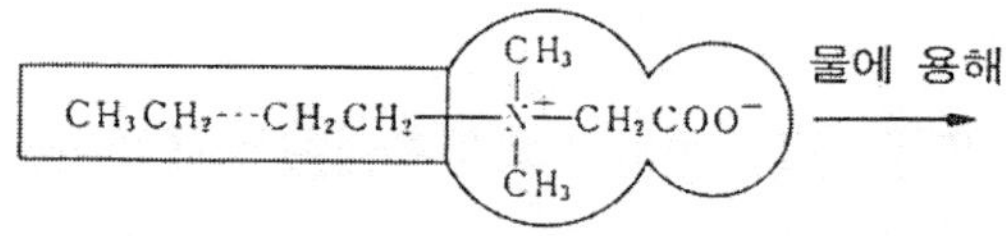


(알킬디메틸베타인)

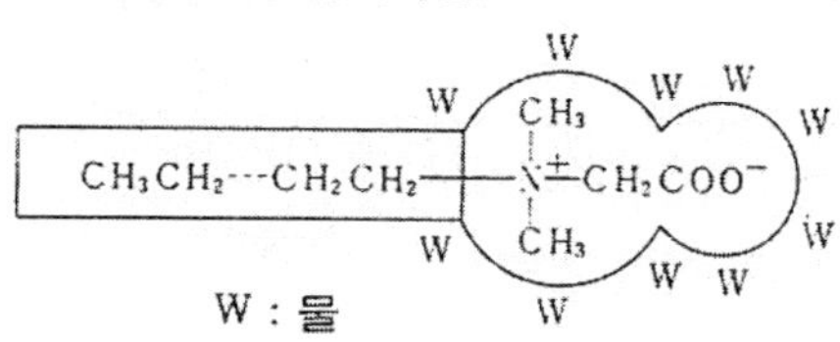


계면활성제의 이온형 분류에 대한 장점은 음이온인 경우 양이온과 혼합하면 침전되기 때문에 양이온계면활성제와 동욕으로 사용할 수 없다. 실제 사용 예에서도 세제로써 음이온과 비이온은 병용하여 많이 사용하고 있으나 양이온은 전혀 사용하지 않고 있다.

## 3.2 Anionic(음이온) 계면활성제

음이온계면활성제는 이이 오래 전부터 사용해 오고 있어서 소비량의 대부분을 차지하고 있다. 소수기(疏水基)의 종류를 고려하여 표와 같다.

### 3.2.1 비누

천연유지를 수산화나트륨수용액(알칼리수용액)과 같이 가열하면서 저으면 반응해서 비누(고급지방산알칼리 금속염)와 글리세린이 된다.

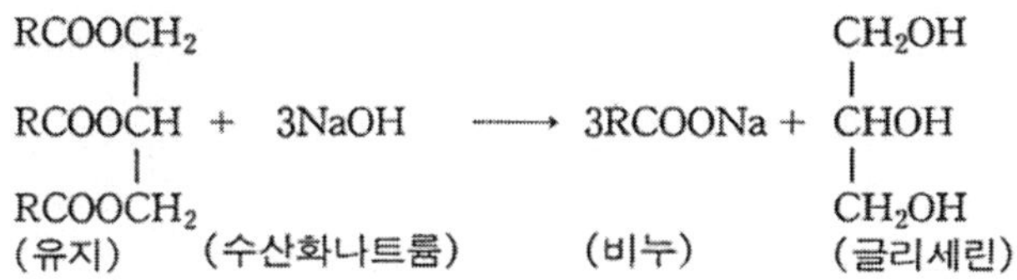


여기에 식염 포화용액을 넣으면 비누가 석출되어 위에 뜨기 때문에 이것을 추출, 정제 가공한다.

원료로 사용되는 유지는 우지, 팜유, 야자유, 쌀겨기름, 대두유, 낙화생유, 경화유 등 여러 가지가 있으나 양적으로는 우지가 가장 많다. 대표적인 지방산비누에 대해 그 성질을 비교해보면 다음과 같다.

1) 라우린산나트륨: $C_{11}H_{23}COONa$

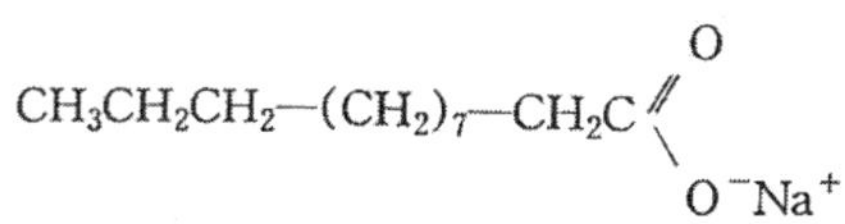

야자유로 만든 비누의 주성분으로 탄소수가 전부 12개이기 때문에 소수기는 비교적 짧다. 그 때문에 물에 녹기 쉽고 세정력도 우수하다.

2) 스테아린산나트륨: $C_{17}H_{35}COONa$

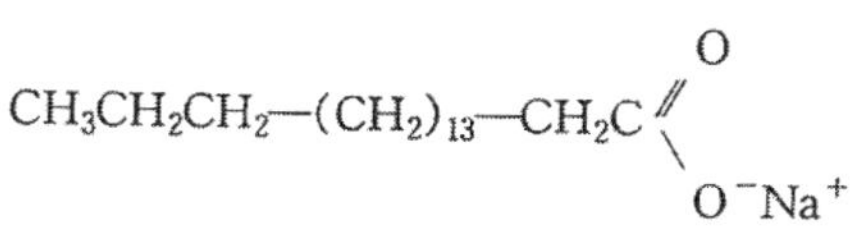

경화유 등 고체의 유지로 만든 비누에 다량 함유되어 있는 탄소 수 18개의 포화지방산비누이다. 소수기가 길기 때문에 단단하고, 친수기인 나트륨염(-COONa)이 하나 밖에 없기 때문에 물에 녹기 어렵다. 또 세정력도 저온에서는 좋지 않다.

3) 올레인산나트륨: $C_{17}H_{33}COONa$

$$CH_3CH_2CH_2-(CH_2)_5CH=CHCH_2-(CH_2)_5-CH_2C\begin{matrix}\nearrow O \\ \searrow O^-Na^+\end{matrix}$$

올리브유 등으로 만든 비누의 주성분으로 우지비누 대부분도 여기에 속한다. 스테아린산과 같이 탄소 수는 전부 18개이다. 분자 한 가운데에 2중 결합이 있기 때문에 성질이 상당히 변화한다. 따라서 물에 잘 녹고 세정력이 우수하다. 피마자유비누는 분자중앙에 2중 결합 외에 수산기(-OH)가 있어서 물에 잘 녹으나 세정력은 아주 나빠서 사용하지 않는다.

硬水(칼슘 등의 염류를 많이 포함한 물)를 사용한 경우는 물에 불용성인 칼슘 비누 등이 발생되어 효과가 없어진다.

$$2RCOONNa + Ca^{++} \longrightarrow (RCOO)_2Ca\downarrow + 2Na^+$$

따라서 수질이 나쁘면 비누는 사용이 곤란하다. 특히 유럽과 미국에서 수질이 나쁜 지역이 많기 때문에 비누의 사용이 어렵고 이 때문에 경수에 안정한 합성세제의 개발이 빨라진 원인이 되었다.

### 3.2.2 황산에스테르염

황산은 2염기성산이기 때문에 황산 1분자를 중화하기에는 수산화나트륨 2개 분자가 필요하다.

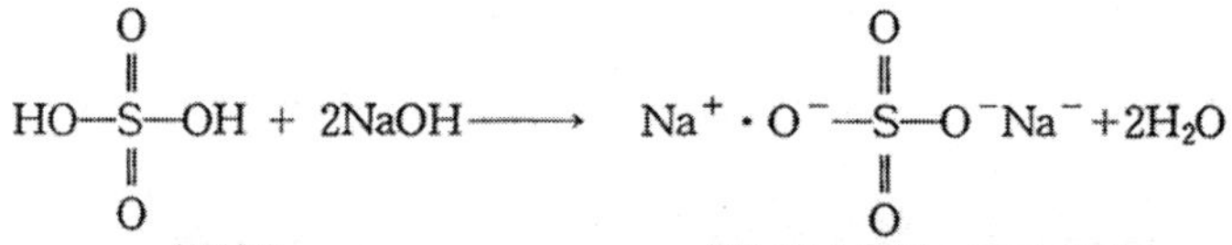

(황산) (황산나트륨; 별명: 망초)

만약 수산화나트륨이 1분자 밖에 안될 때에는 황산은 절반만 중화되고 황산수소나트륨(산성황산)이 된다.

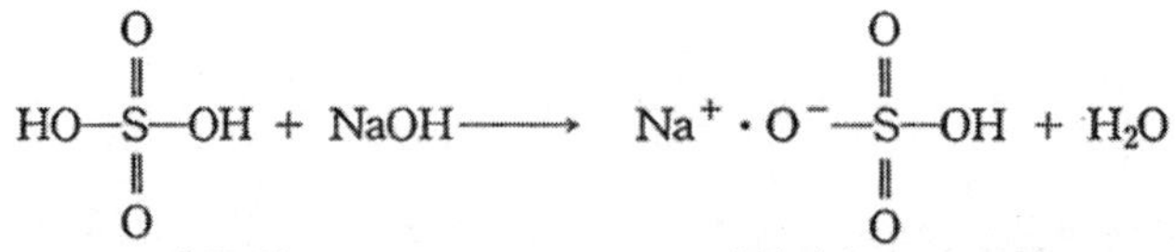

(황산) (황산수소나트륨)

### 1) 고급알코올황산에스테르염

긴 알킬기를 가지고 있는 고급알코올을 황산화시켜서 만든 음이온 계면활성제이다. 고급 알코올의 탄소 수는 비누의 경우와 마찬가지로 12~18 탄소가 가장 적당하다.

$$\underset{\text{(라우릴알콜)}}{C_{12}H_{25}OH} + \underset{\text{(황산)}}{H_2SO_4} \longrightarrow \underset{\text{(라우릴알콜황산에스테르)}}{C_{12}H_{25}OSO_3H} + H_2O$$

$$\xrightarrow[\text{냉각}]{+NaOH} \underset{\text{(라우릴알콜 황산에스테르 나트륨)}}{C_{12}H_{25}OSO_3Na}$$

$$C_{12}H_{25}OH + \underset{\text{(클로로설폰산)}}{ClSO_3H} \longrightarrow C_{12}H_{25}OSO_3H + HCl\uparrow$$

$$\xrightarrow[\text{냉각}]{+NaOH} C_{12}H_{25}OSO_3Na$$

$$C_{12}H_{25}OH + \underset{\text{(무수황산)}}{SO_3} \longrightarrow C_{12}H_{25}OSO_3H$$

$$\xrightarrow[\text{냉각}]{+NaOH} C_{12}H_{25}OSO_3Na$$

$$C_{12}H_{25}OH + \underset{\text{(설파민산)}}{NH_2SO_3H} \xrightarrow[\text{가열}]{} \underset{\text{(라우릴알콜 황산에스테르암모늄)}}{C_{12}H_{25}OSO_3^- \cdot NH_4^+}$$

#### (1) 천연알코올

탄화수소쇄가 완전히 포화되어 있는 포화알콜과 불포화 결합을 포함하고 있는 불포화알코올이 있다.

**① 포화알코올**

야자유 환원알코올: 야자유를 메틸알코올로 에스테르교환하여 생성된 야자유지방산메틸을 환원해서 만든다. 라우릴알코올($C_{12}H_{25}OH$)과 미리스틸알코올($C_{14}H_{29}OH$) 등의 화합물

**② 불포화알코올**

향유알코올: 향유고래기름을 금속나트륨으로 환원시켜 만든다. 올레일알코올($C_{18}H_{35}OH$)과 세틸알코올(포화) 등의 혼합물이다.

#### (2) 합성알코올

**① 지글러알코올**

Zielger법에 의해 에틸렌을 중합시키는 공정을 통해서 만든다. 포화 천연알코올과 완전히 같은 화학구조를 갖고 있다.

② 옥소알코올

올레핀에 CO와 $H_2$를 반응시키면 탄소수가 한 개 많은 제1급 알코올이 얻어진다(Oxo법).

③ Secondary Alcohols(제2급 알코올)

파라핀을 공기 산화시켜 만든다. 수산기가 탄소쇄의 말단 이외에 여기 저기 붙어 있다(직쇄 제2급알코올).

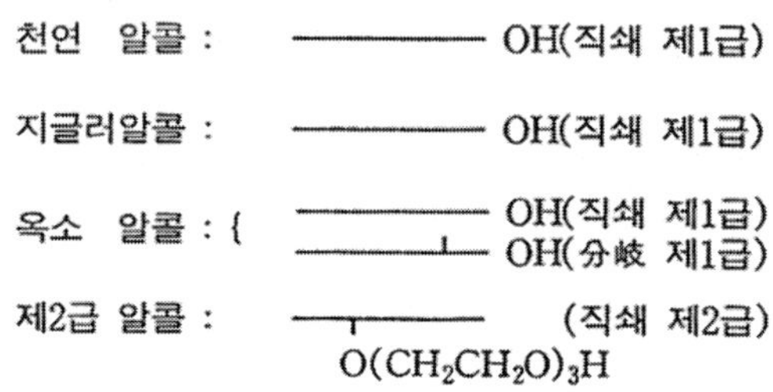


2) 고급 알킬에테르 황산에스테르염

고급알코올 황산에스테르염과 아주 유사하다. 고급알킬에테르라 하는 것은 고급 알킬 폴리에틸렌글리콜에테르의 약칭이다. 즉, 고급알코올에 에틸렌옥사이드를 부가시킨 뒤 황산에스테르염으로 한 것이다.

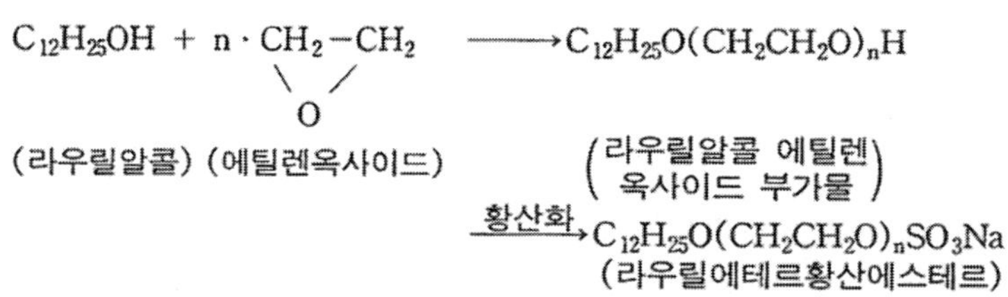


라우릴알코올 황산에스테르염과 라우릴에테르 황산에스테르염은 어떻게 다른가? 폴리에틸렌글리콜쇄가 도입되면 수용성이 향상됨은 물론, 경수 중에도 기포성이 커진다고 하는 특징이 있다는 것이다. 따라서 고급알킬에테르 황산에스테르염을 샴푸 등의 기재로 널리 사용하게 되는 것이다.

3) 황산화유, 황산화지방산에스테르 및 황산화지방산

수산기와 이중결합을 갖고 있는 지방산 또는 지방산의 에스테르를 황산화에 의해 황산에스테르염형 음이온 계면활성제가 된다. 황산화에 사용되는 대표적인 지방산과 그의 에스테르류를 표 4-13에 표시하였다.

표 4-13 수산기와 이중결합을 가진 대표적인 지방산의 에스테르를 함유한 원료

| 지방산에스테르형식 / 불포화지방산 | 유지(글리세린의 트리에스테르) | 저급알콜에스테르(합성품) | 로우(WAT)(고급알콜에스테르) |
|---|---|---|---|
| 올레인산<br>$CH_3(CH_2)_7CH=CH(CH_2)_7COOH$ | 올리브유,<br>땅콩기름,<br>우지 | 올레인산메틸<br>$C_{17}H_{33}COOCH_3$<br>올레인산부틸<br>$C_{17}H_{33}COOC_4H_9$ | 향유고래<br>皮油<br>향유고래<br>기름* |
| 신올레인산<br>$CH_3(CH_2)_5\underset{\displaystyle OH}{\underset{\mid}{C}}HCH_2CH=CH(CH_2)_7COOH$ | 피마자유 | 리신올레인산메틸<br>리신올레인산부틸 | – |

* C16의 불포화산이 다량 함유되어 있다.

(1) 황산화유

황산화유는 천연불포화유지 또는 불포화지방을 그대로 황산화해서 중화한 것의 총칭이다. Turkey-red oil(로트유)은 황산화유의 대표적인 것으로, 피마자유를 황산화시킨 것이다. 약 40% 전후의 농도의 제품이 시판되고 있다.

로트유(저도 황산화피마자유)

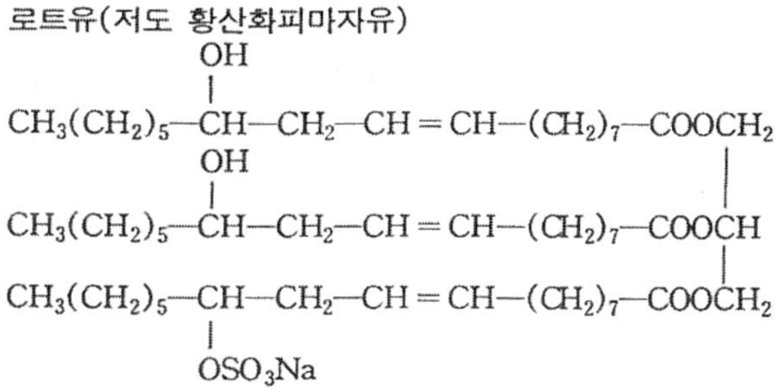

저도황산화올리브유

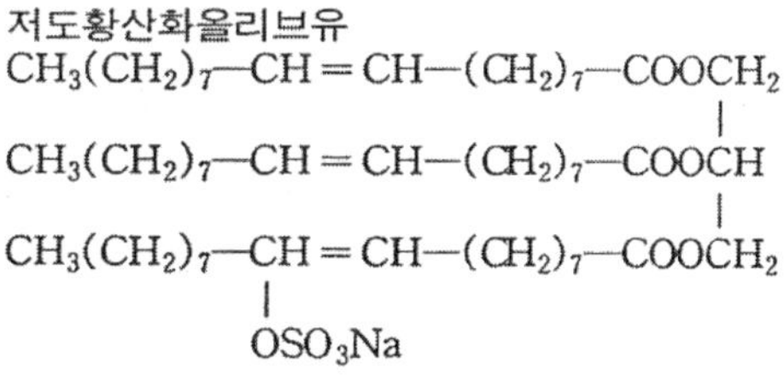

피마자유는 위 그림처럼 지방산 부분의 중앙 부근에 있는 수산기(-OH)가 주로 황산화되어 로트유로 된다. 물론 이중결합도 약간 황산화된다. 로트유는 염색조제, 섬유후가공제, 유화제 또는 특수세제 등으로 오랫동안 사용되어왔다.

황산화유에 속하는 것으로는 로트유 외 황산화우지, 황산화 땅콩유, 또는 황산화 향유고래기름 등이 공업적으로 생산되고 있다.

(2) 황산화지방산에스테르

**황산화 올레인산 부틸**

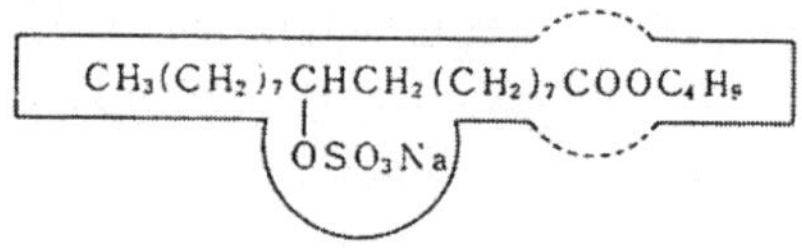


불포화지방산인 저급알코올에스테르, 올레인산부틸, 리신올에인산부칠을 황산화해도 황산에스테르염형의 음이온 계면활성제를 만들 수 있다.

(3) 황산화지방산

불포화지방산을 그대로 황산화한 것으로 그 성질은 지방산에스테르황산화물과 거의 흡사하다.

4) 황산화올레핀

이중결합을 가진 탄화수소(올레핀)계의 $C_{12}$~$C_{18}$의 것을 선택하면 양호한 황산에스테르염형의 계면활성제를 합성할 수 있을 것이다. 이것을 총칭해서 황산화올레핀이라 한다. 대표적인 제품은 Shell사의 "TEEPOL"이 있다. 파라핀왁스를 고온 분해해서 만든 $C_{12}$~$C_{18}$정도의 α-olefin(분자의 쇄 말단에 이중결합이 있는 올레핀)을 황산화하여 만든 세제이다(분자 말단에 이중결합을 갖는 것이 세정력이 우수한 계면활성제를 제조하는 데 적합하다).

$$\underset{(\alpha - Olefin)}{R{-}CH{=}CH_2} + H_2SO_4 \rightleftharpoons R{-}\underset{\displaystyle OSO_3H}{\underset{|}{CH}}{-}CH_3$$

$$R{-}\underset{\displaystyle OSO_3H}{\underset{|}{CH}}{-}CH_3 + NaOH \longrightarrow R{-}\underset{\displaystyle OSO_3Na}{\underset{|}{CH}}{-}CH_3 + H_2O \quad \text{(TEEPOL)}$$

### 3.2.3 설폰산염

설폰산염은 일반적으로 $R-SO_3Na$로 표시되고, 황산에스테르염 $R-O-SO_3Na$과 아주 유사한 화합물이다. 그러나 그 성질은 역시 다른 경우도 있는 데 이것은 모두 R(즉 탄소원자)과 S사이에 있는 -O- 결합성 때문이다.

가장 다른 점은 황산에스테르염은 산성으로 하면 가수분해되어 처음의 알코올과 황산으로 되는 것에 반해서 설폰산염은 가수분해되지 않는다는 것이다.

$$R{-}O{-}SO_3Na + HCl + H_2O \longrightarrow ROH + NaCl + H_2SO_4$$

$$R{-}SO_3Na + HCl \rightleftharpoons RSO_3H + NaCl$$

따라서 술폰산염은 산성용액에서도 사용 가능하다. 가열해도 황산에스테르염 보다 분해되기 어렵기 때문에 유리한 경우가 많다.

### 1) 알킬벤젠설폰산나트륨

방향족탄화수소의 황산 또는 발연황산 등에 의한 설폰화로서 이 반응은 쉽게 진행되고 벤젠에 도데실(dodecyl)기 $C_{12}H_{25}-$와 같은 긴 알킬기가 달라붙어 있어서 설폰화되면 계면활성제가 되는 것으로 알고 있다.

대량으로 소비되는 것은 가정용 합성세제로 모든 가정에서 사용하는 전기세탁기용 합성분말세제 대부분으로 이 알킬벤젠설폰산나트륨이다. 비누보다도 물에 잘 녹는다. 이 수용액은 쉽게 거품을 일으켜 비누보다는 미세한 기포가 많이 발생되나 점도가 적어서 쉽게 없어진다. 침투력과 세정력이 우수해서 황산에스테르염보다는 우수한 성능을 발휘하는 경우가 많으나 모든 점에서 우수하다고 볼 수는 없다.

알킬벤젠을 알칼리가지의 유무에 따라서 대별하면 다음과 같은 2 가지로 분류한다.

#### (1) 분기알킬벤젠

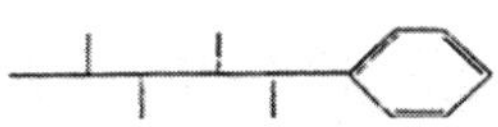

Propylene을 중합시켜 propylene tetramer(4량체) 등을 만들고 이것을 벤젠과 반응시켜서 합성한다. Tetrapropylenebenzene이 대표적인 제품이다.

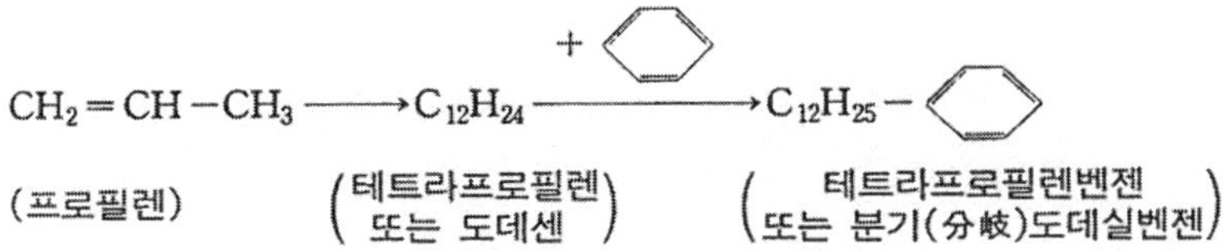


이는 미생물 분해성이 나쁜 것이 문제가 되어 직쇄알킬벤젠 등으로 대체되었다. 테트라프로필렌벤젠술폰산염을 약칭해서 ABS, 가지달린 ABS, hard ABS라고도 한다.

(2) 직쇄알킬벤젠

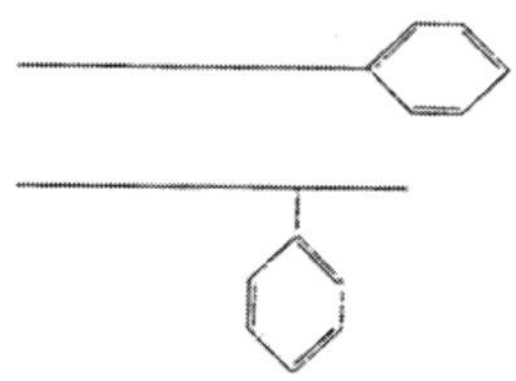

미생물분해성이 보다 양호한 세제 원료의 등장으로 나오게 된 품종으로 LAS(linear alkylbenzene sulfonate), 직쇄ABS, soft ABS라고도 한다. 직쇄알킬벤젠은 염소화파라핀 또는 올레핀과 벤젠을 빈응시켜서 합성한다. 이 반응물들은 쇄길이가 서로 다른 혼합물이기 때문에 순수한 dodecylbenzene이 아닌, $C_{12}$부근의 알킬벤젠의 혼합물이다.

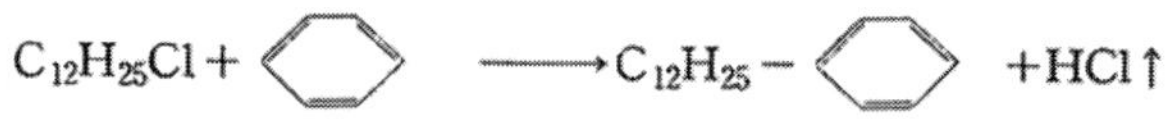


(염화파라핀) (직쇄도데실벤젠)

분기와 직쇄의 알킬기는 알킬벤젠설폰산나트륨의 원료로 유용하고 성능면에서도 거의 동등하나 한가지 다른 것이 있다면 미생물 분해성능이다. 이 미생물 분해성이란 하천 또는 하수에 있는 미생물에 의해서 분해되기 쉬운가 어려운 가를 말하는 것이다. 비누는 하천이나 하수에서 미생물에 의해 분해되지만 전기세탁기용 세제인 분기알킬벤젠술폰산나트륨은 미생물에 의해 분해되기 어렵기 때문에 미생물 분해성이 양호한 직쇄알킬벤젠술폰산나트륨으로 대체되었다. 또한 미생물 분해성이 좋은 고급알코올황산에스테르나트륨과 고급알코올에틸렌옥사이드부가물 등도 이 문제에 중요한 연관을 갖게 되었다.

### 2) 유용성(油溶性) 알킬벤젠설폰산염

알킬벤젠설폰산염의 또 다른 형태인 유용성술폰산염으로 문자 그대로 석유류와 유기용제에 녹는다. 소수기인 알킬기를 특별히 크게 하거나 나트륨염을 바꿔 수용성이 낮은 염 등으로 해 줄 필요가 있다.

(1) 소수기 부분이 큰 ABS(Na염)

천연석유 유분으로부터 또는 합성에 의해서 탄소수 20 정도의 알킬기를 가진 알킬벤젠이 얻어지고 다시 유용성인 알킬벤젠설폰산나트륨이 된다.

이 유용성 ABS는 dry cleaning용 세제 원료, 절삭유 등의 광유용 유화제 성분 등

으로 널리 사용되고 있다. 유용성이면서 강한 친수기를 가지고 있는 것이 특징이다.

(2) ABS의 알칼리토금속염

$C_{12}$정도의 알킬기를 가진 알킬벤젠설폰산염에서도 나트륨염이 아닌 칼슘염과 같은 수용성이 낮은 형이면 유용성이 되고 이것은 농약 유화제 성분 등으로 널리 사용하고 있다.

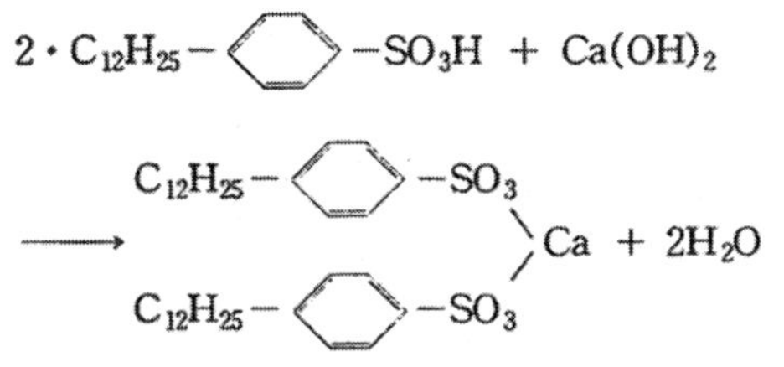

도데실베젠설폰산 칼슘

(3) 소수기 부분이 큰 ABS의 알칼리토금속

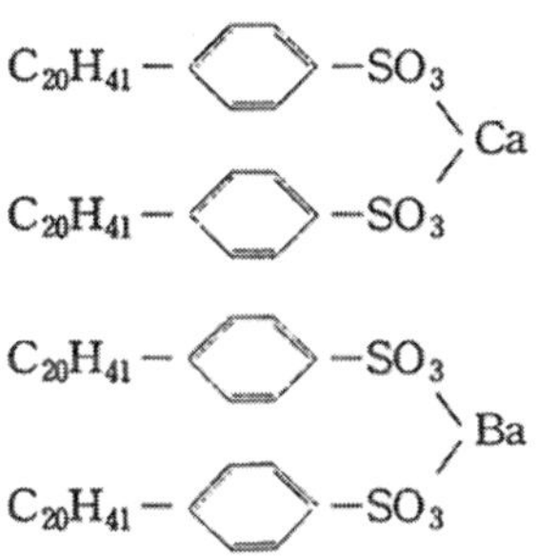

$C_{20}$ 정도의 알킬기를 가진 알킬벤젠설폰산칼슘 또는 바륨(Ba)은 방청유 성분 또는 중유슬러지 분산제 등으로 유용하다.

### 3) α-올레핀설폰산염

α-올레핀에 황산을 가하면 α-올레핀황산에스테르염이 되는 것은 이미 소개하였다. α-올레핀에 무수황산 $SO_3$를 반응시키면 복잡한 반응 결과 α-올레핀설폰산염이 얻어진다. α-올레핀설폰산염은 AOS(α-olefin sulfonate)라고도 한다.

$$\underset{(\alpha\text{-Olefin})}{R\text{—}CH_2\text{—}CH=CH_2} + SO_3 \longrightarrow \text{복잡한 설폰화물}$$

$$\xrightarrow{+NaOH} \begin{cases} R\text{—}CH=CHCH_2SO_3Na \\ R\text{—}\underset{\displaystyle OH}{\underset{|}{CH}}\text{—}CH_2CH_2SO_3Na \\ \text{등의 혼합물} \end{cases}$$

4) IGEPON T형

이게폰 T는 올레인산클로라이드를 N-메틸타우린(methyltaurine)과 반응하여 만든 특수 구조를 갖는 계면활성제로서 소수기와 친수기 사이에 아미드기가 들어 있는 것이 이 제품의 특징이다. 성능은 염색조제, 세정제, 정련제 등으로 독특한 지위를 점하고 있다. 고가임에도 불구하고 그의 세정력 향상과 촉감의 우수함을 높이 평가할 만하다.

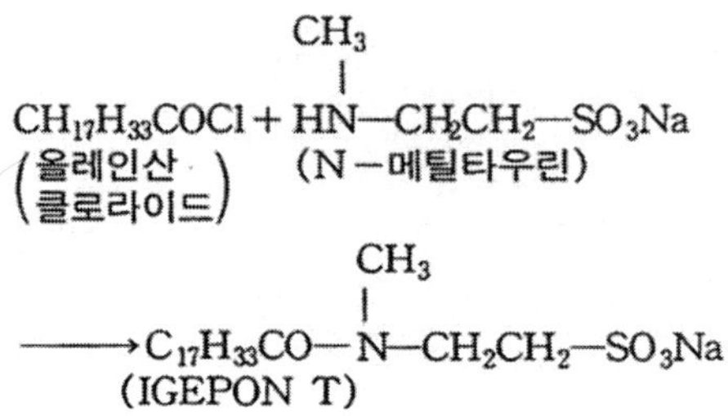


5) AEROSOL OT형

AEROSOL이란 이름도 미국에서 발명된 설포호박산(Sulfosuccinic acid) 에스테르형의 계면활성제로 만들어진 상품명으로 그 중 가장 유명한 것이 AEROSOL OT이다.

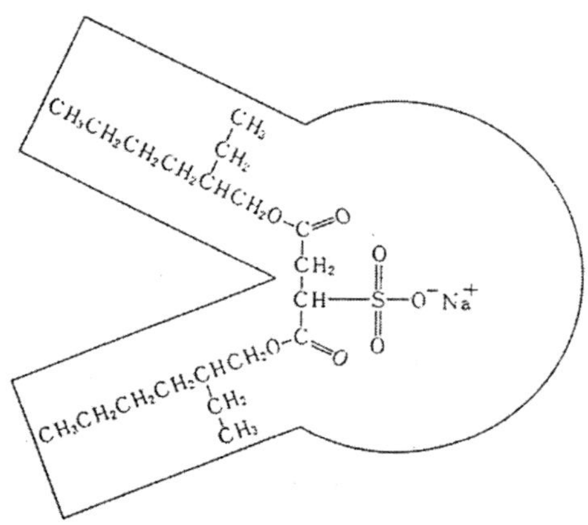

에어로졸 OT는 2개의 소수기 가지를 가진 변형된 설폰산형의 계면활성제이다. 이 화합물은 화학 명으로 sodium di-2-ethylhexyl sulfosuccinate이다. 그러나 그림의 분자형을 잘 보면 뿌리 쪽에 -$SO_3Na$가 달려있다. 소수기 중앙에 친수기가 달라붙어 있는 것이 키포인트(key point)로 이 화합물은 음이온계면활성제 중에서 가장 고성능을 가진 침투제이다.

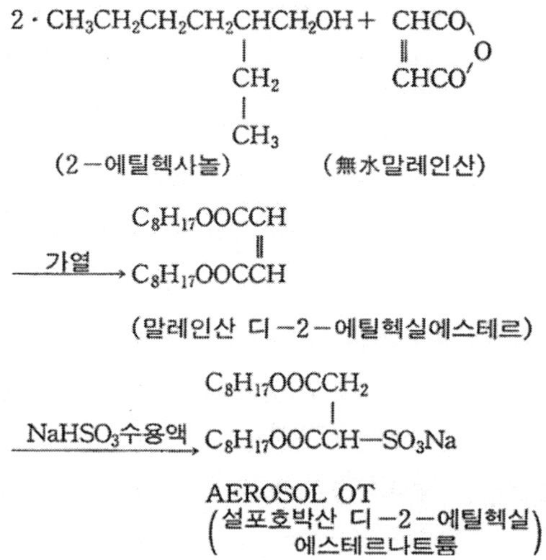


### 3.2.4 인산에스테르염

인산에스테르형의 음이온계면활성제는 주로 대전방지제나 유화제 등에 사용된다. 특히 합성섬유용 대전방지제로 유명하다. 고급 알코올 등의 인산에스테르염이 많이 사용되고, 화학구조로서 다음 두 종이 있다.

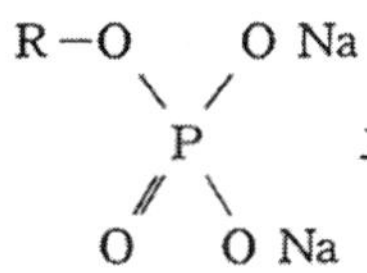
고급알콜인산 모노 에스테르나트륨염

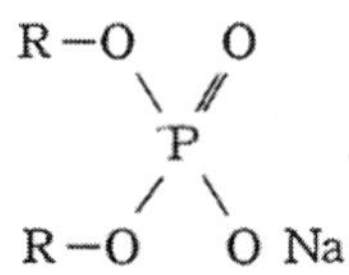
고급알콜인산 디 에스테르나트륨염

모노에스테르형은 물에 잘 용해되나, 디에스테르형은 용해가 어려워 유화되는 정도이다. 그러나 실제 사용하고 있는 것은 이들 모두의 혼합물인 경우가 많다.

인산에스테르염의 합성에는 무수인산에 의한 인산화가 많이 이용되고 있다. 이 반응에서 모노에스테르와 디에스테르의 혼합물이 될 수 있으나 합성조건에 따라 그 비율은 쉽게 조정할 수 있다.

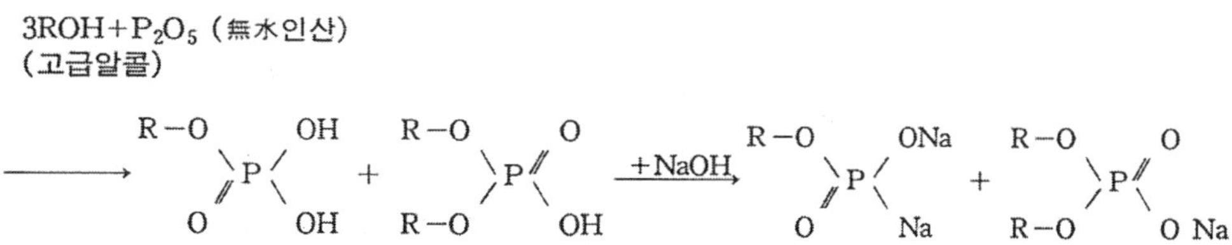

가장 널리 사용하는 인산에스테르형 계면활성제는 고급알콜에틸렌옥사이드 부가물인 인산에스테르염이다. 폴리옥시에틸렌기가 있기 때문에 수용성이 좋고 대전방지성도 고급알콜인산에스테르염 보다 일반적으로 우수하다.

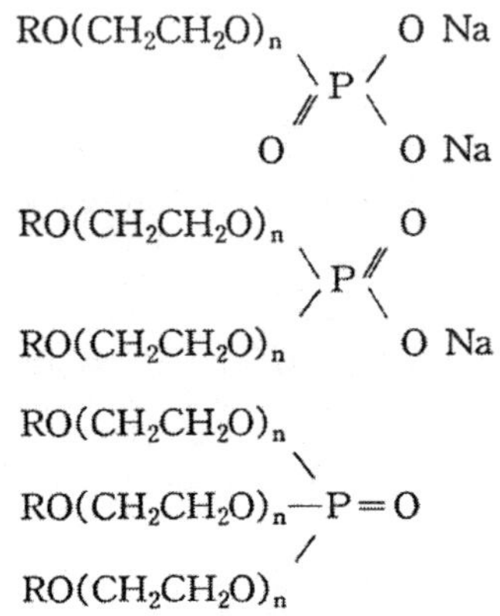

### 3.2.5 디티올인산에스테르염

인산에스테르염에 화학구조가 유사한 유용(油溶)성 음이온계면활성제로 디알킬디티올인산아연이라 부르는 부류이다.

윤활유첨가제의 하나로 산화방지제 겸 마모방지제로 널리 사용하고 있다.

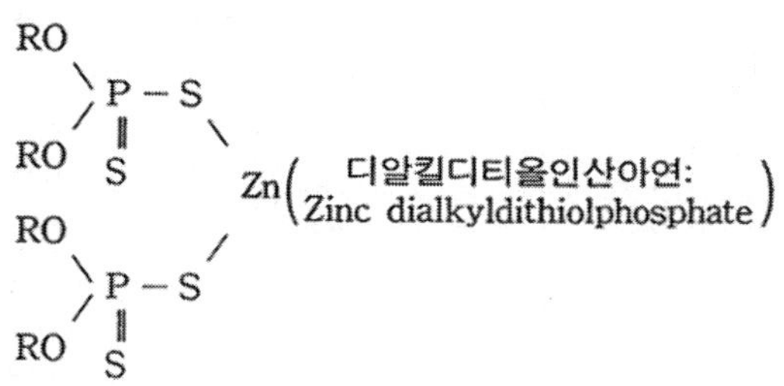


## 3.3 Cationic(양이온) 계면활성제

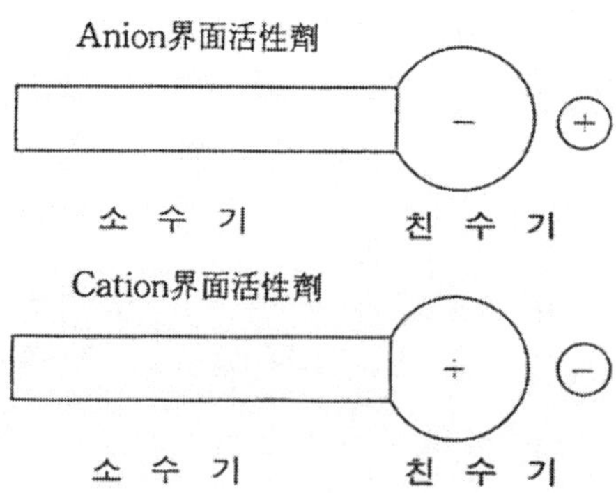

양이온계면활성제는 그 형식적인 측면에서 정확히 음이온 계면활성제의 반대구조를 가지고 있어서 소수기 측이 양이온으로 되어있다. 따라서 역성(逆性)비누 또는 양성(兩性)비누 등으로 부르는 경우도 있다.

이처럼 소수기 측이 양극(+)으로 대전하려면 어떠한 친수기를 갖고 있으면 좋을까? 나트륨이온($Na^+$)과 칼륨이온($K^+$)은 틀림없이 양극으로 대전한 친수기 임에는 틀림없으나 여기에 소수기를 붙이는 것은 불가능하다. 그러나 암모늄이온($NH_4^+$) 등은 소수기를 붙일 수 있어서 암모늄클로라이드($NH_4^+ \cdot Cl^-$)의 수소원자를 알킬기 등의 소수기로 치환시킬 수 있다. 그러나 실제 제조법은 암모늄클로라이드의 알킬치환에 의하지 않고 암모늄클로라이드가 암모니아를 염산으로 중화해서 만들어지는 것처럼 3개까지 알킬치환된 암모늄클로라이드(아민염산염)류를 각각에 상당하는 제1급 amine, 제2급 amine, 제3급 amine을 염산으로 중화하면 간단하게 만들 수 있다. 이처럼 고급 알킬 amine류는 산으로 중화하는 것만으로도 간단히 양이온계면활성제로 합성할 수 있다. 고급 알킬 amine류와 저급 amine류를 표에 열거하였다.

표 4-14 Cation(양이온)계면활성제의 원료 amine

| | 1차 아민 | 2차 아민 | 3차 아민 |
|---|---|---|---|
| 알킬아민류 | $CH_3-NH_2$<br>모노메틸아민 | $(CH_3)_2>NH$<br>디메틸아민 | $(CH_3)_3\geqslant N$<br>트리메틸아민 |
| | $C_{12}H_{25}-NH_2$<br>라우릴아민 | $(C_{12}H_{25})_2>NH$<br>디라우릴아민 | $C_{12}H_{25}-N(CH_3)_2$<br>라우릴디메틸아민 |
| | $C_{18}H_{37}NH_2$<br>스테아릴아민 | $(C_{18}H_{37})_2>NH$<br>디스테아릴아민 | $C_{18}H_{37}-N(CH_3)_2$<br>스테아릴디메틸아민 |
| 에탄올아민 | $HOCH_2CH_2NH_2$<br>모노에탄올아민 | $(HOCH_2CH_2)_2>NH$<br>디에탄올아민 | $(HOCH_2CH_2)_3\geqslant N$<br>트리에탄올아민 |
| 폴리에틸렌 폴리아민 | $H_2NCH_2CH_2NH_2$<br>$H_2NCH_2CH_2NHCH_2CH_2NH_2$ | | (에틸렌디아민)<br>(디에틸렌트리아민)) |
| 다른 아민류 | $(C_2H_5)_2>NCH_2CH_2NH_2$ | | (N,N-디에틸에틸렌디아민) |
| | $H_2NCH_2CH_2NHCH_2CH_2OH$ | | (아미노에틸에탄올아민) |
| |  (피리미딘), | | 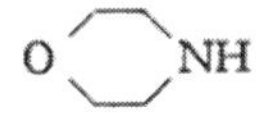 (몰포린) |
| | $(H_2N)_2>C=NH$(구아니딘), | | $H_2N-NH_2$ (히드라진) |

제4급 암모늄클로라이드를 만들기 위해서 제3급 amine과 알킬클로라이드를 반응시킬 필요가 있다. 이 반응은 발열반응이기 때문에 비교적 쉽게 진행시킬 수 있다.

$$R_3N + RCl \xrightarrow{\text{가열}} R_4N^+ \cdot Cl^-$$

(제3급아민) (알킬 클로라이드) (제4급 암모늄 클로라이드)

일반적으로 제4급 암모늄염형의 양이온 계면활성제을 만들기 위해서 고급(長alkyl기를 가진)인 제3급 amine을 알킬화제(다른 화합물에 알킬기를 주는 성질의 화합물)로 4급화할 필요가 있다.

제3급 amine은 산으로 중화하면 amine형염 양이온계면활성제가 되고, 알킬화제와 반응시키면 (제4급화) 제4급 암모늄형 양이온 계면활성제가 된다.

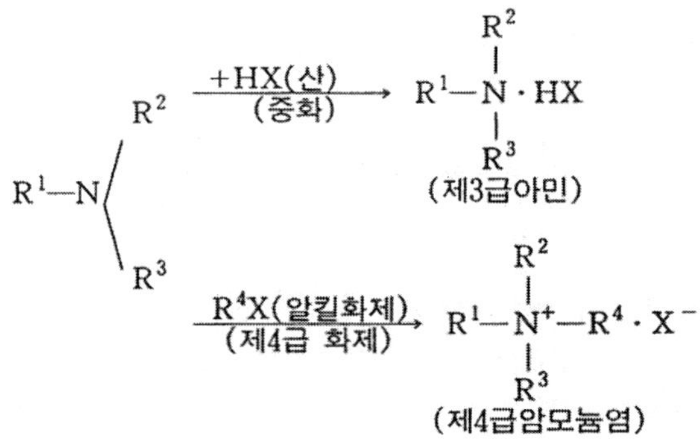


실제로 최근에 공업적으로 많이 사용하기 시작하여 사용량이 기하급수적으로 증가하고 있다. 살균제와 유연가공제와 같이 특수한 분야에도 음이온계면활성제와 거의 동등한 양으로 공급되고 있다.

### 3.3.1 Amine형 cationic계면활성제

제1급 amine염, 제2급 amine염 및 제3급 amine염을 통칭해 amine형이라 한다. 이들은 특성이 아주 유사해서 좀처럼 구별이 어려운데 제1급 amine과 제2급 amine이 함께 들어 있는 제품이 많이 있기 때문이다.

탄소수가 12~18의 알킬기를 소수기로 가지고 있는 것이 대부분이다.

#### 1) 고급 alkylamine으로 만든 amine형 cationic계면활성제

(1) 고급 alkylamine염

지방족 고급amine은 지방산 또는 지방산에스테르와 암모니아를 가열해서 지방족 니트릴을 만들고 이것을 수소로 환원해서 합성한다.

$$\underset{(\text{지방족})}{RCOOH + NH_3} \longrightarrow \underset{(\text{지방산아미드})}{RCONH_2}$$

$$\longrightarrow \underset{(\text{지방족니트릴})}{RCN} \xrightarrow[\text{촉매}]{H_2} \underset{(\text{지방족아민})}{RCH_2NH_2}$$

고급 알킬아민염으로 시판되는 계면활성제의 양은 많지 않다.

(2) 고급alkylamine ethylene oxide 부가물

고급알킬amine에 에틸렌옥사이드(EO)를 반응시키면 비이온계면활성제와 양이온계면활성제의 중간물질이 된다.

$$\underset{(\text{스테아릴아민})}{C_{18}H_{37}NH_2} + x\ \underset{(\text{에틸렌옥사이드})}{CH_2\text{—}CH_2\ (\text{—O—})} \xrightarrow{\text{촉매}} C_{18}H_{37}N< \begin{matrix} (CH_2CH_2O)_pH \\ (CH_2CH_2O)_qH \end{matrix}$$

$$(p + q) = x$$

Amine부분을 중화하지 않아도 이런 종류의 화합물은 물에 잘 녹는다. 비이온에 양이온을 부여한 구조는 그대로 성능이 드러나기 때문에 특수한 용도로 사용하고 염색조제 등으로도 폭넓게 사용하고 있다.

고급알킬아민에 에틸렌옥사이드를 반응시킬 때 무촉매로 행하면 정확히 2mol만이 에틸렌옥사이드가 부가된 계면활성제를 얻을 수 있다.

$$C_{18}H_{37}N< \begin{matrix} (CH_2CH_2O)_pH \\ (CH_2CH_2O)_qH \end{matrix} + H_2O \rightleftharpoons C_{18}H_{37}\text{—}\underset{\underset{H}{|}}{N^+} < \begin{matrix} (CH_2CH_2O)_pH \\ (CH_2CH_2O)_qH \end{matrix} \cdot OH^-$$

$$C_{18}H_{37}NH_2 + 2CH_2CH_2\ (\text{—O—}) \longrightarrow C_{18}H_{37}< \begin{matrix} CH_2CH_2OH \\ CH_2CH_2OH \end{matrix}$$

이 계면활성제(dihydroxyethylstearylamine)는 플라스틱 내부용 대전방지제로 유명하다.

2) 저급 amine으로 만든 amine형 cationic계면활성제

고급 alkylamine은 고가이므로 적절한 가격의 계면활성제의 합성을 위해서 저가인 지방산 등을 이용한다. 이로써 stearic acid와 올레인산 등으로 저급amine을 반응시켜 계면활성제를 만든다. 따라서 이 계통의 계면활성제는 값이 싸고 우수한 성능을 나타내는 것이 많다. 섬유의 유연 가공제로써 양이온계면활성제는 대부분 이 계통에 속한다.

(1) Soromine A형 cationic계면활성제

Srearic acid와 triethanolamine을 가열 축합시켜 에테르형인 제3급amine을 만들고 이것을 개미산으로 중화한 것이 Soromine A형 양이온계면활성제이다.

$$C_{17}H_{35}COOH + N{<}\begin{matrix}CH_2CH_2OH\\CH_2CH_2OH\\CH_2CH_2OH\end{matrix}$$

(스테아린산) (트리에탄올아민)

$$\xrightarrow{160℃\sim200℃} C_{17}H_{35}COOCH_2CH_2{-}N{<}\begin{matrix}CH_2CH_2OH\\CH_2CH_2OH\end{matrix} + H_2O\uparrow$$

(트리에탄올아민 모노스테아레이트)

$$\xrightarrow{+HCOOH} C_{17}H_{35}COOCH_2CH_2{-}N{<}\begin{matrix}CH_2CH_2OH\\CH_2CH_2OH\end{matrix}\cdot HCOOH$$

SOROMINE A

저가 원료만으로도 간단히 합성되기 때문에 양이온계면활성제 쪽에서 볼 때는 매우 저렴하다. 또 성능도 우수하나 소수기가 연결되어 있는 에스테르결합이 가수분해에 의해 끊어지기 쉬운 결점이 있다. 강산으로 중화하면 가수분해를 어느 정도 방지할 수 있다.

(2) Sapamine A형 cationic계면활성제

사파민 A는 스위스의 CIBA사가 개발한 일종의 양이온계면활성제 "Sapamine"류의 하나로 N,N-diethylethylenediamine과 strearic acid를 가열시켜서 합성한 amide형의 제3급 amine을 초산염으로 해서 만든 양이온계면활성제이다.

$$C_{17}H_{35}COOH + H_2NCH_2CH_2{-}N{<}\begin{matrix}C_2H_5\\C_2H_5\end{matrix}$$

(스테아린산) (N, N-디에틸렌디아민)

$$\xrightarrow{Heating} C_{17}H_{35}CONHCH_2CH_2{-}N{<}\begin{matrix}C_2H_5\\C_2H_5\end{matrix} + H_2O\uparrow$$

(스테아라미드에틸렌디에틸아민)

$$\xrightarrow{+CH_3COOH} C_{17}H_{35}CONHCH_2CH_2{-}N{<}\begin{matrix}C_2H_5\\C_2H_5\end{matrix}\cdot CH_3COOH$$

(SAPAMINE A)

소수기가 amide결합으로 연결되어 있기 때문에 가수분해로 끊어질 염려는 없다. 그 대신 원료 amide가 특수하여 고가이다.

(3) Acovel A형 cationic계면활성제

아코밸 A는 일련의 섬유유연제 "Acovel" 중에서 대표적인 것이다. 이것은 스테아린산과 아미노에틸에탄올아민을 가열 축합시킨 뒤 요소를 화합시킨 것을 초산으로 중화한 복잡한 화합물이다.

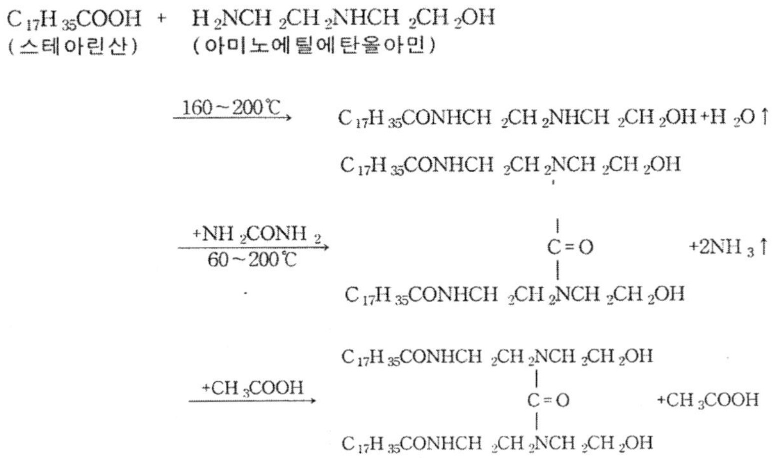

(4) Imidazoline형 cationic계면활성제

아미노에틸에탄올아민, 또는 폴리에틸렌폴리아민류와 지방산과의 반응을 160 ~180℃ 정도로 진행하면 아미드형을 갖는 amine이 되나 온도를 올려 200 ~ 250℃ 정도에서 반응시키면 이미다졸린유도체라 부르는 새로운 amine이 형성된다.

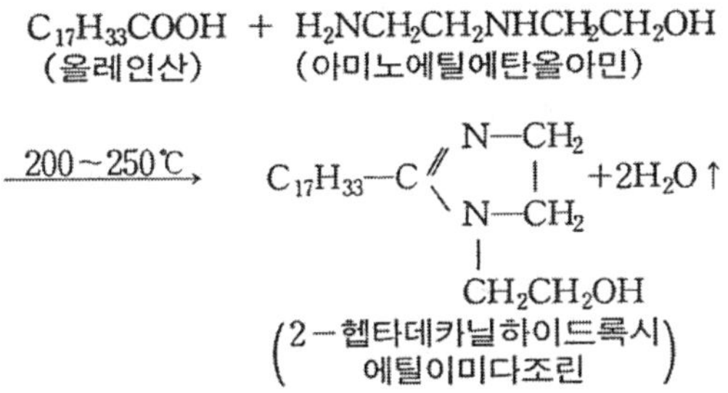

지방산으로 올레인산을 사용한 것은 Amine O라는 상품명으로 공업용 원료로 시판되고 있다.

### 3.3.2 제4급 암모늄염형 cationic계면활성제

제4급암모늄염형인 양이온계면활성제는 제3급알킬화제의 반응에 따라 만들어지기 때문에 그 조합에 따라 실제 많은 종류가 있다. 제4급암모늄염형이 되면 amine의 염기성이 매우 강해지기 때문에 그 수용액에 수산화나트륨(NaOH) 같은 강알칼리를 가해도 알칼리성으로 무리가 없다. 그러나 amine염은 화합하고 있는 산이 NaOH에 빼앗기기 때문에 알칼리성 측면에서는 처음의 amine으로 되돌아가 물에 녹지 않게 된다.

$$R_4N^+ \cdot Cl^- + NaOH \rightleftharpoons R_4N^+ \cdot OH^- + NaCl$$
(물에可溶)

$$R_4N \cdot HCl + NaOH \longrightarrow R_3N + NaCl + H_2O$$
(물에不溶)

1) 고급alkylamine으로 만든 제4급암모늄염형 cationic계면활성제

(1) 알킬트리메틸암모늄염

고급alkylamine에 NaOH를 가해 염화메틸을 가압 하에 반응시키면 우선 제3급 amine이 되고, 계속해서 제4급 암모늄염이 된다. 이는 물에 투명하게 되고 계면활성도 우수해 비스코스 응고용 응집제 등으로 사용하고 있다.

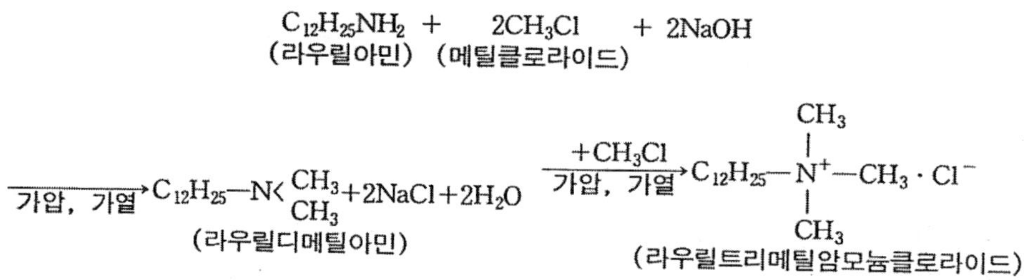


(2) 알킬디메틸벤질암모늄염

제3급amine으로 alkyldimethylamine을 사용하고 알킬화제로 benzyl chloride를 사용한 특별히 살균성이 강한 제4급 암모늄염이다. 알킬기에는 $C_{12}$의 라우릴기 정도가 적당하다.

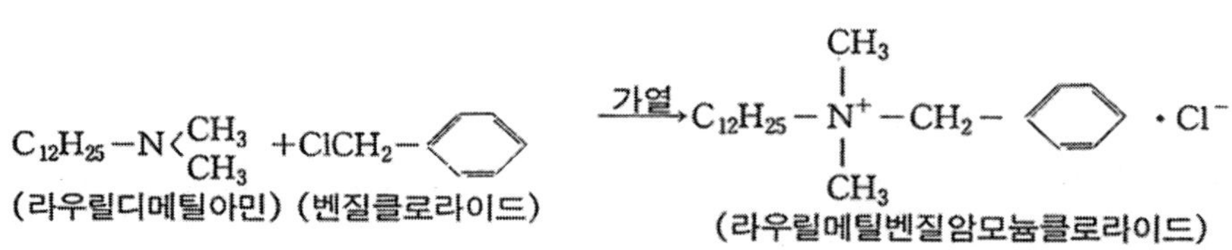


이 화합물은 벤잘코늄클로라이드(benzalkonium chloride) 라고도 부르며 살균소독제로 다량 제조되고 있다. 또 물에 투명하게 녹아서 쉽게 기포를 형성한다. Phenol이 약 5 백배 살균력이 있고 냄새도 없어 병원 등에도 널리 사용되고 있다.

2) 저급 amine으로 만든 제4급암모늄염형 cationic계면활성제

(1) Sapamine형 제4급암모늄염

N,N-diethylethylenediamine(비대칭 디에틸에틸렌디아민)에 지방산을 축합시키면 제3급 amine이 되기 때문에 이것을 여러가지 알킬화제로 제4급화해서 계면활성제화 할 수 있다.

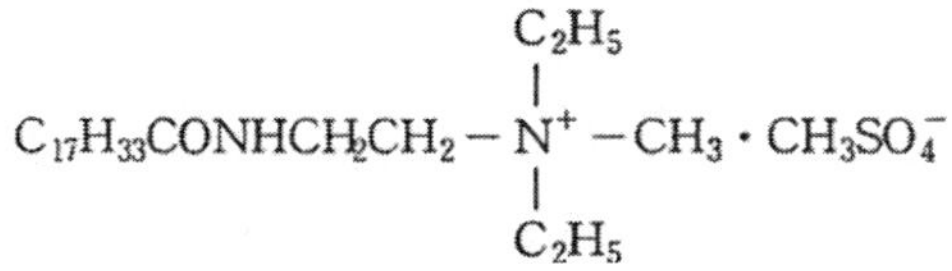

SAPAMINE MS

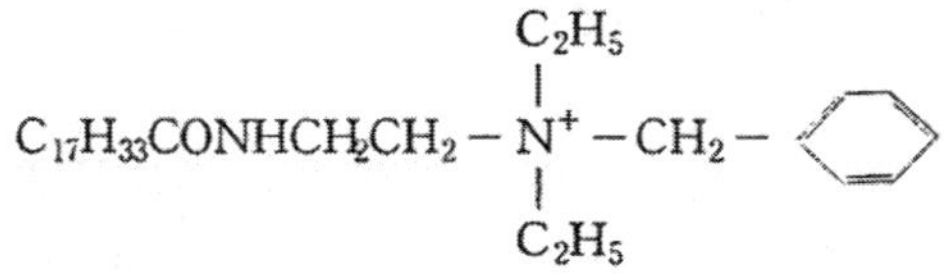

SAPAMINE BCH

또 이 Sapamine에 보다 유사한 형으로 CATANAC SN이란 제품이 합성수지의 대전방지제로 미국에서 제조되고 있다. 이는 제3급amine의 질산염에 ethylene oxide를 반응시켜 쉽게 합성할 수 있다.

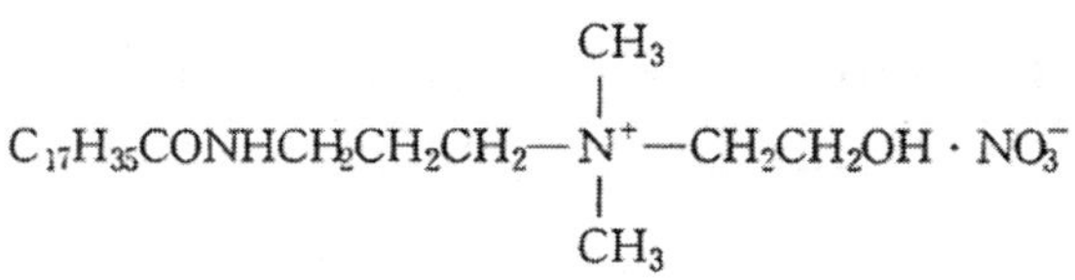

CATANAC SN

(2) 피리디늄(pyridium)염

피리딘은 특별한 형을 한 제3급amine이다.

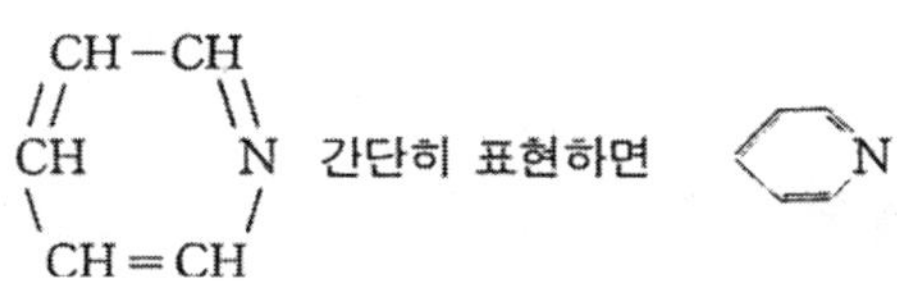


따라서 고급알킬클로라이드와 고급알킬브로마이드 등을 반응시키면, 제4급암모늄염에 상당하는 알킬피리디늄염을 만들 수 있다.

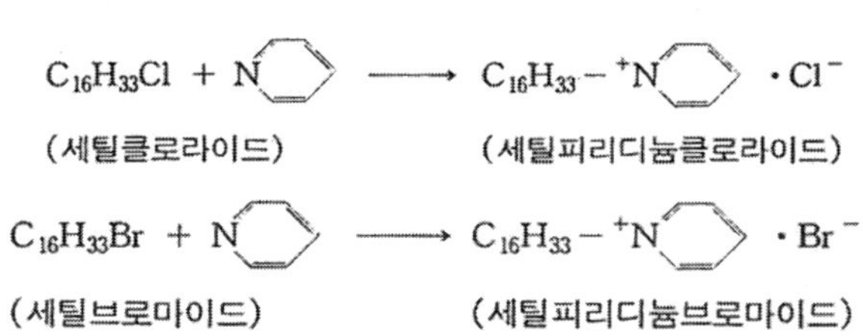


피리디늄염의 최대 용도는 섬유용 발수제이다. Zelan AP나 Velan PF의 상품명으로 부르는 이들 화합물은 스테아린산아미드와 피리딘염산염을 포름알데히드로 연결한 형태의 특수한 피리디늄염이다.

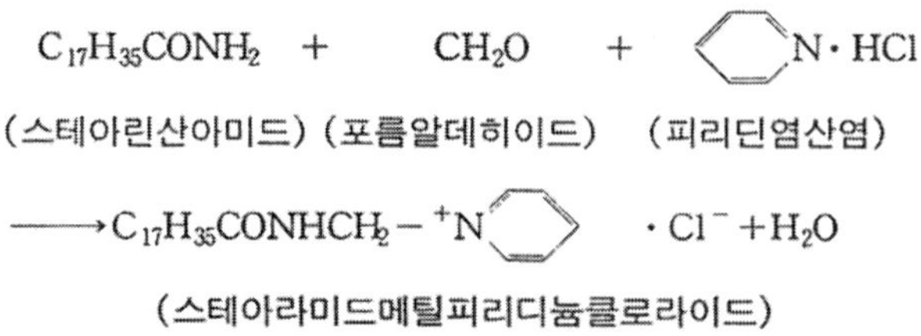


## 3.4 양성 계면활성제

넓은 의미로 양성계면활성제는 음이온, 양이온 및 비이온계면활성제 중 어느 쪽이든 두 개의 성질을 동시에 갖고 있는 잡종의 모두를 가리키는 것이다.

① 음이온과 양이온의 조합 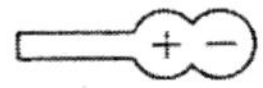 (狹義의 양성계면활성제)

ex 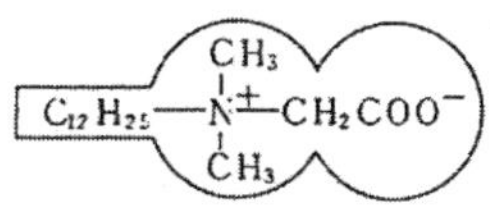


② 음이온과 비이온의 조합 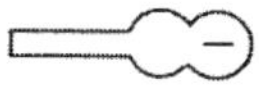

ex 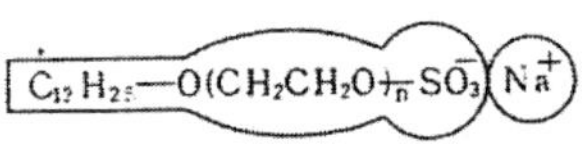


③ 양이온과 비이온의 조합 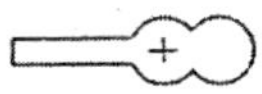

ex 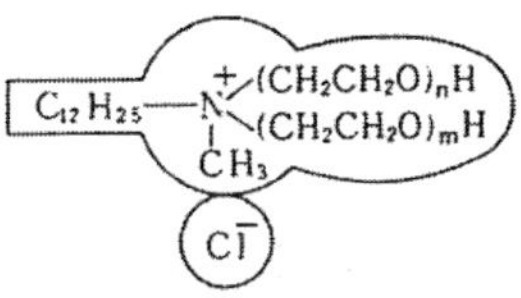


그러나 보통 양성계면활성제는 특히 음이온과 양이온과의 조합만을 의미한다. 즉, 소수기에 양이온(+)과 음이온(−) 양쪽이 붙어 있는 계면활성제라고 생각해도 된다.

음이온 계면활성제는 비누를 비롯하여 가정용세제의 대부분을 점하고 있고, 양이온 계면활성제는 소독용 살균제와 나일론 등 합성섬유의 후가공제 등으로 상당히 많이 사용되고 있다. 그러나 양성 계면활성제는 생산량이 많지 않아 비교적 고가의 특수한 방면에 응용할 뿐이다.

계란노른자 중에 있는 레시틴(lecithin)은 인산에스테르염형의 음이온 부분과 제4급 암모늄염형의 양이온 부분을 갖는 양성 계면활성제이다. 분자 중에 소수기가 2개 있기 때문에 물에는 거의 녹지 않고 기름의 유화 등에는 크게 계면활성력을 발휘한다.

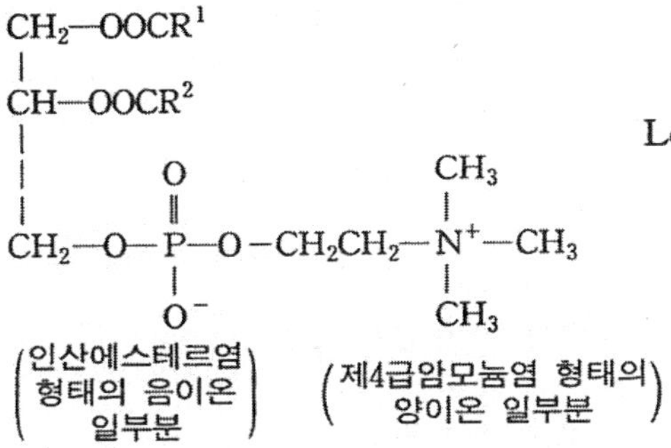


Lecithin

양성 계면활성제의 분류는 대개의 경우 양이온 부분으로는 아민염 혹은 제4급암모늄염형의 친수기가 사용되기 때문에 음이온 부분의 종류로 구분하는 것이 편리하다.

표 4-15 양성계면활성제의 종류

- 양성 계면활성제
  - 카르본산염형 양성계면활성제
    - 아미노산형양성계면활성제
      예 : $R-NH-CH_2-CH_2COOH$
    - 베타인형양성계면활성제
      예 : $R-N^{+}(CH_3)_2-CH_2COO^{-}$
  - 황산에스테르염형 양성계면활성제
  - 설폰산염형 양성계면활성제
  - 인산에스테르염형 양성계면활성제

그러나 대부분 시판되는 양면계면활성제는 대부분이 카르본산염이다. 카르본산염형 양성 계면활성제는 음이온부분으로 카르복실기(-COOH)를 갖고 있다. 이 중 아민염형 양이온부분을 가진 것을 아미노산형 양면 계면활성제라고 하고 제4급 암모늄염형 양이온 부분을 갖는 것을 베타인 양성 계면활성제라고 한다.

### 3.4.1 아미노산형 양성계면활성제

$C_{12}$~$C_{18}$의 고급알킬아민, 예를 들면 라우릴아민($C_{12}H_{25}NH_2$) 1mol을 60~70℃로 가열해서 녹이고 저어주면서 아크릴산메틸 $CH_2$=$CHCOOCH_3$ 1mol을 서서히 가하면 발열하면서 다음과 같은 화합물이 된다.

$$C_{12}H_{25}NHCH_2CH_2COOCH_3 + HCl \longrightarrow \begin{matrix} C_{12}H_{25} \\ CH_3OOCCH_2CH_2 \end{matrix} > NH \cdot HCl$$

그 화합물 중의 $COOCH_3$(에스테르결합)을 알칼리로 비누화하면 카르본산염형의 음이온 부분이 새로 생기게 되고 아미노산형 양성계면활성제를 만들 수 있다.

$$C_{12}H_{25}NHCH_2CH_2COOCH_3 + NaOH(\text{수용액})$$
(라우릴아미노프로피온산 메틸)

$$\xrightarrow{\text{가 열}} C_{12}H_{25}NHCH_2CH_2COO^-Na^+ + CH_3OH$$
(라우릴아미노프로피온산 나트륨)

생성된 라우릴아미노프로피온산의 나트륨염은 물에 잘 녹아 투명한 용액이 된다. 이 수용액은 쉽게 거품이 일고 꽤 강한 알칼리성을 나타낸다. 그것은 비누와 같은 카르본산 나트륨인 것 이외 중화되지 않은 제2급 아미노기(〉NH)를 갖고 있기 때문이다.

아미노산형 양성 계면활성제는 알칼리성에는 음이온 계면활성제처럼 거동하고 산성에서는 음이온계면활성제처럼 거동해도 정확히 양이온과 음이온이 균형을 이루는 등전점(等電點)에서는 친수성이 적어져 침전하는 성질이 있다.

라우릴아미노프로피온산의 나트륨은 침전력이 꽤 크기 때문에 특수한 세제에 사용된다.

### 3.4.2 Betaine형 양성계면활성제

베타인형 양성계면활성제란 4급암모늄염형의 양이온 부분과 카르본산염형의 음이온을 갖고 있는 양성계면활성제이다. 구조가 간단하고 실제로 다음과 같은 구조를 가지고 있다. R은 탄소수 12~18정도의 알킬기이다.

$$R-\overset{\displaystyle CH_3}{\underset{\displaystyle CH_3}{N^+}}CH_2COO^- \quad (\text{알킬디메틸 베타인})$$

베타인형 양성계면활성제가 아미노산형 양성 계면활성제와 비교해서 가장 다른 것은 베타인형은 산성과 알칼리성에서 물에 잘 녹는다는 것이다. 따라서 베타인형은 등전점(等電點)에서도 침전의 염려가 거의 없기 때문에 어떠한 pH 영역에서도 사용할 수 있다는 장점이 있다.

$$C_{12}H_{25}-N{<}^{CH_3}_{CH_3} + ClCH_2COONa\ (\text{수용액})$$
(라우릴디메틸아민) (모노클로로초산나트륨)

$$\xrightarrow{60\sim80℃} C_{12}H_{25}-\overset{\displaystyle CH_3}{\underset{\displaystyle CH_3}{N^+}}-CH_2COO^- + NaCl$$
(라우릴디메틸 베타인)

라우릴디메틸베타인과 똑같은 합성방법으로 각종 베타인형 양성 계면활성제를 만들 수 있다. 그 중 중요한 것을 들면 다음과 같다.

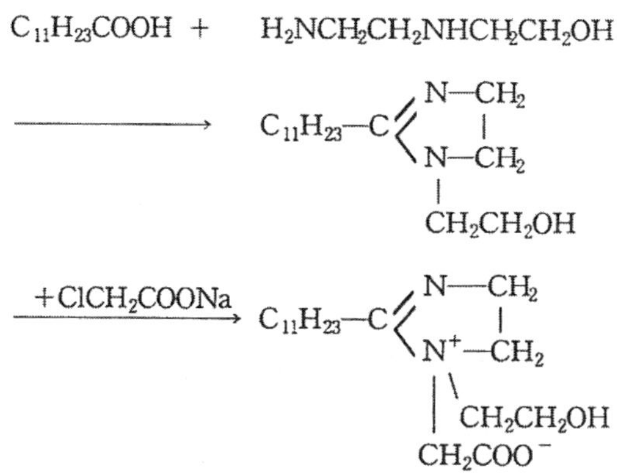


어느 것이나 라우릴메틸베타인과 똑 같은 염색조제나 대전방지제 등으로 사용한다. 샴푸의 주원료로 널리 이용되고 있는 양면 계면활성제는 알킬이미다조린으로 합성한 양성 계면활성제가 있다.

## 3.5 비이온 계면활성제

### 3.5.1 Polyethyleneglycol형 비이온계면활성제

#### 1) 폴리에틸렌글리콜형 비이온계면활성제의 합성법

라우릴알코올 186g(1 mol)에 촉매로 가성소다 1g을 가하여 150~180℃ 정도로 가열하고 잘 저어 주면서 에틸렌옥사이드를 이 액 중에 가해 주면 점점 흡수되어 반응이 진행된다. 필요한 만큼 에틸렌옥사이드를 흡수시켰을 때에 반응을 중지시켜 가성소다 촉매를 중화하면 폴리에틸렌글리콜형 비이온계면활성제가 된다. 알킬페놀, 지방산, 고급지방산아민 또는 지방산 아미드 등도 마찬가지로 쉽게 에틸렌옥사이드를 부가 반응시킬 수 있다.

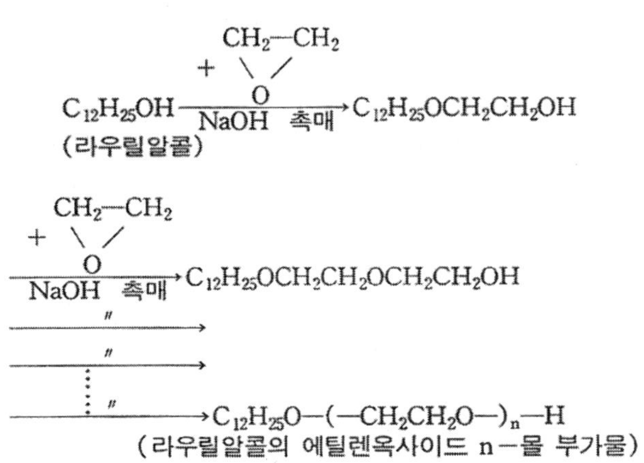

알킬페놀, 지방산, 고급지방산아민 또는 지방산아미드 등도 마찬가지로 쉽게 에틸렌옥사이드를 부가 반응시킬 수 있다.

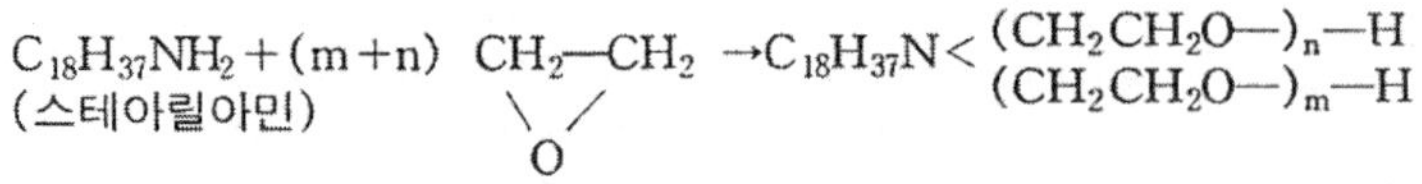

2) 고급알코올에틸렌옥사이드 부가물 및 알킬페놀에틸렌옥사이드 부가물

현재 시판되고 있는 폴리에틸렌글리콜형 비이온 계면활성제에는 고급알코올 및 알킬페놀에 에틸렌옥사이드(EO)를 부가한 것이 과반수를 점하고 있다.

$R{-}O{-}(CH_2CH_2O)_n{-}H$ : 고급알콜EO부가물

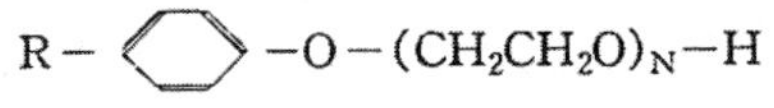 : 알킬페놀EO부가물

이 두 종(種)의 계면활성제 소수기와 친수기가 에테르결합 (–O–)으로 결합되어 있기 때문에 폴리에틸렌글리콜형 비이온 계면활성제라고 부르는 경우도 있다.

(1) 고급알코올

소수기 원료의 고급알코올은 천연유지로부터 추출한 고급알코올과 합성고급알코올로 대별된다. 고급알코올은 각종 탄소수의 혼합물로 사용되는 경우가 많다. 완전히 분류해서 라우릴알코올($C_{12}$), 세틸알코올($C_{16}$), 올레일알코올($C_{18}$) 등 단일조성물도 시판하고 있으나 고가이기 때문에 비이온 계면활성제로서의 사용량은 적다.

**① 천연알코올**

야자유환원알코올($C_{12}$~$C_{14}$)이 대표적이다 우지환원알코올($C_{14}$~$C_{18}$)도 사용된다. $C_{14}$~$C_{18}$보다는 $C_{12}$~$C_{14}$의 알코올이 보다 적당하다. 가격변동이 크기 때문에 합성알코올로 바뀌는 경향이다.

**② 합성알코올**

천연알코올과 같은 조성을 가진 지글러(Ziegler)알코올, 메틸가지를 가진 성분을 함유한 옥소알코올, 분자의 중간 정도에 수산기(–OH)가 붙어 있는 secondary alcohol 등이 있다.

Ziegler alcohol

————OH (천연알콜과 동일)

예 : ALFOL 1214($C_{12}$~$C_{14}$)

Oxo alcohol

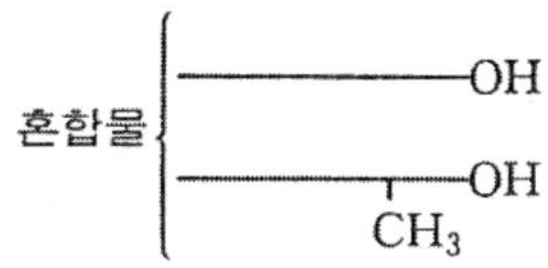


예 : DOBANOL 25($C_{12}$~$C_{15}$)
OXOCOL 1215($C_{12}$~$C_{15}$)
DIADOL 115($C_{11}$~$C_{15}$)

Secondary alcohol

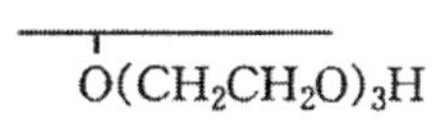


예 : TERGITOL S($C_{11}$~$C_{15}$)
SOFTANOL($C_{12}$~$C_{14}$)

(2) 알킬페놀

중요한 소수기 원료이다. 노닐페놀은 무엇보다도 잘 알려진 알킬페놀이다. 그 외에 도데실페놀, 옥틸페놀, 옥틸크레졸 등도 사용한다.

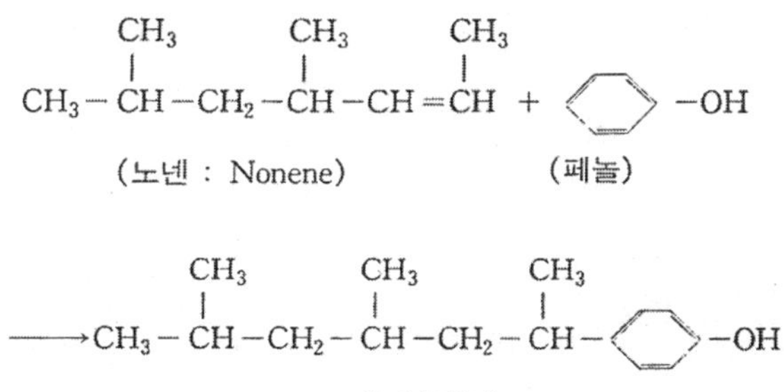


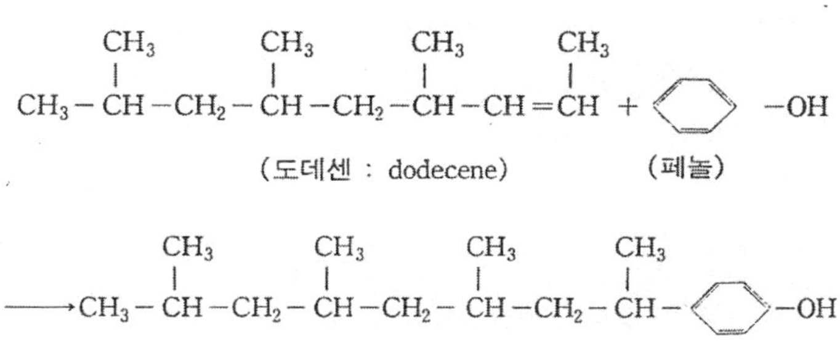

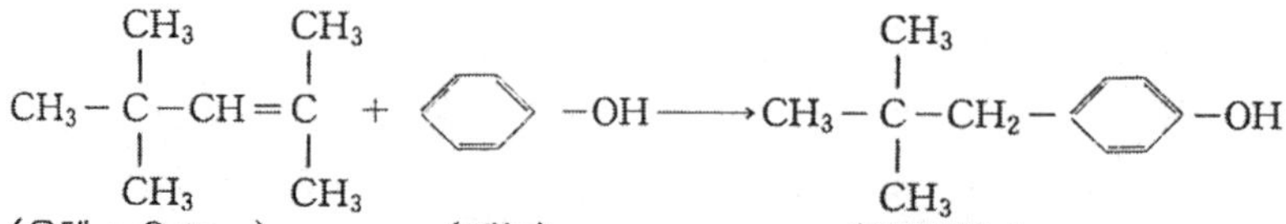

(옥텐 : Octene) (페놀) (옥틸페놀)

모두 올레핀과 페놀의 반응으로 합성된다. 이들 알킬페놀은 알킬기가 가지를 갖고 있기 때문에 가지달린 알킬페놀(branched alkylphenol)이라 부른다. α-올레핀과 페놀로 합성한 직쇄알킬페놀(linear alkylphenol)도 알려져 있으나 그 사용량은 많지 않다. 직쇄알킬페놀을 사용한 비이온 계면활성제는 폐수 중에서 생분해성이 가지달린 것보다 크다는 특징이 있다.

노닐페닐에 에틸렌옥사이드를 8~9mol 부가시키면 담점이 상온~50℃ 정도의 EO 부가물이 된다. 이 정도의 EO부가물은 침투력 및 세정력이 우수하고 또 유화력도 크기 때문에 다방면으로 널리 사용된다. 알킬페놀계 비이온 계면활성제라는 것은 대부분 여기에 속한다. 이처럼 폴리에틸렌글리콜형 비이온 계면활성제가 가격이 고가임에도 불구하고 음이온계면활성제에 비해서 광범위하게 사용하는지 표로서 설명이 가능하다.

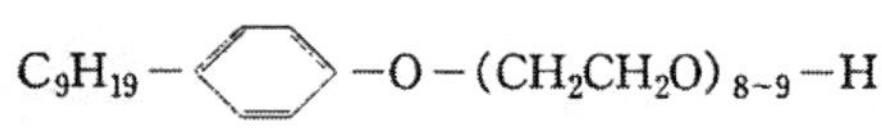

### 3) 지방산에틸렌옥사이드 부가물

지방산에도 알칼리촉매로 에틸렌옥사이드를 부가시킬 수 있다.

$$C_{17}H_{35}COOH + 15\ \underset{\diagdown O \diagup}{CH_2-CH_2} \longrightarrow C_{17}H_{35}COO-(CH_2CH_2O-)_{15}-H$$

(스테아릴산) (에틸렌옥사이드) (스테아릴산 EO 15몰 부가물)

이는 소수기와 친수기가 에스테르 결합(-COO-)으로 연결되어 있기 때문에 폴리에틸렌글리콜 에스테르형 비이온 계면활성제라 부르기도 한다. 폴리에틸렌글리콜 지방산에스테르는 고급알코올 또는 알킬페놀EO 부가물에 비해서 일반적으로 침투력과 세정력이 약하다. 따라서 주로 유화분산제, 섬유용유제(장적용, 마무리가공용), 또는 염색조제 등으로 사용된다.

폴리에틸렌글리콜에스테르형 비이온계면활성제로는 지방산에틸렌옥사이드부가물, 즉 폴리에틸렌글리콜 지방산 모노에스테르 외에 폴리에틸렌글리콜 지방산디에스테르가 있다. 이는 저기포성이기 때문에 저기포성 유화제 등으로 사용하는 경우가 많다.

$C_{11}H_{23}COO(CH_2CH_2O)_nOOC_{11}H_{23}$(폴리에틸렌글리콜 라우릴산 디에스테르)

$C_{17}H_{33}COO(CH_2CH_2O)_nOOC_{17}H_{33}$(폴리에틸렌글리콜 올레인산 디에스테르)

### 4) 고급지방족아민 및 지방산아미드의 에틸렌옥사이드 부가물

고급지방족 아민 또는 지방산아미드에도 알칼리촉매에서 에틸렌옥사이드를 부가시킬 수 있다. 고급지방 아민은 에틸렌옥사이드와 반응하기 쉽기 때문에 무촉매로 반응한다. 이 경우에는 우선 질소원자에 2mol의 에틸렌옥사이드(EO)가 완전히 부가된 뒤 EO쇄가 길게 형성된다. 이는 비이온과 양이온의 복합적인 성질을 갖고 있기 때문에 염색조제 등으로 사용된다.

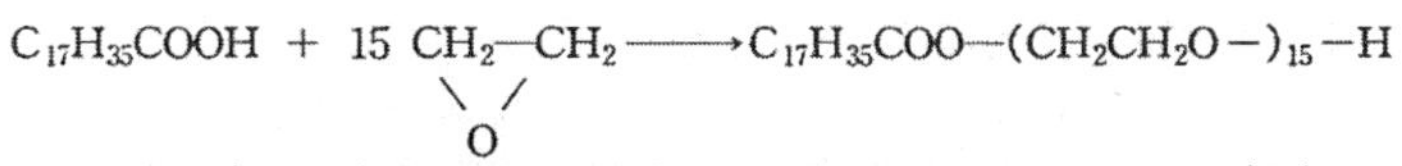

(스테아릴산)　(에틸렌옥사이드)　(스테아릴산 EO 15몰 부가물)

$$\xrightarrow[\text{無촉매 또는 NaOH촉매}]{EO} C_{12}H_{25}-N< \begin{matrix}(CH_2CH_2O-)_m-H \\ (CH_2CH_2O-)_n-H\end{matrix}$$

지방산아미드는 EO와 비교적 반응하기 어렵다. 다음과 같은 반응이 보편적이고 실제로는 반응물의 혼합물이 된다.

$$\underset{\text{(올레인산아미드)}}{C_{17}H_{33}CONH_2} \xrightarrow[\text{NaOH 촉매}]{EO} C_{17}H_{33}CON< \begin{matrix}(CH_2CH_2O-)_p-H \\ (CH_2CH_2O-)_q-H\end{matrix}$$

반응 중에 에스테르 교환반응과 같이 에스테르결합과 아미드결합이 자유롭게 이루어지기 때문에 다음과 같은 화합물이 일부 생성되고 일부는 양이온적인 성질을 띤 비이온 계면활성제로 된다.

$$C_{17}H_{33}CO-(-OCH_2CH_2-)_x-NH-(-CH_2CH_2O-)_y-H$$

$$C_{17}H_{33}CO-(-OCH_2CH_2-)_P-N< \begin{matrix}(CH_2CH_2O-)_q-H \\ (CH_2CH_2O-)_r-H\end{matrix}$$

### 5) 폴리프로필렌글리콜 EO부가물

프로필렌옥사이드에는 에틸렌옥사이드와 똑같이 부가반응을 하나 그 중합물인 프로필렌글리콜은 수용성이 적어 분자량 수백 정도까지는 물에 녹으나 그 이상 분자량의 중합물은 물에 녹지 않는다.

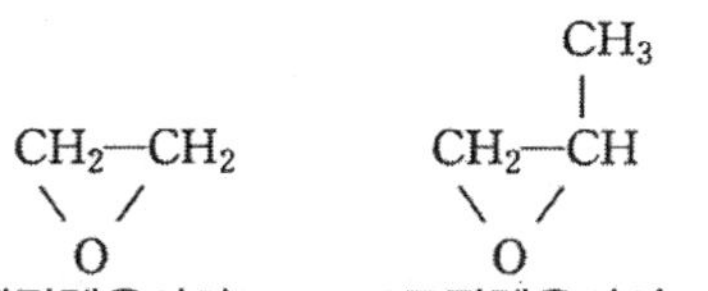

에틸렌옥사이드　프로필렌옥사이드

폴리프로필렌글리콜에 에틸렌옥사이드를 부가시킨 비이온 계면활성제는 미국의

Wyandotte Chemical사에서 "PLUROINC"이라는 상품명으로 판매되어 PLURONIC 형비이온 계면활성제라고 부른다. 이는 소수기를 중심에 두고 양 말단에 친수기가 위치한 변형된 형을 이루고 있다.

$$HO-\underbrace{(-CH_2CH_2O-)_a}_{\text{친 수 기}}-\underbrace{(-CH_2\overset{\overset{\displaystyle CH_3}{|}}{C}HO-)_b}_{\text{소 수 기}}-\underbrace{(-CH_2CH_2O-)_c}_{\text{친 수 기}}-H$$

이것은 분자량이 수 천의 것으로 보통의 계면활성제에 비해서 꽤 고분자량이기 때문에 고분자계면활성제로 분류되는 경우도 있다. 따라서 침투제보다는 저기포성 세제, 유화분산제, 비스코스원액 첨가제 등에 사용된다.

### 3.5.2 다가알코올형 비이온성계면활성제

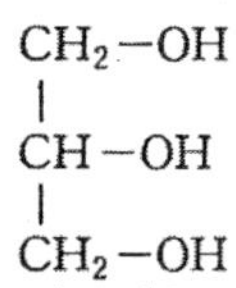

(Glycerol) = (Glycerine)

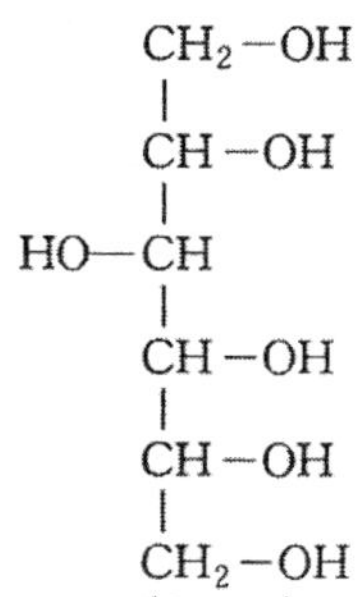

(Solbit)

다가알콜이란 글리세린과 같이 1분자 중에 많은 -OH(알코올성 수산기)를 가진 유기화합물이다. 이는 많은 수산기를 가지고 있기 때문에 물에 잘 녹아 여기에 지방산을 같은 소수기를 결합시키면 다가알코올형 계면활성제를 얻을 수 있다. 또 -OH기 외에 $-NH_2$기 또는 〉NH기를 가진 아미노알코올류(디에탄올아민)나 -CHO기를 가진 당류(글루코스)등에 소수기를 붙인 비이온계면활성제도 다가알코올형과 매우 유사하기 때문에 일괄해서 다가알코올형비이온계면활성제로 부르기도 한다.

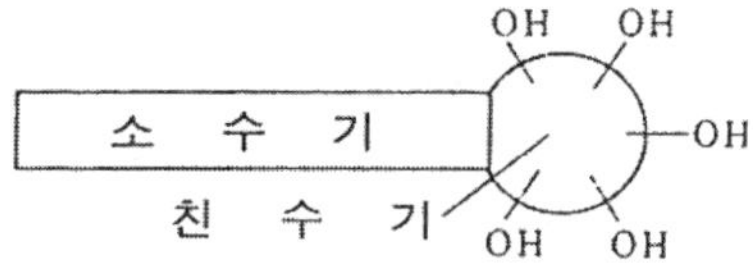


#### 1) 글리세린 및 Pentaerylthritol의 지방산에스테르

글리세린 및 Pentaerylthritol 1 mol에 라우릴산이나 팔미틸산과 같은 지방산을 1mol 가한 후 수산화나트륨을 0.5~1.0% 첨가해 가열하면서 저어주면 200℃전후에서 3~4시간 사이에 에스테르화반응이 완결되어 비이온 계면활성제가 만들어진다.

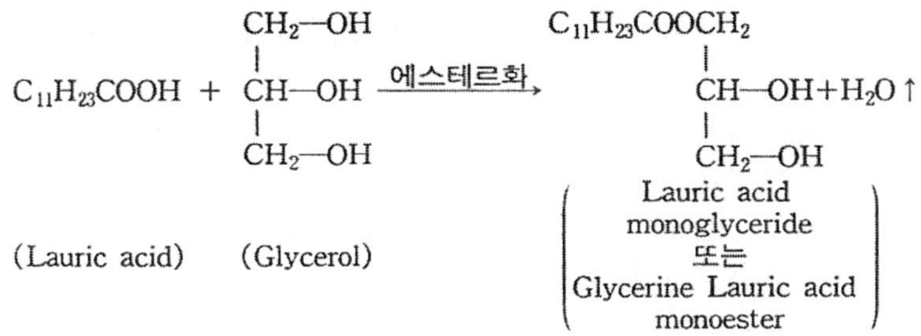

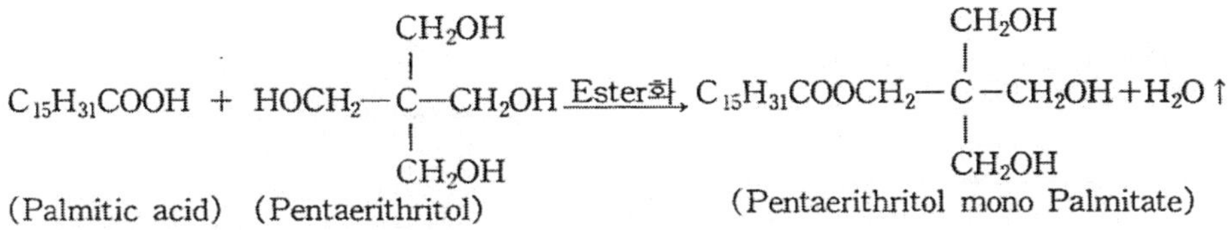

반응식에서 모든 -OH기가 똑같은 반응 능력을 갖고 있기 때문에 평형상태가 되고 다량이 디에스테르 또는 소량의 트리에스테르가 부생된다.

야자유나 우지 1mol에 글리세린 또는 Pentaerythritol 2mol을 가하고 촉매로 가성소다 0.5~1.0%를 첨가해서 200℃전후에 2~3시간 가열하면서 저으면 에스테르 교환반응이 충분히 진행되어 목적물을 얻을 수 있다.

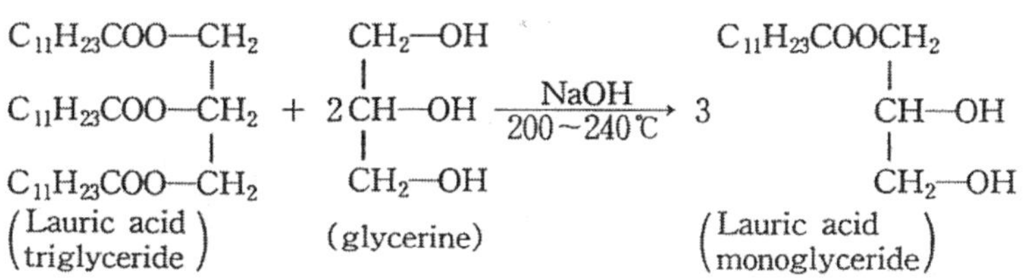

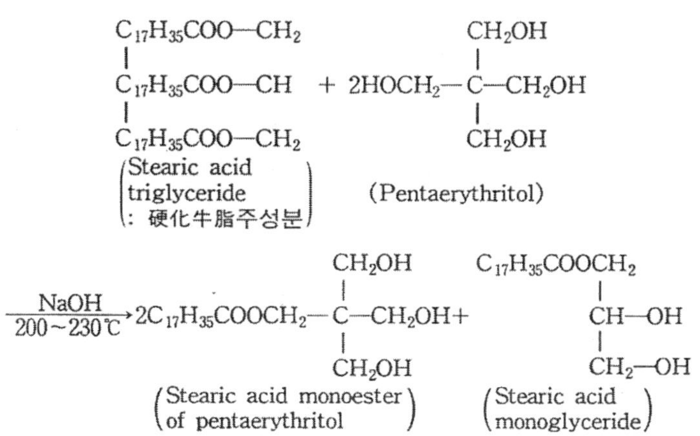

이렇게 얻어진 모노글리세라이드는 에스테르화에 의해 합성한 것과 똑 같으나 펜타에리스리톨에스테르쪽은 순수하지 않아 모노글리세라이드가 동시에 부생한다.

라우릴산모노글라세라이드 또는 스테아린산모노글리세라이드는 식품이나 화장품의 유화제로 인체에 무해한 것이기 때문에 널리 사용된다. 이에 반하여 펜타에리스톨우지지방산에스테르 등은 유화제로 일부 사용하고 있으며 인견(人絹), 면 등에 대해 유연성이 우수하기 때문에 섬유유연제의 배합기제로 널리 사용하고 있다.

2) Sorbitol및 Sobitan의 지방산에스테르

솔비톨은 글루코스(포도당)를 수소로 환원해서 만드는 감미(甘味)가 있는 다가알코올로 -OH기를 6개 갖고 있다.

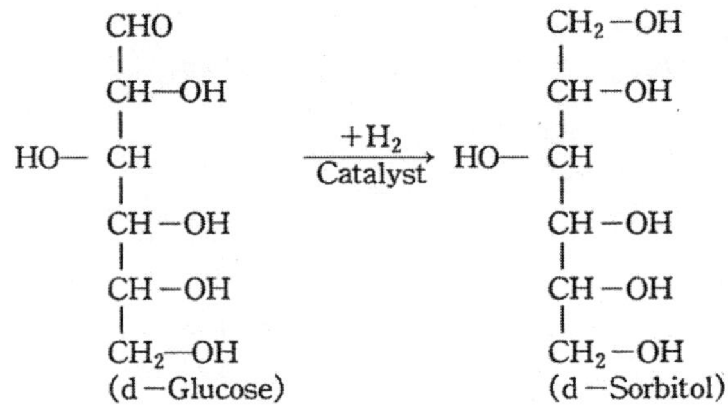


이는 글루코스에 비해 분자 중에 알데히드기가 없기 때문에 열이나 산소에 안정해서 지방산과 반응시킬 때 분해하므로 착색될 염려가 없다.

분자 내에서 1 분자 탈수되면 sorbitan이 되고, 또 한 분자 탈수되면 sorbide가 된다. 솔비탄은 -OH기를 4개 가진 다가(多價)알코올이나 solbitol이 탈수할 때에 반응하는 수산기의 위치에 따라 여러 가지 이성체를 형성한다. Solbide는 또한 탈수되어 있기 때문에 -OH기를 2개 밖에 갖고 있지 않다. 실제로 sobitol을 탈수 반응시키면 복잡한 반응에 의해서 많은 화합물의 혼합물이 되고 이를 일괄해서 무수솔비톨이라고 부른다.

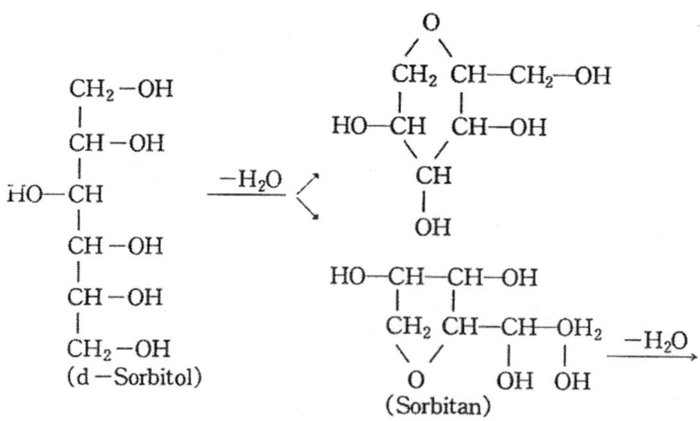

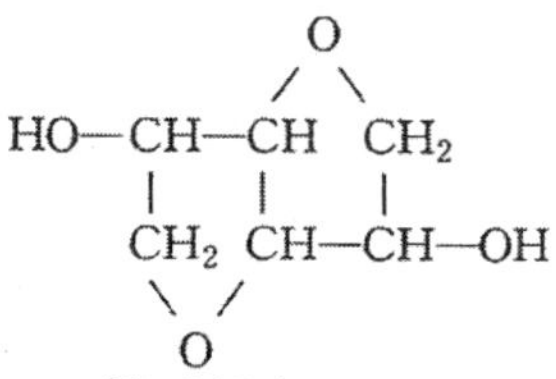

(Sorbide)

(1) 솔비톨 및 무수솔비톨의 팔미틸산모노에스테르 합성

솔비톨 182g(1 mol)과 팔미틸산 256g(1mol), 수산화나트륨 2g을 혼합해서 질소가스 기류하에 저어주면서 가열한다. 온도가 올라가면 에스테르화가 시작되기 때문에 190℃ 전후를 유지, 생성된 물을 제거하면서 반응을 진행시키면 목적물인 솔비톨의 팔미틸산모노에스테르 및 부생된 디에스테르의 혼합물을 얻을 수 있다. 솔비톨에스테르가 목적인 경우는 반응을 계속시켜 분자 내 탈수를 진행시키면 솔바이드에스테르를 주성분으로 한 제품을 얻을 수 있다. 이는 섬유유연제에는 적당하나 유화제로써 기능이 우수하지 않다. 이에 반하여 솔비탄에스테르는 유화제로써 섬유용 조제로 사용해도 우수한 성능을 지니고 있다.

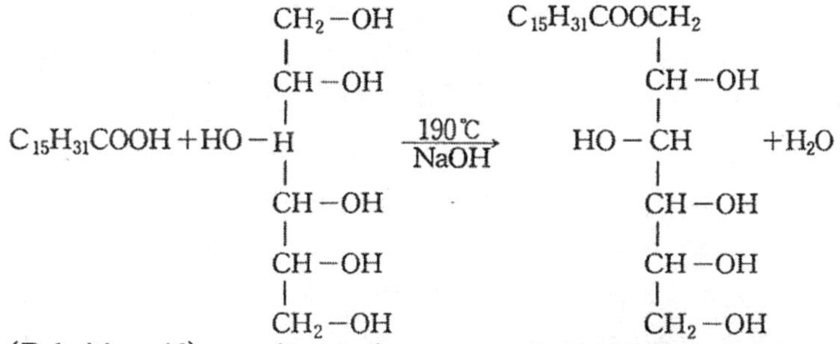

(Palmitic acid) (Sorbitol) (Sorbitol monopalmitate = 솔비트팔미틸산 모노에스테르)

3) 지방산 Alkanolamide

지금까지 기술한 것은 다가 알코올과 당의 지방산에스테르이기 때문에 소수기와 친수기가 에스테르 결합으로 연결된 것이었다. 에스테르결합은 가수분해에 약한 결점이 있다. 따라서 에스테르 결합 대신에 아미드결합으로 연결할 수 있다면 가수분해에도 강하고 또 에스테르 결합된 것에는 없는 특성을 갖게 될 것이 분명하다.

실제로 아미드기와 수산기를 갖는 화합물은 많이 알려져 있어서, 여기에 지방산을 결합시켜 아미드 결합을 갖는 다가 알코올형의 비이온 계면활성제도 많이 합성되고 있다.

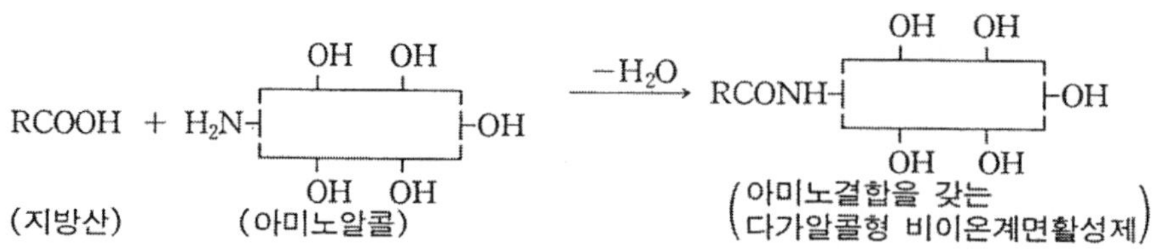


(1) 1:2몰형 지방산알카놀아미드

지방산알카놀아미드 중 최초로 발매된 미국의 Ninol사의 NINOL형 세제이다. 이것은 라우린산 또는 야자유지방산 1몰과 디에탄올아민 2몰을 질소 기류 하에서 저어주면서 가열해 탈수 축합시킨 제품이다.

$$C_{11}H_{23}COOH + 2HN<{CH_2CH_2OH \atop CH_2CH_2OH} \longrightarrow C_{11}H_{23}CON<{CH_2CH_2OH \atop CH_2CH_2OH} \cdot HN<{CH_2CH_2OH \atop CH_2CH_2OH} + H_2O\uparrow$$

(Lauric acid) (Diethanolamine) (NINOL 형 세제)

이 식을 보면 디에탄올아민이 1몰 정도 여분으로 남는다고 생각되나, 이 여분이 디에탄올아민이 이미 생성된 라우린산디에탄올아미드에 느슨하게 결합되어 있기 때문에 나이놀형 세제는 매우 수용성이 좋다. 따라서 2몰의 디에탄올아민이 중요하고 지방산 1몰에 디에탄올아민 1몰의 비율로 제조되기 때문에 1:2몰형 지방산디에탄올아미드라고 부른다. 물에 잘 녹고 세정효과도 크며 안정한 기포를 만든다. 거품안정제로도 사용하고 수용액은 점도가 높아서 증점제의 용도로 사용된다.

(2) 1:1몰형 지방산알카놀아미드

1:2몰형 지방산알카놀아미드의 세정력증가 작용이나 거품안정화 작용은 그 주성분인 지방산알칸올아미드에 의해 생기는 것으로 여분의 디에탄올아민에는 거의 관계가 없다. 따라서 수용성이 큰 세제, 예를 들면 도데실벤젠술폰산나트륨에 포안정제로 가할 경우에는 단독으로 수용성을 부여해 주기 때문에 들어 있는 여분의 디에탄올아미드는 불필요한 것이다. 이런 관점에서 여분의 디에탄올아미드를 제외한 1:1몰형 지방산디에탄올아미드이다. 이는 순도가 높고 경제적이고 세제의 배합기제로 널리 사용한다. Extra형과 Super-amide 등의 상품명으로 시판된다.

$$C_{11}H_{23}COOCH_3 + HN<{CH_2CH_2OH \atop CH_2CH_2OH} \longrightarrow C_{11}H_{23}CON<{CH_2CH_2OH \atop CH_2CH_2OH} + H_2O$$

(Methyl Laurylate) (Diethanolamine) (1 : 1 몰형 라우릴산 디에탄올 아미드)

또 모노에탄올아민과 모노이소프로판올아민으로도 1:1몰형 알칸올아미드가 만들어져 같은 목적으로 사용하고 있다.

$C_{11}H_{23}CONHCH_2CH_2OH$ (라우릴산모노에탄올아미드)

$$C_{11}H_{23}CONHCH_2\underset{\underset{\displaystyle CH_3}{|}}{C}HCH_3$$ (라우릴산모노이소프로판올아미드)

지방산알칸올아미드와 마찬가지로 포안정제로 사용되는 것으로 아민옥사이드가 있다.

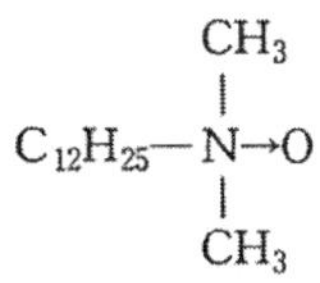

(Lauryldimethylamine oxide)

## 4 참고문헌


1. S. Ozeki, M. Tsunoda and S. Ikeda, J. Colloid Interface Sci., 64, 28, 1978
2. M. Muramatsu, K. Tajima, M. Iwahashi and K. Nukina, J. Colloid Interface Sci., 43, 499, 1973
3. S.J. Rehfeld J. Phys. Chem., 71, 738, 1967
4. M.J. Rosen, "Surfactant and Interfacial Phenomena", p.42, Wiley Interscience, New York, 1978
5. C. Tanfor, "The Hydrophobic Effect: Formation of Micelles and Biological Membranes:, Wiley Interscience, New York 1973
6. A. Ben-Naim, "Hydrophobic Interactions", Plenum Press, New York, 1980
7. K. Shinoda, "Colloidal surfactants", Chapter 1, Academic Press, New York, 1963
8. K.Shinoda and P. Becher, "Principles of Solution and Solubility", Chapter 9, Marcel Dekker, Inc., New York, 1978
9. F. Tokiwa and K. Tsujii, J. Colloid Interface Sci., 42, 343, 1972
10. E.D. Goddard and G.C. Benson, Can. J. Chem., 35, 986, 1957
11. A.W. Adamson, "Physical Chemistry of Surfaces", 3rd ed., Chapter 1. Wiley Interscience, New York, 1963
12. J.T. Davies and E.K. Rideal, "Interfacial Phenomena", 2nd ed., p.42, Academic Press, New York, 1963
13. J.F. Paddy, "Surface and Colloid Science" Vol.1, p.101, Wiley Interscience, New York, 1969
14. M.J. Rosen, "Surfactant and Interfacial Phenomena", Chapter 3, Wiley Interscience, New York, 1978

15. K. Shinoda, J. Phys. Cem., 59, 432, 1955
16. H. Freundrich, "Colloid and capillary Chemistry", p.157, 1926
17. F.E. Bartell, Alexander's "Colloid Chemistry", Vol.3, p.41, 1931
18. W.A. Zisman, Advances in Chemistry Series, No.43, p.1, 1964
19. J.D. Davies and E.R. Ridel, "Interfacial Phenomena", p.364, Academic Press, New York, 1961
20. K. Ogino and M. Ota, Bull. Chem. Soc., Japan, 49, 1187, 1976
21. M. van der Wadden, J. Colloid Sci., 7, 140, 1952
22. J.O. Sibrea, Trans. Faraday Soc., 27, 161, 1931
23. T. Hanai, N. Koizumi and R. Gotoch, Kolloid-Z., 167, 41, 1959
24. W. Clayton, "Theory of Emulsions", The Blackston Co., 4th ed., 1943
25. K. Shinoda and A. Arai, J. Phys. Chem., 68, 3485, 1964
26. E.J.W. Verwey and J.Th.G. Overbeek, "Theory of the Stability of Lyophobic Colloid", Elsevier Publishing Company, Amsterdam New York, 1948
27. N. Moriyama, J. Colloid Interface Sci., 48, No. 1, 142, 1975
28. N. Moriyama, Colloid & Polymer Sci., 255, 65, 1977
29. H. Lange, "Solvent Properties of Surfactant Solution", pp.117~188, Marcel Dekker Inc., New York, 1967
30. W.G. Cutler, R.C. Davis and H. Lange, "Detergency" Part 1, Chapter 4, Marcel Dekker, Inc., New York, 1972
31. 林信太, 井上惠雄, 油化學, 18, 176 (1969); 18, 242 (1969); 18, 249 (1969)
32. T. Sato and R. Ruch, "Stabilization of Colloidal Dispersions by Polymer Adsorption", Marcel Dekker, Inc., New York, 1980
33. J.J. Bikerman, "Foams" Berlin Springer (1973), R.J. Akers, "Foams" Acardemic Press (1976), M.J. Rosen, "Surfactants and Interfacial Phenomena", John Wiley & Son (1978) p.206, M.J. Schick, "Nonionic Surfactants", Marcel Dekker Chapter 21
34. A.G. Brow, W.C. Thuman and J.W. Mobain, J. Colloid Sci., 8, 491, 1953
35. H.M. Princen, J.Th. G. Overbeek and S.G. Mason, J. Colloid Interface Sci., 24, 125, 1967
36. A.N. Wrigley, F.D. Smith & A.T. Stirton, J. Am. Oil Chem. Soc., 34, 39, 1957

# 5장 염 료

## 1 서론

**염료(dye)**는 직물, 피혁, 종이, 플라스틱, 식품 등에 색깔을 나타내기 위하여 사용하는 물질로서 용액이나 현탁액으로서 사용된다. 염료는 흡수가 잘 되기 위해서 **기질에 대한 친화도**를 가져야 한다. 염료는 일반적으로 염색용액이나 각종 생성물에 **가용성**이다. 염료는 주로 섬유, 피혁, 모피, 종이류 등의 착색에 사용된다.

1845년부터 1865년까지 A.W. Hofmann은 영국 런던의 Royal College에서 coaltar(콜탈)에서 얻어지는 방향족 화합물을 이용한 여러 가지 합성법에 관하여 연구를 하였다. 이 당시 발병한 말라리아는 유럽 전역에 걸쳐 퍼져 있었기 때문에 치료약의 개발에 역점을 두고 있었다. 1820년대 초 프랑스 화학자인 펠티에는 말라리아 치료약인 키니네(quinine)를 추출하는 데 성공하였지만 한계가 있었다. 이런 상황에서 1949년 Hofmann이 방향족 화합물로부터 키니네를 합성하여 대량 공급해야 한다는 중요성을 발표하고 연구를 시작하였다. 아민(amine)류인 아닐린(aniline)의 산화반응에서부터 기초연구를 시작하여 아닐린의 황산염을 중크롬산칼륨($K_2Cr_2O_7$)을 이용하여 산화시키는 반응에서 검은색의 침전물이 얻어졌으며 이를 에탄올로 추출하여 농자주색 물질을 얻었다. 이것이 최초의 합성 염료인 Mauve이다. 이로부터 제1차 산업혁명을 거치면서 유기화학에 많은 관심이 집중되었다. Benzene, aniline 등을 이용한 화학은 염료중간체의 합성으로 이루어졌고 여기에서 발전한 합성기술은 염료를 중심으로 한 의약, 농약, 사진재료 등 20세기 전반의 정밀화학으로 발전하였다. 제2차 세계대전으로 인하여 독일 화학이 위축되었지만 서독의 과학 정신이 살아나고 대학, 연구기관 등의 끊임없는 노력에 의해 다시 화학공업이 발전했다. 20세기 중반 이후 미국은 화학분야에서 선두 주자가 되어서 영어의 필요성을 강조하고 Chemical abstract를 독일의 화학전문서적인 Zentralblatt보다 많이 이용토록 하였으며 화학의 지침서인 Beilstein도 영어로 번역 출간되었다. 염료, 의약, 농약 등을 중시한 합성화학중심의 독일형 유기화학으로부터 이론화학, 천연물화학, 고분자화학, 생물화학 등의 영역이 중요시되는 시대로 변모하였다. 양자화학은 유기화학과 접목하여 초정밀 분석기기를 이용하는 연구가 활발하여졌고 이러한 흐름 속에서 염료화학분야는 다소 위축된 면이 없지 않으나 대학, 기업, 연구기관의 힘겨운 노력으로 수많은 염료들이 합성되었으며 향후에도 우리 인간의 생활을 풍요롭게 해 줄 매체로 남을 것이다.

# 2 염료 중간체 제조

## 2.1 Carbocycle 방향족 중간체

### 2.1.1 니트로화(Nitration)

니트로화 반응은 유기공업화학 및 염료공업에서 가장 중요한 반응이며 니트로기 자체로서도 중요성을 지닐 뿐만 아니라 환원반응에 의해 아미노화합물을 제조하는 중간체가 되기도 한다. 일반적으로 방향족화합물에 질산을 적용시켜 니트로기를 도입시킬 경우에는 진한 질산을 사용하는 방법과 질산과 황산을 혼합한 혼산(混酸)을 이용하기도 하나 공업적으로 혼산(混酸)을 사용하는 방법이 일반적이다. 혼산 중에 생성된 $NO_2^+$가 친전자적 반응에 의하여 방향족 고리를 공격한다.

벤젠(2.1)을 50℃ 정도에서 니트로화 시키면 니트로벤젠(2.2)이 얻어지지만 니트로기를 더 도입시킬 경우에는 고온과 더 강력한 니트로화제를 사용하여야 한다.

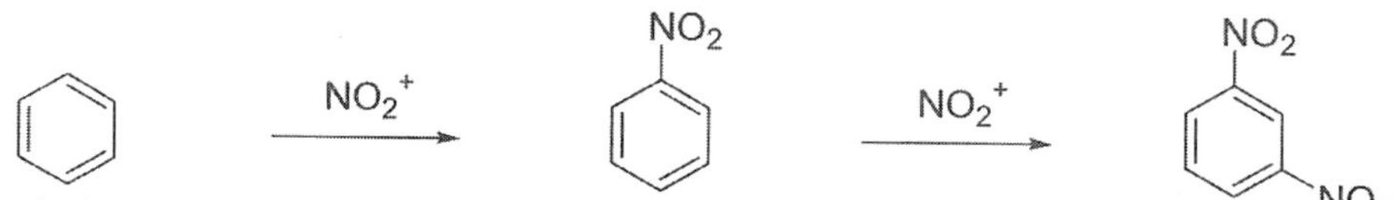

(2.1) (2.2) (2.3)

톨루엔(toluene, 2.4)을 니트로화하면 *o*-nitrotoluene(2.5)이 약 60%, *p*-(2.6) nitrotoluene은 36%, *m*(2.7)-nitrotoluene은 4% 생성되며 디니트로화에 의해 2,4-dinitrotoluene(2.9) 75%, 2,6-dinitrotoluene(2.8)은 20%, 3,5-dinitrotoluene (2.10)은 4%가 얻어진다. 순수한 2,4-dinitrotoluene은 *p*-nitrotoluene의 니트로화에 의해 얻어진다.

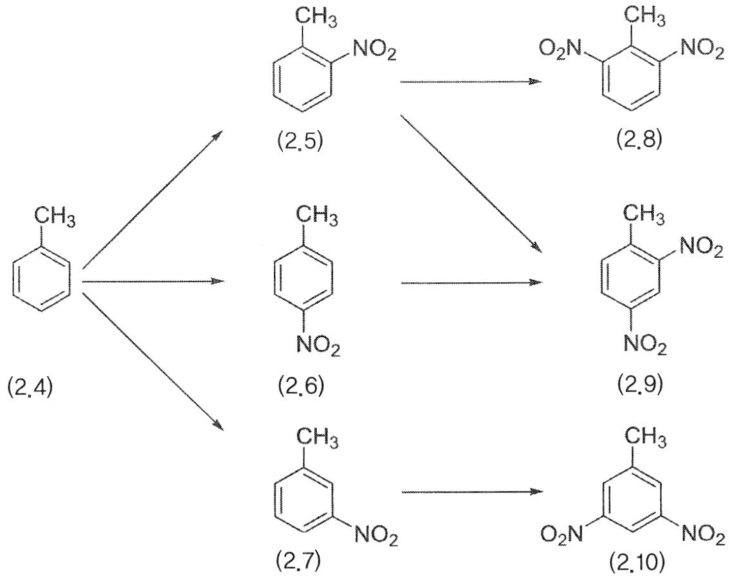


나프탈렌계 화합물은 벤젠계 화합물보다 쉽게 니트로화가 일어나며 1-nitronaphthalene(2.11)이 생성된다. 또한 니트로화를 반복시킴으로써 나프탈렌 환에 최대 4개의 니트로기를 도입시킬 수 있다.

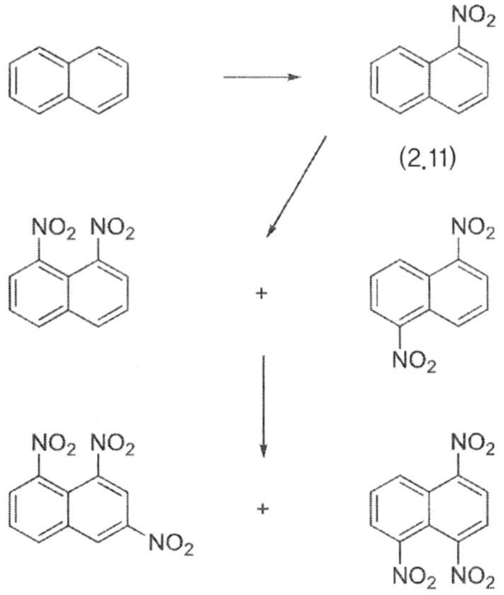


Naphthalenesulfonic acid를 니트로화한 화합물은 염료중간체로 중요한 위치를 차지하고 있으며 이를 환원시켜 아조염료의 커플링제(coupling agent)로 사용한다.

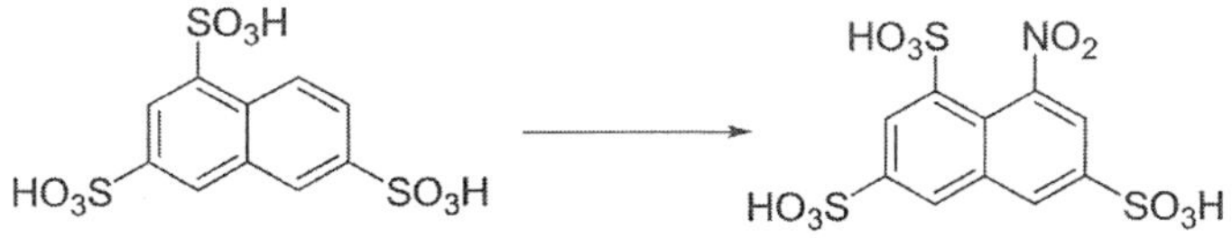

$CH_3$, $NH_2$, OH와 같은 activating기가 치환된 방향족 탄화수소를 니트로화 할 경우에는 니트로화 공정 중에 이들 치환기들이 산화될 수 있으므로 보호기를 부여한 후 니트로화 하여야 한다. *o*–aminophenol(2.12)의 경우에는 phosgen과의 반응에 의해 benzoxazolidone(2.13)으로 한 후 니트로화 시킨 후 가수분해시켜 nitroaminophenol(2.15)을 얻는다.

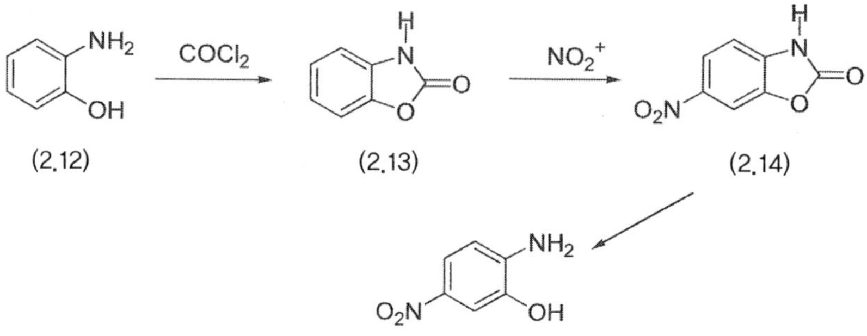


## 2.1.2 술폰화(Sulfonation)

**술폰산기**는 염료의 **수용성**을 제공해주는 중요한 관능기이며 염료의 색상에는 큰 영향을 미치지 않는다. 술폰화 시약으로는 농황산, 발연황산($H_2SO_4$에 $SO_3$를 용해시킨 것), $ClSO_3H$ 등이 사용되며 $SO_3$가 친전자시약(electrophile)이 된다.

$NO_2$, $SO_3H$, COOH기 등이 먼저 도입되어있는 상태에서 술폰화를 실시할 경우에는 *m*위치에 치환되며, $-CH_3$, $-OH$, $-NH_2$ 등이 도입된 경우에는 *p*위치에 치환된다.

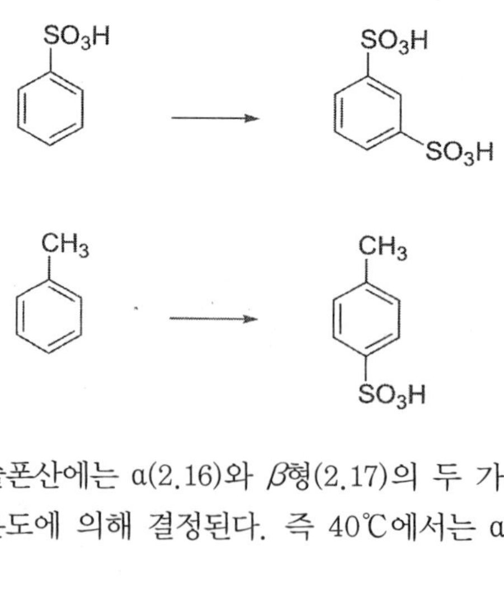


나프탈렌의 mono 술폰산에는 α(2.16)와 *β*형(2.17)의 두 가지 이성체가 얻어지며 그 치환위치는 주로 온도에 의해 결정된다. 즉 40℃에서는 α형이 96%까지 얻어지

며, 160℃ 정도의 고온에서는 *β*형이 85% 이상 얻어진다. 또한 α형이 얻어진 후에도 온도를 승온시키면 *β*형으로의 이행이 일어난다.

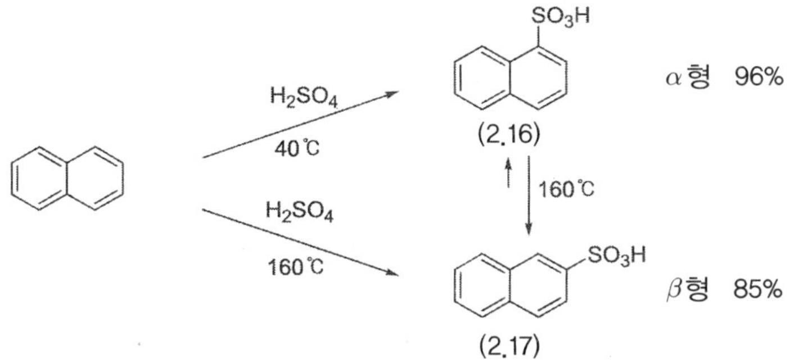


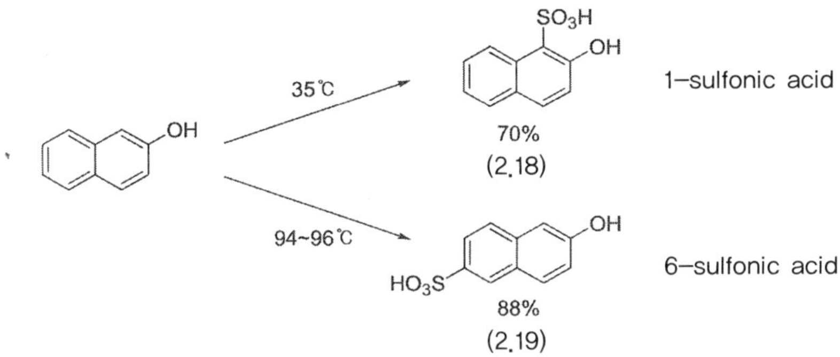


2-naphthol에서는 주로 1-sulfonic acid(2.18)와 6-sulfonic acid(2.19)가 얻어진다. 술폰기를 두 개 이상 도입시킬 경우 처음에는 비교적 낮은 농도의 황산을 사용하며 그 후 고농도의 발연황산을 추가하는 것과 같이 단계적으로 반응을 행할 때가 많다.

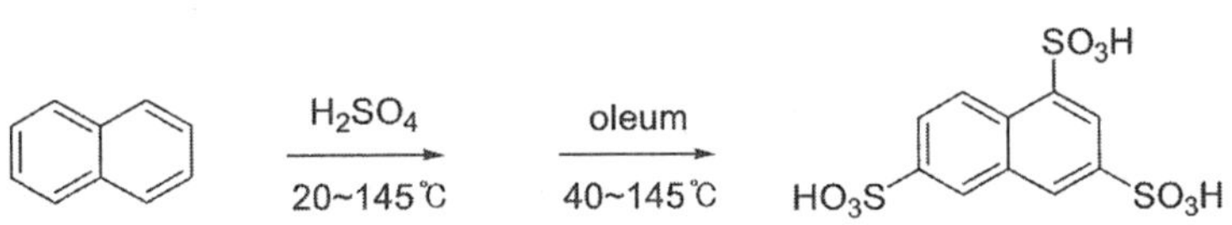


Anthraquinone은 발연황산만으로 술폰화를 하면 *β* 위치에 sulfonic acid가 치환되며 수은을 촉매로 사용하면 α술폰산 유도체가 얻어진다. 술폰화의 경우에도 니트로화와 마찬가지로 안트라퀴논의 양쪽 벤젠환에 동시에 반응이 일어날 수 있으므로 미반응물이 30~50% 남아 있을 때 반응을 중단하여 디술폰산의 생성을 최소화시켜야 한다.

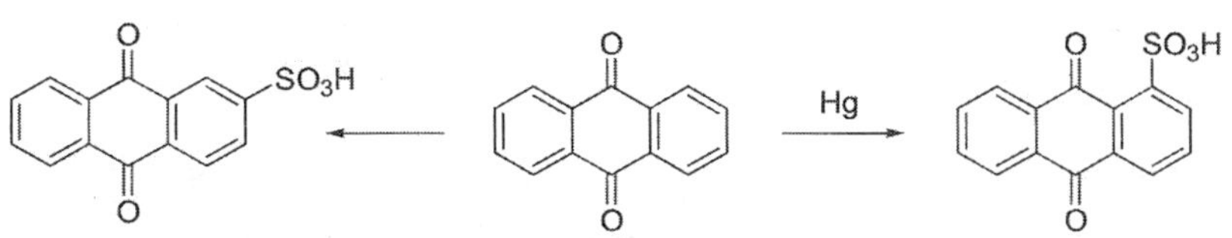


아미노화합물은 그 황산염을 170~220℃로 가열함으로써 술폰화할 경우가 많이

있다(Bake sulfonation). 이 반응은 부반응이 작아 대부분의 경우 90% 이상의 수율을 얻을 수 있다.

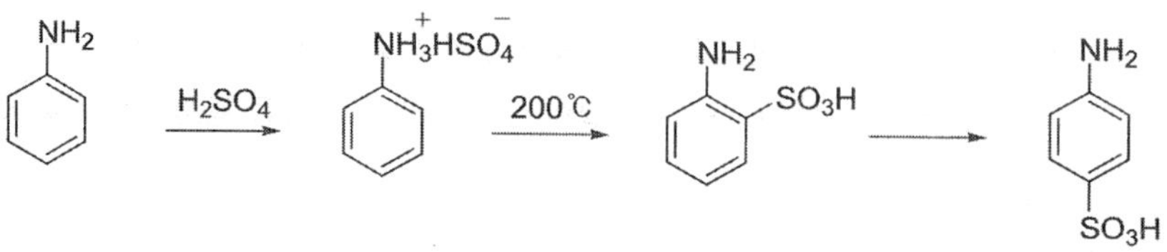

Aniline-3-sulfonic acid(2.20)는 일반적인 술폰화 반응으로 얻을 수 있다. 이때 술폰기는 $CH_3$에 대해서는 *o*-, *p*-위치에 치환되며, $NH_3^+$기에 대해서는 *m*-위치에 치환된다. 그러나 bake 술폰화에 의해서는 aniline-2-sulfonic acid(2.21)를 얻을 수 있다.

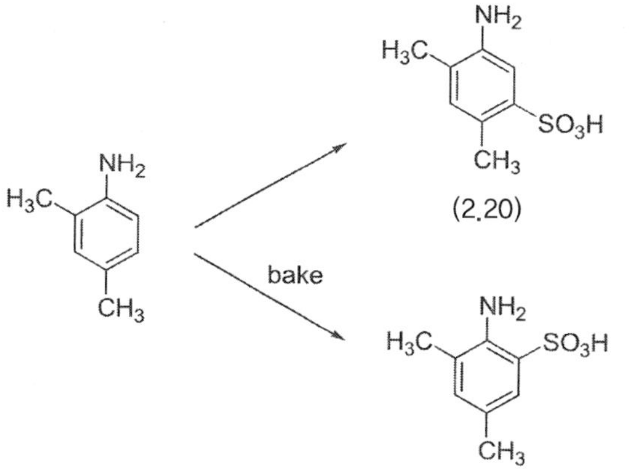

(2.20)

(2.21)

황산 또는 발연황산을 사용해서 부반응이 일어날 경우 chlorosulfonic acid ($ClSO_3H$)가 사용되며 용매로는 nitrobenzene, $CS_2$, $CCl_4$ 등이 사용된다.

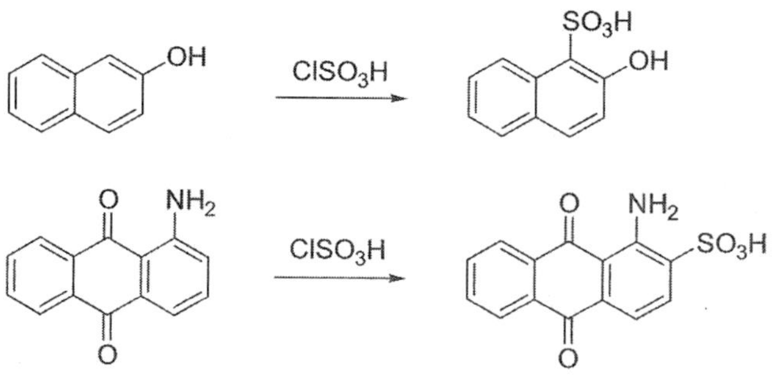

활성할로겐 또는 니트로기를 지닌 화합물을 sodium sulfate($Na_2SO_4$)를 첨가해 가열하면 술폰기로 치환된다. 일반적으로 $-NO_2$, $-CHO$, $C=O$ 등의 불포화기의 *o*-와 *p*-위치의 할로겐은 이러한 반응을 일으키기 쉽다.

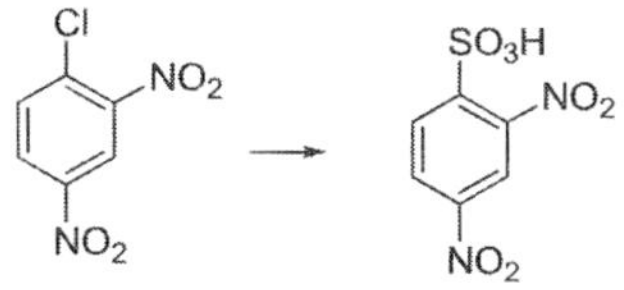
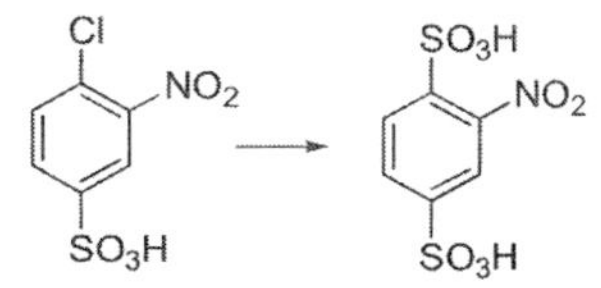
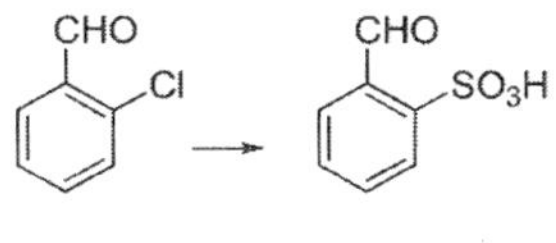
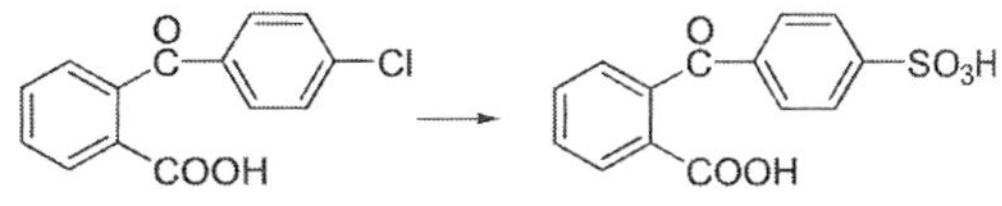
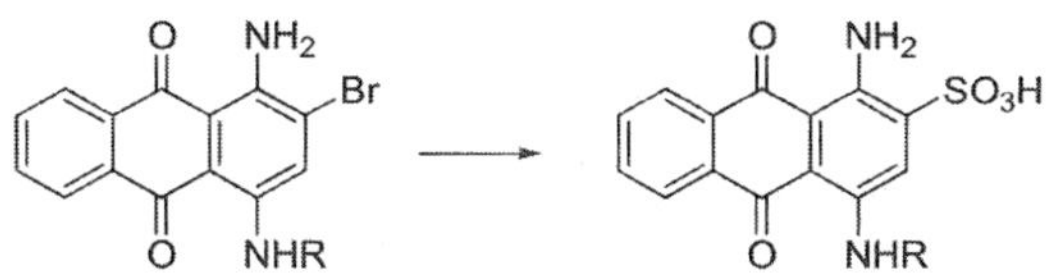

## 2.1.3 할로겐화(Halogenation)

F, Cl, Br, I 등의 **할로겐 기**를 방향족환에 도입하여 할로겐기 자체가 최종 염료의 일부분으로 역할을 할 수 있으며 또는 도입된 할로겐기가 다른 관능기로 치환되는 중간체로의 역할을 하기도 한다. 특히 할로겐기중 Cl 및 Br기는 반응성이 풍부하여 $-NH_2$, $-NHR$, $-OH$, $-OCH_3$, $-SO_3H$로 유도되는 중간체로 이용되는 경우가 많다. 또한 할로겐기는 염료의 **색상**과 **염착성** 및 **견뢰도**를 **증진**시키는 역할을 한다.

Cl기를 도입하는 방법에는 방향족의 수소를 치환하는 **직접치환**과 이미 도입된 $-SO_3H$, $-NO_2$, $-NH_2$, $-OH$기 등을 Cl기로 치환시키는 **간접 염소화 치환**이 있다. 염소가스($Cl_2$)에 의해 벤젠을 염소화할 경우 chlorobenzene이 얻어지며 이것은 기본 중간체인 chloronitrobenzene류, phenol 및 aniline유도체 등의 출발원료가 된다.

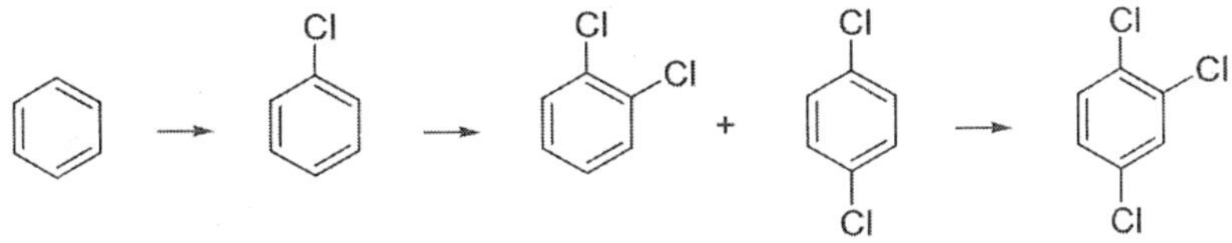

$Cl_2$, $Br_2$ 등에 의한 할로겐화에 있어서는 반응성을 증대시키기 위해 $FeCl_2$, $FeBr_3$ 등의 촉매가 사용된다. 이와 같은 촉매를 $FeX_3$의 형태로 첨가하든지, 반응계 내의 Fe를 첨가함으로써 반응계에 존재하는 $X_2$와 $2Fe + 3X_2 \rightarrow 2FeX_2$의 반응에 의해 촉매를 생성시킬 수 있다. 이러한 $FeX_3$는 $FeX_3 + X_2 \rightleftarrows X^+ + FeX_4^-$의 반응에 의해 $X^+$의 할로늄이온을 형성시키며 생성된 $X^+$가 친전자 공격시약이 된다. 톨루엔(toluene)의 경우에는 염소화에 의해 *o*-, *p*-chlorotoluene이 생성되며 두 화합물은 분별증류에 의해 분리될 수 있다.

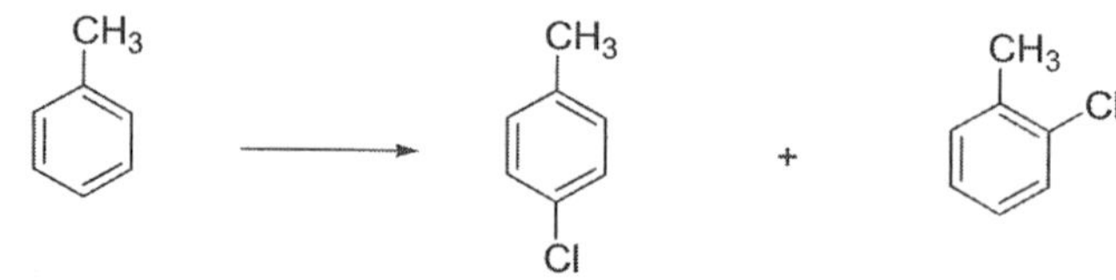

또한 안트라퀴논계의 염소화는 다음과 같이 진행된다.

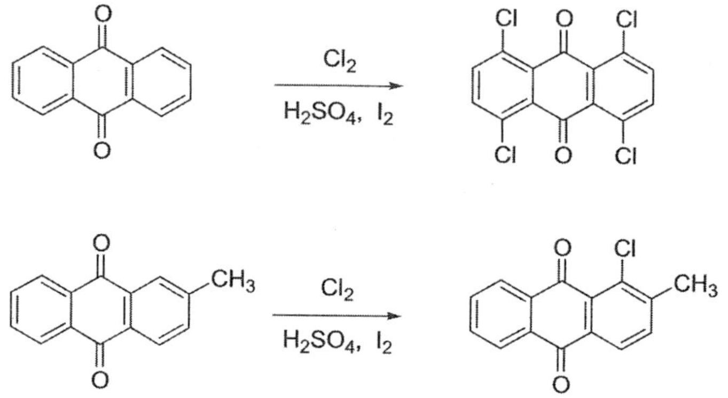

$SO_2Cl_2$를 사용하면 온화한 반응 조건에서도 염소화가 가능하다. 예를 들면 페놀을 $Cl_2$로 염소화할 경우 급격하게 trichlorophenol까지 반응이 진행되는 데 반하여 $SO_2Cl_2$를 사용하면 20~25℃에서 o-와 p-체가 3:7의 비율로 생성된다.

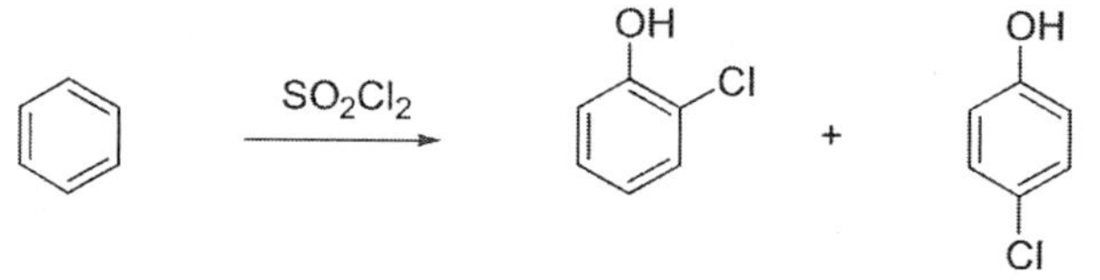

또한 $SO_2Cl_2$는 안트라퀴논의 중간체와 염료의 염소화에도 사용된다.

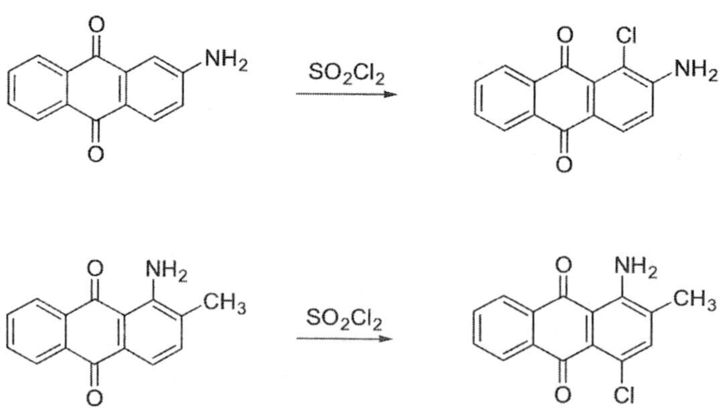

아미노기는 $NaNO_3$와 HCl로 디아조화한 후 CuX 또는 Cu/HX를 처리함으로써 $N_2$를 방출하고 해당하는 할로겐기로 치환된다(Sandmeyer, Gattermann반응).

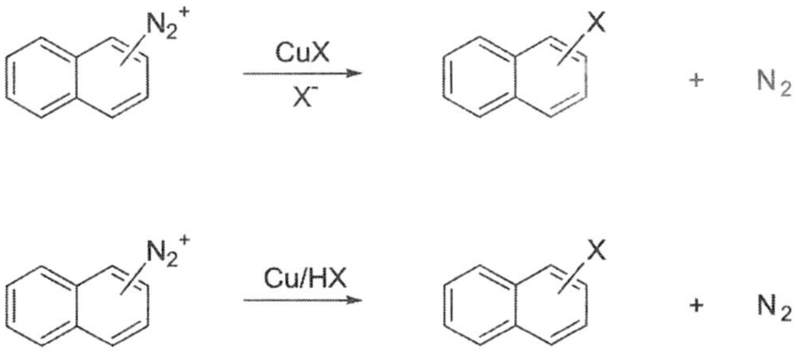

브롬화도 염소화와 같은 형태로 반응이 일어나지만 염소화에 비해 완만한 조건에서도 반응이 진행된다. 브롬화제로는 $Br_2$를 많이 사용하며 용매는 황산, $CCl_4$, nitrobenzene 등이 사용된다. 브롬화는 안트라퀴논 중간체의 제조에 많이 사용된다.

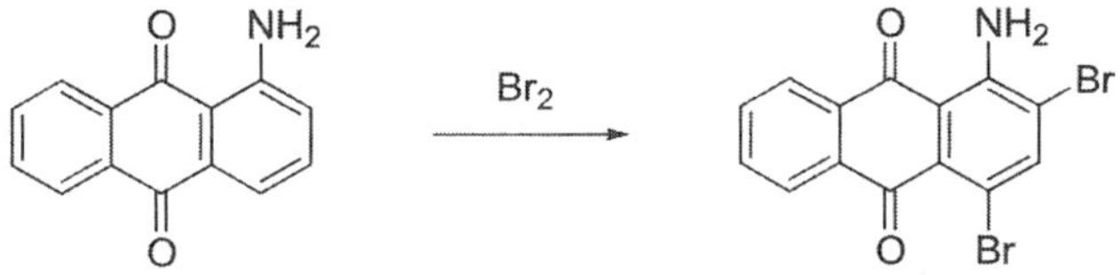

최근 불소화합물은 염료의 견뢰도를 증진시키기 위해 많이 사용된다. 아미노기는 디아조화한 후 Sandmeyer법에 의해 F로 치환이 가능하다. $CF_3$가 도입된 중간체가 많이 사용되고 있으며 이것은 주로 HF를 사용해서 제조한다.

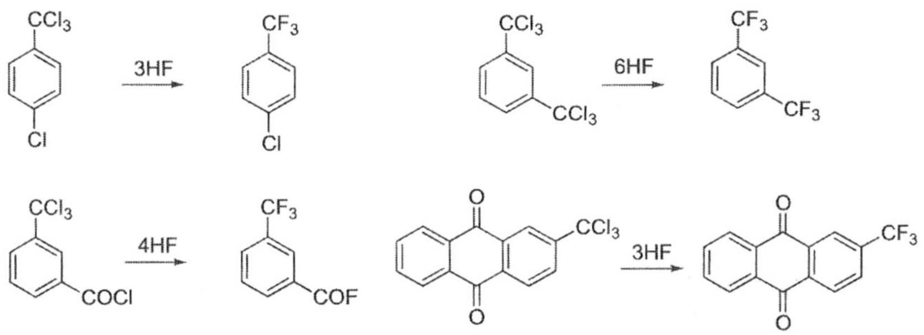

### 2.1.4 아미노화(Amination)

아미노기를 갖는 중간체는 염료산업에서 매우 중요하며 특히 아조염료에서는 디아조화의 전구체(precursor)로 사용되어지기도 하며 주색당으로서 역할을 한다. 염료공업에 사용되는 아미노화방법으로는 환원에 의한 방법과 암모니아에 의한 치환법이 있다. 철분과 소량의 산에 의하여 니트로기를 아미노기로 환원시키는 방법이 가장 일반적인 아미노기의 제조법이다.

$$2ArNO_2 + 5Fe + 4H_2O \longrightarrow 2ArNH_2 + Fe_3O_4 + 2Fe(OH)_2$$

이러한 방법에 의해 제조되는 가장 기본적인 아미노화합물인 아닐린은 아조염료, 인디고(indigo), 트리페닐메탄(triphenylmethane)염료 등에 많이 사용되는 중간체이다. 니트로벤젠을 Zn/NaOH로 환원시키면 azooxybenzene(2.24), azobenzene(2.25)을 거쳐 hydrazobenzene(2.26)까지 환원되며 이를 염산으로 처리하면 벤지딘(benzidine)(2.27)이 얻어진다. 벤지딘은 발암성 등의 문제가 되어 현재는 사용하지 않는다.

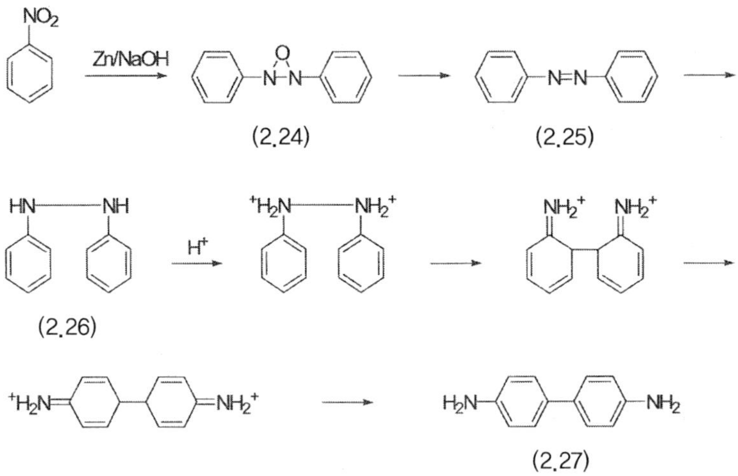


$Na_2S$, $Na_2S_2$, NaSH 등도 $-NO_2$, $-NO$ 등을 $-NH_2$로 환원시키는 데 사용되며 두 개 이상의 니트로기를 가진 화합물 중의 단 한 개의 니트로기만을 선택적으로 환원해야 할 경우에 사용된다. Picric acid는 sodium sulfide에 의해 환원되어 높은 수율로 dinitroaminophenol로 된다.

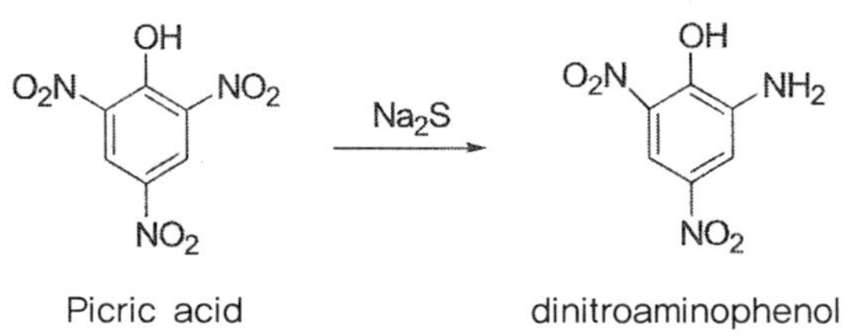


니트로기를 가진 화합물을 sodium bisulfite($NaHSO_3$)로 처리하면 니트로기의 환원과 동시에 sulfone 기를 도입할 수 있으므로 아미노기의 도입과 동시에 수용성을 부여할 수 있다.

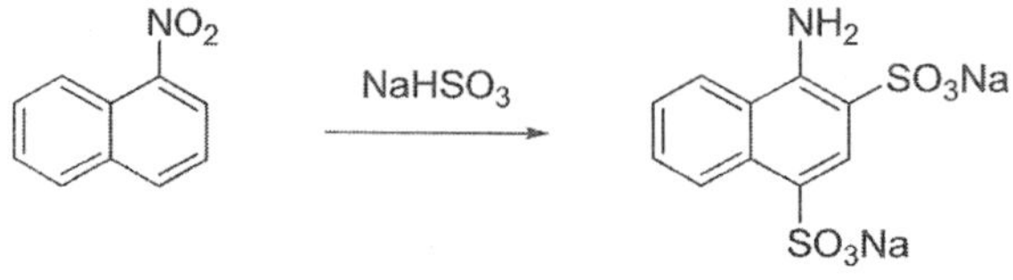

암모니아의 작용에 의해 아미노기를 도입하는 반응을 ammonolysis라 하고 암모니아수, 암모니아가스, 액체암모니아가 사용되지만 반응의 용이성 때문에 암모니아수가 많이 사용된다.

$$RCl + 2NH_3 \longrightarrow RNH_2 + NH_4Cl$$

할로겐 화합물에 암모니아를 작용시키면 아미노기가 도입된다. 이 때 니트로기와 같은 전자를 당기는 전자흡인성기가 할로겐(halogen)기에 대하여 *o*-또는 *p*-위치에 있을 때는 반응이 용이하게 진행된다. Chlorobenzene을 아미노화할 경우 구리촉매를 첨가하여 고온 고압에서 반응해야 하지만 *p*-nitrochlorobenzene은 촉매가 없어도 낮은 압력 하에서 반응이 진행된다.

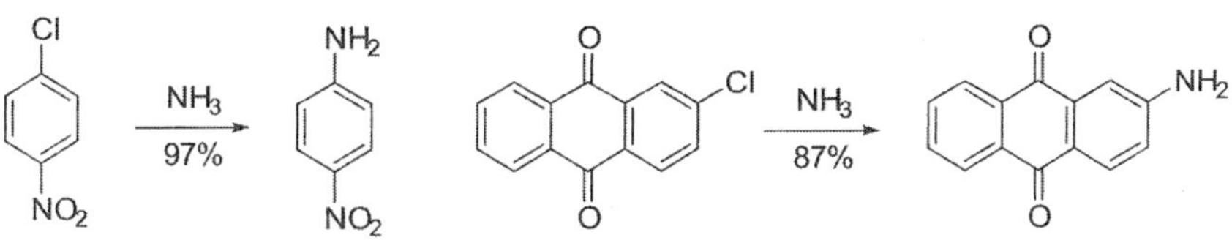


나프톨(naphthol)류는 아황산염(($NaHSO_3$)과 작용해 여러 가지 중간단계를 거치며 암모나아의 작용에 의해 아미노기가 치환된 naphthylamine이 된다(Bucherer반응).

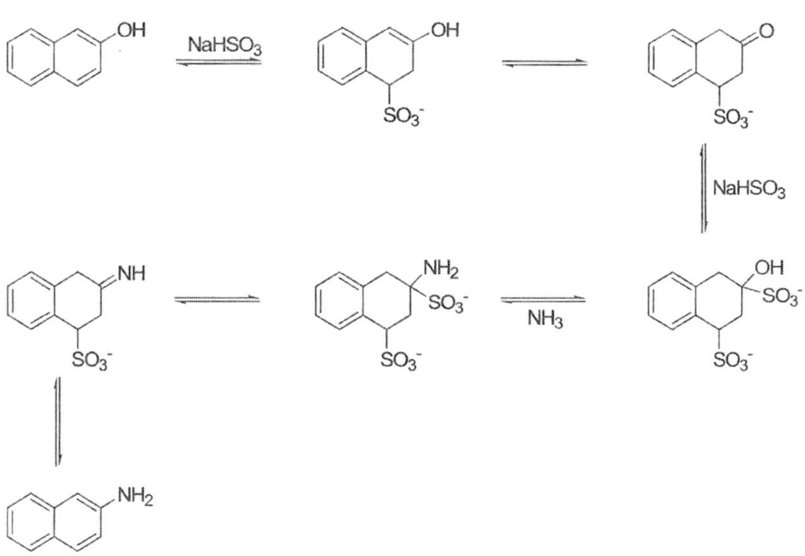


Naphthylamine

### 2.1.5 하이드록시화(Hydroxylation)

히드록시기는 염료분자 내에서 조색단으로 작용을 하며 약산성을 부여한다. 페놀(phenol)류나 나프톨(naphthol)류는 아조(azo)염료를 제조할 때 커플링제(coupling agent)로 사용되며 아조기의 o-의 위치에 -OH기가 치환되어 있을 경우 Cr, Cu 등과 금속착염을 형성시킬 수 있다. 수산기는 산, 알칼리에 민감하므로 $-OCH_3$, $-OC_2H_5$의 형태로 하여 사용하기도 한다. 페놀은 염료의 중간체로서 뿐만 아니라 합성수지, 합성섬유, 농약, 의약 등에 사용되며 쿠멘(cumene)법에 의해 벤젠으로부터 얻어진다. 1953년 공업화된 페놀의 합성법으로 먼저 벤젠에 프로필렌(propylene)을 반응시켜 쿠멘을 제조한 후 공기로 산화하여 hydroperoxide로 한 다음 이것을 분해시켜 페놀과 아세톤(acetone)을 얻는다.

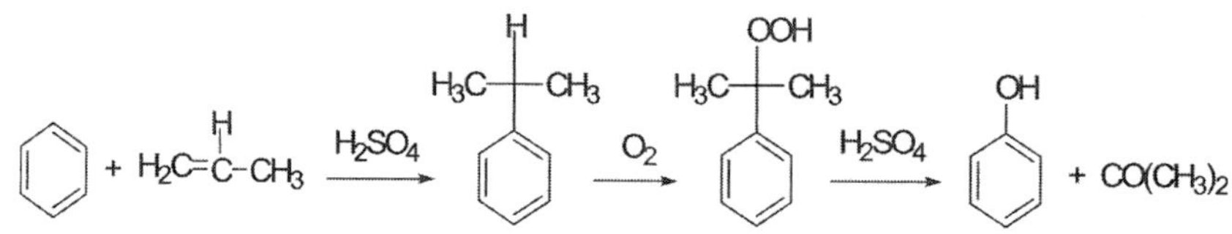


propylene cumene hydroperoxide phenol acetone

술폰산기의 알칼리 용융에 의해서도 수산기를 얻을 수 있다.

$$D-SO_3Na + 2NaOH \longrightarrow R-ONa + Na_2SO_3 + H_2O$$

주로 NaOH가 사용되지만 KOH와 NaOH를 혼합하여 사용하면 용융 온도가 낮아지므로 이들 혼합체를 사용하기도 한다.

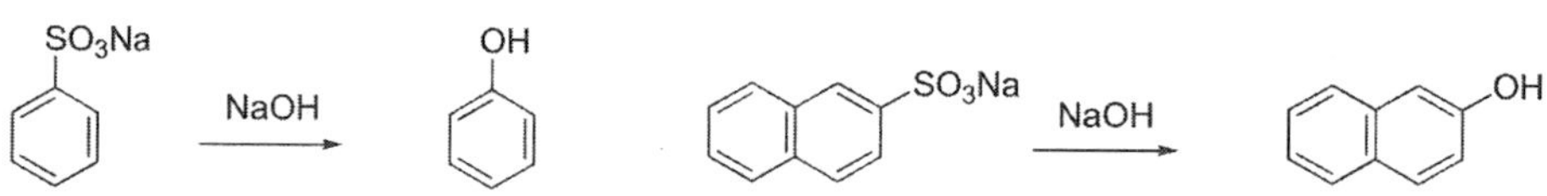


안트라퀴논계의 술폰산을 NaOH로 용융할 경우 $NaNO_3$와 같은 산화제를 첨가시키게 되면 *o*-dihydroxy화합물인 alizarin이 얻어진다.

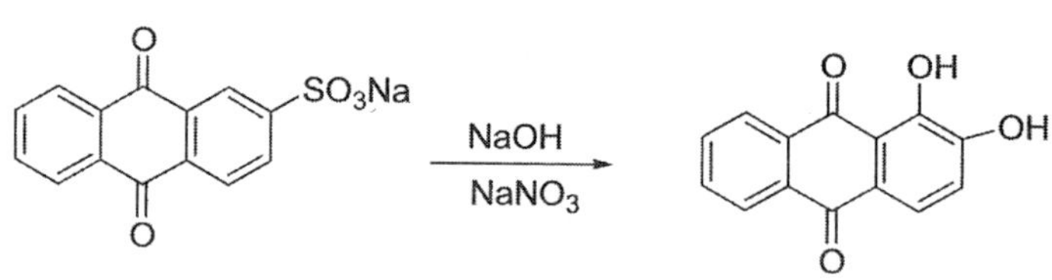


Dinitronaphthalene에 발연황산과 S를 작용시킴으로써 산화와 환원이 동시에 일어나면서 naphthazarin을 얻을 수 있다.

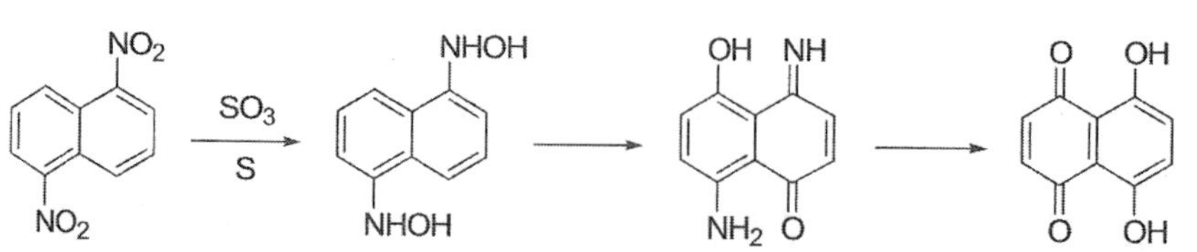


dinitronaphthalene naphthazarin

### 2.1.6 카르보닐화(Cabonylation)

알데히드, 카르본산, 무수프탈산, 케톤 및 퀴논류는 C=O기를 가지고 있으며 염료 중간체로 사용된다. 무수프탈산(phthalic anhydride)은 안트라퀴논(anthraquinone), 프탈로시아닌(phthalocyanine) 염료 등의 원료가 될 뿐 아니라 수지 및 가소제의 원료로서도 광범위하게 사용된다.

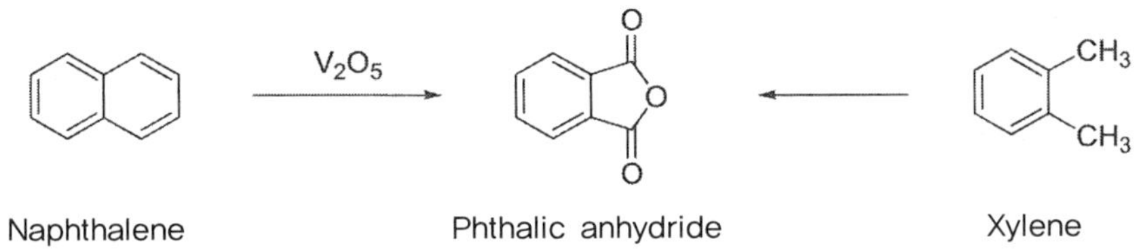


무수프탈산은 나프탈렌의 산화에 의해 얻을 수 있으며 크실렌(xylene)으로부터도 얻을 수 있다. 살리실산 유도체는 탄산가스를 이용하는 Kolbe 반응에 의해 얻어진다. 최초 Kolbe법은 고온고압 하에서 페놀의 Na염에 $CO_2$를 작용시킴으로 카르복실기를 얻는 것이었으나 다음 식과 같이 상당부분 미반응물이 남게 된다는 결점이 있다.

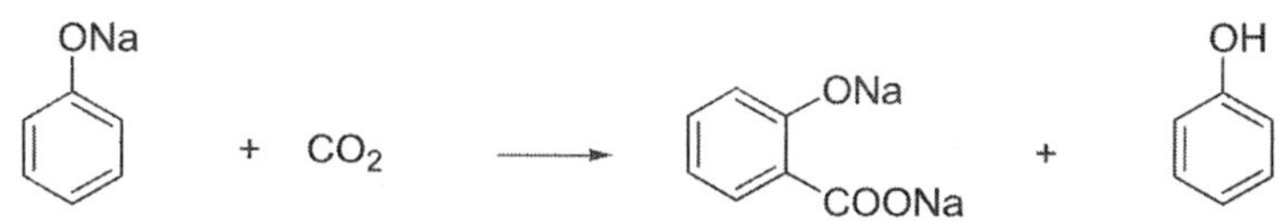


그 후 방법은 개량되어 처음에는 상온에서 $CO_2$를 흡수시켜 탄산염과 같은 중간체를 형성시킨 후 120~140℃로 가열하여 salicylic acid의 Na염으로 전이시킬 수 있게 되었다.

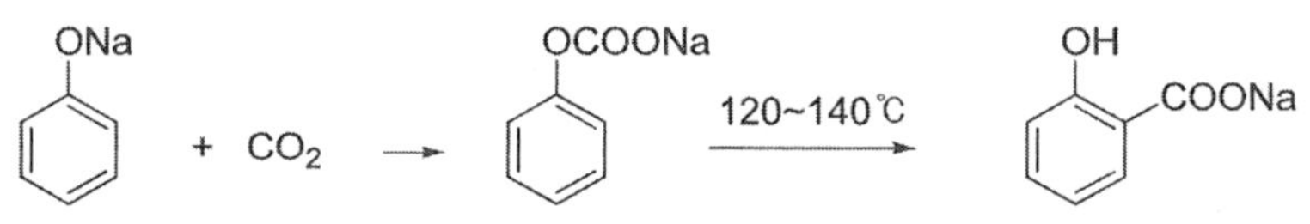


β-naphthol의 Na염에 $CO_2$를 작용시킬 때에는 살리실산(salicylic acid)의 경우와 마찬가지로 처음에는 탄산염을 형성하고 130℃ 정도에서는 카르복실기(carboxyl)가 1-위치로 전이하며 다시 가열하게 되면 3-위치로 카르복실기가 이동한다. 이것은 아조익염료의 중간체가 된다.

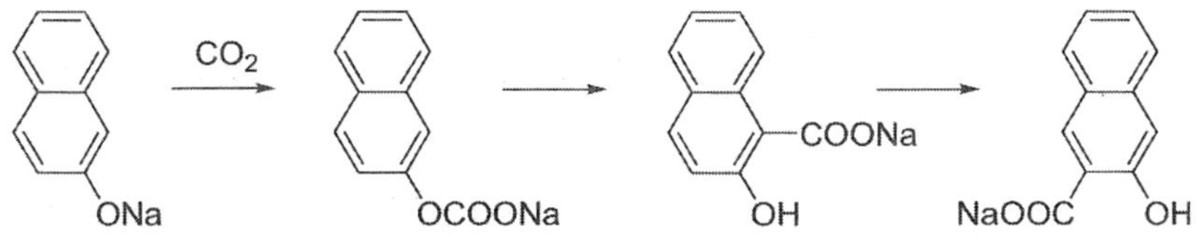

안트라퀴논은 합성섬유용 염료의 가장 중요한 중간체이며 안트라센을 중크롬산염과 황산으로 산화시켜 얻는다.

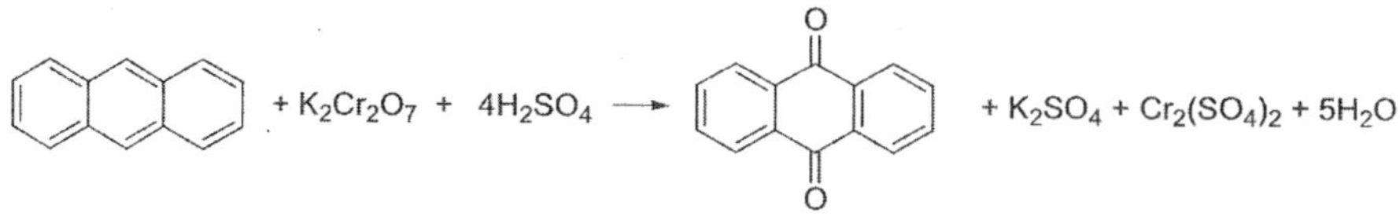

안트라퀴논은 무수 $AlCl_3$ 존재 하에서 무수프탈산과 벤젠의 Friedel-Craft반응에 의해서도 제조할 수 있으며 중간단계에서 생성된 벤조일 벤조산은 황산에 의해 탈수된다. 반응기구는 아래와 같이 착염 중간체를 거친다.

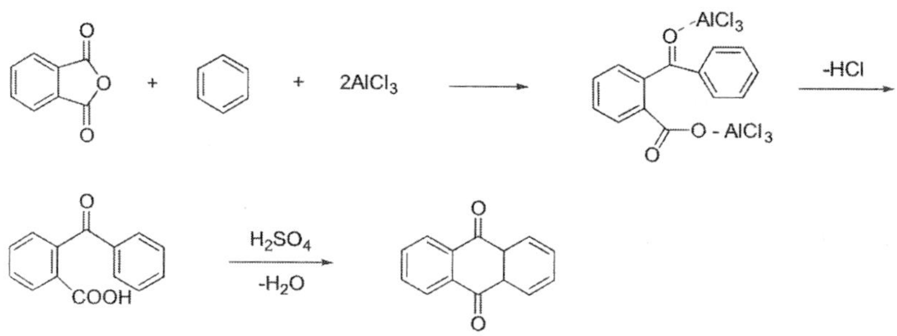

안트라퀴논의 1,4-위치에 -OH기가 도입된 quinizarin은 무수프탈산과 chlorophenol의 Friedel-Graft 반응에 의해 얻어진다.

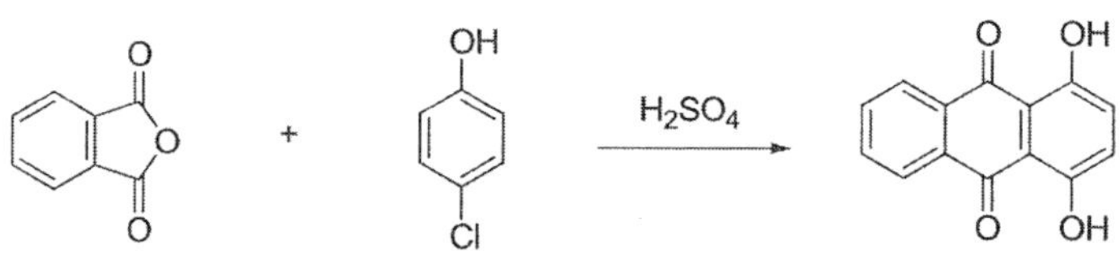

quinizarin

## 2.2 Heterocycle 방향족 중간체

염료산업 초창기에는 벤젠이나 나프탈렌과 같은 carbocycle을 중간체로 많이 사용했다. 그러나 근래에 들어서는 N, S, O 등이 도입된 heterocycle 방향족 화합물들이 중간체로 사용되고 있다. 이와 같은 복소환들이 염료로 도입됨으로써 만족할만한 청색, 녹색 등의 색상발현이 가능하게 되었으며 선명한 색상을 나타내는 염료를 제조할 수 있게 되었다. 염료중간체로서 중요한 heterocycle 중간체는 5, 6원환이며 이 환들은 벤젠과 같은 다른 환들에 연결될 수 있다.

## 2.2.1 5원환 유도체

### 1) 피라졸론(pyrazolones)

Pyrazolone은 아조염료를 제조하는 데 커플링 성분이 되며 알칼리 조건 하에서 4- 위치에서 커플링반응이 일어나 yellow-orange계통의 염료가 된다.

Pyrazolone은 hydrazine과 β-ketoester로부터 얻을 수 있다. Hydrazine은 diazonium염과 환원에 의해 얻을 수 있으며 β-ketoester와의 축합반응에 의해 hydrazine을 얻을 수 있다. 여기에 $Na_2CO_3$를 첨가하여 가열하면 pyarazolone환이 형성된다. 염료 중간체로서는 1-위치에 aryl기가 치환된 pyrazolone이 사용된다. 실제로 hydrazine 유도체를 분리시키지 않고 one-pot반응으로 축합과 환형성이 이루어진다. 다음 그림은 phenylhydrazine(2.42)과 ethylacetoacetate(2.43)로부터 pyrazolone을 제조하는 과정을 나타냈다.

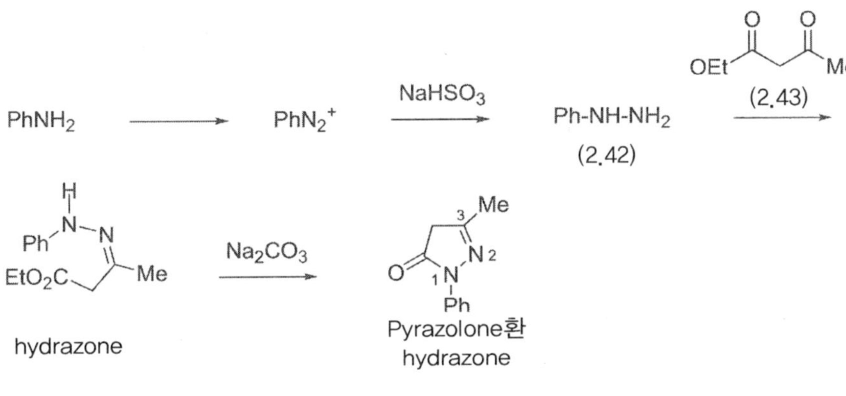


### 2) 인돌(Indoles)

인돌은 아조(azo) 염료의 제조에서 커플링 성분으로 사용된다. 대부분의 indole은 Fisher-Indole법에 의해 제조되며 phenylhydrazone의 전이에 의해 indole환이 형성된다. 이러한 hydrazone은 hydrazine과 ketone의 축합으로부터 얻을 수 있으며(방법a), diazonium염과 β-ketoester와의 반응으로부터(방법b) 얻을 수 있다.

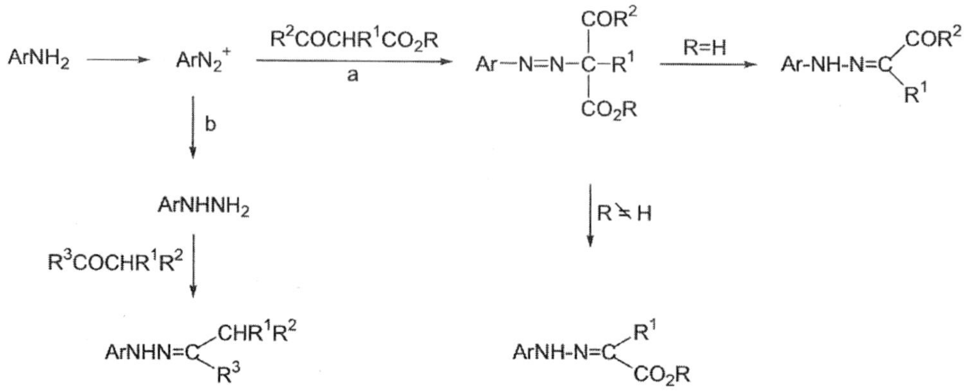

이와 같이 얻어진 phenylhydrazone은 산 촉매에 의해 indole환으로 된다.

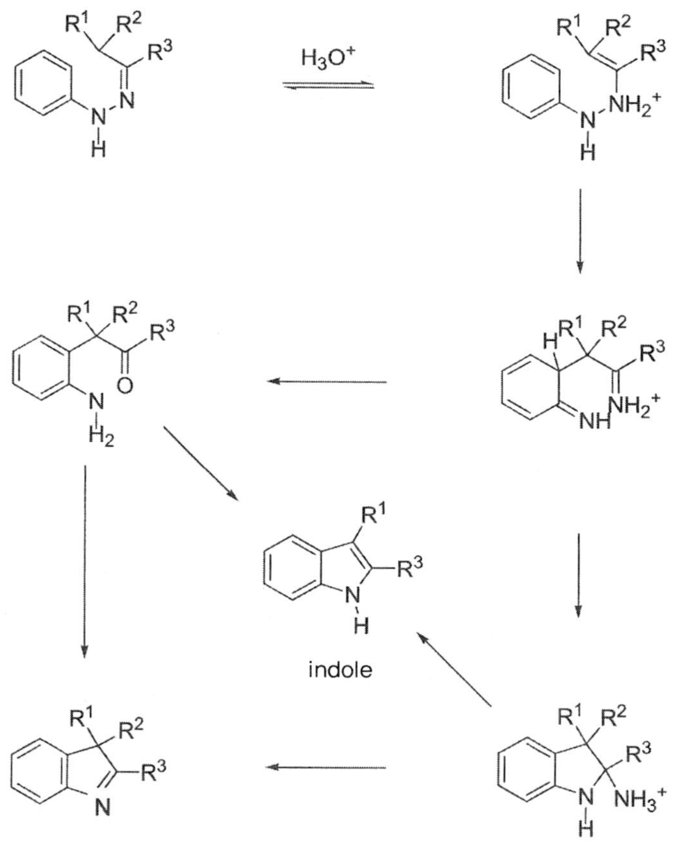

아조염료의 경우 $R^1$=H, $R^3$=aryl, $CH_3$가 치환된 indole이 사용된다. Indolenine는 polymethine 염료의 중간체로 사용되며 5원환의 N에 알칼리가 치환된 형태로 사용된다. 이러한 형태를 Fisher's base라 한다.

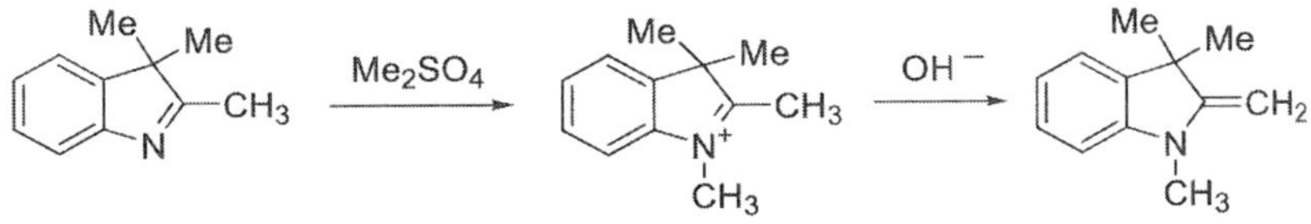

Indolenine

### 3) 아미노티아졸(Aminothiazole)

Pyrazolone과 indole과는 다르게 aminothiazole유도체는 아조염료 제조에 있어서 diazo성분으로 이용된다. Aminothiazole이 포함된 염료는 심색(深色)적이며 적색-청색의 색상을 나타낸다. 2-aminothiazole 유도체는 thiourea와 α-chlorocarbonyl을 이용하여 얻어진다.

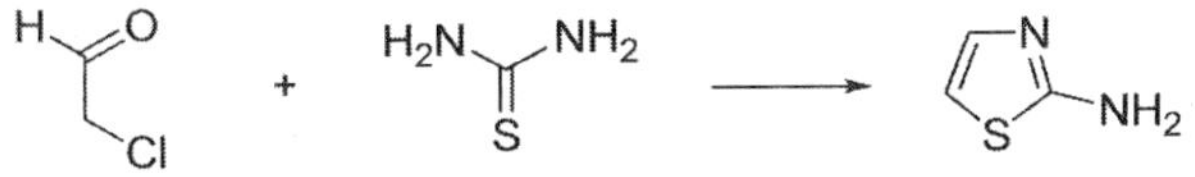


Thiazole환에 치환기를 도입하기 위해서는 치환기가 미리 도입되어 있는 전구체를 사용하거나 혹은 친전자 치환에 의해 직접 치환기를 도입시킬 수 있다. 예를 들어 2-aminothiazole의 nitrate염을 니트로화 할 경우 2-amino-5-nitrothiazole을 얻을 수 있다.

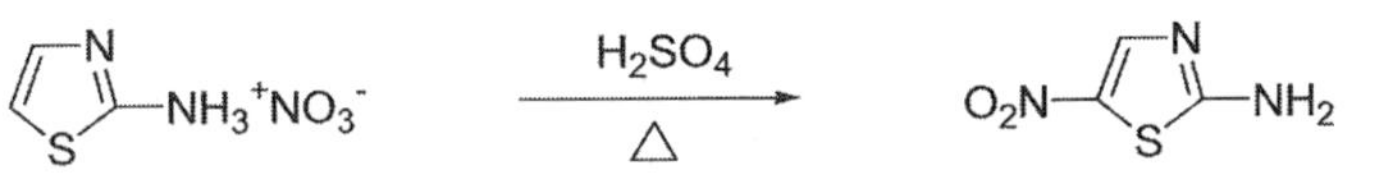


### 4) 아미노벤조티아졸(Aminobenzothiazole)

Aminobenzothiazole은 thiazole과는 조금 다른 방법으로 제조된다. 일반적으로 aniline유도체로부터 제조되며, 예를 들어 *p*-anisidine과 thiocyanogene으로부터 2-amino-6-methoxybenzothaizole을 얻을 수 있다. 이 반응에서 thiocyanogene (SCN)은 반응기 내에서 $Br_2$와 KSCN으로부터 생성되어 aminothiazole환을 형성시킨다.

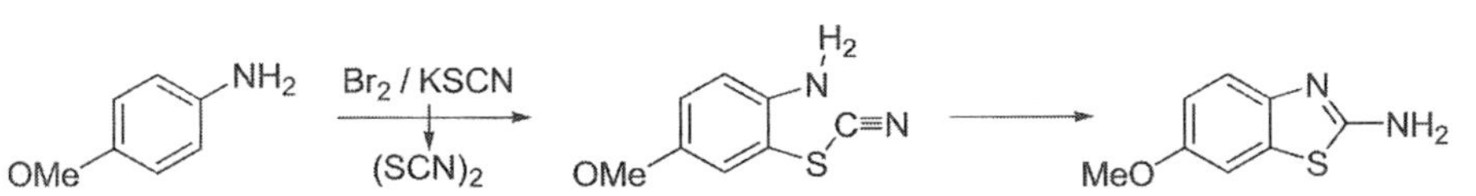


만약 aniline의 4-위치에 치환기가 없을 경우 -SCN은 2,4-위치에 도입되어

6-thiocyanobenzoisothiazole이 형성되어 반응이 더 진행될 경우 benzothiazole이 생성된다. 이들은 아조 염료제조에 있어서 중요한 diazo성분이다.

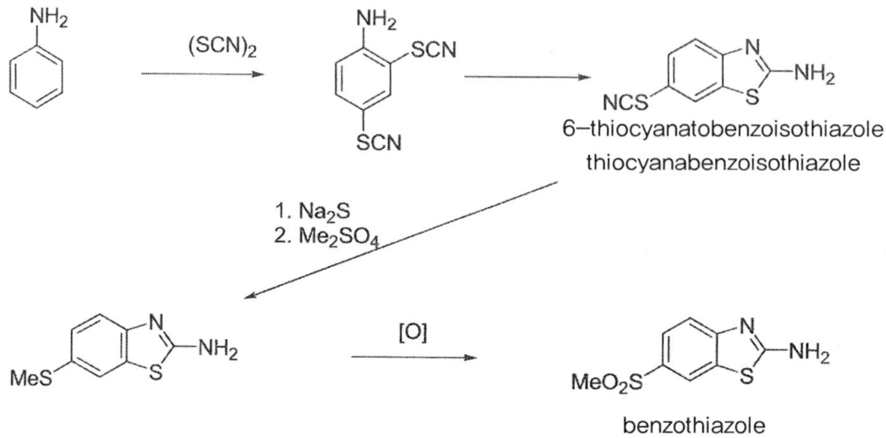


5) 벤조이소티아졸(Benzoisothiazole)

Benzoisothiazole은 디아조성분으로 중요하며 aminobenzothiazole로부터 제조된 염료에 비해 심색적이다. Aminobenzoisothiazole이 디아조 성분으로 많이 사용되며 nitroaniline으로부터 얻을 수 있다. 즉, *o*–nitroaniline은 디아조화되어 $Cu(CN)_2$와의 반응에 의해 cyanonitorbenzene이 된다. O–cyanonitrobenzene은 o–cyanoaniline으로 환원되며 $H_2S/H_2O_2$의 첨가에 의해 isothiazole환이 형성된다.

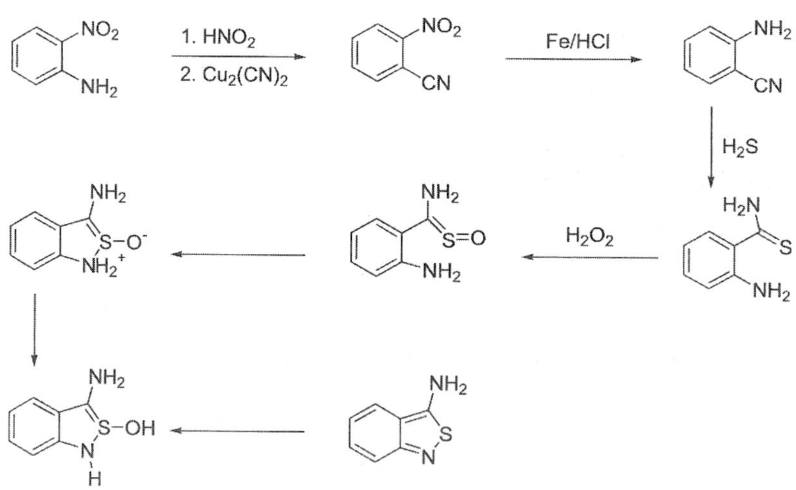


6) 트리아졸(Triazole)

Triazole은 세 개의 N원자가 포함된 5원환이다. 아크릴섬유의 적색염료로 사용된다.

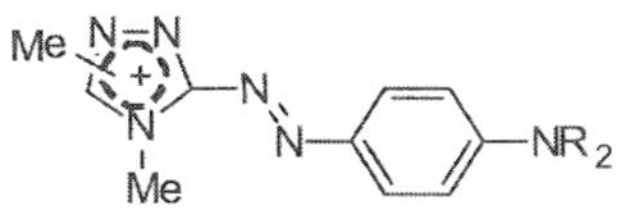


3-amino-1,2,4-triazole이 많이 사용되며 cyanamide와 hydrazine으로부터 얻을 수 있다.

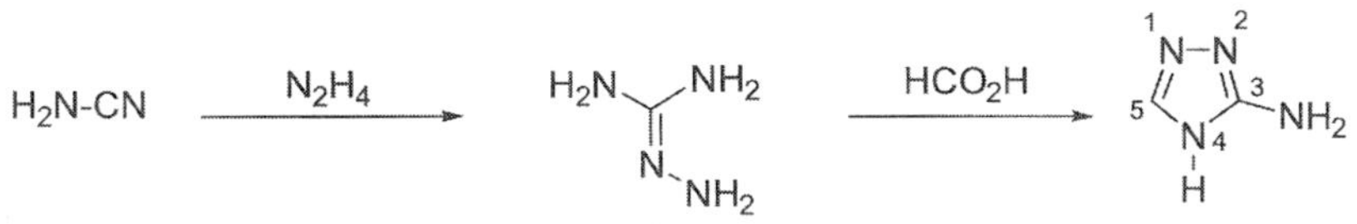


7) 티오펜(Thiophene)

Thiophene은 비교적 최근에 중간체로 많이 사용하고 있으며 이 중에서 2-aminothiophene은 아조염료의 디아조성분으로 사용되며 이를 이용한 염료의 색상은 상당히 심색적이다. 많은 장점을 가진 화합물이지만 ICI로부터 대량 생산에 적합한 합성법이 개발된 후부터 비교적 늦게 사용되기 시작했다.

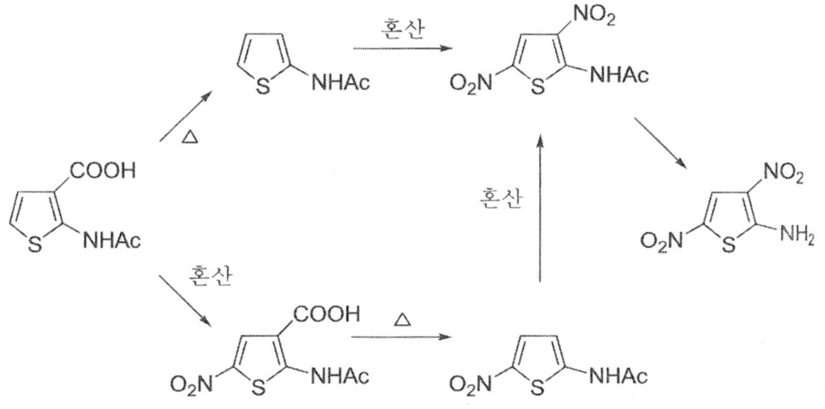


## 2.2.2 6원환 유도체

1) 피리딘 유도체(Pyridine derivatives)

Pyridine자체가 염료에 사용되지는 않으나 2,6-dihydroxy, 2,6-diamino유도체는 아조염료의 커플링 성분으로 사용되고 있다. 이 화합물은 tautomerization을 나타내며 용액내에서는 2,6-dihydroxypyridine보다는 6-hydroxy-2-pyridine이 많이 존재하므로 1-위치가 치환된 형태의 염료가 얻어진다. 이러한 pyridine유도체의 3, 5 위치에 디아조늄염과 커플링이 일어나 다음과 같은 hydrozine형의 염료가 얻어진다.

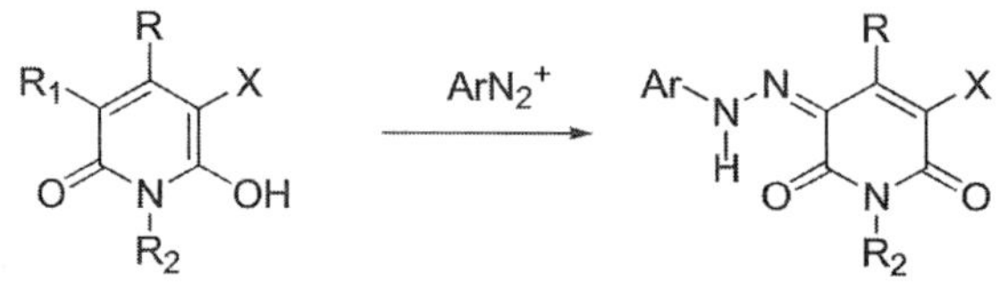

6-hydroxy-2-pyridone 유도체는 $\beta$-ketoester와 maleic ester, cyanoacetic ester와 같은 활성 메틸렌과 아민과의 반응으로 얻을 수 있다.

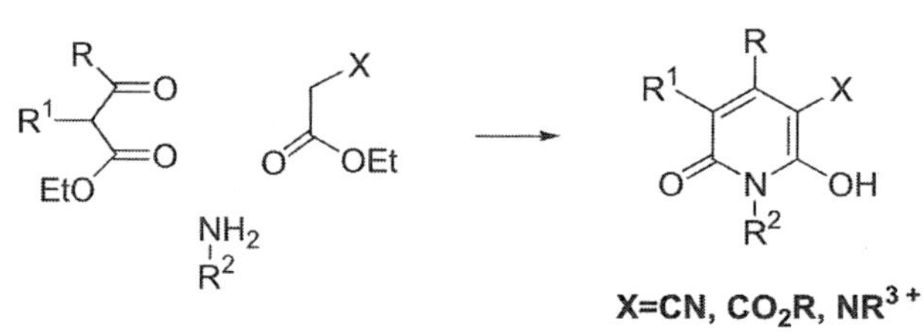

Diamino pyridine 유도체는 6-hydroxy-2-pyridine과 $POCl_3$의 반응 후 아민화시켜 얻을 수 있다. 첫 번째 단계로 hydroxypyridine과 $POCl_3$로부터 dichloropyridine을 얻을 수 있으며 이는 2몰의 아민과 반응해 diaminopyridine이 생성된다.

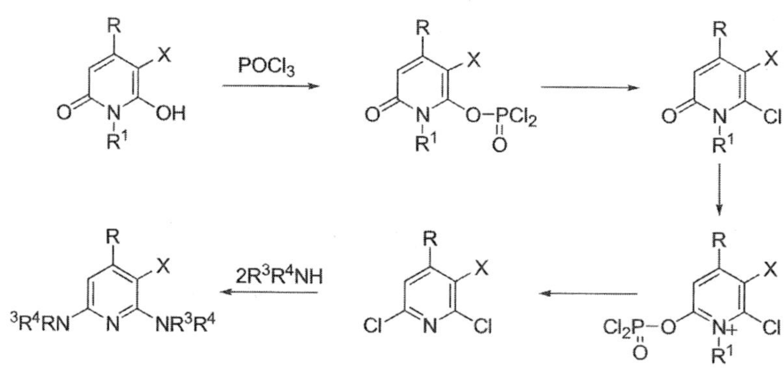

2) 트리아진(Triazine)

이 계통은 2,4,6-trichloro-1, 3, 5-triazine(cyanuric chloride)이 많이 사용되며 cyanuric chloride 자체는 염료의 색상에 영향을 미치지 않는다. Cyanuric chloride는 셀룰로오스와 반응할 수 있는 반응기로 사용된다.

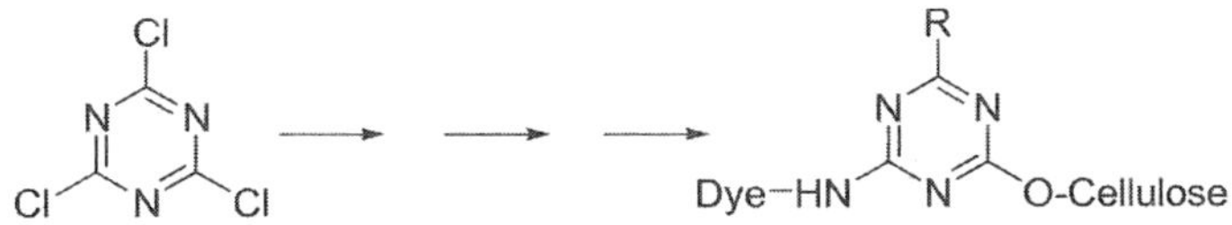

Cyanuric chloride는 HCN을 염소화하여 ClCN으로 된 후 이의 3량화에 의해 쉽게 제조된다.

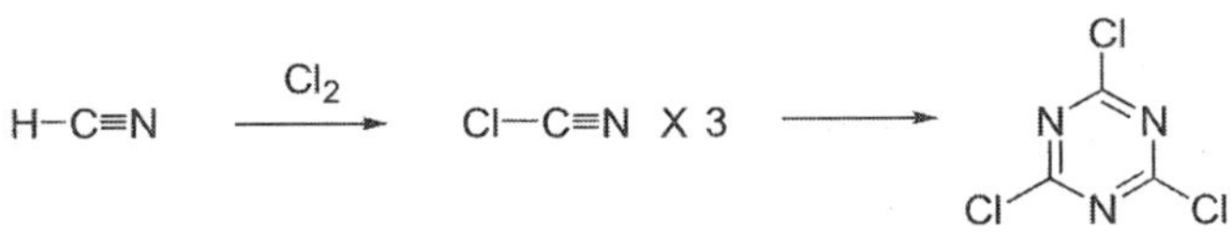

# 3 염료

## 3.1 염료의 정의

가시광선을 선택적으로 흡수 또는 반사하여 고유한 색을 나타내는 물질을 색소라 정의하며 이들 화합물 중 섬유 및 유사 소재에 대하여 **친화성**을 나타내어 용매, 특히 수용액 중에서 섬유상으로 이동, **염착**(染着)하여 일광, 세탁, 마찰 등의 여러 목적에 이용될 수 있는 견뢰도를 지닌 색소를 **염료**라고 부른다. 이들 염료는 **이온성**을 가지므로 물에 쉽게 용해되어 수용액 상태에서 섬유에 친화성을 가진다. 그러나 비이온성이며 물에 불용성인 색소 또는 섬유에 대하여 염착성이 없는 색소를 **유기 안료**라 한다. 염료의 경우에는 일반적으로 물에 분자상태로 용해되어 섬유에 염착하기 때문에 입자의 크기 및 결정의 형태가 염색에 있어서는 본질적인 문제가 되지 않으나 안료의 경우에는 제조된 화합물의 입자의 크기 및 형태가 사용 목적에 따라서는 근본적인 문제가 된다.

## 3.2 발색계 구조에 따른 염료 분류

### 3.2.1 Azo chromophore(아조 발색단)

**아조염료**는 전체 염료시장의 50% 이상을 점유하고 있을 정도로 가장 중요한 염료이다. 이들 염료는 분자 구조 내에 적어도 **하나 이상의 아조 group(−N=N−)**을 포함한다. 이 아조 group은 하나 혹은 일반적으로 두 개의 방향족환과 결합하고 있으며 아래와 같이 trans 형태로 존재하는 것이 일반적이다.

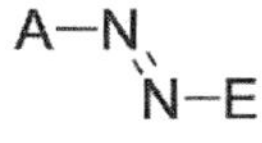

이러한 모노아조(monoazo) 형태가 가장 중요한 기본구조로서, A그룹은 전자흡인성기로 결합되어 있고 E group은 전자공여성기, 즉 대표적으로 hydroxyl 및 amino기가 결합되어있다. 염료가 benzene이나 naphthalene과 같은 방향족환으로 이루어져 있는지 혹은 hetero group을 포함하고 있느냐에 따라 carbocyclic azo염료 그리고 heterocyclic azo염료로 구분한다.

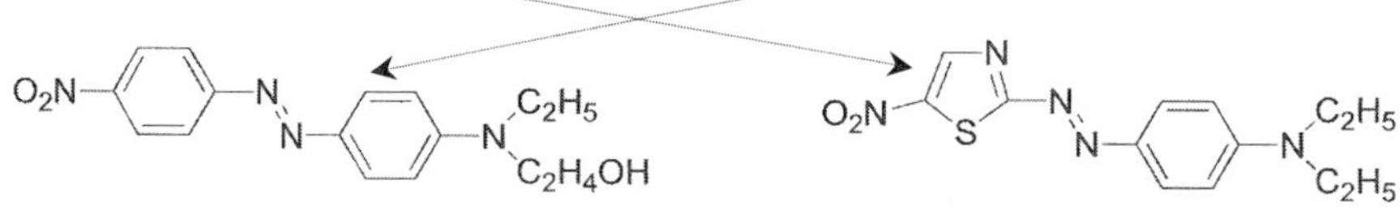

C. I. Disperse Red 1　　　Disperse Blue

아조염료는 방향족 1차 아민을 디아조화하고 결과적으로 형성되는 디아조늄염을 전자가 풍부한 coupling 성분에 결합시켜 염료를 합성한다. 즉 디아조늄염을 약한 electrophile로서 hydroxyl기 및 amino기와 같은 전자가 풍부한 성분이 치환기로 도입되어 있는 방향족 환에 coupling결합이 일어난다. 다음은 방향족 아민의 디아조화 반응과정을 표시한다.

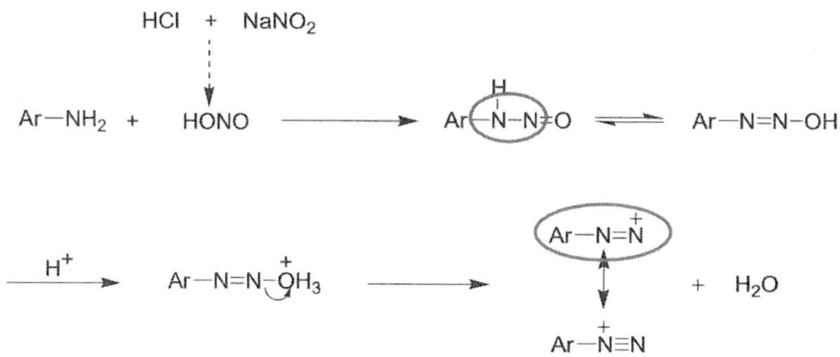

생성된 디아조늄을 이용한 coupling 반응은 phenol 및 naphthol과 같은 hydroxyl 화합물의 경우에는 알칼리성(pH 8~11) 범위에서 coupling 반응이 일어나는 반면에 아민 화합물은 약산성에서 중성(pH 3.5~7) 범위에서 반응이 일어난다.

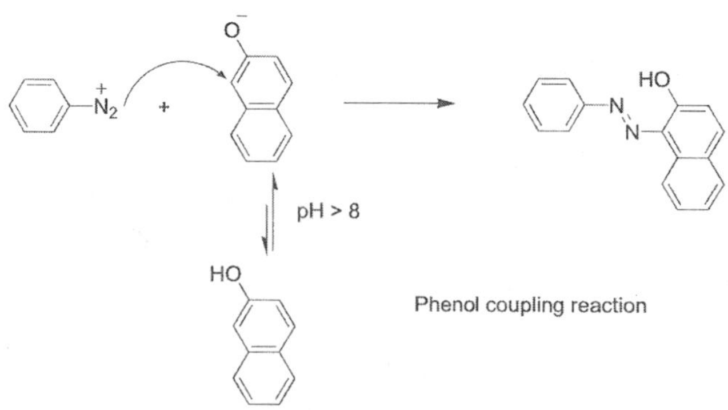

Phenol coupling reaction

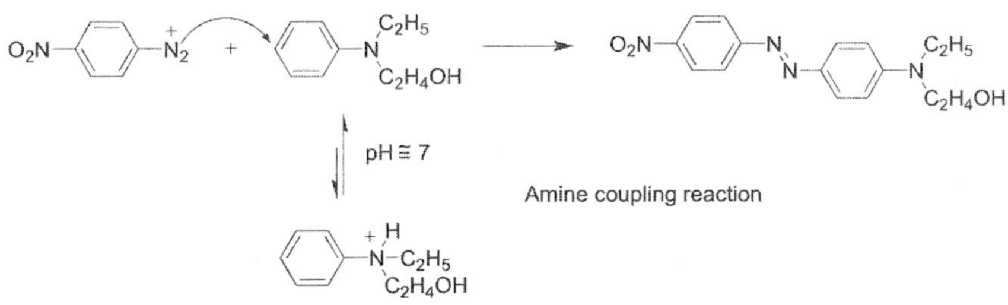

Amine coupling reaction

디아조성분으로는 aniline유도체, naphthylamine 유도체, diamine류 등이 사용되며 coupling 성분으로는 aniline, naphthylamine, naphthylamine sulfonic acid, phenol, naphthol, naphtholsulfonic acid 및 aminophenol 등이 사용된다.

### 1) 디아조 성분

#### (1) Aniline 및 치환 aniline유도체

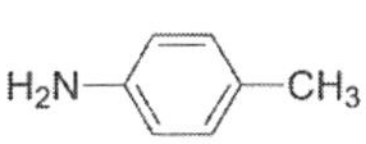

Toluidine

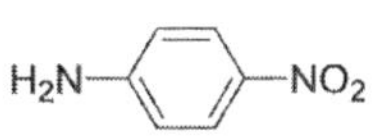

4-Nitro-phenylamine

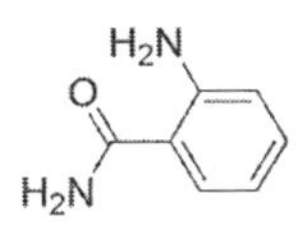

Aminobenzoyl amide

4-Amino-benzenesulfonic acid

#### (2) Diamine ($H_2N-A-NH_2$) 유도체

① A=phenylene 혹은 naphthylene group; methyl, chloro, nitro, methoxy, sulfonic acid group 등이 치환기로 도입되어 있다.

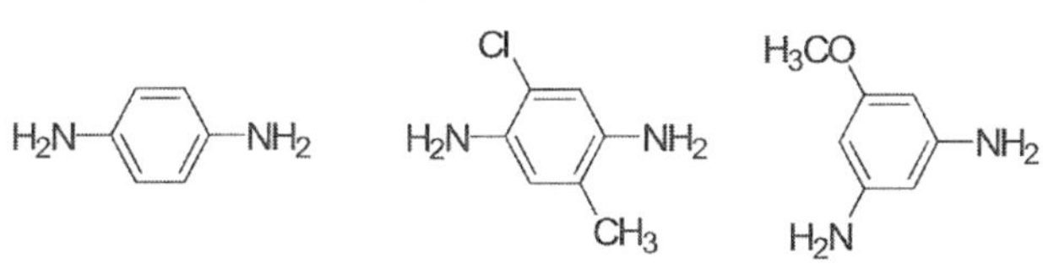

② A=diphenyl group; chlorine, carboxylic acid, sulfonic acid group 등이 치환기로 도입되어 있다.

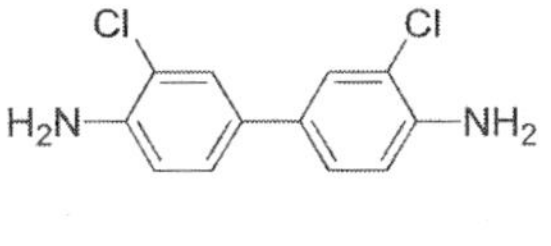

3,3' - Dichlorobenzidine

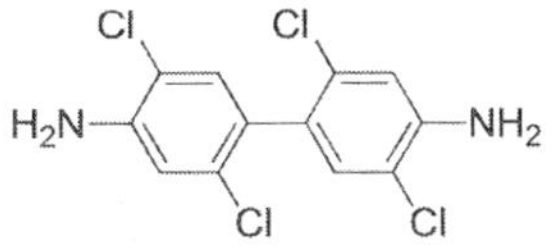

2,2', 5,5' - Tetrachloro-benzidine

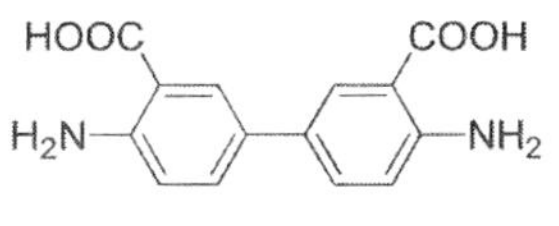

Benzidine-3,3'-dicarboxylic acid

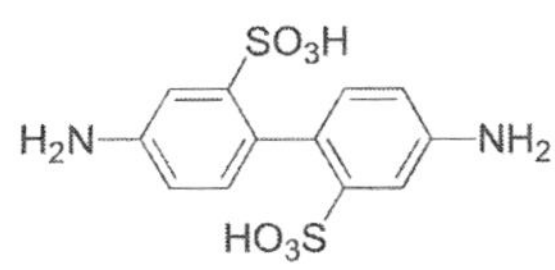

Benzidine-2,2'-disulfonic acid

③ 방향족환이 아래와 같은 기본구조로 구성되어 있다.

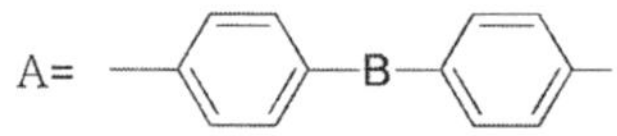

④ 이 구조에서 B는 O, N, -NH-, $-SO_2-$, -N=N-, -CH=CH-, -NHCO-, -NH-CO-NH- 등으로 연결되어 있다. 방향족환에 methyl, chlorine, methoxy, carboxylic acid, sulfonic acid group 등이 치환기로 도입되어 있다.

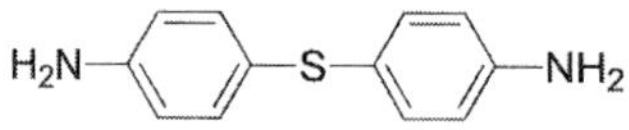

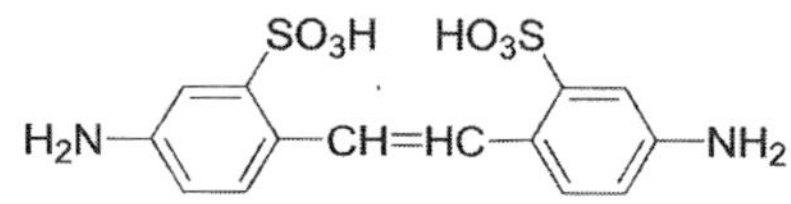

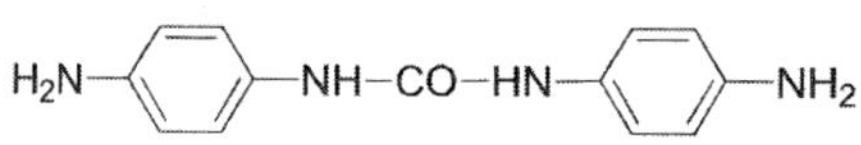

⑤ Heterocyclic amine과 diamine 유도체

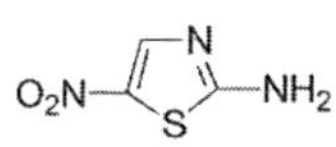

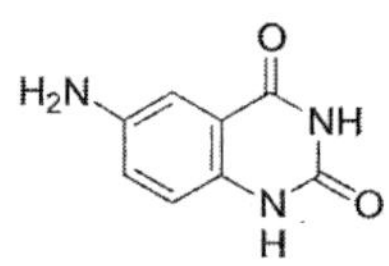

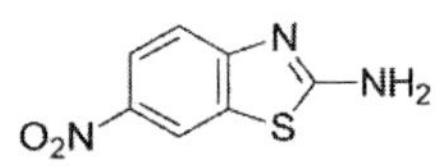

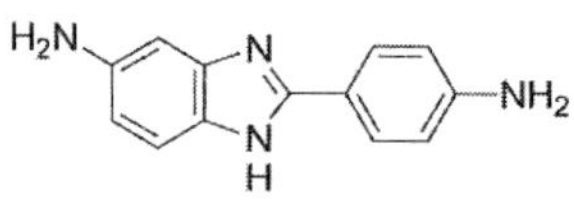

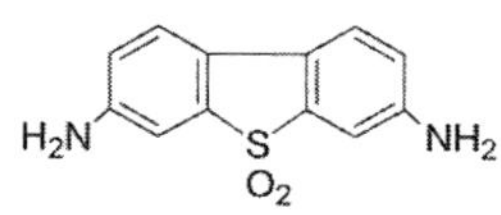

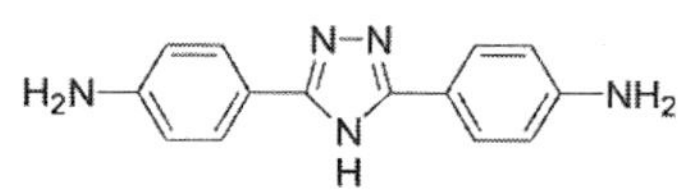

2) Coupling성분

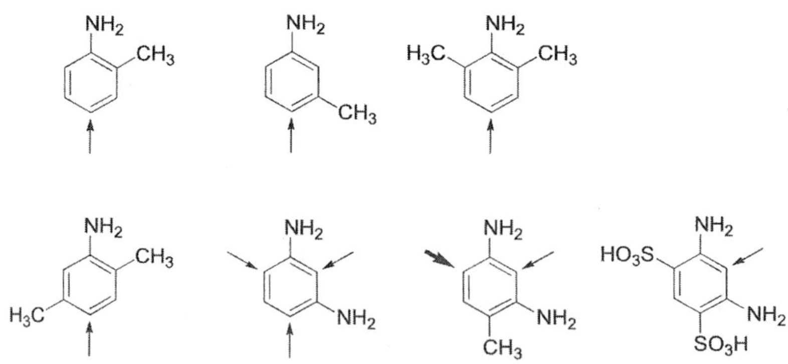

Aniline 및 diaminobenzene 유도체

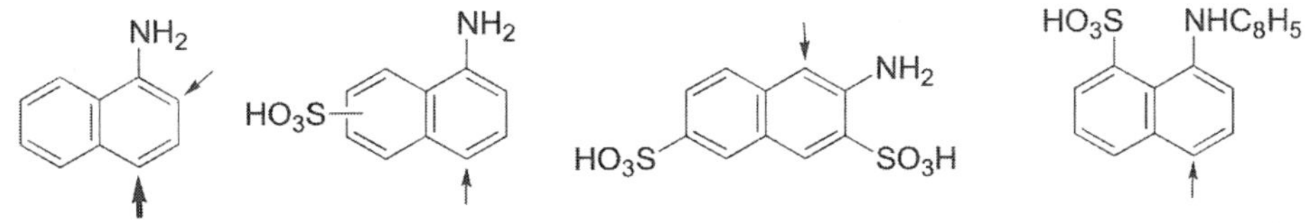

Cleve's acid (6,7) Amino R acid Phenyl peri acid

Naphthylamine 및 naphthylamine sulfonic acid 유도체

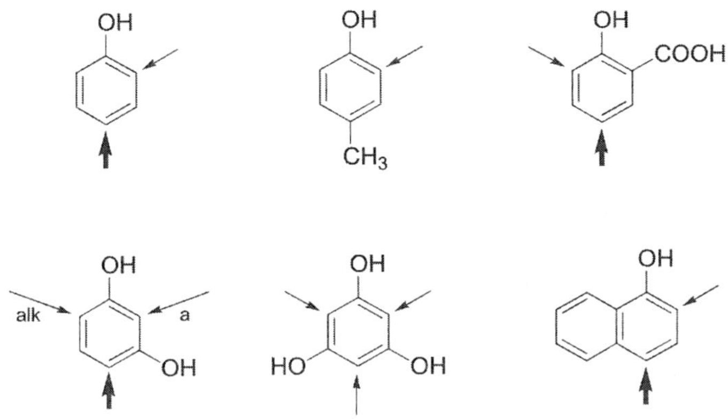

a=acidic, alk=alkaline

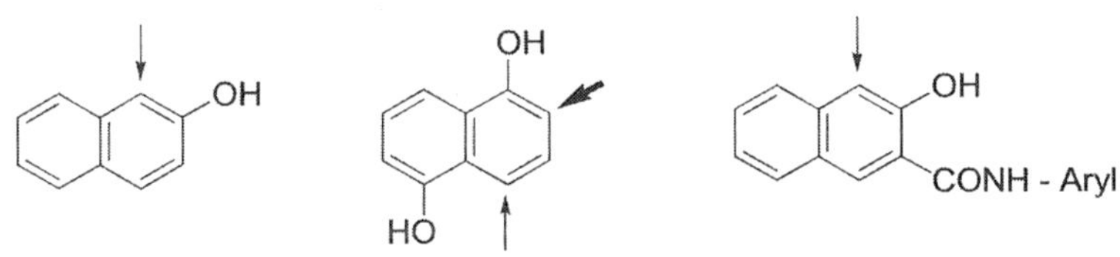

Phenol 및 naphthol 유도체

### 3.2.2 Anthraquinone chromophore

안트라퀴논 염료는 아조염료 다음으로 중요한 염료로 평가되며 9, 10-anthraquinone의 구조를 기본형태로 한다.

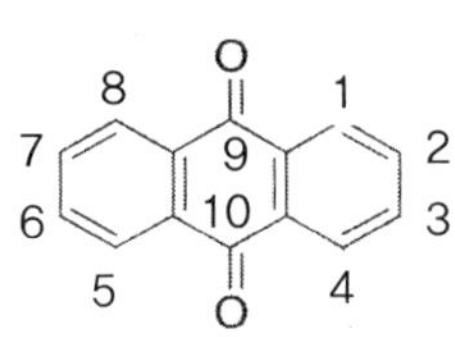

위와 같은 안트라퀴논의 기본 구조는 색상이 없으며 염료로서의 특성을 가지기 위해서는 강한 전자공여성기, 즉 hydroxyl기나 amino기가 안트라퀴논 구조 내의 4개의 α-위치(1, 4, 5, 8위치)에 하나 이상 도입되어야 한다. 1,4-, 1,2,4- 및 1,4,5,8-위치에 전자공여성 기가 도입되는 형태가 가장 일반적이다. 치환기에 의한 염료 특성을 극대화하기 위해서 1차 혹은 2차 amino group 그리고 hydroxyl group이 염료 구조에 도입된다. 이러한 치환기에 의해서 분자 내 수소결합이 가능하다. C.I.

Disperse Red 60에서 이와 같은 특성을 볼 수 있다.

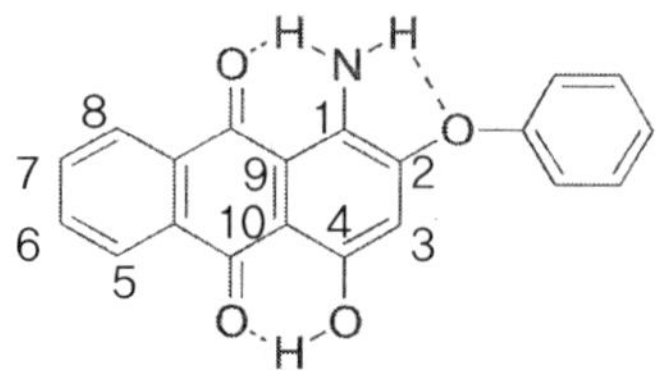

C. I. Disperse Red 60

전자공여성기의 상대적 세기는 OH<$NH_2$<NHR<NHAr의 순서에 따른다. 1,4,5,8-위치에 치환된 anthraquinone은 1,4-위치와 1,2,4-위치에 치환된 anthraquinone보다 더욱 심색적 흡수를 나타낸다. 따라서 전자공여성기의 선택 및 염료 구조 내에 적절한 도입을 통하여 여러 색상범위의 염료를 선택적으로 합성할 수 있다.

### 3.2.3 Benzodifuranone chromophore

이 염료들은 적색 색상 분야에서 안트라퀴논 염료들과 유사한 우수한 특성을 나타내는 염료로서 최근에 개발된 매우 중요한 발색계 중의 하나이다. 이들 염료들은 p-benzoquinone과 cyanoacetic acid를 반응시켜 제조한다.

이러한 반응으로 생성되는 염료의 구조는 다음 그림과 같이 A와 B의 두 가지 경우로 생각해 볼 수 있으나 A와 같은 구조의 화합물은 공액이중결합의 단절로 인하여 염료의 구조로 적절치 못하고 B와 같은 경우는 분자구조내의 공액이중결합으로 인하여 매우 강한 적색을 나타내는 염료의 구조로 타당하다. 즉 B와 같은 구조는 염료구조 내에 걸쳐 공액이중결합으로 연결된 3,7-diphenylbenzodifuranone 염료로서 chloroform 용액 내에서 466nm의 흡광 및 51,000정도의 분자흡광계수를 나타낸다.

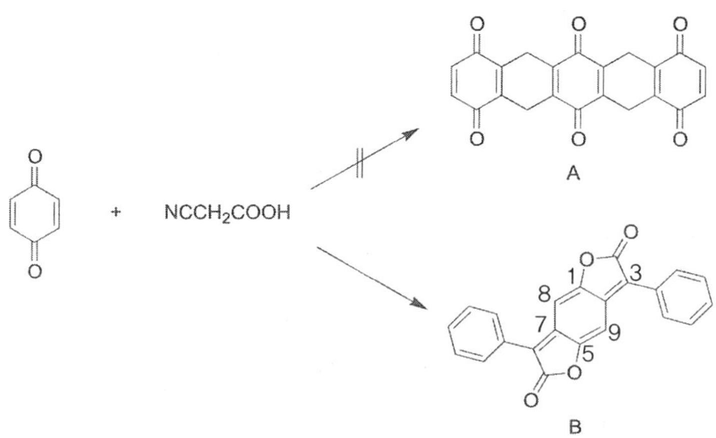

### 3.2.4 Polycyclic aromatic carbonyl chromophore

구조적으로 이들 염료는 하나 이상의 carbonyl 그룹의 퀴노노이드 시스템에 포함되어 있다. 즉, 안트라퀴논 구조단위가 결합된 형태로서 배트염료로 분류되며 vatting 과정을 통하여 셀룰로오스 섬유에 염착된다.

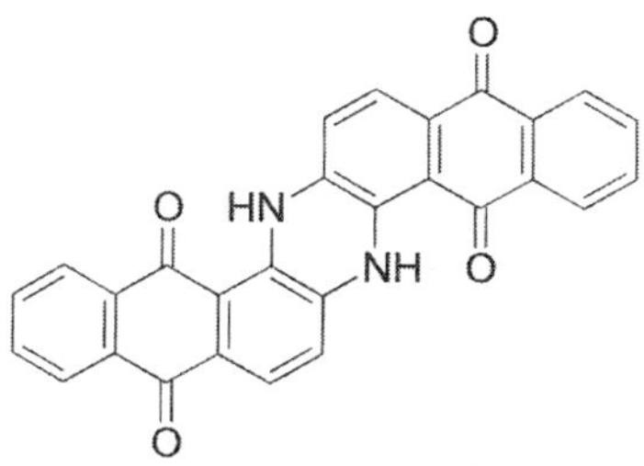

Indanthrone Blue

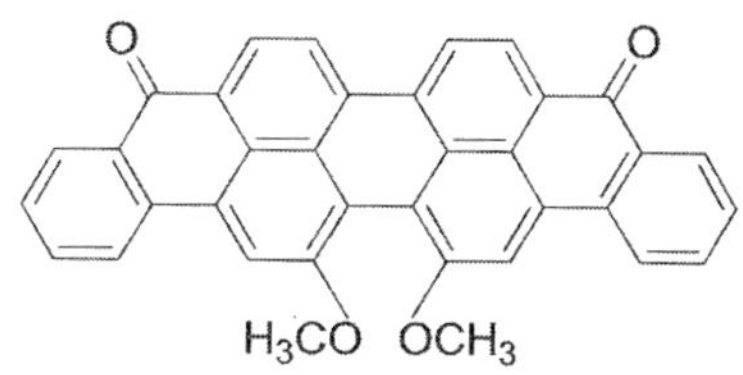

C. I. Vat Green 1

### 3.2.5 Indigoid chromophore

인디고이드 염료는 안트라퀴논 염료와 마찬가지로 구조 내에 carbonyl기를 가진다. 가장 오래된 염료 형태 중 하나로 6,6'-dibromoindigo는 Tyrian purple로 잘 알려져 있다. 그 후 Bayer에 의해서 1883년 인디고의 화학적 구조가 밝혀지고 1970년 Isatin으로부터 합성 인디고를 제조하게 되었다.

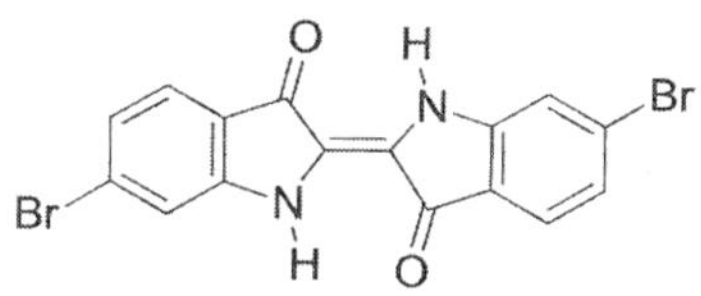

Tyrian Purple

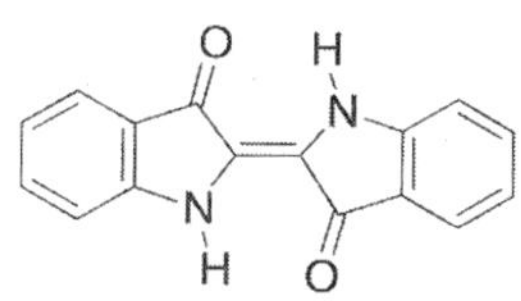

Indigo

### 3.2.6 Polymethine chromophore

Methine염료는 섬유에서 염기성 염료 그룹으로 염료 분자 내에 양전하를 가지고 있다. Cyanine 염료가 가장 대표적인 polymethine 염료로서 이들의 적용 범위는 사진용 감광제 등으로 사용이 매우 제한적이다.

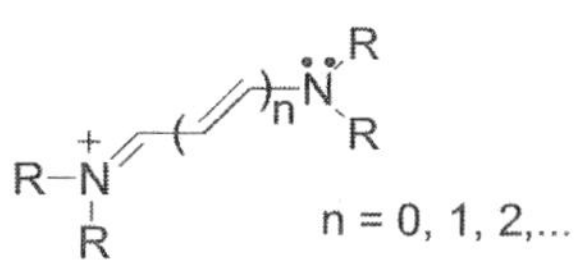

1) Azacarcocyanine

Heterocyclic ring사이에 세 개의 탄소원자를 포함하는 cyanine을 carbocyanine

이라고 부른다. 이들 탄소원자를 질소원자로 1, 2, 3개를 바꾸어 만든 염료를 azacarbocyanine, diazacarbocyanine 그리고 triazacarboncyanine이라고 명명한다. 이들 2 종류의 염료는 아크릴 섬유에 중요한 황색 염료로서 사용된다.

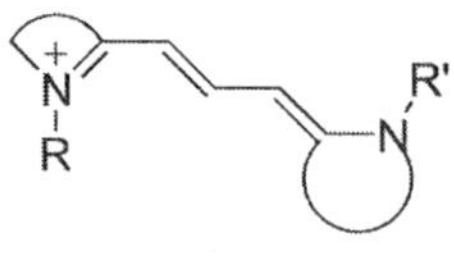

Carbocyanine

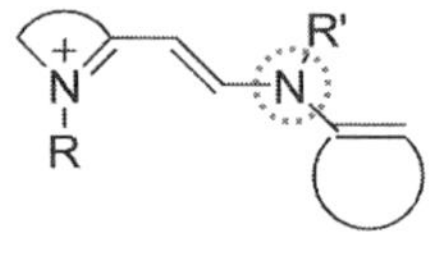

Azacarbocyanine

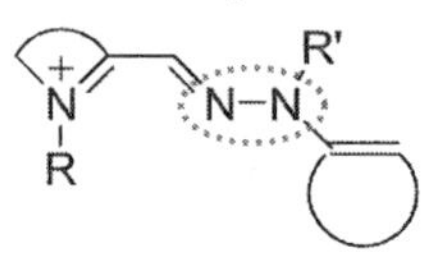

Diazacarbocyanine

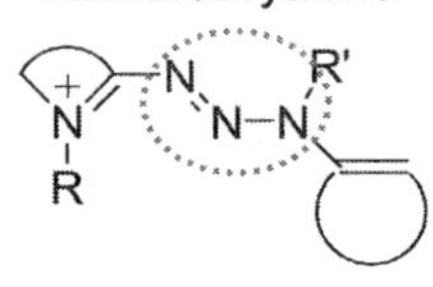

Triazacarbocyanine

2) Hemicyanine

Half-cyanine 형태로서 기본 구조는 아래와 같다. Cyanine 구조의 이종으로 양전하를 나타내는 말단 원자 중의 하나가 heterocyclic ring의 일부이며 공명계 내의 **벤젠환이 도입된 구조**를 가지고 있다. 이러한 hemicyanine 형태는 아크릴 섬유에 대하여 선명한 형광의 적색염료로 알려져 있다.

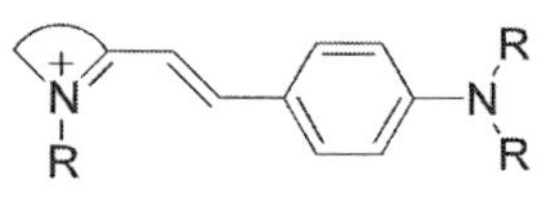

Hemicyanine

3) Diazohemicyanine

Diazohemicyanine염료는 polymethine 염료 중 단연 중요한 염료로 평가된다. 이들 염료의 기본 구조는 다음과 같다.

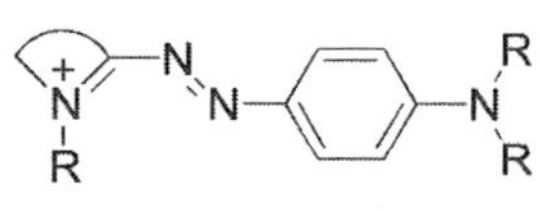

Diazohemicyanine

이 구조는 heterocyclic ring은 대체로 **질소 원자** 1개(pyridinium), 2개(pyrazolium, imidazolium), 3개(triazolium) 혹은 황과 질소 원자(benzothiazolium, thiadiazolium)을 포함하는 구조로 이루어진다.

### 3.2.7 Styryl chromophore

이 계통의 염료는 polymethine 염료와 달리 구분된다. Polymethine 염료는 Color Index에 의한 분류에서 탄소원자의 공액이중결합이 ammonium group에 최종적으로 연결된 염료라고 설명되어 있다. 하지만 styryl 염료의 경우에는 N, N-dialkylaminoaryl group에 공액이중결합으로 연결되어 있는 styryl group ($C_6H_5CH=C$)를 포함하며 분자 전체는 전하를 가지지 않는다.

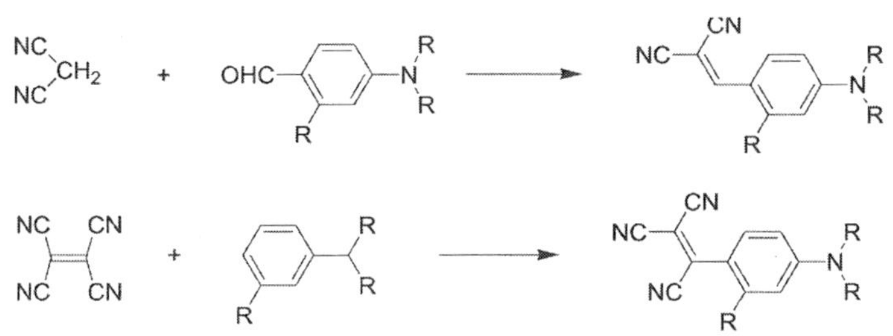

### 3.2.8 Di- 및 tri-aryl carbonium chromophore

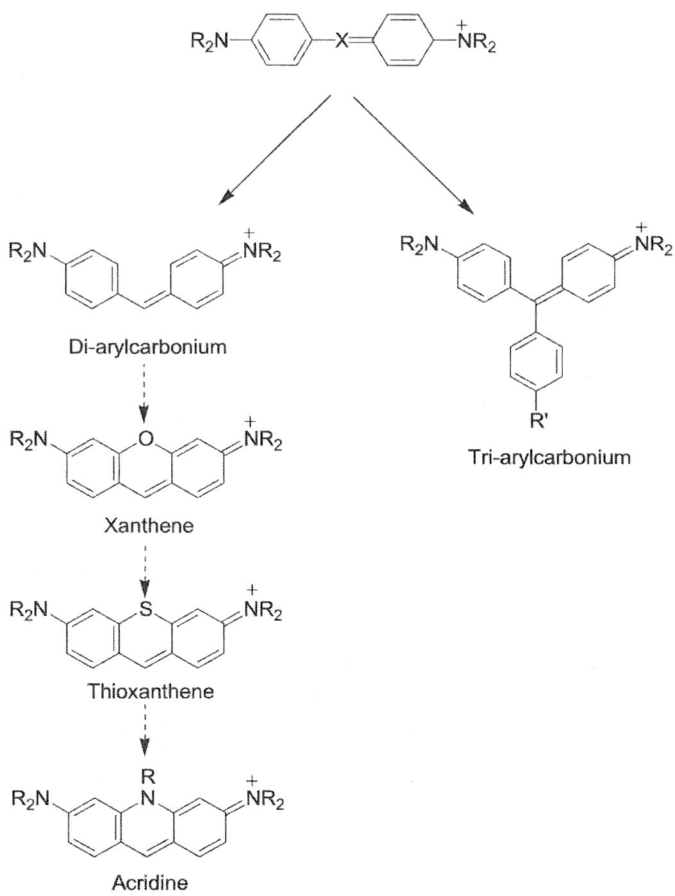

이 계통의 염료들도 일종의 polymethine염료로 분류되며 diaryl carbonium 염료인 경우에는 두 개의 aryl ring 사이에 polymethine기가 도입되어 있는 형태이다. 그리고 또 하나의 그룹이 중심의 methane 탄소 원자에 결합되면 triaryl carbonium 염료를 형성한다. 이때 도입되는 그룹은 π-전자 혹은 비공유 전자쌍을 포함하고 있다.

그리고 일부의 di- 그리고 tri-arylmethine 염료에 있어서 중심 methane 탄소원자에 연결된 방향족환의 α-위치에 있는 탄소원자들과 hetero 원자가 결합해 6원환을 형성하기도 하며, 이렇게 생성된 화합물을 acridine, xanthene 및 thioxanthene 염료로 명명하고 있다.

### 3.2.9 Phthalocyanine chromophore

프탈로시아닌 염료는 적청색-녹황색의 색상을 가지며 견뢰도 특성 또한 매우 우수하여 중요한 발색구조로 평가되고 있다. 이 염료는 금속과 phthalic anhydride를 암모니아 가스를 통과시켜 합성하며 생성물은 청색을 나타낸다. Linstead에 의하여 phthalic anhydride와 아름다운 청색을 나타내는 cyanine 염료의 이름을 함께 조합하여 phthalocyanine으로 명명하였다.

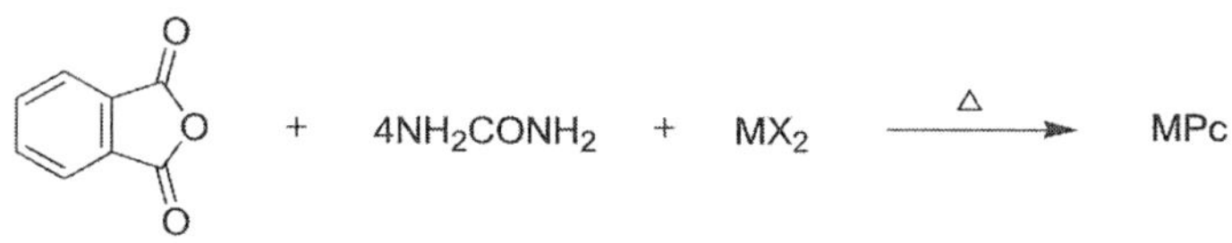


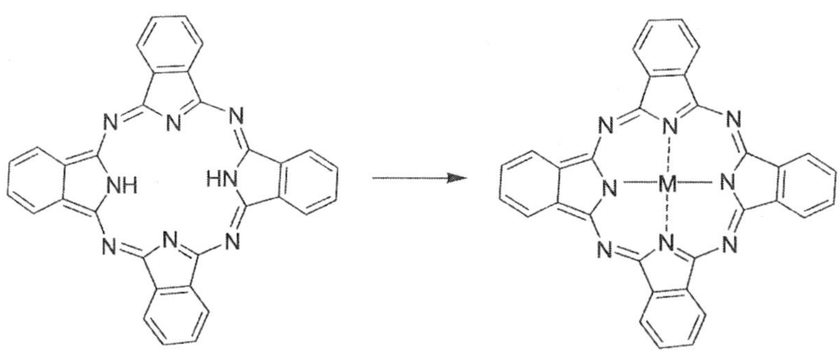


Phthalocyanine ($H_2Pc$) Metal phthalocyanine (MPc)

### 3.2.10 Quinophthalone chromophore

퀴노프탈론 염료는 플라스틱 착색용 solvent 염료 및 폴리에스테르용 분산염료로 사용되고 있다. 이들 염료는 quinaldine 유도체와 phthalic anhydride을 이용하여 합성한다.

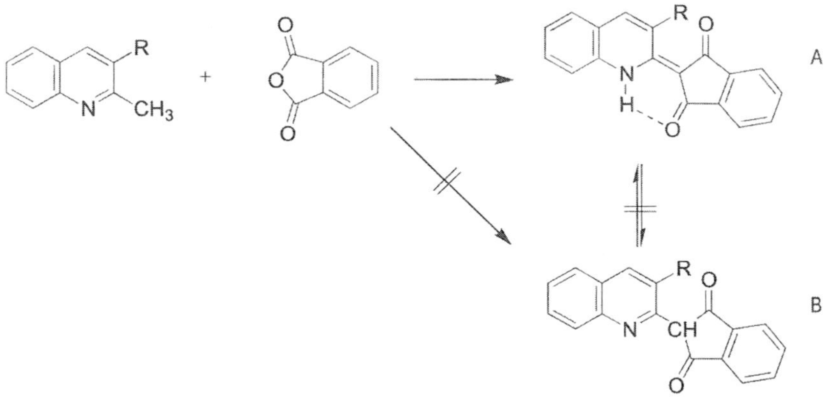


### 3.2.11 Sulfur chromophore

황화염료는 방향족 아민, 페놀 혹은 니트로 화합물을 황 혹은 흔히 alkali polysulfide와 함께 가열하여 합성한다. 발색계의 구조를 정확하게 나타내는 데 어려움이 있다. 일반적으로 phenothiazonethianthrone 형태의 macromolecules 구조를 가지고 있다고 추측되며, thiazine group과 sulfide가 연결되어 황이 구조 내에 존재한다.

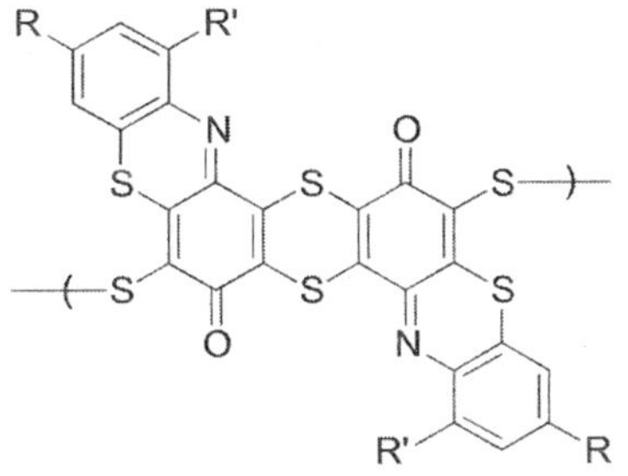

황화염료는 일반적으로 셀룰로오스 섬유의 염착에 이용되며 물에 불용성을 나타냄으로 sodium sulfide를 이용하여 가용성의 leuco형태로 만들고 섬유에 염착한다. 가장 중요한 염료중의 하나인 C.I. Sulfur Black 1은 2,4-dinitrophenol과 sodium polysulfide를 이용하여 합성한다.

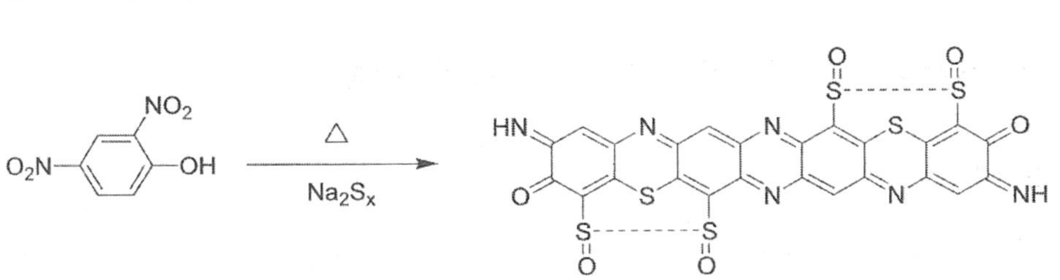


C. I. Sulfur Black 1의 추정 구조

### 3.2.12 Nitro 및 Nitroso chromophore

이들 염료는 다른 염료 종류와 비교하여 상대적으로 분자량이 작은 특징을 가지며 상업적 중요성은 다소 떨어진다. 초기 니트로 염료는 양모나 실크와 같은 동물성 천연섬유에의 응용에 사용되었으나 현재는 염료 분자량이 매우 적은 특징으로 말미암아 염료의 침투 면에서 매우 유리하여 치밀한 구조를 가지는 섬유에 상용한다. 따라서 분산염료로서 폴리에스테르 섬유에 주로 이용된다.

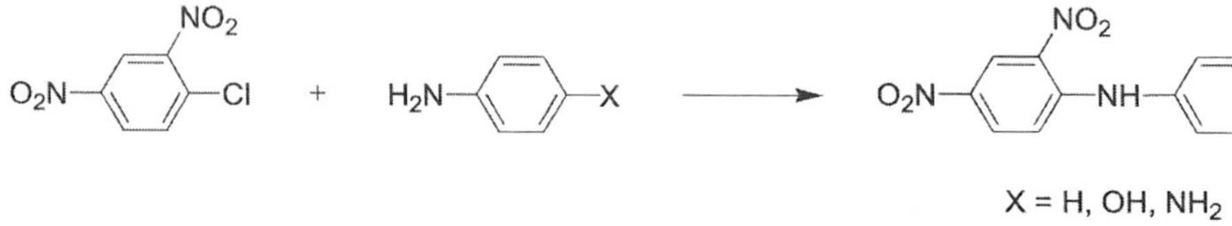


니트로소 염료는 o-nitrosophenyl 또는 naphthol의 금속착체의 형태로 되어있다. 금속착체를 형성하기 전에 전구체(precursor)의 구조에 nitrosohydroxyl 구조와 quinoneoxime 구조 사이에 tautomerism도 가능하다.

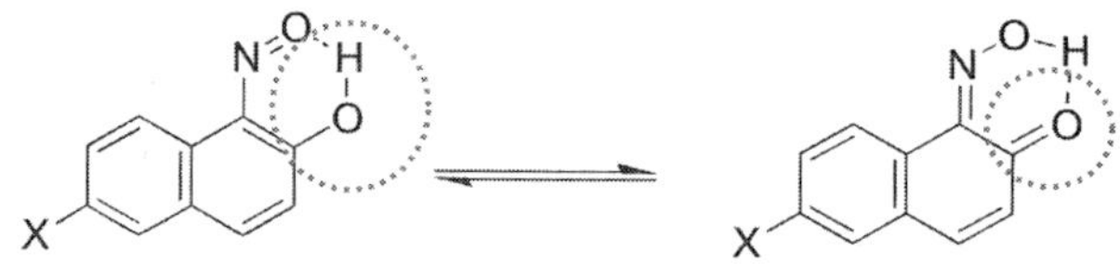


상업적으로 중요한 nitroso염료는 sulfonated 1-nitroso-naphthol의 Fe착체로서 C.I. Acid Green 1이다.

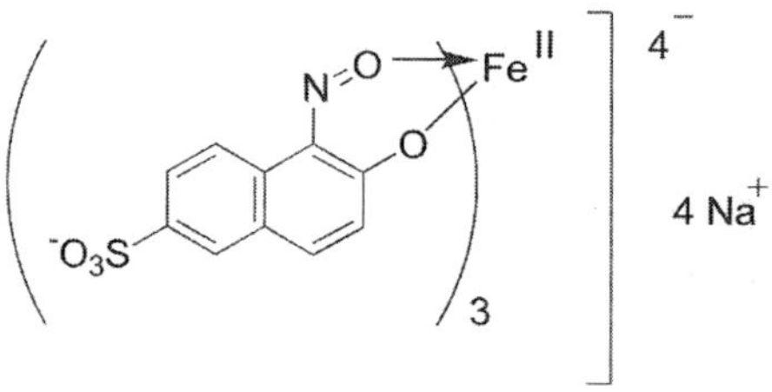


## 3.3 섬유에 대한 적용방법에 따른 염료의 분류

### 3.3.1 직접염료

직접염료는 물에 가용성이며 목면과 같은 셀룰로오스계 천연섬유에 매개체 없이 직접 염착(染着)되는 것이 특징이다. 셀룰로오스섬유에 대한 염착은 염료와 섬유간의 수소결합 등에 의한 흡착이므로 수세 및 세탁에 대한 내구성이 우수하지 못하고 특히 azo계 직접염료는 일반적으로 내광성도 좋지 않으므로 이러한 결점을 개선하기 위하여 금속염처리, 포르말린처리 및 고착제처리 등의 후처리를 한다. 직접염료의 대부분은 아조계 염료이며 일부 anthraquinone, phthalocyanine계가 사용된다.

### 1) 화학 구조상의 특징

직접염료를 구성한 염료 구조 중에 대략적으로 azine, phthalocyanine, nonazo-metal complex 등의 염료들도 어느 정도의 중요성을 차지하지만 염료 분자 내에 azo 발색단을 가진 염료가 가장 중요하고 대부분을 차지한다.

섬유에 염착되기 위해서는 다음과 같은 염료분자의 구조적 조건이 필요하다.

① 분자의 구조가 동일 평면상에 존재할 것

② 분자가 직선형임과 동시에 공액이중결합계를 가질 것

③ 수소결합을 형성할 수 있는 관능기를 가질 것(–$NH_2$, –OH, –N=N–)

#### (1) 염료 분자의 구조적 평면성

이들의 특징은 4,4'–diaminodiphenyl 유도체를 예로 설명하면 쉽게 이해된다.

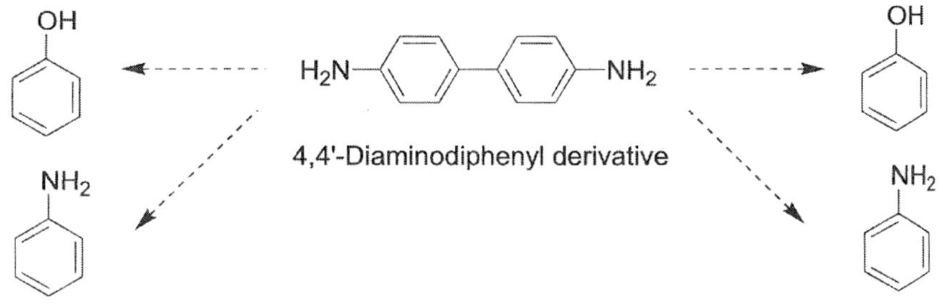

4,4'-Diaminodiphenyl derivative

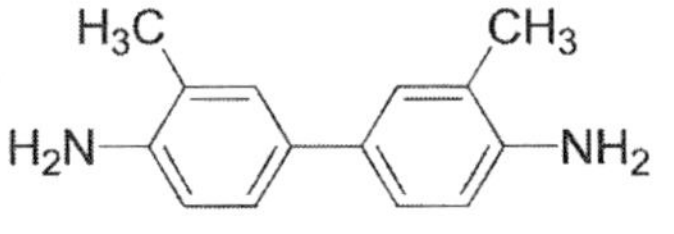

*o*-Tolidine

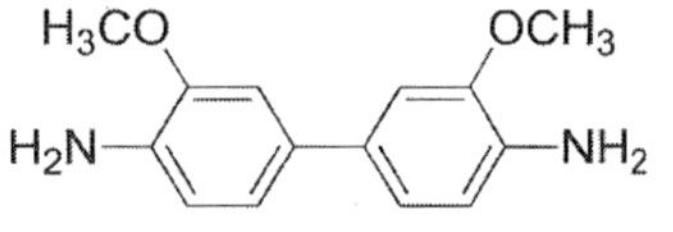

*o*-Dianisidine

3,3'-Disubstituted 4,4'-diaminodiphenyl 유도체

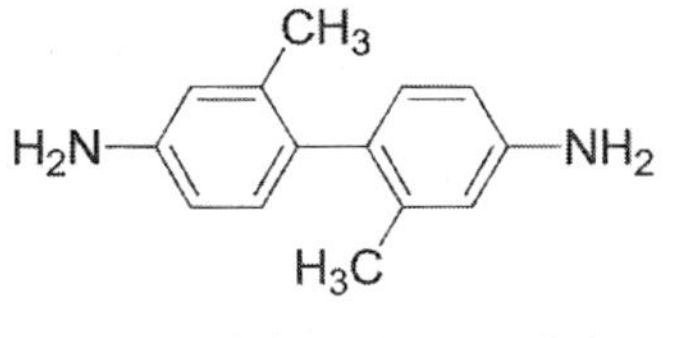

2,2'-Disubstituted 4,4'-diaminodiphenyl 유도체

(2) 분자구조가 긴 직선상 구조 및 공액이중구조

① 이중결합의 연결, 혹은 방향족환과 같은 구조 내에 공명구조의 형태를 취할 것
② NHCONH-, -CONH-, -NH- 등은 섬유기질과의 친화력을 상당부분 증진시킨다.
③ 이중결합이 단절되어 분자 내에 전자의 이동이 일어날 수 없는 구조,
즉 $-CH_2-$, $-CH_2CH_2-$, $-CO-$, $-S-$ 등은 섬유에 대한 친화력이 매우 낮다.

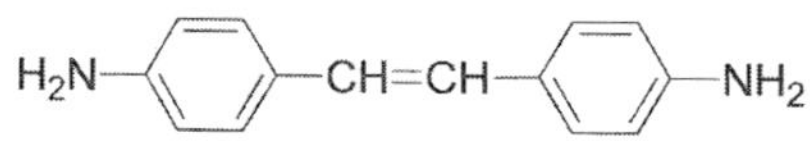

4,4'-Diaminostilbene

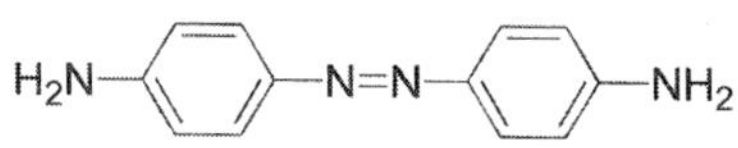

4,4'-Diaminoazobenzene

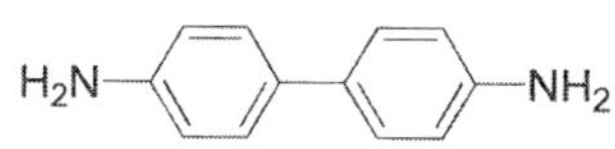

Benzidine

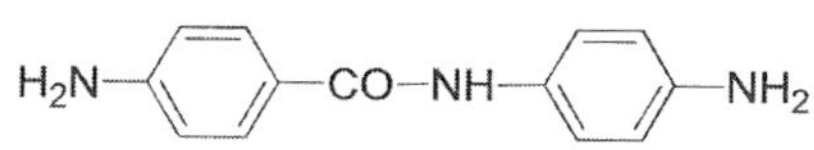

4,4'-Diaminobenzanilide

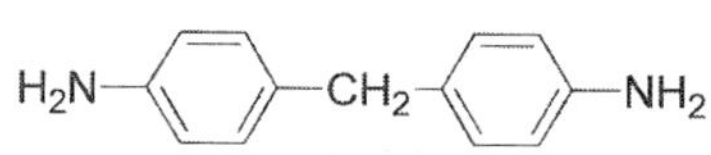

4,4'-Diaminodiphenyl methane

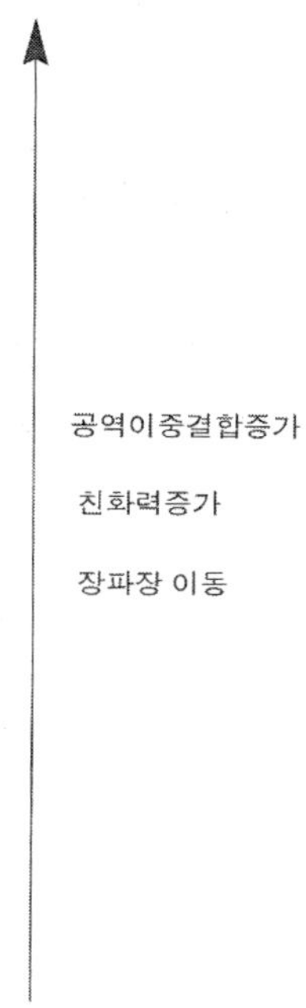


## 2) 직접염료의 디아조화 중간체의 구조상 분류

(1) Benzidine azo계

1884년 benzidine을 이용하여 Congo Red를 처음 합성한 후 구조적으로 유사한 benzidine, toluidine 및 dianisidine계 염료가 개발되었다. 이들 diazo화합물은 양쪽의 amine기를 동시에 tetrazo화하기 때문에 1개의 amine기만을 diazo화 할 수는 없다. 이들을 tetrazo화 하여 hydroxyl기 및 amine기를 가지는 방향족 화합물(coupler)에 coupling반응시켜 황색에서 청색, 흑색까지 전(全) 가시영역의 파장 흡수를 가지는 염료를 합성할 수 있다. 현재는 benzidine황화물은 발암물질로 분류되어 생산이 중지되었다.

| | Benzidine 유도체 | 염료(구조) |
|---|---|---|
| Benzidine | 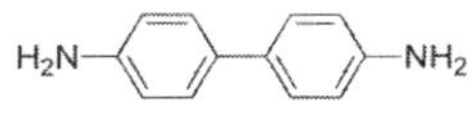 | 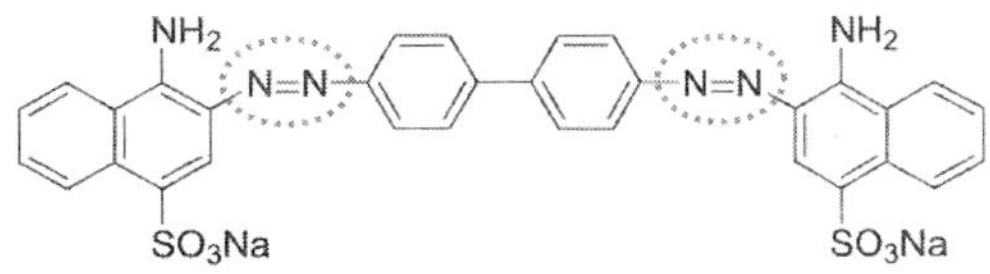<br>C. I. Direct Red 28 |
| *o*–Toluidine | 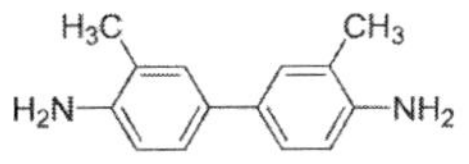 | 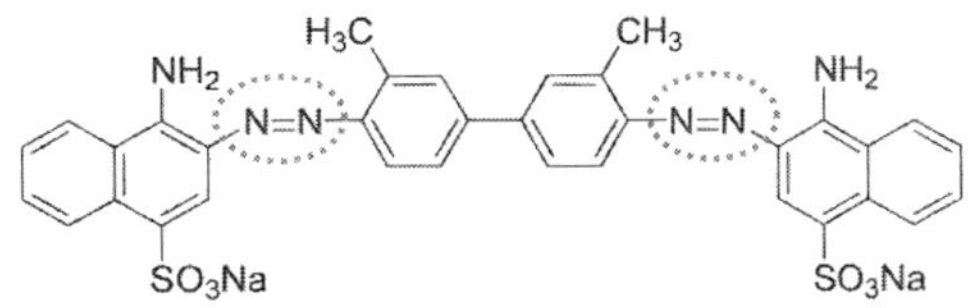<br>C. I. Direct Red 2 |
| *o*–Dianisidine | 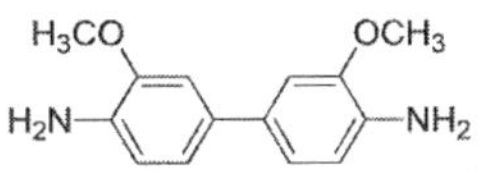 | 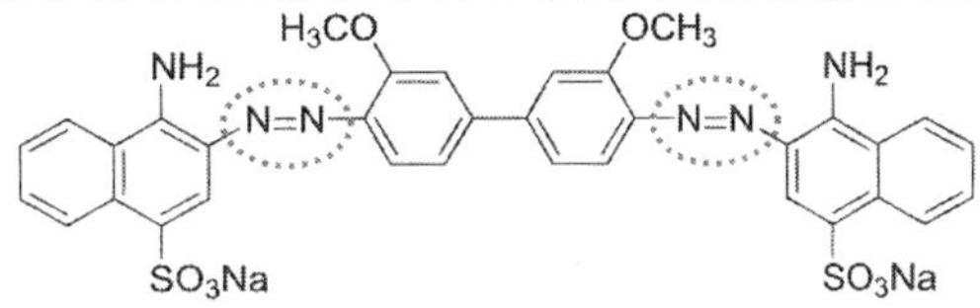<br>C. I. Direct Red 7 |

(2) Stilbene azo계

염료구조 중에 stilbene기를 지닌 azo염료계 황색 염료로서 일광견뢰도가 비교적 높으며 고급 직접염료에 속하는 것이 많다. 1886년 diaminostilbene disulfonic acid를 tetrazo화하고 phenol류와 coupling시켜 azo염료(C.I. Direct Yellow 4)를 얻었다.

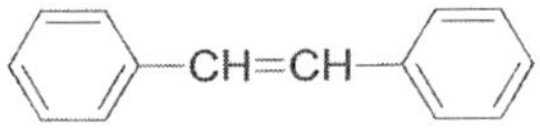

Stilbene

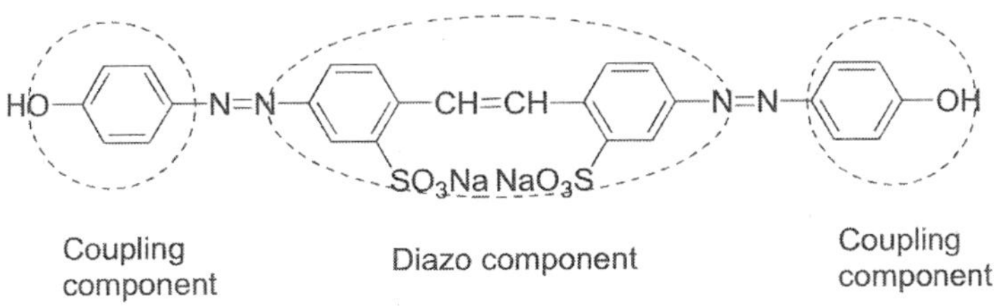


C. I. Direct Yellow 4

(3) Diaminodiphenylamine azo계

Benzidine계의 두 개의 방향환 사이에 여러 가지 연결기(-NH-, -NH-CO-NH-, -CH=CH-, -S- 등)를 사용하여 azo염료를 제조할 수 있으며 그 중에서 -NH-로 연결된 구조로써 azo염료를 형성한다.

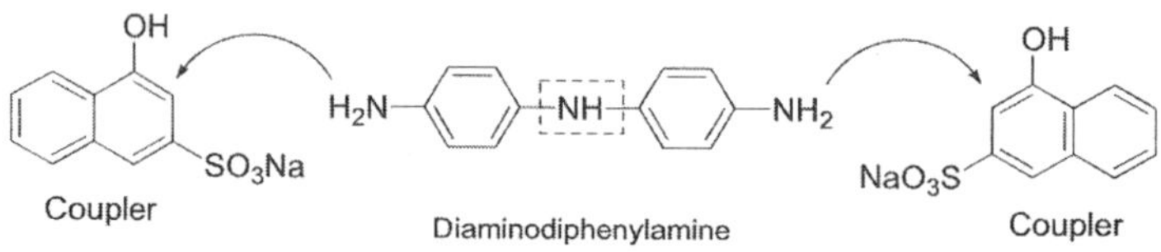


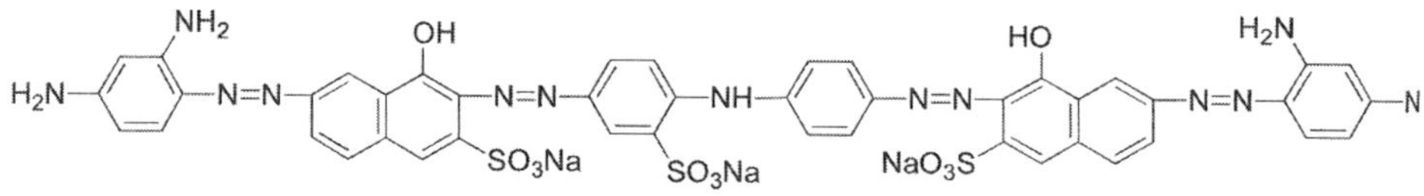


C. I. Direct Black 22

(4) Thiazole azo계

이는 발색단으로 thiazole환을 가지는 염료를 말하며 일반적으로 방향족 methyl 화합물과 amino화합물을 유황과 가열 용융하면 thiazole azo계 화합물이 생성된다. Thiazole azo계 직접염료는 dehydrothio-*p*-toluidine sulfonic acid 또는 bisdehydrothio-*p*-toluidine sulfonic acid로부터 황색에서 적색의 직접염료가 얻어진다.

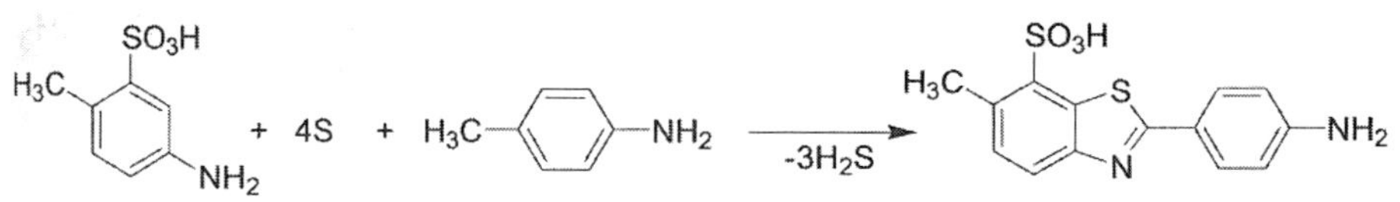


Dehydrothio-*p*-toluidine sulfonic acid

### 3) 아조염료의 제조 방법

약 900여종의 아조형 직접염료가 소개되어 있고 disazo 및 trisazo 염료가 약 70%정도를 차지하고 있다. azo기를 형성시키기 위한 방법으로는 diazo화 반응과 coupling반응, quinone과 hydrazine의 축합반응, nitro화합물과 amine의 축합반응, nitro화합물의 산화 등의 방법이 있으며 이 중에서 대부분의 아조 화합물은 디아조 화합물과 coupling반응을 이용하여 제조된다.

(1) 디아조화반응(diazotization)

방향족 1차 amine으로부터 diazo화합물을 만드는 반응을 디아조화반응(Sandmyer 반응)이라고 한다. 가장 보편적인 방법으로 방향족 1차 amine을 염산에 용해시키고 냉각시킨 후 아질산나트륨 수용액을 가하는 방법이다.

$$Ar-NH_2 + NaNO_2 + 2HCl \rightarrow Ar-N{\equiv}N^+ Cl^- + 2H_2O + NaCl$$

Diazo화 반응에서 생성되는 디아조늄염이 비교적 불안정하여 0~5℃ 하에서 유지시킨다.

(2) Coupling반응

방향족 amine, phenol 및 활성 methylene기를 갖는 화합물들이 주로 이용되며, diazo화합물이 이들 coupling 성분과 반응하여 azo화합물을 형성하는 반응을 coupling반응이라 한다. Phenol 및 naphthol과의 coupling반응은 alkali성 조건에서, amine류의 성분에서는 산성-중성 조건하에서 반응시킨다.

Polyazo염료 중에서 disazo의 제조 및 이들을 다시 diazo화하여 다른 성분에 coupling시키는 방법 등으로 trisazo및 tetrakisazo 염료를 제조할 수 있다.

$$Ar-N\equiv N^{+} + R'-H \rightarrow Ar-N=N-R + H^{+}$$

4) Monoazo염료

현재 직접염료에 사용되고 있는 monoazo기를 가진 염료는 그 수가 30여종으로 그리 많지 않다. Monoazo 염료 중에 대다수는 J-acid 중간체를 coupler로 사용하여 coupling시킨 후 염료를 제조하고 있다.

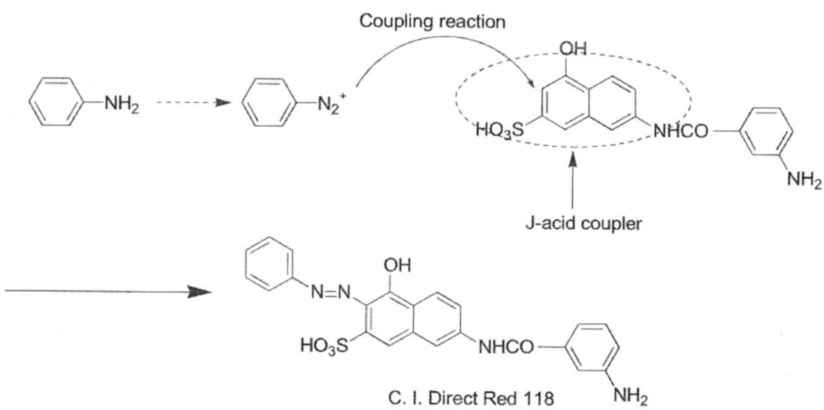


5) Disazo염료

디스아조(disazo)염료는 세탁견뢰도 및 연색친화력이 우수하기 때문에 가장 널리 사용된다. 일반적으로 디스아조 염료를 합성하는 방법을 보통 두 가지 경우로 분류한다.

첫 번째로 2개의 amine기를 가지는 1개 disazo化 성분과 2개의 coupling성분을 이용하여 합성하는 방법(K1←D→K2)과 하나의 coupling성분에 2개의 disazo성분이 결합하는 형태(D1→K←D2)로 나누어진다. D는 disazo化 성분이고 K는 coupling성분을 나타낸다.

(1) K1 ← D → K2형 disazo염료

현재 가장 많이 사용되는 경우는 diaminodiphenyl유도체였으나 발암성 물질로 규명되어 요즘은 4,4'-diaminostilbene-2,2'-disulfonic acid 혹은 4,4'-diaminodiphenylurea-3,3'-disulfonic acid화합물이 주로 사용된다.

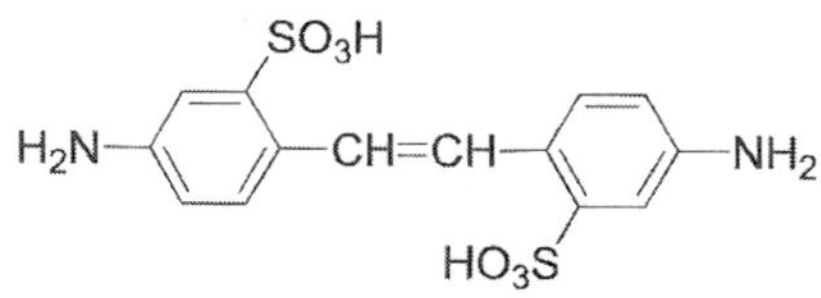


4,4'-Diaminostilbene-2,2'-disulfonic acid

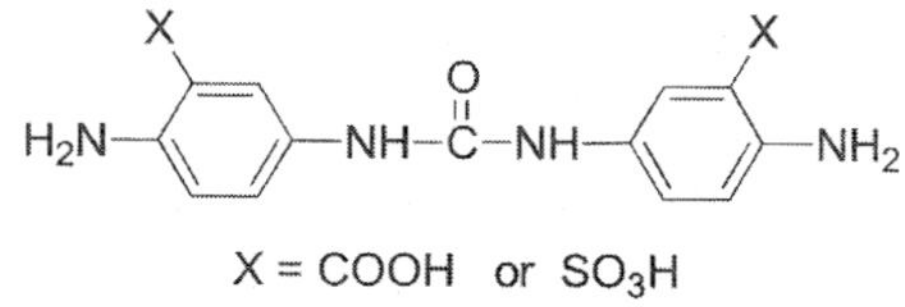


4,4'-Diaminodiphenylurea-3,3'-disulfonic acid

(2) D1 → K ← D2형 disazo염료

2개의 disazo성분과 1개의 coupling성분을 결합시켜 염료를 합성한다. 다음 두 가지 경우로 분류되는 데 D1 → K ← D2, 혹은 D1 → K ← D1의 결합으로 나타낼 수 있다. D1→K←D2의 예는 H-acid를 이용하여 각각의 pH 조건에서 amine coupling 그리고 phenol coupling을 이용하는 방법이다.

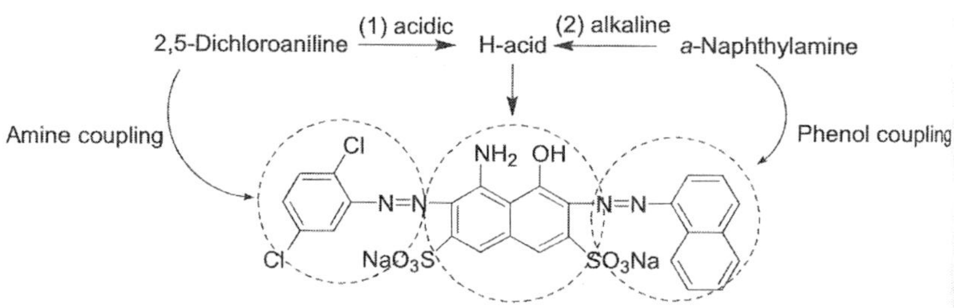


C. I. Acid Green 19

또 다른 예로 D1 → K ← D1 및 D1 → K ← D2의 disazo 염료를 형성하는 가장 대표적인 결합으로 요소결합을 분자 구조 내에 도입하는 것이다.

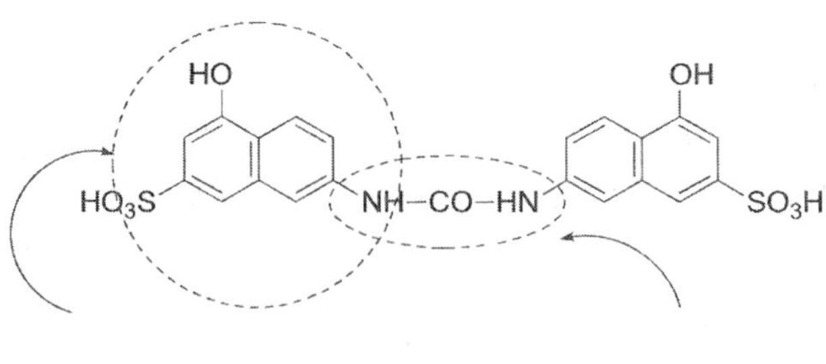


6–amino–hydroxynaphthalene–3–sulfonic acid Urea linkage

### 6) Trisazo염료

긴 직선상의 구조로 공액이중결합을 길게 이루기 때문에 색상의 범위가 청, 녹, 흑색에 걸쳐 풍부하다. 이러한 염료합성에서 주로 사용되는 diamine 중간체는 4,4'-diaminobenzanilide와 4,4'-diaminodiphenylamine-2-sulfonic acid이다. 합성경로는 K1←D1→K2←D2와 같이 표시할 수 있다.

우선 4,4'-diaminobenzanilide과 H-acid와의 coupling반응이 산성 조건에서 처음으로 진행된다. 그리고 alkali조건에서 aniline의 diazo화 성분과 첫 번째 반응으로 형성된 monoazo염료의 H-acid성분에 phenol coupling이 일어난다. 그리고 마지막으로 이 두 경로를 통하여 diazo화 된 염료와 meta-phenylenediamine과의 coupling반응이 일어나 최종 염료인 C.I. Direct Black 166 염료를 형성된다.

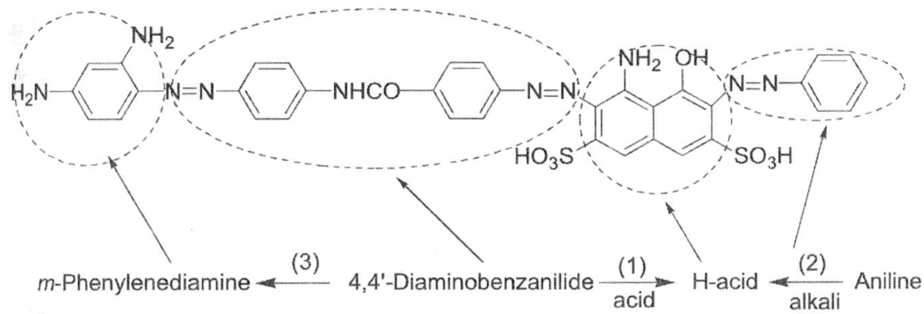


C. I. Direct Black 166

### 7) 염색법 및 후처리

사용의 편리성과 가격 면에서 셀룰로오스 섬유의 경우 직접염료의 사용이 큰 부분을 차지하고 있다. 따라서 염착의 편리성과 낮은 수준의 견뢰도 특성과 함께 이를 향상시키기 위한 후처리 방법들이 사용된다.

#### (1) Cation화제의 사용

직접염료로 염착된 시료에 대해서 특히 세탁, 땀 및 염착 오염을 저하시키는 데 큰 효과가 있다. Cation화제는 일종의 이온성을 나타내는 고분자 수화물로서 이온성 염료에 대해서 섬유 표면에서 화학적 결합이 일어나 결합된 염료와 cation화제의 복합체 형성으로 분자량이 증가하고, 물에 대한 용해성의 저하 및 염과 같은 섬유 표면에 침전물 형성으로 원래의 이온성 염료가 물에 나타내는 용해성 감소로 인한 염료 탈착을 막아 견뢰도를 향상시키는 방법이다.

사용되는 대표적인 cation화제는 4급 암모늄염 형태의 고분자 화합물이 이용된다. 지방족 혹은 방향족의 환을 포함한 분자쇄를 가지며 말단에 4급 암모늄형태를 가져 염료 음이온과 아래와 같은 형태로 결합하여 섬유의 표면에 수렴한다.

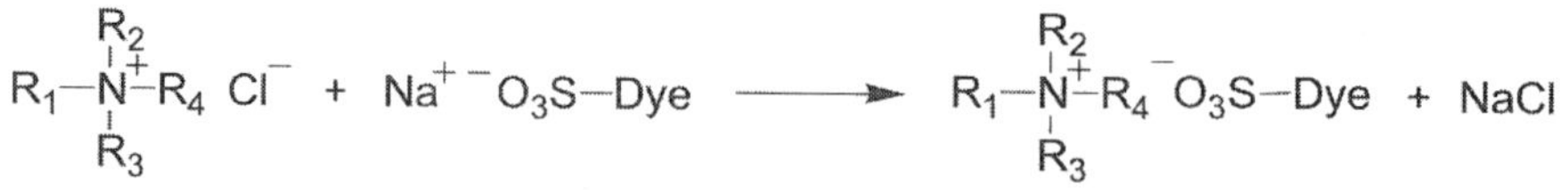

(2) Formaldehyde 처리

말단 amine이나 hydroxy기를 가진 azo염료는 formaldehyde 처리를 통하여 수세 견뢰도를 향상시킬 수 있다. 두 개의 염료 분자 사이에 methylene결합을 형성시키면 염료분자가 이량화되기 때문에 물에 대한 용해성의 저하 및 염료의 분자량이 증가되어 섬유 내부로부터 염료의 탈착이 어려워진다. 이는 formaldehyde의 독성으로 인하여 사용이 제한적이다.

(3) 디아조화 처리

직접염료는 일반적으로 염료분자 구조 내에 하나 혹은 그 이상의 디아조화가 가능한 아미노기를 가지고 있기 때문에 직접염료가 섬유내부로 염착한 후 섬유 내에서 말단 amine을 다시 diazo化하고 coupling반응이 가능하다. 이로 인해 섬유 분자 내에 azo결합이 하나 더 생성되어 분자 크기가 증가하고 용해성이 저하되어 세탁견뢰도가 향상된다.

(4) 금속염 후처리

염료분자 구조 내의 azo결합의 *ortho*-위치에 -OH, -COOH 등이 존재할 때 이들 반응기와 금속이 배위결합을 형성하여 염료의 용해성을 감소시켜 세탁 견뢰도와 일광견뢰도 향상을 이루는 방법이다. 그러나 금속염 후처리를 행하면 견뢰도 향상은 얻을 수 있지만 시료의 색상은 점점 탁해진다.

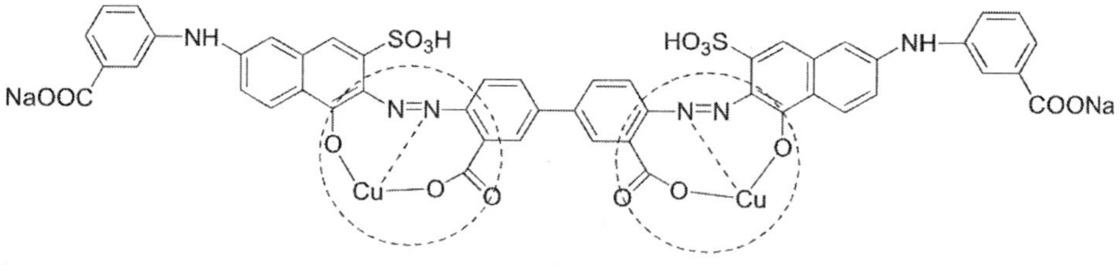

C. I. Direct Blue 93

### 3.3.2 염기성 염료(Cationic 염료)

염기성 염료는 최초로 만들어진 합성염료로서 1856년 영국의 Perkin에 의해서 적자색의 색소를 얻었고 이것을 이용하여 견섬유를 염색하였다. 이것이 최초의 합성염료인 Mauve이며 다음과 같은 azine계 구조를 가진 혼합물 형태의 염료임이 밝혀졌다.

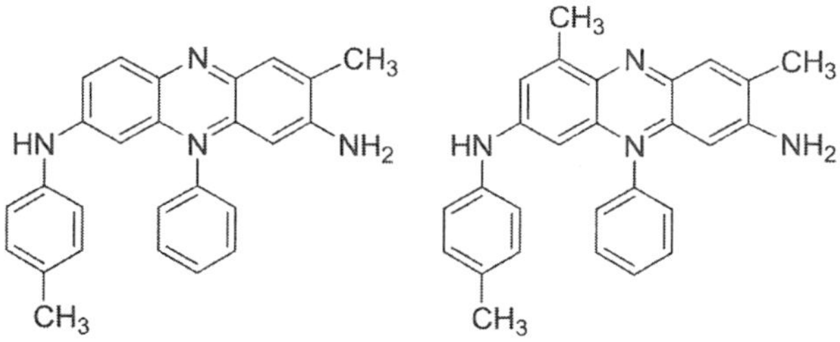

일반적으로 초기 셀룰로오스섬유의 매염 염색용으로 개발된 염료를 염기성 염료라 하며 아크릴섬유 및 그 이외의 염기성 염료가 적용될 수 있도록 개질된 합성섬유의 염색 목적으로 개발된 염료를 캐티온 염료라고 부른다. 이 염료는 물에 가용성이고 염료이온이 양이온인 특성을 가진다. 그러나 일광에 대한 견뢰도가 매우 낮아 이들 염료들의 사용이 점차 감소하고 있다. 결합 특성 때문에 아크릴섬유에 주로 이용되고 있지만 폴리아마이드 섬유 및 이온성 관능기를 부여한 개질 폴리에스테르 섬유에도 친화력을 보인다. 아크릴섬유의 염착공정에 이용되는 캐티온염료는 크게 다음과 같이 나눌 수 있다.

① 염료구조 내에 N과 같은 특정한 원자에 양이온이 편재화된 형태(localized or pendent cationic dyes)

② 양이온이 염료분자 전체에 걸쳐 존재하는 형태(delocalized dyes)

### 1) 편재화 캐티온염료

#### (1) 황색염료

아조 및 안트라퀴논 분산염료의 분자구조에 cationic group을 도입시켜 아크릴섬유용 염료로 개질한 종류들이 대부분이다. Pyrinium과 trimethylammonium기들이 cationic group으로 사용된다. 비편재화 cationic 염료보다 색상 및 강도 면에서 약하여 제한적 용도이다.

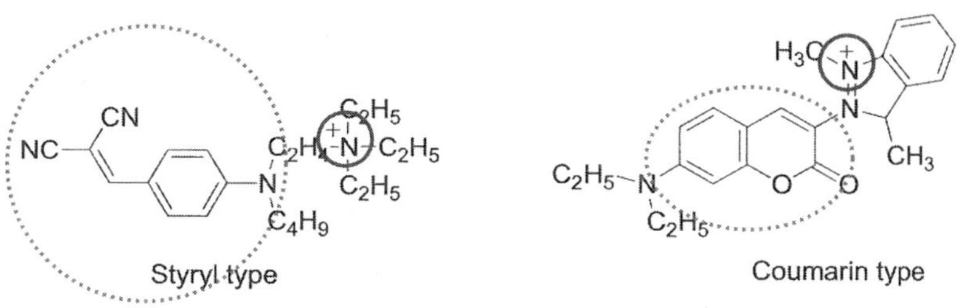


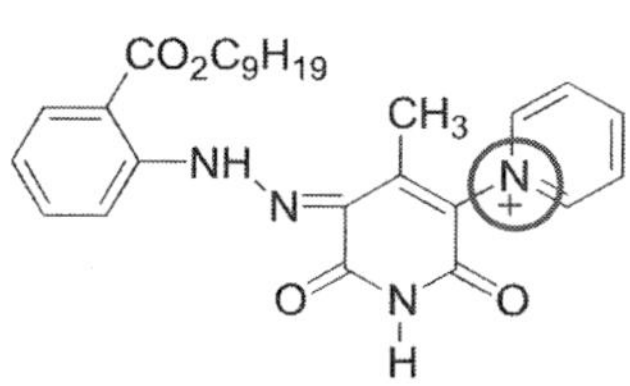

(2) 적색염료

Carbocyclic azo염료에서 유도되어 구조 내에 cationic group을 가지고 있는 형태이다. 일반적으로 안트라퀴논 구조에서 유도된 염료이다.

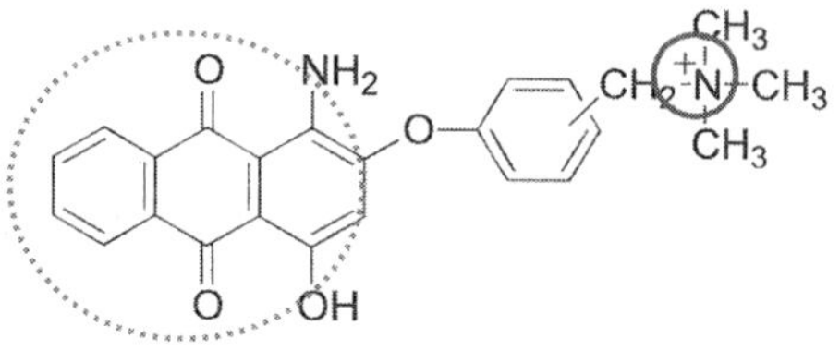

(3) 청색염료

① **azo염료**

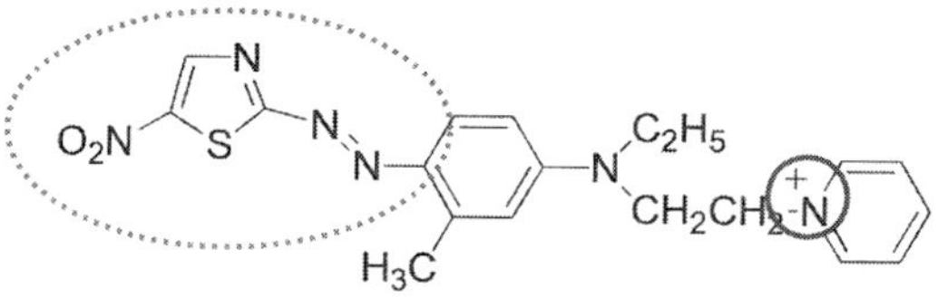

C. I. Basic Blue 119

Heterocyclic diazo 성분이 커플링 성분과 결합하여 형성한다.

② **Anthraquinone염료**

1,4-bisalkylaminoanthraquinone으로부터 편재화된 cation을 구조 내에 가진 청색염료이다.

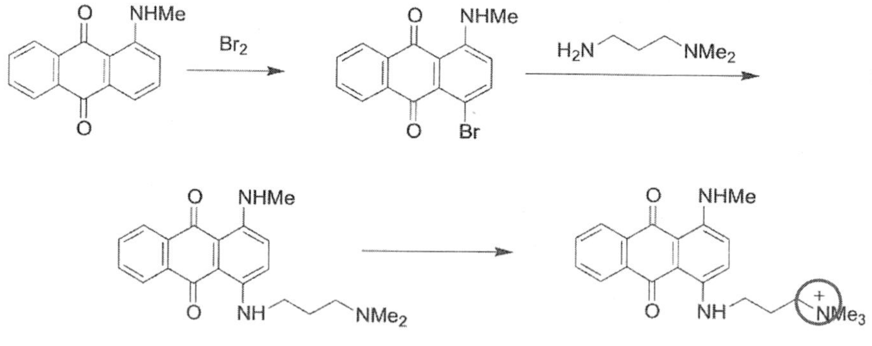

2) 비편재화 캐티온염료

편재화된 cation염료의 양이온이 질소 원자에서 나타나는 형태와 달리 비편재화 cation염료에는 염료분자 전체에 걸쳐서 여러 원자가 양이온성을 가진다. 이러한 구조적 특성이 염료의 특성을 결정하는데 매우 중요하며 편재화 cation염료와 비교하여 더욱 강하고 선명한 염료의 특징을 나타낸다.

(1) Protonated azo염료

이 염료에서 양전하는 β-질소 원자에 위치하지만 아래 그림과 같이 azo결합의 질소원자로부터 아미노기의 질소 원자로 양전하가 이동될 수 있다.

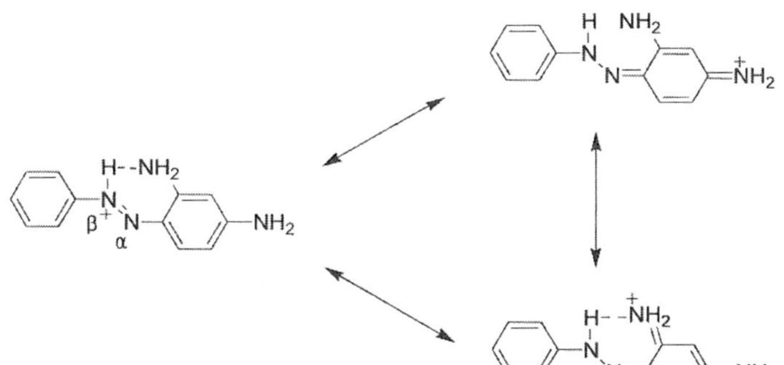

Crysoidine

이러한 공액형 cation염료는 크게 methine계 및 azo계 cation염료로 대별할 수 있다.

(2) Methine계 cation염료

| | |
|---|---|
| –CH=CH–CH< | hemicyanine(polymethine) |
| –CH=CH–N< | azacarbocyanine(monoazatrimethine) |
| –CH=N–N< | Diazacarbocyanine(diazatrimethine) |
| –N=N–N< | triazacarbocyanine(triazatrimethine) |

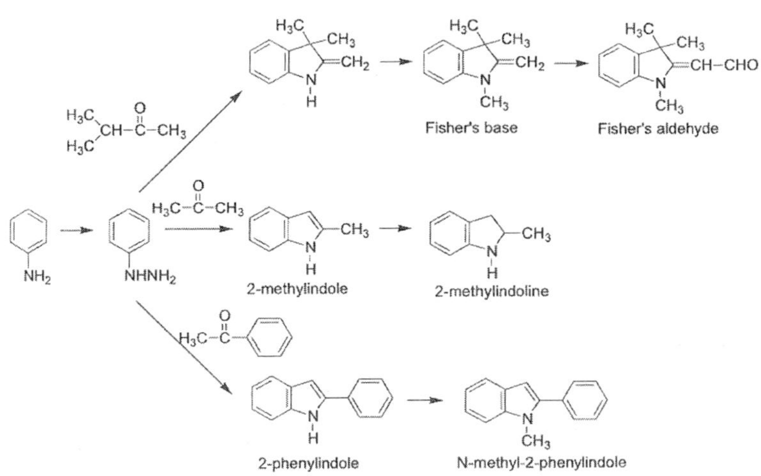

발색단으로 -CH=C〈을 가지는 염료로서 사진용 색소로 많이 사용되어왔다. 이들 색소는 아닐린에서 얻어진 phenylhydrazine에 여러 종류의 ketone을 반응시켜 indole계 중간체로부터 합성된다. 이를 기초로 하여 새로운 polymethine계 염료가 개발되어 녹황색~주황~적자색까지의 선명한 색상을 가지는 염료를 합성하였다. Methine계 염료는 methine계(-CH=C〈기)의 탄소원자를 질소원자(-N=)로 바꾼 경우에 azo를 붙인다는 규칙에 의하여 명명이 이루어진다.

(3) Azacarbocyanine

크게 나누어 polymethine계 염료로도 분류하지만 C.I. Basic Yellow 11은 Fisher's aldehyde와 aniline유도체의 축합으로 형성되며 황록색을 나타내는 염료이다.

C. I. Basic Yellow 11

(4) Diazacarbocyanine

Diazacarbocyanine cation염료는 아크릴 섬유에 대하여 가장 중요한 황색 염료로서 사용된다. 가장 중요한 golden yellow 염료로서 C.I. Yellow 28을 들 수 있다.

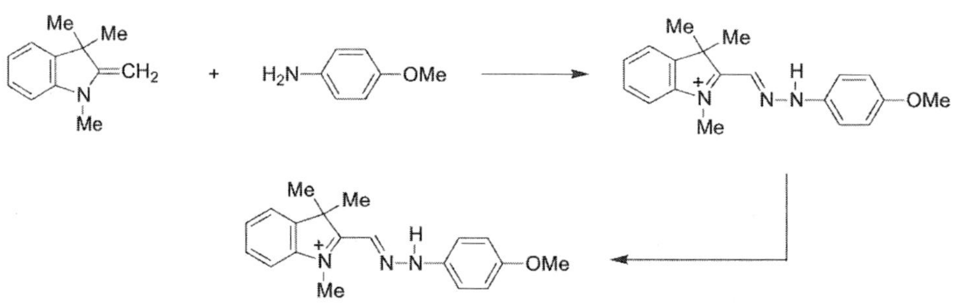


C. I. Basic Yellow 28

### 3) Azo계 cation염료

(1) Triazocarbocyanine

Triazocarbocyanine은 methine의 탄소원자를 모두 질소원자로 바꾼 경우이며 carbocyanine계에서 파생되었지만 Color index의 분류에서 azo계 염료로 나뉘어진다. 합성법은 diazo염료에 준하며 커플링 반응이 탄소원자 대신에 질소원자에 일어나며 반응의 대표적인 예는 다음과 같다.

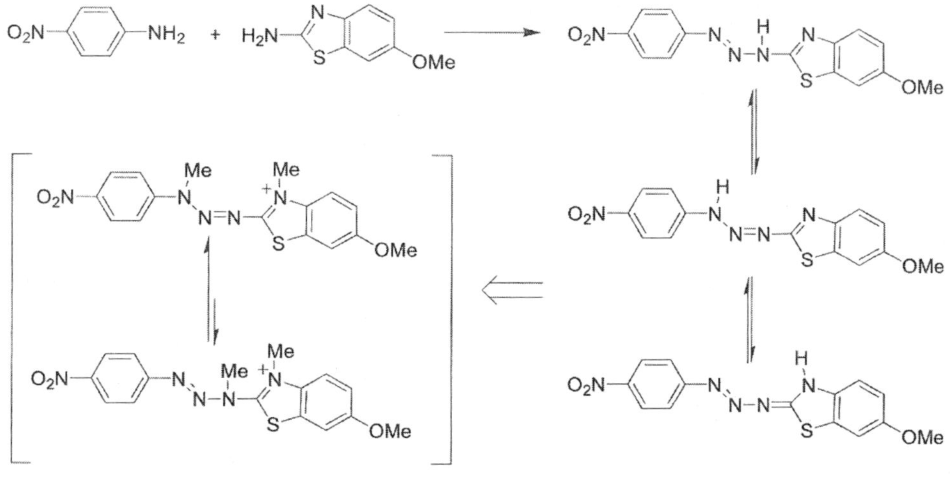

(2) Azo계 cation염료

비편재화된 azo계 cation염료는 디아조 성분과 커플링 성분의 조합에 의하여 황색~적색~청색~흑색의 폭넓은 색상을 얻을 수 있다. 디아조 성분 중에는 여러 가지 복소환 화합물을 들 수 있으며 커플링 성분으로는 indole류 및 N-치환 aniline유도체가 흔히 사용된다.

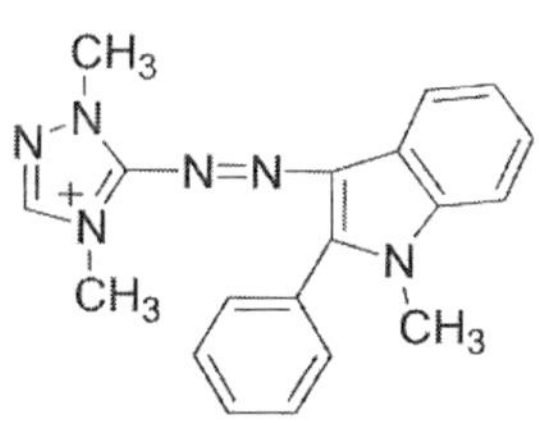

C. I. Basic Yellow 25 (triazole azo)

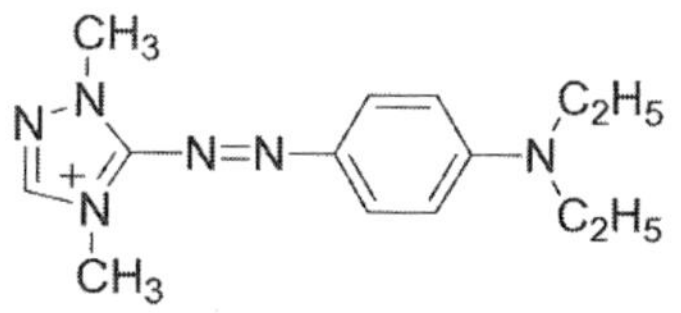

C. I. Basic Red 22 (triazole azo)

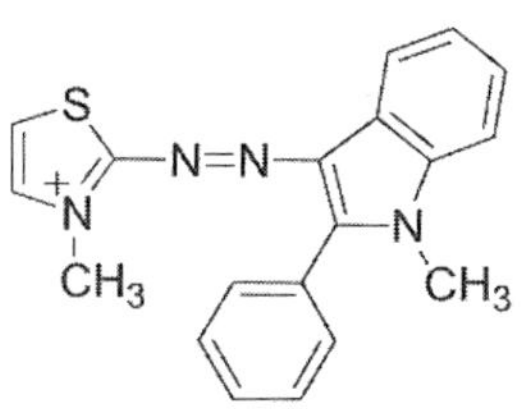

C. I. Basic Yellow 29 (thiazole azo)

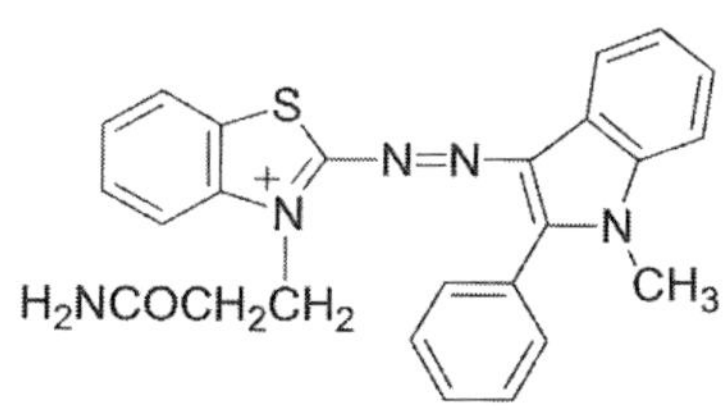

C. I. Basic Red 39 (benzothiazole azo)

### 3.3.3 산성 염료

산성조건하에서 양모, 실크 및 나일론 등의 폴리아마이드 섬유에 염착성을 가지는 수용성염료로서 광범위한 화학구조가 알려져 있다. 이중에서 아조, 안트라퀴논 및 금속성 착염 염료가 폴리아마이드 섬유의 염착에 있어서 중요하며 산성용액 조건에서 섬유상에 하전된 양이온기와 해리된 음이온 성분이 이온 결합함으로써 염착된다. 다양한 분자량 분포를 가지며 염료 분자 내에 존재하는 가용성 sulfone 기의 수도 다양하며 여러 종류의 화학구조를 가지고 있어 염색거동에 있어서도 상당한 차이를 보여준다. 산성염료는 적용 pH, 균염성 및 세탁견뢰도 특성에 따라 일반적으로 세 group으로 나누어진다. 즉 균염성 염료(leveling type), 반균염성 염료(milling type) 및 불균염성 염료(super milling type)로 구별된다. **균염성 염료**는 수용액 중에 분자상으로 용해되고 강산성용액에서 폴리아마이드 섬유에 염색되며 균염성은 좋지만 세탁에 대한 견뢰도가 좋지 않다. 이와 반대로 **불균염성 염료**는 분자량이 크며 수용액 중에서 회합된 염료분자의 이온 micelle을 형성하고 약산성 및 중성욕에서도 폴리아마이드 섬유에 염착성을 가지며 균염성은 좋지 않지만 세탁에 대한 견뢰도는 우수하다.

| Group | pH | 세탁견뢰도 | 균염특성 |
|---|---|---|---|
| Leveling | 2~4 | Poor | Good |
| Milling | 4~6 | Good | Moderate–poor |
| Super milling | 6~7 | Very good | Very poor |

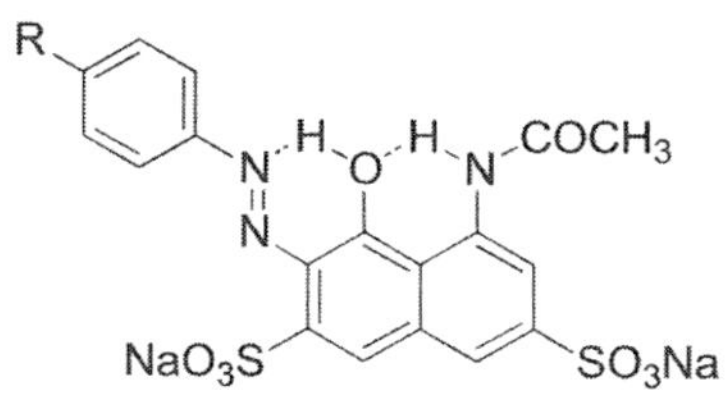

R = H (levelling type) or R = $C_{12}H_{25}$ (milling type)

1) 산성염료의 염착 메커니즘

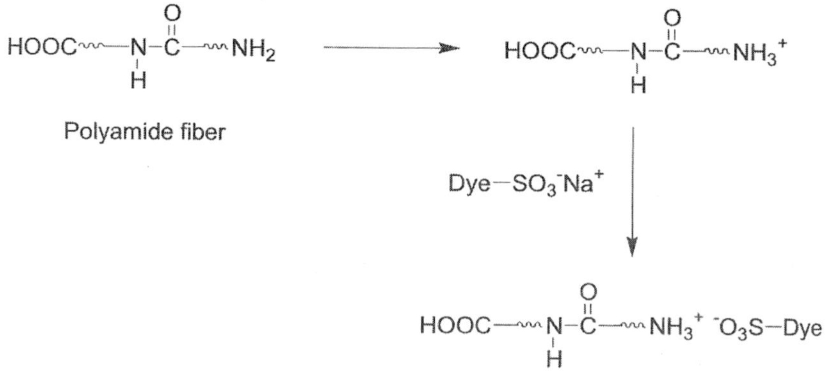

산성염료 이름의 어원은 천연 폴리아마이드 섬유 및 나일론 섬유에 대하여 산성조건에서 염착을 진행하는 것으로부터 시작되었다. 산성염료는 섬유에 대하여 염착이

진행되기 위해서 산성조건이 필요하지만 많은 수의 염료들이 분자량의 크기에 따라 중성조건에서도 상당한 염착 친화력을 나타낸다.

산성염료의 양모 및 나일론 섬유 등의 폴리아마이드 섬유에 대한 염착 기구는 그림과 같이 **이온결합이 작용**한다. 산성조건하에서 폴리아마이드 말단기가 양이온화되고 수용액에 용해된 염료의 수용성기와 이온결합을 형성함으로 염착이 완료된다.

### 2) 화학 구조상의 특징

폴리아마이드 섬유의 염색에 사용하는 산성염료, 산성매염염료 및 금속 착염 산성염료의 간단한 화학구조상 특징과 용도를 보면 표와 같다. 이들 염료는 서로 특징을 살려 결점을 보완하면서 각종 폴리아마이드 섬유의 염색에 이용되고 있으며 염색성면에서 볼 때 염료에 공통으로 요구되는 성질은 다음과 같다.

① 수용성이 높거나 또는 수용성이 낮은 경우에는 물속에 균일하게 분산되어야 할 것

② 약산성(pH 3~6)하에서 폴리아마이드섬유에 친화성이 있을 것

③ 환원분해되지 않을 것(염색 중에 양모에 의한 아조결합 분해)

### 3) 아조계 산성 염료

디아조 성분과 커플링 성분의 결합으로 용이하게 합성된다. 모노아조계 염료와 폴리아조계 염료로 구별할 수 있으며 **모노아조(monoazo) 염료**의 경우에는 커플링 성분의 선택에 의하여 색상이 주로 결정되며 **폴리아조(polyazo) 염료**의 경우에는 색상을 더욱 풍부하게 하는 방향과 색상은 유지하면서 염색성과 견뢰도를 개선하는 방법으로 연구가 진행되고 있다. 가장 널리 사용되는 모노아조계 산성염료에는 색소 모체에 따라 benzene azo, pyrazolone azo, naphthol 유도체 그리고 aminonaphthol sulfonic acid azo 염료로 구별할 수 있다.

#### (1) Benzene azo계

황색~ 주황색 계통의 색상이 얻어지며 염색성과 견뢰도면에서 성능이 떨어진다. 가장 역사가 오래된 색소구조이다.

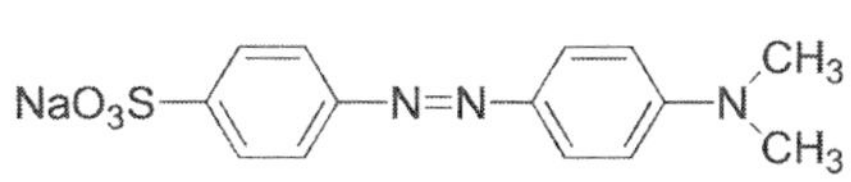


C. I. Acid Orange 52

#### (2) Pyrazolone azo계

반응성 염료뿐만 아니라 황색 색소모체로 널리 사용되며, 이 발색계는 색상이 선명하고 일광견뢰도가 매우 우수하기 때문에 황색 산성염료에 있어서 가장 중요한 색

소모체중의 하나이다. 현재 사용하고 있는 양모용 황색 산성염료의 대부분이 색소모체를 이용한 염료라 말할 수 있다.

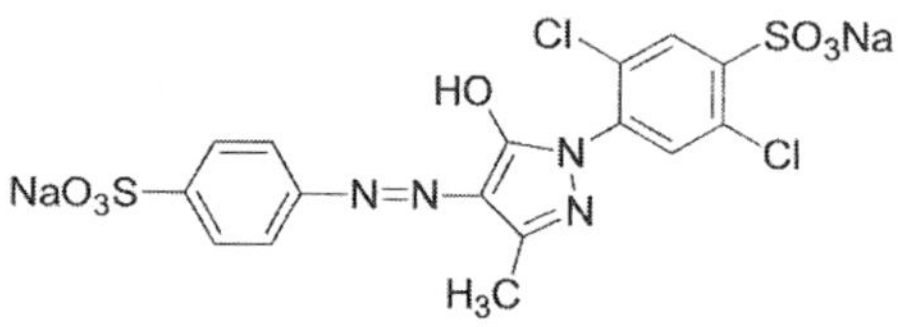

C. I. Acid Yellow 17

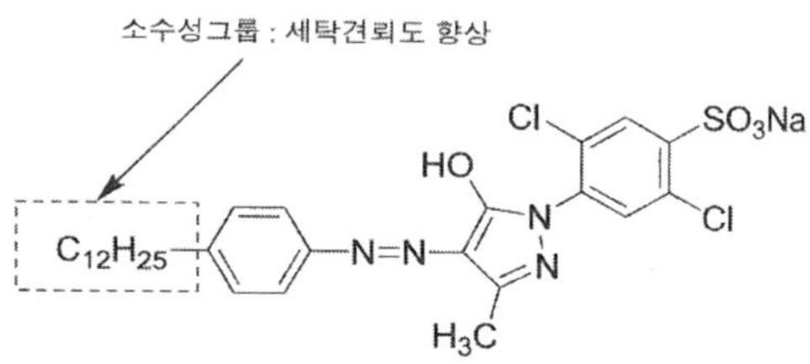


C. I. Acid Yellow 72

(3) Naphthol 유도체 azo계

2-naphthol 유도체 및 1-naphthol 유도체를 커플링 성분으로 하는 염료로서 각각의 화합물의 *o*-위치에 반응이 일어난다. 이렇게 생성된 염료는 주황색~적색계통의 염료이다.

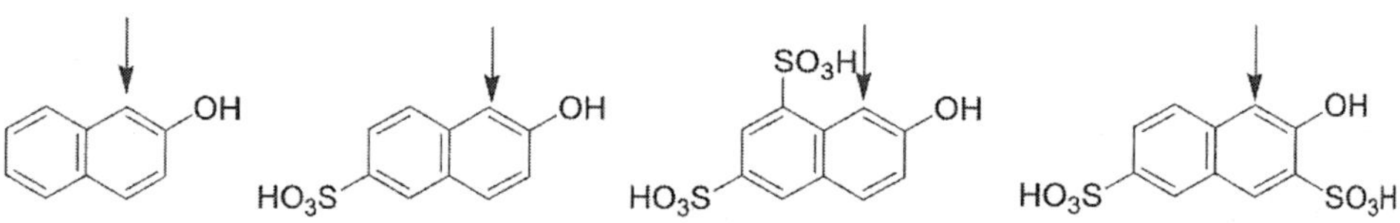

2-Naphthol　　Schaeffer acid　　G-acid　　R-acid

2-Naphthol derivatives of couplers

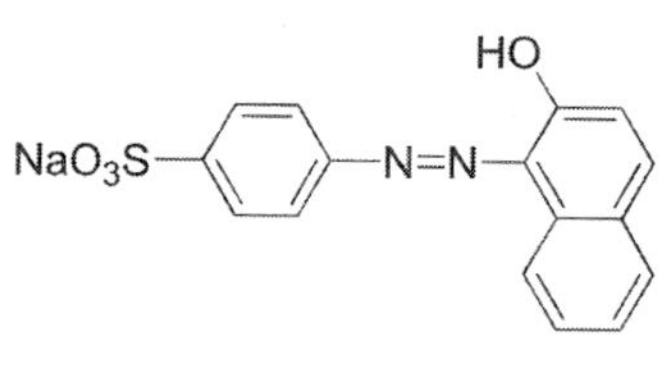

C. I. Acid Orange 7 (Orange II)

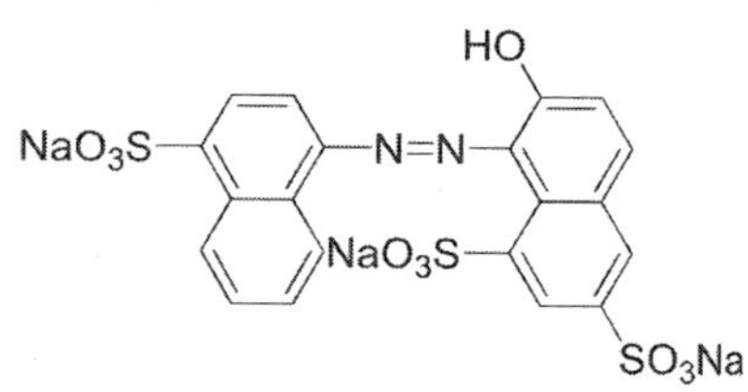

C. I. Acid Red 18

(4) Aminonaphthol sulfonic acid유도체 azo계

이 계통의 염료는 아미노기와 하이드록실기를 동시에 갖는 나프탈렌모노술폰산 유도체와 나프탈렌 디술폰산 유도체로 각각 J-acid, $\gamma$-acid 및 H-acid, K-acid를 커플링 성분으로 나타낼 수 있다.

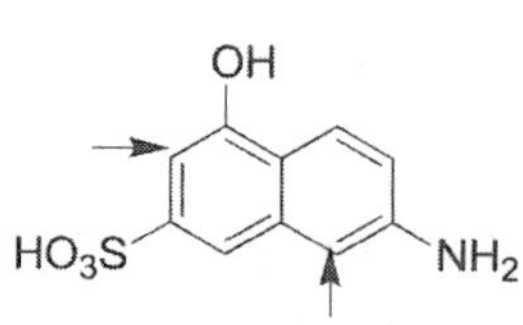

J-acid

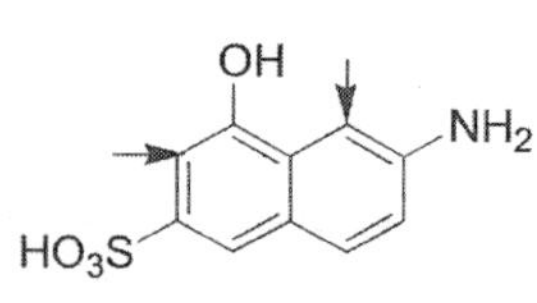

*r*-acid

J-acid azo계는 주황색~적색을 나타내는 발색계로 직접염료와 반응성염료의 합성에 주로 사용되며, 산성염료의 경우에는 거의 사용되지 않는다.

$\gamma$-acid인 경우에는 적색~청색~흑색에 걸쳐 색상을 나타내는 염료의 합성이 가능하다. 디아조성분과 커플링시에 있어서 pH조건에 따른 결합 위치가 달라짐에 의해 염료의 색상이 구별된다.

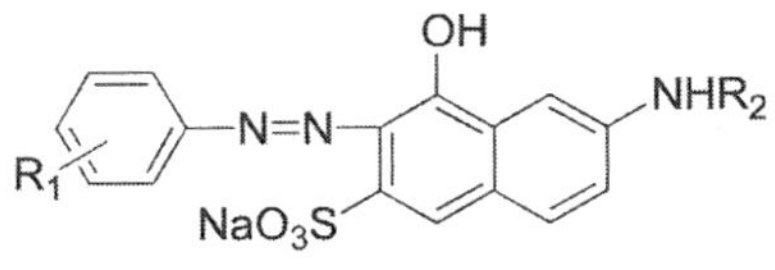

Phenol coupling ; orange ~ brown

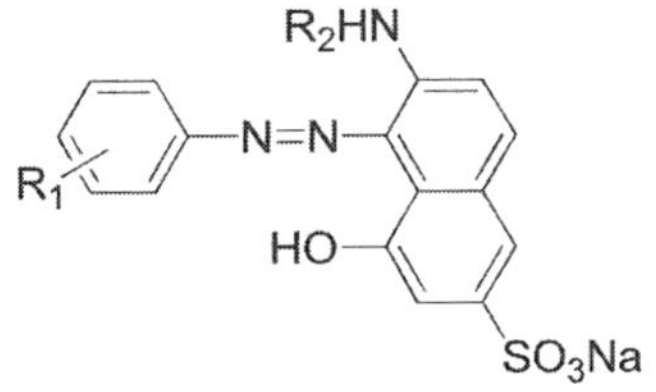

Amine coupling ; bluish red ~violet

H-acid와 K-acid 유도체의 경우에는 적색 계통의 색상이 얻어지며 K-acid는 H-acid에 비하여 가격이 비싸므로 한정된 용도에만 사용된다.

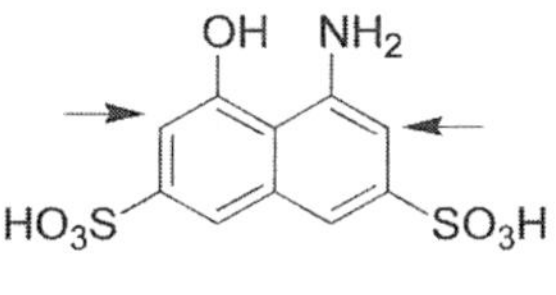

H-acid

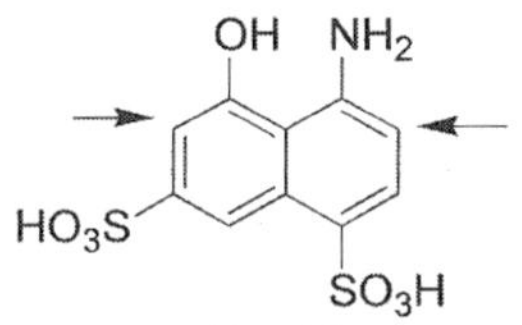

K-acid

현재 생산되고 있는 H-acid 아조염료는 H-acid의 아미노기를 acyl화한 후 디아조성분을 커플링시켜 염료를 합성한다.

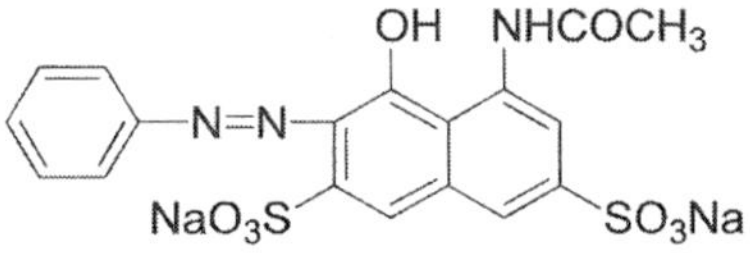

C. I. Acid Red 1

#### 4) 폴리아조계 산성염료

폴리아조계의 산성염료는 황색~적색~청색까지의 넓은 범위의 색상을 가진 염료의 합성이 가능하며 또한 분자량을 크게 함으로써 염색 속도조절이 가능하고 세탁견뢰도를 향상시킬 수 있는 장점이 있다. 디아조염료 구조가 대부분이다.

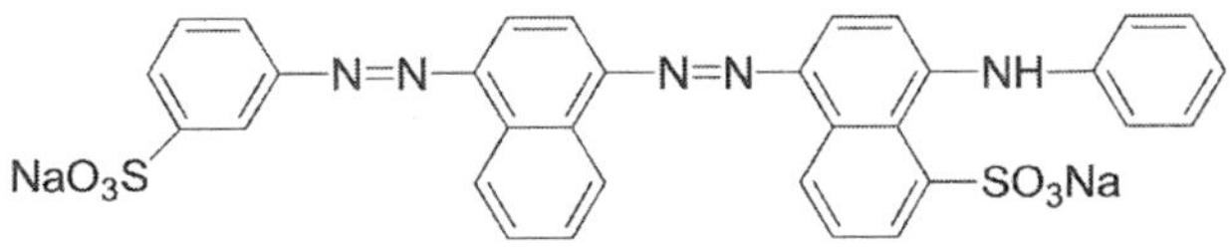

C. I. Acid Blue 113

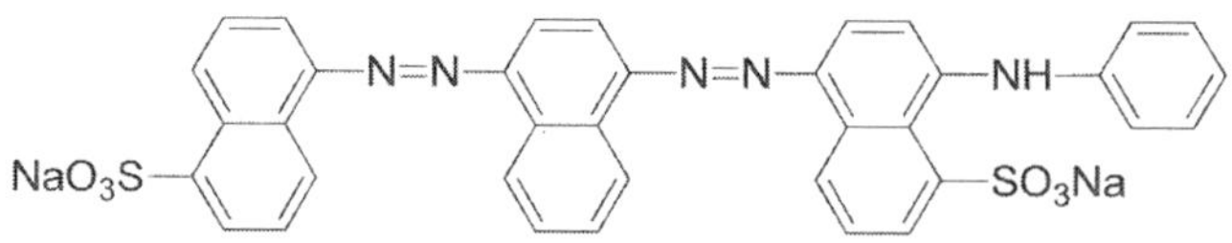

C. I. Acid Black 24

5) 안트라퀴논 산성염료

안트라퀴논계 산성 염료는 녹색~청색 색상에 있어서 매우 중요하다. 선명도가 좁고 일광견뢰도가 우수한 특징이 있으나 아조계에 비하여 색상강도가 약하며 가격이 높은 단점이 있다.

Quinizarin을 이용하여 p-toluidine과 반응시킨 후 술폰화하여 얻은 C.I. Acid Violet 43 및 C.I. Acid Green 25가 가장 대표적인 염료이다. 전자의 경우를 균염형 염료, 그리고 후자를 분자량이 증가된 milling형 염료로 나타낼 수 있다.

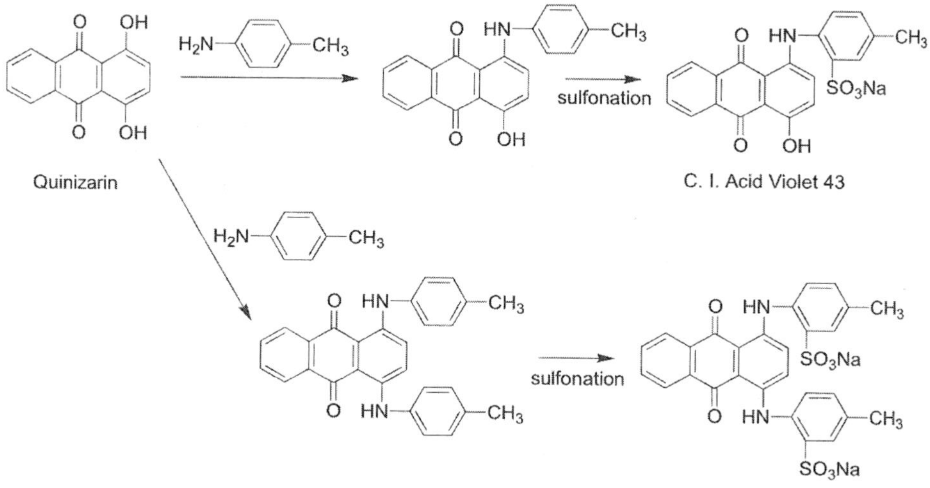


C.I. Acid Green 25에 알킬기를 도입하여 소수성을 증가시킨 milling형 염료도 시판된다.

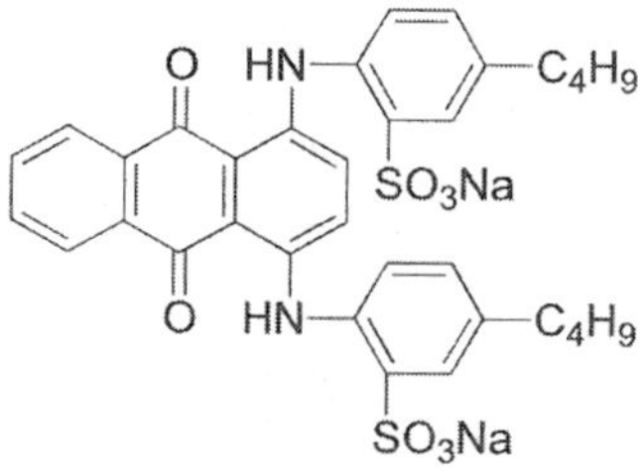

C. I. Acid Green 27

### 3.3.4 배트염료

물에 불용성인 염료이며 안료로도 분류되며. 2개 이상의 carbonyl기를 염료 구조 내에 가지며 섬유에 대한 친화성이 낮으며 알칼리 용액에서 환원하면 수용성인 화합물로 변한다. Sodiumhydrosulfite($Na_2S_2O_4$)와 같은 환원제와 NaOH가 함유된 알칼리 용액에서 lueco화합물이 얻어지며 이 leuco화합물은 섬유에 대하여 친화성을 갖기 때문에 염색과정에 있어서 lueco화합물의 형태로 섬유에 흡착시킨 후 산화과정을 통하여 섬유상에서 원래의 불용성 염료로 복귀시켜 염색시키는 염료이다.

배트염료는 크게 두 가지 타입, 즉 안트라퀴논계 및 인디고이드계로 구별되며 분자구조가 광범위하다.

#### 1) 화학 구조 상의 특징

분자 내에 2개 이상의 carbonyl기(〉C=O)를 가지며 알칼리 존재 하에서 환원제($Na_2S_2O_4$) 첨가에 의해 환원되어 leuco화합물로 바뀐다.

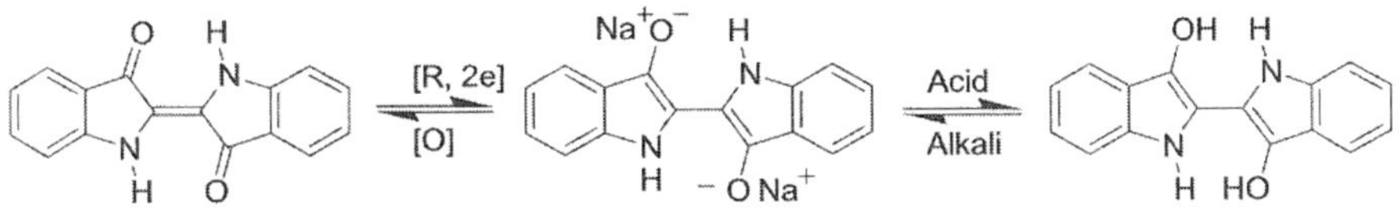


이 leuco화합물은 물에 가용성으로써 섬유에 대한 친화력을 가지며 섬유에 흡착된 후 산화에 의하여 섬유상에서 발색하여 원래의 불용성인 색소로 재생된다.

#### 2) Indigo계 배트염료

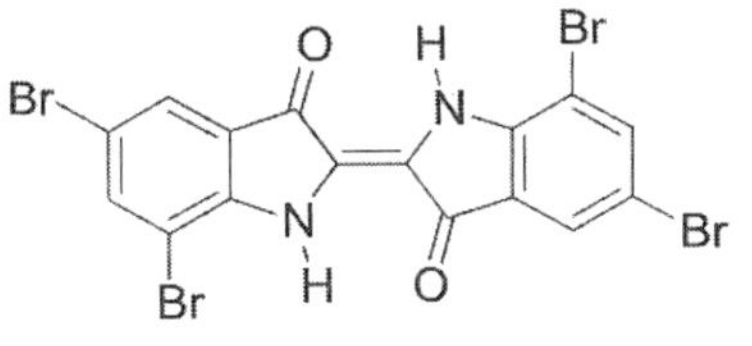

C. I. Vat Blue 5

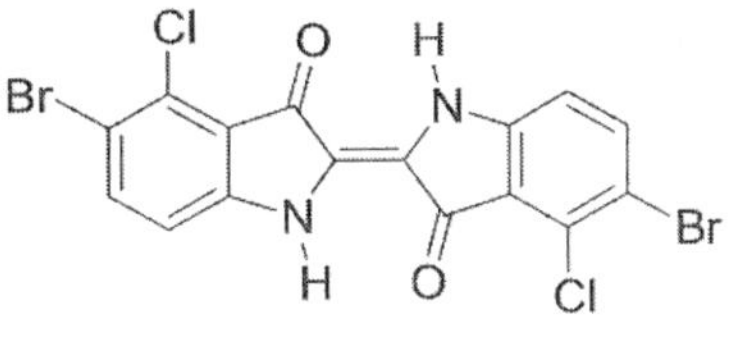

C. I. Vat Blue 2

인디고는 물, 약산, 약알칼리에서 불용성이다. 그러나 aniline, nitrobenzene, phenolic anhydride 및 dimethyl sulfoxide 등의 극성, 고비점(高沸點) 용매조건에서는 약간 용해성을 가진다. 또한 유사한 크기의 공액구조를 가진 화합물과 비교해서 상당히 진한 색상을 나타내는 특징이 있다. 이러한 특징은 기본골격구조에서 원자들의 특별한 배치상태와 분자상호간 극성기의 강한 수소결합으로 형성되어있는 결정구조에서 기인한다고 할 수 있다. 따라서 용해성이 낮고 녹는점이 높다. 또한 인디고는 빛과 열에 안정한 특성을 가지고 있다.

티오인디고계 염료는 인디고의 -NH-기 대신에 -S-기를 도입한 것으로 적색계색상을 나타낸다.

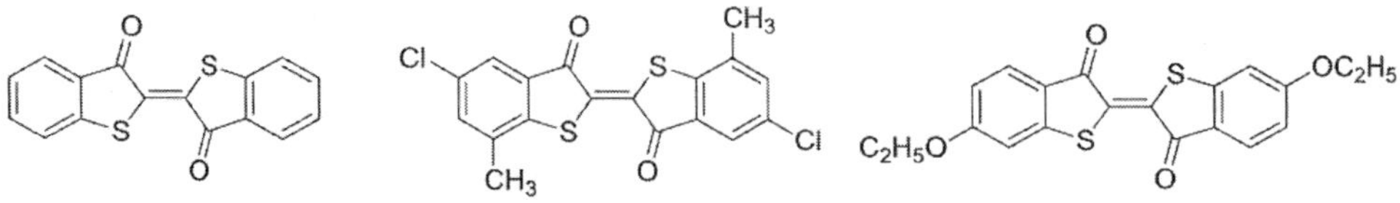

C. I. Vat Red 41　　C. I. Vat Violet 2　　C. I. Vat Orange 5

배트염료의 황산에스테르 나트륨염은 물에 가용이기 때문에 산성욕에서 염색한 후 산화제를 처리하여 물에 불용인 원래의 염료로 재생시킨다.

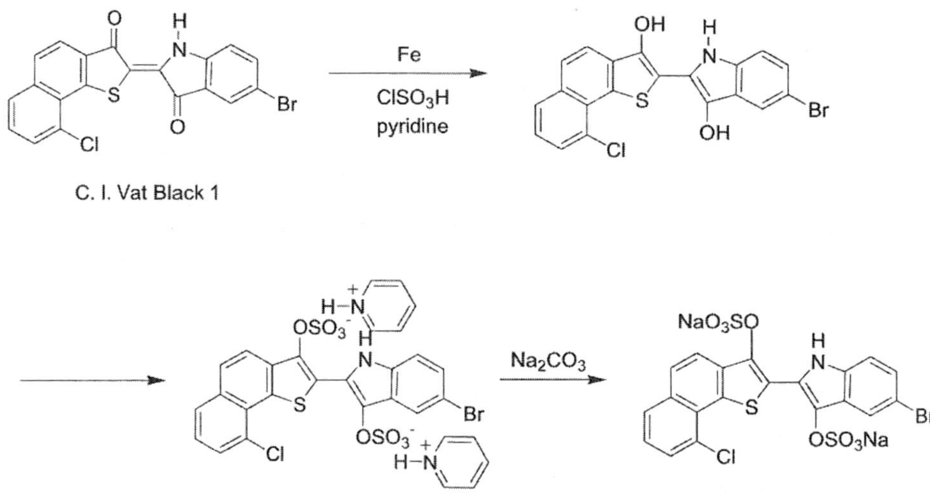


C. I. Vat Black 1

C. I. Solubilised Vat Black 1

3) Anthraquinone계 배트염료

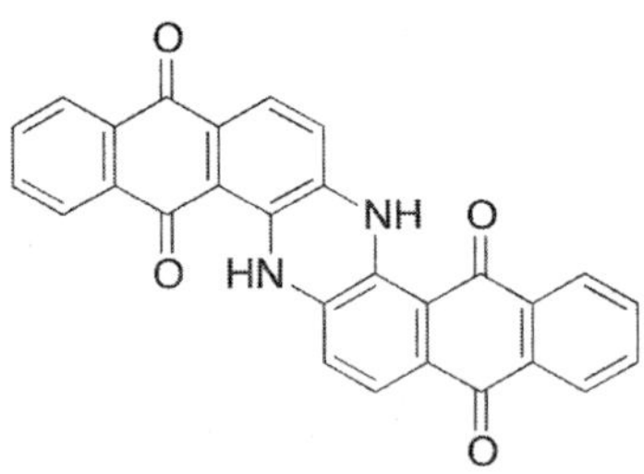

C. I. Vat Blue 4
(Indanthrene Blue R)

알칼리 조건에서 hydrosulfite를 사용하여 환원시키면 anthrahydroquinone 형태로 전환되어 가용화한다. 이 가용화된 leuco화합물이 셀룰로오스섬유 내부로 침투되어 염착이 진행되고 다시 산화 발색되어 섬유상에 염착이 완성된다.

(1) Acylaminoanthraquinone

Benzoic acid나 benzoly chloride를 사용하여 안트라퀴논을 acylation할 경우 비교적 분자량이 작은 저온 흡착형 염료를 얻을 수 있다.

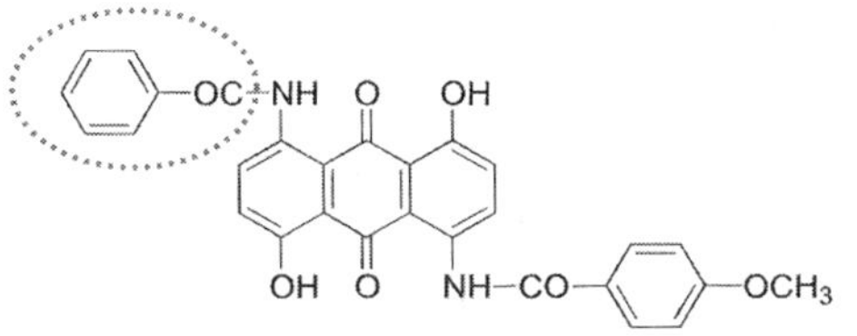

C. I. Vat Violet 15

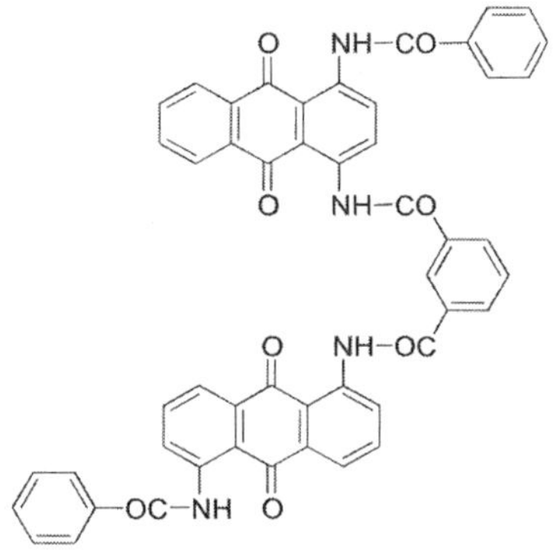

C. I. Vat Orange 17

(2) Anthraquinoneazole

Anthraquinone oxazole계 및 anthraquinone thiazole계가 알려져 있다. 후자의 경우 견뢰도는 우수하지만 색상이 어두워 공업적으로 많이 이용되지 않고 전자의 oxazole경우는 염색성도 양호하고 견뢰도도 우수하여 대표적인 적색계 배트염료로써 널리 이용된다.

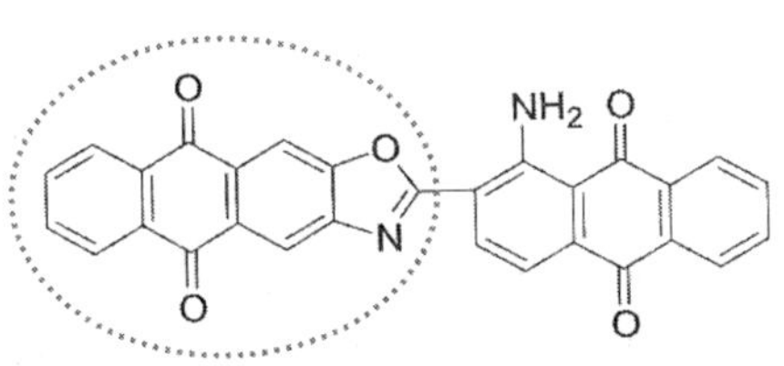

C. I. Vat Red 10

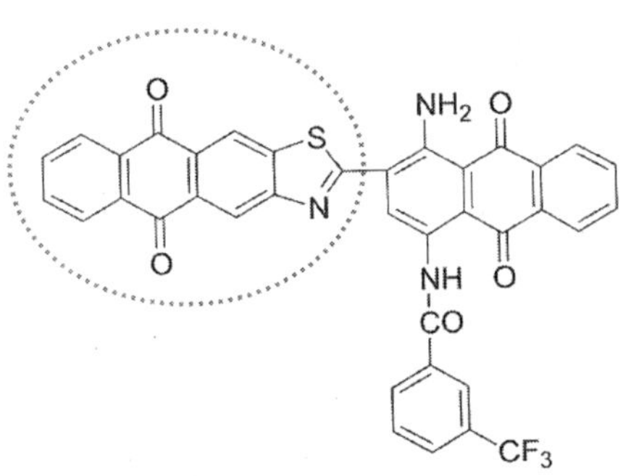

C. I. Vat Blue 30

(3) Anthrimide carbazole

황색~갈색~녹색의 폭넓은 색상으로 구성되어 주로 약 알칼리법으로 이용된다.

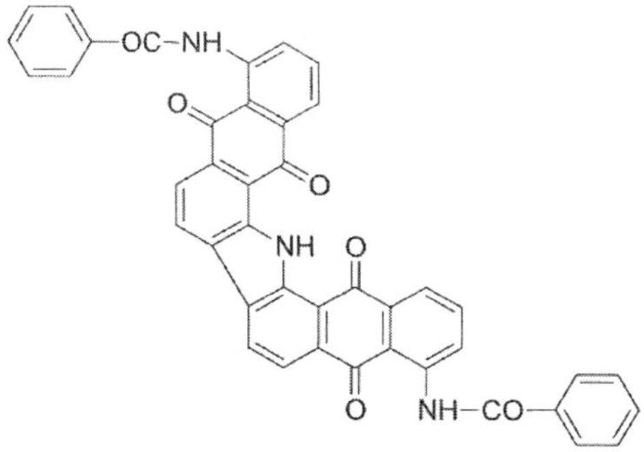

C. I. Vat Orange 15

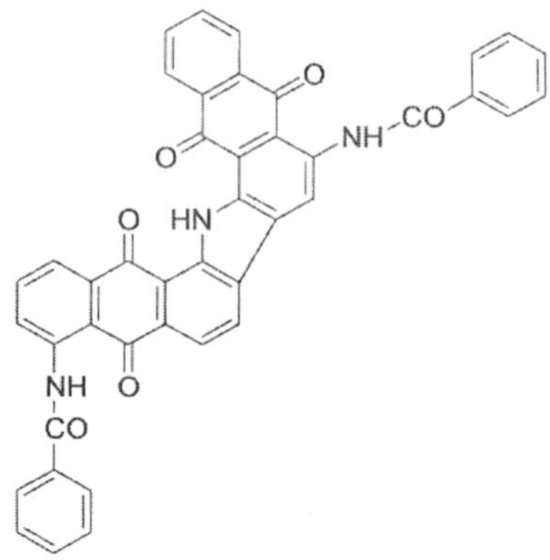

C. I. Vat Brown 3

(4) 그 외 phthaloylacridone, benzanthrone, Indanthrone 등이 있다.

### 3.3.5 황화염료

황화염료는 원래 물에 불용성이나 황화나트륨($Na_2S$)에 의해 환원되어 염료분자 중의 sulfide 결합이 절단되어 mercapto기와 -SH기가 생성되고 알칼리 하에 -SNa 형태로 되어 수용성이 된다. 이와 같이 생성된 leuco형 염료는 배트염료와 마찬가지로 셀룰로오스 섬유에 친화성이 있으므로 염착이 가능하다. 염착시킨 후 leuco염료는 공기 중의 산소 또는 중크롬산염의 산화제에 의하여 물에 불용성인 황화염료의 형태로 염색된다. 일반적으로 값이 싸고 일광견뢰도 및 세탁, 물 등의 습윤견뢰도는 양호하지만 마찰견뢰도와 내염소견뢰도가 낮다. 또한 염색물 보관 중에 불안정하게 결합되어 있는 황의 일부가 산화되어 황산이 되므로 섬유를 취화(脆化)시키는 결점이 있다.

염료 분자구조 내에 많은 황 결합을 가지며 물에 불용성인 염료로서 이들 염료들의 구조는 명확하지 않다. 염욕 중에서 $Na_2S$와 같은 환원제로 환원시켜 leuco화합물의 형태로서 섬유에 흡착시킨 후 산화에 의하여 물에 불용성인 염료로 바꾸어 염색 목적을 달성하는 염료이다. 일반적으로 값이 싸고 일광견뢰도 및 세탁, 수세 등의 습윤견뢰도는 우수하지만 섬유표면에 산화 부착하는 염료 분자로 인하여 마찰 견뢰도와 내염소 견뢰도는 낮은 편이다.

황화염료는 분자량이 크고 물에 불용성인 염료로서 물속에서는 콜로이드 상태이지만 배트(건염)염료와 유사한 방법으로 즉 황화나트륨으로 환원시키면 염료분자 중의 sulfide결합(-S-S-)이 절단되어 -SH기가 생성되고 수용성이 된다.

**Step 1** 황화염료의 환원

$$\text{Dye-S-S-Dye} + Na_2S \longrightarrow \underset{\text{reduced form}}{2\text{Dye-SH}}$$

$$2\text{Dye-SH} + Na_2CO_3 \longrightarrow \underset{\text{water soluble form}}{2\text{Dye-}S^- Na^+}$$

**Step 2** 섬유에의 염착 및 산화 발색

$$2\text{Dye-}S^- Na^+ \xrightarrow{[O]} \text{Dye-S-S-Dye}$$

황화 염료는 방향족 유기화합물을 가황 반응을 시킴으로써 제조할 수 있다. 이러한 가황 반응을 통하여 염료분자 중에 thiazine, thianthrene 및 thiazole환 등이 생성되며 측쇄에 mercapto, disulfide 및 polysulfide기가 형성되어 황화 염료로서의 특성을 가질 수 있게 된다.

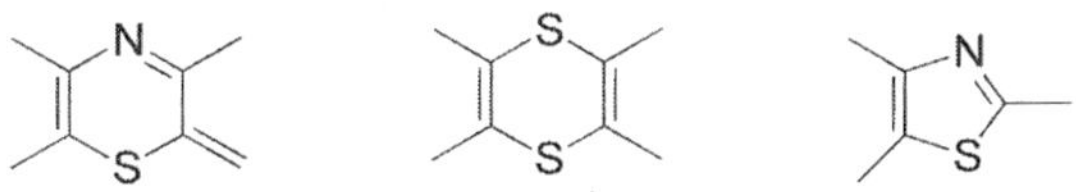


Thiazine Thianthrene Thiazole

Pyrogene indigo 염료의 합성은 diphenylamine indophenol을 가황 반응시킨 후 공기산화에 의하여 얻을 수 있다.

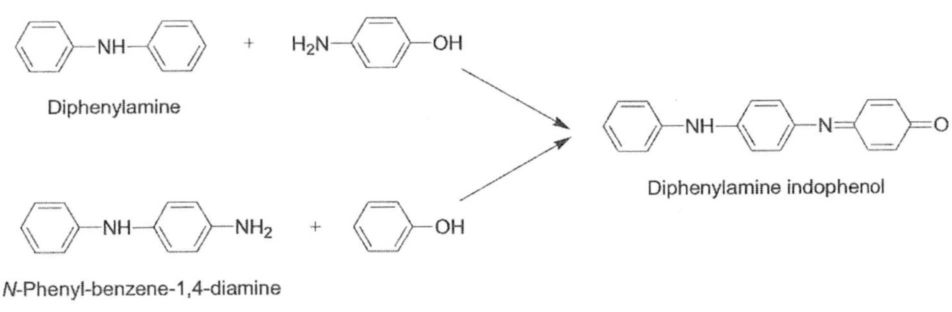


Diphenylamine indophenol을 이용하여 Pyrogene indigo를 다음과 같이 만들 수 있으며 이 염료는 황화나트륨에 의하여 용이하게 leuco form을 형성하기 때문에 쉽게 염착에 이용할 수 있다.

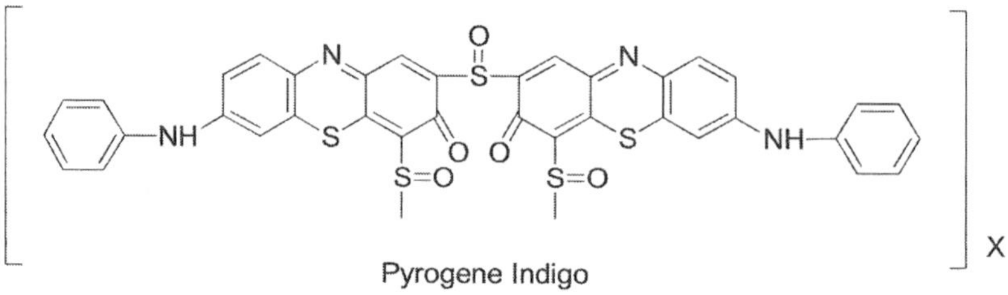

Pyrogene Indigo

이와 같은 기본적 특징을 바탕으로 하여 원료 및 중간체를 가황 반응조건을 변화 시킴으로써 얻을 수 있는 염료를 다음 표에 나타내었다.

| C.I. Name | 색상 | 중간체 |
|---|---|---|
| Sulfur Brown 52 | reddish brown | 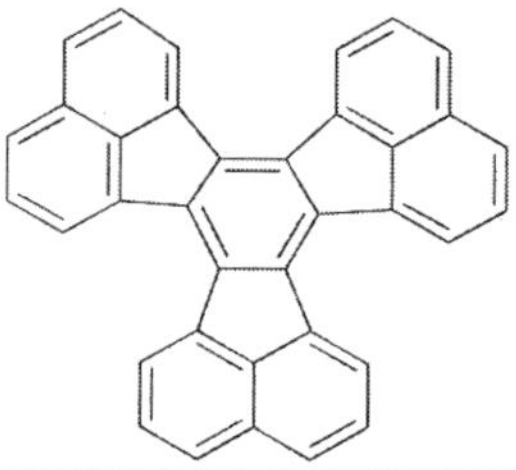 |
| Sulfur Yellow 4 | yellow | 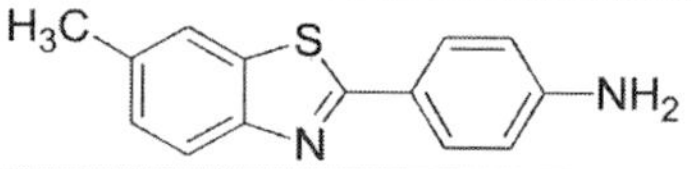 |
| Vat Green 7 | olive | 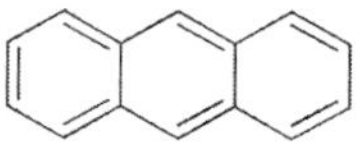 |
| Sulfur Prange 1 | orange | 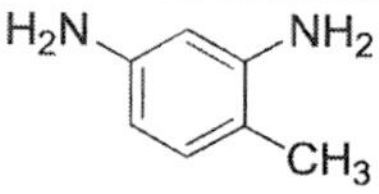 |
| Sulfur Yellow 9 | yellow | 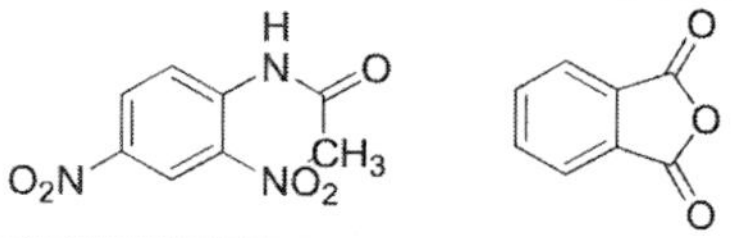 |
| Sulfur Brown 16 | black-brown | 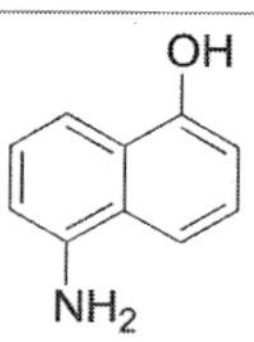 |
| Sulfur Brown 60 | yellow-brown | 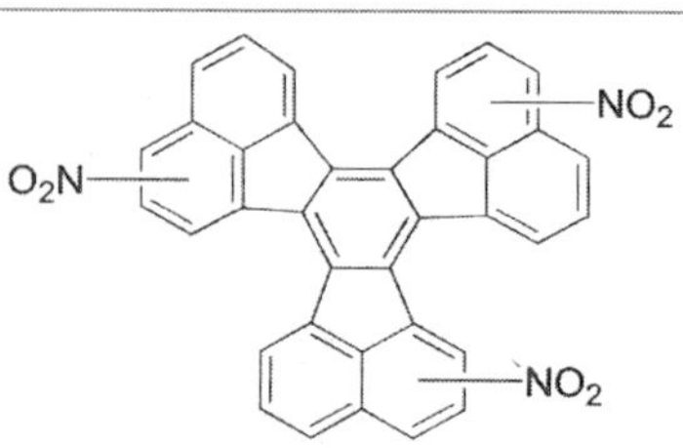 |

### 3.3.6 아조익(azoic)염료

아조익염료는 화합물들의 반응으로 섬유상에서(in situ) 불용성의 색소를 형성한다는 면에서 다른 염료들과 구별된다. 아조익염료는 우선 두 성분으로 나눌 수 있다. 즉 디아조 성분 그리고 커플링 성분(하지제)의 결합으로 염료를 형성한다. 커플링 성분을 우선적으로 섬유상에 흡착시킨 후 적당한 디아조화합물(현색제)의 용액에 침지시켜 섬유상에서 커플링 반응에 의하여 불용성 아조익 염료가 생성되도록 한다. 다양한 **디아조 성분 및 커플링 성분**이 이용가능하며 이들의 선택적 커플링 반응에 의하여 다양한 색상의 아조익염료를 얻을 수 있다. 여러 부분의 견뢰도 시험에 있어서 우수한 특성을 보여준다. 아조익염료는 **적색색상**을 중심으로 선명한 색상이 얻어지며, 농색 염색도 용이하다.

화학구조상의 특징으로는 커플링 성분(하지제)은 가장 기본적으로 2-hydroxyl-3-naphtoic acid 유도체가 주로 사용되며 amide에 연결된 치환기를 변환시킴으로써 친화력 조절, 견뢰도, 색상 등을 변화시킨다. 이외에도 황색계 색상을 얻기 위하여 acetoacetic 유도체 및 청록색계 색상을 얻기 위해서는 polycyclic hydoxycarboxylic acid 유도체가 사용된다.

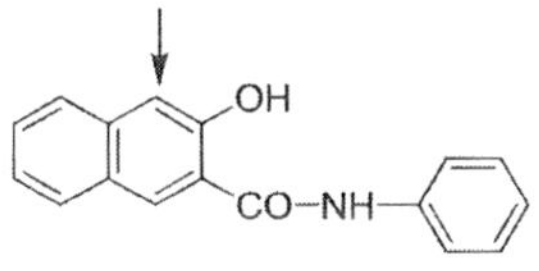

Naphthol AS
2-hydroxy-3-naphthoic derivative

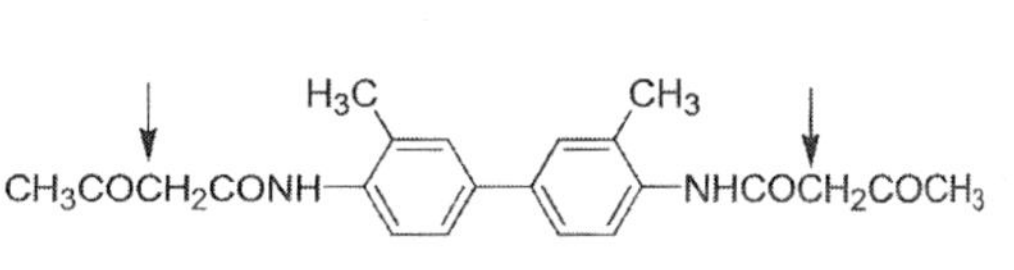

Naphthol AS-G
acetoacetic derivative

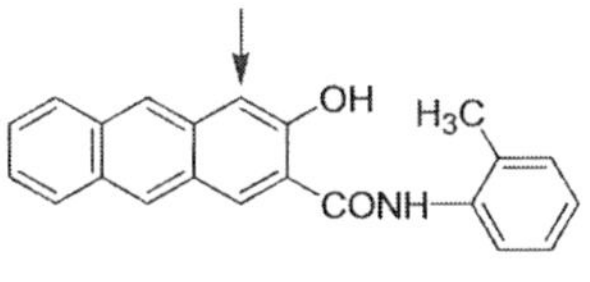

Naphthol AS-GR
polycyclic hydroxycarboxylic derivative

디아조화가 가능한 방향족 아민류 및 이의 염산염을 현색제라고 하며 디아조화 과정을 거친 후 염 형태로 만들어서 하지제와 coupling 반응을 시킨다. 이들은 방향족 아민류 환에 니트로기, 할로겐원자, 니트릴기, sulfoamide기, ketone기 등의 전자흡인성기를 도입하여 일광견뢰도, 색상, 커플링 반응의 속도도 향상시킨다.

아조익 염료의 **염착 응용**은 우선 섬유에 대한 친화성을 갖는 naphthol, phenol 및 aromatic amine 등과 같은 커플링 성분(A)를 섬유에 흡착시킨다. 그 후 방향족 아민이 디아조늄염(B)과 섬유상에서 커플링 반응을 시켜 목적하는 염료를 얻는다(C). 얻어진 염료는 물에 불용성이며 분자량도 비교적 크므로 vatting염료의 경우와 마찬가지로 견뢰(堅牢)한 염착 상태를 이룬다.

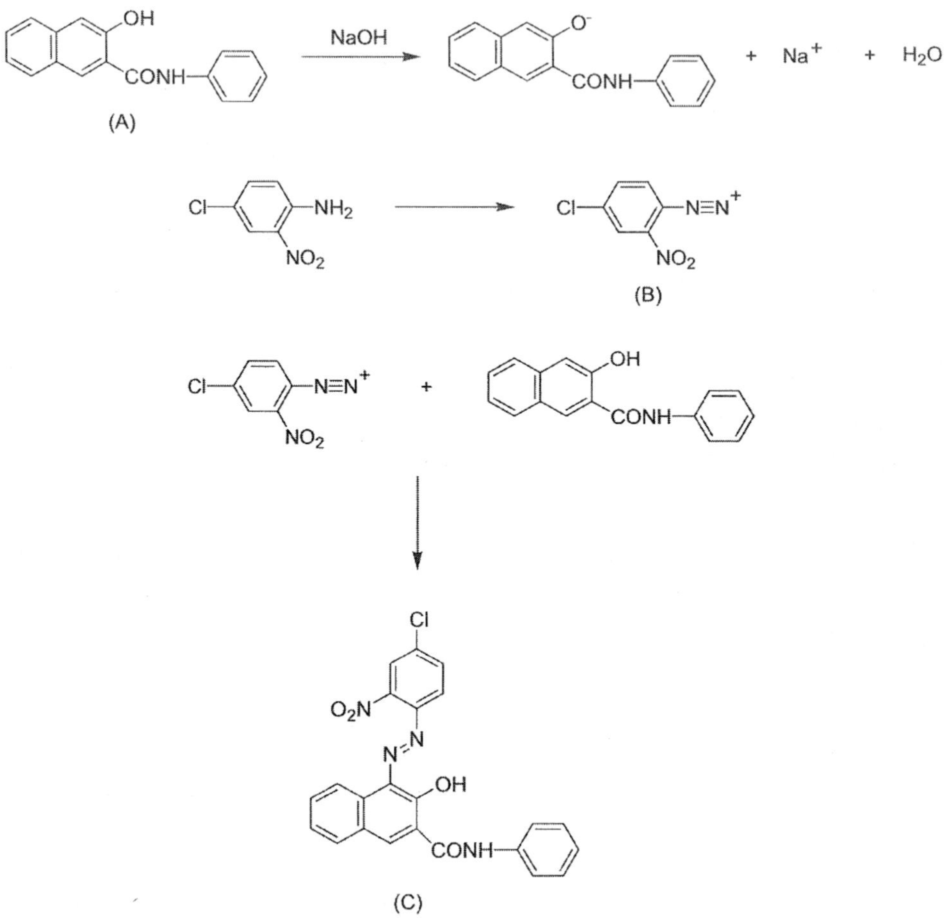

### 3.3.7 분산염료

물에 불용성을 나타내며 분산제의 첨가에 의해 물에 미립자상으로 분산시켜 폴리에스테르, 아세테이트, 나일론 등의 소수성 섬유를 염색시킨다. 대부분 아조염료와 anthraquinone 염료이며 심색화(深色化)를 위해 이들이 모체에 복소환(複素環)이 연결된 형태로 염료로 사용된다. 일반적으로 균염성이 우수하나 습윤견뢰도가 우수하지 못하다.

결정성이 치밀하고 소수성이 높은, 즉 디아세테이트, 트리아세테이트, 폴리에스테르, 및 폴리아크릴로니트릴 등의 많은 합성섬유는 기존의 친수성 천연섬유에 적용하는 염색방법 및 염료의 사용으로 원하는 염색물을 얻기 어려운 점이 있어 소수성 염료의 사용이 필요하다. 분산 염료는 수용성기가 없어 물에 난용성이며 수용액에서 적당한 분산제를 이용하여 분산시킨 상태로 아세테이트 섬유 및 폴리에스테르 섬유 등의 소수성 섬유 염색에 사용되는 염료이다. 처음에는 아세테이트 섬유용으로 공업화되었으며 현재는 폴리에스테르 섬유의 급격한 신장에 의하여 모든 염료 중에서 최대의 생산량을 나타내며, 분산염료의 약 90% 정도가 폴리에스테르 섬유, 7~8%가 아세테이트 섬유, 2~3%가 나일론 및 아크릴 섬유의 염색에 사용되고 있다.

일반적으로 염료와 섬유 사이의 결합에는 물리적인 결합과 화학적인 결합이 있는데 분산염료와 소수성 섬유의 염착과정은 물리적인 결합으로 설명할 수 있으며, 즉 배향력, 유기력, 분산력 및 수소결합 등으로 염료의 염색이 이루어진다고 할 수 있다. 분산염료는 아조, 안트라퀴논 및 니트로페닐아민계가 중요하며 이들의 화학구조의 예를 다음 그림에 나타내었다.

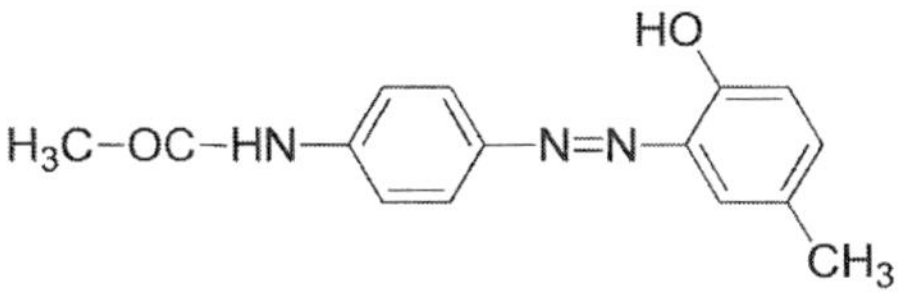
C. I. Disperse Yellow 3

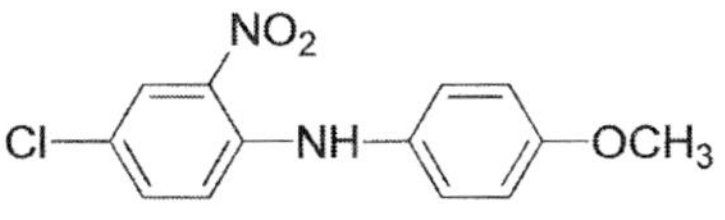
C. I. Disperse Orange 15

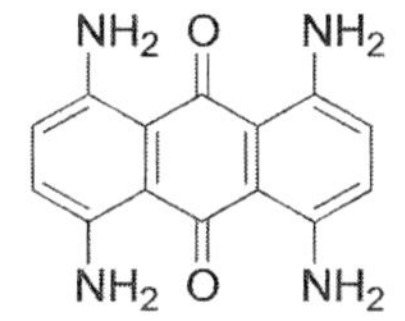
C. I. Disperse Blue 1

1) 분산염료의 화학구조상의 특징

분산염료를 화학구조에 따라 나누면 벤젠아조계, 헤테로환 아조계, 안트라퀴논계 및 축합계 등으로 구분할 수 있고 이중에서 아조계염료가 대부분을 차지한다. 분산염료의 화학구조에는 위와 같은 여러 종류가 있으며 이들의 공통되는 특징은 다음과 같다.

① 분자량이 작고, 아조, 안트라퀴논 등의 유도체이다.
② 분산제의 사용에 의해 염욕 중에서 분산액을 형성한다(입경은 0.5~2.0㎛).
③ 수용액에 난용성이며 방향족 또는 지방족의 $-NH_2$, $-NHR$기 및 $-OH$기를 갖는다.
④ 섬유 중에서 염료의 포화치가 비교적 높다(섬유 1g당 10~50mg).
⑤ 염색중에 화학적인 변화가 일어나지 않아야 한다.

2) Azo염료

아조염료구조는 분산염료 중에서 가장 큰 부분을 차지하는 것으로서 크게 다음과 같은 두 가지 이유로 설명할 수 있다. 첫 번째는 여러 많은 종류의 디아조(diazo) 화합물과 커플링 화합물과의 조합으로 인한 다양한 색상을 가진 염료구조의 조합이 가능하고, 두 번째는 합성과정이 매우 간단하다는 것이다. 이러한 특징으로 말미암아 색상과 견뢰도 관점에 있어서 소비자와 구매자의 요구에 쉽게 부합할 수 있는 것이 가장 큰 장점이다.

또한 분산염료 중에서 약 50% 정도를 monoazo분산염료가 차지하고 있다. 간단한 합성방법을 통하여 황녹색으로부터 cyan(청록) 색상까지 발색구조로서 색상구현이 가능하다. 대표적인 구조적 특징은 그림과 같고 방향족아민 디아조 화합물과 방향족 아민 커플링 화합물이 결합된 구조이다.

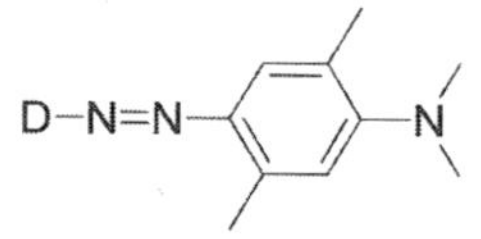

기본구조

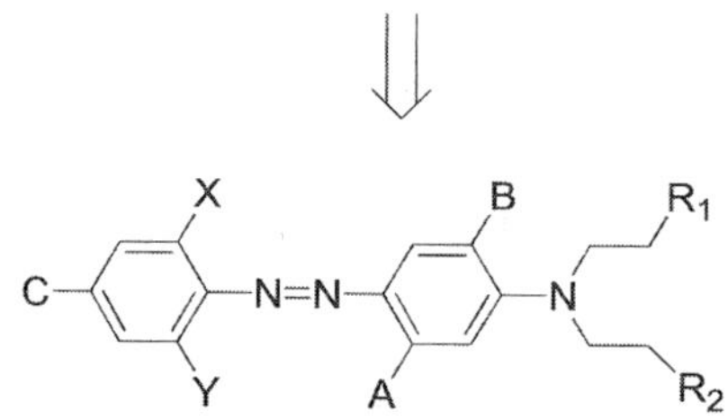

X, Y = H, Cl, Br, CN, NO2, $CH_3SO_2$ ; electron acceptor
A = H, $CH_3$, Cl, NHCOR ; electron donor
B = H, $CH_3O$, $C_2H_5O$, Cl ; electron donor
C = $NO_2$ ; electron acceptor
$R_1$, $R_2$ = H, CN, OH, OCOR, COOR, arly (R = alkyl) ; hydrophobic characteristics

그리고 커플링 화합물로서 aniline, 3-aminotoluene, 3-chloroaniline, 3-aminoacetanilide 및 3-amino-4-alkoxyacetanilide 등의 유도체가 대표적이다.

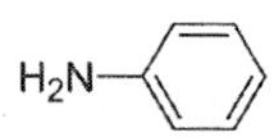

Aniline

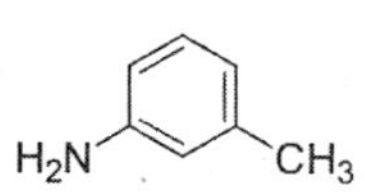

3-Aminotoluene

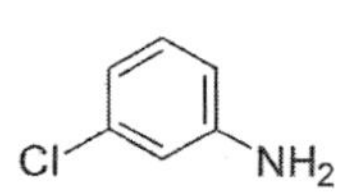

3-Chloroaniline

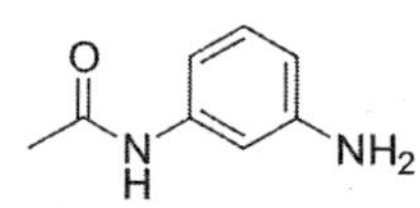

3-Aminoacetanilide

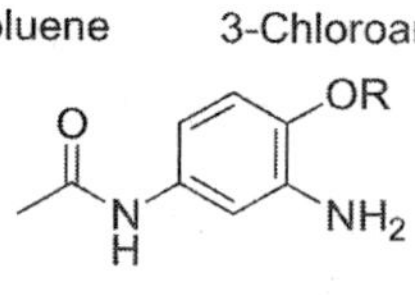

3-Amino-4-alkoxyacetanilide

치환기에 의해서 즉 H, Cl, $NO_2$, $CH_3SO_2$, CN 같은 순서로 염료의 색상이 심색화 된다. 커플링 성분에는 전자 공여기, 디아조 성분에는 전자 수용기로 치환되어 장파장영역에서 흡수를 가지는 염료를 나타내었다.

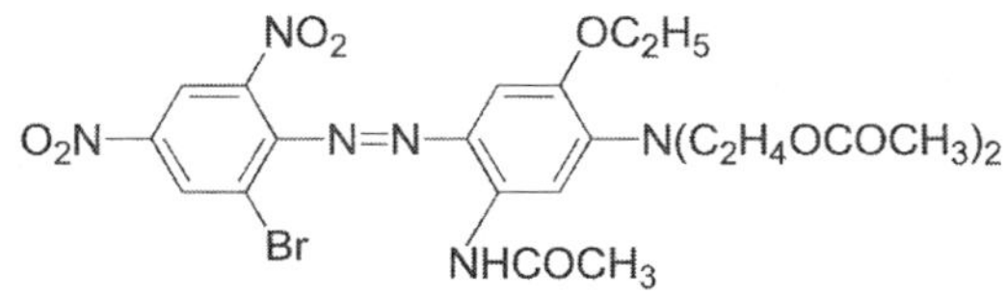
C. I. Disperse Blue 79

3) Anthraquinone 염료

이 구조를 가지는 염료는 적색, 보라색, 청색 및 황록색의 색상 범위에서 폴리에스테르 섬유에 대하여 사용하는 염료로 염착성 및 견뢰도 부분에서 우수한 특성으로 말미암아 매우 중요하게 평가되고 있다. 하지만 일반적으로 polycyclic quinine 구조가 섬유의 착색에 사용되어 우수한 수세견뢰도 특성을 나타내지만 섬유내부로 침투의 어려움이 있어 광범위하게 사용하고 있지 않다.

안트라퀴논 염료의 색상은 치환기의 위치, 즉 아래 구조에서 1,4,5 및 8번 위치에 결합하는 amino기 및 hydroxyl기 등의 전자공여성 치환기에 의해서 영향을 받는다. 다른 치환위치에는 색상보다는 견뢰도 특성이나 염색성에 영향을 미친다.

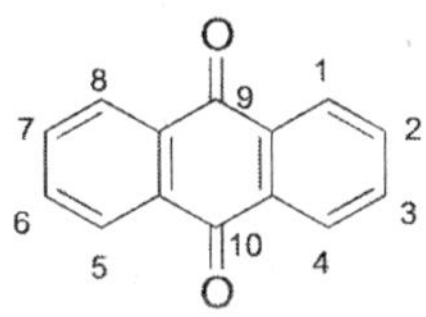

폴리에스테르 섬유에 대한 안트라퀴논 염료는 다음의 구조와 같이 hydroxyl기나 amino기 등의 조색단에 영향을 받아 선명한 적색에서 청색 색상을 나타낸다.

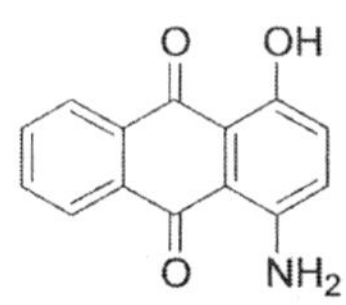
Yellow red to rubine

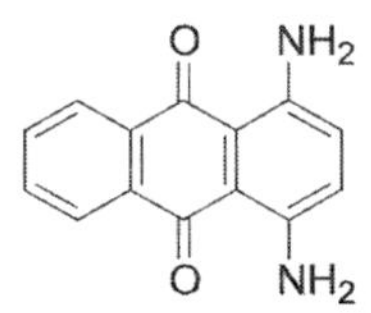
Violet to blue green

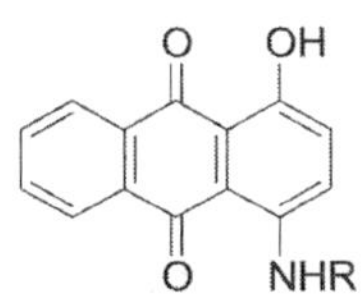
Red blue to blue

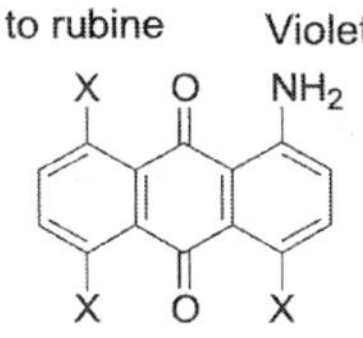
1 X = $NH_2$, 2 X = OH
Blue to green blue

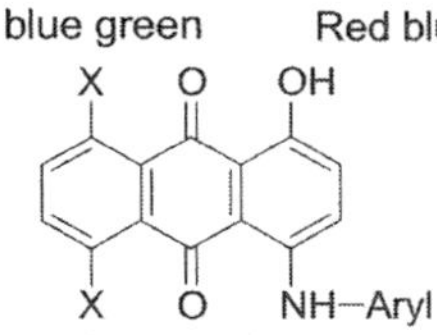
1 X = OH, 1 X = $NO_2$
Green blue

4) Heterocyclic monoazo 염료

복소환계 아조염료는 벤젠 아조계에 비하여 분자 흡광 계수가 크고 색상이 선명한 염료가 얻어진다. 대표적인 예로서 pyrazolone azo, pyridine azo, quinoline azo, benzothiazole azo 등이 있다.

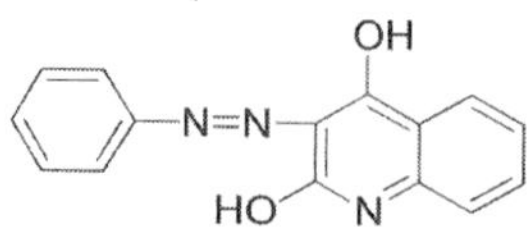

Quinoline azo
C. I. Disperse Yellow 4

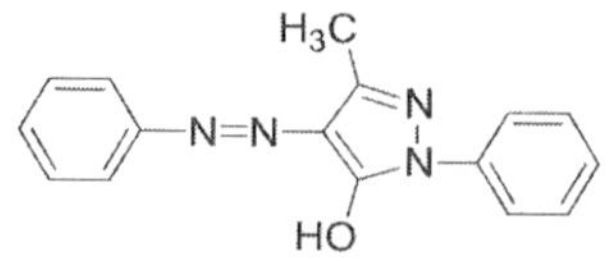

Prazolone azo
C. I. Dispese Yellow 16

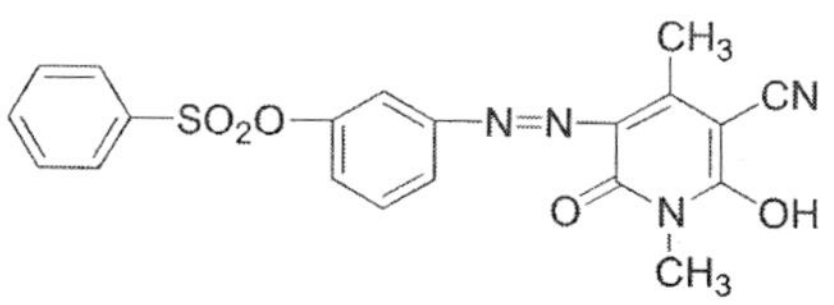

Pyridone azo

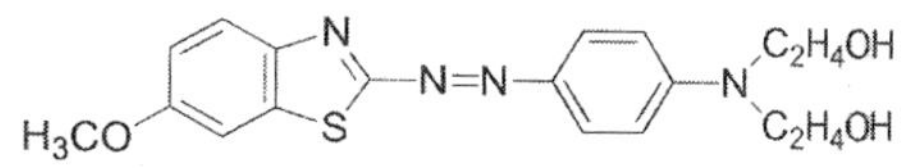

Benzothiazole azo
C. I. Disperse Red 58

### 5) Methine염료

Methine염료는 아세테이트 및 폴리에스테르 섬유의 응용에 널리 사용되어 오고 있으며 특히 폴리에스테르 섬유에 대한 선명한 lemon yellow 색상에 주로 사용되었다. 그러나 이 종류의 염료는 높은 pH에서 물에 대한 상대적 안정성이 떨어져 폴리에스테르 섬유의 높은 온도의 염색조건에서는 가수분해로 인한 색상의 저하가 보여진다. 전형적인 methine염료는 아래의 그림과 같은 구조를 가지며 p-위치에 전자공여성 group(amine)을 가진 방향족 aldehyde에 전자 수용성 그룹(CN)을 가진 methylene 화합물을 이용하여 합성한다. 이로서 염료 구조 내에 전자 수용성 group에 의한 전하의 분리가 최종 염료 분자 내에 일어나게 된다.

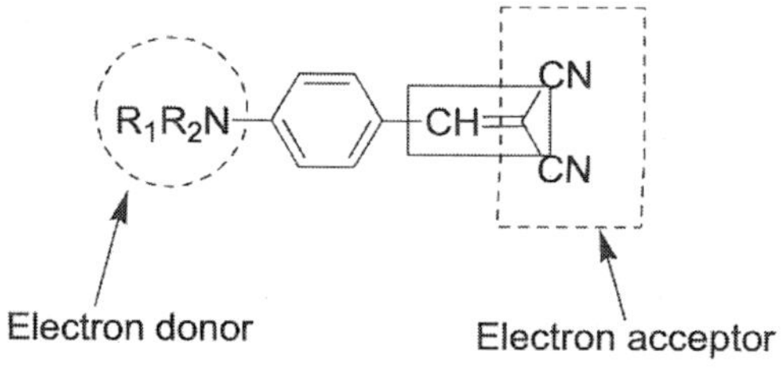


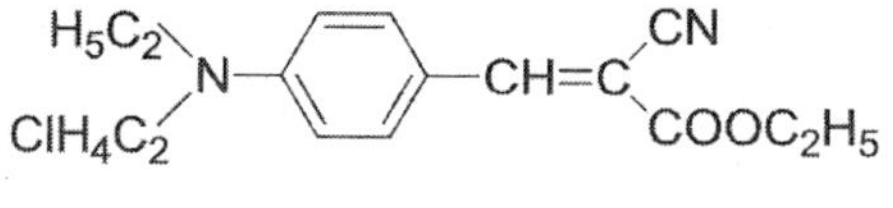

C. I. Disperse Yellow 31

## 3.3.8 반응성염료

섬유와 공유결합을 형성하는 염료로서 셀룰로오스 섬유의 -OH기, 양모 및 견섬유의 $-NH_2$기, 폴리아미드 섬유의 $-NH_2$기 등의 **섬유관능기와 결합을 형성한다.** 이러한 관능기가 염료의 전자밀도가 낮은 탄소원자를 공격하여 반응하는 것이며 반응형식에 따라 친핵 치환형(nucleophilic substitution)과 친핵 부가형(nucleophilic addition)으로 분류한다. 친핵 치환형에 속하는 대표적인 염료로서는 vinylsulfone계가 있다.

### 1) 친핵성 치환반응형(Nucleophilic substitution)

알칼리 존재 하에 셀룰로오스 섬유 중의 (O−cellulose) 및 염욕 중의 hydroxide ion (OH−)과 반응하여 다음과 같은 반응이 진행된다.

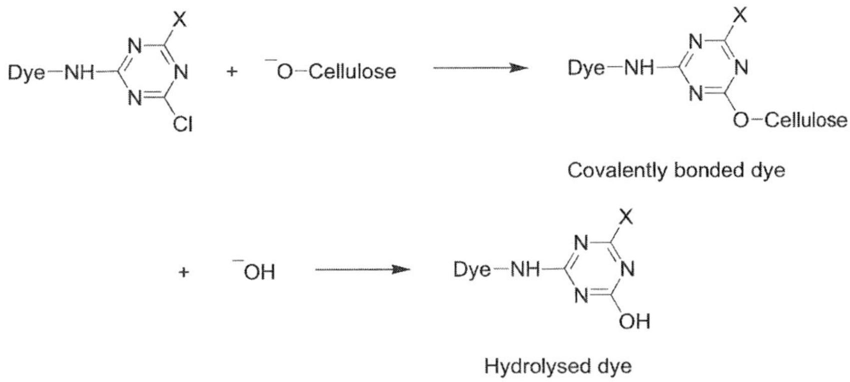


### 2) 친핵형 부가반응형(Nucleophilic addition)

Oxyethylsulfone의 황산 에스테르염인 Remazol type 염료로서 알칼리 존재 하에서 vinylsulfone유도체가 되고 vinyl기에 셀룰로오스 섬유의 hydroxyl기가 부가 반응하여 그림과 같이 반응한다.

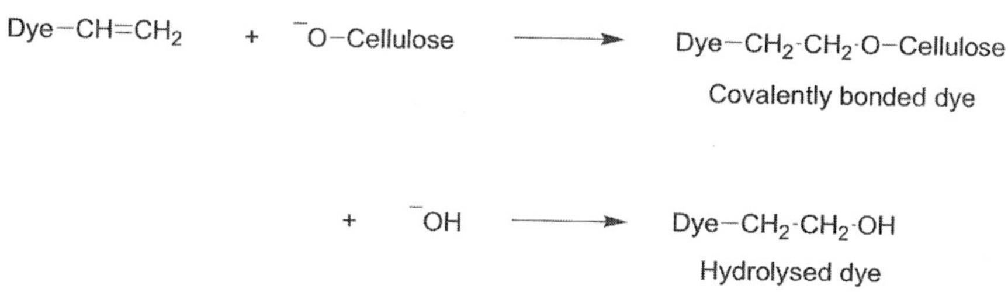


### 3) 반응성 염료의 화학구조

반응성 염료는 염료와 섬유분자 사이의 공유결합을 형성할 수 있는 특별한 반응기를 포함하는 염료이다. 즉, 염료 분자 내의 탄소 원자와 섬유 고분자의 hydroxyl, amino, mercapto group내에 있는 O, N, S 원자들 사이에 공유결합을 형성한다.

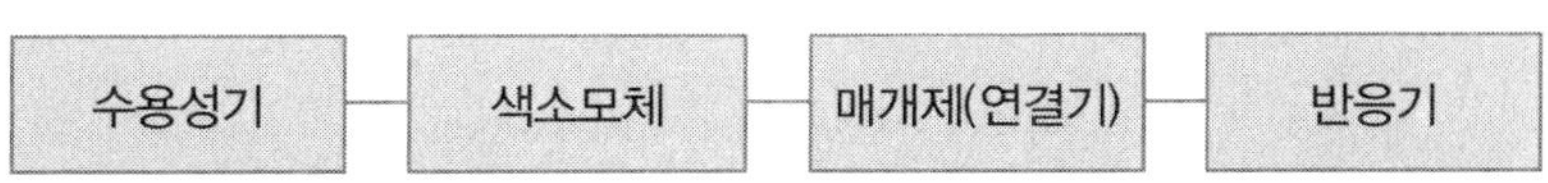

(1) Mono-functional 반응성 염료

가장 대표적인 반응성 염료는 cyanuric chloride의 반응기를 포함하는 것으로 triazine환 내에 존재하는 3개의 염소 원자의 반응성이 각각의 상태에서 다르기 때문에 이러한 반응성을 이용하여 합성에서 매우 다양하게 치환기를 적용하여 여러 목적으로 제조할 수 있다. Cyanuric chloride와 아미노기를 포함하는 발색단(chromophore)의 축합으로 높은 반응성을 가진 염료 Procion MX가 합성될 수 있다.

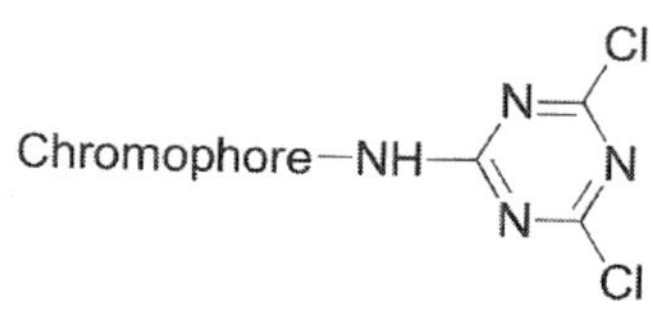


반응기에 존재하는 두 개의 염소 원자가 친핵성 전자를 포함하는 물질에 대하여 반응성이 매우 크기 때문에 실온보다 높은 30~45℃ 정도의 온도 조건에서도 쉽게 반응이 일어난다.

(2) Heterobifuntional 반응성 염료

반응기를 2개 도입한 염료로서 단독 반응기만으로는 얻어지기 어려운 효과를 얻기 위한 목적으로 개발된 염료이다. 즉 1개의 염료분자 중에 동일한 반응기를 2개 도입한 것과 서로 다른 종류의 반응기를 각각 1개씩 도입한 염료를 말한다.

C.I. Reactive Red 120인 경우에는 2개의 triazinyl 반응기를 가지는 염료로써 1개의 염료분자 구조 중에 색소모체와 2개의 triazinyl반응기를 가지고 있다.

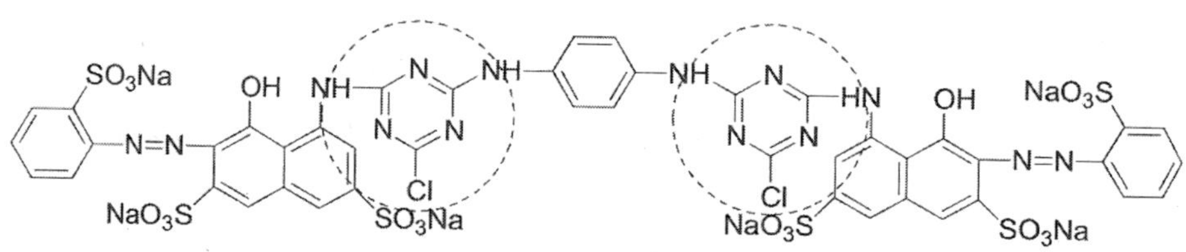


Two chlorotriazinyl reactive groups

이와 달리 C.I. Reactive Black 5인 경우에는 1개의 염료 분자 구조 내에 2개의 sulfatoethylsulfone반응기를 가지고 있다.

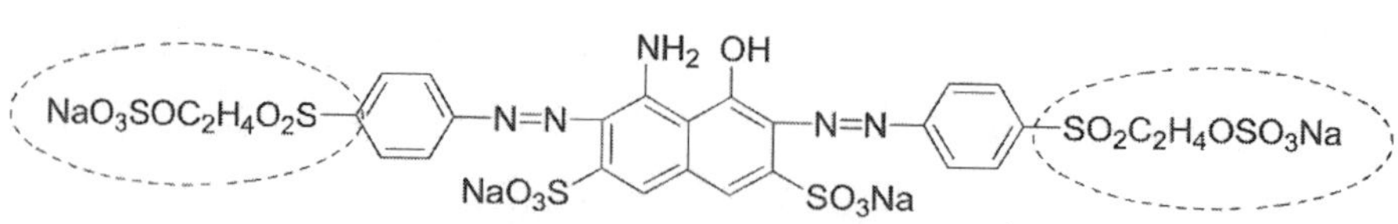


Two sulfatoethylsulfone reactive groups

C. I. Reactive Black 5

염료분자 구조 내에서 복수의 반응기를 갖는 염료 중에 서로 다른 반응기 종류를 2개 도입한 이종이관능형 반응성 염료는 1980년도 초에 상품화되었다.

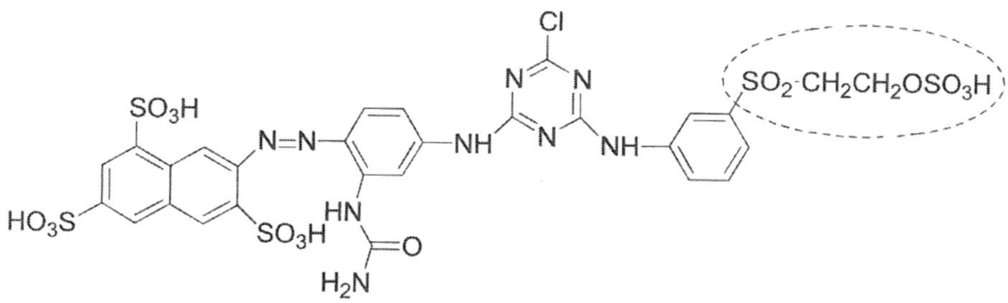

Mixed-anchor systems; heterobifunctional reactive type

위 그림에서 같이 상대적으로 반응성이 큰 sulfatoethylsulfone의 반응기(60~70℃)와 반응성이 낮은 monochlorotriazinyl 반응기(80℃)를 염료 구조 내에 포함하고 있다. 최적 염색 온도 범위가 저온 염색에서 고온 염색 조건에 넓게 반응이 이루어지는 장점이 있다. Sulfatoethylsulfone 반응기가 우선적으로 반응하고 반응성이 낮은 반응기인 monochlorotriazinyl기의 반응이 진행되는 것으로 생각된다.

### 4) 색소 모체 별 반응성 염료

#### (1) Azo계 반응성 염료

대부분의 반응성 염료들은 azo계라 할 수 있다. 간단한 monoazo염료는 황색 및 중간 정도의 황적색을 나타낸다. 대표적인 두 경우는 모두 2-naphthylamine-4,8-disulfonic acid를 디아조화한 다음 커플링제(coupling agent)로서 meta-toluidine 및 3-acetamidoaniline을 사용하여 합성하였다.

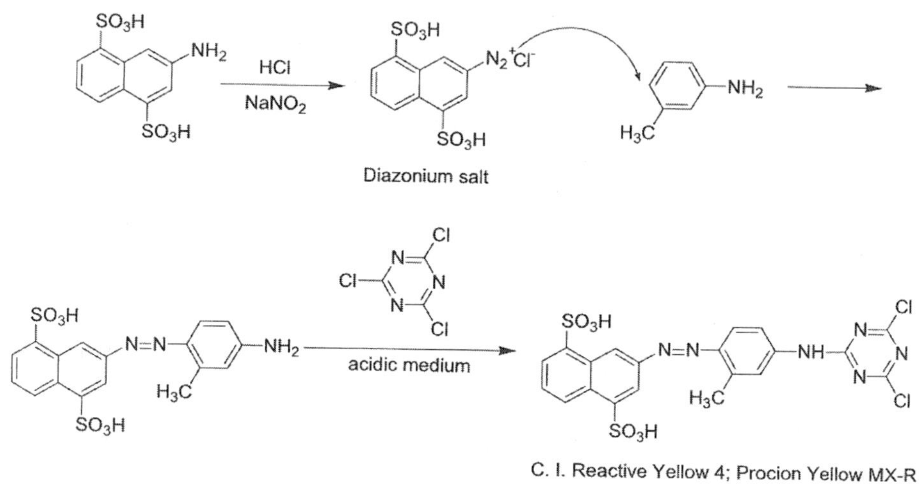

C. I. Reactive Yellow 4; Procion Yellow MX-R

아조 염료의 합성에 있어서 가장 대표적인 coupling agent로 사용되는 중간체는

aminonaphthol로서 이를 coupling agent로 사용하면 주황색부터 흑색까지 광범위한 색상을 나타낸다.

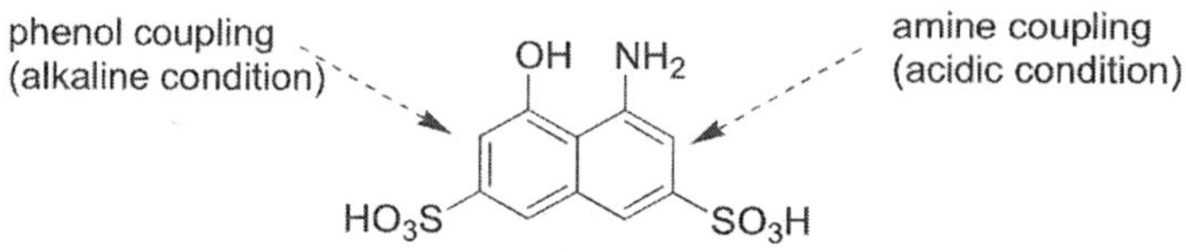


H-acid

(2) 금속착체 azo계 반응성 염료

아조 결합과 연결된 방향족환의 o-위치의 치환기(-OH, -COOH)와 금속염을 착염시키면 심색화 특성을 보여주는 아조염료를 얻을 수 있고 자주색, 보라색 및 청색을 나타낸다.

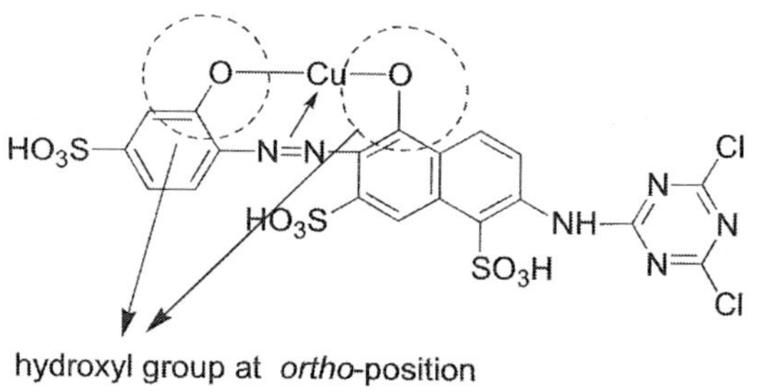


C. I. Reactive Red 6

(3) Anthraquinone계 반응성 염료

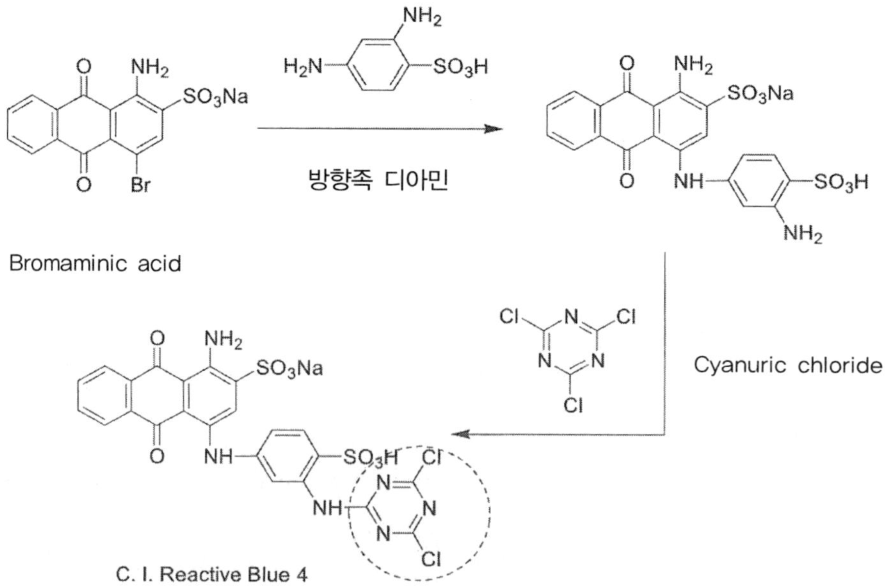

청색의 대표적인 색소 모체로 사용하는 염료로서 아조 염료 다음으로 중요하게 평가된다. 특히 안트라퀴논 염료는 선명한 색상, 우수한 일광견뢰도 특성 그리고 산, 알칼리 조건 하에서의 염료의 안정성 때문에 매우 중요하게 평가되고 있다. 상대적으로 가격이 높고 분광계수가 낮음에도 불구하고 청색의 염료 시장에 매우 중요하게 여겨진다. 대표적인 예는 C.I. Reactive blue 4를 예로 든다.

(4) Phthalocyanine계 반응성 염료

Phthalocyanine 반응성 염료는 azo및 anthraquinone 염료에서 얻을 수 없는 청록 및 녹색을 얻을 수 있다. 구리 phthalocyanine염료가 가장 일반적으로 사용된다.

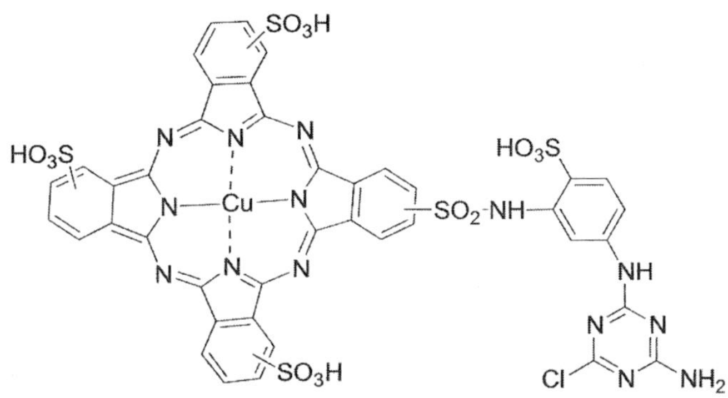

C. I. Reactive Blue 15

일반적으로 phthalocyanine분자가 chlorosulfonic acid와 반응하여 분자 구조에 tetrasulfonyl chloride가 도입되어 수용성이 얻어진다.

### 3.3.9 형광증백제

자외선 영역의 빛을 흡수하여 가시광선 영역으로 형광을 나타내는 화합물로서 엷은 황색계 색상을 나타내는 화합물의 특성을 청색계 파장으로 보정함으로써 백색의 외관을 나타내는 작용을 하는 물질을 형광증백제라고 한다. 형광증백제의 화학구조상의 특징은

① 공액 이중 결합을 구조 내에 가지고 있을 것

② 평면 구조를 취할 것

③ 전자공여성기를 갖고 $-NO_2$, −N=N−과 같은 전자흡인성기를 갖지 않을 것

①과 ②는 일반 직접 염료의 화학 구조 상의 특징에 해당되나 ③의 경우는 염료의 일반적인 특성과 다르다. 다음의 반응에서처럼 기본 stilbene의 골격으로부터 형광증백제 및 직접 염료가 각각 얻어질 수 있다.

형광증백제의 종류는 stilbene계 형광증백제가 가장 오래 전부터 공업화되었으며 현재에도 사용량이 가장 많다. 이중에서 셀룰로오스 섬유용으로 사용되는 Blackophor B가 중요하다. 양모용 형광증백제인 Leucophor WS(Coumarin계)는 우수한 백도를 부여하지만 내광성이 낮다. 또 다른 양모용 형광증백제는 Tinopal WG계가 있다. 셀룰로오스 섬유 및 나일론 섬유용으로 Uvitex SIA로 imidazole계로서 양이온 계면활성제와의 상용성이 좋다. 또한 아크릴 섬유용의 Tinopal AN과 폴리에스테르 섬유용의 Uvitex ERN의 oxazole계 형광증백제를 들 수 있다.

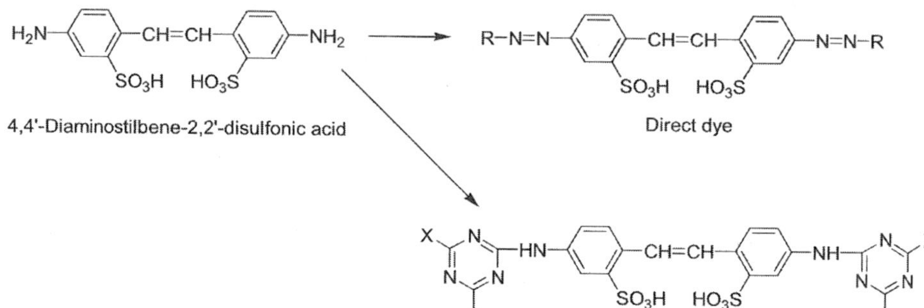

4,4'-Diaminostilbene-2,2'-disulfonic acid

Direct dye

Fluorescent brightener

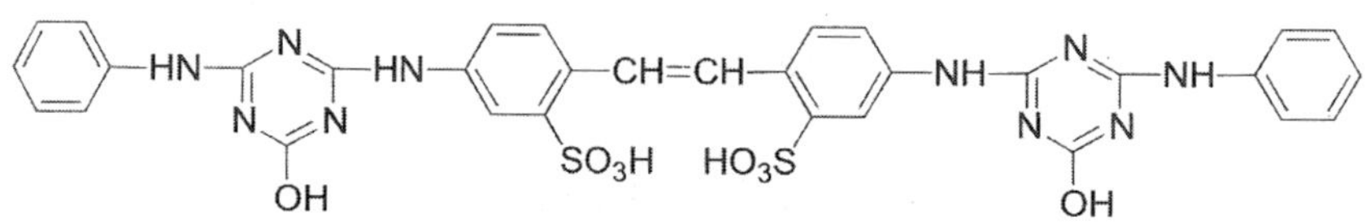

C. I. Fluorescent Brightener 32
Blankophor B

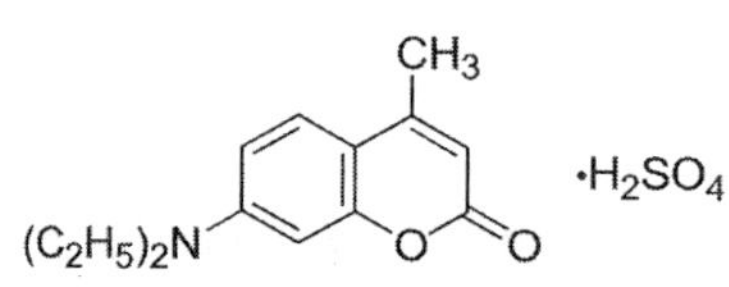

C. I. Fluorescent Brightener 52
Leucophor WS

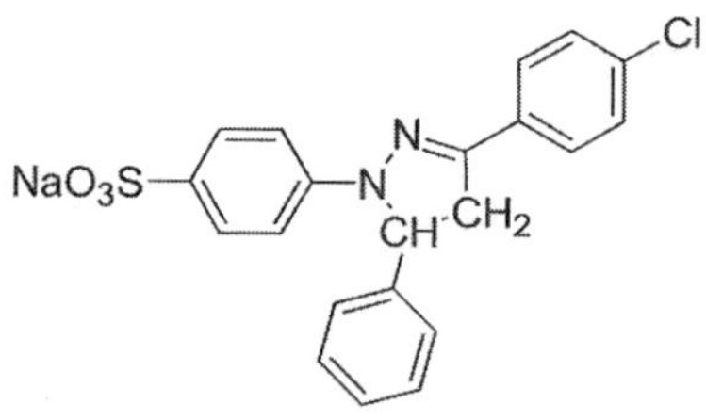

C. I. Fluorescent Brightener 54
Tinopal WG

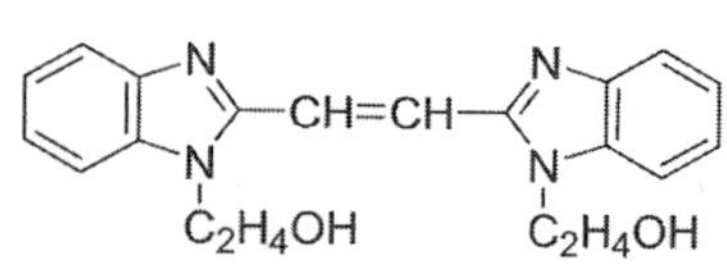

C. I. Fluorescent Brightener 45
Uvitex SIA

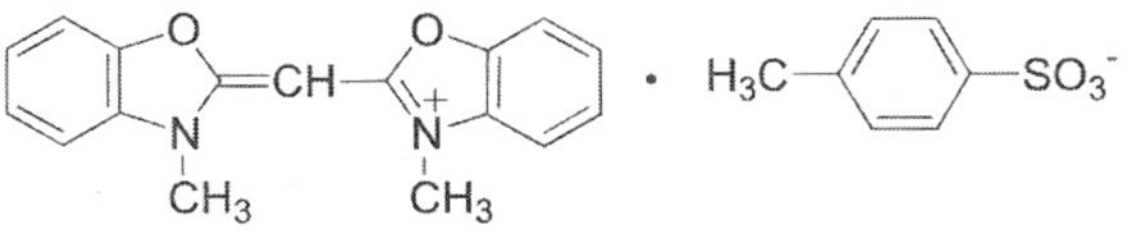

C. I. Fluorescent Brightener 55
Tinopal AN

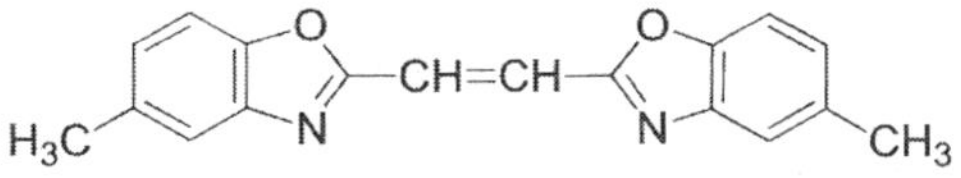

C. I. Fluorescent Brightener 135
Uvitex ERN

## 4 염료의 제조

### 4.1 Azo 염료

Azo염료는 모든 염료 종류에 있어서 많이 사용되고 있기 때문에 가장 중요한 염료로 평가된다. 생산량도 가장 많고 개발에도 다른 염료계에 비해 많은 노력을 기울여 왔다. 즉, 산성염료, 염기성염료, 직접염료, 분산염료 및 반응성 염료에서 아조염료가 발색계로 사용된다. azo기를 기본으로 하는 염료는 황녹색에서 부터 흑색까지 모든 범위에 걸쳐 원하는 색상을 얻을 수 있으며, 응용면에서도 천연섬유 및 합성섬유에 azo염료계를 적용할 수 있다.

대략 2,000여종의 azo염료는 monoazo(850종), disazo(850종), trisazo 및 complex azo(340종) 등의 염료로 분류될 수 있다. Azo염료의 제조에 있어서는 diazo성분, tetrazo성분 및 coupling 성분이 합성과정에 있어서 중요한 중간체가 되

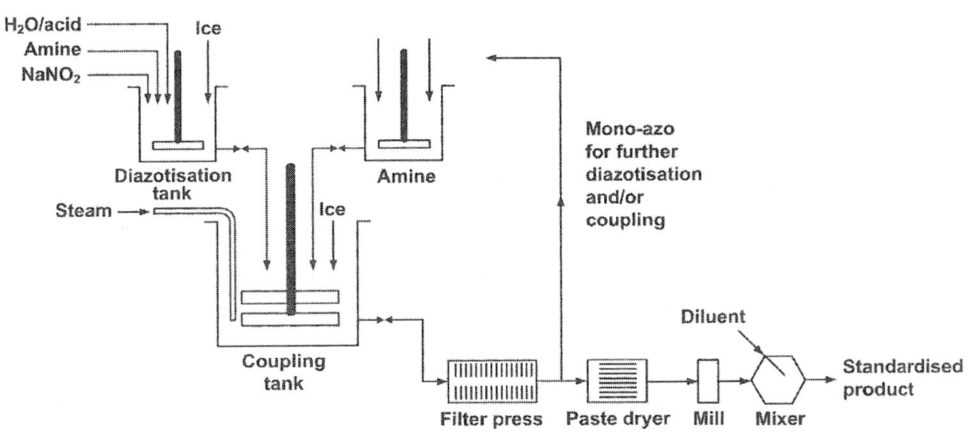

며 기본적인 제조공정은 현재까지 변화하지 않고 기존의 방법을 적용하고 있다. 1차 arylamine(diazo component)을 염산과 sodium nitrile로 처리하고 얻어진 diazo염을 coupling성분(방향족 amine 혹은 hydroxyl 화합물)과 반응시켜 azo염료를 얻는 공정이다. Diazo 및 polyazo염료의 경우에는 출발물질로서 diamine과 다기능 coupling성분을 사용하거나 amino azo화합물을 사용하여 공정을 반복함으로써 염료를 제조한다.

## 4.2 Anthraquinone 염료

아조계염료 다음으로 중요한 발색계이다. 배트염료가 일반적으로 polycyclic화합물로 존재하기 때문에 제조공정에 있어서는 높은 온도범위를 이용하여 축합반응으로 진행된다.

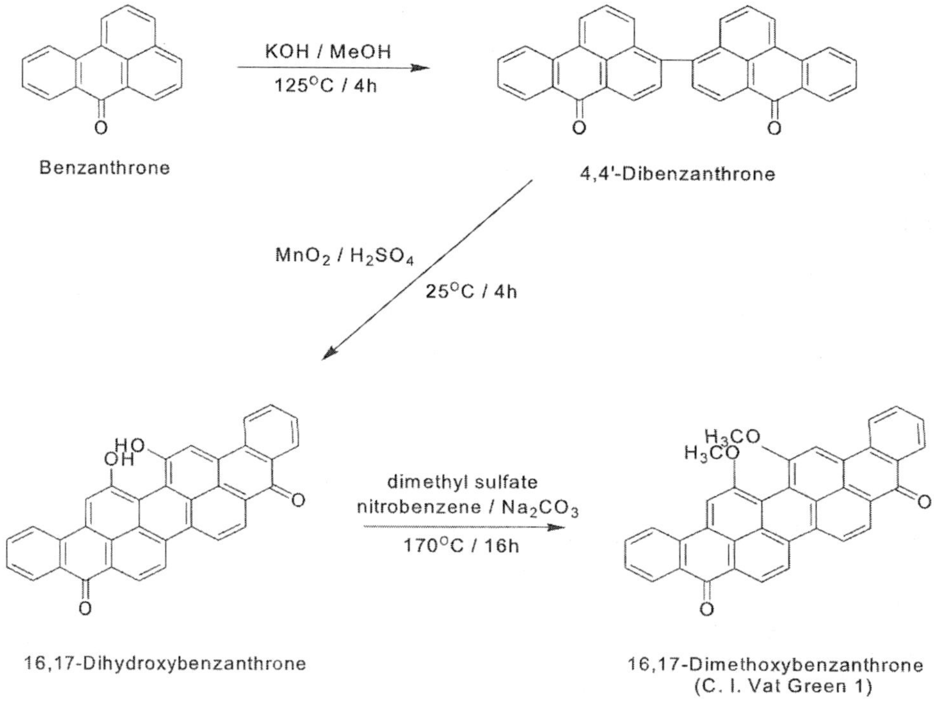


배트염료와 달리 산성, 분산 및 반응성 염료 계통에 속한 anthraquinone염료는 구조에 대한 치환반응을 기본으로 하여 염료를 제조한다. 따라서 중간체 제조과정에서 치환기를 도입하는 경우와 유사하다. Azo염료에 비하여 선명한 색상을 부여하고 특히 적색, 청색을 주로 얻을 수 있다. 그러나 단점으로는 염료의 색상이 약하여 가격 면에서 고가이다.

다음 그림들은 bromamine acid와 arylamine의 축합반응에 의한 산성염료 및 반응성 염료를 제조하는 과정을 보여주며 bromamine acid와 phenol의 반응으로부터 분산 염료를 제조하는 과정을 나타낸다.

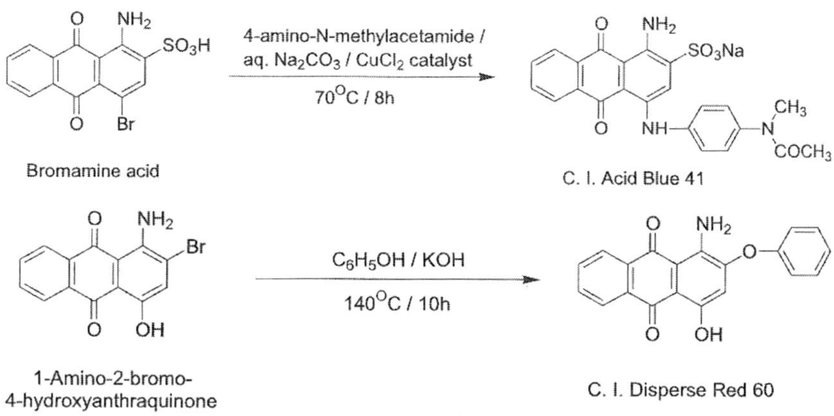


## 4.3 Phthalocyanine 염료

구리프탈로시아닌(CuPc)는 다른 금속 유도체에서 얻어질 수 없는 우수한 특성을 가지고 있기 때문에 프탈로시아닌계 염료 중에서도 가장 중요하게 평가된다. 제조방법에서는 phthalic anhydride와 urea로부터 제조하는 방법과 phthalonitrile로부터 제조하는 두 가지 대표적인 방법이 있다.

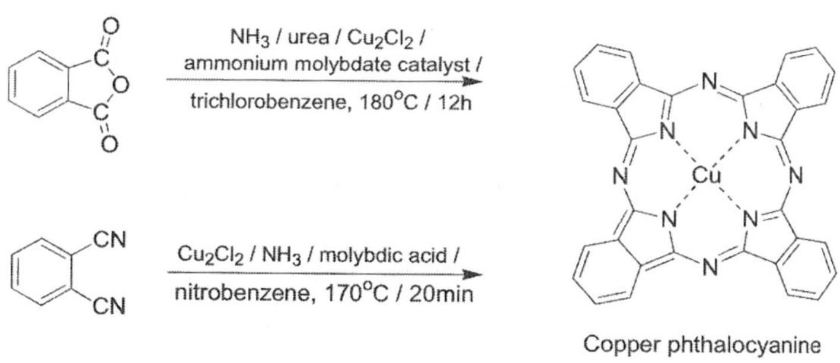


두 가지 제조 공정에 있어서 phthalonitrile을 이용하는 반응은 95% 정도의 높은 수율(收率)과 에너지 소비가 상대적으로 적다는 장점이 있으며 phthalic anhydride 공정의 경우는 약 85%의 수율로 상대적으로 낮지만 원료의 가격이 저렴하다는 장점이 있다.

## 4.4 Indigo 염료

오래 전부터 사용된 phenylglycine을 이용한 방법이 보편적 제조 방법으로 확립되어 왔으나 원료의 공급 부족으로 다른 대체 합성 방법을 모색하여 phenylglycine carboxylic acid를 이용한 방법을 대안으로 사용하였다.

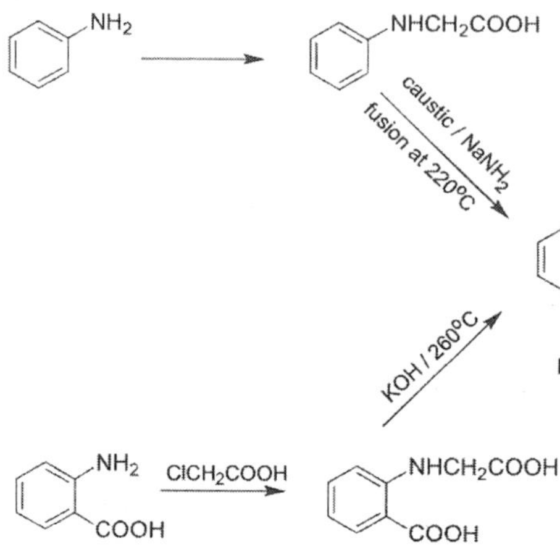


용융 온도를 낮추고 indigo 제조 수율을 높이기 위해서는 phenylglycine의 나트륨/칼륨염과 수산화나트륨/칼륨의 혼합물을 함께 사용하는 방법을 이용할 수 있다. 다음 그림은 용융 반응조와 세 가지 반응 성분의 투입과정 및 반응 후 산화과정을 위한 장치로 이동되는 과정을 보여준다.

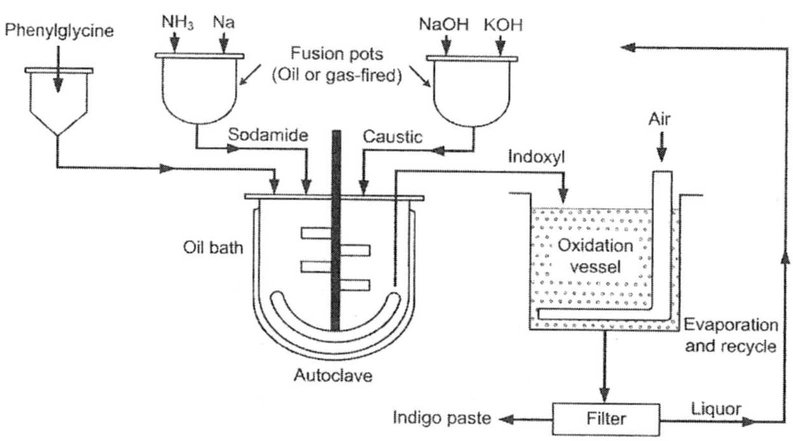


## 5 참고문헌

1. R. M. Christie, R. R. Mather, R. H. Wardman, "The Chemistry of Colour Application", Blackwell Science Ltd., 2000.
2. H. Zollinger, "Color Chemistry", Wiley-VCH, 2003.

3. K. Hunger, “Industrial Dyes; chemistry, properties, applications”, Wiley-VCH, 2002.
4. S. M. Burkinshaw, “Chemical Principles of Synthetic Fiber Dyeing”, Blackie Academic & Professional, 1995.
5. D. R. Waring, G. Hallas, “The Chemistry and Application of Dyes”, Plenum Press, 1990.
6. P. F. Gordon, P. Gregory, “Organic Chemistry in Color”, Springer-Verlag, 1983.
7. E. R. Trotman, “Dyeing and Chemical Technology of Textile Fibers”, Wiley-Interscience, 1984.
8. J. Shore, “Color and Auxiliaries; organic chemistry and application properties”, Society of Dyers and Colorists, 1990.
9. K. McLaren, “The Color Science of Dyers and Pigments”, Adam Hilger Ltd., 1986.
10. R. P. Wayne, “Photochemistry”, Butterworths, 1970.
11. A. T. Peters, H. S. Freeman, “Color Chemistry; the design and synthesis of organic dyes and pigments”, Elsevier Applied Science, 1991.
12. A. T. Peters, H. S. Freeman, “Modern Colorants Synthesis and Structure”, Blackie Academic & Professional, 1995.
13. P. Gregory, “High-Technology Application of Organic Colorants”, Plenum Press, 1991.
14. J. Griffiths, “Color and Constitution of Organic Molecules”, Academic Press, 1976.

# 6장 화장품

## 1 서론

### 1.1 화장의 목적

화장의 발생은 역사적으로 거슬러 올라가서 언제라고 확증하기는 어려우나 출토품 등으로부터 미루어 보아 구석기 시대 무렵으로 추정되며, 화장은 인류 역사와 함께 하였고 매우 오랜 역사를 지닌 것을 알 수 있다.

화장의 목적을 보면 자연으로부터 신체 보호를 들 수 있다. 신체를 자연의 위협(온도, 햇빛 등)으로부터 지키기 위해 기름이나 흙이나 식물을 혼합한 것을 발랐고, 강한 빛을 막고, 벌레로부터 보호할 수 있었다.

그러나 과학의 발달과 함께 현대에서는 이러한 목적은 거의 없어지고 신체를 청결히 할 것, 자기를 아름답고 매력 있게 표현해서 마음을 풍요롭게 하는 것, 자외선이나 건조 등으로부터 피부나 모발을 보호해서 노화방지에 주의하는 것, 아름답게 나이를 먹으면서 쾌적한 생활을 즐기는 것이 현재 화장품의 주된 목적이다.

### 1.2 화장품의 정의

약사법에서는 의약품, 의약부외품, 화장품, 의료용구 등 4가지로 분류하고 화장품이란 '사람의 신체를 청결히 하고, 미화하고, 매력을 증가시키고, 용모를 변화시키고 또는 피부 혹은 모발을 건강하게 유지하기 위하여 신체적 도포, 산포 기타 이들에 유사한 방법으로 사용하는 것을 목적으로 인체에 대한 작용이 완화된 것을 말한다'라고 정의하고 있다.

실제 화장품은 일상 생활에서 매일 또는 장시간에 걸쳐 사용하기 때문에 모든 조건을 고려하여 사용상 안전해야 하며, 부작용은 허용되지 않는다. 이에 비하여 의사가 사용하는 의약품은 질병 시에만 사용하는 것이므로 병의 치료가 제일 목적이고 치료 시 효능이 우선되며 이에 따르는 약간의 부작용이 불가피한 경우가 있다. 그 외에 성분 표시, 기한 표시, 신청 조건도 달라서 화장품이 지정 성분 표시인 것에 반하여, 의약품은 유효 성분 표시로 되어 있다.

## 2 화장품의 분류와 용도

화장품은 사용 부위, 사용 목적 또는 제품의 구성 성분 및 형상 등에 의해 여러 가지로 분류되고, 여기서는 일상적으로 자주 사용되는 스킨케어(skin care) 화장품, 메이크업(makeup) 화장품, 바디케어(body care) 화장품, 헤어케어(hair care)화장품, 구강용 화장품, 방향 화장품을 표에서 분류하였다.

표 6-1 화장품의 분류

| 분류 | | | 사용목적 | 주요제품 |
|---|---|---|---|---|
| 피부용 | 스킨 케어 화장품 (기초 화장품) | | 세정 | 세안 크림 · 폼 |
| 피부용 | 스킨 케어 화장품 (기초 화장품) | | 정돈 | 화장수, 팩, 마사지크림 |
| 피부용 | 스킨 케어 화장품 (기초 화장품) | | 보호 | 유액, 모이스쳐크림 |
| 피부용 | 메이크업 화장품 | | 베이스 메이크업 | 파운데이션, 백분 |
| 피부용 | 메이크업 화장품 | | 포인트 메이크업 | 입술연지, 볼연지, 아이섀도우, 아이라이너, 네일 에나멜 |
| 피부용 | 바디 케어 화장품 | | 목욕용 | 비누, 액체세정료, 입욕제 |
| 피부용 | 바디 케어 화장품 | | 자외선 방어 | 일광 그을림 방지(선스크린) 크림, 선오일 |
| 피부용 | 바디 케어 화장품 | | 제한, 방취 | 데오드란트 스프레이 |
| 피부용 | 바디 케어 화장품 | | 탈색, 제모 | 탈색, 제모크림 |
| 피부용 | 바디 케어 화장품 | | 방충 | 방충 로션 · 스프레이 |
| 모발 · 두발 · 두피용 | 헤어 케어 화장품 | 두발용 | 세정 | 샴푸 |
| 모발 · 두발 · 두피용 | 헤어 케어 화장품 | 두발용 | 트리트먼트 | 린스, 헤어 트리트먼트 |
| 모발 · 두발 · 두피용 | 헤어 케어 화장품 | 두발용 | 정발 | 헤어 무쓰, 헤어 리퀴드, 포마드 |
| 모발 · 두발 · 두피용 | 헤어 케어 화장품 | 두발용 | 퍼머넌트 웨이브 | 퍼머넌트 웨이브 로션 1제, 2제 |
| 모발 · 두발 · 두피용 | 헤어 케어 화장품 | 두발용 | 염모, 탈색 | 헤어 칼라, 헤어 블릿치, 칼라 린스 |
| 모발 · 두발 · 두피용 | 헤어 케어 화장품 | 두피용 | 육모, 양모 | 육모제, 헤어토닉 |
| 모발 · 두발 · 두피용 | 헤어 케어 화장품 | 두피용 | 트리트먼트 | 스캘프 트리트먼트 |
| 구각용 | 구강용 화장품 | | 치마제 | 치약 |
| | 구강용 화장품 | | 구강청량제 | 마우스 워셔 |
| | 방향 화장품 | | 방향 | 향수, 오데코롱 |

스킨케어 화장품은 기초화장품, 훼이셜 화장품, 피부용 화장품이라고도 하며 주로 얼굴에 사용하는 화장품이고 사용 목적에 따라 베이스 메이크업, 포인트 메이크업으로 나뉘어진다.

**바디케어 화장품**은 주로 얼굴 이외의 피부, 즉 몸(body)에 사용하는 화장품을 말한다. 일광 그을름 방지 화장품, 선탠 화장품, 땀을 제거하거나 방취하는 화장품, 불필요한 털을 탈색하거나 제거하는 제품, 비누, 핸드케어, 목욕용 화장품이 있다.

**헤어케어 화장품**은 두발의 세정, 트리트먼트, 정발을 위한 화장품과 모발을 화학적으로 정리하여 웨이브를 만드는 퍼머넌트 웨이브제 및 염모제, 그 외에 두피용 화장품인 육모제나 두피용 트리트먼트가 있다.

**구강용 화장품**은 치약이 중심 제품이고 이 외에 구강 청량제가 포함된다.

**방향 화장품**은 주로 바디에 사용되는 데 때로는 두발이나 귀 부분에 사용되기도 한다. 방향 화장품의 대표는 향수로서, 부향률(향료의 사용률)의 차이에 의한 오데코롱(eaude cologne) 등이 있다.

## 3 화장품의 계면화학

화장품은 여러 가지 성분으로 이루어져 있고 그 형태도 여러 가지이다. 그리고 화장품이 나타내는 상태는 각각의 물리화학의 의미를 갖는다. 화장품을 한마디로 말하면 용해된 상태와 용해되지 않는 것이 혼합된 상태이다. 이와 같은 상태의 물질 및 그 변화를 연구 대상으로 하는 것이 콜로이드 및 계면 화학이므로 화장품의 물리화학이 콜로이드 및 계면화학을 의미한다 해도 과언이 아니다.

이와 같이 화장품은 화학 물질로 혼합한 것이고 따라서 콜로이드상이 대부분이며 유화, 가용화, 색재료 및 분체의 분산, 분체의 향료 흡착 또는 인간의 체내와 외계와의 계면에 이르는 피부면, 더욱이 그 피부 면에 대한 화장품의 부착성 혹은 그 탈착 작용, 그리고 비누나 샴푸의 거품 등은 계면화학에 기초한다. 또 화장품의 대부분은 **분산액**이고, 이와 같은 분산계의 화학은 콜로이드 화학이다. 계면활성제에 대해서는 앞에서 언급하였으므로 여기서는 화장품에 관련이 있는 사항에 대하여 간단히 언급한다.

계면활성제는 일반적으로 분자의 형태가 가늘고 길며, 소수기와 친수기를 가지며 소수기는 대개 직쇄의 탄화수소기이지만 친수기는 이온적인 것과 비이온적인 것으로 구별되며 더욱 이들은 세분화되고 있다. 이들 계면활성제 수용액의 표면장력은 농도와 함께 감소하고 콜로이드상의 미셀의 출현이 시작하는 농도 즉 **임계미셀농도**(critical micelle concentration, CMC)를 경계로 계의 가용화력, 유화력, 세정력의 성질이 크게 변화한다. 또한 이온성의 계면활성제는 어느 온도 이상에서 물로의 용해도가 급격히 증대한다. 이것은 그 온도 이상에서 미셀이 생성하기 때문이며, 이 온도를 Kraft point라고 부르고 이 점 이상에서 사용하지 않으면 세정 효과가 없다.

**액-액 계면**에 있어서의 가용화(solubilization) 현상은 난용성의 물질이 계면활성제의 미셀에서 용해하는 것이고 화장수는 이 기술을 응용한 것이다. 유화

(emulsification)는 액체 중에서 다른 액체가 분산되어 있는 것으로 이와 같은 용액을 유탁액(emulsion)이라 하여 수중유형(oil in water, O/W형)과 유중수형(water in oil, W/O형)이 있다, 에멀젼이 O/W형이 되거나 W/O형으로 되는 사용한 계면활성제의 소수기와 친수기 크기와의 구조 밸런스(hydrophile-lipophile balance, HLB), 온도, 첨가 순서 등의 영향을 받으며 사용한 계면활성제의 HLB값이 낮을 때에는 W/O형, 높을 때에는 O/W형이 된다.

**고-액 계면**에서의 현상으로서 젖음(wetting)과 분산이 있다. **젖음**의 현상은 고체면을 어떤 액체가 적시면, 액체 자신의 응집에 이겨서 고체 표면으로 퍼지는 현상이며 고체의 미립자가 액체에 분산된 소위 서스펜션(suspension)을 만들기 위해 중요하다. 또한 분체, 혼합, 분산에 영향을 주는 응집성, 메이크업 효과 등에는 부착성이 크게 관계한다. 한편 레올로지(rheology)도 충분히 고려해야만 하는 문제이다.

## 4 화장품의 원료소재

### 4.1 유성원료

#### 4.1.1 유지: Oils and Fats

유지는 지방산과 글리세린의 트리에스테르(트리글리세리드)가 주성분이며 동식물계에 널리 분포한다. 유지 중에 상온에서 액체인 것을 지방유, 고체인 것을 지방이라고 한다. 화장품 원료로서 유지는 천연에서 얻은 것을 탈색, 탈취 등 정제하여 사용하고 경우에 따라서는 부분 또는 완전하게 수소 첨가해서 경화유지로 사용하거나 혹은 냉각해서 고체 유지를 제거한 다음 사용하는 경우가 있다.

1) 올리브유: Olive oil

올리브의 열매를 압착하여 얻은 지방유이다. 주산지는 스페인, 이탈리아 등의 지중해 연안 지방이다. 구성 지방산은 올레인산(65~85%)이 많고 그 외 팔미틴산(7~16%), 리놀산(4~15%) 등이다. 올리브유는 피부 표면으로부터의 수분 증발 억제나 사용 감촉의 향상 등의 목적으로 사용된다.

2) 동백유: Camellia oil

동백나무의 종자에서 얻은 지방산이다. 구성 지방산으로서는 올레인산(82~88%)이 많고, 그 외 팔미틴산 등의 포화지방산(8~10%)과 리놀산(1~4%) 등이 포함되어 있다. 올리브유와 성상이 유사하며 크림, 유액 등에 사용된다. 또 예부터 두발용 기름으로 사용되어 왔다.

3) 마카다미아 너트유: Macadamia nut oil

호주가 원산지인 야마모가시과의 Macadamia ternifolia의 열매를 압착하여 얻어지는 지방유이다. 구성 지방산으로서는 올레인산(50~65%)이 주성분이고 식물유지로서는 드물게 팔미트레인산(20~27%)이 많이 포함되어 있다. 사용 감촉 등을 향상시키기도 해서 크림, 유액, 입술연지 등에 사용한다.

4) 피마자유: Caster oil

인도 또는 아프리카 원산지인 피마자(아주까리)의 종자에서 얻어지는 지방유이다. 지방산으로서 하이드록시산인 리시놀산(85~95%)을 많이 함유하기 때문에 다른 유지에 비해 친수성이 높고 점성이 있으며 에탄올에 용해된다. 이러한 특성을 살려서 입술 연지, 포마드 등에 사용되고 그 외에 염료의 용해제로서 사용된다.

### 4.1.2 왁스류: Wax esters

왁스류는 화학구조상 고급지방산과 고급 알코올의 에스테르이며 동식물로부터 얻을 수 있다. 동식물에서 얻은 왁스는 전술한 에스테르가 주성분이며 이 외에 유리 지방산, 고급알코올, 탄화수소, 수지류 등을 포함하고 있다. 또 왁스류를 구성하는 지방산이나 고급 알코올은 유지의 경우와 달리 $C_{20}$~$C_{30}$을 비교적 많이 함유하고 있다. 왁스류는 기초화장품이나 메이크업 화장품 등에 널리 이용되고 있다. 주된 가용 목적은 입술 연지 등을 고형화하거나 광택을 부여하고 사용 촉감을 향상시키기도 한다.

1) 카르나우바 왁스: Carnauba wax

남미 특히 브라질 북부에 자생 또는 재배되고 있는 높이 10m의 카르나우바 야자의 잎 또는 잎 꼭지로부터 채취되는 단단하고 부서지기 쉬운 왁스이다. $C_{20}$~$C_{32}$의 지방산과 $C_{28}$~$C_{34}$의 알코올로 이루어진 에스테르이고 특히 하이드록시산 에스테르가 많다. 융점은 80~85℃로 식물 왁스 중에서는 높은 편이다. 카르나우바 왁스를 사용하는 주목적은 입술 연지 등 스틱상 제품의 광택 부여와 내온성 향상 등이 있다.

2) 칸데릴라 왁스: Candellila wax

멕시코 북서부, 미국 텍사스주 등 온도차가 심하고 비가 적은 건조한 고원지대에서 생육하는 칸데릴라 식물 등이 줄기로부터 얻은 왁스를 정제한 것이다. $C_{16}$~$C_{24}$의 지방산 에스테르가 약 30%, 헨토라이콘산($C_{31}H_{64}$) 등의 탄화수소가 약 45%, 미리실 알코올 등의 유리 알코올, 수지분 등이 약 25%이다. 입술연지 등의 스틱상의 제품에 광택이나 내온성 향상 등의 목적으로 사용된다.

### 3) 호호바유: Jojoba oil

아메리카 남부, 멕시코 북부의 건조지대에 자생하고 있는 호호바에서 얻어지는 액체 왁스이다. 그 주성분은 불포화 고급 알코올(11-eicosen-1-ol 및 13-dococen-1-ol)과 불포화지방산(11-eicosenoic acid 및 oleic acid)의 에스테르이다. 산화에 대한 안정성이 우수하고 사용 감촉이 양호하며 피부엔 친화력이 있기 때문에 크림, 유액, 입술 연지 등에 사용한다.

### 4) 밀납: Bees wax

동양꿀벌, 유럽꿀벌, 등의 꿀벌 집에서 얻은 왁스를 정제한 것이다. 꿀벌의 집으로부터 벌꿀을 채취한 후 열탕에 넣어서 왁스를 분리하여 얻는다. 황색 또는 황갈색의 고체이다.

조성은 동양 밀납과 서양 밀납과는 다소 차이가 있지만 모두 고급 지방산과 고급 알코올의 에스테르가 주성분이고 유리 지방산, 탄화수소 등을 함유하고 있다. 동양 밀납과 에스테르 주성분은 16-히드록시 팔미틴산 세틸($C_{15}H_{30}(OH)-COOC_{26}H_{53}$)과 팔미틴산 세틸($C_{15}H_{31}O-COOC_{26}H_{53}$)이고 유럽 밀납은 팔미틸산 미리실($C_{15}H_{31}O-COOC_{31}H_{63}$)이 주성분이다. 밀납은 크림이나 입술 연지, 볼연지 등의 스틱상의 제품에 주로 사용된다.

### 5) 라놀린: Lanolin

양의 털로부터 얻어지는 지방 모양의 물질을 정제한 것이며 담황색의 연고와 같은 물질이다. 주성분은 고급 지방산과 스테롤류 및 고급 알코올의 에스테르 혼합물이다. 그 구성 성분인 고급 지방산 부분은 복잡하고 안티이소 지방산과 이소 지방산이 대부분을 점유하고 스테롤류 및 고급알코올부의 조성은 콜레스테롤, 이소콜레스테롤이 대부분이고 그 이외에 $C_{13}\sim C_{33}$의 고급 알코올이 함유되어 있다. 라놀린은 피부에 대하여 친화성, 부착성이 풍부하고 또 물성적으로 물을 함유하는 성질이 우수하므로 크림, 입술 연지 등에 사용된다.

안티이소지방산

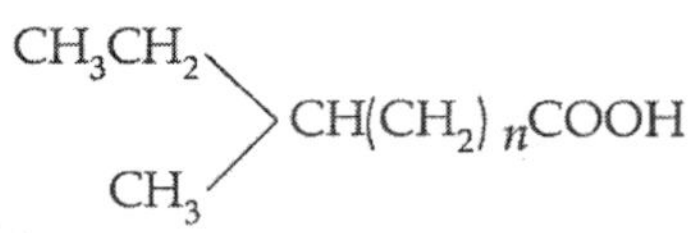

$(n=4\sim26)$

이소지방산

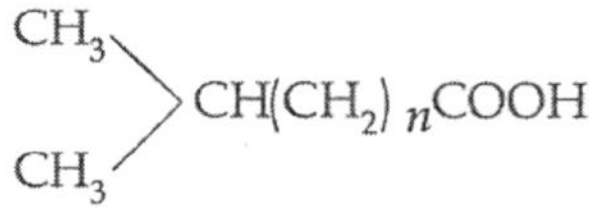

$(n=6\sim24)$

### 4.1.3 탄화수소: Hydrocarbon

#### 1) 유동 파라핀: Liquid paraffins

석유 원유의 300℃ 이상의 유분에서 고형 파라핀을 제거하여 정제한 것이다. 상온에서 액상이며 $C_{15}$~$C_{30}$의 포화 탄화수소의 혼합물이다. 유동 파라핀은 정제가 용이하므로 무색, 무취를 얻을 수 있고 화학적으로 불활성이므로 변질하는 것이 적으며 유화하기 쉽다는 점 등의 이유 때문에 유성원료로서 다량으로 사용되고 있다.

#### 2) 파라핀: Paraffin

석유 원유를 증류하여 최후에 남은 부분을 진공 증류, 혹은 용제 분별에 의해 얻어지는 무색 또는 백색 투명한 고체(융점 50~70℃)이다. 조성은 주로 직쇄의 탄화수소로 이루어져 있으나 2~3%의 가지달린 탄화수소를 포함하는 것도 많다. 탄소수는 $C_{16}$~$C_{40}$사이에 분포하고 특히 $C_{20}$~$C_{30}$이 많다.

파라핀은 유동 파라핀과 마찬가지로 무색, 무취, 불활성이고 크림, 입술 연지 등에 사용된다.

#### 3) 바세린: Petrolatum

석유 원유의 진공증류 잔유를 용제 탈납할 때에 얻어지는 연고상의 물질을 정제한 것을 바세린이라 한다. 주성분을 $C_{24}$~$C_{34}$의 탄화수소이고 비정질이다. 바세린은 유동 파라핀과 파라핀과의 단순한 혼합물은 아니고 고형 파라핀이 외상을, 액체 유동 파라핀이 내상을 구성하고 콜로이드 상태로 존재하는 것으로 생각한다.

#### 4) 세레신: Ceresin

오조케라이트를 정제한 것으로, 주로 $C_{29}$~$C_{35}$의 직쇄 상의 탄화수소로 이루어지는 데 일부 이소파라핀이 포함되어 있다. 파라핀에 비해서 분자량이 크고 비중, 경도, 융점(61~95℃) 등이 높다. 입술연지, 스틱상 포마드 등의 고화제로서 사용된다.

#### 5) 마이크로크리스탈 왁스: Maicrocrystalline wax

Petroleum 등의 탈유에 의해 얻어지는 비결정성 고체이다. $C_{31}$~$C_{70}$의 이소파라핀을 주성분으로 하는 복잡한 혼합물이다. 점성이 있고 늘어나는 성질이 있으며 낮은 온도에서 취약하지 않고 미세한 결정으로 융점(60~85℃)이 높다. 다른 왁스에 혼합하면 결정의 성장을 억제한다. 입술연지, 크림 등에 사용된다.

#### 6) 스쿠알란: Squalane

스쿠알렌은 일반적으로 심해의 상어류에 다량으로, 또 올리브유 등에 존재한다. 이 스쿠알렌을 수소 첨가하여 얻은 것이 스쿠알란($C_{30}H_{62}$)으로 상온에서 액체이다.

스쿠알란은 안정성이 높고 화학적으로 불활성인 유성원료이며, 크림, 유액 등의 기초 화장품에 많이 상용되고 있다.

### 4.1.4 고급 지방산: Higher fatty acids

#### 1) 라우린산: Lauric acid

$$CH_3(CH_2)_{10}COOH$$

야자유, 팜핵유 등을 검화 분해해서 얻어지는 혼합지방산을 분류하여 얻는다. 라우린산을 수산화나트륨이나 트리에탄올아민으로 중화하여 얻은 비누는 수용성이 높으며 거품상태가 좋기 때문에 화장비누, 세안류 등에 사용된다.

#### 2) 미리스틴산: Myristic acid

$$CH_3(CH_2)_{12}COOH$$

팜핵유 등을 검화 분해하여 얻어지는 혼합지방산을 분류하여 얻는다. 화장품에 직접 이용되는 경우는 드물다. 미리스틴산의 비누는 기포성 등의 거품성질 및 세정력이 우수하기 때문에 세안류 등에 사용된다.

#### 3) 팔미틴산: Palmitic acid

$$CH_3(CH_2)_{14}COOH$$

팜유 등을 검화 분해하여 얻는다. 유성원료로서 크림, 유액 등에 사용된다.

#### 4) 스테아린산: Strearic acid

$$CH_3(CH_2)_{16}COOH$$

스테아린산의 제조는 주로 우지를 검화 분해하여 얻은 지방산을 냉각 압축하고, 액체산(주로 올레인산)을 제거해서 만드는 경우와 대두유, 면실유 등을 수소 첨가해서 올레인산, 리놀산 등의 불포화지방산을 포화 지방산으로 한 후 분해 증류하여 만드는 경우가 있다. 전자는 팔미틴산을 상당량 함유하고 있고 후자는 스테아린산 순도가 높고 융점이 높다.

스테아린산은 크림의 성분으로서 중요하고 크림의 영속성, 경도 등에 영향을 준다. 크림, 화장수, 입술 연지 등에 사용된다.

5) 이소스테아린산: Isostearic acid

가지달린 구조를 가진 탄소수 18의 포화 지방산을 이소스테아린산으로 총칭한다. 이소스테아린산을 올레인산으로부터 다이머산을 합성할 때에 부산물로 생기는 불포화 지방산을 수소 첨가해서 만드는 경우와 노닐알데히드의 알돌 축합물의 수소 첨가 후 산화시켜 만드는 경우, 가베트법에 의해서 만드는 경우가 있다.

이소스테아린산은 액상으로 스테아린산, 팔미틴산 등의 포화지방산보다 융점이 낮고 올레인산 등의 불포화 지방산에 비해 산화되기 어렵다. 유성 원료이며 트리에탄올아민 등의 염은 유화제로서 사용된다.

### 4.1.5 고급 알코올: Higher alcohol

1) 세틸알코올: Cetyl alcohol

$$CH_3(CH_2)_{15}OH$$

세탄올이라고 하며 경납을 검화(비누화) 분해하여 얻은 알코올을 분류하는 방법, 야자유 또는 우지를 검화하여 얻은 팔미틴산을 환원 후 분류하는 방법, Ziegler법 등에 의해 얻는다. 백색 왁스 상의 고체로 수산기를 갖기 때문에 그 자체 유화력은 없고 크림, 유액 등의 유화제품의 유화안정보조제로 사용된다.

2) 스테아릴 알코올: Stearyl alcohol

$$CH_3(CH_2)_{17}OH$$

세틸 알코올과 같은 방법으로 제조된다. 백색 왁스와 같은 고체로 크림, 유액 등 유화제품의 유화안정 보조제로서 사용하고 입술 연지 등의 스틱상 제품에도 사용된다.

3) 이소스테아릴 알코올: Isostearyl alcohol

가지달린 구조를 가진 탄소수 18의 포화 알코올의 총칭이며 가베트(Guerbet) 반응, 알돌 축합 등의 화학합성에 의해 얻어진다. 최근에는 다이머산의 제조 시에 부산물로 생기는 불포화 지방산의 수소 첨가물인 이소스테아린산을 환원한 이소스테아릴 알코올도 시판되고 있다. 이소스테아릴 알코올은 액상으로 열안정성, 산화안정성이 우수하여 유성원료로서 사용된다.

4) 2-옥틸도데칸올: 2-Octyldodecanol

가베트 반응, 알돌 축합에 의해 합성한다. 무색 투명한 액체로 냄새는 거의 없다. 고급 알코올임에도 불구하고 가지달린 형태이기 때문에 응고점이 낮다. 사용감촉이 양호하기 때문에 유성원료로서 사용한다.

### 4.1.6 에스테르류:Esters

1) 이소프로필 미리스틴산: Isopropyl myristate

미리스틴산과 이소프로판올을 황산 촉매 등의 존재 하에서 에스테르화한 후 증류, 탈취 등에 의해 정제한 무색 투명한 액체이다.

유상, 무상에 사용하는 성분간의 혼화제, 색소 등의 용해제로서 크림, 유액, 메이크업 제품, 두발제품 등이 이용된다.

2) 2-옥틸도데실 미리스틴산: 2-Octyldodecyl myristate

가베트 반응에 의해 얻은 2-옥틸도데칸올과 미리스틴산의 에스테르이다. 융점이 낮으며 가수분해에 대하여 안정하다. 피부로부터 수분의 증발을 억제하며 사용감촉을 향상시키는 등의 목적으로 사용된다.

3) 세틸 2-에틸헥산산: Cetyl 2-ethyl hexanoate

세탄올과 2-에틸헥산산의 에스테르이다. 점도가 낮고 가수분해 및 산화에 대하여 안정하고 사용감촉도 양호하며 크림, 유액 등에 널리 사용된다.

4) 디이소스테아릴 사과산: Di-isostearyl malate

이소스테아릴 알코올과 사과산의 디에스테르이고, 분자량에 비해 고점도의 투명 액체이다. 여기서 사용되고 있는 이소스테아릴 알코올은 5,7,7-트리메틸-2-(1,2,3-트리메틸부틸) 옥틸 알코올을 주성분으로 하는 혼합물이다. 사과산 디이소스테아릴은 가수분해, 산화에 대하여 안정되어있고, 점도가 높은 데 비해서 끈적거림이 비교적 적다. 안료의 분산, 혼연제, 피마자유와 유동 파라핀과 같은 극성유-비극성유 간의 혼화제로서 우수하다. 이러한 특징을 살려 립스틱 또는 스틱상 제품, 화운데이션크림에 사용된다.

### 4.1.7 실리콘유: Silicones

1) 디메틸폴리실록산: Dimethyl polysiloxane

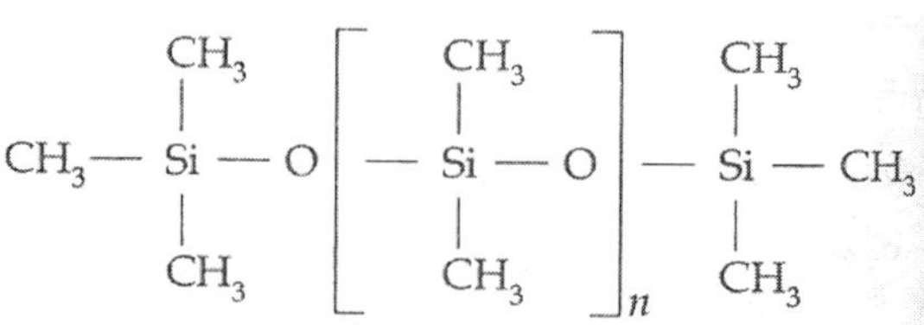

무색 투명한 유성분이다. 분자량에 따라 저점도의 것으로부터 페이스트상까지 있다. 분자량이 크면 다른 원료와의 용해성이 나빠지기 때문에 저점도의 것이 많이 사용된다. 발수성이 높아 화장이 피부에서 물이나 땀에 의해 들뜨지 않게 하며, 유분의 끈적거림을 억제하여 가벼운 사용감을 부여하고, 다른 성분이 피부나 모발상에 퍼지는 것을 돕는 역할을 하기 때문에 유분을 배합하는 모든 제품에 사용한다.

2) 메틸페닐폴리실록산: Methylphenyl polysiloxane

메틸폴리실록산의 메틸기의 일부를 페닐기로 치환한 구조이다. 메틸폴리실록산이 에탄올에 용해되지 않는 것에 반하여 에탄올에 녹는 특징이 있고, 다른 성분과 상용성이 좋아서 넓은 범위의 제품에 배합한다.

## 4.2 보습제: Humetacts

젊은 피부를 유지하는 데 수분이 관여하는 것이 밝혀지면서 피부의 보습은 화장품의 중요한 기능의 하나로 인식되었다. 각질층 중에는 NMF(natural moisturizing factor: 천연 보습 인자)라고 하는 친수성 흡습물질이 존재하고 피부의 보습에 중요한 역할을 담당하고 있다. 또한 NMF 중에 존재하는 피롤리돈카르본산의 나트륨염이 특히 중요하다.

보습제로서 바람직한 조건은 적절한 흡습능력이 있을 것, 흡습력이 지속될 것, 흡습력이 환경 조건 변화의 영향을 쉽게 받지 않을 것, 흡습력이 피부나 제품계의 보습에 기여할 것, 가능한 한 저휘발성일 것, 다른 성분과 공존성이 좋을 것, 가능한 한 응고점이 낮을 것, 안정성이 높을 것 등이다.

표 6-2 NMF(천연보습인자)의 조성

| 성분 | 조성(%) |
|---|---|
| 아미노산 | 40 |
| 피롤리돈카르복시산(PCAP) | 12 |
| 젖산염 | 7 |
| 요소 | 1.5 |
| 암모니아 | 18.5 |
| 무기염 | |
| $N^+$, $K^+$, $Ca^{2+}$, $Mg^{2+}$, $Cl^-$, 인산염 등 | |
| 당류, 기타 | 9 |

### 4.2.1 글리세린

가장 오래 전부터 사용되어온 보습제로서, 현재에도 많이 사용되고 있는 것 중의 하나이다. 동식물 유지에서 비누 또는 지방산을 제조할 때 부산물로서 얻어지고, 이것을 탈수, 탈취 등의 정제를 통해 얻어지는 무색, 무취의 액체이다.

### 4.2.2 프로필렌글리콜

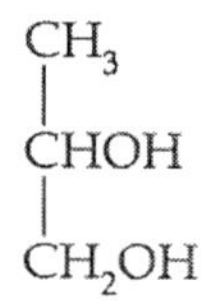

1,2-프로필렌글리콜이 일반적이다. 글리세린과 유사한 외관과 물성이 나타내는 무색, 무취의 액체이고 글리세린에 비하여 점도가 낮아서 사용 감촉이 우수하다.

### 4.2.3 디프로필렌글리콜

프로필렌글리콜을 탈수 축합한 2량체로서 무색 무취의 색이다. 끈적임이 적은 보습제로서 크림, 유액 등에 이용된다.

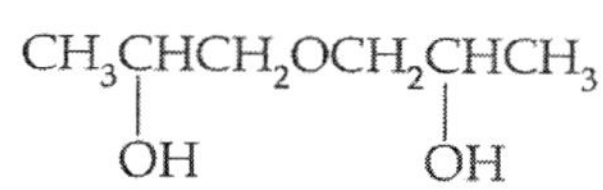

### 4.2.4 1,3-부틸글리콜

아세트알데히드의 알돌 축합물로서 수소 첨가하여 얻은 무색, 무취의 액체이다. 안전성이 양호하고 크림, 유액 등에 사용된다.

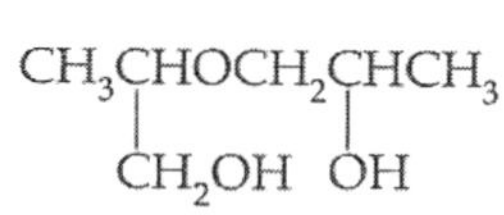

### 4.2.5 폴리에틸렌글리콜

$$HO(CH_2CH_2)_n\ OH$$

알칼리 촉매 하에서 물 또는 에틸렌글리콜에 산화 에틸렌을 부가 중합시켜서 얻는 일련의 화합물로서 균일한 화합물이 아니라 중합도가 다른 분자 혼합물이다. 평균 분자량이 200~600까지는 상온에서 액체이고, 그 이상이 되면 점차 반고체로 되며 1000, 1500, 4000, 6000으로 분자량이 증대함에 따라 응고점도 상승한다.

### 4.2.6 솔비톨

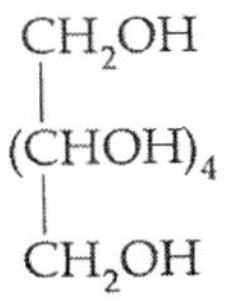

사과, 복숭아, 마가목 등의 과즙에 함유된 당(糖)알코올로서 백색, 무취의 고체이다. 포도당을 환원하여 만든다. 흡습작용은 약하지만 보습성이 저습도에서 발휘되므로 선호하기도 한다. 트림, 유액, 치약 등에 사용된다.

### 4.2.7 젖산나트륨

$$CH_3CH(OH)COONa$$

젖산염은 피톨리돈카르본산염과 함께 NMF에 존재하는 중요한 천연계 보습성분으로서 다가알코올에 비교하여 높은 보습력을 나타낸다.

### 4.2.8 2-피롤리돈-5-카르본산나트륨

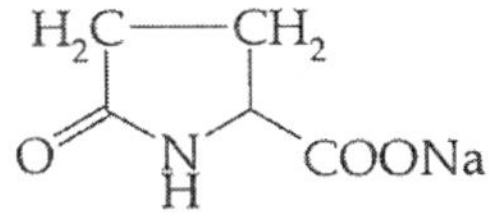

NMF 중에서 중요한 작용을 하는 보습 성분이다. 글루타민산의 탈수 작용에 의해 만들어지고 무취의 고체이다. 뛰어난 보습 효과를 나타내고 염의 형태일 때 효과를 발휘할 수 있다.

표 6-3 피롤리돈-5-카르본산나트륨의 흡습력

| 물질 | 31% 습도 | 58% 습도 |
|---|---|---|
| PCA | <1 | <1 |
| PCA-Na | 20 | 61 |
| Glycerin(비교) | 13 | 35 |

K. Ladem, R. Spitzer : J. Soc. Cosmet. chem., 18, 351, 1967.

## 4.3 고분자화합물

### 4.3.1 점도 증가제: Thickening agents

제품의 점도를 조절하는 목적으로 사용되며, 사용하기 쉬운 점도로 조절하거나 제품의 안정성을 유지할 목적으로 사용된다. 예를 들면 유액이나 리퀴드파운데이션에서는 점도 증가제가 계의 안정성을 유지하기 위해 사용되며 유화 입자나 분말이 분리되는 것을 방지한다. 주로 수용성 고분자가 이용된다.

#### 1) 퀸스씨드검: Quince seed gum

유럽과 아시아 남부에서 생산되는 열매로 나무의 종자에서 얻어지는 천연 gum으로 구조는 L-아라비노오스, D-크시로오스, 글루코오스, 갈락토오스, 우론산 등으로 이루어진 산성 다당류이다. 점액질을 추출하면 독특한 감촉이 있으며 끈적거리지 않고 산뜻한 감촉을 준다. 사용에 있어서는 미생물에 오염이 되기 쉽기 때문에 살균하든지 방부제를 사용할 필요가 있다.

표 6-4 수용성 고분자의 분류

- 수용성 고분자
  - 유기물
    - 천연고분자
      - 식 물 계 (다당류계) : 구아검, 로카스트빈검, 퀸스씨드, 카라기난, 갈락탄, 아라비아검, 트라가칸트검, 펙틴, 만난, 전분
      - 미생물계 (다당류계) : 산탄검, 덱스트란, 석시놀글루칸, 카드란, 히아루론산
      - 동 물 계 (단백류계) : 젤라틴, 카제인, 알부민, 콜라겐
    - 반합성고분자
      - 셀룰로오스계 : 메틸셀룰로오스, 에틸셀룰로오스, 하이드록시에틸셀룰로오스, 하이드록시프로필셀룰로오스, 카르복시메틸셀룰로오스, 메틸하이드록시프로필셀룰로오스
      - 전 분 계 : 가용성 전분, 카르복시메틸전분, 메틸전분
      - 알긴산계 : 알긴산프로필렌글리콜에스테르, 알긴산염
      - 그 외 기타 다당류계 유도체
    - 합성고분자
      - 비닐계 : 폴리비닐알코올, 폴리비닐피롤리돈, 폴리비닐메틸에테르, 카르복시비닐폴리머, 폴리아크릴산소다
      - 기 타 : 폴리에틸렌옥사이드, 에틸렌옥사이드, 프로필렌옥사이드블록공중합체
  - 무기물 — 벤토나이트, 라포나이트, 미분산화규소, 콜로이드알루미나

#### 2) 산탄검: Xanthane gum

포도당을 크산토모나스속균(Xanthomonas campestris)을 이용, 발효시켜 얻어지

는 미생물 유래의 천연 gum으로 D-클루코스, D-만노스, D-글루크론산으로 이루어진 산성다당류이다. 온도 의존성이 적으며 넓은 pH영역에서 안정적이고 다당류 특유의 우수한 사용감을 갖고 있다.

#### 3) 카르복시메틸 셀룰로오스 나트륨: Sodium carboxylmethyl cellulose

셀룰로오스의 수산기를 부분적으로 $OCH_2COONa$기로 치환하여 물에 용해하도록 한 반합성 고분자이다. 보호 콜로이드성, 유화 안정성을 지닌 투명한 점도성 용액이 얻어지므로 크림, 유액, 삼푸 등에 배합한다.

#### 4) 카르복시비닐 폴리머: Carboxyvinyl polymer

주로 아크릴산이 중합된 것으로 카르복실기를 갖는 합성 고분자이다. 알칼리 중화(NaOH, KOH, 트리에탄올아민 등)에 의해 수용액의 점도가 현저히 증가한다. 품질의 변동이 적고, 시간 경과 및 온도에 의한 점도 변화가 적으며 천연gum보다 미생물에 의해 오염되지 않고, 점도 효과와 사용 감촉이 좋아서 점도 증가제로서 현재 가장 많이 사용되고 있다.

### 4.3.2 피막제 고분자: Film former

표 6-5 피막제 고분자의 용도와 대표적인 원료

| 피막제의 용해성 | 제품 용도 | 대표적 원료 |
|---|---|---|
| 물(알코올)용해성 | 팩 | 폴리비닐알코올 |
| | 헤어스프레이, 헤어셋트제 | 폴리비닐피롤리돈, 메톡시에틸렌 무수말레인산공중합체, 양쪽성메타아크릴산에스테르 공중합체 |
| | 샴푸, 린스 | 양이온화 셀룰로오스, 폴리염화디메틸메틸렌 피페리듐 |
| 수계 에멀젼 | 아이라이너, 마스카라 | 폴리아크릴산에스테르 공중합체, 폴리초산비닐 |
| 비수용성 | 네일 에나멜 | 니트로셀룰로오스 |
| | 갈라진 모의 코팅제 | 고분자실리콘 |
| | 선오일, 리퀴드 파운데이션 | 실리콘레진 |

#### 1) 폴리비닐알코올: Polyvinyl alcohol(PVA)

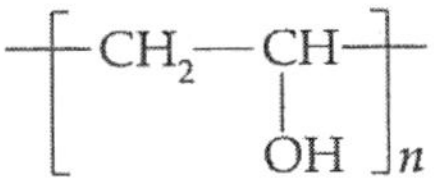

완전 검화물

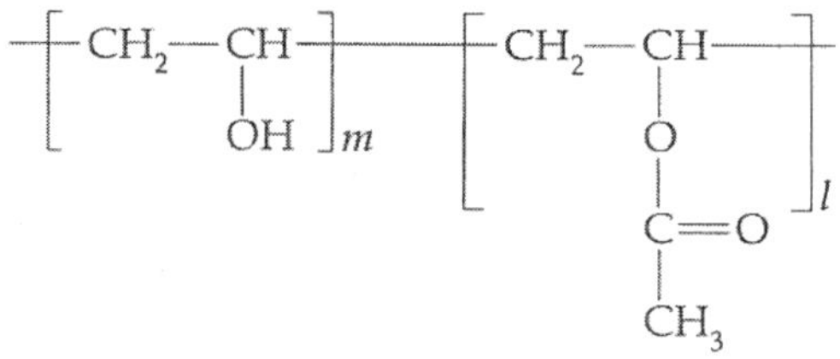

불완전 검화물

폴리초산비닐을 검화(비누화)하여 제조하며, 비누화도나 중합도에 의해 점도 거동과 피막강도가 달라서 용도에 따라서 사용이 구분되지만 용해성과 용액 안정성 면에서 검화도가 약 90%인 부분 검화물이 많이 사용되고 있다. 피막 형성을 이용하여 팩에 사용하거나 보호 콜로이드 효과를 이용하여 에멀젼의 안정화에 이용한다.

2) 폴리비닐 피롤리돈: Polyvinyl pyrrolidone

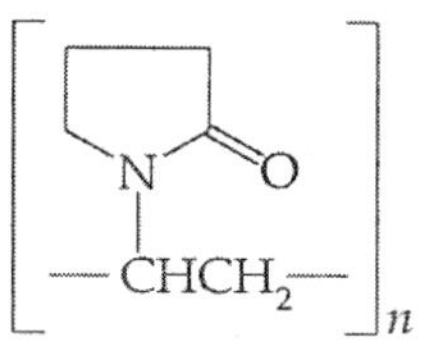

N-비닐 피롤리돈을 과산화수소 촉매로 중합하여 제조한다. 물에 잘 녹고 점성 용액을 형성하며 알코올, 글리세린, 초산에틸, 등에 녹는다. 피막형성능 및 모발에의 밀착성을 이용하여 두발 제품에 기포 안정화나 모발에 광택부여를 목적으로 삼푸에 배합한다.

3) 니트로셀룰로오스: Nitrocellolose

섈룰로오스의 질산에스테르이며 초산에스테르와 케톤 등의 용제에 녹고 다른 수지와 서로 잘 녹으며 단단한 피막을 형성하기 때문에 네일 에나멜의 피막제로서 이용된다.

4) 고분자 실리콘: Silicone gum

분자량이 30만~60만인 고분자량의 직쇄상 디메틸폴리실록산, 부드러운 고무상의 성상을 갖고 있다. 이소파라핀이나 저분자량의 실리콘유의 휘발성 유분에 용해되어 갈라진 모(毛)의 코팅 등의 두발 제품에 배합된다. 휘발성 유분이 휘발한 후 모발 하나 하나에 고무상의 얇은 피막이 코팅되어 갈라진 모를 회복하기도 하고 방지하는 모발 보호 효과를 목적으로 사용한다.

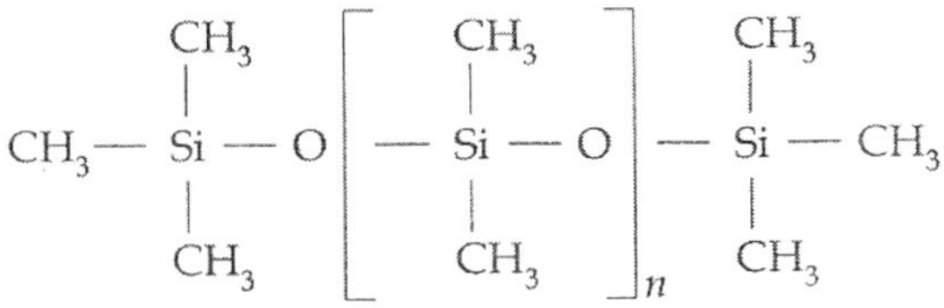

$n \fallingdotseq 5,000 \sim 8,000$

## 4.4 자외선 흡수제

지표에는 약 290nm~400nm 파장의 폭넓은 자외선이 도달되고 있다. 화장품의 자외선의 유해작용, 즉 ① 피부의 홍반, 햇빛의 그을림, 흑화, 조기 노화 등 ② 화장품 내용품, 용기재료의 변화를 방어할 목적으로 사용하는 것으로 290nm~400nm의 자외선 전역을 흡수하는 것이 바람직하다.

화장품에 사용되는 자외선 흡수제의 중요한 조건은 ① 독성이 없고 피부장애를 일으키지 않는 등 안정성이 높을 것, ② 자외선 흡수 능력이 크고 또 폭넓게 흡수할 것, ③ 자외선, 열에 의한 분해 등의 변화를 일으키지 않을 것, ④ 화장품 기본재료와 상용성이 좋을 것 등이다.

현재 화장품에 사용되는 주된 자외선 흡수제는 화학구조상 벤조페논유도체, 파라아미노안식향산유도체, 파라메톡시계피산유도체, 살리실산유도체로 분류할 수 있다.

표 6-6 주요 자외선 흡수제

| 자외선흡수제(화학명) | 구조 | $\lambda_{max}$(nm) |
|---|---|---|
| 벤조페논 유도체<br>(1) 2-하이드록시-4-메톡시벤조페논<br>(2) 2-하이드록시-4-메톡시벤조페논 -5-술폰산<br>(3) 2-하이드록시-4-메톡시벤조페논 -5-술폰산나트륨<br>(4) 디하이드록시 디메톡시벤조페논<br>(5) 디하이드록시 디메톡시벤조페논 -술폰산나트륨<br>(6) 2,4-디하이드록시벤조페논<br>(7) 테트하이드록시벤조페논 | 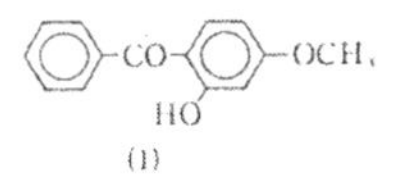<br>(1)<br>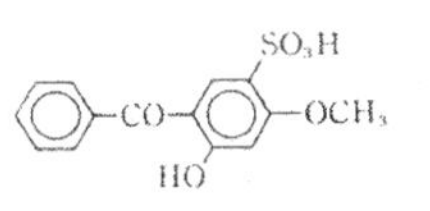<br>(2) | 288, 325<br>285,320 |
| 파라아미노안식향산 유도체<br>(8) 파라아미노안식향산(PABA)<br>(9) 파라아미노안식향산에틸<br>(10) 파라아미노안식향산글리세릴<br>(11) 파라디메틸아미노안식향산아밀<br>(12) 파라디메틸아미노안식향산옥틸 | 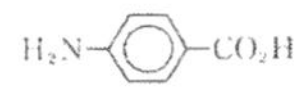<br>(8)<br>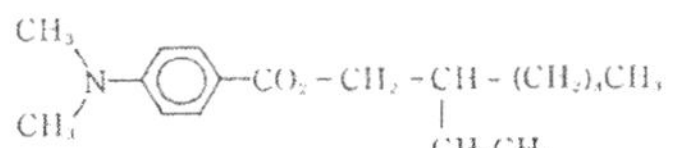<br>(12) | 288<br>310 |

| 자외선흡수제(화학명) | 구조 | $\lambda_{max}$(nm) |
|---|---|---|
| 메톡시계피산 유도체<br>(13) 파라메톡시계피산에틸<br>(14) 파라메톡시계피산이소프로필<br>(15) 파라메톡시계피산옥틸<br>(16) 파라메톡시계피산-2-에톡시에틸<br>(17) 파라메톡시계피산나트륨<br>(18) 파라메톡시계피산칼슘<br>(19) 디파라메톡시계피산모노<br>-2-에틸헥산글리세릴 | 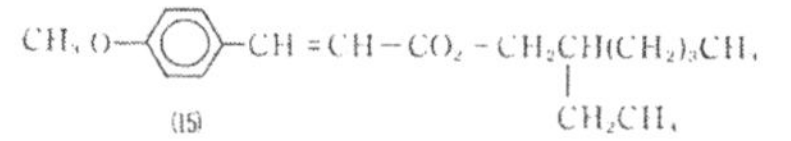<br>(15)<br>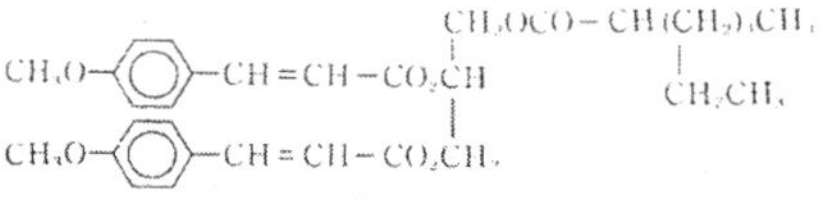<br>(19) | 312<br><br>312 |
| 살리실산 유도체<br>(20) 살리실산옥틸<br>(21) 살리실산페닐<br>(22) 살리실산호모멘틸<br>(23) 살리실산디프로필렌글리콜<br>(24) 살리실산에틸렌글리콜<br>(25) 살리실산미리스틸<br>(26) 살리실산메틸 | 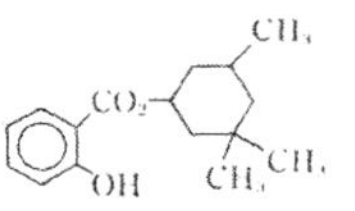<br>(22) | 308 |
| 기타<br>(27) 우로카닌산<br>(28) 우로카닌산에틸<br>(29) 4-tert-부틸-4'-메톡시디벤조일<br>메탄(파루솔-A)<br>(30) 2-하이드록시-5-메틸페닐<br>벤조트리아졸<br>(31) 안트라닐산메틸 | 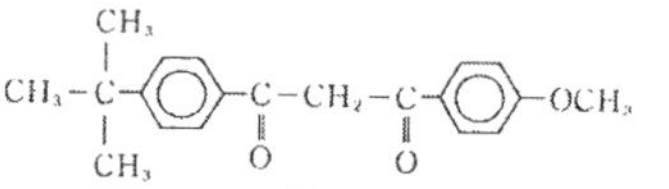<br>(29)<br>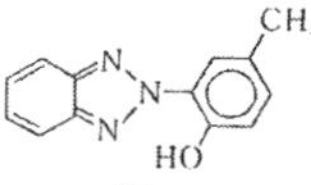<br>(30) | 358<br><br>298. 340 |

일본공정서협회 편: 화장품원료규준 제2판주해, 약사일보사, 1984.
일본화장품공업연합회 편: 일본법용화장품원료집 제2판, 약사일보사, 1989.

## 4.5 산화 방지제

화장품은 유지와 왁스류를 비롯하여 계면활성제나 향료 등으로 이루어지는 데 이 중에 불포화 결합을 갖고 있는 화합물, 특히 불포화 결합을 2개 이상 갖고 있는 유지류는 산화되기 쉽다. 또한 화장품인 경우는 반응물인 저급산 및 알데히드 등 산패로 인해 냄새가 나거나 또 자극 등의 안정성 문제의 원인도 된다. 이와 같이 화장품의 품질을 저해하기 때문에 이 산화 반응을 억제하기 위하여 산화방지제를 첨가할 필요가 있다.

### 4.5.1 자동 산화와 반응mechanism

산화 반응의 종류는 대기 중 산소에 의한 radical mechanism으로 진행되는 자동 산화 반응과 오존 등의 non-radical 산화 반응으로 진행되는 것을 나눌 수 있다. 자동 산화 반응은 대기 중 산소가 관여한다는 것, 연쇄 반응 메커니즘으로 진행된다는 것이 특징이며, 유지 등의 화장품 소재의 항산화라는 입장에서 보면 가장 문제가 되는 반응이다. 자동 산화 반응은 열, 빛(자외선), 금속(특히 철, 구리) 등의 인자로 인해 촉진된다. 자동 산화 반응은 반응의 진행과 함께 연쇄 이동 반응에 의해 급격히 과산화 지질이 축적되는 것이 특징이다.

| | | | | |
|---|---|---|---|---|
| 연쇄개시반응 | RH | → | R· | (1) |
| | ROOH | → | RO· + ·OH | (2) |
| | ROOH + $M^{n+}$ | → | RO· + $M^{(n+1)+}$ + $^{-}OH$ | (3) |
| 연쇄이동반응 | R· + $O_2$ | → | $RO_2$· | (4) |
| | $RO_2$· + RH | → | ROOH + R· | (5) |
| | RO· + RH | → | ROH + R· | (6) |
| 연쇄정지반응 | R· + R· | → | RR | (7) |
| | R· + $RO_2$· | → | ROOR | (8) |
| | RO· + RO· | → | ROOR | (9) |

### 4.5.2 화장품 소재의 항산화

화장품 소재의 산화를 막기 위해서는 자동 산화 반응의 방지가 중요하고 연쇄개시반응, 연쇄이동반응을 억제할 필요가 있다. 또한 과산화물이 radical原이 되기 때문에 이것을 非radical적으로 분해하는 것도 유용하다. 그리고 산소도 연쇄반응에 관여하기 때문에 제거하는 것도 유효하다.

Radical 발생을 억제하면서 동시에 생성된 radical을 가능한 한 빨리 포착하여 연쇄반응을 막아야 하는 데 이를 수행하는 것이 산화방지제이다. 예를 들면 토코페롤(tocopherol)류, BHT(dibutylhydroxytoluene), gallic acid, 에스테르류 등이다. 이는 단독보다는 혼합해서 사용하는 편이 효과가 더 커지기 때문에 이를 **상승효과**라 하는데 이를 이용하여 몇 종류의 산화방지제와 보조제를 혼합한 제품이 시판되고 있다.

산화방지제로서는 인산, 구연산, 아스코르빈산, 말레인산, 말론산, 호박산, 프말산 등이 있다. 산화를 방지해서 화장품의 품질을 유지하고 안정화를 위해서는 적당한 산화방지제의 종류 및 양을 선택하고 산화를 촉진하는 불순물을 포함하지 않는 고품질의 원료 선택, 적절한 취급과 제조법, 금속과 같은 산화촉진제의 혼입을 피하기 위한 주의가 필요하다.

## 4.6 금속 이온 봉쇄제

화장품에서 금속 이온이 혼입되면 품질이 떨어지는 직접, 간접의 원인이 될 수 있다. 금속 이온이 유성 원료와 산화를 촉진하여 변취, 변색의 원인이 되고 다른 약제의 작용을 저해하며 혹은 화장수 등의 투명계에서 침전을 생기게 할 수 있다. 이 금속 이온을 불활성화할 목적으로 사용되는 것이 금속 이온 봉쇄제이다. 금속 이온 봉쇄제로서는 에틸렌디아민4초산(EDTA)의 나트륨염이 가장 일반적이다. 그 외 인산, 구리산, 아스코르빈산, 호박산, 글루콘산, 폴리인산나트륨, 메타인산나트륨 등이 있다.

# 5 각종 화장품의 종류

## 5.1 스킨케어 화장품

피부는 일상 생활 속에서 눈에 보이는 가까운 존재이므로 일반적으로 그다지 중요한 기관이라고 여겨지지 않지만 세포 또는 생물의 매우 중요한 수분을 유지시켜 건조로부터 방어해 주는 기능을 갖고 있다. 그 외 자외선을 멜라민으로 방어하고, 체온을 조절하며 중화에 의해 외적 자극을 완화시키는 등 다양한 기능을 갖고 있다. 그러나 피부도 환경의 변화와 연령의 증가에 따라서 그 작용이나 구조에 불균형을 일으킨다. 이 작용과 구조를 잘 조절시키는 것이 스킨 케어 화장품의 사명이다. 피부에 유해한 건조, 자외선, 산화로부터 피부를 보호하고 본래 가지고 있는 항상성 유지 기능을 도와서 피부를 늘 아름답고 건강하게 유지시키는 것이 이상적인 스킨 케어 화장품이다.

### 5.1.1 세안료(Face cleansing cosmetics)

1) 목적

표 6-7 세안료의 제형별 분류

| 제형 | 형태(명칭) | 특징 |
|---|---|---|
| 계면 활성제형 | 고형<br>(비누, 투명비누, 중성비누) | 전신용세정료의 주류, 간편하며 사용감도 좋다.<br>단, 사용후 당기는 감이 있다. |
| | 크림, 페이스트<br>(클렌징 폼) | 얼굴전용으로 사용량, 거품상태가 우수하다. 사용 간편. 약산성~알칼리성으로 목적에 맞게 베이스를 선택한다. |
| | 액상 또는 점액상<br>(클렌징 젤) | 약산성~알칼리성. 약산성 베이스는 세정력이 약하며, 알칼리성 베이스는 세정력이 강하다. 두발, 다비용 세정료가 주류. |
| | 과립/분말<br>(세분, 세안파우더) | 사용 간편. 물을 배합하지 않기 때문에 파파인 등 효소배합이 가능. |
| | 에어로졸 사용<br>(쉐이빙 폼, 이중관용기) | 발포해서 나오는 쉐이빙 폼타입과 젤상으로 나와 사용시 발포시키는 (후발포) 타입이 있다. 후발포는 이중관 용기 사용. |
| 용제형 | 크림, 페이스트 형<br>(클렌징 크림) | 유화타입의 클렌징 크림은 O/W형이 주류. 유분을 겔화(고형화)시킨 타입도 세정력이 높다. 하드 메이크업용 |
| | 유액<br>(클렌징 밀크) | O/W형 유화타입유액. 클렌징 크림에 의해 사용후 감촉이 산뜻하다. 사용하기 쉽다. |
| | 액상<br>(클렌징 로션) | 세정용 화장수. 비이온 계면활성제. 알코올, 보습제의 배합이 많다. 코튼 사용으로 물리적 제거효과도 있다. 라이트 메이크업용 |
| | 젤<br>(클렌징 젤) | 유분을 다량 함유한 유화타입. 액정타입은 세정력이 높고 헹궈내는 타입으로 산뜻하다. 수용성 고분자겔화 타입은 세정력이 약하다. |
| | 오일<br>(클렌징 오일) | 유성성분으로 소량의 계면활성제. 에탄올 등을 배합. 행궈내는 타입으로 행궈낼 때 O/W 유화된다. 사용후는 촉촉 |
| 기타 | 팩<br>(클렌징 마스크) | 수용성 고분자를 사용한 필오프타입의 마스크. 긴장감이 강하고, 피부에서 떼어낼 때 피부표면이나 모공의 오염물질을 제거. |

内藤昇他 Fragrance Journal, No.92, 42~46, 1988. 일부개정

세안료의 목적은 피부 표면 층에 부착되어 있는 피지, 각질 층의 딱지, 피지의 산화 분해물, 땀의 잔여물 등 피부 생리의 대사 산물이나 공기 중의 먼지, 미생물, 여성의 경우는 메이크업 화장품 등을 제거해 내는 것이다. 따라서 세안료들을 바르게 선정, 적정한 방법으로 사용하는 것이 건강하고 아름다운 피부를 실현하는 데 중요하다. 이를 위해서는 피부의 유해한 물질을 제거하면서 유익한 물질 및 조직에는 영향을 미치지 않아야 하는 것이 요구된다. 또한 피부에 유익한 물질을 공급하도록 하는 것이 시도되고 있다.

### 2) 클렌징 폼의 주성분

클렌징 폼은 조성으로는 지방산 비누를 포함한 계면활성제를 주성분으로 하여 우수한 세정력을 겸비하면서 과도한 탈지 방지를 목적으로 에몰리엔트제(유분), 보습제를 배합한다. 사용 후에는 비누 사용시에 느끼는 "당기는 힘"이 아니라 촉촉한 감촉을 선호하고 있다. 클렌징 폼의 주성분은 표에서 제시한다.

표 6-8 클렌징 폼의 주성분

<table>
<tr><th>구성성분</th><th colspan="2">대표적 원료</th></tr>
<tr><td rowspan="2">비누(세정제)</td><td>고급지방산</td><td>$C_{12}$~$C_{18}$지방산, 올레인산, 이소스테아린산, 12-하이드록시스테아린산, 동식물성유지지방산</td></tr>
<tr><td>알칼리제</td><td>수산화나트륨, 수산화칼륨, 트리에탄올아민</td></tr>
<tr><td>기타 계면활성제</td><td colspan="2">아미노산계 계면활성제(N-아실글루타민산염), 아실메틴타우린, POE알킬에테르인산염글리세롤지방산에스테르, POE글리세롤지방산에스테르, POE알킬에테르, POE POP블록폴리머</td></tr>
<tr><td>에몰리엔트제(유분)</td><td colspan="2">지방산, 고급알코올, 라우린유도체, 밀납, 호호바유, 올리브유, 야자유</td></tr>
<tr><td>보습제</td><td colspan="2">솔비톨, 말티톨, 폴리에틸렌글리콜(300, 400, 600, 1500, 4000), 글리세린, 1,3-부틸렌글리콜, 디프로필렌글리콜, 프로필렌글리콜, POE글루코오스 유도체</td></tr>
<tr><td rowspan="2">기타</td><td>방부제<br>수용성 고분자<br>스크럽제<br>킬레이트제<br>약제</td><td>메틸파라벤<br>아크릴산소다, 양이온폴리머, 알긴산소다<br>저분자폴리에틸렌 분말, 나일론 분말 등<br>EDTA 및 염, 헥사메타인산소다<br>유황, 글리틸리틴산염, 트리클로로칼빈</td></tr>
<tr><td colspan="2">색소, 향료, 산화방지제, 정제수</td></tr>
</table>

### 3) 클렌징 폼의 종류

(1) 고급지방산계 클렌징 폼의 제조법

지방산, 에몰리엔트제, 보습제, 방부제를 가열 용해 70℃로 유지한다. 미리 알칼리를 용해시킨 정제수를 교반하고 있는 유상 중에 첨가한다. 첨가 후에 역시 70℃로 유지하면서 중화 반응을 마친다. 다음으로 용해시킨 계면활성제, 킬레이트제, 향료, 색소를 첨가하고 교반 혼합, 탈 기포, 여과 후 냉각시킨다. 냉각 조건에 따라 최종품의 경도가 크게 변하기 때문에 최적 냉각 조건을 선정한다.

(2) 아미노산계 클렌징 폼의 제조법

정제수에 보습제를 첨가 용해한 후 N-아실글루타민산소다를 덩어리가 생기지 않도록 소량 씩 첨가한다. 킬레이트제 첨가 후 가열 교반 용해한다. 동시에 별도로 에몰리엔트제, 기타 계면활성제, 방부제를 가열 용해한 후 수상에 첨가한다. 교반 혼합 후 향료, 색소를 첨가하고 충분히 혼합한 후 탈기포, 여과 냉각한다. 가능한 종료 온도를 낮게 하는 편이 균일하고 안정된 제품을 얻을 수 있다.

### 5.1.2 화장수

#### 1) 목적과 기능

일반적으로 투명 액상의 화장품으로, 신체를 청결히 하고 피부를 건강하게 유지시키기 위해 피부 표면에 바른다. 이때 청정과 동시에 피부의 모이스쳐 벨렌스를 유지하여 피부 정돈 효과를 갖는다.

물에 녹지 않는 물질을 가용화하여 열역학적으로 안정화시켜서 외관을 투명 액상으로 만든 것을 화장수라고 하고, 요즘은 이 범위에 들지 않는 화장수도 많다. 마이크로 에멀젼(microemulsion), 리피드 나노스페어(lipid nanosphere) 기술을 적용한 투명 또는 반투명 화장수가 있고, 몇 %의 기름 성분을 O/W형으로 유화시켜서 유상과 수상의 비중을 조절하여 저점도 액상에서도 creaming 이나 침강(sedimentation)을 만들지 않는 불투명 화장수, 수용성 고분자를 배합하여 투명하고 점성이 있는 화장품 등도 시판되고 있다.

표 6-9 화장수의 목적 별 분류

| 분류 | 특징 |
|---|---|
| 유연 화장수 | 각질층에 수분 · 보습 성분을 주어 피부를 유연하게 하고 촉촉하고 매끄러우며 윤택한 피부를 유지함. |
| 수렴 화장수 | 각질층에 수분 · 보습 성분을 공급하고, 수렴 작용 · 피지 분비 억제 작용을 함. 산뜻한 사용감을 느낄 수 있고 화장이 지워지지 않도록 함. |
| 세정 화장수 | 가벼운 색조화장을 지우거나 혹은 맨살에 대한 세안료로서 사용. 오염을 제거하고 피부를 청결하게 하기 위해, 즉 세정효과를 높이기 위해 계면활성제, 보습제, 에탄올을 많이 배합함. |
| 다층식 화장수 | 2층 이상의 층을 이루는 화장수이며, 유층-수층 및 수층-분말층의 2층 형태로 구성되어 있는 경우가 많다. 흔든 후 사용하고 각각의 유액상, 분말 분산상이 되는 특이한 사용성을 나타냄. 카마인 로션이 대표적임. |

#### 2) 화장수의 주성분

표에 일반적인 화장수의 성분을 나타낸다.

표 6-10 화장수의 이용되는 주성분

| 구성성분 | 주기능 | 대표적 원료 | 첨가량 |
|---|---|---|---|
| 정제수 | 각질층에 수분 보습<br>성분의 용해 | 이온교환수 | 30~95% |
| 알코올 | 청량감<br>정균<br>성분용해 | 에탄올<br>이소프로판올 | ~20% |
| 보습제 | 각질층의 보습<br>사용감<br>용해 | 글리세린, 프로필렌글리콜, 디프로필렌글리콜, 1,3-부틸렌글리콜, 폴리에틸렌글리콜(300, 400, 1500, 4000) 등의 다가알코올, 히아루론산, 말티톨 등의 당류, 피롤리돈카르본산 등의 아미노산류 | ~20% |
| 유연제<br>(에몰리엔트제) | 피부의 에몰리엔트<br>보습<br>사용감 | 에스테르유<br>식물유(올리브유, 호호바유 등) | 적당량 |
| 가용화제 | 원료성분의 가용화 | HLB가 높은 계면활성제(폴리옥시에틸렌올레일알코올에테르 등) | ~1% |
| 완충제 | 제품의 pH 조정<br>(피부의 pH 밸런스) | 구연산소다, 구연산, 유산, 아미노산류 | 적당량 |
| 점도 증가제<br>(점액질) | 사용감<br>보습 | 알길산염, 셀룰로오스유도체, 퀸스시드검, 펙틴, 풀루란, 산탄검, 비검, 카르복시비닐폴리머, 아크릴산계폴리머, 라포나이트 | ~2% |
| 향료 | 부향 | 게라니올, 리나리올 외 | 적당량 |
| 방부제 | 미생물안정성 | 메틸파라벤, 페녹시에탄올 | 적당량 |
| 색제 | 착색 | 허가색소 | 미량 |
| 퇴색방지제 | 퇴색 및 변색 방지 | 금속이온봉쇄제, 자외선흡수제 | 적당량 |
| 〈약제〉<br>• 수렴제<br>• 살균제<br>• 부활제<br>• 소염제<br>• 미백제 | <br>피부의 조임<br>피부의 살균<br>피부 부활<br>항염증<br>멜라닌 생성억제 | <br>석탄산아연황산염, 석탄산황산나트륨<br>벤잘코늄연산염, 감광소<br>비타민 · 아미노산 유도체, 동식물추출물<br>글리틸리틴유도체, 알란토인<br>알부틴, 코직산, 비타민C 우도체 | 적당량 |

### 3) 화장수의 일반적인 제조법

정제수에 폴리에틸렌글리콜, 1,3-부틸렌글리콜 등의 보습제를 첨가하고 완충제, 점도 증가제, 퇴색방지제 등의 수용성분을 용해시킨다. 다음에 에몰리엔트제, 방부제, 향료, 약제 등 에탄올 가용성 성분 및 유용성 성분을 가용화제와 함께 에탄올부에 용해하여 정제수부에 첨가 혼합하여 실온에서 가용화시킨다.

가용화 후에 색제를 넣어 조색을 하고 여과시키면 투명성이 높은 화장수가 얻어진다.

### 4) 화장수의 종류

#### (1) 유연 화장수(softening lotion)

pH는 약알칼리~약산성이 주류지만 피부표면의 pH에 가까운 5.5~6.5 정도로 조정된 화장수가 많다. 투명 화장수, 점도 증가제를 함유한 유연 화장수, 반투명 마이크로 에멀젼 화장수 등이 있다.

(2) 수렴화장수(Astringent lotion)

일시적으로 피부단백을 끌어당기고 과잉 분비되는 피지나 땀의 분비를 억제하는 작용이 있는 화장수이며, 지성피부 사람이나 여름철 화장수라고도 알려져 있다.

(3) 세정용 화장수(Cleansing lotion)

가벼운 색조화장을 지우고 싶거나 아침에 화장 전에 닦아낼 목적으로 사용하는 것으로서 세정 효과를 높이기 위해서 계면활성제, 에탄올의 배합량을 높이는 동시에 보습제의 선정, 보합도 중요하다.

(4) 다층식 화장수(Multi-layer lotion)

2층 이상의 층으로 된 화장수로 오일층, 수층으로 된 액~액 계의 것과 수층~분체와 같은 액~고 계인 것도 있다. 모두 사용시 흔들어 사용한다. 액~액 계에서는 소량의 계면활성제의 배합으로 사용시 로션 상태가 되며 액~고형 계에서는 햇빛에 그을린 피부를 진정시킬 목적으로 여름철에 사용한다.

### 5.1.3 유액(Milky lotion)

1) 목적과 기능

표 6-11 유액의 목적·기능별 분류

| 목적·가능 | 제품 분야 |
|---|---|
| 피부의 보습·유연 | 에몰리엔트 로션<br>(모이스쳐로션, 밀키로션, 나리싱로션, 나리싱밀크, 스킨모이스쳐, 모이스쳐에멀젼 등이 있으며 계절, 대상피부, 기호 등에 따라 유화타입, 유분·보습제량 등이 조정된다.) |
| 피부의 혈행촉진·유연 | 마사지 로션 |
| 세정·화장제거 | 클렌징 로션 |
| 생활자외선의 방지(주) | 선프로텍트<br>(프로덱트에멀전, 선프록텍터, UV케어 밀크 등이다.) |
| (그외 : 각항 참조) | |
| 자외선 방어 | 일광 그을림 방지 화장품(선스크린) |
| 화장 베이스 | 메이크업 로션 |
| 각질유연 | 각질유연, 엘보로션 |
| 모발의 보호 | 헤어밀크 |
| 바디·핸드용 | 핸드로션, 바디로션 |

주 : 스포츠 및 레저시에 강한 자외선을 받는 경우는 SPF(Sun Protection Factor) 수치가 높은 일광 그을림 방지제품이 사용되나, 세탁·쇼핑·산보 등의 일상생활에서 받는 생활자외선으로부터 피부를 방어하기 위해 사용되는 daily use의 스킨 케어 화장품으로서 자리잡고 있다. 충분히 모이스쳐 밸런스를 갖는 것은 물론 밑화장용 화장품으로서의 기능을 갖고 있다.

유액은 화장수와 크림의 중간적인 성격을 가진 것으로 유분량은 적고 유동성이 있는 에멀젼이다.

### 2) 유액의 주성분

고형 유분과 왁스 류의 사용 비율이 크림보다 상당히 크다. 대부분의 유액은 O/W형이고 계면활성제는 안정성이 높은 비이온계, 음이온계가 주체이다. 유성성분은 탄화수소, 유지, 왁스, 고급지방산, 고급알코올, 에스테르이고, silicone oil도 사용된다. 수상성분으로는 정제수, 에탄올, 다가 알코올, 수용성 고분자 등이 있다. 그 외 방부제, 약제, 킬레이트, 자외선 흡수제, 산화방지제, 분산제, 퇴색방지제, 완충제, 색제, 사용성 개질제, 향료 등을 들 수 있다.

### 3) 유액의 종류

(1) 보습, 유연 유액(Moisturizing and softening milky lotion)

이 타입의 유액은 일반적으로 O/W형으로 유분량 10~20%, 보습제량 5~10% 정도의 제품이 많다. 에몰리엔트 로션 중에서 ① O/W형 비누, 비이온 계면활성제 병용, ② 점액질을 함유한 O/W형 비이온 계면활성제, ③ O/W형, 고분자 유화, 계면활성제 무배합 등이 있다.

## 5.1.4 크림

### 1) 목적과 기능

크림은 물과 기름처럼 서로 혼합되지 않는 2가지 액체 중 한쪽을 분산상으로 하고 다른 한쪽의 분산매 중에 안정적인 상태로 분산시킨 에멀젼의 일종이다. 일반적으로 피부의 모이스쳐 벨런스를 지켜주고 주로 수분, 보습제, 유분을 공급하여 피부의 보습, 유연기능을 갖게 된다.

표 6-12 크림의 목적·기능별 분류

| 목적 · 기능 | 제품 분야 |
|---|---|
| 피부보습 · 유연 | 에몰리엔트크림(영양크림, 나리싱크림, 모이스쳐크림, 바니싱크림, 나이트크림 등이 있으며 계절, 대상피부, 기호 등에 따라 유화타입, 유분, 보습제량 등이 조절된다.) |
| 피부의 혈행촉진, 유연 | 마사지크림 |
| 피부의 세정, 클렌징 등 | 클렌징크림 |
| 밑화장, 메이크업 베이스 | 메이크업크림, 베이스크림, 프리메이크업크림 |
| 기타특수목정 | |
| 예 : 자외선 방지 | 선스크린크림, 선탠크림 |
| 탈모 | 헤어리무버 |
| 정발 | 헤어크림 |
| 방취 | 데오드란트크림 |
| 면도용 | 쉐이빙크림 |
| 각질연화 | 각질연화크림 |

### 2) 주성분

유성 성분, 수성 성분, 계면활성제, 방부제, 킬레이트제, 향료, 약제 등으로 구성되어 있다. 크림에는 O/W형, W/O형이 유화형이고, 사용하는 계면활성제나 유성 성분에 특징이 있다. O/W형은 친수성의 계면활성제가 중심이 된다. 유성성분은 비극성 유분으로부터 극성이 매우 높은 유분까지 폭넓게 사용할 수 있다.

W/O형은 친유성 계면활성제가 중심이 된다. 유성 성분은 비극성이 중심이 되어 구성된다. 안정성을 향상시키기 위해 외상(유상)의 분리를 방지하는 것이 중요하며 이 때문에 유분의 선택과 조합에 주의할 필요가 있다.

### 3) 크림의 종류

#### (1) 바니싱 크림(Vanishing cream)

피부에 바르면 소멸되는 것처럼 보이므로 이 명칭이 붙여졌다. 물과 스테아린산 및 고급 알코올, 스테아린산 모노글리세린 등의 유화제이며, 여기에 보습 효과를 주는 다가 알코올을 첨가한 것이다. 유화형은 O/W형 한가지이며 예전부터 전해오는 대표적인 것이다.

#### (2) O/W형 중성크림(O/W type medium cream)

대부분의 에몰리엔트크림(영양크림, 나이트크림, 모이스쳐크림)이 여기에 속한다. 유상이 30~50% 전후로, 바니싱 크림과 콜드크림의 중간적 성격을 가지므로 "중성"이라는 명칭이 사용되고 있다.

#### (3) 마사지 크림(Massage cream)

콜드 크림의 대표적인 제품이다. 밀납(bees wax) 중에 약 20%를 차지하는 지방산(릭노세린산 $C_{23}H_{47}COOH$ 및 세로틱산 $C_{25}H_{51}COOH$)과 붕사의 반응에 의한 비누, 세로틴산나트륨이 유화제로 작용한다.

#### (4) 클렌징 크림(Cleansing cream)

종래의 클렌징 크림은 사용 후 닦아내는 것이었으나 요즘은 세면장, 욕실에서 헹구어 씻어내는 사용법이 선호되어 닦아내기도 하고 헹궈내기도 하는 두 가지 방법이 가능한 투웨이 타입이 시장에서 주류를 이루고 있다.

#### (5) W/O형 에몰리엔트 크림: W/O type emollient cream

통상 W/O형의 에멀젼은 유상의 점도를 높여서 안정성이 우수한 크림을 만들어야 했기 때문에 유분이 많고 끈적거려서 에몰리엔트로서 평가는 낮았다. 그러나 폭넓은 영역의 수상(물+보습제)을 함유하고 동시에 유상 중의 고형, 반고형 유분을 대폭 줄여도 안정성이 양호한 “아미노산 겔 유화법”, “유기변성점토광물 겔유화법” 등이 새로이 개발되어 다양한 요구에 부응하는 크림을 만들 수 있게 되었다.

(6) 무수 유성타입 클렌징 크림(Anhydrous oily cleansing cream)

리퀴화잉 (liquefying) 크림이라고도 하며 유화되지 않은 유성 성분 만의 크림이다. 제조법이 단순하여 예부터 제작되어 온 크림이다.

(7) O/W/O 타입 멀티플 크림(O/W/O multiple cream)

최근에는 약재의 안정화, 향료의 서방(徐放)효과, 종래와 다른 사용감을 목적으로 O/W/O나 W/O/W라는 멀티플 에멀젼 기술을 이용한 제품도 선보이게 되었다.

### 5.1.5 젤

외관 상태가 균일하고 투명에서 반투명 상태이며 촉촉한 감촉을 준다. 또한 여러 종류의 수성, 유성 젤이 시판되어 수분 보급, 보습 이외에 혈행 촉진, 세정, 클렌징용 제품으로도 호평을 받고 있다.

수성젤은 수분을 다량 함유하여 수분 보급, 보습효과, 청양효과의 기제베이스와 가벼운 메이크업 클렌징제 등의 기제 베이스로서 이용되고 있다.

유성젤은 유분을 다량 함유하고 있으므로 피부에 유분을 공급하며 화장수 등과 병용해서 사용하면 보습효과를 주기 때문에 겨울철 및 건조 피부용에 사용된다. 또 진한 메이크업과의 친화성도 좋으므로 활성제의 종류와 양을 잘 정해서 물로 씻어내는 형태의 클렌징으로도 사용된다.

#### 1) 젤의 주성분

수성젤은 수용성 고분자의 젤화를 이용한 경우가 많다. 예를 들면 카르복시비닐폴리머와 메틸셀룰로오스가 이용된다. 이런 젤 베이스에 보습제, 계면활성제, 방부제, 약제, 색제, 향료 등이 첨가되어 젤 제품이 된다. 이는 투명상이 있기 때문에 첨가물 배합 시 균일 용해, 균일분산에 주의해야 한다.

유성젤은 계면활성제의 젤화 성질이나 액상구조를 이용하거나 내외상의 굴절률을 조절하여 투명하게 한 유화타입 등이 있다.

오일젤은 서로 잘 섞이는 오일성분의 조합과 유상 젤화제 및 젤화가 안정적인 원료의 배합이 필요하다.

#### 2) 젤의 종류

(1) 세정, 메이크업 제거용 젤

젤의 특성인 촉촉한 사용감이 선호되어 세안료로도 가장 큰 신장세를 보이고 있다. 짙은 메이크업 클렌징용으로서 유성 젤은 메이크업 위에서 충분히 문지른 후 씻어내는 것도 간단하여 후 느낌도 산뜻하다.

(2) 수분보급 보습용 젤

### 5.1.6 에센스(미용액: Essences(beauty lotions))

#### 1) 목적과 기능

거칠어진 피부가 개선되고 TEWL(Transepidermal Water Loss)과 스킨 콘덕턴스 회복이라는 변화를 기기적으로 측정할 수 있게 되어, 이상 각화의 개선과 표피 아미노산 대사의 개선이라는 생리학적 변화의 연구와 동시에 미용액·에센스라 불리는 화장품군이 시장에 출시되었다. 곧 커다란 시장을 형성할 수 있는 몇 가지 요인 중에서 사용자의 life style의 변화로서 time-saving 지향의 화장의 간소화, "농축되어 있다"는 말에서 느낄 수 있는 이미지, 잘 고안된 외장에서 비롯되는 간편함을 들 수 있다. 또 기술적인 측면에서 피부 생리에 따라 우수한 기능을 발휘하는 각종 보습성분이나 약제의 개발, 거기에 부응한 제제 기술의 진보, 유용성의 실증 등이다.

표 6-13 미용액 및 에센스의 분류

| 형상 | 기술 | 특징 |
|---|---|---|
| 투명·반투명 화장수타입 | 가용화, 마이크로에멀젼, Liposome, Disc-like Capsule | 화장수와 비교하여 일반적으로 보습제의 배합량이 많다. 보습제 및 수용성 고분자의 선택·조합에 의해 사용성 조정, 미용액·에센스에 가장 일반적인 제제 |
| 유화타입 | O/W형<br>W/O형<br>W/O/W형 | 에몰리엔트제(유성분)를 다량으로 배합할 수 있으므로 자외선 흡수제를 포함하여 유용성 성분을 다량으로 배합하는 제품에 적합하다. 발수성을 요구하는 제품에는 W/O형 유화가 적당하다. |
| 오일타입 | – | 예부터 화장유로서 이용되어 왔다. 올리브유, 호호바유, 밍크유, 스쿠알란 등의 동식물유지를 베이스로 하여 고형·반고형유의 배합에 의해 사용성을 조정한다. 다른 제제에 비해 사용성도 나쁘고 시장으로부터 도태되고 있다. |
| 2제혼합타입 | 위의 기술에 더하여 스프레이드라이, 프리즈드라이, 마이크로캅셀 | 약제, 제제의 불안정화를 피하기 위해 또는 외관상 변화를 갖게 하기 위해 두 가지 제제로하여 사용시 혼합시킨다. 액–액, 액–분말을 조합시킨 것이 있다. 분말은 용해하기 쉽도록 제제화시킨다. |
| 기타 | 분말 함유 화장수타입<br>알코올 고배합 타입 | 피지분비가 많은 T존 전용에센스. 분말배합에 의해 화장의 지속을 좋게 한다. 아크네용으로서 이용되는 살균기능을 갖는 부분사용 에센스. |

### 2) 에센스의 주성분

에센스는 소량 사용으로 "농축, 피부에 잘 스며든다", "사용후의 촉촉함과 산뜻함" 등을 요구하여 수용성 고분자나 보습제의 선택, 조합에 유의할 필요가 있다.

표 6-14 투명 점액 타입 에센스의 주성분

| 구성성분 | | 대표적 원료 |
|---|---|---|
| 보습제 | | 폴리에틸렌글리콜(300, 400, 1500, 4000), 글리세린, 디프로필렌글리콜, 1,3-부틸렌글리콜, 솔리톨, 말티톨, 히아루론산, 콘드로이틴산, 콜라겐, 엘라스틴, 피롤리돈카르본산, 아미노산 |
| 알코올 | | 에탄올, 이소프로필알코올 |
| 수용성고분자 (점도증가세) | | 카르복시비닐폴리머, 폴리아크릴산나트륨, 셀룰로오스유도체, 알긴산나트륨, 퀸스시드검, 펙틴, 산탄검, 아라비아검, 아이리스모스, 플루란, 트라가칸트검 |
| 에몰리엔트제 | | 식물유(호호바유, 올리브유 등), 올레일알코올, 에스테르유, 스쿠알란, 라우린 |
| 계면활성제 | | POE올레일알코올에테르, POE솔비탄모노라우레이트, POE · POP블록폴리머, POE지방산글리세린에스테르, POE피자마유에스테르 |
| 약제 | 비백 | 비타민C 및 유도체, 알부틴, 코직산 |
| | 세포부활 | 판토테닐에틸에테르, DNA 비타민유, 동식물 · 균류추출물 |
| | 산화방지 | 비타민E 및 유도체, 아미노산제 |
| | 자외선방지 | $TiO_2$, 옥틸메톡시신나메이트, 파라아미노안식향산에스테르 등 |
| | 살균 | TCC, 감광소 등 |
| | 소염 | 알란토인, 글리칠리친산, 글리칠리친산에스테르 |
| 기타 | | 향료, 색제, 방부제, 퇴색방지제, 완충제(화장수의 항 참조) |

### 3) 에센스의 종류

#### (1) 투명 보습 에센스의 제조법

정제수에 보습제, 퇴색방지제, 완충제의 순서로 실온에서 용해한다. 에탄올에 계면활성제, 에몰리엔트제, 향료, 방부제 순으로 용해 후 전의 수상에 가용화한다.

#### (2) 반투명 미백 에센스(마이크로 에멀젼, 점액)의 제조법

정제수에 수용성 고분자를 용해한 후 보습제, 퇴색방지제, 순서로 용해한다. 에탄올에 계면활성제, 에몰리엔트제, 비타민 E, 아세테이트, 향료, 방부제를 순서대로 용해하고 앞서 만든 수상에 첨가하여 마이크로 에멀젼화한다. 최후에 일부의 정제수에 수산화칼륨을 용해하고 이것을 첨가하여 교반, 탈 기포, 여과한다.

#### (3) 자외선 방지 에센스(O/W 유화)의 제조법

정제수에 보습제, 트리메탄올아민을 용해하여 가열하고 70℃로 유지한다. 유성분을 70~80℃에서 가열 용해한 후 계면활성제, 자외선 흡수제, 방부제, 향료를 순서대로 용해하고 온도를 70℃로 한다. 앞서 만든 수상을 교반하면서 유상을 첨가하여 유화한다. 호모믹서로 유화입자를 균일하게 조정 후 탈 기포, 냉각한다.

## 5.2 메이크업 화장품

### 5.2.1 백분, 타정분류

얼굴의 색상을 변화시켜 매력적으로 보이게 하고 기미나 주근깨 등의 결점을 은폐하는 것 등을 목적으로 한다. 그러나 파운데이션의 등장으로 땀과 피지에 의한 번들거리는 기름기를 제거하고 화장 지속성을 유지하는 것이 주 목적이 되었다.

1) 분체 백분(Loose powder)

유성분 등을 배합하지 않고 거의 분체 원료만으로 처방 구성된 분말상이다. 분백분은 주로 유화 파운데이션과 유성 파운데이션의 위에 도포하여 기름기나 끈적거림을 억제하여 광택이 없고 투명감이 있는 피부색을 연출하며, 땀과 피지를 억제하여 화장 지속성을 좋게 하는 목적이 있다.

2) 고형백분(Compact powder)

분체 백분을 고형화하여 휴대용으로 편리하게 한 것이 고형백분이며, 기능적으로 분체 백분과 거의 같다. 이는 외출 시 화장 수정에 이용된다.

3) 지백분(Paper powder)

분체 백분을 휴대하기 쉽게 종이에 도포한 것이 지백분이다. 시간이 흘러서 피부에 나타나는 땀과 피지를 억제하고 간단한 화장 수정이 가능하다.

4) 수백분(Liquid face powder)

글리세린을 함유한 화장수에 분체 백분을 분산시킨 것이다. 사용시에는 잘 흔들어 균일하게 해서 사용한다. 상쾌한 청량감과 옅은 화장을 특징으로 한다.

### 5.2.2 파운데이션류

표 6-15 파운데이션의 형태별 종류

| 타입 | | 구성성분(%) | | | | 특징 |
|---|---|---|---|---|---|---|
| | | 분체 | 유분 | 수분 | 기타 | |
| 고형상 | 파우더타입 | 80~93 | 7~20 | – | 약제 | 피부색 보정, 휴대에 편리 |
| | 양용타입 | 80~93 | 7~20 | – | 약제 | 피부색 보정, 휴대에 편리, 물이 있거나 없거나 양쪽 사용 가능 |
| | 케이크타입 | 80~95 | 2~20 | – | 유화제 | 물전용으로 사용시 청량함 |
| | 유성타입 | 35~60 | 40~65 | – | 약제 | 부착성이 양호, 물에 강함 |
| | W/O유화타입 | 15~55 | 30~70 | 5~30 | 유화제 · 보습제 | 화장지속성 양호, 휴대 편리 |

| 타입 | | 구성성분(%) | | | | 특징 |
|---|---|---|---|---|---|---|
| | | 분체 | 유분 | 수분 | 기타 | |
| 스틱상 | 유성타입 | 35~60 | 40~65 | – | 유화제 · 보습제 | 부착성이 양호, 커버력이 높다. |
| 크림상 | O/W유화타입 | 10~25 | 15~0 | 40~70 | 유화제 · 보습제 | 퍼짐성이 양호, 트리트먼트성 |
| | W/O유화타입 | 10~35 | 15~50 | 20~60 | 유화제 · 보습제 | 화장지속성 양호 |
| 유액상 | O/W유화타입 | 5~20 | 10~25 | 50~80 | 유화제 · 보습제 | 퍼짐성 양호, 트리트먼트성, 촉촉함 |
| | W/O 2층분산타입 | 10~30 | 15~50 | 30~50 | 유화제 · 보습제 | 화장지속성 양호, 산뜻한 사용성 |

1) 파우더 파운데이션(Powdery foundations)

분말 고형 파운데이션의 대표적인 것으로 베이스 크림을 도포한 후 스펀지에 적당량을 취해 피부에 도포한다. 간단한 메이크업이 가능하기 때문에 외출 전 화장 수정에도 이용되며 일본에서는 폭넓은 연령 층에 보급되어 있다. 조성은 체질 안료, 백색 안료, 착색 안료, 결합제, 향료 등으로 이루어진다. 매우 잘 퍼지게 하고 매끄러운 감촉을 주는 착색 안료 등을 분산시키는 체질 안료에는 탈크, 마이카, 세리사이트 등이 이용된다.

아름다운 마무리화장과 피부색 보정의 관점으로부터 착색안료와 백색안료가 고형 백분보다도 많이 배합된다. 착색안료는 주로 산화철계의 무기안료가 배합되며, 유기안료도 사용되기도 한다. 적당히 윤을 내기 위해서는 운모 티탄계의 펄 안료 등도 사용된다.

2) 케이크 타입 파운데이션(Cake type foundation)

물을 머금은 스펀지를 사용하는 고형 파운데이션으로 청량감 때문에 여름철에 많이 사용한다. 젖은 스펀지로 사용할 경우 creamy한 감촉을 내기 위하여 친수성 계면 활성제를 배합하는 데 이 때 물과 섞어서 사용할 때에는 유화상태가 된다. 사용 감촉이 산뜻하고 엷게 발라져서 상쾌한 마무리를 선호하는 사람들이 많이 사용한다.

3) 겸용 파운데이션(Dual-use foundations)

Powder foundation과 cake-type foundation의 두 가지 기능을 갖는 파운데이션이다. 마른 스펀지나 젖은 스펀지 모두 사용이 가능하여 겸용 파운데이션이라 한다. 여름용 파운데이션이 주류를 이룬다. 간편성과 젖은 스펀지를 시용할 때의 청량감, 화장지속성이 좋다. 기본적으로 실리콘 처리된 분체와 결합제로 처방 구성되며 주로 여름용이라는 것을 고려하여 자외선 방어효과를 갖게 하기 위하여 초미립자이산화

티탄과 자외선흡수제를 배합하는 경우가 많다.

4) 유성 파운데이션(Oil-based foundations)

유성기제 내에 분체를 분산시킨 것이며, 콤팩트 타입과 스틱 타입이 있다. 에몰리엔트 효과가 커서 동절기에 좋다. 피부에 잘 퍼지고 부착성이 좋아서 화장이 잘 지워지지 않는다는 특징이 있다. 또 피복력이 크므로 은폐할 수 없는 기미나 주근깨나 피부반점을 은폐할 수 있다.

5) O/W 유화형 파운데이션(O/W emulsion foundations)

수상에 유상 및 분체 원료를 유화, 분산시킨 계로서 크림타입과 liquid 타입이 있다. 촉촉한 사용감과 트리트먼트 기능이 우수하고 습도가 낮고 건조한 서양에서는 파운데이션 중에서도 가장 많이 사용되고 있다. 다만 땀이나 피지와 섞이기 쉬워 화장 지속성이 나쁜 결점이 있다.

O/W 유화형 파운데이션은 분체(안료)를 수상 내에 균일하게 분산시킴과 동시에 안정된 유화제를 유지해야 한다. 특히 점도가 낮을수록 촉촉하지만 외상 점도를 맞추는 것이 중요하다.

6) W/O 유화형 파운데이션(W/O emulsion foundations)

외상이 유분이기 때문에 사용감촉이 끈끈한 것이 결점이다. 그러나 실리콘 계면활성제의 등장으로 실리콘유를 외상으로 한 안정성이 좋은 W/O 유화형이 개발되었다. 이를 이용하면 산뜻한 사용감촉이 있고 화장지속성이 우수하다.

최근에는 이를 고형화하여 솔리드 에멀젼이 개발되었다. 이는 마무리가 좋고 트리트먼트 기능이 우수하고 콤팩트가 갖는 간편성 때문에 인기를 누리고 있다.

### 5.2.3 립스틱과 루즈

1) 립스틱의 구성원료

립스틱은 주로 유성기제 및 착색제로 이루어지는 데 각종의 원료를 합리적으로 조합할 필요가 있다.

(1) 유성기제

고체상의 왁스류가 사용된다. 천연계의 물질로서 카르나우바 왁스, 밀납, 칸데리라 왁스, 목납 등이 또 광물계의 물질로서 고형파라핀, 마이크로크리스탈 왁스, 세레신 등의 탄화수소류가 있다. 유성분으로는 천연제로서 카카오류, 피마자유, 호호바유, 마카데미아너츠유, 라놀린 등이 사용되며, 바세린, 유동파라핀 등의 탄화수소류와 합성계의 각종 지방산 에스테르오일도 사용된다. 특히 피마자유는 고유의 점도를 부여하고 염료의 용해제로서도 중요한 역할을 한다.

립스틱은 주로 유성성분으로 구성되어 있으나 최근에는 입술의 모이스처 벨런스를 고려하여 보습기능을 가진 여러 가지의 유성원료가 배합되고 있다.

최근에는 식사 시에 잘 지워지지 않고 컵이나 의복에 잘 묻지 않는 피막 타입 립스틱도 개발되었다. 이런 기능성 립스틱의 주 유성분은 휘발성인 환상 실리콘이 이용되고 여기에 피막제로서 실리콘 레진을 배합한다. 이 실리콘 레진은 유분이 휘발되면 유연성이 있는 피막이 형성되어 잘 지워지지 않고 묻어나지 않는 기능을 발휘한다.

(2) 착색제

립스틱의 색소는 타르색소 그룹 I 및 II의 중에서 선택하여 사용할 수 있다. 타르색소는 구조 및 성질로서 염료와 안료로 구분되고 안료에는 안료색소와 수용성 또는 난용성의 염료를 금속염 또는 침전제로 물에 불용화한 레이크(lake)이다. 립스틱의 외관색을 결정하는 것은 안료이다. 또한 입술 위에서 색이 잘 지속되게 하기 위해서 염착성이 있는 염료가 겸용되는데 염료로서 적색 218호, 적색 223호, 오렌지색 201호 등이 사용된다.

염료의 용해에는 피마자유가 사용되지만 용해도를 높이기 위해서 스테아린산부틸에스테르, 세바신산디에틸에스테르, 테트라하이드로 프로필알코올 등이 사용된다.

### 5.2.4 볼연지류(Rouge, Cheek color and Blush-on product)

볼터치는 볼에 바르는 화장품으로 입체감을 나타내기도 하고 혈색 좋고 건강하게 보이도록 하기 위하여 사용한다. 주로 적색계 안료가 이용되고 있는 데 최근에는 갈색이나 청색안료도 쓰인다. 볼터치에는 고형, 액상, 크림상, 스틱상이 있으나 일반적으로 사용되는 것은 고형상이다.

기제는 동일한 제형의 분 또는 파운데이션과 거의 같다. 일반적으로 색이 선명되게 표현되는 것은 바람직하지 않고 착색안료는 1~6% 정도이다. 염료는 피부에 염착되기 때문에 사용하지 않는다.

### 5.2.5 눈화장품류(Ete makeup cosmetics)

#### 1) 아이라이너(Eye liner)

상하의 속눈썹 주위에 가는 붓으로 라인을 그려 눈의 인상을 강하게 하고 매력을 증가시키기 위해 이용된다.

- 액상
  - 수계
    - 피막타입
    - 非 피막타입
  - 유계
- 고형상
  - 분말고형상
  - 연필타입

액상 아이라이너에는 저점도의 액체 중에 안료를 안정하게 분산시킨 계라는 공통점을 가지고 있다.

일본에서 많이 사용되고 있는 피막타입의 아이라이너는 수지 에멀젼이 주성분이고 도포 후 수분이 증발되면 광택이 있는 연속적인 피막을 피부 위에서 형성한다. 생성된 피막은 물에 녹지 않으므로 땀과 눈물에 번지지 않고 지울 때는 remover를 이용하면 일련의 피막을 지울 수 있다.

비피막 타입의 수계 액상 아이라이너는 수지 에멀젼을 사용하지 않고 수용성 고분자나 고급지방산과 트리에탄올아민의 비누를 사용하고 박리성이 있는 피막 형성이 안되므로 내수성은 부족하나 뻣뻣함이 적고 이질감이 비교적 적다는 장점이 있다.

### 2) 마스카라(Mascara)

속눈썹을 길고 아름답게 하기 위해서 사용된다. 다음과 같이 구분한다.

고형상을 사용하지 않고 솔이나 봉을 내장한 소위 오토매틱 용기에 채워진 크림상 내지 액상의 제품이 많이 이용된다. 내용물 타입은 일본에서의 피막 타입 내지 피막제를 함유한 타입을 선호하고 속눈썹이 길어 보이도록 천연 또는 합성의 짧은 섬유를 처방 중에 3~4% 첨가한 것을 가장 선호하고 있다(Long lash type).

- 액상
  - 수계
    - 피막타입
    - 非 피막타입
  - 유계
- 고형상

### 3) 아이섀도우(Eye shadow)

눈꺼풀이나 눈꼬리에 음영을 주어 입체감이 나도록 해서 눈의 아름다움을 강조하기 위하여 사용한다. 색조는 아이메이크업 가운데 가장 다채롭다. 이런 색을 내기 위해서 무기 안료 외에 티탄, 마이카계 유색 펄 안료를 첨가하여 광택을 주고 질감도 다양하게 내고 있다. 다음과 같이 구분한다.

- 액상 — 페이스트상
  - 유성계
  - 유화계(W/O형. O/W형)
- 고체상
  - 분말고형상
  - 유성스틱상
  - 연필상

기본적으로 분말고형상이 주류를 이룬다. 그 외에 액상 아이섀도우로서 휘발하기 쉬운 $C_{10}$~$C_{15}$의 경질 이소파라핀을 주 기제로서 사용하고 이것에 왁스나 안료를 가한 제품이 있다. 이것은 내수성이 우수하다. 스틱상 아이섀도우는 액상 유분, 왁스를 가열 용해하여 안료를 분산시켜 금형에 붓고 냉각시키는 립스틱과 유사하다.

4) 아이브로우(Eye brow)

눈썹을 자르거나 뽑아서 정돈한 다음 아름다운 모양으로 그리거나 짙게 혹은 밝게 하는 데 이용한다. 사용하기 쉬운 연필 또는 샤프펜슬 타입이 가장 많이 사용되고 고형분말상, 액상 제품도 있다.

## 6 참고문헌


1. 日本油化學協會編, 油脂化學編覽, 1, 丸善, 1958
2. 尾沢達也, 植原計一, 中野幹淸, 小林 進, フアインケミカリ, 14(18), 67, 1985
3. 日本公定書協會編, 化粧品原料規準第二版注解, 862, 藥事日報社, 1984
4. 日本公定書協會編, 化粧品原料規準第二版注解, 1108, 藥事日報社, 1984
5. C. Goebel, J. Am. Oil Chem. Soc., 36, 600, 1959
6. 日本公定書協會編, 化粧品原料規準第二版注解, 598, 藥事日報社, 1984
7. I, H. Blank, J. Invest. Dermatol., 18, 433, 1952
8. K.Laden, R. Spitzer, J. Soc. Cosmet. Chem., 18, 351, 1967
9. Oka, T. Et.al., J. Cosmet. Sci., 50, 171~184, 1999
10. 高分子學會編, 高分子辭典, 朝倉書店, 1971
11. 光井武夫, 尾沢達也, 森川良廣, 水溶性高分子とその化粧品への應用, 化學工業社. 1973
12. K. Mulai, K. Daifiku, K. Okabe, T. Tanigaki, K. Inoue, J. Org. Chem., 56(13), 4188, 1991
13. 河野善行, 高橋元次, 油化學, 44(4), 248, 1995
14. 光井武夫, 尾沢達也, 最新化粧品科學, 化粧品科學研究會編, pp.17~58, 藥事日報社, 1980
15. 尾沢達也 他, 香粧會誌, 11(4), 297~307, 1987
16. J. Koyama et.al., J. Soc. Cosmet. Chemists, 35, 183~195, 1984

17. Y. Nakayama et.al., 日本化粧品技術者會誌, 20(2), 111, 1986
18. 田中宗男, 香粧會誌, 15(1), 31~36, 1991
19. 高橋元次, 香粧會誌, 265~271, 1988
20. L.M. Prince, « Microemulsions », Preface, Academic Press, New York, 1977
21. W.C. Griffith, J. Soc. Cosmet. Chemists, 5, 249, 1954
22. S. Fukushima, et.al., J. Colloid Interface Sci., 57, 201, 1976
23. Y. Mumano et.al., J. Soc. Cosmet. Chemists, 28, 285, 1977
24. 杉浦, 上田編, 最新香粧品科學, 廣川書店, 1974
25. 田中宗男, 熊谷重則(칙), 化學と工業, 40(6), 115, 1987
26. 神保元二 編, 粉體その機能と應用, p.301, 日本規格協會, 1991
27. 米山 他, 特開昭, 61-293904
28. 染谷 他. 特開平, 2-142716
29. (社)色材協會編集, 色材工學ハンドブック, p.318, 朝倉書店, 1989
30. 池田, 小林, 田中, 藤山, 尾沢, 光井, 日本化粧品技術者會誌, 22(1), 25~34, 1988
31. 山崎一德, 田中宗男, 日本化粧品技術者會誌, 25(1), 33~50, 1991

# 찾아보기

## 저자 약력


▪ **조을룡**

경북대학교 고분자공학과 (학사, 석사)
The U of Akron, Dept. of Polymer Sci. (박사)
금호석유화학 울산연구소 전임연구원
한국기술교육대학교 응용화학공학과 교수

▪ **신경철**

인하대학교 화학공학과 (학사)
The U of Akron, Dept. of Polymer Eng. (석사, 박사)
한국타이어(주) 부장
(주)태건 Eng. (상무)
목원대 응용화학과 겸임교수
충주대 고분자공학과 겸임교수


# 정밀공업화학 제3판


**발행일** 2017년 9월 1일 3판 1쇄발행
**저　자** 조을룡, 신경철
**발행인** 강 성 관
**발행처** 드림플러스

**주　소** 우 03693 서울시 서대문구 모래내로 211 대광빌딩 2층
**전　화** 02-2164-1880
**팩　스** 02-302-0445
**메　일** dream-plus@dream-plus.co.kr
**신　고** 2011. 07.26 제 406-2011-00097호

**ISBN** 978-89-97546-34-3 93430
**가　격** 28,000원